SYSTEMA

LAURINARUM.

Exposuit

Christianus Godofredus Nees ab Esenbeck, Dr.

Academiae Caesareae Leopoldino-Carolinae Naturae Curiosorum Praeses,
Professor Vratislaviensis.

BEROLINI.

Sumtibus Veitii et sociorum.

1836.

SYSTEMA LAURINARUM.

Druck von M. Friedlænder in Breslau.

Nathanaëli Wallich,
Horto Calcuttensi praefecto;

Roberto Wight,
Praesidii Anglici Madraspatani Chirurgo;

Carolo Ludovico Blume,
Professori, Herbarii Regii Belgici Directori;

Francisco Philippo de Siebold,
Professori Lugdunensi;

Roberto Brown,
Societatis Linneanae Londinensis Vice-Praesidi;

Alexandro Libero Baroni de Humboldt,
Augustissimo Regi Borussiae a consiliis interioribus;

Carolo Philippo de Martius,
Professori, Horti Monacensis Directori;

Eduardo Poeppig,
Professori Lipsiensi;

Francisco Iulio Ferdinando Meyen,
Professori Berolinensi;

Henrico Schott,
Horti Schoenbrunnensis Inspectori;

Viris praetantissimis.

quorum opera res nostra crevit;

Georgio Walker-Arnott, Equiti,
Wightii in edendis operibus socio;

Henrico Link,

Carolo Sigismundo Kunth,

Friderico L. de Schlechtendal,

Adalberto de Chamisso,

Viris perillustribus, celeberrimis,

qui et Regia et sua ipsorum herbaria in operis emolumentum mihi aperuere,

Librum hunc de Laurinis

d e s p o n d e o.

LECTORI BENEVOLO.

Quibus adminiculis fretus de Laurinis scribere susceperim, tum ex primo excursu ad calcem huius operis a pagina **679** ad paginam **682** adnexo, tum etiam ex fautorum et adiutorum *in folio* praecedente grato animo a me celebratorum nominibus, intelliges; quemadmodum rem meam tractaverim, ex ipso opere perspicies. Vix igitur quae praemoneam habeo. Idonea adesse mihi videbatur materies et satis ampla ad illustrandam Laurinarum familiam, cuius non ita pridem perexigua pars in lucem protracta erat. Igitur species omnes describere et in characteres earum specificos inquirere, species in genera, quae a natura demonstrata videantur, colligere, de generum vera et genuina coniunctione cogitare et dissoluta haec membra in Familiae speciem ac vultum omnibus communem resolvere coepi. Rursus autem, cum ad penetralia familiae me pervenisse putarem, foris denique circumspicere atque distributionem membrorum eius non modo per suos gradus ac stirpes prosequi, sed etiam relationes earum omnium ad orbem terrarum indagare et geographicam distributionem generum cum systematica illa, de qua locutus sum, pro viribus conciliare studui.

De quibus generaliora quaedam habes in excursu secundo, pag. **683** sqq.

Alia denique adnexa sunt, pag. **679** sqq. ad historiam huius ordinis spectantia, quibus perlustratis, doctrinam de Laurinis inde ab incunabulis suis generis humani industria indies magis auctam hodiedum, licet quamplurima restent incognita et longe minor pars specierum nota esse videatur, ad aliquam saltem perfectionem pervenisse, spero fore ut concedas.

De viribus Laurinarum medicoque earum usu in universum ad aliorum magis sententias quam propria experientia edoctus disserui, eaque omnia in Excursu tertio, pag. **689** sqq., leguntur.

Familia autem Laurinarum in XIII (sive, exclusis forsan meliore cum iure *Cassyteis*, in XII) Tribus, tam geographice quam systemstice distinctas, dividitur, quarum Synopsin iam Tibi trado.

Plura si quaeris, Introductionem, quaeso, adeas, ordinis Laurinarum characteres et methodum, quam isti suppetunt eas tractandi, pluribus illustrantem. Vale et fave!

Scribebam Vratislaviae ad Viadrum d. XII. Augusti a. MDCCCXXXVI.

CLAVIS '

Herbae aphyllae, volubiles . . . . .

Arbores (aut frutices) foliosae

Folia decidua (demtis aliquot *Tetrantheris*) . .

Folia perennantia (exceptis aliquot Tetrantheris)

Inflorescentia umbellulata vel glomerata

Inflorescentia regulariter umbellulata, involucrata

Inflorescentia e gemma perulata, glomerata vel s

Inflorescentia paniculata

Antherae apice dehiscentes . . .

Antherae infra apicem dehiscentes

Antherae latae, subsessiles

Antherae conformes ostiolis ab apice distan

Antherae exteriores sub fructu petaloideae

Antherae a filamento discretae, locellis uno

Fructus (subsiccus) tubo perianthio mag

Fructus perianthii tubo non indutus

Staminodia quarti ordinis nulla vel

subcapitata . .

Staminodia quarti ordinis capitulo

Perianthii limbus integre persi

in cupulam durescens

patulus nec induratus

(his folia pennine

Perianthii limbus deciduus

Basis laciniarum persisten

Laciniae integrae a tubo

(his folia sunt d

Generum conspectum sub quaque tribuum loco citato

RIBUUM.

. . . . Tribus XIII. Cassyteae. p. 639.

. . . . Tribus X. Flaviflorae. p. 485.

. . . . Tribus XI. Tetranthereae. p. 501.
cemosa . . Tribus XII. Daphnidinae. p. 585.

. . . . Tribus VI. Acrodiclidia. p. 245.

. . . . Tribus VII. Nectandreae. p. 275.
. . . . Tribus VIII. Dicypellia. p. 341.
r altero positis
inusve obtectus . Tribus V. Cryptocaryeae. p. 191.

erfecta, subulata aut
. . . . Tribus IX. Oreodaphneae. p. 353.
cto triangulari

. . . . Tribus III. Phoebeae. p. 93.
. . . . Tribus IV. Perseae. p. 121.
aut incomplete nervosa)

icata . . . Tribus I. Cinnamomeae. p. 31.
iae . . . Tribus II. Camphoreae. p. 85.
nervosa.)
ies.

INTRODUCTIO.

LAURINAE Vent. Rob. Br.

Laurinae. *Rob. Br. Prodr. Fl. Nov. Holl. I. p.* 401. *ed. N. ab E.* 257. *N. ab E. in Wall. pl. As. rar. II. p.* 56 — 61. *Schlechtend. Lin. VIII.* 1. *p.* 1. *sqq. Lindl. Introd. p.* 29. *n. XXI. Bartl. Ord. nat. pl. p.* 111. 77. *Link. Handb. I. p.* 381. *N. ab E. Progr. Plant. Laurin. exposit. Vrat.* 1833. 4. *p.* 11. *sqq.*

Laurineae. *Kunth. Handb. d. Bot. p.* 368. *Fam.* 83.

Laurineae Fam. 68. Laureae. *Reichenb. Consp. Regni veg. n.* 87. *Agardh. Aphor. XV. p.* 227. *n.* 290. *Schultz nat. Syst. des Pfl. Reichs p.* 348. (*Fam.* 115. *Class. XI. Vegetabilia Dichorgana perianthina. Ord. III. Toranthae arborescentes.*) *Hess. Uebers. p.* 90. *Fam.* 161.

Laureales. (Subclass. II. Incompletae. Cohors. 1. Tubiferae. Nixus 4.) *Lindley Nixus plant. n.* 123.

Lauri. *Juss. Gen. p.* 80. (*Class. VI. Ord. VI.*)

CHARACTER FAMILIAE ESSENTIALIS.

Plantae (lignosae) dicotyledoneae, perigynae, flore incompleto gamosepalo.

Stamina definita. **Antherae valvulis dehiscentes.** Fructus **symmetricus,** indehiscens, submonospermus. **Ovulum pendulum.**

Formae a typo desciscentes.

Sepala pauciora aut plura senis.

Cassyta inter arbores frondosas aphylla et subherbacea.

Familiae affines.

Quod ad typum in universum et veram naturam: *Myristiceae.*

Quod ad characterem, ab antheris valvarum ope dehiscentibus derivatum:

Inter **Perigynas incompletas** solae *Gyrophoreae Blum.* revera Laurinis sunt affines, quas eam ob causam nostrae Monographiae adneximus. Differunt: perianthio fructus apice alato et cotyledonibus convolutis.

Alienae autem sunt: *Atherospermeae,* quae differunt: staminibus indefinitis et carpellis discretis ovulo erecto.

Inter **Hypogynas completas:** *Berberideae,* quae praeterea recedunt fructu asymmetrico e carpello **singulo** orto.

CHARACTER NATURALIS.

Arbores aut frutices dicotyledoneae monochlamydeae. **Perianthii** gamosepali sepala 4 aut 6, duplici ordine posita. Aestivatio alternativa, singuli autem ordinis imbricativa. Stamina basi perianthii inserta, ordine normali quatruplici, abortu ad simplicem redacto, luxurie ad quintuplicem aut sextuplicem crescente, numero tamen relativo semper cum perianthio congruo. Antherae adnatae, valvulis binis quaternisve oblique adscendentibus dehiscentes; vel omnes introrsae, vel tertii ordinis retro spectantes; intimi ordinis, ubi is adest, steriles triangulares cordata sagittatave basi et solidae. **Pollen** simplex, globosum.

Filamenta latiuscula, satis valida, saepe hirsuta. **Glandulae** geminatae sessiles aut brevistipitatae, ad latera vel solius penultimi ordinis staminum, vel etiam exteriorum complurium, quandoque et intimi ordinis, sed rarissimo exemplo; in quibusdam filamentis medio aut paulo inferius insertae. **Pistillum** ad speciem simplex, ex ovario magis minusve ovali, stylo crassiusculo et stigmate bi-trilobo constans, revera tamen e carpellis ternis valvatim connatis et trophospermio marginali praeditis compositum. **Trophospermia** igitur tria in ovario composito, singula geminata, sed uno tantum ovulo pendulo subanatropico praegnantia. Numerus **ovulorum** normalis abortu ad duo vel unum, per maturitatem tantum non semper ad semen singulum reducitur. **Fructus** est **bacca**, vel pedicello apice incrassato, vel basi perianthii, vario modo mutatae, imposita, vel perianthio integro indurato aut marcido cincta, colorata; paucis **caryopsis** utricularis, perianthii tubo baccante vestita. **Testa** chartacea. **Chalaza** obliqua ad hylum descendens. **Radicula** supera, conica. **Cotyledones** crassae, plano-contiguae plantulae collo supra basin adnatae petiolo exiguo. **Germinatio** cotyledonum hypogaea. Distributio sexus in aliis hermaphroditica, in aliis polygama, in aliis diclinis dioica, partium abortivarum vestigiis in plerisque superstitibus.

Inflorescentia aut umbellata, aut fasciculata, et tum quidem vel involucrata vel gemmaceo-squamata; aut racemulosa, aut paniculata ad trichotomiam tendens; abortiente ramo, quem terminat, axillaris, sin minus, terminalis; saepe e squamarum seu foliorum imperfectorum gemmae axillis nascens iisque cito diffluentibus ad basin innovationis nuda aggregata. **Flores** albi, odoris spermatici. **Folia** integerrima, nervosa aut penninervia, nervis senis ad quindenos, per paria saepe approximatis, quandoque in axillis inferioris paginae porosis barbatisque, petiolata, petiolo articulo inserto, in paucis regulari decursu solubili, plerisque sempervirentia et rigidiora, divergentia $^2/_5$ posita, saepe per intervalla approximata, in verticillos imperfectos coëuntia, aut spurie opposita, circa apices ramulorum frequentius obvia, ramuli basi tum foliis destituta et a cicatriculis squamarum et foliorum primariorum gemmae annulata, pauca plerumque in singuli anni turione **cyclo** simplici, rariusve duplici completo. **Gemmae** aliis densius perulatae, aliis laxius, squamis tum erectis, ternis senisve conspicuis. **Glandulae** pellucidae in foliis, perianthio antherisque, oleo odoro repletae. **Semen** oleo pingui scatens.

Arbores montanae, zonae calidae situm subfrigidum eligentes ibidemque sylvas struentes; in novo orbe aliquot species septentrionem versus ulterius penetrant; in veteri orbe temperatiori solo sunt adscriptae neque Germaniae nostrae fines phytologicas ingrediuntur. Materies subtilis saepe, densa, operibusque lignariis variis apta.

ADVERSARIA

IN

LAURINARUM DISPOSITIONEM.

(*N. ab E. in Wall. pl. As. rar. II.* p. 58 — 61.)

---

1. Ordines plantarum, certe qui non arte facti, sed a natura creati, ob summum partium concentum integri videantur et simplices necesse est, ut idem fere sit, genus esse statuas, an ordinem.

2. Quae quidem genera principalia, patribus ab ipsa natura revelata, deinceps aucta formarum singularium et observationum multitudine, animo perfecte comprehenduntur, eoque in omnes partes penetrante ut corpora viva animantur; quod ubi evenit, character seu nota generis in typum ordinis evolvitur, scilicet summa partium, et quae istis inhaerent propriae dispositiones ac formae, quantum pateant, quibus limitibus sint comprehensae, praefiniuntur.

3. Genus, ad gradum ordinis seu familiae promotum, iam intrinsecus pervestigandum, utrum formarum et partium concentus universalis in partes recedat suis quidem finibus circumscriptas, sed altiore quadam conspiratione iunctas, an totus et integer omnium partium quieta nec usquam interrupta evolutione existat.

4. Typi universalis partes, animo comprehensae, genera sunt ordinis naturalis; neque ea vero etiam systematis artificialis genera necessario habenda esse, constat; illis enim leges naturae instinctu, non humani artificis manu, scribuntur. „Generis, ad familiae gradum promoti, sectiones iam genera appellanda sunt.“ *De Cand. Théor. élém. p.* 220.

5. Eiusmodi genera „distributiones sunt familiarum sive ordinum methodicae.“ *De C. l. c. p.* **217.** Hae autem non ad unam partem vel ad paucarum coniunctionem, sed ad universi corporis congruentiam sunt effingendae. Omnis pars tamen, quae congruentiam significat, tametsi concinnitas ipsa neque in ista sola parte, neque in ulla usquam per se spectata quaerenda sit, characterem vel sigillatim vel cum aliis coniuncta efficere, vel accedere characteri eumque firmare et illustrare potest. Qui partibus fructificantibus floribusque solis inhaerent characteres, cum generis non sint fundamenta, sed signa tantum, levioris saepe momenti videri, necesse est.

6. Quodcunque autem genus naturale, cum intra familiae spatium et secundum eius typum consideretur, vel absque flore et fructu, atque adeo ex qualibet discerpta parte, ab observatore gnaro dignoscitur.

7. Exemplo sunt: *Proteaceae*, *Epacrideae*, *Goodenoviae* cet. Brownianae, *Coniferae* Richardianae, *Melastomaceae*, *Leguminosae* Candolleanae, *Umbelliferae* Kochianae, *Synanthereae* pleraeque Cassinianae, *Amarantaceae* et *Palmae* Martianae, *Gramineae* Linkianae, *Labiatae* Benthamianae, alias ut taceam.

8. Quo angustiores autem formarum in familia aliqua complexarum fines et numeri, eo fallacior typi universalis, omne, ut ita dicam, partium studium supprimentis vel devorantis species, inattento vel inexercitato oculo apparens. Accuratius autem inspicienti partium constituentium notae inveniuntur, neque revera minus diversa esse genera talium ordinum, sed videri tantum minus diversa cognoscitur.

9. *Laurinarum* ordo e simplicissimis exstruitur formis, partiumve distributione simplicissima utitur. Tum ea vero, quae propria sunt ordini, maximeque insignia, ut v. c. antherarum et staminodiorum conformatio, et intra ordinis fines parum diversa, et, ubi differunt, nec summi ponderis neque satis stabilia.

10. Truncus omnium, si *Cassytam* filiformem herbaceamque excipis, lignosus, e stratis concentricis. Tubus medullaris amplus vel mediocris, temporis progressu citius lentiusve exolescens. Fibrae ligneae rudes, tubis porosis amplis divisae, pallescentes. Corticis strata vel insipida, vel adstringentia, vel odoris et saporis aromatici, Cinnamomi, Caryophyllorum, Piperis, Camphorae, vario modo et gradu mixti vel puri, fortioris vel debilioris, dulcedine saepe admixta et mucilagine. Sapor et odor foeniculaceus, *Sassafras* arbori proprius, lignum, nec cor-

ticem penetrat. Adulti corticis superficies rimis verticalibus transversalibusque dehiscit palletque; iuvenilis punctis lenticellaribus variis inspergitur, viret vel rufescit, glaber est vel pilis rigidulis strigilosis tomentulum construentibus vestitus. Cicatrices foliorum delapsorum crassae, reniformes, scutiformes, lunatae, diu persistunt, situmque foliorum produnt. Ramificatio fit circa apices et ex ipso apice, quam posteriorem innovationem appello. Basis innovationum gemmae naturam docet cicatricibus squamarum angustioribus, quae modo confertissimae quasi annulos efficiunt, modo in spiris regularibus disponuntur, modo paucissimae adsunt et parum conspicuae.

11. Gemmatio. Gemmae vel paucis teguntur squamis, vel pluribus. Illarum squamae subcoriaceae sunt et herbaceae, quasi valvatim oppositae, carinatae, apice magis minusve dehiscentes; quarum duae vel quatuor plerumque maiores extus solae in conspectum veniunt, una alterave minore ad basin gemmae a latere accedente. Pyramidales hae gemmae sunt, angulatae, vel compressae, neque terminales neque axillares magnitudine admodum praecellentes. Sub foliatione squamae istae nonnihil increscunt, subfoliacea structura praeditae, et post paucas earum iam sequuntur perfectiora folia evidenti transitu. Ex altera parte gemma, quae multis squamis tecta perulata dicitur, his gaudet chartaceis vel coriaceis, pluribus spiris arcte imbricatis sub foliatione solutis nullaque praevia evolutione cadentibus; terminales huiuscemodi gemmae maiores sunt, ovatae, oblongae, lanceolatae, teretesque, nec angulatae. — *Cassytae* generis gemmae continua fere evolutione dissolvuntur.

12. Folia omnium simplicia, integerrima et plurimarum etiam integra, petiolata, coriacea, chartacea, persistentia vel defluentia et mollia, glabra, vel subtus praecipue pubescentia, sericea, tomentosa, glandulis subcutaneis punctulata, in paucis maioribus aliquot glandulis poro pertusis in axillis ramorum retis principalium instructa, nitida vel opaca, subtus saepe glauca, penninervia, vel palminervia, vel, quae utrisque intercedunt media, triplinervia, reticulo interiecto magis minusve distincto, venulis saepe arcuatis subparallelis. Dispositio foliorum alterna, ad divergentiam $^{2}/_{5}$, ut Alexandri Braunii verbis*) utar,

*) Ueber die Stellung der Schuppen an den Tannenzapfen in Nov. Act. Acad. Caes. Nat. Cur. Vol. XV. P. 1. p. 249. sqq. et p. 266.

apud plerasque extruitur, ita quidem, ut sextum quodque folium cum primo quoque, quod tibi elegeris, linea verticali iungatur. In multis autem singuli ramuli eiusdem evolutionis senis tantum gaudent foliis circa apices magis magisque confertioribus, quae insequitur gemma apicem occupans. In aliis per paria propius sibi coniunguntur folia, vel etiam opposita aut verticillata proveniunt, ad verticillorum leges tum disposita.

Cassytae folia omnia abortiva in squamulas exiguas abeunt.

13. Inflorescentia duplicis est generis: umbellulata, vel paniculata. Umbellulata e floribus oritur in communis pedunculi apice propriis pedicellis suis nascentibus; qui flores, cum non nisi exiguis pedicellis feruntur, veluti in capitula congeruntur. Involucrum his datum est tetra-hexa-octophyllum, cuius foliola squamis gemmarum foliiparurum perfectiorum sunt similia. Proveniunt istae umbellulae e foliorm axillis; propriae gemmae basi, saepe brevissimae, impositae, quae basis seu axis gemmae, cum altius ab origine assurgit, fasciculatae vel racemosae dicuntur umbellulae; paucis singulae sunt per axillas foliorum umbellulae, abortu reliquarum residuae. — Ubi pedunculus umbellulae contrahitur, glomerulus prodit umbellularum; squamae iam immiscentur gemmae umbelluliferae; tum denique, evanescente omni pedunculi communis vestigio, flores singulatim inter gemmae axillaris squamas emergunt, et ipsa tum vero gemma umbellulae involucratae sessilisque saepe induit speciem, cui squamae steriles, modo plures, modo pauciores, ad basin accedunt, seriores autem ampliores que circa flores pro involucro inserviunt. Hae igitur umbellulae longe differunt ab illis, quas supra descripsimus, neque floribus unquam gaudent revera ex eodem puncto provenientibus, neque squamae bracteales plerosque istarum flores deficiunt. Sunt enim istae, quae umbellulae videntur, ortae ex umbellulis in gemmae suae basin demersis solutisque; illae autem, quas supra memoravi, ramulis gemmae suffultae elatioresque fasciculi sunt babendi, ulterius non divisi ideoque ramulum seu pedunculum glomerulo umbellulari claudentes.

Inflorescentia paniculata axillaris nascitur vel e squamae gemmae axisque angulo, squamaque delapsa nudae ad innovationum basin tum consociantur paniculae, vel simul e foliorum superiorum persistentiumque axillis, vel solis ex istis prodit. Dividitur autem talis panicula in ramos, per paria approximatos oppositosve, qui singuli semel bisve furcatim finduntur, interiecto in singula divisione flore intermedio. Deficiente in plerisque flore primae aut secundae divisionis medio, ramuli ultimi paniculae 4 floribus gaudent, addito autem illo sex vel septem. Ubi rami paniculae magis evolvuntur, ad communis pedunculi typum ipsi accedentes parvae sunt paniculae. In debiliori inflorescentia triflori sunt ramuli, solo medio utriusque divisionis flore adhuc superstite. Magisque autem in compendium redacta omnis inflorescentia ramulum eiusmodi exhibet apice cymuloso-bifidum, 14-12-8-7-3-florum. In *Cassyta* inflorescentiae axis integer, abiectis ramis, flores fert in spicas redactos. — Bracteolae parvae, squamiformes, ad basin ramificationum omnium existunt, sub explicatione inflorescentiae aufugientes.

14. Pedicelli proprii post anthesin magis minusve apicem versus increscunt, tument rigentque, perianthii cum tubo confluentes. Sunt, quarum pedicelli, cum fructus incremento quam maxime incrassati, succulenti, colorati, recti vel incurvi, fructus specie aliena fallant. *Cassytae* flores sessiles sunt.

15. Perianthium e duplici verticillo sepalorum, basi maiori minorive spatio in tubum connatorum, constat; tubus perstat in omnibus, ubi vero brevissimus est, sub fructu fere evanescit; in aliis autem natura brevior, nec minimus, in discum orbicularem explanatur; in aliis cyathi indurati et incrassati forma cum pedicello incrassato confluit; in aliis, ubi longior, fructum omnino investit clauditque, et tunc quidem succulentus carnosusve sub maturitatis tempus inspissatur. Pars libera sepalorum, limbum efficiens, patens aut erecta, saepe pubescens et intus praecipue sericea, ternis quinisve nervis divisa, glandulis subcutaneis pellucidis punctata, membranacea, chartacea, coriacea, in aliis persistit, non multum quoad consistentiam et magnidinem immutata; in aliis basi, in aliis medio, vel prope a basi, in aliis infra apicem secundum suturam transversalem, post peractam anthesin vel primum natam vel tum demum apparentem, solvitur caditque; ubi pars aliqua limbi residua cum tubo remanet, haec mox rigescit et indurata in cupulam a tubo formatam abit, marginem eius truncatum incisumque efficiens; nonnullis limbus integer durescensque cum tubo suo cupulam regularem lobatam conficit. Paucis limbus ab initio deest, staminibusque tot, quot laciniae deficiunt, vices earum supplentur. Verticilli sepalorum vel binis, vel ternis partibus constant, et divergentia $1/4$ vel $1/6$ ita se

excipiunt, ut secundus verticillus interstitiis primi respondeat. Ubi verticilli disepali se excipiunt, quadrifidum habes perianthium; ubi trisepali, sexfidum. Non desunt autem perianthia 8-fida et 9-fida, sed insolito haec incremento exoriuntur, neque persistunt.

16. Stamina e filamento glabro saepiusve hirto, apicem versus dilatato constant, antheram fabricae singularis, valvis sursum adscendentibus dehiscentem glanduloso-punctatam ferente. Anthera est vel bilocellata vel quadrilocellata. Anthera quadrilocellata revera e duabus constat antheris, seu e locellis quatuor, per paria coniunctivo communi connatis, quorum duo inferiores plerumque maiores magisque in medio distantes a tergo paullo ultra locellos superiores adscendunt. Locelli superiores magisque antici et contigui propria membrana gaudent, fineqne clauso in locellos inferiores oblique descendunt. In plurimis sutura obliqua a tergo fines utriusque locelli indicat, ubi superior quisque inferiori ab antica parte incumbit duplicemque ibidem producit membranam; paullo magis apicem versus, desinente inferioris locelli lamina, superioris sola et simplex membrana postica restat. Operculum, seu valvula quam dicunt, anterior locelli est paries, sutura circumscriptus, nec nisi ubi locelli inter se cohaerent, insolubilis. Talis dehiscentia similis esse videtur valvulis siliquae, cuius duo carpella amplius non sutura, sed in media costa solvuntur. Antherae eiusdem floris vel omnes introrsum seu centrum versus, dehiscunt, vel exteriores tantum, interioribus tribus tum extrorsum, peripheriam versus, spectantibus (quod primus observavit cl. R. Brownius). Ordo staminum idem est, ac si verticilli binati vel ternati sepalorum verticillos eadem divergentiae lege excipiant. Respondet exterior staminum verticillus sepalis exterioribus, interior, exteriori interpositus, sepalorum interiorum opponitur verticillo. Stamina haec, vel quatuor, vel sex, quae primi et secundi ordinis a me appellantur, primam staminum sectionem exhibent. Sequitur in plerisque altera sectio, simili modo disposita, sepalis staminibusque primae sectionis immota lege divergentiae congruens, sed cuius secundus verticillus vel e staminibus constat imperfectis (staminodiis) brevioribus, loco antherae capitulo solido sagittato, conico cordatove rariusve clavato aut subulato praeditis, vel ex toto deest. Ubi deest, antherae primi verticilli huius sectionis, qui tertius omnium, introrsum spectant, ubi adest, extrorsum dehiscunt.

Numerus igitur normalis staminum in flore tetrasepalo est octo, in hexasepalo 12; in exemplis tetrasepalis autem, quae cognita habemus, ordo staminum quartus, seu intimus, non evolvitur, quo fit, ut non nisi hexandras species tetrasepalas invenias. In hexasepalis novem perfecta existunt inter duodecim, stamina quarti ordinis imperfecta sunt staminodia. Deficiente omnino secunda illa staminum sectione, tetrandri flores et hexandri proveniunt. Deficiente exteriori sectione floris enneandri, triandrum vides florem.

Ubi loco limbi stamina nascuntur in flore hexasepalo enneandro, numerus staminum ad 15 augetur, et in his denique, staminodiis etiam quarti ordinis perfecte explicatis, 18 regulari progressu oriuntur stamina. Quae hunc numerum excedunt, evolutioni morbosae tribuenda.

17. Adest in omni flore Laurino apparatus quidam partium glandulis similium, quae in plerisque geminae staminibus tertii ordinis adiectae, capitulum parvum, compressum, vel angulosum, figurae variae, reniformis, cordato-orbiculatae etc., lutei coloris, superficie glabra, exhibent, stipiteque vel magis minusve conspicuo gaudent, vel omni stipite carentes sessiles dicuntur. Quando stipite (qui semper brevis est) fulciuntur, singulo trium staminum tertii ordinis ab utroque latere proxime accedunt, tubi perianthii orificio ordine suo impositae. Rarior autem haec occurrit glandularum (quas staminodia geminata appellare possis) sedes; in plerisque par glandularum filamento staminis huiusce ordinis ad basin, vel supra basin, vel magis superiora versus ultra mediam usque eorum longitudinem inhaeret, stipite proprio tum saepe minimo vel nullo. Quas quidem glandulas cum attentius contempleris, non omnino eiusdem esse ordinis, ac dicta seriei tertiae stamina, invenies, sed aliquanto magis a centro remoti seu exterioris (quantumvis exiguo spatio) ordinis. Probantur haec eo, quod glandulae, etiamsi e latere egredi videantur filamenti, tamen tergo eius, i. e extrorsum, incumbunt. Neque inter se quidem singuli paris glandulas eiusdem ordinis esse puto, sed diversi et alterni. Vidi etenim, ubi paullo maiores sunt hae glandulae, unam totam fere a tergo incumbentem filamento, alteram magis a latere eius positam, introrsum istud amplectentem.

Sex igitur adsunt in flore normali glandulae geminatae eaeque secundae staminum sectioni magis exteriora versus subalternoque situ tribuendae. In paucis accedunt nonnullae aliae glandulae secundi vel primi quoque ordinis staminibus, sed istae tum neque geminatae neque coniunctae, sed proprii sui ordinis et intervallis illorum respondentes.

18. Nec stamina esse, neque nectaria haec corpuscula persuasum est, etsi staminodia impropric dixeris. Stamina non esse probat situs et status imperfectus, quem alium perfectiorem (i. e. stamina tertii ordinis) sequi non interrupto ordine, evolutionis legibus est contrarium. Nectaria non sunt, quoniam nectar non fundunt; tum locus etiam singularis est inter staminum series. Massa e meris cellulis texitur irregularibus, granulis refertis et membrana communi obtectis. Quae mihi circa haec vero propius accedere videantur exponam. Peracto duplici perianthii staminumque primae sectionis cyclo, quatuor (bis binis) verticillis complexo, nova quasi exoritur cyclorum series, a perianthio novo incipiens. Huius autem verticilli, utpete communi eiusdem floris ambitu circumscripti et universali eius evolutione quasi absorpti, perfici non possunt, nec nisi primis lineis adumbrati cernuntur. Quemadmodum autem in quibusdam, v. c. in *Tetranthera apetala* s. *Roxburghii*, limbi partes in stamina mutata videmus, sic istae novi limbi laciniae, staminibus diversarum sectionum interiectae, nec stamina fieri, neque sepala, sed in laminas imperfectas seu staminodia inferioris originis abire necesse est. Magis haec etiam arrident, si consideramus, novum inversumque in multis posthaec intrare staminum ordinem, cuius bini verticilli, ubi perficiuntur, cum limbo illo incompleto alios quatuor verticillos quasi floris interioris exhibent, seu florem imperfecte hexandrum, vel, ubi interior ordo deest, triandrum, qualis v. c. in *Endiandrae* genere Browniano relinquitur.

19. Flos itaque Laurinarum e maxime regularibus est, eademque symmetrica lege constructus, disepali sint verticilli vel trisepali. Tertius semper primo respondet verticillus, quartus autem secundo. Abortus peripheriam versus ingruit.

20. Vel hermaphroditi sunt flores Laurini, vel polygami, vel diclini, et istorum quidem aliis feminei sexus rudimenta in masculo flore concessa sunt, aliis omnino ademta. Femineo flori staminum vestiga nunquam ex integro desunt, restant semper aliqua filamentorum indicia et staminodia geminata. Pistillum, quantum primo obtutu assequimur, simplex, seu ex uno carpello constans, in omnibus stylo distincto et stigmate latiusculo lobulato instructum. Regulare aequumque videtur carpellum parietibus crassis carnosis, sed stylus in

unum latus semper flexus, et stigma obliquum, et rhaphe interna abortum praefinitum alterius pluriumve ovariorum eiusdem verticilli produnt. Unum in permultis, quae dissesui, inveni ovulum, nec plura; idque a vertice ovarii et parum ad latus conversum pendet, sed trophospermio a basi adscendente alterique parieti pericarpii applicato infra apicem ovulifero in hunc locum attollitur, minimeque autem recta descendit caditve. *) Denique occurrunt, rariori sane exemplo, ovaria, qualia Martius noster iam in itinere Brasiliensi observavit et quale equidem unum in Schlechtendalii Linnaea descripsi, **) luculenter composita ex tribus carpellis valvatim coniunctis et secus suturas trophospermia, a basi solubilia filiformia e cruribus binis connatis exstructa, ferentibus. Haec trophospermia infra apicem iuxta verticem emittunt funiculum umbilicalem brevissimum, denticuliformem, ovulum oblique pendulum demittentem. Revera autem, cum singulum trophospermium e binis constet fasciculis ovuligeris, quorum alter alterius carpelli dextro, alter alterius sinistro margini, in sutura coniunctis, respondet et a margine sui lateris gignitur, sequitur, singulum quoque trophospermium non unius solummodo ovuli procreandi virtute pollere, sed duorum, sicuti in carpello simplicissimo quoque utriusque marginis plexum aequa ratione ad ovula gignenda pronum semper invenimus, alteriusque sterilitatem a debilitate aut abortu, vel regulari seu praedisposito vel morboso aut accidentali, derivamus. Igitur omne ovarium Laurinum quoad originem suum idealem sive typicum sena habeat ovulorum rudimenta, sub vertice germinantia et in unum quasi punctum conferta, necesse est; quae cum

---

*) Argumento hoc est gravissimo, baccam, nec drupam appellandam esse fructum Laurinarum, eumque differre tantum testae seu primi integumenti spissitudine vel tenuitate. Namque ubi spissior est testa, pericarpii nuculam eam esse arbitrati sunt, et membranam internam pro testa venditavere; quae si ita se haberent, semen adscendens vel erectum, neque pendulum, esset appellandum, embryo autem intra semen inversus. Contra ea vero, ubicunque testa tenerior cum membrana interna magis cohaereat, baccam iusto nomine fructum appellavere. — Cl. Gaertner fil. in operis paterni tomo tertio, de *Persea*, *Borbonia* cet. agens, testam ubique „loculamentum“ vel „putamen“, membranam autem internam „seminis integumentum“ appellavit.

**) Vol. VIII. Fasc. 1. p. 1—7. cum figuris in tabula 1.

intra spatii perangusti fines nec cuncta omnino prodire, neque cedere unum alteri possint, ad simplicissimum iam a primordio fere suo reducti numerum, ovarium tricarpellare uniovulatum et monospermum producunt; rarissime autem, ut in exemplo adlato, ovulis binis, probabiliter quandoque et ternis ab initio foeta ovaria proveniunt.

Anatropicum est ovulum, chartaceum, obovatum; at vero inaequali magis extensione partium, quam vera chalazae ad alteram extremitatem migratione istorum evolutionem imitari censeo. Exostomium iuxta hilum. Rhaphe in venas eleganter soluta, pallida, latere opposito descendit, chalazam constituens hilo non perfecte contrariam. Endostomium superum.

21. Fructus Laurinarum monospermus est, vel Caryopsis vel Bacca dicendus. Ubi siccioris est naturae, tubo perianthii includitur vel sicco vel carnosulo. Fructus baccatus aut tubo perianthii totove perianthio in cupulam mutato cingitur, aut eidem, in discum integrum laciniisve appendiculatum converso, insidet, aut perianthio patulo persistente, nec vero increscente, circa basin residuo fulcitur, aut denique nudo omnique fere perianthii vestigio exuto pedunculo ac magis minusve incrassato inhaeret. Color carnis ruber aut violaceus.

22. Seminis testa membranacea, chartacea, coriacea, cartilaginea, ossea, intus nitida et rhaphe ramosa notata, extus carne fructus inducta et sulculo a trophospermio eidem adpresso insculpta rhaphi opposito; membrana interna tenuis est et pallida, in cuius altero latere, scilicet illi ubi funiculus foris adscendit opposito, rhaphe, in plures ramulos venosos soluta, lata, pallida, ad dimidium fere descendens chalazam format amplam circularem, parum ultra extremitatem inferiorem latioremque seminis excurrentem, obliquam igitur et lateralem, lutei coloris. Loco endostomii, hilo subiecti, pars reliqua membranae interioris maculam magnam chalazoideam orbicularem pallidam relinquit. Embryo cavi seminis figura, cotyledonibus crassis intus planis supra basin coniunctus. Radicula supera a basi cotyledonum abscondita et plumula plerisque aequales, conicae; haec bifida. Collum angustum, callosum, plumulam et radiculam tenui vallo dirimit. Cotyledones hypogaeae esse videntur. Hylum transversale, membranaceo-marginatum, superum (quoad fructum), in parte angustiori seminis, cui exostomii vestigia forma papillae imperforatae contigua. Perispermium nullum. Cotyledones formae

seminis, semiovatae, cavum seminis replentes, peltatae i. e. collo embryonis non basi sua sed supra basin adnatae, parte petiolari brevissima lineam transversalem referente. *)

COROLARIA AD GENERUM LAURINARUM CONSTRUCTIONEM SPECTANTIA.

23. Characterem maxime universalem *Laurinarum*, omnibusque conformem et immotum exhibent: Distributio verticillorum floris bis alternans, antherae valva-

*) Particularia quaedam afferimus:

1. In *Tetranthereis* testa tenuior, chartacea, cum membrana interna seminis connata.

2. In *Alseodaphne* testa est tenuior, membrana interna laete fusca, nitida.

3. In *Polyadenia* rhaphe in venulas paucas soluta, chalazae vestigia obsoleta, sed umbilicus internus macula lutea notatus.

4. In *Dodecadeniae* ovulo funiculus umbilicalis crassus, hilum latum, cui exostomium tumidulum proxime adiectum; rhaphe ad extremitatem oppositam (inversam) adscendens.

5. In *Tetranthera Roxburghii* funiculi umbilicalis adscendentis vestigia non observavi; ovulum et semen a vertice ipso recta pendere videbantur. Rhaphes nulla vestigia; macula chalaziformis umbilici interioris e regione opposita papilla minuta praedita.

6. *Tetrantherae sericeae* semen mucronatum. Caro baccae tenuis. Testa seminis crassa, coriacea, alba, fibris transversalibus, latere pervia, qua caro nigrescens intrat et parietem internum strato subtili nigrescente (membrana interna) investit. Membrana interna sub apice oblique appensa, vena nigra testam permeante.

7. Anatropia ovuli Laurinarum eiusdem naturae esse videtur ac anatropia *Amentacearum*, quae secundum Mirbelii observationes ex orthotropia primaria exoritur, cum vera basis interior ovuli, cui chalaza firmiter inhaeret, incremento praevalente producta, chalazam, ab hilo dimotam, in partes oppositas vel suboblique aversas abripit. Quam quidem similitudinem, ab observatione n. 5. suggestam, si forte examine, in recentiori statu instituendo, omnibus Laurinis communem esse comprobaretur, haud male hoc conveniret Laurinarum naturae, ex longinquo cum *Amentaceis* congruenti.

tae, glandulae geminatae, carpellorum et seminis structura. Haec sola spectanti unum declarandum est et individuum semper genus *Laurus.*

24. Florem si accuratius penetras, antherae in oculos cadunt aliis omnes introrsum dehiscentes, aliis non ita, sed tertii ordinis extrorsum. Habes sane discrimen attentione dignum. Quod si primum eas Laurinas, quarum omnes antherae introrsum spectant, inter sese comparaveris, haec invenies: Deesse his cunctis staminodia illa quarti ordinis, rariusve eorum loco vera stamina perfici; inflorescentiam esse vel umbellulam involucratam, vel gemmam squamatam; sexum apud plerasque inter distinctas plantas aut flores distribui.

Tum vero, ad alterum latus conversus, videbis, ubicunque tertius staminum ordo retro spectat, saepe staminodia quarti ordinis distincta, vel stamina primae et secundae seriei una cum his deficientia, semper autem inflorescentiam paniculatam vel e dissoluta panicula cymulosam (spicatam in *Cassyta*), nec involucratam, sed minutis caducisve bracteolis inspersam, floresque communiter hermaphroditos. — Notantur igitur aut determinantur antherarum directione conformi vel opposita simul inflorescentiae diversae, sexus diversa distributio: quae si non spernenda videbuntur, cum floris (partium fructificationis) discrimini alterum vegetationis superioris (inflorescentiae) discrimen respondeat, cui omnium reliquarum partium concentus quidam facile discernendus adsociatur, duo iam, genera dicas an sectiones, commendabis: **Tetrantheram** et **Laurum** (si velis servare nomen); illam ex antheris omnibus centro adversis, hanc ex antheris interioribus reversis dignoscendam.

25. Porro autem Antheras invenies utriusque harum Sectionum aliis esse bilocellatas, aliis quadrilocellatas. Et ea res quidem, cum pridem a peritis historiae plantarum viris sit ponderata, neque indigna visa, cuius causa genera distinguantur, non vili pendenda erit, sed examinanda, maximeque in animum revocandum, quanti sit antherarum hanc in familiam exstruendam vis et quam singulari via procreari ipsae inter Laurinas videantur. Quaeras fortasse: numne maioris etiam aestimanda sit haec locellorum quam illa, de qua sermo fuit, directionis dehiscentiae diversitas? Quod si ita esset, Laurinae omnes, quae antheris bilocellatis gaudent, pluribus aliis partium

tam vegetantium quam procreantium proprietatibus secum magis, quam cum reliquis, coniungi necesse esset. Verumtamen *Cassyta* illa, Cuscutam aliquam referens, et *Cryptocarya*, cuius fructus tubo perianthii obtegitur, et *Laurus nobilis Lin.*, flore quaternario gaudens pluribusque staminibus, et extra has aliae quoque diversissimae indolis omniumque inflorescentiae graduum species, gemmiflorae, umbelliflorae, spiciflorae, paniculatae cet., eiusdem generis forent habendae, quibus evidentissime sequitur, maximi inter characteres generum locellorum numerum non esse momenti, sed inferioris. In utraque autem, quas iam statuimus, Sectione primaria antheras invenimus esse aliis bilocellatas, aliis quadrilocellatas. Ex his sex pridem iam exposita referuntur genera maxime naturalia, videlicet *Laurus R. Br.*, quae primae est sectionis, et *Endiandra*, *Agathophyllum*, *Cassyta*, *Cryptocarya*, *Persea* secundae. Quae quidem genera non modo ab aliis sui ordinis, sed etiam inter sese differunt maxime: tubi calycis post anthesin evolutione diversa, cui soli fructus quaedam ab universali charactere declinatio consociatur, tum vero laciniarum persistentium aut vario modo post anthesin discedentium indole, partium floris numero tam absoluto quam relativo, staminodiorum figura, inflorescentia, in diversissimis quibusque generibus diversissima, foliorum aut defectu, aut, ubi adsunt, nervatione et consistentia, gemmis denique aut valvatim aut imbricatim squamulatis.

Indicia itaque praebere antherarum locellos (binos quaternosve) generum naturae convenientium, patet, sed ad alia simul esse advertendum, quae si suffragentur, probanda fore genera, si contradicant, relinquenda.

26. His igitur regulis et veluti ducibus in *Laurinarum* terra peregrina usus sum, omnibusque sedulo ab omni parte iterumque investigatis, plantas huius ordinis omnes characterum, quos supra citavi, per gradus invalescentium aut declinantium diverso concentu discedere in plura genera persuasum est tam vegetatione quam fructificatione congrua et ex earundem partium, levi ea quidem primo adspectu, diversitate mox dignoscenda, tametsi habitus universalis ob partium foliacearum per omnem ordinem simplicitatem et similitudinem minus, atque in aliis plantarum familiis, sub oculos cadat.

27. In hac vero sententia maxime confirmatus sum, cum viderem, eosdem characteres, quos principali illi, ex antherarum conversione hausto, accedentes,

Laurinas omnes in duas partes apprime naturales dirimere supra demonstravimus, in his etiam, quae utrisque subiecta sunt, generibus diiudicandis primum locum tenere, et inter suos quoque limites variatos praecipuam illis notam, tanquam sigillum imprimere, quo reliquae omnes notae, in unum collectae, continentur.

Qui characteres suo ordine, a superioribus ad inferiora progrediendo, hi sunt:

1. Antherae bilocellatae vel quadrilocellatae.

2. Tubus perianthii fructum investiens aut revelans.

3. Tubi perianthii diversae peracta anthesi mutationes, et formae, quibus sub fructu persistens observatur. Fructus maturi substantia ab hisce dependens.

4. Limbi, seu liberae partis sepalorum, aut integri aut certae eiusdem partis duratio, vel eiusdem defluxus, structura, i. e. sutura articulari, praefinitus.

5. Numerus quaternarius vel senarius partium floris.

6. Staminum primae secundaeve divisionis abortus, aut completus, aut alterius tantum eorundem ordinis.

7. Glandularum geminatarum frequentia solito maior et aliena earum a communi typo distributio.

I. Inflorescentia, quantum inter limites sectionis cuiusque superiorum variatur. Haec inter characteres, a vegetatione derivandos, primum tenet locum, et characteribus partium fructificantium 1. et 2. respondet.

II. Gemmatio, quam characteribus floralibus 3. et 4. aequalem duco.

III. Nervatio foliorum et eorundem in ramis distributio, cum characteribus 5. et 6. partium floralium componendae.

IV. Folia persistentia vel annuis vicibus cadentia.

---

28. Quibus praemonitis, tentaminis loco hanc propono Laurinarum ordinis in suas Tribus et Genera distributionem. Oriuntur autem Tribus naturales a congruentia typi, per se quidem in hoc ordine duplicis, at e diversa in diversis veluti viva radice et surculo prodeunte.

AFFINITATES

GENERUM LAURINARUM NATURALES.

Tribus I. CINNAMOMEAE.

Hermaphroditae. Staminodia perfecta. Antherae 4-locellatae, interiores retroversae. Limbus perianthii articulatus. Gemmae incompletae. Folia perennantia, per paria approximata, tri- vel triplinervia. Indicae.

Genus.
1. *Cinnamomum* Burm.
India orientalis.

Tribus II. CAMPHOREAE.

Hermaphroditae. Staminodia perfecta. Antherae quadrilocellatae, interiores retroversae. Limbus perianthii deciduus. Gemmae perulatae. Folia perennantia, longe petiolata, triplinervia, in axillis costarum glandulosa subtusque porosa. Asiaticae, praesertim Chinenses et Iaponicae.

Genus.
2. *Camphora* Bauh.
India orientalis.

Tribus III. PHOEBEAE.

Hermaphroditae. Staminodia perfecta. Antherae bi-vel quadrilocellatae, interiores retroversae. Limbus perianthii persistens, durescens, cupulam baccae adpressam struens. Gemmae incompletae. Folia perennantia, venosa et penninervia. Species Canarienses et Indicae, tam orientales quam occidentales.

Genera.

3. *Apollonias* N. ab E. Antheris bilocellatis.
Insulae Canariae.

4. *Phoebe* N. ab E. Antheris quadrilocellatis.
India orientalis et occidentalis.

Tribus IV. PERSEAE.

Hermaphroditae. Staminodia perfecta. Antherae bi-quadrilocellatae, interiores retroversae. Limbus perianthii vel persistens et tum sub fructu patulus non mutatus nec lignescens, vel deciduus discum orbicularem relinquens. Pedicelli fructus in plurimis incrassati, succulenti vel subcarnosi. Gemmae incompletae. Folia perennantia, penninervia, saepe puberula. Florum paniculae amplae, vel ubi minores sunt, rigidulae, cymulosae, plerisque infraterminales. Perianthia grandiuscula, pubescentia vestita. Arbores pleraeque Americam tropicam incolentes, una et altera Americam septentrionalem et insulas Canarias, aliquot Indiam orientalem. Series quaedam alpicola est, regiones alpium tropicarum Americae incolens.

Genera.

5. *Persea* Gaertn. Perianthium persistens. Pedicelli incrassati. Antherae quadrilocellatae.
Arbores occidentales.

6. *Machilus* Rumph. Perianthium persistens. Pedicelli vix incrassati. Antherae quadrilocellatae.
Arbores orientales.

7. *Boldu* N. ab E. Perianthium persistens. Pedicelli parum incrassati. Antherae bilocellatae.
Arbor Chilensis, monticola.

8. *Alseodaphne* N. ab E. Perianthii limbus deciduus, basis persistens, explanata, orbiculata. Pedicelli crassi. Antherae quadrilocellatae.
Arbores amplifoliae Indiae Orientalis.

9. *Hufelandia* N. ab E. Perianthium totum fere evanescens. Pedicelli crassi, subcarnosi. Antherae quadrilocellatae.
Arbores insulares Indiae occidentalis.

Tribus V. CRYPTOCARYEAE.

Hermaphroditae. Staminodia perfecta (quibusdam nulla?) Antherae bi- rarius quadrilocellatae locellis faciei insertis; interiores retroversae. Limbus perianthii deciduus vel persistens. Numerus staminum in quibusdam abortu diminutus. Fructus vel siccus vel baccatus in perianthii tubo vel baccante vel durescente totus maximamve partem inclusus, rarissime perianthii basi persistenti impositus et tunc vero durus nec baccatus. Gemmae imperfectae. Inflorescentia thyrsoidea densiuscula, vel racemosa. Perianthium plerisque infundibuliforme. Folia perennantia, venosa. Arbores Indiae orientalis, Novae Hollandiae, paucissimae Americae tropicae. Cortex et folia in nonnullis aromatica.

Genera.

10. *Endiandra* R. Br. Stamina tria interiora sola residua.
Arbores Novae Hollandiae et Indiae orientalis.

11. *Beilschmiedia* N. ab E. Stamina novem. Antherae bilocellatae. Fructus nudus, durus. Racemi breves, primum gemmaceo-bracteati.
Arbores Indiae orientalis.

12. *Cecidodaphne* N. ab E. Stamina novem. Antherae quadrilocellatae. Fructus perianthio immersus (?) Thyrsi breves e gemma galliformi prodeuntes.
Arbores Indiae orientalis.

13. *Cryptocarya* R. Br. Stamina novem. Antherae bilocellatae. Fructus perianthio vel baccante clauso verticeque nudo, vel perforato et laciniis perianthii reflexis cincto, totus obtectus, liber, neque cum perianthii tubo concretus. Folia penninervia.
Arbores Novae Hollandiae, Indiae orientalis et Americae tropicae.

14. *Caryodaphne* Blume. Stamina novem. Antherae bilocellatae. Fructus perianthio clauso verticeque nudo baccante tectus eidemque adhaerens. Folia tri- vel triplinervia.
Arbores, in Iava insula et in Nova Hollandia crescentes.

15. *Agathophyllum* Willd. Stamina novem. Antherae quadrilocellatae. Fructus perianthio durescente a limbo connivente umbonato totus obtectus.

Arbores insularum Mascarenarum.

16. *Mespilodaphne* N. et M. Stamina novem. Antherae quadrilocellatae. Fructus primum perianthio pomiformi a laciniis conniventibus umbonato immersus, demum erumpens et perianthio crasso cupuliformi truncato profunde caliculatus, baccans. Staminodia parva capitulo ovato.

Arbores Americae tropicae, cortice, ligno, foliis fructuque odoratis.

Tribus VI. ACRODICLIDIA.

Arbores hermaphroditae. Staminodia vel nulla, vel dentiformia, compressa. Stamina tria vel novem. Antherae locellis binis poriformibus iuxta apicem dehiscentes, subsessiles, interiores retroversae. Fructus primum perianthio pomiformi vel mespiliformi laciniis conniventibus clauso aut umbonato reconditus, serius emergens et cupulae calycinae crassae truncatae vel appendiculatae profunde immersus, baccans. Inflorescentia paniculata, thyrsoidea, vel conglomerato-capitata, puberula. Flores saepe infundibuliformes limbo brevi. Gemmae incompletae. Folia perennantia, venosa, cuspidata, saepius puberula. Arbores Americae tropicae.

Genera.

17. *Aydendron* N. et M. Stamina novem. Staminodia dentiformia. Paniculae infraterminales.

18. *Evonymodaphne* N. ab E. Stamina tria interiora perfecta in columnam contigua, sex exteriora laminiformia.

19. *Acrodiclidium* N. et M. Stamina tria interiora sola praesentia, libera. Paniculae thyrsoideae.

20. *Misanteca* Schlechtend. Stamina tria interiora sola praesentia, monadelpha. Flores capitati.

Tribus VII. NECTANDREAE.

Hermaphroditae. Staminodia dentiformia, rarius subcapitata. Stamina novem. Antherae subsessiles, latae, locellis basin versus in arcum dispositis dehiscentes; interiores retroversae. Perianthii laciniae latiusculae patentes deciduae, exteriores latiores. Fructus baccans, cupulae truncatae profundae insertus. Inflorescentia paniculata, satis ampla. Gemmae incompletae. Folia perennantia, venosa, in axillis venarum costalium quandoque porosa. Arbores Americae tropicae.

Genus.

21. *Nectandra* Rottb.

Subgen. A. *Pomatia* N. ab E. Staminodia biglandulosa.

Subgen. B. *Neotandra* Rottb. Staminodia nuda.

Tribus VIII. DICYPELLIA.

Dioecae vel polygamae. Staminodia nulla. Stamina ordinum duorum exteriorum in femina laciniis limbi consimilia et cum iisdem persistentia calyculum crassum radiatum sub fructu formantia, vel cadentia (?) Antherae interiores, 3 — 6, sessiles, quadriporosae. Bacca. Inflorescentia racemosa, depauperata, saepe bracteolata et ab initio gemmiformis. Gemmae incompletae. Folia perennantia, venosa. Arbores Brasilienses non satis cognitae et probabiliter aliis Laurinarum sectionibus olim adsociandae.

Genera.

22. *Dicypellium* N. et M. Perianthii limbus cum staminibus sex exterioribus persistens, increscens durescensque, radiatim patulus. Antherae tres interiores sessiles, basi quadriporosae. Panicula nuda.

23. *Petalanthera* N. et M. Perianthii limbus persistens (?) Stamina sterilia tria ad sex, petaloidea. Stamina interiora sex ad novem antheris filamentoque angusto discretis, illis quadrilocellatis locellis per paria sibi impositis; interiorum staminum magis lateralibus. Panicula bracteolata, subtrifida.

24. *Pleurothyrium* N. ab E. Perianthii limbus deciduus. Lobuli glandulosi sex cum limbo alternantes, persistentes. Stamina perfecta novem, conformia, locellis laterialibus altero retro altero introrsum spectante.

Tribus IX. OREODAPHNEAE.

Dioecae vel polygamae. Staminodia nulla vel subulata, aut saltem imperfecta. Stamina vel sex, tribus interioribus deficientibus, vel in plerisque novem, rariusve duodecim, tertii (quarti etiam, si adest) ordinis reversa. Antherae filamento distincto praeditae, bi-quadrilocellatae, ubi quadrilocellatae, locelli per paria sibi sunt impositi. Perianthii campanulati vel rotati, parvi vel mediocris, rarissime grandioris, laciniae aequales nec dilatatae. Fructus parvus vel mediocris, baccans, aut cupulae profundae truncatae appendiculataeve insertus, aut perianthio patulo haud mutato suffultus, aut pedicello fere nudo incrassatoque subcarnoso impositus. Inflorescentia axillaris vel infraterminalis, paniculata vel racemosa, magis minusve composita, multis parva et racemulosa, quibusdam tenera et laxa aut elongata, minute bracteolata, bracteolis fugacibus. Gemmae incompletae. Folia perennantia, venosa; multis in axillis venarum costalium subtus porosa et barbulata, saepe salicina, tam Caprearum quam Viminalium foliis comparanda. Arbores et frutices Americae tropicae, paucae Insularum Mascarenarum, una Canariarum, una Promontorii bonae spei, paucae (*Haasiae*) Indiae orientalis.

Adnotatio. Est stirps, ut ita dicam, centralis formarum occidentalium, suo modo ad omnes fere totius Familiae Tribus accedens, nec vero ultra certos suos limites, nisi leviori quadam specie vel imagine aliena, egrediens.

Genera.

25. *Teleiandra* N. ab E. Stamina duodecim perfecta. Antherae quadrilocellatae, ordinum tertii et quarti reversae. Staminodia nulla.

26. *Leptodaphne* N. et M. Stamina sex, tertio ordine in staminodia infra capitulum biglandulosa converso. Antherae quadrilocellatae. Staminodia quarti ordinis nulla. Cupula truncata. Paniculae graciles, laxae.

27. *Ajouea* Aubl. Stamina sex, interiora et staminodia nulla. Antherae bilocellatae. Perianthium in cupulam parvam sexfidam durescens. Panicula laxiuscula.

28. *Goeppertia* N. ab E. Perianthium aequale. Stamina novem. Antherae bilocellatae. Staminodia nulla. Fructus a perianthii tubo cupulari integro vel appendiculato calyculatus. Paniculae laxae.

29. *Haasia* Blume. Perianthii laciniae tres exteriores brevissimae. Antherae bilocellatae. Staminodia nulla. Fructus pedicello incrassato succulentoque impositi, nudi vel perianthio haud mutato basi cincti.

Arbores in Archipelago insularum Indiae orientalis crescentes.

30. *Oreodaphne* N. et M. Stamina novem. Antherae quadrilocellatae. Staminodia nulla, vel subulata aut subcapitata. Fructus a perianthii tubo crassiusculo cupuliformi profundo, truncato rariusve laciniis emarcidis appendiculato, calyculatus. Paniculae vel thyrsi aut racemuli, saepe breves. Folia quandoque porosa.

31. *Camphoromoea* N. et M. Stamina novem. Antherae quadrilocellatae. Staminodia nulla. Bacca a perianthio in cupulam sexfidam indurato calyculata. Folia paucicostata. Paniculae parvae.

32. *Ocotea* Aubl. Stamina novem. Antherae quadrilocellatae. Staminodia nulla. Bacca perianthio patulo non mutato pedicelloque incrassato imposita. Paniculae mediocres.

33. *Gymnobalanus* N. et M. Stamina novem. Antherae quadrilocellatae. Staminodia nulla. Fructus pedicello incrassato et a perianthio subdenudato impositus. Paniculae parvae, rigidulae. Folia porigera.

Tribus X. FLAVIFLORAE.

Dioecae vel polygamae. Staminodia nulla. Stamina novem. Antherae bi-quadrilocellatae, omnes introrsum dehiscentes. Perianthium rotatum, tenue, flavum. Bacca pedicello subnudo, quandoque incrassato, imposita. Racemuli vel umbellulae praecoces, involucratae vel bracteatae. Gemmae perulatae. Folia membranacea, decidua. Arbores et frutices Americae septentrionalis, montium Mexicanorum et Nepaliae alpinae.

Genera.

34. *Sassafras* N. ab E. Antherae quadrilocellatae. Inflorescentia racemulosa.

† *Tetrantherae aestivalis* et *sericea*. Antherae quadrilocellatae. Inflorescentia umbellulata, involucrata.

35. *Benzoin* N. ab E. Antherae bilocellatae. Inflorescentia umbellulata, involucrata.

Tribus XI. TETRANTHEREAE.

Dioecae. Staminodia nulla. Stamina novem ad octodecim, longa; ubi plura quam novem, perianthium limbo vel caret vel partium numero diminuitur. Antherae bi- vel quadrilocellatae, omnes introrsum dehiscentes. Bacca tubo perianthii patelliformi vel explanato imposita. Umbellulae involucratae. Gemmae incompletae, vel superiores tantum squamis 4—6 praeditae. Folia perennia, venosa. Arbores Indiae orientalis, una Europaea.

Genera.

36. *Cylicodaphne* N. ab E. Antherae quadrilocellatae. Cupula fructus profunda, nuda.

37. *Tetranthera* Iacq. Antherae quadrilocellatae. Cupula fructus discoidea. Stamina tria interiora basi biglandulosa. Folia venosa nec admodum reticulata.

Adnotatio. Species foliis annuis, paecedenti Sectioni natura adscriptae, lege artis hic inseruntur.

38. *Polyadenia* N. ab E. Antherae bilocellatae. Cupula fructus discoidea. Stamina omnia basi biglandulosa. Folia costata et grosse reticulata.

39. *Laurus* Linn. Antherae bilocellatae. Filamenta in medio biglandulosa. Perianthium quadrifidum.

Arbor Asiatica et Europaea.

40. *Lepidadenia* N. ab E. Hermaphrodita. Stamina plura quam novem, quorum sex interiora laminis a tergo geminis sessilibus obvallata. Antherae quadrilocellatae. Inflorescentia umbellulata, involucrata. Folia venosa, obliqua.

Tribus XII. DAPHNIDIA.

Dioecae vel hermaphroditae. Staminodia nulla. Stamina 6—15, et ubi plura quam partes perianthii, istae non deficiunt. Antherae bi- vel quadrilocellatae, omnes introrsum dehiscentes. Bacca tubo perianthii vel discoideo vel cyathiformi imposita vel pedicello nudo. Gemmae perulatae. Flores e gemma geniti, squamis bracteati, axillari-subglomerati, raro umbellulati et involucrati. Folia perennia, aliis venosa, aliis nervosa. Arbores Peninsulae Indiae orientalis, Chinae, Iaponiae.

Genera.

41. *Dodecadenia* N. ab E. Hermaphroditae. Stamina plura quam novem. Antherae quadrilocellatae. Gemmae uniflorae. Folia costata.

42. *Actinodaphne* N. ab E. Dioicae. Stamina novem. Antherae quadrilocellatae. Gemmae pluriflorae, floribus fasciculatis, paniculatis vel racemosis, squamis interstinctis. Folia verticillata, subcostata.

43. *Daphnidium* N. ab E. Dioecum. Stamina novem in perianthio sexpartito. Antherae bilocellatae. Folia nervosa aut penninervia.

44. *Litsaea* Juss. Dioeca. Stamina sex in perianthio quadripartito. Antherae quadrilocellatae. Folia nervosa.

Tribus XIII. CASSYTEAE.

Hermaphroditae. Staminodia perfecta. Stamina novem; antheris quadrilocellatis, tribus interioribus reversis. Caryopsis perianthio baccante laciniis conniventibus coronato inclusa. Folia nulla. Herbae parasiticae, cuscutiformes, Indiae orientalis, Novae Hollandiae, Africae et Americae calidioris.

Genus.

45. *Cassyta* Linn.

GENUS INCERTUM.

(*Adenostemum* Pers. *Gomortega* Ruiz et Pav. *Keulia* Molin.)

Corolla hexapetala. Stamina decem triplici serie, gradatim minora. Glandulae duae ad basin singuli filamenti. Stigmata duo vel tria. Drupa unilocularis. Nux durissima, bi-trilocularis. Nuclei compressi. Pers. l. c.

Excursus de Laurinarum distributione geographica, de Laurinarum studii historia et incremento, et de Laurinarum viribus atque in vita humana usu calci operis subiuncturus sum.

Tribus I.

CINNAMOMEAE.

Hermaphroditae. Staminodia perfecta. Antherae quadrilocellatae, interiores retroversae. Limbus perianthii articulatus. Gemmae incompletae.

Folia perennantia, per paria approximata, tri-vel triplinervia.

Arbores Indiae orientali indigenae.

CINNAMOMUM. Burm. Bl. N. ab E. in Wall. Pl. As. rar. II. p. 73. sqq. Laur. Disp. Progr. p. 9.

(*Perseae* spp. Spr. *Lauri* spp. Lin. et al.)

Flores hermaphroditi, seu potius polygami, paniculati vel fasciculati, nudi. Perianthium sexfidum, coriaceum, limbi parte superiori, vel rarius toto limbo, in tubo cupuliformi deciduis. Stamina fertilia novem triplici serie, quorum tria interiora staminodiis binis sessilibus glanduliformibus ad basin stipata; antherae ovatae, quadrilocellatae, valvulis totidem adscendentibus dehiscentes, locellis inferioribus magis lateralibus; tres interiores extrorsum versae. Staminodia tria capitulo ovato in serie magis interiori. Stigma discoideum. Bacca monosperma, basi perianthii cupuliformi in margine ob partem inferam laciniarum persistentem sexfida suffulta.

Inflorescentia paniculata, trichotoma, rariusve, ob ramos abbreviatos, in fasciculum redacta, non involucrata, axillaris vel terminalis.

Folia nervosa, apud plerasque per paria approximata vel subopposita. (Gemmae foliigenae non squamatim imbricatae.)

Adnotatio. Ab omnibus Laurinis Cinnamomi species distinguuntur laciniis perianthii in plerisque ad dimidium tantum deciduis, parte inferiori indurata restante, quo evenit, ut cupula truncata quidem sed tamen sexfido margine in conspectum veniat. Summitas laciniae sutura arcuata discedit, quae sub anthesi quidem non conspicua, mox autem tubo cum laciniarum parte inferiori durescente, lineae paullulum elevatae forma apparet, unde superior pars laciniae introrsum flexa per aliquod temporis perstat, donec a basi penitus separetur. In paucis tamen tota lacinia perstat, sed linea separationis in his quoque non minus evidens, dubium haud relinquit, quin casu saltem naturaque ipsa viam monstrante hac parte summitas laciniae a basi sua sponte dissolvatur.

---

1. Cinnamomum obtusifolium.

C. ramis obtuse tetragonis glabris, foliis elliptico-oblongis apice sphacelatis basi acutis triplinerviis arcuato-reticulatis, paniculis terminalibus corymbosis, laciniis calycis cum fructu persistentibus. *N. ab E. in Wall. pl. As. rar. II. p.* 73. *n.* 1.

Laurus obtusifolia *Roxb. Hort. Beng. p.* 30. *Wall. Cat. n.* 2574. A. *et* C.

Laurus Bejolgota *Hamilt. in Linn. Transact. XIII.* 2. *p.* 559. (*excl. syn. Laur. Malabathricae Hort. Beng.*) *Spr. S. V. II. p.* 265. *n.* 3.

Laurus Bezolghota *Hamilt. Herb.*

β. ♀, antheris nullis, paniculis thyrsoideis.

Laurus macrophylla, an L. obtusifolia Roxb.? *Wall. Cat. n.* 2575.

Habitat in sylvis Camrupae ad Sistam fluvium prope Patgong (Hamilt.); in Silhet (Wallich.). Var. *β.* in Horto botanico Calcuttensi, e Silhet illato surculo. Floret Januario, Februario et Martio maturantque fructus Julio et Augusto mensibus. Nomen Benghalensium *Bejolghota* (Hamilt.), *Kintun* (Roxburgh.)

Arbor magna. Ramuli oppositi, crassiusculi, rigidi, tetragoni, obtusanguli, glabri, lutescentes, aetate fusco-rimosi; cortex fuscus, insipidus fere, odore, cum dissecetur, Cinnamomi fugacissimo; lignum solidum, lutescens; tubus medullaris angustus. Cicatrices foliorum per intervalla congesta, trium vel quatuor parium decussantes, lunatae vel circuli segmentum referentes, cum pedunculornm cicatricibus transverse-ovalibus confluentes. Gemmae inter pedunculos terminales, ovatae, satis magnae, albo-tomentosae sublanuginosae, squamis trium parium oppositis ovatis acutiusculis subcoriaceis convexis apice hiantibus. Folia ad apices ramulorum et innovationum congesta, 3—4 parium, rarius alterna, 6—12 pollices longa, 2—3 pollices lata, oblongo-elliptica, suprema saepe breviora nec angustiora, ovata, basi acuta, apice modice attenuata et in breve obtusumque acumen producta, hoc ipso autem sphacelato rarissimeque conspicuo, plerisque foliis potius ulterius emortuis et veluti morsu detruncatis, quod cum Hamiltonio ab insectis deducere nequeo, cum in paucis, quae vidi, integro apice praeditis, idem non minus ac in aliis foliis maximeque laesis sphacelo correptus inveniatur. Apicem si excipis, folia sunt coriacea, rigida, glabra, supra nitida, subtus glauca, in margine nervo continuo cartilagineo cincta, trinervia, nervis prope a basi in truncum latum brevissimum bisulcum confluentibus costaque subtus carinatis, ad apicem fere excurrentibus, intervallis utrinque venis arcuatis satis distinctis aliisque tenuioribus reticulatis. Petioli semipollicares, depresso-dilatati, glabri. Paniculae e gemma terminali nascentes, paribus 3—8 aggregatae, corymbum formantes gemmam foliigenam cingentem, erectae, 3—4 pollicum, pubescentes. Pedunculus communis tetragonus cicatrice squamae delapsae lineari arcuata prominente ad basin cinctus; rami oppositi vel subopposoti, 3—5 parium, $\frac{1}{2}$—$\frac{3}{4}$ pollicis longi, patentes, compressi, bifidi, ramulis trifloris floreque intermedio. Flos hermaphroditus: Pedicelli $1\frac{1}{2}$—1 lineam longi, compressi, pubescenti-tomentosi, cani. Perianthium turbinatum, $1\frac{1}{2}$ lineas longum, peracta anthesi oblongum, 2 lineas altum, extus pubescenti-sericeum, incanum. Tubus sub anthesi brevis, cum pedicello confluens, intus ut limbus eoque magis hirto-sericeus, albicans; laciniae limbi altitudine, subaequales, chartaceae, nervoso-venosae, pellucido-punctatae, obtusiusculae; exteriores ovatae vel ovato-ellipticae minus distincte nervosae, interiores ovali-oblongae angustiores. Stamina fertilia novem, laciniis breviora, flava; filamenta linearia, omnium extus minute strigilosa; antherae ovales, pellucido-punctatae, quadrilocellatae, locellis inferioribus ovatis, superioribus ovalibus minoribus; tres interiores, pro more, extrorsum dehiscentes; valvulae conformes. Glandulae geminatae trium interiorum staminum filamento supra basin nonnihil dilatatam in latere magisque a tergo insertae, stipite exiguo vel nullo praeditae, subsessiles, ovatae, basi cordata vel incisa, acutiusculae, extus infra apicem biimpressae, luteae. Staminodia quarti ordinis glabra, capitulo longitudine stipitis lanceolato acuminato a latere interiori sagittato. Pistillum longitudine staminum, glabrum; ovarium ovatum; stylus filiformis; stigma amplum, lobatum, obliquum. Post anthesin tubus tumet obovatus, ovarium grossificatum ambiens, rigetque, laciniae quoque iam erectae apiceque incurvae ad medium fere rigescunt, et apex tenuior linea arcuata elevata dirimitur; in plurimis tamen persistit.

Planta feminea, quam cultura ortam suspicare fas est, differt: foliis amplissimis, plerisque pedalibus, paniculae ramis ramulisque brevioribus, illis 1/4 pollicis vel brevioribus, hinc figura paniculae aliena thyrsoidea, etiamsi ad eundem typum omni numero extructa sit.

Flores brevipedicellati, teneriores, nec minores; tubus brevior; limbi laciniae acutiusculae, evidentius venosae et punctatae; exteriores ovatae, interiores ellipticae. Filamenta et staminodia interioris ordinis conformia, limbo triplo breviora, linearia, truncata, ciliata extusque strigilosa; filamenta tertii ordinis brevissima, a glandulis suis ratione reliquarum partium grandioribus subrotundis compressis fere recondita, ut cavendum sit, ne laminas tres glandulosas ob cohaerentes hasce glandulas in centro floris sitas statuas. Pistillum breve; ovario crasso; stylo ovario breviore; stigmate incrassato truncato. Calyx fructus tubo brevi turbinato, laciniis longitudine tubi integris persistentibus, sutura praeditis, magnitudine parum auctis patentibus basi rigidis. Bacca parva, tres lineas longa, ovata; carne nigra tenui; disco elevato brevissime mucronato in semine persistente coronata. Semen pallidum, laeve.

Adnotatio. Nisi in descriptione *Katou Karuae*, quae *Lauri Malabathri* Lin. typus, (*Rheed. H. Mal.* V. *p.* 105. *t.* 53.) disertis verbis cortici „cinnamomi odor et sapor", licet debiliores tribuerentur, huic, praesertim eius varietati *β*., lubentissime hoc synonymon adscriberem ob summam foliorum et inflorescentiae congruentiam. Flores pentapetaloides et stamina quinque, icone et descriptione Horti Malabarici expressa, non tanti cum Hamiltonio facerem, ut Lauri esse non posse generis ex his solis mihi persuaderem, praesertim cum nulla alia arbor cognita sit, quae isti Rheedianae traditioni melius respondeat. Scimus etenim, flores minores et minus bene servatos, tunc temporis non ea, qua hodie solent, cura esse examinatos. Sed sane notae illae gravioris momenti, ut sapor et odor, rem per se quidem minime expeditam, novis dubiis implicant iubentque dimittere quaestionem. Mirum tamen, eadem dubia fere premere omnes, quas similes quis isti Rheedianae diceret Laurinas, et arborem, secundum Rheedii adnotationes in Peninsula vulgarem et cuius cortex haud infrequenti usu haberi videbatur, nunc prorsus nos latere, neque inter tot, quot cl. Wallichius aliique strenuissimi observatores ex India orientali retulere, ullum exemplum adesse, quod *Katou Karuae* iconi et descriptioni omni numero conveniat, nisi cum cl. Batka, quem equidem auctorem secutus sum, *Cinnamomum iners* Reinwardti Malabathri veram esse arborem nobis persuadeamur.

---

2. CINNAMOMUM Bazania.

C. ramis acute angulatis glabris, foliis elliptico-oblongis apice sphacelatis basi acutis triplinerviis arcuato-reticulatis, paniculis axillaribus terminalibusque solitariis angustis, laciniis calycis cum fructu persistentibus. *N. ab E. in Wall. pl. As. rar. II. p.* 73. *n.* 2. *III. p.* 32.

Laurus Bazania *Hamilt. in Act. Soc. Lin. Lond. XIII.* 2. *p.* 560.
Laurus obtusifolia *Wall. Cat. n.* 2574. B.
Laurus Cinnamomum? Herb. Wight. *Wall. Cat. n.* 2573. E. (surculus luxurians, angulis minus ac in reliquis prominulis.)

β. Parvifolium; foliis dimidio duplove minoribus.

Habitat in montibus Emodi superioribus prope Cosam fluvium (Hamilt.), lectum Septembri 1810 cum floribus defloratis. (Herb. Hamilt.) Nomen apud indigenas: *Bazania.*

Var. *β*. specimen in montibus provinciae Dindygul lectum est; vidi in Herb. Wight.

Arbor simillima praecedenti, et forte varietas; distinguendam autem esse censui ob notas sequentes: Cortex radicis fuscus, fortius et grate odoratus, sapore Cinnamomeo praeditus, (Hamilt.). Rami, magisque ramuli novelli, fusci, crebris lenticellis irregularibus, in adultis confluentibus exasperati; cortex non, ut Hamiltonius affirmat, omnino inodorus, sed in sicco exemplo, ipsius manu inscripto, odore et sapore singulari, radicis Ireos florentinae cum Cinnamomo mixti consimili. Gemmae terminales; squamae cuspidatae solis cuspidibus circa margines sericeis, caeterum glabrae. Folia illis *Cinnamomi obtusifolii* similia, rigidiora, nervis lateralibus ad apices usque, quantum restant, valde conspicuis, insipida, inodora. Paniculae et axillares, et ramuli apicem terminantes, 3—4 pollices longae. Pedunculus communis fortis, acute et inaequaliter quadrangularis, glaber; ramuli paniculae rigidi, compressi, 3—4 parium, glabri, bifidi cum flore intermedio, ramulis lateralibus trifloris, iam post anthesin unifloris. Pedicelli 2 lineas longi, crassi, cum suis ramulis minute pubescentes. Flores 3 lineas longi, e cylindraceo turbinati, pubescentes, coriacei, laciniis persistentibus erectis ovatis acutiusculis venoso-nervosis pellucido-punctatis aequalibus; exterioribus basin versus, interioribus totis in pagina interiori strigoso-sericeis, his etiam extus densius pubescentibus; sutura arcuata prope ab apice sita, distincta, elevata, neque separabilis, (ob summitatem puto in hac nimis brevem). Stamina iam destructa erant. Ovarium subglobosum, perianthii tubo ad dimidiam altitudinem immersum, styli basi truncata coronatum, glabrum. Ovulum inversum, iam totum cavum ovarii replens. Embryo magnus, rufescens.

Var. β. differt: foliis $3\frac{1}{4}$—$3\frac{1}{2}$ poll. longis $1\frac{1}{2}$—$1\frac{3}{4}$ poll. latis, ovatis obtusis, nonnullis etiam minoribus. In reliquis autem congruunt folia, rigida, obsolete venosa, alte triplinervia accedente in quibusdam nervorum pare inferiori. Pedunculi fructuum in hoc exemplo petiolo vix duplo longiores, bis bifidi fuisse videbantur, iam vero una sola cupula detruncata obconica rigida praediti. Laciniae calycis, ut in *Cinnamomo Malabathro*, eroso-dissolutae, iam maximam ad partem defluxerant.

Adnotatio. Specimen Herbarii Wightiani supra inter synonyma relatum, ramulus est singulari adspectu, sed floris fructusque expers, subtetragonus. Epidermide vestitus est castanea glabra nitente, tanquam si vernice esset imbuta, minutis pustulis exasperata; cortex durus, mucilaginoso gusto levissimoque Cinnamomi quasi halitu; lignum durissimum subrufum; tubus medullaris angustus. Folia opposita, rigida, cum petiolo 6 pollices longa, inferiora 3, reliqua 2 pollices lata, ovata vel ovalia, basi acuta, vel etiam in basin attenuata, apice cuspidato-producta, cuspide paullo angustiori, ac in multis Zeylanici Cinnamomi foliis, mediocri tamen et obtuso; utrinque concoloria videntur, pallide viridia, glabra, triplinervia nervis iuxta basin confluentibus ante apicem evanescentibus, venis parum distinctis arcuatis coniunctis. Petioli $3/4$ pollices longi, crassi, teretes, supra canaliculati, rigidi, glabri, rugosi, purpurei. Gemma terminalis parva, glabra, ovata, obtusa, rugulosa, purpurascens, squamis tribus externe conspicuis.

---

3. Cinnamomum Malabathrum B.

C. ramis teretibus glabris, foliis elliptico- vel lanceolato-oblongis basi acutis apice subattenuatis obtusis triplinerviis subaveniis, paniculis compositis axillaribus terminalibusque pedunculatis, floribus sericeis, laciniis infra apicem deciduis.

Cinnamomum Malabathrum *Batka in Nov. Act. Acad. C. L. C. Nat. Cur. XVII.* 2. *p.* 618. *t.* 45.*)
Cinnamomum iners Reinw. *Blume Bydr. p.* 570.
Laurus iners *Reinw. in litt.*
Laurus Malabathrum *Wall. Cat. n.* 2583. A. (*ex parte.*)
Katoù Kárua *Rheed. H. Mal. V. p.* 105. *t.* 53.

Variat perianthio novemfido dodecandro.

Crescit in Penang, (Wallich, Wight); in fruticetis montanis Javae, (Reinwardt, Blume). Vidi specimen (formae cuiusdam angustifoliae) in herbario b. Guentheri, a cl. Reinwardt inscriptum.

Arbor. Rami non validi, teretes, striati, glabri; iuniores apice minute pubescentes; cortex fuscus, omnino insipidus; lignum album, solidum; tubus medullaris angustus. Cicatrices foliorum semicirculares, prominulae, planae. Gemmae cinereo-tomentosae, subargenteae; axillares ovatae, obtusae; terminalis

---

*) Synonyma aliquot, quae parvi per se quidem momenti, Malabathri nomen magis quam indolem prae se ferunt, ac veterum praestantissimorum scriptis adiungimus.

Malabatrum. *Garcias ab Orto Hist. arom. p.* 19.
Malabatrum vel Folia Indi officinarum. *J. Bauh. Hist. p.* 430—435.
Canella Columnae. *H. Fernand. Obs. p.* 864.
Malabathrum. *Tabernaem. Kraeuterb. p.* 1343.
Malabathrum. *Burm. Fl. Ind. p.* 214.

ovato-lanceolata, acuta, vix duplo maior. **Folia** opposita, nec raro tantum per paria approximata, 4—7 poll. (cum petiolo) longa, 1—2¼ lata, diversiformia, alia fere lanceolata, alia elliptico-oblonga vel elliptica, omnia basi acuta, apicem versus nonnihil angustiora, rariusve magis attenuata ipso tamen apice semper obtuso, chartaceo-coriacea, utrinque, praesertim subtus, glaucescentia, glabra, nervo marginata, triplinervia, nervis lateralibus rarissime basin ad usque discretis plerumque ultra connexis alteroque saepe altius costae cohaerente, paulo ante apicem folii evanescentibus. Petioli semiunciales, subtus convexi, latere compressi, supra leviter canaliculati, glabri. **Paniculae** ad innovationum basin duorum vel trium parium suboppositae, nudae, tum aliquot axillares, folio breviori suffultae, decompositae et supradecompositae, patentes. Pedunculus communis 4 — 5 poll. longus, inferne compressus, inter flores compresso-tetragonus, pubescens, basi ad ⅓ saltem simplex hinc divisus. Rami 3—4 parium, patentes, compressi, pubescentes; inferiores pollicares vel paullo longiores bifidi rariusve bis bifidi, reliqui decrescentes, bifidi; ramuli triflori, et flos intermedius. Squamae bracteales lanceolatae, argenteo-sericeae. Pedicelli bilineares, sericeo-cani, compressiusculi. **Flores** bilineares, ultra medium sexfidi, extus dense griseo- et sabargenteo-sericei, campanulato-patentes; laciniae obtusae, chartaceae, venoso-nervosae, pellucido-punctatae, intus strigoso-sericeae, prope ab apice sutura separabili praeditae; exteriores ellipticae, interiores oblongae. **Stamina** fertilia novem, triplici serie, quorum sex exteriora basi laciniarum adhaerentia; filamenta angusta, linearia, antheris duplo longiora, omnia extus ad basin, sex exteriora etiam in anthera strigilosa; antherae parvae, oblongae, tenerae, pellucido-punctatae, luteae, quadrilocellatae, tres interiores extrorsum dehiscentes, locellis inferioribus ovato-lanceolatis dissitis magisque lateralibus, superioribus duplo minoribus conicis. Stamina tria interiora cum staminodiis basi in tubum cohaerentia. **Glandulae geminatae** filamentorum basi dilatatae insertae, ovatae subcordatae, obtusae. **Staminodia** ovata, acuta, extrorsum convexa, introrsum basi sagittata; stipite eiusdem longitudine extrorsum strigoso. **Pistillum** longitudine staminum, glabrum; ovarium globosum; stylus ovario duplo longior, crassus; stigma latum, trilobum. **Bacca** 2 — 2½ lineas longa, ovalis, perianthii laciniis brevi ab apice spatio truncatis quandoque in apicem emarcidum ceu appendiculam terminatis calyculata.

Adnotatio. Laciniae calycis primo infra apicem sutura solvuntur. Denique maturescente fructu veluti altera accedente sutura a tubo discedunt, quo facto, cupula truncata restat. Sed restant et semper in nonnullis laciniarum residua dentesque irregulares laceratosque exhibent.

---

4. Cinnamomum calophyllum Reinw.

C. foliis (amplis) ellipticis brevi-cuspidatis basi acutis subtus glaucis circa basin subpilosis transversim venosis trinerviis, nervis apice evanescentibus costaque valde prominulis, petiolis glabris.

Laurus calophylla *Reinw. in litt.*
Cinnamomum camphoratum *Blume Bydr. p.* 571.?

Vidi in Herb. Guentheriano folium, a cl. Reinwardtio datum, tum picturam linearem ab eodem viro praestantissimo mihi traditam.

Patria. Java Insula.

Folium, quod coram habeo, 9 pollices longum est, 4¼ pollices latum, perfecte ellipticum, in cuspidem mediocrem (quod ad iconem) excurrens, basi brevi-acutatum, chartaceum, rigidulum, utrinque transversim venosum, supra viride nitidulum omnino glabrum, subtus glaucescens, basin versus setulis raris rufescentibus conspersum, trinerve, nervis in ipsa basi cum costa confluentibus, infra apicem in plexum submarginalem venularum solutis, caeterum, uti et costa utrinque, praesertim subtus acute prominulis. Petiolus brevis, crassus, semiteres, glaber, purpureus, saporis et odoris camphorati fortioris.

Adnotatio. *Cinnamomi camphorati* Bl. folia nisi elliptico-oblonga dicerentur, vix dubium superesset, quin eiusdem sint arboris.

---

5. Cinnamomum dubium.

C. ramis teretibus glabris, foliis (superioribus) ovatis apice attenuatis basi obtusis triplinerviis subaveniis, paniculis axillaribus et subterminalibus pedunculatis subsimplicibus parvis, floribus sericeis, laciniis ovatis acutis. *N. ab E. in Wall. pl. As. rar. II. p. 73. n. 4.*

Laurus dubia *Wall. Cat. n.* 2571.
Laurus Cassia *Herb. Wight.*

Habitat in India orientali.

Vidi exemplum Herbarii Wightiani, maxime incompletum sed nulli praecedentium apte conferendum, nisi forte *Cinnamomi Malabathri* sit varietas. Cortex inodorus. Folia quaedam formam foliorum *C. Malabathri* indicant, superiora autem, quae sola in nostro perfecta, ovata, $3\frac{3}{4}$ poll. longa, $1\frac{3}{4}$ poll. lata, summa pollices $1\frac{3}{4}$ longa et pollicem unum supra basin lata, haec pure ovata, apice attenuata, obtusa vel subacuta; angustiora folia triplinervia sunt, latiora trinervia, nervis omnium ante apicem evanescentibus; substantia tenuis. Petioli breves et angusti. Paniculae multae, per paria approximatae; inferiores nudae, superiores axillares, erectae, cum pedunculo $1\frac{1}{2}$ — $1\frac{3}{4}$ pollices longae. Pedunculus a medio fere divisus et rami pubescentes. Rami paniculae 2 — 3 parium suboppositi, breves, approximati; inferiores bifidi 7-flori, reliqui, quandoque et omnes, triflori. Pedicelli ratione florum longi. Perianthium magnitudine floris *Cinnamomi eucalyptoidis*, sed griseo-pubescens ut in *C. Malabathro;* laciniae ovatae, acutiusculae, pellucidae, evidenter nervoso-venosae et punctatae; tubus brevis. Stamina longitudine perianthii. Reliqua omnino ut in *Cinnamomo Malabathro.*

---

6. Cinnamomum eucalyptoides.

C. ramis teretibus glabris, ramulis tetragonis subpubescentibus, foliis inferioribus elliptico-oblongis, superioribus subovatis basi acutis apice subattenuatis obtusis trinerviis subaveniis, paniculis subterminalibus axillaribusque sessilibus, floribus argenteo-sericeis, laciniis obovato-cuneiformibus medio deciduis. *N. ab E. in Wall. pl. As. rar. II. p. 73. n. 5. Diar. bot. Ratisb.* 1831. *II. p.* 590.

Cinnamomum eucalyptoides *Fr. N. ab E. Pl. off. Suppl. Fasc. IV. tab.* 9.

Cinnamomum nitidum *Hook. Exot. Fl. tab.* 126. (*excl. syn.*) *Cinnamomi Cassiae N. ab E. Fratrr. Diss.*) *Blume Waarnemingen omtrent den Culiuwan-Boom. in Tydschr. voor Nat. Geschiedn. I.* 1. *p.* 64. *n.* 5., *et edit. separat. p.* 19. *n.* 5. *Berl. Jahrb. f. Pharm. p.* 29. *n.* 5.

Laurus nitida *Herb. Hamilt. Wall. Cat. n.* 2582. C.

Laurus Cassia *Hortorum* (*ex parte*).

Laurus malabathrica *Roxb. Hort. Calc. p.* 30. *Wall. Cat. n.* 2583. B.

Variat perianthio quadrifido, staminibus quinque (scilicet 3 exterioribus et 2 interioribus; quorum alterum glandula singula, alterum geminis ad basin instructum est, et staminodiis liberis interioribus duobus oppositis.

Patria. Java insula. Vidi exempla culta ex H. b. Calc.

Arbor. Media quasi species inter *Cinnamomum Malabathrum* et *nitidum*, ut aegre distinguas. Distinguendam autem censeo eam his, quae sequuntur: Cortex tritus aromaticus, odore et sapore caryophyllorum non admodum forti. Folia crassiora, rigidiora, ob nervos in ipsa basi coniunctos trinervia, ad apicem usque nervosa; inferiora minora, elliptico-oblonga; superiora circa flores maiora, elliptica; suprema ovata, minora. Sapor et odor foliorum fortis et acris caryophyllorum cum levi camphorae afflatu. Paniculae ex innovationum basi 2—3 parium, longiores, graciliores, pleraeque, vel inferiores saltem, iuxta basin divisae et quasi trifidae, ramis inferioribus saepe elongatis; reliqua paniculae divisio eadem. Flores minores, vix linea longiores, patentes, cum pedicello dense argenteo-sericei, nitentes. Pedicelli in tubum dilatati, apice subcarnosi, molles; laciniae perianthii teneriores, obovato-ellipticae, sub anthesi basi villis connexi et ad speciem breviores, post anthesin magis oblongae, subcuneiformes. Antherae ovatae; locellis oblongis, superioribus duplo minoribus. Filamenta strigosa ut solent; interiora cum staminodiis basi in tubulum connexa. Glandulae geminatae minores, evidentius pedicellatae; capitulo hastato-reniformi obtuso. Staminodia interiora basi distincte cordata. Ovarium oblongum, longitudine styli; sub anthesi tubo calycis obconico ad apicem usque immersum, vertice prominulo crassiusculo lutescente. Post anthesin flores 2 lineas longi, obconici, laciniis a medio inflexis et linea arcuata separatis, hac parte argenteo-sericea mox aufugiente, inferiori recta truncata cum tubo continua rigescente sparsimque pubente superstite. Baccam non vidi.

Adnotatio 1. Flores huius speciei anomali, quadrifidi pentandri ad dubiam illam *Katou Karuam* Rheedii alludere videntur, cuiusmodi flores certo et in aliis Cinnamomorum speciebus inveniuntur.

Adnotatio 2. Huius quoque arboris folia (ut illa *Cinnamomi obtusifolii, C. Tamalae, aliorumque*) inter *Folia Malabathri* officinarum recensenda esse, neque immerito eam Malabathri nomine a Roxburghio proponi, experimento in pharmacopolarum tabernis instituto edoctus sum.

---

7. Cinnamomum nitidum.

C. ramis teretibus glabris, foliis ovato-ellipticis basi apiceque subattenuato-obtusis triplinerviis obsolete venulosis, superioribus maioribus, paniculis subterminalibus axillaribusque, inferioribus sessilibus elongatis, floribus argenteo-sericeis, laciniis ellipticis medio deciduis. *N. ab E. in Wall. pl. As. rar. II. p.* 73. *n.* 6. *Diar. bot. Ratisb.* 1831. *II. p.* 588.

Cinnamomum nitidum *Fr. N. ab E. Pl. off. Suppl. Fasc. IV. tab.* 8.

Laurus nitida *Roxb. Hort. Calc. p.* 30. *Wall. Cat. n.* 2582. A.

Habitat in Sumatra (Roxb.), a C. Campell a. 1802 in Hortum Calcuttanum illatum. Floret Januario et Februario, maturescunt fructus Maio et Junio.

Nomen Malaicum *Coolit* (*Culit*) *manes* (Roxb. Marsden.)

Arbor, *Cinnamomi Zeylanici* varietati α adeo similis, ut, nisi plurimam fidem tribuendam censerem viris, qui utramque arborem in eodem horto sub dio crescentem per plures annos observavere, distinctamque esse speciem declaravere, varietatis loco lubentius posuissem. Ex altera autem parte accedit, quoad inflorescentiam, *Cinnamomo eucalyptoidi*, sed differt odore et sapore corticis, aliisque characteribus, in antecedentibus, p. 42, sub ista specie expositis.

Cortex rami teretis laxi pallidus est, odoris et saporis cinnamomei, haud admodum fortis. Folia valde diversiformia, inferiora 3—5 pollices cum petiolo longa, 1—2 pollices lata, ovalia, pleraque basi obtusa, apicem versus modice attenuata, ipso autem apice obtuso; superiora iuxta innovationem florigeram maiora, 7 pollices longa, 2½ lata, ex obtusa basi ovato-elliptica, leniter attenuata, obtusa; summa denique supra inflorescentiam sita paniculasque superiores stipantia vix pollice longiora, ovato-subrotunda, utrinque acutiuscula; omnia supra viridia nitida, subtus glauca, triplinervia, nervis apicem versus magis minusve evanescentibus, accedente utrinque circa basin nervulo laterali tenui mox evanescente. Venae transversales arcuatae, subparallelae, parum distinctae. Panicula terminalis, subcorymbosa, e paniculis oppositis 6 — 7 pollices longis basi trifidis orta, laxa; ramus medius alterius paniculae foliolosus; rami laterales bascos 3—4 pollicum; iique et pedunculus communis basi glabriusculi, apicem versus cum reliquis divisionibus magis magisque pubescentes, pedicelli denique et flores dense cano-tomentosi; rami paniculae patentes, omnes praeter infimos apice bifidi, ramulis brevissimis, ut itaque flores in plerisque fasciculum 6—7-florum constituere videantur. Perianthium sesquilineam longum, sub anthesi patens, extus dense albo-sericeo-tomentosum, nitidum, laciniis ovalibus; exterioribus acutiusculis. Stamina ut in *Cinnamomo eucalyptoide*. Glandulae geminatae cordato-ovatae, acutiusculae, apicem versus repandae, longitudine fere filamenti, stipite inconspicuo sessiles. Staminodia interiora a fronte cordata, apice minute bidentata. Pistillum structurae communis. Fructiferam plantam non vidi.

Adnotatio. Icon cl. Hookeri ab Haynio in Fl. med. XII. t. 22. repetita, paniculas sistit, ut decet plantam in caldario nutritam, minores, depauperatas nec basi divisas, et glandulas geminatas stipitatas. Quae quidem, praesertim cum folia elliptico-lanceolata et ad apicem usque nervosa descripta (neque vero in icone depicta) memineris, magis cum *Cinnamomo eucalyptoide* nostro, quam cum *Cinnamomo nitido* convenire videntur; obstat autem, quod Cinnamomi, ex hac arbore parati, mentionem repetat, nulla adnotatione addita, tametsi foliorum tantum, neque corticis, odorem et saporem ex propria observatione, adeoque caryophyllacei sane quid magis quam cinnamomei referre videatur.

Cum *Lauri nitidae Herbarii Hamiltoniani* in Horto Calcuttano decerptum exemplum omnino eiusdem arboris sit, cuius alterum ramulum, *Lauri Malabathricae* nomine inscriptum, Herbarium Wallichianum monstrat, dubia, ex his mota, non nisi triplici modo solvi possunt: primo, cum statuas eandem arborem non solum foliis floribusque diversis sed etiam corticis sapore nunc caryophyllaceo, nunc cinnamomeo esse praeditam, quod sane legibus naturae non consentaneum; secundo, cum alio aetatis tempore caryophyllum, alio autem cinnamomum olere posse concedas; tertio denique, quod mihi quidem ante omnia arridet, cum ponas, arbores diversas, eodem nomine inscriptas, in amplissimo isto horto extitisse, quarum surculi et ramuli vario tempore in Herbaria et Hortos Europae delata, difficultates istas, non nisi in loco natali resolvendas, excitaverint.

---

8. Cinnamomum Zeylanicum Breyn.

C. ramis subtetragonis glabris, foliis ovatis vel ovato-oblongis in acumen obtusum productis triplinerviis vel trinerviis subtus reticulatis glabris superioribus minoribus, paniculis terminalibus axillaribusque pedunculatis, floribus cano-sericeis, laciniis oblongis medio deciduis. *N. ab E. in Wall. pl. As. rar. II. p.* 74. *n.* 7. *III. p.* 32. *Diar. bot. Ratisb.* 1831. *II. p.* 580.

α. Commune; foliis vel ovatis vel ovato-oblongis obtusis vel brevissime obtusissimeque cuspidatis, cortice aromatico odore cinnamomeo.

Cinnamomum Zeylanicum *Blume Bydr. p.* 568. *N. ab E. et Eberm. Handb. d. med. pharm. Bot. II. p.* 420.

Cinnamomum Zeylanicum *var. β. N. ab E. in Wall. pl. As. rar. l. c. et in Diar. Ratisb. l. c.*

Cinnamomum Zeylanicum vulgare *Hayne pl. med. XII. t.* 20.

Persea Cinnamomum *Spr. S. V. II. p.* 267. *n.* 1. *Link Handb. I. p.* 388.

Laurus Cinnamomum *C. G. et Fr. N. ab E. Disp. de Cin. p.* 48. *Lin. Sp. pl. ed. Willd. II. p.* 477. *n.* 1. (*excl. synon. nonnull.*) *Burm. Fl. Ind. p.* 91. *Gaertn. de fruct. et semin. pl. II. p.* 69. *tab.* 92? *Jacq. pl. Am. p.* 117. *Lam. Enc. méth. III. p.* 441. *n.* 1. *Ait. Hort. Kew. II. p.* 427. (*excl. syn. Andr. Reposit. tab* 596.) *Willd. En. Hort. Ber. I. p.* 434. *Link. En. alt. I. n.* 3900. *Dict. des sc. nat. XXV. p.* 336. *Marschall in Ann. of Philos. Oct.* 1817. *p.* 1. (*excl. figg.*) *Dierb. Handb. der med. pharm. Bot. p.* 151. *Virey Hist. nat. des médicam. p.* 163. *Roxb. Hort. Beng. p.* 30. *Wall. Cat. n.* 2573. B. (*ex parte.*) *Sieb. Herb. Maur. n.* 127.

Laurus nitida Herb. Heyn. *Wall. Cat. n.* 2582. B.

Laurus Malabathrum *Wall. Cat. n.* 2583. C. (Laurus Culitlawan *Herb. Hamilt.*)

Laurus Cassia *Bot. Mag. tab.* 1636. (*excl. syn. Lin.*) *et Hort.*

Laurus (Cinnamomum) foliis trinerviis ovato-oblongis, nervis versus apicem evanescentibus. *Lin. Sp. pl. II. p.* 528.

Laurus Cinnamomum, foliis ovato-oblongis triplinerviis. *Lin. S. N. ed. Hall. a.* 1760. *p.* 1010.

Laurus foliis ovato-oblongis trinerviis basi nervos unientibus. *Lin. Fl. Zeyl. p.* 145. *Mat. Med. p.* 64. *Sp. pl. I. p.* 369. (*excl. var. β. Katou Karua Rheed. Hort. Mal. V. p.* 105. *tab.* 53.)

Laurus foliis oblongo-ovatis trinerviis nitidis planis. *Lin. Hort. Cliff. p.* 154. (*excl, synon. Karua Rheed. Hort. Mal. I. p.* 107. *tab.* 57. *et var. β.* Cinnamomo perpetuo florente *Burm. Thes. Zeyl. tab.* 28.)

Cassia cinnamomea *Pluk. Alm. p.* 88.

Cinnamomum. *Blackw. Herb. III. tab.* 354.

Arbor canellifera Zeylanica *Breyn. Prod. II. p.* 44. *n.* 1. (*excl. plur. synon. Burm.*)

Cinnamomum foliis latis frugiferum. *Burm. Zeyl. p.* 62. *tab.* 27. (*excl. plerisque synonymis.*)

Arbor cinnamomifera. *Dexbach Disp. de Cass. Cinnam. et Malabath. in Valent. Histor. simpl. p.* 599. *descript. opt.*)

Arbor Cinnamomi. *Goeller Dissert. de Cinnam. Traj. ad Rhen.* 1709. *p.* 11. *Rasse Coronde p.* 18.

Rasse Coronde. *Anonymus in Act. physico-med. Acad. Nat. C. Vol.* 1. *App. p.* 4. *f.* 1. (*folium.*)

Cinnamomum s. Canella Zeylanica. *Rai. Hist. pl. p.* 1561.

Cassia cinnamomea sive Canella Zeylanica. *Herm. Lugd. Bat. p.* 129. *t.* 655. *et* 656. (*folia nimis ovata.*)

Cinnamomum Zeylanicum. *Breyn. in Ephem. Acad. Nat. C. Dec.* 1. *Ann.* 4. *p.* 139 *et* 140.

Cinnamomum sive Canella Zeylanica. *C. Bauh. Pin. p.* 408. *n.* 1.

Canella vera seu Zeylanica. *Johnston Dendrogr. p.* 162. *sqq. c. icon. folii tab.* 135.

Canella Zeylanica, quae Cuurdo. *Piso in Bont. cap.* 1. *p.* 165. *c. icon.*

Cinnamomum et Canella vulgaris Zeylanica. *Joh. Bauh. Hist. Tom.* 1. *p.* 446. (*excl. fig. Thevetii.*)

Canella Zeylanica. *Clus. Arom. p.* 170.

Cinnamomum Zeylanicum. *Garcias de Arom. e vers. Clus. c. XV. p.* 108.
Zimmet von Zeylon. *Lintschotten Orient. Ind. Tom. IV. p.* 49.
Cinnamomum. *Fuchs. Opp. Tom.* 1. *p.* 55.
Cinnamomum. *Am. Lus. Enarr. in Diosc. Ven.* 1557. *p.* 25.

α*. Inodorum; facie praecedentis, sed cortice inodoro aromatis experte.

Cinnamomum Zeylanicum Var. *β.*? 2. *N. ab E. in Wall. pl. As. rar. II. l. c. et III. l. c. Diar. Ratisb.* 1831. *II. l. c.*
Laurus Cinnamomum Herb. Madr. et Wight. *Wall. Cat. n.* 2573. *C. D. et Wight. Herb. propr.*

Var. α**. Microphyllum; foliis vel ovato-oblongis vel oblongo-lanceolatis basi obtusis aut subacutis apice nunquam valde attenuato obtuso, odore corticis gratissimo.

Laurus montana *Herb. Willd. et Guent.*
Laurus montana *Sw. Fl. ind. occ. II. p.* 700?

Var. *β.* Subcordata; foliis subcordatis acumine obtuso.

Cinnamomum Zeylanicum cordifolium *Hayne Arzneypfl. XII. tab.* 21.
Cinnamomum Zeylanicum Var. *α. C. G. et Fr. N. ab E. Disp. l. c. N. ab E. in Diar. Ratisb. l. c.*

Var. *γ.* Cassia; foliis oblongis vel ellipticis apice longius attenuatis basi acutis. *N. ab E. in Wall. pl. As. rar. II. l. c. et III. p.* 32. *Fr. N. ab E. pl. off. Suppl. Fasc. IV. tab.* 7.

Laurus Cinnamomum *Wall. Cat. n.* 2573. B. (*ex parte.*)
Laurus Cinnamomum *β.* angustifolium *Roxb. Hort. Calcutt. p.* 30.
Laurus Malabathrum *Wall. Cat. n.* 2583. A. (ex parte.)
Laurus rigida *Wall. Cat. n.* 2570.
Laurus Cassia *Hamilt. in Linn. Transact. XIII.* 2. *p.* 555.
Laurus Cassia, foliis lanceolatis. *Lin. S. N. ed. Hall. a.* 1760. *p.* 1010. *Sp. pl. ed. Willd. II. p.* 477. *n.* 2. *Gaertn. de Fruct. et Sem. pl. II. p.* 69. *tab.* 92. *Burm. Fl. Ind. p.* 91. (*excl. synon. omnib.*) *Lam. Enc. méth. III. p.* 444? *Roxb. Hort. Beng. p.* 150. *Herb. Willd. n.* 7764. (*ex India orientali a b. Roxburghio missum.*)
Laurus Cassia. *Burm. Ind. p.* 91. (*excl. syn. omnib. praeter* Karua *Rheed. Mal. I. tab.* 57.)
Laurus foliis lanceolatis trinerviis, nervis supra basin unitis. *Lin. Mat. med. p.* 64. *Sp. plant. I. p.* 369.
Cassia lignea. *Blackw. tab.* 391. (*icon opt. excl. syn.*)
Arbor canellifera malabarica. *Breyn. Prodr. p.* 44. *n.* 3.

Canella malabarica. *Dexbach de Cassia cinnam. et Malabath. in Valentin. Hist. simpl. p.* 600.

Cinnamomum sive Canella Malavarica. *Rai. Hist. pl. p.* 1560.

Cinnamomum perpetuo florens, folio tenuiore acuto. *Burm. Thes. Zeyl. p.* 63. *tab.* 28.

Cassia lignea seu Malabarica. *Herm. Lugd. Bat. p.* 130.

Cassia cinnamomea silvestris pigrior. *Pluk. Alm. p.* 88.

Karua Rheede. *Mal. I. p.* 107. *t.* 57.

Canella seu Cassia lignea off. *Breyn. in Ephem. Acad. N. C. Dec. I. Ann.* 4. *p.* 139.

Cinnamomum sive Canella Malabarica. *C. Bauh. Pin. p.* 409. (*excl. Canella do Mato Lintsch.*)

Canella Columnae. *Jonst. Dendrogr. p.* 162. *c. icone t.* 153.

Canella Malabarica. *Piso in Bont. cap. I. p.* 163 *c. icone.*

Canella A Costae Malab. *Joh. Bauh. Hist. I. p.* 437.

Canella Malabarica. *Clus. Arom. p.* 170.

Canella. *A Costa Arom. apud Clus. Opp. Vol. II. cap. VIII. p.* 262.

Cinnamomum Malabaricum. *Garcias e vers. Clus. cap. XV. p.* 108.

Zimmet von Malabar. *Lindsch. Or. Ind. Tom. IV. p.* 49.

Var. δ. Floribus octofidis, staminibus fertilibus 12, glandulis geminatis 8, staminodiis interioribus 4.

Crescit Var. α. spontanea in Zeylona, culta in horto Calcuttano, in Java insula pluribusque idoneis terris utriusque orbis tropicis; frequens etiam est in hortis nostris. Vidi specimina sicca Thunbergiana, Richardiana e monte Calebasse Martinicae insulae, Sieberiana ex ins. S. Mauritii, Martiana et Schottiana ex horto botanico Sebastianopolitano, et Kunthiana ad Senegal flumen lecta in Herbb. Willd. Mart. Schott. et proprio.

Var. α* in India orientali, loco natali haud indicato.

Var. α** *microphylla*, in cultis ad Parà Provinciae Paraënsis florentem atque fructigeram legit Martius.

Var. β. colitur in Java insula, (Blume); ex eadem insula allatum specimen servat Herbarium Guentherianum, addita in schedula animadversione: „arborem e Zeylona esse oriundam".

Var. γ. quasi spontanea, pro silvestri tamen non habenda, (Rheed. H. Mal. V. p. 105.) in Indiae orientalis continente, probabiliter a Belgis, cum Zeylonam in ditione tenerent, ut levioris pretii species, exteris concessa. Vidi exempla in Penang et in montibus Provinciae Silhet lecta, et alia ex Horto Calcuttano allata.

Var. δ. in Varietatis γ. floribus observavi.

Floret Januario et Februario, fructum perficit Junio et Julio mensibus.

Nomen apud Bengalenses *Dar cheeni.* (Roxb.)

Notae characteristicae sunt: Arbor humilis vel frutex. Rami pro statura crassiusculi, iuveniles obtuse tetragoni, glabri, iuniores virides, adultiores fusci demum cinerascentes; corticis stratum crassum, fusco-rufescens, sapore et odore cinnamomi grato et dulci, pro situ, loco, variaque arbusculae indole modo intentiori modo debiliori, in var. γ. dulci et mucilaginoso. Folia subopposita, in var. β. 4 pollices (cum petiolo) longa, $2^1/_4$ lata, cordata, in var. α. 4 — 5 pollices cum petiolo suo longa, $1/^1{}_4$ — $2^1/_4$ lata, ovata vel ovato-elliptica vel ovato-oblonga, pleraque prope a basi latiora, apicem versus modice coangustata, ipso apice vel obtuso, vel, in plerisque, in brevem obtusamque veluti cuspidem contracta, basi obtusa rariusve subacuta, — in var. γ. denique 4 — $4^1/_2$ pollices cum petiolo longa, $1^1/_4$ — $1^1/_2$ pollices lata, basi plerumque acuta, a medio apicem versus plerumque acuminato-producta, ipso tamen apice obtuso, intercurrentibus saepenumero aliis magis ellipticis obtusisque. Nervi laterales vel ad basin discreti, vel ante eam coniuncti (in angustioribus), a medio folio extenuantur et ante apicem evanescunt. Ubi latiora sunt folia, nervi laterales prope basin ramum emittunt apicem petentem mox abruptum, vel adsunt nervorum duorum e basi prodeuntium primordia; venae interiectae rete satis conspicuum formant; superficies supina nitet, aversa glaucescenti pallet. Sapor foliorum masticatorum caryophyllorum simillimus. Paniculae, ubi perfectiores, in paniculam terminalem rami et ramulorum decompositam laxam disponuntur, ubi debiliores, in axillis foliorum proveniunt; axis communis inflorescentiae terminalis tetragonus, modice compressus, acutangulus, pubescens. Paniculae singulae 3 — 5 pollices longae, pedunculo communi compresso-tetragono cum ramis pubescente, raro a basi ramoso, plerumque apice tantum diviso, crassiusculo; rami paniculae duorum tantum parium, raro plures, ad angulum rectum fere patentes, 1 — $^1/_2$ pollicem longi, compressi, bifidi, ramulis brevibus, 5 — 7, summis trifloris; apex paniculae simili ratione divisus. Pedicelli $1^1/_2$ — 2 lineas longi, in tubum transeuntes, cano-tomentosuli. Perianthium $1^1/_2$ lineas longum, sub sole matutino patens, dein contractum, turbinatum, profunde sexfidum, extus cano-tomentosulum; laciniae subaequales, oblongae, in brevem obtusumque mucronulum contractae, venoso-nervosae, pellucido-punctatae, chartaceae. Stamina limbo breviora; filamenta linearia, extrorsum parce strigilosa; antherae ovales, luteae, obtusae, locellis oblongis, superioribus duplo minoribus, ostiolis saepe lanceolatis; antherae tres interiores retro spectant. Glandulae geminatae staminibus tribus interioribus a tergo supra basin insertae, subsessiles vel distinctius stipitatae, capitulo sagittato-cordato acuto obtusove, introrsum concavo, vel etiam bisulco, luteo. Staminodia interiora longitudine dimidia staminis, stipite strigiloso, capitulo hastato-triangulari acuto. Pistillum longitudine fere staminum, glabrum; ovarium ovatum; stylus ovario duplo longior, plerumque flexuosus; stigma dilatatum, trigonum vel trilobum. Peracta anthesi perianthia longiora facta, turbinata vel obconica, nervoso-rugulosa, durescunt, et laciniarum pars superior a linea arcuata separabili plerumque dissolvitur; tunc staminodia interiora in laminam acutam contrahuntur; ovarium impraegnatum intra tubum perianthii latet. Fructus glandiformis, semipollicaris, cupula calycina rugulosa, limbo modo truncato modo laciniis residuis appendiculato sexfido cincta suffultus, ultra medium emergens, ovatus, mucronatus, in omnibus quae vidi pallidus; carne sicca, crassiuscula, (exteriori fortasse strato carnoso iam exeso). Semen inversum; testa membranacea, fusca; hilus fere linearis; funiculus a basi fructus, ubi planum orbiculare a pedicello residuum, adscendens, angustus; rhaphe, ab endostomio supero pallide areato descendens, in ramos crassos soluta.

Adnotatio 1. Var. α*. Exempla inodora, cum ad normam conveniant, separari non possunt, probabiliter aetate exhausta cum ex antiquis herbariis proficiscantur. Mirum tamen; namque Royeniana illa, quae in Diss. de Cinnamomo descripsimus, multo ea vetustiora, integra in hunc diem gaudent virtute sua aromatica. Folia his inodoris pleraque quinquenervia, neque vero hoc magis, ac in reliquis multis, nullaque constanti regula.

Var. α**. Exempla huius varietatis, media inter varietates α. et γ., foliorum confertiorum minori ambitu magis, quam forma, a varietate α. communi discedunt. Folia inferiora pleraque minora sunt, 2 circiter pollices longa, ½ lata, ex oblongo lanceolata, nec basi nec apice valde attenuata, obtusa; superiora autem in formam communem transeunt, tres pollices longa, ¾ pollices lata, ovato-elliptica, basi latiora atque obtusa. Paniculae subterminales, minores sunt, 2—2½ pollices longae, a basi fere divisae. Etiam flores minores sunt; sed structura non differunt.

Hanc formam equidem inter plantas Indiae orientalis non inveni.

Adnotatio 2. Exempla var. γ., sponte vel quasi sponte, in Silhet et Penang nata, rigiditate foliorum et panicularum differunt foliisque paulo longius acuminatis, ut fieri solet in plantis neglectis. Haec autem maxime ad *Karuam* Rheedii accedunt, sed, si quis distinguere charactere specifico tentaverit, certo in ipso opere operam perditum iri sentiet. Calyces huius varietatis in fructu maturo magis ac reliquorum ventricosi, fere urceolati, parte superiore laciniarum adhuc superstite sed ad cadendum parata.

Adnotatio 3. Quae in Supplemento ad Laurinas Indiae orientalis (*Wall. pl. As. rar. III. p.* 32.) de fructu immaturo var. γ. eiusque ad Flores sic dictos Cassiae officinarum relatione probabili coniectura usus adnotavi, ea omnia ad *Cinnamomum Loureirii* (vide infra p. 68.) potius applicanda esse praeclare nos edocuit Sieboldus noster, vir praestantissimus.

Observatio. Cum Dissertationem de Cinnamomo conscriberemus, ante omnia id probare studebamus, Laurum, quam tunc temporis in hortis plerisque *Lauri Cinnamomi* nomine venditabant, *Laurum Cinnamomum Linnei* non esse, sed illam potius, quam *Laurum Cassiam* in libro, qui Botanical Magazine inscribitur, declaraverant, veram esse *Laurum Cinnamomum Linneanam*. Idque re vera sic esse, ut diximus, nunc extra omne dubium positum est.

Ab altera autem parte, cum illa, quam in hortis Laurum Cinnamomum appellare consuevere, praestantissimi odoris et saporis species, Lauro, a Rheedio *Karua* dictae, satis similis esse videretur, nobisque persuasum esset, hanc speciem hortensem ex India orientali ad nos pervenisse, collectis omnibus, quae scriptores et veteres et recentiores praesertim inde a Linnei temporibus de *Cassia* tradidere, hanc Linneanam Laurum, Cassiam dictam, ob synonymum Rheedianum eandem esse ac illam, quam diximus, in hortis obviam, statuentes, lapsi sumus. Patet enim ex iis, quae cl. Hamiltonius in Actis Linneanae Societatis Londinensis (XIII. 2. p. 550. sqq.) hac de re docte disseruit, *Karuam* Rheedii, et *Laurum Cassiam* eorum, qui illum sequuntur, varietatem esse *Lauri Cinnamomi* Lin., seu nostri *Cinnamomi Zeylanici angustifoliam,* in plagis continentalibus Indiae orientalis non tam spontaneam, quam efferatam et quasi sponte nascentem. Quae quidem multis exemplis, a cl. Wallichio advectis, satis superque demonstrantur ipsisque verbis Rheedianis, supra adductis, confirmantur. Neque ullum eius speciei, quam *Laurum Cassiam* Linnei l. c. appellavimus, inter plantas Wallichianas adest specimen. Habemus autem sicca specimina, a cl. *Blumio* e Java insula allata, quibus demonstratur, hanc speciem, e China in Javam insulam delatam, revera matrem esse Cinnamomi chinensis, ab Hamiltonio l. c. laudati et perperam a Lauro Cubeba Lour. derivati.

Quae cum ita sint, veterum scriptorum ante Linneum de Cassia lignea sententiae pleraeque dubiae fiunt semperque manebunt, cum nemini constet, utrum de Cinnamomo e China inter merces allato, an potius de Cinnamomi Malabariae indigenae specie illis sermo sit. Linnei autem *Laurus Cassia*, et omnium eorum, qui ex Rheedio hausere, cum *Varietati γ. Cinnamomi*, quod *Zeylanicum* dixi, merito coniungitur.

Novum igitur nomen invenire necesse est praestanti illi Sinensium arbori cinnamomiferae, quam recentiores plurimis novisque dubiis vexaverunt.

---

9. Cinnamomum aromaticum.

C. ramulis angulatis petiolisque strigiloso-tomentosis, foliis oblongis utrinque acutiusculis subtus arcuato-venulosis triplinerviis nervis ad apicem folii evanescentibus, paniculis angustis sericeis. *N. ab E. in Wall. pl. As. rar. II. p.* 74. *Diar. bot. Ratisb.* 1831. *II. p.* 585.

Cinnamomum Cassia *Fr. N. ab E. et Eberm. Handb. d. med. pharm. Bot. II. p.* 424. *Blume Bydr. p.* 570. *Hayne Arzneygew. XII. tab.* 23.

Laurus Cassia *C. G. et Fr. N. ab E. Disp. de Cinnam. p.* 53. *t.* 3. (*excl. pll. syn.*) *Fr. N. ab E. pl. med. tab.* 129. *Ait. Hort. Kew. II. p.* 427. *Horn. Hort. Harn. Suppl. p.* 134. *Dierb. Handb. d. med. pharm. Bot. p.* 152. *Virey. Hist. nat. de Médic. p.* 163.

Persea Cassia *Spr. S. V. II. p.* 267. *Link. Handb. I. p.* 388.

Laurus Cinnamomum *Andr. Repos. t.* 593.
Laurus Malabathrum *Reinw. in litt.*

Habitat in China. Vidi exempla Javanica culta, et (viva) hortensia Europaea.

Arbor speciosa. Rami et ramuli alterni, longi, validi, patentes; vetustiores cortice rugoso cinereo glabro tecti; iuveniles compressiusculi et tomento sericeo-velutino cinerascente vestiti, apice foliosi. Petioli semipollicares, crassiusculi, sericeo-strigilosi, sicuti et ramuli. Folia propter molem suam saepe pendula, plerumque divergentia $2/5$ ($3/5$) posita rarius per paria subopposita, oblonga, obtusiuscula, integerima, coriacea, supra intense viridia nitida, subtus cinerascenti-glauca, triplinervia; nervi principales ad apicem folii excurrentes, venis transversalibus crebris arcuatis inter se connexi, supra foliorum basin cum costa media confluentes, in pagina superiori albidi, glabri, immersi, in pagina inferiori valde prominentes ibique pilis sericeis vestiti. Longitudo foliorum diversa in eadem arbore; alia minora 5 poll. longa sunt 3 poll. et quod excedit lata, alia maiora 9 poll. longa 3—$3\frac{1}{2}$ poll. lata invenies. Paniculae in foliorum superiorum angulo axillares, erecto-patulae, cum pedunculo circiter tripollicares, pedunculo compressiusculo sericeo a tertia parte ab apice diviso. Panicula ipsa, circiter pollicaris, ramis per paria oppositis vel suboppositis ternis quaternisve paribus patentibus 3, 2, 1-linearibus, inferioribus 6-reliquis trifloris, bracteolis numerum senarium prodentibus. Bracteae ad basin ramorum 1 lineam longae, lanceolatae, obtusae, sericeae, caducae; partiales lanceolato-subulatae, acutiusculae, paulo minores ($2/3$—$1/2$ lin. longae). In fasciculo trifloro bracteolae ad basin florum lateralium ternae occurrunt, quarum media latior est; flos intermedius bractea caret. Pedicellus crassus, obtuse trigono-compressus, sericans, lineam longus. Perianthium sesquilineam longum, anguste campanulatum, flavescenti-albidum, per breve spatium sese expandens; tubus turbinatus, carnosulus, subtrigonus, sericans; laciniae tubi longitudine, aequales, ovatae, obtusae, crassiusculae, utrinque sericantes, pellucido-punctatae, uninerves, iuxta basin fere linea transversali discretae facileque in ea solubiles. Stamina laciniis breviora, inter se aequalia; filamenta hirtula, alba, linearia, ad basin articulatim solubiles, tria interiora paulo latiora; antherae filamentis breviores, ovatae, obtusissimae, aurantiacae, pellucido-punctatae, locellis quaternis, inferioribus maioribus ovato-subrotundis, superioribus minoribus, antherarum trium interiorum posticis. **Pollen** in massam locello paulo angustiorem compactum. Grana parva, globosa, simplicia, granulis pollinicis in centro grani confertioribus, hinc ambitu grani dilutiori pellucidoque, linea, membranam internam indicante, ab exteriori distante. **Glandulae geminatae** supra basin filamentorum trium interiorum affixae, magisque posticae seu extrorsae, peltatae, brevissime stipitatae, subrotundae, retrorsum truncatulae, sub ferrugineae. **Staminodia** quarti ordinis glandularum altitudine, glabra, albida; stipite capitulum aequante crasso, capitulo late trigono acuto extrorsum gibbo, introrsum ad basin sagittato-excavato. **Pistillum** altitudine staminum, glabrum; ovarium ovali-subrotundum, laeve, subtrigonum; stylus longitudine ovarii, crassus, altero latere a stigmatis proiectura decurrente fuscidula carinatus; stigma stylo paulo latius, irregulare, saepe lacero-denticulatum, fuscum, altero latere proiectura angusta in stylum decurrens. **Ovarii cavum** simplex; trophospermium altero latere forma carinulae decurrens, infra apicem uniovulatum. **Ovulum**, iam impraegnatum, obovato-oblongum, compressum, cavum ovarii implens, pendulum; vas funiculi in latere magis recto ovuli ad eius basin geometricam descendens ibidemque chalazam latam struens. **Membrana secunda** ovata, a chalaza ad insertionem funiculi assurgens, endostomio cum exostomio iuxta funiculum seu hilum in brevem angulum baseos organicae superaeque marginis convexioris congruente. Structura membranae secundae firmior, quam primae structura, eiusque color lutescens. Infra endostomium membranae tertiae (seu quartae potius) sacculus apparet brevis, subrotundus, ad dimidium fere totius ovuli descendens.

Descriptio fructificationis ad vivum specimen in Horto bot. Vratisl. d. XXIX. Nov. a. 1832 facta est.

Fructus: bacca oblonga, glandi quercinae similis, ad basin cupula crassiuscula sexdentata viridula suffulta, prima aetate viridi-fuscescens nitens punctis albidis conspersa, matura denique coeruleo-fusca, nucleum rubro-coerulescentem includens. Sapor baccae acris est et subamarus.

Cortex et **petioli** cinnamomi gaudent sapore et odore acri et praestantissimo; folia autem, saltem in cultis caldariosum nostrorum, fere insipida sunt, mucilaginosi magis saporis et rubausteri, neque Cinnamomi, neque Caryophyllorum aliquid prodentis.

10. Cinnamomum sulphuratum.

C. ramis tetragonis petiolisque et paniculis sulphureo-sericeis, foliis ovatis ellipticisve apice brevi obtuso prominulo triplinerviis subtus reticulatis, iunioribus minutim pubescentibus superioribus minoribus, paniculis axillaribus pedunculatis, laciniis perianthii ovalibus. *N. ab E. in Wall. pl. As. rar. II. p.* 74. *n.* 8. *Diar. bot. Ratisb.* 1831. *II. p.* 586.

Laurus Cassia? *Herb. Heyn.*
Laurus Malabathrum? *Wall. Cat. n.* 2583. D.

Var. β. Oblongifolium; foliis angustioribus oblongis, pubescentia ramulorum et petiolorum e flavo canescente. *N. ab E. in Wall. pl. As. rar. III. p.* 32.

Wall. Cat. n. 2583. F.
Cinnamomum javanicum *Blume Bydr. p.* 570.

Vidi exemplum e Herb. Heyneano. — Varietatem β. in Tavoy Decembre 1827 floribus onustam legit Guil. Gomez. Vidi in Herb. Wallichiano.

Cinnamomi Zeylanici var. β. adeo congrua species, ut vix distinguas. Diversa tamen videtur. Rami tetragoni; novelli et annotini strigulis subfurfuraceis sulphureis micantibus sericei, adultiores sparsim puberuli. Odor corticis fusci et sapor cinnamomi debilis. Gemmae sulphureo-sericeae, nitidae. Folia per paria approximata, forma et magnitudine omnino ut dictae varietatis Cinnamomi Zeylanici, obtusa, vel in breve obtusumque acumen contracta, basi plerumque obtusa, utrinque minute pubescentia, glaucescentia, subtus pallida ad nervos distinctius flavido-puberula, trinervia, nervis ante basin late confluentibus, lateralibus ad apicem fere usque extensis et cum media costa concurrentibus, extrorsum arcuatim ramosis, accedunt in plerisque nervi duo baseos teneri mox evanidi; interstitia arcuatim venosa, laxe reticulata. Petioli lati, deplanati, supra trisulci, sulphureo-sericantes. Paniculae in nostris omnes axillares, folia quaeque sua aequantes, rigidulae, ex omni parte, praesertim autem in pedicellis et in superficie florum, dense sulphureo-sericantes subtomentosi. Pedunculus communis tetragono-compressus; rami patentes, compressi, inferiores bifidi 5—7-flori rariusve subpaniculati, superiores triflori. Bracteolae ad basin divisionum extremarum exiguae, subulatae, sericeae. Florum, praeter integumentum, nulla fere diversitas a *Cinnamomi Zeylanici* floribus, nisi quod paullo maiores, laciniis aliquanto latioribus brevioribus magisque ovalibus quam oblongis gaudeant. Partium fructificationis structura nihil proprii ostendebat. Filamenta paullo firmiora et antherae nonnihil latiores videbantur; locelli antherarum inferiores ovato-lanceolati acuminati, superiores oblongo-cuneiformes, duplo fere minores. Staminodia et Pistillum non differunt ab iisdem Cinnamomi Zeylanici partibus. Fructum non observavi.

---

11. Cinnamomum Tamala Fr. N. ab E.

C. ramis subteretibus iunioribus pubescenti-scabris, foliis oblongo-lanceolatis acuminatis basi acutis glabris triplinerviis, nervo medio infra apicem enervi, paniculis subterminalibus axillaribusque pedunculatis divaricatis, perianthii campanulati laciniis obovatis acutiusculis utrinque cano-sericeis infra medium deciduis.

Cinnamomum Tamala *Fr. N. ab E. Handb. d. ph. Bot. II. p.* 426. *Pl. offic. Suppl. Fasc. IV. N. ab E. in Wall. pl. As. rar. II. p.* 73. *n.* 9. *Diar. bot. Ratisb.* 1831. *II. p.* 591.
Laurus Tamala *Hamilt. in Act. Soc. Lin. Lond. XIII.* 2. *p.* 555. (*excl. syn. Lauri Cassiae Hort. Beng., quae ad* Cinnamomum albiflorum *pertinet.*) *Dierb. in Geig. Mag. a.* 1829.
Persea Tamala *Spr. S. Veg. II. p.* 268. *n.* 4.
Laurus Cassia *Wall. Cat. n.* 2580. B.
Laurus albiflora *Wall. Cat. n.* 2569. C.
Cassia cinnamomea strictiore folio, ignobilior, cuius folium est Malabathrum seu Tamalabathrum angustifolium, in officinis frequens. *Pluk Alm. p* 99.

Clariss. Hamiltonius, teste eius herbario, legit in Derwani et Gongachora, cultamque in hortis Camrupae (Rungpur) invenit; in Silhet clariss. Wallich. Floret Martio, fructusque sub finem Aprilis et Maio mense perficit. Vidi exempla Hamiltoniana.

Nomen inter Bengalenses Taj (Tadsch vel Tedsch.).

Arbor mediocris. Rami ramosissimi, non admodum crassi, e tereti compressi, iuveniles subtetragoni vel angulati, a pube minutissima appressa scabri et quasi pruinosi, fusci vel grisescentes; cortex odore et sapore cinnamomi grato, satis intenso, coloris griseo-cinnamomei; lignum griseum, durum, nitens; tubus medullaris angustus. Cicatrices foliorum oppositae, vel subopppositae alternaeve, prominulae, truncatae, semicirculares vel trigonae. Gemmae terminales pyramidales, acutae, subbivalves, lutescenti-sericeae. Folia per paria approximata, rarius opposita, saepe alterna, et tum vero diverg. $\frac{1}{3}$ posita esse videbantur, a 3 — 7 pollices cum petiolo longa, 1 — $1\frac{1}{2}$ lata, oblongo-lanceolata vel lanceolata, longe acuminata acumine ipso obtusiusculo, basi acuta, chartacea, nervo marginata, supra laete viridia, subtus glauco-pallida, glabra subtusve ad nervos interdum subpuberula, utrinque intense et confertim reticulata, triplinervia, nervis lateralibus prope a basi coniunctis, prope ab apice evanescentibus, costa media circa apicem nullos ramulos in acumen porrectos emittente. Sapor foliorum (siccorum) acris, aromaticus, primum cinnamomi, diutius autem masticatus caryophyllorum, cum camphorae mixtura. Paniculae e basi innovationum terminalium 3 — 4 parium oppositae, approximatae, corymbum laxum constituentes, basi nudae, rarius una vel altera foliorum pari minutorum sub prima ramificatione praedita. Pedunculi communes $2\frac{1}{2}$ — $3\frac{1}{2}$ pollices longi, tetragono-compressi, cum ramis et pedicellis canescenti-pubescentes, scabri, a medio circiter divisi; rami subopposili, $\frac{1}{2}$ — $\frac{1}{4}$ pollicis longi, patentes vel patentisssimi, 2 — 4 parium; inferiores bifidi, 7-flori, superiores triflori; apex trifurcatus, ramis trifloris. Pedicelli $1\frac{1}{2}$ — 2 lineas longi, compresso-trigoni. Perianthium $1\frac{1}{2}$ lineas longum, campanulatum, cano-pubescens pube tenui, intus sericeum, usque ad basin fere sexpartitum; laciniae chartaceae, aequilongae, obovatae, in brevem obtusumque mucronulum contractae, concavae, quinquenerves nervis venulosis, pellucido-punctatae. Stamina situ solito, perianthium subaequantia; filamenta linearia, sursum latiora, antheris paullo longiora, ad latus exterius praesertim minutim strigilosa; antherae ovatae, luteae, pellucido-punctatae; ostiola loculorum inferiora ovalia, superiora obovata vix dimidio minora. Glandulae geminatae supra staminum interiorum basin a tergo insertae, sessiles, filamentum aequantes, ovatae, obtusae, apice extrorsum carinato et utrinque impresso, introrsum concavae, luteae. Staminodia tria quarti ordinis stipite strigiloso longitudine capituli, capitulo a centro spectanti sagittato acuto in medio unisulcato et in lacinia quaque baseos lineola impresso, a tergo convexo glabro. **Pistillum** staminum longitudine, glabrum; ovarium obovatum; stylus ovario duplo longior, filiformis; stigma inaequale, trigonum. Post anthesin laciniae in linea separabili infra medium orta cadunt; perianthium in cupulam brevem patulam fructu latiorem sexfidam, laciniis fere semicircularibus, abit. **Bacca** ovato-elliptica, umbonata, laevis, tres lineas longa, nigricans. **Seminis** et embryonis structura ut in reliquis. Panicula fructigera depauperata, magisque glabrescit.

Adnotatio. Folia huius arboris, saltem hodie, *Folia Malabathri*, *Tamalapathri*, seu *Indi* vera a pharmacopolis iudicantur et in officinis venduntur. Admixta autem haud raro invenimus huic merci et aliarum Laurinarum folia, v. c. *Cinnamomi Zeylanici*, *eucalyptoidis*, *obtusifolii*. *Cinnamomi* autem *inertis* folia quondam Malabathri nomine et appellata, et etiam in usu fuisse e cl. Batka disquisitione supra sub *Cinnamomo Malabathro* laudata, haud improbanda ratione sequi videtur.

---

12. Cinnamomum albiflorum.

C. ramulis tetragonis, iunioribus scabriusculis, foliis oblongis vel ovato-oblongis acuminatis basi acutis glabris valide triplinerviis subtus glaucescentibus, nervo medio infra apicem nervuloso, paniculis terminalibus axillaribusque subfasciculatis ramis trifloris, perianthii patentis laciniis ovali-oblongis intus staminibusque candido-sericeis infra medium deciduis. *N. ab E. in Wall. pl. As. rar. II. p.* 75. *et III. p.* 32. *Diar. bot. Ratisb.* 1831. *II. p.* 593.

Laurus albiflora *Wall. Cat. n.* 2569. A. *et* E.

Laurus Soncaurium *Hamilt. in Act Soc. Lin. Lond. XIII.* 2. *p.* 557. *et in eius Herb. Spr. S. Veg. II. p.* 266. *n.* 20.

Laurus Cassia *Roxb. Cat. Hort. Beng. p.* 30. *Wall. Cat. n.* 2580. A.

Laurus triplinervia *Reinw. in litt.*

Cinnamomum Cassia *Don. Fl. Nep. p.* 67. (*fide exempli Herbarii Lambertiani in Herbario Martiano.*)

Nieke Coronde *Hist. Cin. in Act. Acad. Nat. Cur. Vol. I. App. p.* 5. *N. ab E. Frr. Diss. de Cinn. p.* 64. *t.* 6. *f.* 6. (*ic. ex Act. Ac. N. C. repetita.*)

β. Foliorum nervis lateralibus plerumque prope basin bifidis, nervulo tenui utrinque iuxta basin accedente.

Laurus albiflora *Wall. Cat. n.* 2569. B. *et* D.
Laurus Soilyana *Hamilt. l. c. p.* 558. *Spr. l. c. p.* 266. *n.* 22.

Crescit in montibus Emodi superioribus ad Cosam fluvium (Hamilt.); in Palpa Nepaliae et montibus Majukani (eiusdem Herb.); in Horto Calcuttano, a. 1796. ex India allata (Roxb.)

Var. β. ab Hamiltonio Rungpuriae in horto lecta est, et a Kamrup in Srinaghur (Wallich), ab utroque absque flore et fructu. — In Javae insulae provinciarum occidentalium sylvis montanis cl. Reinwardt et Blume invenerunt. Floret a Februario in Aprilem usque; fructum fert Iulio et Augusto mensibus. (Roxburgh.)

Nomen apud Bengalenses Tej. (Idem.)

Arbor speciosa, *Cinnamomo Tamalae* admodum similis, sed certo diversa. Rami adulti teretes fusci, iuniores tetragoni, pilis minutissimis raris adspersi et scabriusculi, alii praeter summitatem omnino glabri, lutei; cortex fuscus, in ramis adultis (et radice) crassus, odore et sapore camphorato acri, in ramulis iuvenilibus singulari, e camphora cum cinnamomo mixto dulci et mucilaginoso; lignum subrufum, laeve; tubus medullaris sat amplus. Cicatrices foliorum semicirculares vel cordatae. Gemmae acutae, griseo-vel argenteo-sericeae. Folia raro opposita, pleraque per paria approximata vel etiam alterna, magnitudine in eodem saepe ramo valde varia, $3\frac{1}{2}$ — 7 pollices longa, 10 lineas ad $2\frac{1}{2}$ pollices lata, raro oblongo-lanceolata, plerumque oblonga vel elliptica et basin versus latiora, acuta vel longe acuminata, acumine saepe arguto, basi acuta, glabra, subtus glaucescentia, triplinervia, nervis lateralibus supra basin unitis non semper oppositis, subtus eximie prominentibus, apicem versus attenuatis et modo subexcurrentibus modo ante apicem evanescentibus, extrorsum ramosis, interdum prope a basi bifidis; infra apicem e costa media nervi laterales 2 — 4 per paria approximati vel omnino alterni tenues prodeunt, apicem petentes neque attingentes; venae coniungentes arcuatae, tenues; rete subtile. Petiolus vix semipollicaris, semiteres, supra canaliculatus margine acuto, crassiusculus, glaber. Paniculae parvae, 2 — $2\frac{1}{2}$ pollices longae, e basi ramulorum et innovationum terminalium nudae, oppositae, et ubi ramus axillaris ultra non evolvitur ad speciem fasciculatae; laterales omnes simplices, ramis plerumque 4 per paria approximatis patentibus trifloris, apice trifido, ramis etiam trifloris; terminalis composita, ramis apice bifidis, 6 — 7-floris. Pedunculus communis cum ramis pedicellisque bilinearibus compressus, pubescens. Flores 2 lineas longi, 3 — $3\frac{1}{2}$ linearum diametro, patentes, cum contrahantur obconici, extus canescenti-pubescentes, intus cum filamentis staminodiisque candido-sericei, usque ad basin fere sexpartiti. Laciniae limbi subaequales; interiores paulo angustiores, ovales vel ovali-oblongae, obtusae vel in mucronulum obtusum contractae, fere membranaceae, venoso-nervosae, sparsim pellucido-punctatae. Stamina limbo breviora; antherae filamentorum longitudine, ovatae, obtusae, luteae, punctatae, locellis ovalibus, superioribus dimidio minoribus, connectivum candido-sericeum; antherae tres interiores extrorsae, a tergo totae albo-strigilosae, Glandulae geminatae filamenta aequantes, subsessiles, subcordatae, obtusae, glabrae. Staminodia quarti ordinis in stipite candido-sericeo sagittata, acuminata, dorso medio sericantia. Pistillum longitudine staminum; ovarium subglobosum, glabrum; stylus ovario duplo longior, crassiusculus, strigilosus; stigma latum, capitato-discoideum, trilobum, glabrum. Fructum non vidi.

Adnotatio 1. Var. β., quae *Laurus Soilyana Hamilt.*, plantam iuvenilem vel ramos steriles vegetosque sistit, nec differt, nisi foliis plerisque paulo latioribus nervorumque lateralium ramo inferiori fortiori magisque antrorsum procurrente, tum nervulis accessoriis exterioribus baseos distinctioribus et in plerisque foliis obviis.

Adnotatio 2. A *Cinnamomo Tamala* differt haec species: foliis latioribus apice nervulosis, paniculis minoribus, omnium praeter terminalis ramulis trifloris, pluribusque in ramulis axillaribus confertis, floribus maioribus tenerioribus intus candidis laciniis angustioribus, staminibus undique etiam in connectivo, staminodiisque interioribus dorso sericeo-albis, odore denique et sapore corticis.

Adnotatio 3. Et huius quoque arboris folia Malabathri foliis admixta occurrunt, et viliorem quandam huius medicamenti speciem exhibent, teste Hamiltonio.

---

13. Cinnamomum Sintok Bl.

C. ramis teretibus glabris, foliis (omnibus fere oppositis) ovato-oblongis oblongisve apice attenuatis glabris subtus pallidioribus triplinerviis nervis apicem versus evanescentibus, paniculis terminali-aggregatis laxis fusco-tomentosis, laciniis perianthii basi deciduis.

Cinnamomum Sintok *Blume Bydr. p.* 571. *Waarnemingen omtrent den Culilawan-Boom, in Tydschr. voor Nat. Geschiedn. I.* 1. *p.* 63. *n.* 3. *et edit. separ. p.* 18. *n.* 3. *Berl. Jahrb. f. Pharm. p.* 29. *n.* 5. *Waitz Javan. Arzneygew. übers. v. Fischer, p.* 17. *Heyn. pl. med. XII. t.* 24. *C. G. N. ab E. in Wall. pl. As. rar. II. p.* 76. *Th. F. N. ab E. Handb. der med. pharm. Bot. III. p.* 526.

Sintoc. *Rumph. Herb Amb. II. p.* 69. *Valent. Descr. Amb. p.* 217.

Sintoc, i. e. Culit lawan Javanensium. *Crawfurd Hist. of the Ind. Archip. I. p.* 512.

Crescit in sylvis primaevis Javae; floret Iulio et Augusto, (Blume, Horsfield, Lechenault). In Borneo circa Succudanam, et in Sumatra circa Palimbang, (Rumph). Nomen apud Javanos *Sintok* vel *Sindok*. Vidi in Herb. Guentheriano. *)

Arbor 80 pedum altitudine. Rami teretes, glabri, cortice fusco, sapore caryophyllaceo-cinnamomeo amaricante, ligno albo tenaci. Cicatrices foliorum latae, semicirculares vel subcordatae, planae. Gemmae ovatae, compressae, acutinsculae, apice canescentes. Folia pleraque opposita, 3 — 7 poll. longa, $^3/_4$ — 2 pollices lata, pleraque e basi latiori sensim attenuata, ovato-oblonga, alia autem magis oblonga, omnia acutiuscula, basi breviacutata, chartacea, glabra, supra laevia viridia parum nitidula, subtus pallidiora, transversim venulosa, triplinervia, nervis aliquot linearum spatio supra basin coniunctis, apicem versus in plexum submarginalem transeuntibus. Petioli $^1/_4$ pollicis longi, crassi, semiteretes, lutei, glabri. Paniculae terminales, in rhachi communi alternatim compressa ferrugineo-fusco-hirsuta corymbosae, 4 — 5 pollices longae. Pedunculi compressi,

*) Frequens in huius ramo: *Asteroma ramosissimum N.* ab E. hypophyllum, ramosissimum, stromate atro e filis radiantibus ramosissimis denticulato-exasperatis decussantibus in maculam atram coëuntibus, peritheciis exiguis sparsis primum convexis demum collabescendo concavis.

cum ramis fusco-tomentosi, a medio divisi; ramuli ½ — ¼ pollicis longi, per paria suboppositi, patuli, 2 — 3 parium, inter se distantes, triflori. Flores subsessiles. Bracteae sericeae. Perianthium coriaceo-chartaceum, dense tomentosum, subinfundibuliforme, 2 lineas altum, 1½ linearum diametro; tubo cum pedicello brevissimo crasso confluente obconico, limbo erecto-patulo; laciniis lineam longis ovatis obtusis pellucido-punctulatis obsolete nervosis intus sericantibus, tribus exterioribus paulo latioribus. Stamina limbo paulo breviora, subconformia; filamenta lata, scabriuscula; antherae ovatae, obtusae, quadrilocellatae, locellis ovatis, superioribus minoribus subrotundis; antherarum trium interiorum reversis. Glandulae geminatae sessiles, globosae, flavae, filamentis tribus interioribus supra basin adfixae. Staminodia quarti ordinis stipite distincto, capitulo sagittato-triangulari facie interiori canaliculato, marginibus acutis pallidis. Pistillum staminibus brevius, glabrum; ovarium obovatum; stylus subulatus, ovario longior; stigma indistinctum. Fructum non vidi.

Adnotatio. Staminodiorum figura in hac specie singularis, quippe quae quasi antheram referant unilocellatam rima dehiscentem.

---

14. Cinnamomum dulce.

C. ramulis teretibus glabris, foliis oblongis obtuse acuminatis basi acutis glabris concoloribus triplinerviis, nervis lateralibus costaque apicem versus venuloso-ramificatis tenuibus, paniculis axillaribus terminalibusque ramis trifloris, perianthii patentis laciniis ovali-oblongis medio deciduis. *N. ab E. in Wall. pl. As. rar. II. p.* 75. *n.* 11. *Diar. bot. Ratisb.* 1831. *II. p.* 599.

Laurus dulcis *Roxb. Hort. Beng. p.* 30. *Wall. Cat. n.* 2381. A. B. *Herb. Willd. n.* 7765. (*spec. Roxburghianum.*)

Cinnamomum chinense *Blume Bydr. p.* 569.

Laurus Burmanni *C. G. et Fr. N. ab E. Disp. de Cinnam. p.* 57. *tab.* 4. *f.* 1. (*Descr., quantum ad exemplum Herb. Willdenoviani respicit.*)

Laurus cinnamomoides *Hort. Berol.*

β. Foliorum acumine acutiusculo.

Habitat in China et Japonia (an spontaneum?). Vidi exemplum Horti Calcutt. cum Roxburghiano Herbario collatum; alterum in Herb. Willdenoviano; denique specimen a clariss. Reinwardtio e Java insula relatum in Herbario Martiano, et arborem vivam in Horto Regio Berolinensi.

Arbor habitu similis *Cinnamomo albifloro*, a quo notis, quae sequuntur, differt: Rami teretes sunt, glabri, iuveniles subangulati et in summitate pubescentia subfurfuracea obsoletissima inspersi; sapor et odor corticis fusci cinnamomum refert debilissimum magisque odore, quam sapore percipiendum. Cicatrices foliorum parvae, cordatae. Folia per paria approximata, frequentius autem alterna, 4 — 5 pollices cum petiolo longa, $1\frac{1}{4}$ — $1\frac{1}{2}$ lata, oblonga, vel oblongo-elliptica, in acumen obtusum rariusve acutiusculum attenuata, basi acuta, tenuia et fere membranacea, concoloria, glabra, triplinervia, nervis lateralibus saepe diversa altitudine supra basin prodeuntibus, uti costa tenuibus, citra medium folium venoso-solutis et cum ramulis compluribus, e costa provectis, in rete laxum coniunctis; rete reliquo folii utrinque conspicuo, laxiusculo. Petioli 2 — $2\frac{1}{2}$ lineas longi, subtus carinati, supra canaliculati marginibus acutis, glabri. Paniculae breves, graciles, axillares, et ad basin innovationum nudae; illae basi saepe trifidae, tum ramo uno alterove composito, pleraeque ramis trifloris divaricatis longioribus et tenuioribus quam in *Cinnamomo albifloro*. Pedunculus et eius rami cum pedicellis pubescentes. Pedicelli longiores, quam in *Cinnamomo albifloro*, $2\frac{1}{2}$ — 3 lineas longi. Perianthium magnitudine praecedentis, patens, usque ad basin fere sexfidum, laciniis ovali-oblongis, peracta anthesi angustioribus fereque lineari-oblongis, exterioribus basi praesertim, interioribus extus totis cano-tomentosis, cunctis intus cano-sericeis. Stamina perianthio paullo breviora, filamentis minutim strigilosis; antherae et glandulae geminatae ut in *Cinnamomo albifloro*. Staminodia interiora ovata, acuta, dorso substrigosa, a centro visa basi reniformi-sagittata; stipite longitudine capituli strigiloso. Pistillum glabrum. Pedicelli fructus clavati elongati, unde fructus novelli clavae formam induunt. Perianthium fructus glabrum, tubo brevi obconico, limbo a laciniarum basi residuo patente sexfido, lacinulis recta detruncatis. Bacca magnitudine pisi, subglobosa, styli basi conica mucronata; caro tenuis, fusca (?); nucleus pallidus, mucronatus, post carnem dissolutam solus in cupula calycina persistens. Semen unum, pendulum, cum pericarpio connatum. Membrana seminis ad speciem una, fusca, nitida, ex omnium integumentorum coniunctione oriunda; chalaza lutea. Cotyledones ovatae, gibbosae. Embryo parvus, collo orbiculari cotyledonibus adnexusi; radicula intra cotyledonum bases latens; plumula libera, conico-subulata, longitudine radiculae.

Adnotatio 1. Inter species „foliis alternis" praeditas posuit hoc *dulce Cinnamomum* Roxburghius in Horto Bengalensi l. c., quod quidem non magis isti, quam pluribus reliquis, v. c. *Cinnamomis albifloro* et *Tamalae* convenit. Oppositiones foliorum in his, cunctisque Cinnamomi generis arboribus eiusmodi sunt, ut ubicunque laetior vegetatio intervalla nodorum augeat, ipsa etiam intervalla foliorum eorundem parium, in iis, quae opposita dicuntur, ad minimum spatii redacta, in conspectum rursus veniant, et primum quidem folia per paria sibi proxime coniuncta, mox autem, ulterius increscente nisu partes distrahendi, alterna communi sensu et fere aequis intervallis ea distantia procedant, diverg. modo $\frac{1}{3}$, modo etiam $\frac{2}{5}$.

Adnotatio 2. In dissertatione de Cinnamomo (l. c.) duas diversasque species errore confudimus, scilicet *Cinnamomum dulce* Roxburghii, e Herbario Willdenoviano desumtum, et *Cinnamomum Kiamis* infra exponendum.

Quaestionem de Cinnamomo perpetuo florente Burmanni nunc, ut plane otiosam, mittimus, etsi magis probabile nobis videatur, hunc Thesauri Zeylanici locum ad *Cinnamomi Zeylanici varietatem γ. Cassiam* esse citandum. Flores quinquefidos dictos nihil moror. Sed utrum fructus, inferi et umbilicati dicti, ad exemplum, quod l. c. floribus gaudens depictum exhibetur, iure referendi, an casu, cum planta in herbario a Burmanno observaretur, sint intrusi, dirimi iam non potest.

15. CINNAMOMUM Loureirii N. ab E.

C. ramis compresso-quadrangularibus glabris, foliis subovalibus utrinque angustatis acuminatis obtusatisve subtus subtilissime squamulosis triplinerviis, costa infra apicem, nervis lateralibus extrorsum nervulosis, floribus . . . .

Laurus Cinnamomum *Lour. Fl. Cochinch. ed. Willd. I. p.* 305. (*exclus. synon. et char. specif. e Linnaeo excerptis*). *)
Var. *α. Cây Quê, β. Kuêi Xù* Lour. — *Ni-Kei* Jap. *Kio Kui* Chin. (de Siebold in litt.)

Habitat agrestis in altis montibus Cochinchinae, ad occidentem versus Laosios, ubi, quaecunque invenitur arbor, truncatur et excorticatur. (Lour.). In Japonia, (de Siebold.).

R a m u l u s coram est novellus, alternatim compressus et nonnihil oblique tortus, striatus, glaber, lateribus angustioribus a petiolorum proiecturis canaliculatis, glaber, probabiliter dum vivebat viridis, iam fuscus; cortex tenuis, fuscus, in sectione transversali nitens, odoris et saporis Cinnamomi grati cum quadam acritudine; lignum grossum, cinereum; tubus medullaris compressus, latus. C i c a t r i c e s f o l i o r u m prominentes, truncatae, lunatae. G e m m a e a x i l l a r e s conspicuae, obovatae, basi in formam stipitis brevis contractae, compressae, bivalves, strigiloso-canae, squamis suboppositis obtuse navicularibus; g e m m a t e r m i n a l i s duplo maior, ovata, sex monstrat squamas

---

*) Verba auctoris, quibus Cinnamomum suum descripsit, haec sunt: „Arbor supra mediocrem: ramis patentibus. Folia o b l o n g a, tripollicaria, u t r i n q u e s u b a c u t a, integerrima, plana, 3-nervia, nervis ad apicem evanescentibus, s u b v e n o s a, glabra, p a l l i d e v i r i d i a, petiolata, sparsa. — Flos pedunculis poly- (multi-) floris longis, lateralibus et terminalibus, hermaphroditus, albus: corolla 6-partita: staminibus 9, horum 3. interioribus biglandulosis. Bacca parva, ovata, nigricans, nitida, oleosa: semine 1. eiusdem formae.“

Patet ex notis, litteris distantibus excusis, quibus characteribus haec arbor a *Cinnamomis Zeylanico* et *aromatico* differat, qui cuncti autem in nostrum specimen conveniunt. Folia t r i n e r v i a dicta, nec triplinervia, nihil equidem moror, cum et *Lauro Caryophyllo* (*Cinnamomo rubro Bl.*) trinervia ab eodem auctore tribuantur. Nomen barbarum, a Loureirio additum, litteris magis quam sono differre arbitror.

veluti decussatae, oblongo-naviculares, dehiscentes, quarum interiores densiori integumento vestitae candicant. Folia per paria approximata, diverg. ex 2/5 in 1/4 transeunte, approximata, cum petiolo semipollicari 4½ pollices longa, 1¾ pollices lata, basin versus apicemque fere aequo passu attenuata, basi acuta; inferiora apice obtusa (an casu, an natura sua, non liquet); suprema acuminata, acumine angusto nec valde arguto, chartacea, rigidula, in sicco glaucescentia, supra glabra, subtus setulis seu potius squamulis exiguis punctiformibus vel linearibus a lucis reflexu iridis coloribus micantibus conspersa, ab ¼ pollicis spatio a basi triplinervia, nervis lateralibus apicem versus oblitteratis, extrorsum ramos plures arcuatim coniunctos emittentibus; costa media obtusa, prominens, in siccis basi fuscata, infra apicem aliquot ramulos venosos promens; retis intermedii rami transversales arcuati crebri anastomosantes et areolae minutim reticulatae in utraque folii (exsiccati) pagina aeque conspicua. Petioli semiteretes, supra canaliculati, marginibus acutis, glabri, non validi. Reliqua latent.

Adnotatio 1. An *Cinnamomi dulcis* var.? differt inprimis ramulis compresso-tetragonis et foliis pallidioribus subtus dicto modo exasperatis.

Adnotatio 2. Hanc veram esse *Laurum Cinnamomum Loureirii* maxime probabile est, tum e nominum chinensium concentu, tum ex descriptione, tum ex observatione auctoris ad citatas Burmanni et Pisonis figuras, quas „non satis cum Cochinchinensi arbore cohaerere" conqueritur, cum in Burmanno folia videantur „ovata" in Pisone „nervis terminantibus praedita."

Adnotatio 3. „Rami crassissimi dant vile Cinnamomum, quod plerumque abiicitur, quia longi itineris expensae pretium superant. Tenuior cortex, a supremis ramis avulsus, Zeylanico crassitie aequalis, odore et sapore acerrimus, non magni aestimatur eoque utuntur indigenae ad condendos cibos. At mediorum ramorum cortex, lineam fere crassus, optimum et pretiosum praebet Cinnamomum, quo utuntur in medicina, et multo altiori pretio venditur, quam Zeylanicum, praesertim quod in Tunkino nascitur et raro invenitur. Huius oleum per destillationem abundantius extrahitur: color est rubro-fuscus, acritudo minus acuta, sapor multo dulcior Cinnamomo Zeylanico." Lour. l. c.

Adnotatio 4. Ex hac arbore *Flores* quos dicunt *Cassiae* officinarum colligi constat, et vir quidam Chinensis, Sieboldii socius, hanc mercem ex arbore *Kio Kui* dicta decerpi, hanc autem arborem eandem omnino esse, cuius hic ramulum descripsimus, disertis verbis professus est.

---

16. Cinnamomum Kiamis.

C. ramulis acute tetragonis novellis pubescenti-scabris, foliis ovali-lanceolatis utrinque acutis glabris subtus caesio-glaucis triplinerviis, nervis lateralibus costaque media apicem versus venuloso-ramificatis, paniculis axillaribus trifidis paucifloris, perianthii patentis laciniis oblongis supra basin deciduis. *N. ab E. in Wall. pl. As. rar. II. p.* 75. *Diar. bot. Ratisb. p.* 600.

Cinnamomum Burmanni *Blume Bydr. p.* 569. *Fr. N. ab E. et Eberm. Handb. d. med. pharm. Bot. II. p.* 424.

Laurus Burmanni *C. G. et Fr. N. ab E. de Cinnam. Disp. p.* 57. (*ex parte*) *t.* 4. *f.* 2.

Habitat in sylvis montanis provinciarum occidentalium Javae insulae, (Blume.) Floret Decembri.

Nomen apud indigenas: *Kiamis*.

Rami fusci, glabri, iuniores tetragoni, lateribus duobus oppositis plerumque canaliculatis. Corticis crassi fusci odor et sapor singularis, dulcis, adstringens, Alyxiae subsimilis, mucilaginosus. Folia conferta, opposita vel alterna, parva, 1½—3 pollices longa, ½—1 pollicem lata, elliptico-oblonga, vel lanceolata, in acumen mediocre obtusum producta, basi acuta, rigidula, supra nitida subtus glauco-caesia, triplinervia, nervis tenuibus eodem modo, quo in *Cinnamomo dulci* et *Loureirii*, apicem versus ramificatis; rete satis conspicuum, subtile. Paniculae in foliorum superiorum ramis axillares, 1—1½ pollices longi; pedunculo communi compresso, pubescenti-scabro vel glabriusculo, apice vel trifido ramulis trifloris, vel ramulo uno alterove trifloro apice simpliciter racemoso, vel toto racemuloso 3—4-floro, vel denique fasciculato-trifloro. Flores Cinnamomi dulcis floribus similes magnitudine et figura, ut differentias vix eruas, laciniis tantum paulo angustioribus praediti; post anthesin laciniae prope a basi recta linea solutae cum tubo cupulam fructus truncato-sexfidam struunt. **Fructus** obovatus, pisi magnitudine.

Adnotatio 1. *Cinnamomum pauciflorum*, quod proxime isti confine, differt foliis latioribus longe cuspidatis simpliciter triplinerviis, pedunculis subtrifloris, cupula fructus truncata.

Adnotatio 2. Ex hac arbore Corticis Massoi altera species colligitur secundum Waitzium (*Mat. Med. Javan. ed. Fisch. p.* 21.), sed prior illa huius corticis species, quam Rumphius describit (*Herb. Amb. II. p.* 62.), diversae est arboris, in Nova Guinea crescentis. Conf. *Blume Waarnemingen omtrent den Culilawan-Boom p.* 15. *Nota.*

---

17. Cinnamomum pauciflorum.

C. ramulis quadrangularibus glabris, foliis elliptico-ovatis longe cuspidatis glabris subtus glaucis valide triplinerviis nervis apicem versus evanescentibus, pedunculis axillaribus compressis trifloris, perianthii patentis laciniis oblongo-cuneiformibus iuxta basin deciduis. *N. ab E. in Wall. pl. As. rar. II. p.* 75. *n.* 12. *Diar. bot. Ratisb.* 1831. *II. p.* 601.

Laurus pauciflora *Wall. Cat. n.* 2579.

β. Foliis angustioribus exquisite cuspidatis.

Laurus Tazia? *Hamilt. in Act. Soc. Lin. Lond. XIII.* 2. *p.* 557. *Spr. S. V. II. p.* 266. *n.* 21.
Laurus albiflora *Wall. Cat. n.* 2560. F.

Crescit in Silhet (F. D). Var. *β.* prope Nathpur et in montibus Nepaliae inferioribus ad Cosam fluvium, (Hamilton.)

Frutex? **Rami** glabri, tenues, adulti teretes, flexuosi, fusci, lenticellato-verrucosi; maiores tetragoni; ramuli oppositi vel subopposití, quadrangulares, lateribus omnibus concavis; cortex fuscus, odoris aromatici et saporis debilis, Cinnamomi Kiamis similis; lignum pallidum, durum; tubus medullaris angustus, angulatus. **Cicatrices foliorum** fere semicirculares. **Gemmae** ovatae, compressae, acutae, bivalves, glabrae, ad apicem ramuli plerumque ternae. **Folia** conferta, per paria approximata vel opposita, cum petiolo 2—3½ pollices longa

10 lineas — $1\frac{1}{2}$ pollices lata, ovata vel ovato-elliptica, rariusve elliptica, longe cuspidata, cuspide angusta obtusiuscula saepe curva, basi obtusa vel acutiuscula, rigidula, chartacea, glabra, supra viridia opaca subavenia, subtus caesio-glauca, triplinervia, nervis prope a basi vel in ipsa basi unitis, cum costa utrinque prominulis, lateralibus saepe supra basin ramum principalem emittentibus, extrorsum tenuiter ramulosis, ante apicem evanescentibus; areae mediae venulis transversalibus arcuatis nervos connectentibus eleganter cancellatae. Petioli 3 — 4 lineas longi, crassiusculi, subtus convexi, supra late canaliculati acute marginati, glabri. Pedunculi tum ad basin innovationum 2 — 4 nudi subopposití cicatrice elevata lunata squamae delapsae cincti, tum vero ex foliorum fere omnium axillis solitarii, $\frac{1}{2}$ — 1 pollicem longi, compressi, striati, glabri, triflori, accedente in nonnullis flore uno alterove laterali. Pedicelli 2 — $2\frac{1}{2}$ lineas longi, patentes, compressi, subangulati, sparse pubescentes. Perianthium bilineare, sub anthesi patens, tubo brevi obconico, extus pubescens; limbus profunde sexfidus, laciniis basi brevi spatio rigidulis, reliqua parte submembranacea, intus sericeis obtusis venoso-nervosis glanduloso-punctatis; exterioribus oblongo-ovalibus, interioribus ab apice latiori leni tractu in basin coangustatis subcuneiformibus. Stamina laciniis limbi breviora; filamenta antheris aequalia, sparsim strigilosa, filiformia; antherae subrectangulae, obtusae, luteae, punctatae, locellis inferioribus duplo fere maioribus oblongis, superioribus obovato-lanceolatis; valvulae conformes. Glandulae geminatae parvae, subrotundae, staminum trium interiorum inversorum filamentis supra basin medium versus insertae, sessiles. Staminodia tria ordinis interioris cum staminibus interioribus basi brevi spatio in annulum cohaerentia, basi introversa subsagittata, ovata acuta, dorso fere glabra; stipite longitudine capituli strigiloso. Pistillum longitudine staminum, glabrum; ovarium tubo perianthii immersum, subglobosum; stylus ovario duplo longior, filiformis; stigma latum. Peracta anthesi laciniae a sutura separabili prope basin reflectuntur et mox cadunt; bases earum brevissimae, truncatae, sibique arcte contiguae vix incisiones marginis produnt, et tubus tum omnino ut in Camphora et Cylycodaphne truncatus turbinatusque esse videtur integro margine, post accuratum tamen examen limbi incisi fissuris patentibus. Ovarium, tubo immersum, stylo iam evanido, fructum inferum fingit. Maturum fructum non vidi.

Adnotatio. A *Cinnamomo Kiamis*, cui soli propinquum, quibus differat, vide in antecedentibus.

Var. β., quae absque fructificatione a cl. Hamiltonio relata atque descripta, probabiliter huius loci est. Ramus nobis est iuvenilis et vegetus, virgatus, compresso-quadrangularis, glaber, fuscus, ramulis foliisque dissitis suboppositis; odor corticis debilis, praecedentis odori similis. Gemmae in evolutione cano-sericeae. Annulus pulvinatus callosus luteus ramos duos inferiores ad basin cingit, forte casu fortuito. Folia 4 — 4½ pollices longa, 11 lineas pollicemve lata, elliptico-oblonga, tenuiora, in cuspidem longam angustam acutamque prominula, basi acuta, nervis lateralibus basin versus omnino indivisis differunt. Sed cuncta haec ab aetate vegeta et tenera pendere possunt.

---

18. Cinnamomum Reinwardti N. ab E.

C. ramis teretibus glabris, foliis oblongo-lanceolatis acuminatis basi repando-cuneatis alte triplinerviis subtus glaucis subpubescentibus nervis apicem versus evanescentibus, costa infra apicem nervulosa, paniculis . . . .

Cinnamomum Culilawan javanicum. *N. ab E. Synops. Laur. in Wall. pl. As. rar. II. p. 76. Adnot. Hayne pl. med. XII. t. 24. f. 6. (folia.)*

Laurus Culilawang Reinw. *Fr. N. ab E. de Cinn. Disp. p.* 62. (uti species probabiliter diversa a L. Culilawan Lin. proposita; *excl. syn. Syndoc Valent. et Rumph.*)

Cinnamomum nitidum Var. C. oblongifolium *Blume Waarnem. omtrent den Culilawan-Boom in Tydschr. voor Nat. Geschiedn. I. 1. p. 64. et edit. separat. p. 19. Berl. Jahrb. f. Pharm. p. 29.*

Crescit in Javae insulae sylvis altioribus; in Sumatra circa Palimbang, (Blume l. c.). Nomen: *Kulie-lawan*, (Blume). Vidi exempla, a cl. Reinwardtio data, in Herbb. Guentheriano et Martiano. Differt a *Cinnamomo Culilawan* foliis angustioribus, basi obtuse et quasi sinuatim cuneiformibus altius nervosis; distincta sane species.

Ramus teres, glaber, laxus, cortice fusco, odore et sapore Cinnamomi mucilaginoso et subcaryophyllino, fere corticis Massoi.

Folia per paria approximata, adnotante Blumio etiam opposita, 4 — 9 pollices longa, 1 — 2½ pollices lata, oblonga, vel oblongo-lanceolata, in acumen longum angustum obtusiusculum attenuata, basi pleraque veluti sinu intrante contracta et ad breve spatium obtuse cuneata, chartacea, supra laevia parum nitidula, subtus subtilissime transversim venulosa et reticulata, glauca, vestita pube subtilissima ad costam patula, in reliqua parte folii adpressa et uti videbatur setulis Acanthacearum more innatis quasi lineolata, 2 — 4 linearum spatio supra basin triplinervia nervis validiusculis, ad ¾ decursus sui in venas coniunctivas abeuntibus et cum costae ramulis venosis connexis. Flores non vidi.

Adnotatio. Synonymon cl. Blumii huc adfero, utpote cuius ex autopsia auctoritas haud sit in dubium revocanda. Mirum autem, hanc speciem inter varietates *Cinnamomi eucalyptoidis* ab eo referri, a quo ut quae maxime recedere videantur nostra specimina. An *Cinnamomum eucalyptoides* (nitidum) Florae Javanicae idem ac nostrum? anne omnino *Cinnamomi Reinwardtii* nostri typus?

---

19. Cinnamomum Culilawan.

C. ramis teretibus glabris, foliis ovato-oblongis attenuato-acuminatis glabris subtus glaucis triplinerviis costa infra apicem nervulosa, paniculis axillaribus paucifloris pubescenti-canis, perianthii campanulati laciniis ovalibus medio deciduis. *N. ab E. in Wall. pl. As. rar. II. p. 75. n. 13. Diar. bot. Ratisb.* 1831. *II. p.* 602. (*excl. adnot. ad Cinnamomum Reinwardtii spectante.*)

Cinnamomum Culilawan *Blume Waarnemingen omtrent den Culilawan-Boom in Tydschr. voor Nat. Geschiedn. I.* 1. *p.* 62. *n.* 1. *et edit. separat. p.* 17. *n.* 1. *Berl. Jahrb. f. Pharm. p.* 28. *n.* 1. *Bydr. p.* 571. *n.* 1. (*ad exemplum siccum ex Amboina adlatum definitum, fide Blumii Waarnem. p.* 14.) *Fr. N. ab E. et Eberm. Handb. der med. pharm. Bot. II. p.* 429. (*excl. synon. plantae Javanicae.*) *Fr. N. ab E. pl. offic. Suppl. IV. tab.* 10. (effigies speciminis Wallichiani). *Reinwardt in litt.*

Laurus Culilawan *Roxb. Hort. Beng. p.* 30. *C. G. et Fr. N. ab E. Disp. de Cinnam. p.* 61. (*excl. descr. plantae Javanicae et synon. Syndoc Rumph.*) *Lin. Sp. pl. ed. Willd. II. p.* 478. *n.* 4. *Mant. p.* 237. *Mat. med. p.* 108. *Dierb. Handb. der med. pharm. Bot. p.* 154. *Wall. Cat. n.* 2577. *Hamilt. in Act. Soc. Linn. Lond. XIII.* 2. *p.* 554. *Spr. S. V. II. p.* 265. 2. *Dict. des sc. nat. XXV. p.* 341.

Laurus Cassia Var. Culilaban. *Lam. Enc. bot. III. p.* 444. *Pers. Synops. I. p.* 448. *n.* 2.

Cortex caryophylloides. *Rumph. Herb. Amb. II. p.* 65. *t.* 14. (*excepta inflorescentia.*) *Valent. Ind. litt. c.* 24. *p.* 450. *Ephem. Acad. Nat. Cur. Dec. II. Ann. I. p.* 55.

„Crescit in Amboinae insulae districtu Leytimora circa pagos Saya, Rutton et Ema; in parte australi magnae Ceramae, in sinu Elipaputi usque ad Keffang, (qarum tamen cortex non tam praestans est); magna etiam copia inveniuntur arbores in insulis Key et Aru; in ora orientali Celebis, in tractu Caudipan; item in Sumatra, circa Palimbang, (?) et in Borneo circa Succadana. (?) — Ex Java itidem Culitlawan advehitur, sed puto corticem esse Syndoc; in Solora inventus quoque hic cortex, sed sapore itidem differens ab Amboinensi, ut et in Mindanaou, uti supra dictum est.“ (Rumphius.)*) In Cochinchina (?) (Loureiro); in Java insula, (Reinwardt). — Vidi exemplum cultum ex Horto Bengalensi, in quem a cl. C. Smith a. 1800 e Moluccis invectum est. (Roxb. l. c.) — Floret (in Horto Calcuttano ut in Amboina) Martio et Aprili mensibus; fructus delabuntur Augusto, (Roxburgh, Rumph).

„Nomen Malaice *Culilawan*, quasi diceres *Culit-lawan*, per abbreviationem *Culit-Buguliwan*, h. e. cortex caryophylleus, ob odorem, quem fert. Amboinice dicitur *Salackal* et *Salackar;* quidam Javani hanc quoque vocant *Sindoc*. Ceterum *Tedjo* vocatur a Cerami-Lauwerensibus, et *Eyck* in Aru Haumo.“ (Rumph.)**) *Pohcree-lawan* Malaica lingua vocari (Roxburgh l. c.)

---

*) Habitationes Culilawan arboris ex Rumphio omnes, praeter Papuanas insulas, addere placuit, tametsi multae earum ad alias species affines pertinere videantur.

**) Nomen Amboinense *Salackal* cum arabico *Salicha*, Cassiam odoratam, (a *salaha*, detraxit,) quasi detractam pellem indicante, iungit l. c. Rumphius, neque ex hoc sequi demonstrat, Cinnamomum, seu Cassiam ligneam, candem esse mercem, sed id solum hoc nomine declarari, detractum et hunc esse corticem aromaticum.

„Truncum gerit rectum et altum, quem homo vix ulnis complecti potest. Eius coma non est admodum ample extensa, sed foliaturam gerit densam, forma laurum referens. Eius rami sunt pauci ac plerumque in altum eriguntur. Foliorum rhaches seu ramuli virides, et firmi, bini semper oppositi, atque cum pari proximo crucem formant, singulaque coniugatio forcipem refert tridentatum.“ Haec Rumphius.

Ramulus nobis ante oculos est teres, glaber, laevis, corticis strato tenui aromatico suavi caryophyllorum cum cinnamomo et mellei quodam seu florum aurantiorum mixti saporis, parum acris; tubus medullaris angustus. Circa corticis perfectioris et usitati conditionem conferas Rumphium l. c. p. 66. „Lignum arboris albicans esse et fungosum, aedificiorum usui haud idoneum, sed optimum ad focum exstruendum; radicis corticem sapore et odore lignum Sassafras referre“ (Rumphius l. c.). — Cicatrices foliorum planae, latae, cordatae. Gemma terminalis ovato-lanceolata, bivalvis, sericeo-tomentosa, incana. Folia in ramulo apicem versus opposita vel subopposita, 3 — 4 parium, („in vetustis arboribus palmam longa, 3 — 4 digitos lata, in iunioribus vix spithamam longa, quatuor quinqueve digitos lata“, Rumph.), nostro specimini in parte annotina $4^3/_4$ pollices cum petiolo longa, $1^1/_2$ pollicem infra medium lata, basi acuta, a tertia parte inferiori in apicem acutum continuo tractu attenuata, glabra, rigidula, supra lucida, transversim arcuato-venosa, subtus glauca, simili modo venulosa sed reti interiecto magis conspicuo, triplinervia, nervis apicem versus evanescentibus, ubi apud pleraque nervus lateralis unus alterve e costa natus apicemque petens cum iisdem coniungitur; in ramulo neonato florenti subangulato basi subtomentoso folia multo minora sunt, $1^1/_2$ — $1^3/_4$ poll. longa, 7 — 10 lineas lata, perfecta tamen, elliptica, acuta nec acuminata, nervis lateralibus in ipso apice cum nervo medio coëuntibus; (talia, quoad magnitudinem, in plerisque Cinnamomi speciebus occurrunt. Petioli $^1/_4$ pollicis longi, semiteretes, supra planiusculi, glabri. Paniculae axillares, praesertim circa apices ramulorum nascuntur, strictae, 2-pollicares, cum floribus pubescenti-canae; pedunculo communi citra medium diviso ramulisque parum compressis crassiusculis; rami paniculae patuli, crassi, suboppositi, $^1/_4$ pollicis vix longiores, bifidi, 3 — 7-flori. Bracteolae lineari-lanceolatae, tomentosae, ad ortum ramulorum. Flores Cinnamomi Zeylanici floribus subsimiles, pedicellis vix $1^1/_2$ lineas excedentibus sublati, $1\frac{1}{2}$ lineas longi, campanulati, extus pubescenti-tomentosi, intus sericei, usque ad basin fere sexpartiti; perianthii laciniae chartaceae, altitudine aequales; exteriores ovales, interiores apice paullo magis dilatatae, basi angustiores, obtusae, venoso-nervosae, pellucido-punctatae. Stamina limbo breviora; filamenta antherarum longitudine, linearia, una cum connectivo cano-hirsuta; antherae ovato-ellipticae, obtusae, pellucido-punctatae, luteae, quadrilocellatae*), locellis inferioribus maioribus ovato-oblongis, superioribus obovatis; valvulae conformes. Antherae staminum interiorum extrorsae. Glandulae geminatae oblique reniformes in filamento adiecto alte supra basin oblique sessiles, ad antheram usque pertingentes. Staminodia quarti ordinis capitulo gaudent filamentis longiori, a centro viso sagittato acuminato dorso convexo ibidemque cum stipite aequali hirsuto. Pistillum longitudine staminum, glabrum; ovarium subglobosum, supra tubum elatum; stylus ovario longior; stigma in nostris destructum. Fructum maturum non vidi, quem raro observari docet Rumphius. „Caliculum, in quo continentur baccae, multo profundiorem esse quam in glandibus, in sex apices divisum et fructui arcte iunctum. Baccas glandibus similes, sed multo minores, oblongas (ovales icon exhibet) glabras, glaucique coloris, quae sub exteriori crasso et viridi putamine oblongum recondant ossiculum (semen puta), lauri fructui simillimum, ex purpura rubens, in binas divisibile partes.“

Memorabiles describit horum fructuum deformitates Rumphius, l. c. „Hic vero (fructus) magnitudinem semicompletae olivae adeptus in quibusdam ad unam dehiscit partem et excrescentiam emittit tenuis mollis fungosae et flavae substantiae, subtilissimam Ochram, vel Sebum quoddam flavum referentis, magnitudine depuratae Nucis Iuglandis; atque haec excrescentia sive abortus tandem ita totum tegit viridem corticem, ut in eius centro pars tantum quaedam conspiciatur ex purpura rubens; ossiculum totum est tum consumptum viridisque cortex vel putamen in substantiam degenerat cartilagineam, sapore et odore Caryophyllos referentem, atque aromaticum hunc odorem diu retinet, si occludatur vel bene conservetur. — Hae excrescentiae in pedunculis post fructum delapsum haerent, irregulari

*) Nescio, quibus commotus cl. Sprengelius hanc arborem ad Lauri genus relegaverit.

forma, instar glebae terreae, quae si tangatur, adeo mollis est, ut pro sebo haberetur."

„Talem vero substantiam Cinnamomum quoque producit, quae si manibus tangatur, has colore suo inficit flavo. Substantia haec interne durior est, nucleique formam habet, qui tamen non progerminat." (Rumphius). Admonent autem haec excrescentiarum similium, quae in diversis Laurini ordinis diversarumque terrarum arboribus, v. c. in *Persea acuminata, Nectandra sarcocalyce* aliisque observantur.

Adnotatio. Clariss. Blume in Dissertatione supra citata, (*Waarnemingen* etc.) quaestionem de vera arbore Culilawan diversisque speciebus sub eodem nomine confusis, quarum pleraeque corticem praebent Culilawan dictum et inter merces occurrentem, summo acumine solvit. In eo solo errasse videtur, quod *Cinnamomum Culilawan* Synopseos nostrae, ad unicum illud Herbarii Wallichiani specimen descriptum, diversum esse a sua specie declaraverit; nescio quo argumento inductus, nisi fortasse iconis, in plantis officinalibus Fratris mei exhibitae, levioribus quibusdam aberrationibus magis quam congruentiae, ex gravioribus plerisque notis hauriendae, animum adverterit. In icone etenim rete venosum, utpote ad siccum specimen nimis fideliter expressum, solito est crassius, nervi laterales apicem versus longiori tractu, quam in specimine apparent, procurrere videntur; accedit et altera diversitas, et ea quidem haud minus a casu illata; scil. cultae est arboris ramulus, inferne foliis exutus, apice inter flores minora atque difformia ferens folia, qualia saepissime in hisce arboribus inveniuntur properante ad fructum incremento. Eiusmodi folia autem non modo minora esse solent primoribus, sed etiam (uti in nostro exemplo) apice, quandoque et basi, minus acuta, et nervis, ubicunque folia inferiora triplinervia inveniuntur, saepe ad basin usque discretis praedita sive trinervia. Haec autem si demis, reliqua omnia tum cum icone Rumphiana tum cum verbis auctoris celeberrimi congruere haud negabis. Accedit, quod e Moluccis insulis adlatum esse surculum huius arboris Roxburghius testetur.

Restat quidem et altera huius generis species, Amboinae Moluccarumque in universum indigena, et ea quoque corticem, Culilawan dictum, praebens; quam quidem ex Rnmphii manuscripto Lugdunensi erutam, *Cinnamomum rubrum* Blumius noster appellavit locoque citato descripsit. Nec multum sane haesitassem, quin, auctori tanto tantisque adminiculis utenti sententiam propriam tacite in vincula submittens, istam potius nostro specimini originem dedisse mihi persuasissem, nisi plurima obstarent, maximeque folia „oblonga lanceolatave“ dicta et trinervia aut breve triplinervia, quod sane secus in nostro.

---

20. Cinnamomum rubrum Blume.

„C. foliis oblongis lanceolatisve longissime acuminatis basi acutis trinerviis sive brevi-triplinerviis glabris, nervis subexcurrentibus, racemis compositis terminalibus axillaribusve paucifloris, laciniis perianthii in fructu persistentibus (Character ex icone inedita Manuscr. Rumph.)“ *Blume Waarnemingen omtrent den Culilawan-Boom in Tydschr. voor Nat. Geschiedn. I. 1. p. 65. n. 2. et edit. separat. p. 18. n. 2. Berl. Jahrb. f. Pharm. p. 29. n. 2.*

Laurus caryophyllus *Lour. Fl. Cochinch. ed. Willd. I. p. 307. n. 3.?*

Cortex caryophylloides ruber. *Rumph. Herb. Amb. II. p. 66. cum icone inedita et t. 14. flores.*

„Habitat cum Cinnamomo Culilawan, (Rumph), et probabiliter in Cochinchina (Loureiro).“ Blume l. c.

Differt, ut ex notis hic allatis patet, a *Cinnamomo Culilawan:* foliis angustioribus magis lanceolatis nec ovato-oblongis, nervis subexcurrentibus, nec apicem versus evanescentibus, et laciniis perianthii in fructu persistentibus; quae notae sane sufficiunt ad speciem propriam conficiendam. Specimina neque clariss. Blumius vidit, neque ego.

Adnotatio. E Manuscriptis Herbarii Amboinensis duobus, in bibliotheca Lugdunensi asservatis, alterum ad articulum, quo de Cortice Caryophyllato agit auctor, duas exhibet tabulas, quarum una rami, in tabula XIV Herbarii Amboinensis iam typis exscripti, iconem monstrat floribus omnino carentem, altera autem, quae in libro edito non excusa, ramum florentem diversae, quod ad folia, arboris, sed cuius flores in tabula sculpta n. XIV. ramo illi sterili impositi cernuntur. Hanc igitur posteriorem, ad Corticis Caryophylloidis rubri Rumphii matrem ex Blumii sententia referendam, exprimit *Cinnamomum rubrum Blumii*, hoc loco a me repetitum.

---

21. CINNAMOMUM xanthoneurum Blume.

„C. foliis oblongis vel oblongo - lanceolatis obtusiuscule acuminatis basi acutis breve triplinerviis subtus reticulatis et canescenti-velutinis, nervis supra medium venuloso - ramificatis.“ *Blume Waarnem. omtrent den Culilawan-Boom. in Tydschr. voor Nat. Geschiedn. I.* 1. *p.* 66. *n.* 4. *et ed. sep. p.* 18. *n.* 4. *Berl. Jahrb. f. Pharm. p.* 29. *n.* 4.

„Culilawan ex Papuanis et Moluccis insulis. *Rumph. Herb. Amb. II. p.* 66.“

„Habitat in Nova Guinea. (Rumph, Lesson, Zippelius.)“

Plura non habeo, quam quae ex Blumio l. c. excerpsi.

---

22. CINNAMOMUM Heyneanum.

C. ramulis teretibus petiolisque pubescentibus, foliis lanceolatis acuminatis glabris subtus glaucis triplinerviis nervis lateralibus apicem versus evanescentibus, pedunculis axillaribus et subterminalibus trifidis, perianthii laciniis iuxta basin suturatis persistentibus. *N. ab E. in Wall. pl. As. rar. II. p.* 76. *n.* 14.

Laurus Heyneana *Wall Cat. n.* 2576.

Habitat in India orientali. Vidi exemplum Herbarii Heyneani, cum calycibus fructus fructuque maturo.

Differt a *Cinnamomo vimineo*, cui simile, ramis teretibus, novellis compresso - subangulatis, nec vero distincte tetragonis, (axillis ut in illo compressis) magis puberulis pubescentia patula, cortice insipido et inodoro; foliis perfecte lanceolatis basi maximeque apice acuminatis $4^3/_4$ — $5^1/_2$ pollices longis 7 — 12 lineas latis triplinerviis, nervis longo a basi spatio unitis, substantia folii tota retique venuloso tenuioribus, petiolis ratione folii brevioribus trilinearibus supra planiusculis undique pubescentibus, pedunculis axillaribus multo longioribus filiformibus 2 — $2^3/_4$ pollices longis, basi (sub anthesi forte undique) pubescentibus, apice trifidis, ramulo singulo 4 — 5 lineas longo pubescente probabiliter trifloro, nunc autem sub fructu unifloro. — Pedicelli tres lineas longi, obconici, angulati, pubescentes, cum perianthii tubo obsoleto continui; limbi laciniae chartaceo-rigidae, patulae, $1^1/_2$ lineas longae, aequales, ovatae, acutiusculae, extus pubescentes intus sericeae, nervis quinque extus prominulis striatae, persistentes, sutura tamen proxime ad basin separabili praeditae, ita, ut, si demum ceciderint, cupula sexloba brevis, et Cinnamomi generi non omnino conveniens, superstes relinquatur. Bacca forma glandis, ovalis, mucronata, 5 — 6 lineas longa, laevis, in nostris grisea, carne subsuberosa albida, glandulis sub epidermide protuberantibus repleta. Testa seminis membranaceo-chartacea, extus quasi pruinosa, intus fusco-nitens, vertice (basi) mucronata, ubi hyli pars residua suboblique adhaeret crustaeformis, rugulosa, pallida. Cotyledones in nostris corrugatae et angulatae.

Adnotatio. Quoad folia species haec cum Cinnamomo genere eximie congruit; et cum sutura etiam ad basin laciniarum perianthii accedat, dubium non videtur, quin re vera species sit huius generis.

SPECIES DUBIAE.

+ 23. Cinnamomum pedunculatum N. ab E.

C. glabrum, ramulis praesertim inter folia per paria approximata compressis, foliis elliptico-oblongis basi acutis apice obtusis concoloribus triplinerviis, nervis lateralibus apicem versus evanescentibus costa media versus apicem ramulosa, pedunculis ad basin innovationum axillaribusque compressis apice cymulosis paucifloris glabris, cupula fructus phialiformi integerrima.

Laurus pedunculata *Thunb. Fl. Jap. p.* 174. *Willd. Sp. pl. II.* 1. *p.* 479. *n.* 8. *Pers. Synops. I. p.* 448. *n.* 9. *Spr. S. Veg. II. p.* 266. *n.* 16. *Lam. Enc. méth. III. p.* 452. *n.* 16.
Cinnamomum japonicum *Herb. Siebold.*

Crescit in Japonia, (Thunberg, de Siebold). Vidi sicc. in Herb. Sieboldiano cum fructu maturo absque floribus.

Caulis secundum Thunbergium fruticosus. Rami laxi, secundum Thunbergium teretes, in nostro compressiusculi, et ubi foliorum paria oriuntur dilatati, striati, glabri; cortex fuscus, una cum foliis odoris camphorati; lignum album, subtile; medulla mediocris. Cicatrices foliorum lunatae, gemmarum orbiculares, prominulae. Innovationum basis cicatricibus lunatis inaequalis. Gemma (terminalis) ovata, obtusa, e squamis sex erectis carinatis glabriusculis. Folia $2\frac{1}{2}$—$3\frac{1}{4}$ poll. longa, $\frac{3}{4}$—1 pollicem et paulo ulterius lata, ex ovali oblonga, basi apiceque aequo passu angustata, obtusiuscula, basi autem acuta, plana, glabra, chartaceo-coriacea, pallide viridia, subtus nonnihil pallidiora, $\frac{1}{4}$ pollicis spatio a basi confluenti-triplinervia, costa media sursum venoso-ramificata, nervis lateralibus tenuibus longe apicem versus excurrentibus extrorsum subvenosis, nervulisque insuper duobus tenuibus incompletis ex ipsa basi iuxta margines decurrentibus. Petioli $\frac{1}{2}$ — $\frac{3}{4}$ pollicis longi, depresso-subtrigoni, canaliculati, glabri. Pedunculi (fructus) ad basin innovationum nudi, cicatricula suffulti; superiores axillares, solitarii, 1 pollicem longi, compressi, glabri, graciles, apice cicatricibus 4 — 5 praediti, uno plerumque pedicello fructifero residuo. Pedicelli (fructus) $\frac{1}{2}$ poll. longi, communi pedunculo similes, terminati cupula phialiformi integerrima fructu angustiore et ab eiusdem basi patula. Bacca ovata, 5 lin. alta, obtuse mucronata, nigra, glabra. Florem non vidi.

Adnotatio. Quod ad folia omnino *Cinnamomi* generis videtur, quod ad Fructum autem *Camphorae*, cui et odore congruit. Est e serie incertarum specierum huius generis, v. c. *C. viminei*, quae probabiliter cognito flore a genere Cinnamomi deinceps separabuntur.

+ 24. Cinnamomum curvifolium N. ab E.

C. ramulis . . . ., foliis oblongis acuminatis glabris pallidis obsolete trinerviis duris incurvis, racemulis parvis subterminalibus.

Laurus curvifolia *Lour. Fl. Cochinch. ed. Willd. I. p.* 309. *n.* 6. *Poir. Enc. méth. Suppl. III. p.* 318. *n.* 29.

Habitat in sylvis montanis Cochinchinae. *Miéng sanh caöng lá* incolis, (Loureiro).

„Arbor magna ramis patentibus. Folia oblonga, acuminata, integerrima, obsolete trinervia, venosa, pallida, odora, dura, nitida, incurva, reflexa, alterna. Flos albus, racemis parvis laxis subterminalibus. Calyx 1-phyllus, carnosus, lobatus, acute 6-fidus, inferus, persistens. Corolla nulla, nisi calycem dicas. Stamina 9, plana, superius dilatata: ibique illorum quodlibet e 4 foraminibus emittens 4 filamenta tenuissima, antherulis totidem oblongis 2-locularibus. Nectarium glanduliferum. Bacca oblongo-ovata, nigra, 1-sperma.“

„Observatio. Haec et praecedens species (*Laurus polyadelpha Lour.*) magnam affinitatem habent cum Ocotea Guianensi. Aubl. Guian. p. 780. t. 310.“ (Loureiro).

Adnotatio. Cinnamomis adiunxi propter folia trinervia dicta; reliqua enim, quae apud Loureirium legimus, Machilo quoque et Ocoteae generibus conveniunt.

+ 25. Cinnamomum montanum.

C. ramulis teretibus glabris, foliis triplinerviis ovato-acuminatis perennantibus, floribus racemoso-paniculatis axillaribus circa apices ramorum, bacca ovata perianthii tubo obconico laciniis persistentibus crassis patentibus coronato imposita.

Laurus montana *Sw. Prodr. Fl. Ind. occ. p.* 65. *Fl. Ind. occ. II. p.* 700. *Willd. Sp. pl. II.* 1. *p.* 478. *n.* 5. *Pers. Syn. I. p.* 448. *n.* 5. *Poir. Enc. méth. III. p.* 318. *n.* 30. Persea montana *Spr. S. V. II. p.* 268. *n.* 6. (*excl. synon. Lauri paniculatae Poir.*)

Habitat in altis montibus Jamaicae australis. Floret Julio. (Swartz.)

„Arbor, trunco mediocri, cortice laevi cinereo. Rami erecti, stricti, verrucosi, ramulis teretibus glabris incanis. Folia petiolata, alterna, ovata, acuminata, apice attenuato obtuso, integra, plana, triplinervia, nervosa, venosa, membranacea, rigidiuscula, utrinque glabra, subtus nitida. Nervi laterales versus medium folii evanescentes. Petioli breves, teretiusculi, glabri. Racemi terminales, ex axillis foliorum terminalium, compositi, erecti, stricti, pubescentes, foliis fere breviores, fastigiati paniculae instar; ramulis multifloris: floribus terminalibus pedicellatis parvis albidis. Calyx corollinus, 6-fidus, basi persistens: laciniae ovatae, obtusae, concavae, patentes, extus intusque pubescentes, exalbidae. Filamenta 9: tria interiora, sex exteriora, brevissima: antherae oblongae, quadratae, apice quadriloculares, quadrivalves, luteae. Glandulae minutissimae ad basin filamentorum interiorum. Germen ovatum; stylus subulatus, longitudine staminum; stigma obtusum. Drupa ovata, utrinque subacuminata, matura nigra, libera (nec ab illo tecta) calyci insidens inferne incrassato obconico, sive turbinato, laciniis persistentibus crassis patentibus.“

„Observatio. Habitu *Lauro Camphorae* simillima, sed folia crassiora, nec glauca etc.“ (Swartz.)

Adnotatio. Conferatur cum hac specie *Cinnamomi Zeylanici var.* α**, e Jamaica insula Willdenovio et Guenthero adlata. Nisi odorem corticis omnino tacuisset vir praeclarissimus, eandem hanc varietatem illum ante oculos habuisse lubenter mihi persuaderem.

+ 26. Cinnamomum vimineum.

C. ramulis tetragonis petiolisque pubescentibus, foliis lanceolato-oblongis apice subattenuatis obtusis basi acutis glabris subtus glaucis valide trinerviis nervis lateralibus apicem versus evanescentibus, pedunculis infraterminalibus (et axillaribus?) trifloris. (?) *N. ab E. in Wall. pl. As. rar. II. p. 76. n. 15.*

Laurus viminea *Wall. Cat. n.* 2576.

Lectum in Penang a G. Porter, absque floribus sed pedunculis praeditum floribus exutis.

Frutex? Rami virgati, dichotomi, adultiores teretes, epidermide subfusca glabra hinc inde veluti papulosa; iuveniles distincte tetragoni, ad axillas compresso-dilatati, pubescentes, pube minuta adpressa canescente, praesertim ad originem innovationum apicemque conspicua; cortex pallide fuscus odore et sapore foeniculaceo ligni Sassafras; lignum durissimum, rude, rufescenti-cinereum, odore ligni Sassafras forti; tubus medullaris perangustus. Gemmae axillares et terminales parvae, compressae, cinereo-sericeae, brevissime pedicellatae, bivalves; sub evolutione filiformes, perulatae squamis 2—3 parium suboppositis parvis lanceolatis sericeis per intervalla brevia distantibus, mox deciduis. Folia opposita vel subopposita, intervallis aequalibus distantia, 3—5 pollices cum petiolo longa, 1—1½ pollices lata, oblongo-lanceolata, basi acuta, apicem versus magis vel minus angustata ipso tamen apice obtuso, chartacea, glabra, supra nitida, subtus glauca, ad costam et nervos nonnihil puberula, trinervia, nervis in ipsa basi unitis infra prominulis satis validis procul ab apice repente in rete venulosum solutis; venae intermediae rectiusculae, fere transversales, parallelae; rete intermedium subtilissimum. Petioli 3—4 lineas longi, semiteretes, supra canaliculati et in canali pubescenti-scabri, subtus saepe glabri. Pedunculi (in nostro specimine) duo, supra basin innovationis suboppositi, cicatrice squamulae deiectae angusta cincti, vix pollicem longi, compressi, glabri, apice trifidi, in nostris triflori, pedicellis lateralibus a medio fere ita incrassatis, ut Cryptocaryae tubum in fructum abeuntem referre videantur. Discus pallidus, margine integro tumidulo in apice pedicelli. Perianthii sola vestigia restant.

27. Cinnamomum caudatum.

C. floribus fasciculatis, fasciculis axillaribus pedunculatis, foliis ovatis caudato-cuspidatis trinerviis, pedunculis axillaribus florum fasciculum ferentibus, fructu .... *N. ab E. in Wall. pl. As. rar. II. p.* 76. *n.* 16.

Laurus caudata *Wall. Cat. n.* 2603.

Habitat in Nepalia, ubi a Cl. Wallich a. 1822 inventum est.

Arbor? Rami laxi, inferne teretes, superne subcompressi, ad axillas dilatati, glabri, epidermide fusca nitida subtilissime striata; iuniores pubescenti-canescentes, novelli cum foliis nascentibus fulvo-sericei; stratum corticis tenue, adstringens, saporis aromatici debilis; lignum luteum, porosum; tubus medullaris amplissimus, ellipticus. Ramuli axillares ad angulum acutum egredientes, alterni, cum foliis evoluti. Cicatrices foliorum una cum ramulo prominentiae communi compressaeque impositae, oblongae, cito incremento deletae. Gemmae supraaxillares ramulorum, (i. e. ex axilla ramuli et paulo supra eius angulum singulari exemplo nascentes) parvae, ovatae, fulvotomentosae; involucro exteriori obtuse 3 — 4 - dentato basi subintegro apice dehiscente, ex quo gemmae pars interior clausa obtusaque nonnihil prominet. Gemmae terminales in nostris omnes iam evolutae. Folia ordine valde irregulari, alia aequidistantia, alia per paria approximata, et tum evidenter tertii paris folio altero primo prioris respondente, (diverg. igitur $\frac{2}{5}$) 4 — $4\frac{1}{2}$ pollices cum petiolo suo longa, $1\frac{3}{4}$ — $2\frac{1}{2}$ pollices lata, basi acuta et inaequalia, apice in longam angustamque sed obtusam cuspidem prominula, membranaceo-chartacea, adulta glabra, vel supra sparsim pubescentia et basi griseo-sericantia, laete viridia, subtus pallidiora, trinervia; nervis lateralibus a basi ortis, in apicem fere excurrentibus; venis interiectis subtilibus dichotomis transversim arcuatis reticulatisque reti filicum simili. Petioli 3 — 4 lineas longi, angusti, marginati, supra canaliculati, pubescenti-strigilosi, et una cum basi ramuli axillaris saepe sericei. Pedunculi axillares et paullum excentrici, 3 lineas ad $1\frac{1}{2}$ pollices longi, erecti, graciles, angulati, inferne nudi et pubescenti-scabri, inter flores cano-tomentosi. Flores in communi pedunculo fasciculati, fasciculis 3 — 6-floris, bracteola 1 (— 2) parva membranacea orbiculata pallida, modo obtusa modo acutiuscula suffultis. In pedunculis brevioribus fasciculos eiusmodi pauciores numero, in unum fasciculum terminalem coëuntes; in longioribus magis distant, inferioresque duo saepe ex opposito nascuntur. **Pedicelli** inaequales; sub anthesi 2 — 3-lineares, apice subincrassati, cano-tomentosi. **Flores** subcampanulati, angulati, coriacei, extus et intus cano-tomentosi; limbo ultra medium sexfido; laciniis obtusis pellucido-punctatis obsolete nervosis, exterioribus tribus ovalibus, interioribus ovatis. **Stamina** novem situ solito, perianthio breviora, inter se aequalia; filamenta vix antheris longiora, linearia, minute strigilosa; antherae ovatae, obtusae, compactae, purpurascentes, quadrilocellatae, locellis ovalibus; inferioribus-lateralibus, superioribus anticis paulo minoribus; valvulae ostiolis conformes, luteae. **Glandulae geminatae** subglobosae, ad basin staminum interiorum sessiles, luteae. Series magis interior e tribus constat **Staminodiis** obovatis in stipitem brevem strigilosum decurrentibus. **Pistillum** staminum longitudine, laeve, glabrum, purpurascens; ovarium ovato-oblongum, in stylum duplo breviorem attenuatum; stigma parvum, discoideum, emarginato-bi-trilobum. **Fructus** deest.

Adnotatio 1. Species e foliis cuspidatis floribusque in pedunculo communi fasciculatis primo intuitu distinguenda.

Adnotatio 2. Singularis est in hac specie gemmarum ex ramorum axillis procreatio. Scilicet e folii axilla ramus oritur, simul cum folio nascens citissimoque progressu assurgens, simulque brevi spatio supra angulum, quem ille cum ramo primario describit, gemma prodit parva, quiescens, tomento induta, quae prominentiam rami, folium cum suo ramulo ferentem, superne claudit.

Adnotatio 3. Cum fructus non innotuerit, non liquet, an Cinnamomi sit generis, an potius proprii.

Tribus II.

CAMPHOREAE.

Hermaphroditae. Staminodia perfecta. Antherae quadrilocellatae, interiores retroversae. Limbus perianthii deciduus.

Gemmae perulatae.

Folia perennantia, longe petiolata, triplinervia aut subtriplinervia, in axillis costarum glandulosa subtusque porosa.

Arbores Asiaticae, praesertim regno Sinensi et Japoniae indigenae.

II. **CAMPHORA** Bauh. *N. ab E. Laur. Disp. Progr. p.* 9. *n.* 2. *Wall. pl. As. rar. II. p.* 61. *et* 72. *n.* 19.

(*Lauri sp.* Lin. et Auctorr. *Perseae sp.* Spr. *Cinnamomi sp.* Fr. N. ab E. *Borboniae sp.* Plum. Gaertn.)

Flores hermaphroditi, paniculati, nudi. Perianthium sexfidum, chartaceum, limbo deciduo. Stamina fertilia novem triplici serie, quorum tria interiora staminodiis binis stipitatis compresssis ad basin stipata. Antherae ovatae, quadrilocellatae, valvulis totidem adscendentibus dehiscentes; locellis exteriorum anticis, trium interiorum posticis. Staminodia tria istis conformia in serie cum staminibus secundi ordinis subalternante; tria alia stipitata, capitulo ovato glanduloso, interdum distinctius antheriformi, in serie magis interiori. Stigma discoideum. Bacca monosperma, perianthii basi obconicae integrae insidens.

Variat staminibus tertiae seriei sterilibus.

Inflorescentia: paniculae parvae, simplices, subtrichotomae, axillares, vel, in continuatione terminali ramuli foliis deficientibus caducisve, ad speciem panicula una, composita, terminalis.

Gemmae foliigenae axillares et terminales, perulatae, squamis multis imbricatis. Folia glabra, triplinervia, axillis ramorum lateralium in plerisque glandulosis, glandula immersa, subtus poro dehiscente.

Differt ab *Alseodaphne* staminodiis pluribus, omnibus stipitatis complanatis, interioribus glandulosis, gemmis imbricatis, foliis nervosis;

a *Cinnamomo*, cui foliis nervosis magis propinqua, recedit calyce fructus non truncato-dentato seu inciso, staminodiorum natura, et gemmis perulatis;

a reliquis tetratheciis longius tum calyculi fructus conditione, tum inflorescentia et gemmis distinguitur.

Adnotatio. Cl. Jacquin in Adnott. Bot. IV. p. 221. t. 3. f. 2. Lauro Camphorae filamenta tribuens capitata, capitulo intus foveis duabus excavato, antheramque didymam subrotundam luteam parvamque ex fundo cuiuslibet foveolae filamenti egredientem proprioque filamento capillari sustentatam, valvulas locellorum loco antherarum, et dissepimentum illud obliquum, quo locellus superior ab inferiori separatur, in filamenti proprii capillaris loco posuit, — cuius rei luculentissimo argumento sunt figurae tabulae supra citatae.

---

1. Camphora officinarum Bauh.

C. foliis triplinerviis supra lucidis axillis venarum glandulosis, paniculis axillaribus terminalibusque corymbosis nudis, floribus extus glabris. *N. ab E. in Wall. pl. As. rar. II. p.* 12. *n.* 1.

Camphora officinarum *C. Bauh. Pin. p.* 500. *Blackw. t.* 347.
Cinnamomum Camphora *Fr. N. ab E. et Eberm. Handb. der med. pharm. Bot. II. p.* 430. *Plant. offic. tab.* 127.
Persea Camfora *Spr. S. Veg. II. p.* 268. *n.* 5. *Mart. Pharmacogn. p.* 422.
Laurus Camphora *Lin. Mat. Med. p.* 107. *Mill. Dict. n.* 9. *Fabr. H. Helmst. p.* 400. *Jacq. Coll. bot. IV. p.* 221. *t.* 3. *f.* 2. *Thunb. Fl. Jap. p.* 172. *Willd. Sp. pl. II.* 1. *p.* 478. *n.* 3. *Pers. Syn. I. p.* 448. *n.* 4. *Lam. Enc. méth. III. p.* 445. *n.* 6. *Dict. des sc. nat. XXV. p.* 331. *Lour. Fl. Cochinch. ed. Willd. I. p.* 306. *n.* 2. *Blume Bydr. p.* 553. *Roxb. Hort. Calc. p.* 89. *Wall. Cat. n.* 2604. *Herb. Willd. n.* 7766.
Laurus Camphorifera *Kaempf. Am. exot. p.* 770. *t.* 771.
Arbor camphorifera japonica. *Breyn. Prodr. II. p.* 16. *ic. p.* 16. *t.* 2. *Commel. Hort. Amstel. I. p.* 185. *t.* 89.

β. Foliis basi magis attenuatis cuneatisque, nervis primariis altius emergentibus.

Laurus gracilis e Havannah *Hort. Reg. Berol.*

Habitat in Japonia et China.

Vidi exempla culta e Hortis Calcuttensi, Sebastianopolitano Provinciae Rio de Janeiro (Herb. Martianum) et ex hortis cl. Theunissen in Hottentotthollandia Promontorii bonae spei, (Herb. Eckloniamum), tum vero viva ex hortis Europaeis compluribus. Varietatem *β*. e Havannah sibi missam Horto Regio

Berolinensi tradidit cl. Hagendorff, Bremensis. — Floret apud nos Maio et Junio; in Brasilia Augusto, in Promontorio bonae spei a Septembre in Novembrem.

Nomen apud Japanenses literatos *Ssio*, vulgo *Kus no ki*, aliis *Nambok*, (Kaempfer); Cochinchinensibus *Lúm nào hiàm* et *Laong nào*, (Loureiro.)

Arbor ramis laxis glabris. Folia subcoriacea, supra laete viridia et splendentia, subtus pallidiora, axillis venarum principalium vel omnibus vel inferioribus saltem glandula*) latente, superne in tuberculum prominente subtus poro ovali dehiscente instructis, utrinque glabris. Petioli 1—1½ poll. longi, graciles, glabri. Paniculae florum subcorymbosae, aliae axillares, aliae infra gemmas ramum terminantes approximatae et in corymbum terminalem abeuntes.

Var. β. foliis differt basi longius productis et in utraque pagina magis opacis subconcoloribus minusque lucidulis. An species distincta?

Adnotatio. Ex huius arboris ligno, ramis foliisque concisis sicca destillatione paratur *Camphora chinensis* sive *japonica*, quae intra alembica e terra cocta stramineque oryzeo iuncisve repleta excepta, in Europam transvehitur nostrisque denique in terris iterata destillatione adiecta calce viva aut carbone depuratur ac in medicina adhibetur. — Est Stearopteni species post evaporatum vivae arboris Elaeoptenum (sive oleum aethereum) residui.

---

2. CAMPHORA inuncta.

C. foliis oblongo-ellipticis venosis subtriplinerviis concoloribus supra lucidissimis axillis venarum glandulosis, paniculis axillaribus terminalibusque paucifloris. *N. ab E. in Wall. pl. As. rar. III. p. 32. n. 1. b.*

Wall. Cat. n. 6347.

In Tavoy legit Guil. Gomez, Octobre 1827. Wall. l. c.

Cortex rami extus nigro-fuscus, quasi glutine indurato

*) Iam a Kaempfero observata (Amoen. exot. p. 772.): „In nervorum finibus non raro verruculas observamus, quas huic Lauro propias dixerim.)

collinitus, intus pallide fuscus, odore camphorae fortissimo; superficies eius inaequalis, rugulosa. Ramuli iuveniles angulati, glabri. Folia elliptica, basi apiceque acuta, coriacea, rigidula, supra nitidissima et quasi vernice collinita, flavo-viridia; subtus pallidiora, minime glauca, valde venoso-reticulata, ramis binis inferioribus magis ad apicem tendentibus sed parum distinctis, unde folia pleraque fere venosa prodeunt; fornices glandulosi, in pagina superiori tumentes, subtus excavatae, in axillis venarum infimarum. Petioli $1/2$ pollicis longi. Paniculae circiter $1\frac{1}{2}$ pollices longae, ramis paucis divergentibus brevibus bifloris (?) Flores nostris desunt. Perianthium fructus infundibuliforme, lineam latum, integrum. Bacca magnitudine pisi, ovata.

Adnotatio. Differt a *Camphora officinarum:* petiolis brevioribus; foliis magis oblongis, basi minus acutatis, quasi glutinosis, neque tam evidenter triplinerviis; sed dubium tamen, numne sit communis Camphorae varietas.

---

3. Camphora glandulifera.

C. foliis subtrinerviis supra nitidis subtus caesio-glaucis, axillis venarum glandulosis subtus in iunioribus lanuginosis, paniculis axillaribus, floribus extus pubescentibus. *N. ab E. in Wall. pl. As. rar. II. p.* 72. *n.* 2.

Laurus glandulifera *Wall. in Act. Soc. med. et phys. Calcutt. I. p.* 45. *cum fig. Cat. n.* 2601.

Habitat in montibus Nepaliae, ubi cl. Wallich a. 1821. invenit.

Arbor procera. Rami adultiores teretes, iuveniles ob angulos truncatos e trigono pentagoni, glabri, epidermide rufescente striata, hinc inde miliaceo-tuberculata, praesertim in iuvenilibus; cortex fuscus, odore et sapore camphorae; lignum rufescens, porosum; tubus medullaris amplus, in iuvenilibus ramulis pentagonus. Ramuli ad basin cicatricoso-annulati a squamis gemmae deciduis; illi autem, qui una cum foliis evolvuntur, basi latiori annulo simplici, tanquam articulo, inserti. Cicatrices foliorum semicirculares vel scutiformes, planae.

Gemmae axillares et terminales globosae; hae maiores, imbricatae, squamis paucioribus coriaceis, extimis minutis tunc reliquis eo maioribus quo magis interioribus, his etiam eximie tomentoso-sericeis griseis. Folia in ramulis folio suo coaetaneis pauca circa apicem approximata, in fortioribus a gemma nutritis plura propius a basi inchoantia, diverg. $\frac{2}{5}$ posita, $3\frac{1}{2}$—6 poll. cum petiolo longa, $1\frac{1}{2}$—3 pollices lata, latitudine non omnibus aequo passu cum longitudine crescente, ideoque vel ovata, vel elliptica, pleraque basi acuta, sed latiora etiam basi rotundata, apice cuspidata cuspide mediocri et arguta, chartaceo-subcoriacea, glabra, supra nitida, subtus pleraque a pruina caesia glauca, triplinervia, ramis lateralibus non multum distinctis, ultra medium apicem versus excurrentibus, superioribus etiam per paria approximatis apicemque magis petentibus; rete venosum subtile, irregulare; glandula in axillis venarum principalium parenchymati folii immersa, superne saepe convexa et tumida, inferne lanugine axillari tecta, demum poro obliquo angusto lanugine ciliato dehiscens; in multis tamen foliis parum vel non evoluta. Petiolus $\frac{1}{2}$ pollicis longus, nonnihil compressus, subtus convexus, supra canaliculatus acuteque marginatus, glaber, satis fortis. Flores in axilla folii reliquis minoris paniculati. Pedunculus communis compressiusculus, glaber, a medio divisus, ramuli divaricati, $\frac{1}{4}$—$\frac{1}{2}$-unciales, etiam glabri, bitrifidi; inferiores suboppositi, medii alterni, summi terni, horum omnium divisiones breves, bi-triflori. Pedicelli vix lineam longi, a canescenti pube subtomentosi. Perianthium primum campanulatum, sub anthesi magis patens, extus, praesertim in tubo, intusque pubescenti-canum, limbo chartaceo sexfido extus sparsim puberulo, laciniis brevibus ovatis obtusis confertim pellucido-punctatis subenerviis intus in disco dense tomentosis margine glabris. Stamina fertilia novem triplici serie, perianthio breviora; filamenta antheris dimidio longiora, linearia, exteriora basi, interiora tota villosa; antherae ovales, obtusae, glanduloso-punctatae, quadrilocellatae, locellis ovato-subrotundis, sex exteriorum introrsum trium interiorum extrorsum versis, valvulisque totidem ostiolis conformibus sursum reflexis dehiscentibus. Staminodia tria quartae seriei capitulo lanceolato stipitem villosum aequante, staminibus duplo breviora, a tergo glandula subrotunda compressa liberā stipata. Glandulae sex capitulo cordato obtuso brevistipitato staminibus tribus tertiae seriei per paria adstant. Pistillum longitudine staminum, glabrum; ovarium ovato-oblongum; stylus longitudine ovarii, crassiusculus, aequalis; stigma dilatatum, subtrilobum, irregulare. Fructum perfectum non vidi.

Adnotatio. Differt a *Camphoris officinarum* et *inuncta* foliis maioribus, plerisque latioribus, nec splendidis neque evidenter triplinerviis, subtus pruinoso-glaucis, poro glandularum villis obtecto minori demum fimbriato, florum paniculis maioribus, omnibus, quas vidi, axillaribus, perianthioque extus pubescenti-tomentosulo laciniis brevioribus latioribusque, odore camphorato denique multo debiliori.

---

4. Camphora chinensis N. ab E.

C. foliis ellipticis concoloribus opacis subtiliter reticulatis transversimque venulosis triplinerviis costa nervisque apicem versus venuloso-coniunctis, axillis nervorum subtus poro exiguo pertusis. *N. ab E. in Otto Gartenzeitung* 1833. *n.* 12. p. 91.

Laurus chinensis *Hort. reg. Berol.* Vidi viv. s. fl.

Patria . . . . China?

Similis *Camphorae inunctae*, sed differre videtur: foliis maioribus, 6 pollices longis 2¼ pollices latis, reti primario multo angustiori venulisque transversalibus magis regularibus, tum nervis duobus 4 — 6 linearum spatio a basi e costa egredientibus suboppositis multo evidentioribus et in pagina inferiori folii magis prominulis instructis, poris, horum angulis subtus insculptis, minimis nec superne in bullam conspicue tumentibus. — A media costa apicem versus oriuntur venulae costales subternae, tenuiores, et hae vero parum ramificatae apicemque versus arcu tendentes. Caeterum folia sunt per paria approximata, basi acutata, apice in acumen longum obtusumque producta, supra obscure nitidula, subtus paulo pallidiora nec glauca, opaca. Petioli circiter semipollicares, validi, tereti-compressi, supra canaliculati, glabri. Ramus teres, glaber, striatus, epidermide viridi; corticis et foliorum odor camphoratus gravis et fortis. Gemmae parvae, puberulae.

Adnotatio. An *Camphorae inunctae* var. seu potius forma hortensis?

Tribus III.

PHOEBEAE.

Hermaphroditae. Staminodia perfecta. Antherae bi- vel quadrilocellatae, interiores retroversae. Limbus perianthii persistens, durescens, cupulam baccae adpressam struens.

Gemmae incompletae.

Folia perennantia, venosa et penninervia.

Arbores Canarienses et Indicae, tam orientales quam occidentales.

Genera:

Apollonias. Antheris bilocellatis.

Phoebe. Antheris quadrilocellatis.

III. APOLLONIAS. *N. ab E. Laur. Dispos. Progr. p. 10. n. 3.**)

(*Lauri* sp. Auctt.)

Flores hermaphroditi, anguste paniculati, nudi. Perianthium sexfidum, subaequale, laciniis primum membranaceis dein durescentibus in cupulam fructus abeuntibus. Stamina fertilia novem triplici serie, quorum tria interiora glandulis binis stipitatis liberis ad latera stipata. Antherae oblongae, bilocellatae, valvulis totidem adscendentibus dehiscentes, locellis sex exteriorum introrsum trium interiorum extrorsum spectantibus. Staminodia tria stipitata, capitulo glanduloso quandoque in antheram mutato in serie magis interiori, glandulis geminis vel ad basin stipitatis, vel infra capitulum sessilibus aucta. Stigma depresso-capitatum. Bacca perianthio in cupulam regularem sexfidam conniventi induratoque basi immersa.

Inflorescentia anguste paniculata, subterminalis, mox denudata.

Gemmae foliiparae parvae, bivalves. Folia reticulata, obsolete venosa, penninervia, perennnantia (Lauri nobilis foliis similia.)

Patria: Insulae Canariae.

Adnotatio. Est omnino fere Phoebe, antheris Lauri.

---

*) Ἀπολλωνιὰς, Apollini sacra.

1. Apollonias canariensis N. ab E.

A. glabra, foliis oblongis reticulatis nitidis.

Laurus canariensis *Willd. En. Hort. Ber. I. p.* 435. *n.* 5. *Link. En. I. p.* 389. *n.* 3907. *Poir. Enc. méth. III. p.* 325. *n.* 34.
Persea Canariensis *Spr. S. Veg. II. p.* 268. *n.* 10.
Laurus Barbusano *Cav. Ann. de cienc. nat.*
Laurus reticulata *Poir. Enc. méth. Suppl. III. p.* 322. *n.* 44.
Laurus Teneriffae *Poir. l. c.?*
Laurus foetens *Brouss. in Herb. Willd.*

Crescit in insulis Canariis; Teneriffa (Broussonet). Vidi viv. cult. et exempl. sicc. Herb. Willd. et Reg. Ber.

Arbor *Lauro nobili* similis. Rami teretes, adultiores rimulosi, glabri, novissimo tantum apice angulato et subpuberulo; cortex pallidus, inodorus; cuticula fusca. Cicatrices foliorum e semicirculari subtrigonae, planae. Gemmae parvae, obtusae, glabrae, bivalves. Folia per intervalla approximata, conferta, 1¾ (minora etiam) ad 5 pollices longa, ¾—1¾ pollices lata, oblonga, acutiuscula, basi subacuta in petiolum vix 3 lineas longum crassum semiteretem canaliculatum glabrum desinentia, coriacea, glabra, nitida, concoloria, arctissime scrobiculato-reticulata venisque costalibus subnovenis parum conspicuis ramificatis instructa. Paniculae e basi gemmae terminalis ortae, confertae, demum ad basin innovationis reiectae, 1½—3 poll. longae, erectae, glaberrimae, a basi vel a medio divisae; illarum ramuli inferiores elongati, harum omnes breves, apice cymulosi, ut flores fere fasciculati videantur. Pedicelli 2 — 2½ lineas longi, validi, in tubum perianthii incrassati, glabri. Perianthium tres lineas latum, subrotatum, glabrum, flavescens (?); tubus brevis, limbi laciniae membranaceae, pellucido-punctatae, obtusae; subciliatae, longitudine subaequales; tres exteriores ovatae, apicem versus angustiores; tres interiores ovales. Stamina longitudine perianthii; filamenta pubescenti-hirta; antherae ovato-oblongae, pellucido-punctatae, locellis binis ovato-lanceolatis a basi ad apicem fere dehiscentes; sex exteriores inversae, tres interiores reversae. Glandulae geminatae longitudine filamentorum, longe stipitatae, capitulo glanduloso reniformi cordato luteo crasso, una utrinque ad latus staminis tertii ordinis. Staminodia quarti ordinis plerumque diversiformia; alia glandulis similia et tunc basi nuda; alia capitulo corrugato antherae structuram moliente, et infra hoc utrinque glandula sessili instructa; alia denique omnino in perfecta stamina mutata glandulisque stipitatis solitis ad latus praedita. Pistillum longitudine staminum, glabrum; ovarium globosum; stylus ovario paulo longior, filiformis; stigma depresso-capitatum seu discoideum. Pedunculi fructus communes oligocarpi. Pedicelli fructus 4 lineas longi, haud multo crassiores ac in flore. Perianthium in fructu persistens cartilagineum, laeve, nitidum, basi ob lacinias exteriores in pedicellum decurrentes trisulcum, cupulam sexfidam laciniis ovalibus obtusisque exhibet fructui appressam, 3 lineas in ambitu latam. Bacca $1/2$ pollicem alta, ovalis, mucronata, nigra.

Adnotatio. *Laurus Teneriffae* Poir. differre dicitur foliis non circa apices ramorum confertis sed aequis fere intervallis per omnem ramum sibi succedentibus, paniculis axillaribus, floribus multo maioribus. An igitur potius ad *Perseam indicam* referenda?

IV. PHOEBE N. ab E.*). (Ocotea *Blume. N. ab E. Laur. Disp. Progr. p.* 10. *n.* 4. *Wall. pl. As. rar. II. p.* 61. *et* 70. *n.* 17.)

Flores hermaphroditi, paniculati, nudi. Perianthium sexfidum, subaequale, subcoriaceum, laciniis cum tubo demum durescentibus et in cupulam fructus abeuntibus. Stamina fertilia novem triplici serie, quorum tria interiora utrinque glandula collaterali substipitata libera praedita. Antherae oblongae, quadrilocellatae, valvulis totidem adscendentibus dehiscentes; tres interiores retrospectantes. Staminodia tria stipitata, dorso eglandulosa, capitulo cordato-triangulari in serie interiori. Stigma depressum, discoideum. Bacca perianthio in cupulam regularem sexfidam rigidam conniventi basi immersa.

Inflorescentia paniculata vel subcorymbosa, axillaris.

Gemmae foliigenae parvae, squamis paucis carinatis foliaceis hiantibus. Folia penninervia.

Adnotatio. Ocoteae genus, ab Aubletio propositum, arbores ex Oreodaphnearum tribu diversissimaeque easdem indolis complectitur; quibus iamiam luculenter a me cognitis, non potui, quin illis, quas ad aliorum exemplum Ocoteas quondam appellaveram, novum denique nomen ponerem.

*) Φοίβη, nomen mulieris, Luna.

A. *Indicae, cupula fructui arctissime adpressa.*

---

1. Phoebe sericea N. ab E.

Ph. foliis oblongis acutis basi obtusiusculis subtus minute pubescentibus, novellis paniculisque decompositis tomentoso-canis.

Ocotea sericea *N. ab E. in Wall. pl. As. rar. II. p.* 71. *n.* 1. *et III. p.* 32.
Laurus sericea *Wall. Cat. n.* 2606, A, B, C.
Cinnamomum tomentosum *Don. Fl. Nep. p.* 66.

Crescit in Nepalia, (Wallich, a. 1821); in valle Deyra (idem. a. 1825); in Ava? (Octobre 1826.) — Ad Suembu Nepalensium, (Don fide Herb. Hamilt.) Floret Aprili.

Arbor *Machilo odoratissimae* consimilis, a qua sequentibus distinguitur: Cortex ramorum longitudinaliter rugosissimus; cicatrices foliorum disco elevatae. Gemmae minores, squamis paucis; hinc rami et innovationes basi non annulatae. Folia, diverg. 2/5, magis dispersa, maiora, 3¼—7¼ adiecto petiolo longa, breviora simul latiora, 2 pollicum, longiora 1½—1¾ pollicum, oblonga vel elliptico-oblonga, acuta, ipso acumine tamen saepe obtusiusculo, basi vel obtusa vel subacuta et inaequalia, supra glabra nitidula, subtus pallidiora et pubescentia vix nudo oculo observanda vestita; iuvenilia supra pubescentia, subtus cum ramulo novello sericea, ex argenteo cana, penninervia nervis principalibus mediocribus circa margines venoso-connexis, reticulo interiecto distincto areolis angustis. Petiolus pollicem et quod excurrit longus, semiteres, supra obtuse canaliculatus, glaber, sub foliatione pubescens et quasi pruinosus. Paniculae e gemmae terminalis basi confertim, sed situ alterno, prodeuntes, casu bractearum nudae, multiflorae, corymbum constituentes. Pedunculi communes 5—6 pollices longi, validi, compresso-ancipites, striati, inferne pubescentes nudi, a medio vel ultra tomentoso-cani atque ramificati. Rami inferiores, in duo plerumque paria dispositi, paniculati, ramulis tomentoso-canis; inferioribus tri-superioribus unifloris; reliquis alternis tri-vel fasciculatim plurifloris. Squamae bracteales caducae; propriae sub pedicellis exiguae, trigonae, pubescentes. Pedicelli linea paullo longiores, cano-tomentosi. Perianthium extus et intus cano-sericeum subtomentosum, bilineare, campanulatum, usque ad basin fere sexpartitum, subcoriaceum; laciniis quinquenerviis pellucido-punctatis obtusis, tribus exterioribus lineari-lanceolatis, interioribus spathulato-oblongis latioribus. Stamina perianthio breviora; filamenta basi hirta; antherae filamentis vix dimidio breviores, lineari-oblongae, obtusae, glanduloso-punctatae, quadrilocellatae; locellis inferioribus duplo maioribus oblongis, superioribus minoribus ovalibus, sex exteriorum introrsum, trium interiorum extrorsum versis. Glandulae ad basin interiorum capitulo crasso in vertice plicato-biscrobiculato. Staminodia tria interiora ovato-lanceolata, acuta, stipite hirto, capitulo ad latera pallescente. Pistillum longitudine staminum, glabrum; ovarium ovatum, acutum; stylus ovario longior, tenuis, subulatus; stigma parvum, capitatum, obsolete lobatum, pallidum. Fructum non vidi; ob summam autem specierum sequentium similitudinem huc referre non dubitavi.

Adnotatio. Ramus Herbarii Wallichiani n. 2606. C., ex Ava allatus, cum reliquis speciminibus quod ad formam foliorum congruit, sed deest iisdem omnis pubescentia, quae quidem fortassis in adultioribus evanescit.

---

3. Phoebe glaucescens N. ab E.

Ph. foliis oblongo-lanceolatis utrinque acutis glaucis, paniculis thyrsoideis in corymbum terminalem dispositis tomentosis.

Ocotea glaucescens *N. ab E. in Wall. pl. As. rar. II. p. 71. n. 2. et III. p. 32.*

α. Paniculis longioribus ferrugineis.

Laurus glaucescens *Roxb. Hort. Calcut. p. 30. Wall. Cat. n. 2592. Herb. Wight. propr.*

β. Paniculis brevioribus incanis.

Laurus floribunda *Wall. Cat. n. 2593. A. (ex parte, casu certe immixtis exemplis.)*

Crescit in Sillet, lecta primum a M. R. Smith, et in Hortum Calcuttensem illata a. 1811. (Roxb.); ibidem legit F. D. — Floret a Februario in Aprilem; maturat fructus Maio et Junio mensibus.

Arbor grandis et speciosa. Rami teretes, glabri, cortice varie rimoso et rugoso, fusco alboque vario; ramuli angulati, iuveniles apice pubescentes; cortex fuscus, insipidus; lignum durum, in ramulo quercino simile, griseum; tubus medullaris conspicuus et diu persistens. Cicatrices foliorum semicirculares, rariusve late cordatae, planae, parum tumidulae. Gemmae axillares parvae, terminalis in centro corymbi maior, hae omnes fulvo-hirsutae, squamis laxis foliaceis carinatis hiantibus. Folia cum petiolo 4 — 5 pollices longa, 1 — 1 $^1/_4$ pollicis lata, diverg. $^2/_5$ posita, per paria saepe approximata, circa ramulorum apices collecta, oblongo-lanceolata, basi acuta, apice in acumen obtusum producta, subcoriacea, rigidula, supra glabra glaucescentia nitidula, subtus pallida ad costam venasque laterales pubescentia, penninervia, ramis principalibus mediocribus circa margines venoso-connexis, reticulo interiecto laxo, utrinque ex aequo conspicuo. Petioli $^1/_4$ — $^1/_2$ pollicis longi, trigoni, supra plani sulcoque medio insculpti, pubescentes, striati. Paniculae in basi hirsuta angulata gemmae axillaris, vel tantum terminalis, circa ramorum apices corymbum multiflorum constituunt. Squamae ad basin pedunculorum parvae, ovatae, obtusae, coriaceae, fugaces, hinc axis talis corymbi nuda, rugoso-angulata et cicatricosa, $^1/_4$ — $^1/_2$ pollicis, gemma foliigena terminata. Pedunculi communes 3 — 4 pollices longi, trigono-compressi, erecti, conferti, satis validi, dense tomentosi, a medio divisi; rami patuli, vel contracti, saepe per paria approximati, $^1/_2$ — 1 $^1/_2$ pollices longi, apicem versus decrescentes, compressi, tomentosi, apice cymoso-bifidi, vel bis bifidi, cum flore medio singulo, ramulis et pedicellis in varietate α. saepe tam brevibus, ut flores in ramorum paniculae apicibus quasi conglomerati appareant. Squamae bracteales oblongae vel lanceolatae, secundum gradum decrescentes, acutiusculae, hirsutae, caducae, annulo fimbriaque relictis. Pedicelli lineam longi vel breviores, cum toto flore extus dense tomentosi. Flores campanulati, 1 $^1/_2$ lineas alti, subcoriacei, ultra medium sexfidi; tubo rotundato; laciniis ovalibus obtusiusculis vel mucronulatis quinquenerviis obsolete pellucido-punctatis, extus tomentosis, intus sericeis, quod ad latitudinem aequalibus sed exterioribus paulo brevioribus; fundus floris hirsutus. Stamina fertilia novem, perianthio vix breviora, situ ordineque solito; filamenta antheris duplo fere longiora, angusta, linearia, glabra; antherae ovatae, obtusae, pellucido-punctatae, luteae, quadrilocellatae, locellis inferioribus ovato-oblongis, superioribus obovatis, non multo minoribus; valvulae ostiolis conformes, concolores. Glandulae geminatae capitulo reniformi in vertice bifoveolato. Staminodia quarti ordinis stipite brevi ad basin extrorsum barbato, capitulo ovato-lanceolato obtusiusculo glabro, dorso convexo, versus centrum floris canaliculato, marginibus involutis. Pistillum longitudine staminum, glabrum; ovarium globosum, magnum; stylus filiformis, ovario duplo longior; stigma parvum, conniventi-trilobum, lobis inaequalibus. Fructus non observatus est.

Var. β. non differt, nisi paniculis in corymbo paucioribus, ad summum 3-pollicaribus, strictioribus et rigidulis, tomento griseo- nec rufo-ferrugineo vestitis, ramis plerisque bifidis sexfloris, floribusque, praesertim ramorum inferiorum, distinctius pedicellatis paulo brevioribus, neque minus latis, griseis nec ferrugineis.

Adnotatio. Species situ panicularum satis distincta, *Phoebae sericeae* soli propinqua.

---

3. Phoebe excelsa N. ab E.

Ph. foliis oblongo-lanceolatis anguste acutatis basi cuneiformibus glabris laevibus subtus glaucis, paniculis ad basin innovationum ramulis bi-trifloris, floribus cano-sericeis.

Ocotea excelsa *Blume Bydr. p.* 572.
Laurus geminiflora *Reinw. in Herb. Mart.*

Crescit in cacumine montis Burangrang Provinciae Krawang, ac in sylvis montium Salak et Gedé Javae insulae. Floret Augusto. Nomen apud indigenas: *Kitallies.* (Blume.) Vidi exemplum, floribus nec fructu instructum, in Herb. Martiano, ab Reinwardtio *Lauri geminiflorae* nomine inscriptum.

Arbor 60 — 80 pedum altitudine (Blume). Ramulus coram est, in parte annotina foliis orbus, angulatus, glaber, corrugatus, cortice fusco insipido, tubo medullari amplo angulato. Cicatrices foliorum planae, prominulae, aliae semicirculares, aliae scutatae. Gemmae aliquot residuae pisi fere magnitudine, globosae, multifariam imbricatae, squamis rotundatis strigoso-tomentosis incanis probabiliter panicularum primordia abortiva sunt. Basis innovationis florigera crassior, brevis, confertim transversaliter corrugato-cicatricosa, ferrugineo-hirta; ipsa innovatio, (cum ramulo adiecto,) glabra, angulata, caesiopruinosa. Gemmae hac in parte, tam axillares quam terminalis, parvae, stipitatae, bivalves, compressae, ferrugineo-strigilosae. Folia (in nostro specimine modo evoluta et tenera) tres pollices longa, ultra medium $3/4$ — $1 1/4$ pollices fere lata, oblongo-lanceolata, in acumen subulatum procurrentia, basi cuneatim attenuata, glabra, subtus glauca; quae tenerrima, subtus tenuiter sericantia, omnia tenuissime penninervia costulis integris parum conspicuis, reti venuloso nullo observabili. Petioli $1/4$ pollicis ad 4 lineas longi, angusti, supra canaliculati, glabri, glaucescentes. Paniculae in basi rugosa innovationis aggregatae, 3 — 4 pollices longae, longe pedunculatae; pedunculo sparsim puberulo laxo. Ramuli paniculae 2 — 3 parium, per paria approximati, 4 — 1 lineas longi, tri-bi-flori, summi tam breves, ut flores fasciculati esse videantur. Pedicelli $1 1/4$—$1 3/4$ lineas longi, dense cinerascenti-sericantes. Flores $2 1/2$ — 3 lineas lati, campanulato-rotati. Perianthium profunde sexpartitum, chartaceum, extus et intus cinerascenti-sericans; laciniae aequales, ovales, obtusae, quinquenerves, confertim pellucido-punctatae. Stamina longitudine fere perianthii; filamenta antheris paulo longiora, angusta, in dorso et circa basin minutim strigilosa; antherae ovales, locellis oblongis, supero minori; interiores paulo angustiores. Glandulae geminatae compressae, stipitatae. Staminodia stipitata, capitulo cordato acuto. Pistillum glabrum, perfectum; stigma crassiusculum. Fructum non vidi.

4. Phoebe attenuata N. ab E.

Ph. foliis oblongo - cuneiformibus acutis subtus reticulatis ramulisque ferrugineo - hirsutis, paniculis longe pedunculatis strictis dichotomis incanis, perianthii laciniis ellipticis.

Ocotea attenuata *N. ab E. in Wall. pl. As. rar. II. p.* 71. *n.* 3.

Laurus attenuata *Wall. Cat. n.* 2600.

Persea macrophylla var. cuneata *Blume Bydr. p.* 568.

Crescit in montibus Provinciae Sillet. (F. D.)

Arbor. Rami crassi, ex apice continuati, per intervalla squarroso - cicatricosi, adultiores teretes, fusci, lenticuloso - verrucosi et rimulosi, iuniores et maxime novelli angulati ferrugineo hirsuti, subtomentosi; cortex fuscus, adstringens, saporis ingrati, perscissus ad solem micans; lignum densum, rude, punctis (an vasorum luminibus?) micans, cinerascens; tubus medullaris mediocris. Cicatrices foliorum per intervalla approximatae, squarroso-prominulae, oblique truncatae, subtrigonae vel semilunatae, disco elevato. Gemmae foliigenae axillares parvae, terminales paulo maiores, ferrugineo - hirtae, squamis laxis angustis carinatis, apice patulis. Folia circa apices ramulorum conferta, diverg. $^3/_7$, erecta, 5 — $7^1/_2$ pollices longa, ubi latiora $1^3/_4$ pollices lata, oblonga, basin versus cuneiformi - attenuata, inferiora apice obtusa vel subacuta, superiora in brevem et acutam cuspidem prominula, subcoriacea, rigida, penninervia, supra opaca punctiformi - reticulata ad costam et ramos laterales ferrugineo - hirta, subtus ferruginea arcuato - reticulata costa venisque omnibus prominulis hirtis; rami costales ante margines arcuatim connexi. Petioli semiunciales, lati, subtus convexi, supra plani et in medio canaliculati, ferrugineo - tomentosi, strigosi, apicem versus marginati. Paniculae e basi ramuli terminalis novelli axillares, infimae foliorum casu interdum nudae, corymbum contractum conficientes. Pedunculi communes 8 — 9 pollices longi, firmi, inferne subteretes, apice subtetragoni, dense griseo - tomentosi, basi longo tractu nudi, ipsa panicula 3 — $4^1/_2$ pollices longa. Rami paniculae per paria approximati vel suboppositi, arcuato - erecti, rigiduli, compressi, cano - tomentosi, plerique deficiente flore intermedio bis dichotomi, ramulis brevibus etiam tomentosis patentissimis, ultimis trifloris. Bracteae lanceolatae, fugaces, annulum elevatum fimbriatum sub dichotomiis relinquentes; bracteolae propriae pedicellorum exiguae, ovato - subulatae. Pedicelli proprii vix semilineares, crassi, dense griseo-tomentosi. Perianthium campanulatum, coriaceum, altitudine 2-latitudine 3 linearum, extus griseo-intus subargenteo-sericeum subtomentosum, usque ad basin fere sexfidum; laciniis ovalibus obtusis obsolete nervoso-venosis punctatisque, tribus exterioribus paulo brevioribus, neque angustioribus. Stamina novem, triplici serie, perianthio paulo breviora; filamenta linearia, angusta, antheris dimidio longiora, sex exteriora extrorsum, tria interiora introrsum albo-hirta; antherae ovato-subrectangulae, truncatae, pellucido-punctatae; sex exteriores introrsum dehiscentes glabrae, tres interiores extrorsum dehiscentes, dorso (centrum spectante) hirto, quadrilocellatae, locellis oblongis, inferioribus sursum, superioribus deorsum attenuatis; valvulae conformes, luteae. Glandulae ad basin staminum trium interiorum geminae, parvae, stipite brevi hirto, capitulo glanduloso reniformi plicato-bifoveolato. Staminodia interioris ordinis triangularia, sagittata, acuta, stipite hirto capitulum aequante. Pistillum staminibus paullo brevius, albo-hirsutum; ovarium globoso-depressum; stylus ovario duplo longior, filiformis; stigma parvum, acute tridentatum, obliquum. Fructus non visus est.

---

5. Phoebe paniculata N. ab E.

Ph. foliis obovato-ellipticis utrinque acutis subtus reticulatis, costis ramulis paniculisque dichotomis laxis ferrugineo-tomentosis, perianthii laciniis fructuque ovatis.

Ocotea paniculata *N. ab E. in Wall. pl. As. rar. II. p.* 71. *n.* 4.

Laurus paniculata *Wall. Cat. n.* 2598. A.

Cinnamomum Cathia *Don. Prodr. Fl. Nep. p.* 66. *n.* 2. (*teste specimine Herbarii Lambertiani in Herbario Martiano.*)

β. Minor; foliis basi cuneiformibus longius acutatis, paniculis paucifloris laxius puberulis.

Laurus paniculata? *Wall. Cat. n.* 2598. B.

Habitat in Nepalia, lecta a. 1821 a clariss. Wall.; ad Suembu Nepaliae legit Hamilton, (Don l. c.) Var. *β*. in Herbario Wighthiano vidi.

Arbor simillima *Phoebae attenuatae*, a qua hisce differt notis, Rami magis subdivisi, infirmiores, cicatricibus subaequidistantibus magis obliquatis planisve notati, adultiores etiam ferrugineo-tomentosi. Folia diverg. $2/5$, diversiformia, minora vel obovata $3 1/2$ pollices longa 2 pollices lata vel oblonga 4—5 pollices longa 1—$1 1/2$ pollices lata, maiora obovato-oblonga vel elliptica, 7—8 pollices longa, 3—$3 1/2$ pollices lata, basi acuta vel etiam brevi spatio cuneiformia, apice modo obtusa, modo brevissime cuspidata, longiorive cuspide vel etiam acumine praedita, minus rigida et tenuiora, vetustiora supra omnino glabra et nitida, iuniora ut in illa vestita, subtus non tam ferruginea, quam e subrufo-canescentia, laxius reticulata, costa venisque ferrugineis. Petioli breviores, $1/4$ pollicis longitudine, non nisi in maximis foliis semipollicares. Pedunculi in innovatione terminali alterave parum inferiori a basi axillares, pauci, nudi, $3 1/2$ — 4 pollices longi, patuli, graciliores, pubescenti-tomentosi, pallide ferruginei. Paniculae breves, pollicares, subcorymbosae, ramis rectis patulis pubescenti-canis duorum parium tertioque terminali, bis dichotomis, infimis conspicue longioribus. Bracteolae subulatae. Flores minores, $1 1/2$ lin. longi, 2 lineas lati, extus griseo-vel ferrugineo-tomentosi; laciniae limbi ovatae, acutiusculae, intus, nec dense, cano-sericantes, margine glabriusculae, hinc nervi et puncta pellucida magis conspicua; tres exteriores evidenter breviores. Stamina et Glandulae omnino ut in Phoebe attenuata. Interioris ordinis Staminodiorum capitula non tam triangularia, quam potius ex ovato triangularia, basi sagittata. Ovarium subglobosum, parcius albo-hirtum; stylus filiformis, ovario duplo longior, glaber vel sparsim subhirtus; stigma parvum, pallidum, obsolete dentatum. Pedicelli fructus crassi, trigoni, subcarnosi, glabri, circiter lineares. Perianthii laciniae in fructu persistentes, maiores quam sub anthesi, carinatae, glabrescentes, iam fere lignescentes et strictae, cupulam pateriformem sexpartitam baccae appressam formant, intus ad basin circulo punctorum 6 lutescentium a staminodiorum residuis glandulosis pictam. Bacca circiter quadrilinearis, ovata, obtusa, sicca reticulato-rugosa, nigro-fusca; caro tenuis. Semen obovatum, inversum, carni connatum; testa crustacea, flava, laevis, in cuius pariete interiori, seminis membrana interiore vestito, ex altera parte descendit a vertice fructus rhaphe membranacea, versus basin ramosa dilatataque; chalaza, hilo exiguo supero opposita, obliqua, subrotunda, crassa, rugosa, fuscescens; membrana interna tenuis, a testa discreta, plicato-rugosa, albida. Cotyledones magnitudine et forma seminis, obovatae, plano-convexae, pallidae, carnosae. Embryo inversus, hilo appropinquatus, parvus; radicula conica, acuta, supera, plumula longior, a basi acuta cotyledonum supertecta; plumula ovata, obtusa, compressa; linea transversalis arcuata colli locum indicat, ubi cotyledones latere, nec basi, ideoque peltatim embryoni iunguntur.

Var. β. differt: foliis minoribus basi magis attenuatis tenuioribus, paniculae ramis alternis plerisque trifloris, pubescentia tenuiori inspersis. Sed haec a debilitate ramuli pendere, cum omnibus notis essentialibus conveniat, accurata exempli Wightiani contemplatione constat.

Adnotatio. *Persea macrophylla* (*Blume Bydr. p.* 568.) solo fructu oblongo, nec ovato, differre videtur. An vere distincta species?

---

6. Phoebe pubescens N. ab E.

Ph. foliis oblongis ellipticisve acuminatis basi cuneiformibus subtus laxe reticulatis trabeculatis una cum ramulis paniculisque flaccidis dichotomis pubescentibus, perianthii laciniis interioribus ellipticis tomentosis.

Ocotea pubescens *N. ab E. in Wall. pl. As. rar. II. p.* 71. *n.* 5. *et III. p.* 32. *n.* 5.
Laurus pubescens *Wall. Cat. n.* 2595. A. *et* C.
Cinnamomum tomentosum *Don. Prodr. Fl. Nep. p.* 66. *n.* 1. (*fide speciminis ex Herbario Lambertiano in Herbario Mart.*)

Crescit in Nepalia, ubi cl. Wallich. a. 1820 invenit; in Tavoy G. Gomez legit Octobre a. 1827 ineunte anthesi; in Amherst medio Februario deflorata inventa est. In sylvis Suembuensibus legit Hamilton mense Aprili florentem, (Don. l. c.)

Arbor, proxime accedens *Phoebae paniculatae*, et, quod ad integumentum, eiusdem varietati β. maxime, sed foliis longioribus tenuioribus diverso modo reticulatis, paniculis laxioribus aliisque notis distinguenda, donec meliora edoceamur.

Ramus adest biennis, angulatus, annotina parte glaber, fuscus, striatus, lenticellis raris oblongis tumidulis inspersus; cortex fuscus; lignum rufescens, densum, fibris subtilibus, micans; tubus medullaris angulatus; innovatio novissima sulcato-angulata, pubescenti-hirta, ferruginea, basi cicatricibus senis distincta. **Gemmae** ferrugineo-hirsutae, squamis foliaceis laxis, axillares parvae. **Folia** circa ramulorum apices magis conferta, diverg. $2/5$ posita, 5—9 pollices, addito petiolo, longa, $2\frac{3}{4}$—$3\frac{1}{2}$ pollices lata, pleraque oblonga, cuspidato-acuminata acumine longo acuto, basi cuneiformia, chartacea; supra, praesertim ad costam venulasque, subtilissime, subtus undique et evidenter puberula ibidemque in sicco ferruginea, penninervia, ramis lateralibus ante margines arcuatim coniunctis, venis intermediis transversalibus arcuatis vel infractis, reti interiecto parum elevato irregulari. Petioli semipollicares, tereti-compressi, supra sulcati, pubescentes. **Flores** paniculato-corymbosi, in innovationum inferiori parte axillares, infimi defluxu foliorum nudi. **Pedunculus communis** 5—8 pollices longus, compressus, gracilis, pubescens, basi longo tractu nudus, apicem versus divisus. Rami paniculae per paria approximati nec vero oppositi, seni plerumque, patentes, unciales, compressi, bis terve dichotomi, pubescentes; ramuli ultimi triflori interiecto flore singulari medio. **Bracteae** caducae, relicto annulo hirsuto circa ramificationes. **Pedicelli** lineam longi, pubescentes. **Perianthium** campanulatum, magnitudine omnique structura floribus *Phoebes paniculatae* simile; laciniae aequales; exteriores ovatae acutiusculae extus sparse puberulae, interiores ovales obtusae extus et intus dense cano-subtomentosae, hae atque illae tri-quinquenerves, pellucido-punctatae. **Stamina** et **staminodia** ut in Phoebe paniculata, nec non et **pistillum**; ovarium obovatum, pilis raris inspersum, interdum glabrum; stylus glaber; stigma parvum, lobatum. Peracta anthesi laciniae increscunt, persistuntque induratae erectae et clausae. **Fructum** non vidi.

Adnotatio 1. A *Phoebe lanceolata* differt paniculis pubescentibus (nec fere glabris) tenuioribus minusque corymboso-patentibus, tum laciniis interioribus tomentosis canescentibus, alia ut taceam.

Adnotatio 2. Folia huius arboris, et ea sequentis, saepe *Stigmatidiis Phyllochari* et *elegante* Meyer. ornantur; quae unius speciei diversos status essse puto.

Adnotatio 3. In collectione Wallichiana Lauri pubescentis nomine et numero trium diversarum specierum exempla inveni, scilicet

1° *Phoebes lanceolatae;*

2° *Phoebes*, quam *pubescentem* appellandam esse censebam;

3° *Phoebes pallescentis.*

Adnotatio 4. Character *Cinnamomi tomentosi* Don., l. c. exhibitus, uti e specimine Herbarii Lambertiani cognovi, ramuli est tenerioris sub prima evolutione decerpti.

---

7. Phoebe lanceolata N. ab E.

Ph. foliis oblongo-lanceolatis lanceolatisve utrinque longe acuminatis subtus tenuissime pubescentibus, corymbis glabris patentibus, staminibus interioribus hirsutis.

Ocotea lanceolata *N. ab E. in Wall. pl. As. rar. II. p.* 71. *n.* 6.
Laurus lanceolata *Wall. Cat. n.* 2599. A. — E.
Laurus Lanceolaria *Roxb. Hort. Calcutt. p.* 30?
Laurus pubescens *Wall. Cat. n.* 2595. (*ex parte.*)

β. Foliis longissime caudato-acuminatis.

Laurus salicifolia *Herb. Hamilt.*
? **Laurus camphorata** *Herb. Hamilt.*

Crescit in Sillet (F. D.), et e Sillet in Hortum Calcuttensem illata; in Nepalia, (Wallich. a. 1820. et 1821.) Var. *β.* in Nepalia, Rangamati et Sivapur, (Hamilton). Floret a Februario usque ad Maium, maturatque fructus Junio et Julio.

Lauri Lanceolariae Roxb., quae probabiliter eadem ac nostra, lingua Bengalensi nomen *Sundhigool* (Roxb.)

Arbor. Rami adultiores teretes, glabri, albidi, verrucis, aliis lenticularibus, aliis a cicatricibus foliorum pedunculorumque provocatis sigillatis, per intervalla in quincuncem positis approximatisque valde inaequales; iuveniles compresso-angulati, pubescentes vel glabri; cortex fuscus, insipidus, inodorus; lignum subrufescens, durum, porosum; tubus medullaris mediocris. Cicatrices foliorum semicirculares vel subtrigonae, elevatae, marginatae, umbonatae, cum cicatrice pedunculi tuberculum truncatum marginatum medio subdivisum exhibentes. Gemmae foliigenae parvae, rufo-hirsutae; laterales compressae, squamis duabus oppositis, altera angustiori antica; terminalis maior, subtrigona, squamis carinatis, omnium foliaceis. Folia diverg. $\frac{2}{5}$, in ramulis a basi approximata, respondentia costa obtusa continua coniuncta, aequidistantia, patentia, $4\frac{1}{2}$ — 8 poll. longa, 1 — $1\frac{1}{2}$ poll. lata, lanceolata et oblongo-lanceolata, basi apiceque attenuata, acuminata; adultiora supra, aetate etiam subtus glabra, pleraque subtus pubescentia minutissima adspersa et pallidiora; iuvenilia pleraque utrinque pubescentia; penninervia ramis venosis ante marginem arcuatim connexis interstitiis in foliis adultioribus arcuatim et interrupte reticulatis, reti inferne satis conspicuo; folia iuvenilia magis venosa, reti intricato venulisque arcuatis obsoletis. Petioli $\frac{1}{2}$—$\frac{3}{4}$ lin. longi, satis crassi, semiteretes, supra canaliculati marginibus acutis, iuveniles evidenter pubescentes, adultiores subpubescentes. Flores paniculato-corymbosi, corymbis cum innovatione terminali ex omnibus axillis prodeuntibus; inferis mox nudis, reliquis axillaribus, sub evolutione fastigiatis. Pedunculus communis $1\frac{1}{2}$—2 pollices longus, compressiusculus, basi praesertim pubescens, superne glabriusculus, apice corymboso-divisus, patens. Bracteae membranaceae, scariosae, villosae, caducae, ramorum paniculae lineari-lanceolatae, ramulorum et pedicellorum fere subulatae vel filiformes; ramuli $\frac{1}{2}$ — $\frac{3}{4}$ pollicis longi, per paria approximati, trifidi, pedunculo medio unifloro, lateralibus trifloris; superiores breviores, saepe triflori; apex trifidus, flore intermedio solitario, pedunculis lateralibus trifloris. Bracteolae propriae exiguae, pedicellis breviores, diutius perdurantes. Pedicelli bilineares, sparsim pubescentes, scabriusculi. Perianthium lineae diametro, campanulatum, album, chartaceum; tubus brevis, obconicus, glaber, glanduloso-punctatus, rarius subpubescens; limbus sexfidus, laciniis ovatis obtusis subaequalibus quinquenerviis pellucido-punctatis, exterioribus inferne paulo latioribus glabris glanduloso-asperis, interioribus in dorso pubescenti-scabris margine ciliatis; intus totum perianthium strigiloso-sericeum. Stamina fertilia longitudine fere perianthii, aequalia, triplici serie posita; filamenta longitudine antherarum, linearia, sex exteriora extus, tria interiora intus strigosa, illa haud raro tota glabra; antherae oblongae, obtusae, qradrilocellatae, luteae, pellucido-punctatae, sex exteriores glabrae introrsum, tres interiores extrorsum spectantes, in tergo, quod centro obversum, strigosae; loculi ovato-lanceolati, superiores minores inversi; valvulae ostiolis conformes, flavae. Glandulae geminatae ad basin staminum interiorum brevistipitatae, capitulo reniformi vertice plicato-scrobiculato. Staminodia tria interiora stipitata, stipite extrorsum strigoso, capitulo stipite breviore ovato, extus convexo, inferne parumper strigoso, apicem versus arcuatim impresso, intus plano ibidemque basi subsagittato. Pistillum longitudine staminum, glabrum; ovarium obovatum; stylus ovario duplo fere longior, filiformis, strictus; stigma peltatum, subangulatum, pallidum. Fructus in panicula depauperata flexuosa, quasi articulata. Pedicelli fructus iam crassi, angulati. Perianthium tunc bilineare, cyathiforme, induratum, cupulam exhibet regularem, extus plicato-costulatam glabram, margine ob lacinias ex integro persistentes sexlobo. Bacca quadrilinearis, elliptica, mucronulata, violaceo-atra, sicca subrugulosa, monosperma; caro tenuis; membrana fructus interna tenuis, alba. Testa seminis penduli lutea, crustacea, sutura funiculi ad alterum latus signata; membrana interior tenuis, testae concolor. Cotyledones oblongae, basi excavatae.

Adnotatio 1. Var. β. foliis longissime acuminatis acumine angustissimo, tenuioribusque differt, neque aliam differentiam invenio. Exemplum, quod *Lauri camphoratae* nomine ex Herbario Hamiltoniano adest, nihil camphorati iam exhibebat.

Adnotatio 2. In Horto Calcuttensi culta arbor paulo brevioribus latioribusque foliis prodiit, caeterum spontaneae simillima.

Adnotatio 3. *Ocotea declinata Blume* (*Bydr. p.* 572.), nostrae proxima, differt foliis brevioribus supra lucidis subtus glaucis et glabris, paniculisque (etiam in hac corymbosis) ratione foliorum maioribus.

8. Phoebe pallida N. ab E.

Ph. foliis lanceolatis cuspidatis subtus glaucescentibus, ramulis paniculisque contractis pubescentibus, perianthii laciniis ovatis subaequalibus.

Ocotea pallida *N. ab E. in Wall. pl. As. rar. II. p.* 71. *n.* 7.
Laurus pubescens *Wall. Cat. n.* 2595. (*ex parte.*)

Habitat in Nepalia, lecta a. 1820 a cl. Wallich.

Arbor. Ramus teres, glaber, fuscus, a lenticellis crebris hinc inde confluentibus ovalibus griseis verruculosus, apice divisus in ramulos basi nudos angulosos glabros, apice innovatos, innovatione foliosa angulosa cano-pubescente basi cicatricosa; cortex fuscus, adstringens, insipidus; lignum pallidum, solidum; tubus medullaris angulatus, satis amplus. Cicatrices foliorum planae, scutiformes, annulo medio inscriptae. Gemmae foliigenae fulvo-hirsutae, laxae, squamis foliaceis carinatis; axillares parvae, extus bivalves. Folia $3\frac{1}{2}$—6 pollices (cum petiolo) longa, $\frac{3}{4}$ — $1\frac{1}{2}$ pollices lata, diverg. $\frac{2}{5}$ posita, lanceolata, in cuspidem angustam acutamque (pleraque) excurrentia, infima basi attenuata acutaque, superiora basi obtusiuscula subinaequalia, supra (extra costae basin) glabra, subtus caesioglaucescentia et sub lente subtilissime puberula, costa cum venis lateralibus conspicue pubescentibus rufidulis, aetate provectiore undique glabra; venae transversales parallelae, flexuosae, remotiusculae, tenues; reticuli laxi venulae parum conspicuae. Petioli ad summum 3 lineas longi, crassiusculi, subtus convexi, supra canaliculati, aetate glabri, iuveniles autem cum ramulo novello omnique inflorescentia ipsisque floribus pubescentia brevissima cana appressa strigilosa veluti furfuracea non admodum densa inspersi, nonnihil canescentes. Pedunculi ad basin innovationis axillares; infimi, squama seu folio incompleto cito defluente, nudi, 3 — 4 pollices longi, trigono-compressi, erecti, a medio divisi; rami paniculae alterni vel per paria approximati, erecto-patentes, inferiores vix dimidium pollicem longi bifidi, superiores duplo breviores triflori, rariusve bifidi et inde sexflori. Bractearum in nostris iam deperditarum loco annulus cano-pubescens. Pedicelli perianthii longitudine, angulati. Perianthium campanulatum, $1\frac{1}{4}$ lineas altum, chartaceum, extus ad basin laciniasque interiores, intus undique canescenti-strigilosum; laciniae longitudine aequales, latae, obtusiusculae, quinquenerves, pellucido punctatae, exteriores ovatae, interiores ovales sed eiusdem fere latitudinis. Stamina perianthio breviora, et glandulae eiusdem structurae, ac in reliquis, filamentis antherisque etiam tribus retro spectantibus a tergo hirsutis; ostiola inferiora ovato-lanceolata, superiora ovalia duplo minora; valvulae luteae. Staminodia interioris ordinis hirsuta, capitulo sagittato-cordato acuto. Ovarium obovatum; altero latere strigulis nonnullis inspersum; stylus ovario duplo longior, filiformis, glaber; stigma crassum, trigonum, pallidum. Fructus deest.

Adnotatio 1. Species haec primo intuitu accedit

1°. quoad inflorescentiam *Phoebae sericeae*, quae differt: foliis aetate subtus subtiliter reticulatis nec glaucis, paniculis omnibus aphyllis, perianthii laciniis oblongis;

2°. quoad folia *Phoebae lanceolatae*, sed huius folia subtus non glaucescunt, rami adultiores alba epidermide splendent, paniculae corymbosae sunt et subdivaricatae, et flores minores glabrescunt;

3°. *Phoebae pubescenti*, quae quidem longius distat foliis subtus magis venosis nec glaucis, basi cuneatis apice brevicuspidatis, paniculisque laxis et patulis maioribus, floribus autem minoribus.

Adnotatio 2. Etiam huius folia *Stigmatidio elegante* infestantur simulque ornantur.

---

9. Phoebe ligustrina N. ab E.

Ph. foliis lanceolatis utrinque acutis subtus tenuissime pubescentibus, paniculis staminibusque glabris.

Ocotea ligustrina *N. ab E. in Wall. pl. As. rar. II. p. 71. n. 8. III. p. 32. n. 8.*

Laurus ligustrina *Wall. Cat. n.* 2588. A. B.

Lecta in Singapur a cl. Wallichio a. 1822.; in Tavoy Decembre a. 1827. cum floribus a Guil. Gomez.

Haec arbor pluribus quidem refert *Phoeben lanceolatam*, ut diu haesitarem, utrum varietatis loco reponenda sit. Accuratiori autem examine instituto plura edoctus sum, quae speciem propriam declarare suaderent. Ramuli fusci, striati, glabri. Gemma terminalis glabra, argenteo-sericea. Folia 4—4¼ poll. longa, 12 — 13 lin. lata, utrinque attenuata, neque adeo acuminata, acumine obtuso, adulta supra glabra subtus subtilissime strigilosa, strigulis vix nudo oculo observabilibus, iuniora omnino fere glabra; rami costales venosi, in rete soluti, nullis venis arcuatis intercedentibus. Petioli ut in Phoebe lanceolata, sed glabri, marginibus iuvenilium pubescenti-scabris. Paniculae parvae, glabrae, inferiores 3 poll., superiores 1 poll. longae, pauciflorae, ramulis erectis, inferioribus bifidis secundum regulam 4—5-floris, superioribus trifloris; paniculae superiores saepe trifidae ramis trifloris. Flores nonnihil minores. Perianthii laciniae exteriores ovales, interiores ovali-oblongae, basi nonnihil angustiores, illae extus omnino plabrae, hae glabrae vel obsoletissime scabridae; intus autem omnes sericeo-strigosae. Genitalia ut in *Phoebe lanceolata*, sed filamenta omnium glaberrima, neque antherae interiorum a tergo hirtae. Staminodia interiora glabra. Pistillum glabrum, ut in *Phoebe lanceolata*; stigma trilobum, pallidum. Perianthium, delapso fructu persistens, duplo fere minus ac in *Phoebe lanceolata*, magisque patens, sed eiusdem structurae rigidulumque, intus strigosum, laciniis interioribus iam obovatis. Fructum non vidi.

---

10. Phoebe declinata N. ab E.

Ph. foliis lanceolatis utrinque acuminatis glabris subtus glaucis, paniculis terminalibus axillaribusve folio aequalibus, perianthii laciniis subciliatis glabris, filamentis subspathulatis.

Ocotea declinata *Blume Bydr. p.* 572.
Laurus declinata *Bl. Cat. Hort. bot. Buitenz. p.* 66.

Crescit in sylvis montis Salak. Floret Decembre. Nomen apud Javanos: *Huru-Leu-ur*. (Blume) V. sicc. spec.

Arborescens. Rami declinati, apice adscendentes, ramosissimi, vetustiores teretes, cortice rimuloso lenticellatoque aspero; cortex fuscus, amaricans, odoris expers (?); lignum densum e fibris subtilibus, siccum pallide rufescens; tubus medullaris mediocris; ramuli novelli angulati, ut omnes partes praeter gemmas terminales glabri. Cicatrices foliorum lunatae aut scutiformes, adiecta multis cicatrice rami aut pedunculi orbiculari plana. Gemmae conico-subulatae; axillares minutae, glabrae; terminalis longior, griseo-sericans, squamis paucis subconvolutis. Folia in ramulorum apice approximata, diverg. $\frac{2}{5}$ posita, cum petiolo semipollicari $3\frac{1}{2}$—4 poll. longa, $\frac{3}{4}$—1 poll. lata, oblongo-lanceolata, utrinque attenuata, apice in acumen magis vel minus longum, saepe eximium sed semper obtusiusculum producta, utrinque glabra, chartacea, supra nitida subtus pallidiora, venis costalibus subsenis subtilibus parce ramosis, reti interiecto laxiusculo in siccis foliis supra magis quam subtus conspicuo. Petioli compresso-trigoni, glabri, supra canaliculati marginibus acutis. Paniculae in apicibus ramulorum infra gemmam terminalem nudae, 6 — 9 approximatae, situ foliorum positae, corymbum terminalem efficientes. Pedunculus communis 2 — $2\frac{1}{2}$ poll. longus, compressus, glaber. Paniculae ipsae 1 — $\frac{3}{4}$ poll. longae, e ramulis 6 — 9 $\frac{1}{2}$ — $\frac{1}{4}$ poll. longis patentibus glabris trifloris, quorum infimi subopposití. Pedicelli $1\frac{1}{2}$ — 2 lin. longi, patentes, glabri. Perianthium $1\frac{1}{2}$ lin. altum, campanulatum, extus glabrum, intus strigoso-sericeum, album, ad medium sexfidum; laciniis aequalibus obtusis subcoriaceis trinerviis dense pellucido-punctatis; exterioribus ovalibus, interioribus ovatis et paulo latioribus. Stamina novem, aequalia, perianthio paulo breviora; filamenta angusta, glabra, antherae oblongae, locellis oblongo-lanceolatis, inferiori paulo maiori; antherae tertii ordinis angustiores, retroversae. Glandulae geminatae subglobosae, sessiles. Staminodia interiora capitulo cordato-sagittato, stipite brevi in dorso subsericeo. Pistillum altitudine staminum; ovarium subglobosum, glabrum; stylus ovario paulo longior; stigma obscure trilobum. Peracta anthesi perianthium immutatum magis riget ovarioque appressum cupulam sexfidam exhibet. Maturum fructum non vidi.

Adnotatio. Vide supra pag. 111. Adnot. 3.

SPECIES DUBIA HUIUS SECTIONIS.

? 11. Phoebe umbelliflora.

„Ph. foliis venosis oblongo-lanceolatis utrinque acuminatis glabris lucidis, paniculis axillaribus terminalibusque subtomentosis, pedicellis umbellatis, filamentis ovatis, caule arboreo.“

Ocotea umbelliflora *Blume Bydr. p. 573.*

„Crescit in calcareis Javae. Floret ab Aprili in Julium.“

„An potius Litsaeae (Tetrantherae) species ob inflorescentiam ante anthesin forte involucratam? — Arbor 60 — 80 ped. Fructus nondum vidi.“ (Blume l. c.)

B. *Americanae, cupula fructus magis minusve patula.*

---

12. Phoebe elongata N. ab E.

Ph. foliis ovalibus anguste obtuseque cuspidatis subtriplinerviis glabriusculis, petiolis (iuvenilibus) ramulis paniculisque axillaribus angustis folia subaequantibus canescenti-strigilosis, floribus cymulosis longiuscule pedicellatis.

Laurus elongata: foliis ovato-lanceolatis venosis integerrimis, paniculis axillaribus. *Vahl. in Herb. Willd. n.* 7780. *Fol.* 1. *Poeppig, n.* 1311.

Vidi in Herb. Willd. exempl., a b. Vahlio Willdenovio datum, cum floribus et fructu. Patria India occidentalis adscripta est. In Andibus Peruvianis legit cl. Poeppig.

Ramuli angulati, canescenti-puberuli, graciles. Gemmae dense griseo-strigosae. Folia $1\frac{3}{4}$ — $3\frac{1}{2}$ pollices longa, $\frac{1}{2}$ — 1 pollicem lata, elliptica, in acumen longum angustum obtusum producta, basi acutiuscula, membranaceo-chartacea, supra in costa, subtus in iuventute undique strigiloso-puberula, opaca, in aversa pagina pallidiora, venis costalibus ternis-senisve, sed harum inferioribus tantum sat conspicuis suboppositis folium tripli- vel quintuplinerve exhibentibus; reti venuloso parum distincto. Petioli 3 — 6 lineas longi, angusti, canaliculati, in iuventute strigiloso-sericei, adulti glabri. Pedunculi ad basin innovationum nudi, et ex axillis foliorum proximorum, 2 — $2\frac{1}{2}$ pollices longi, canescenti-puberuli, a medio divisi; ramuli paniculae haud conferti, alterni vel inferiores suboppositi, 3 — 4 lin. longi, apice cymuloso-7-6-5-3-flori; extremi tam breves, ut flores videantur fasciculati. Pedicelli linea paulo longiores. Perianthium lineam altum, sesquilineam fere latum, campanulatum, extus sparsim strigilosum et subcanescens, caeterum eiusdem fere structurae ac perianthium *Phoebes patentis;* laciniae magis ovatae. Stamina filamentis scabris, antheris oblongis. Staminodia quarti ordinis filamento latiusculo utrinque ciliolato, capitulo late et subhastato-trigono acutiusculo. Pedicellus fructus 2 — $2\frac{1}{2}$ lineas longus, obconicus. Perianthium fructus in cyathi seu cupulae sexpartitae formam durescens, laciniis ovatis obtusis aequalibus a fructu (immaturo saltem) patulis. Bacca in nostris speciminibus pisi magnitudine, ovata, obtusa.

Adnotatio. An huius loci *Laurus montana Sw.*, in antecedentibus (pag. 81. n. 25.) sub Cinnamomo enumerata, cuius haec fortassis forma tenerior? Differt foliis minoribus tenuioribus, petiolis ramulisque strigilosis, et bacca utrinque obtusa.

---

13. Phoebe patens N. ab E.

O. foliis elliptico-oblongis acuminatis membranaceis subtus pallidioribus paniculisque axillaribus a medio divisis patentibus folia subaequantibus glabris, floribus cymulosis longe pedicellatis.

Laurus patens *Sw. Prodr. Fl. Ind. occ. p.* 65. *Fl. Ind. occ. II. p.* 715. *Willd. Sp. pl. II.* 1. *p.* 483. *n.* 26. *Pers. Synops. I. p.* 449. *n.* 30. *Enc. méth. Suppl. III. p.* 321. *n.* 37.
Persea patens *Spr. S. Veg. II. p.* 270. *n.* 36.
Laurus elongata *Willd. Herb. n.* 7780. *Fol.* 2.

Habitat in Jamaicae montosis, (Swartz); in S. Domingo, *Bois de soie* incolis dicta, (Rudolphi in Herb. Willd.)

Arbor. Rami patentes, sulcati, cortice cinereo; ramuli teretes, patentissimi, stricti, glabri. Gemmae ovato-lanceolatae, sulphureo-tomentosae; axillares stipitatae. Folia 4 poll. longa, oblonga, in genere sat tenuia, acuminata, quandoque obtusa, basi brevius acutata, plana, supra fusco-viridia subtus pallidiora, venis costalibus subsenis saepius quaternis quinisve, quarum inferiores suboppositae. Petioli 1/2 poll. longi, teretes, supra planiusculi, sulcati, glabri. Paniculae axillares, folia subaequantes vel superantes, pedunculo teretiusculo patulo a medio rariusve a basi diviso ramisque glabris; ramuli per paria approximati, 1 — 1/2 pollicem longi, patentes, apice cymuloso-bis bifidi, 7-5-3-flori. Pedicelli 2—2 1/2 lin. longi, glabri. Flores 1 — 1 1/4 lineam alti, 1 1/2 lineas lati, glabri, vix scabri, campanulati, viridi-albidi; laciniae ovato-ellipticae, margine minute ciliolatae, intus puberulae, exteriores paulo minores. Stamina glabra, longitudine fere perianthii; antherae oblongae. Staminodia quarti ordinis cordato-triangularia, acutiuscula, glabra. Ovarium ovatum; stylus brevissimus; stigma depresso-capitatum.

Adnotatio. Differt a *Phoebe elongata* foliis omnino glabris maioribus, paniculis glabris amplioribus magis divaricatis, floribus extus glabris nec puberulis, staminodiis cordatis nec triangulari-hastatis. A *Phoebe membranacea* differt „ramulis strictioribus, foliis minoribus erectis nec subpendulis tenuioribus, paniculis brevioribus minus divisis, erectis nec diffusis.“ (Swartz l. c.)

---

14. Phoebe membranacea N. ab E.

Ph. foliis ovato-oblongis cuspidatis chartaceis nitidis paniculisque axillaribus a basi divisis erecto-patulis foliis dimidio brevioribus glabris, floribus cymulosis longe pedicellatis, axillis venarum inferioribus nudis patulis.

Laurus membranacea *Sw. Prodr. Fl. Ind. occ. p.* 63. *Fl. Ind. occ. II. p.* 713. *Willd. Sp. pl. II.* 1. *p.* 483. *n.* 25. *Pers. Synops. I. p.* 449. *n.* 29. *Enc. méth. Suppl. III. p.* 320. *n.* 36.

Persea membranacea *Spr. S. Veg. II. p.* 270. *n.* 35.

Crescit in Jamaicae, Hispaniolae montibus excelsis, (Swartz); in Guadalupa, (Schiede). Vidi in Herbario Schottiano.

Differt a *Phoebe patente*, cui valde similis est, foliis maioribus, 6 — 7 pollices longis, plerisque a basi latiori ex rotundo parum acutata apicem versus magis attenuatis acumine distincto obtusiusculo praeditis laete at pallide viridibus supra nitidis crassioribus, paniculisque a basi fere divisis ramis inferioribus elongatis (rhachique compressis), floribus paulo minoribus, staminodiis triangularibus. Perianthium in fructu persistens, cupulare. Bacca oblonga.

Adnotatio. Paniculae in ramificatione primaria haud raro folio uno alterove gaudent reliquis minore.

---

15. Phoebe Maynensis N. ab E.

Ph. foliis oblongo-ellipticis cuspidatis chartaceis paniculisque axillaribus terminalibusque a basi divisis laxis glabris, floribus cymulosis longiusculo pedicellatis, axillis venarum costalium inferiorum acutioribus barbatis.

Ad Yurimaguas, Maynas, (Poeppig).

A consimili *Phoebe membranacea* caute distinguenda: foliis basi haud vel rarissime latioribus sed revera subovalibus, $4\frac{1}{2}$ — $8\frac{1}{2}$ poll. longis 2 poll. latis minus nitentibus venis quinis senisve, quarum duae inferiores suboppositae angustiori angulo excurrentes et in axillis barbulatae, tum paniculis brevioribus laxioribus magisque patulis. An varietas?

Costae et venae primariae foliorum subtus subpubescentes, sicuti et ramuli paniculae. Rami iuniores strigilosi. Gemmae dense lutescenti-strigosae, acutae. Flores in sicco cano-pruinosi, structura omnino praecedentis.

A *Phoebe patente* distinguitur foliis cuspidatis neque acuminatis, a *Phoebe elongata* foliorum nervatione magis venosa, petiolis multo longioribus, 6 — 8 lin. longis, paniculis fere glabris minime canescentibus.

---

16. Phoebe Poiretiana N. ab E.

Ph. foliis ovatis vel ovato-lanceolatis obtuse acuminatis, nervis inferioribus versus apicem directis, panicula terminali diffusa racemosa, bacca ovata.

Laurus paniculata *Poir. Enc. méth. Suppl. III. p.* 323. *n.* 48.

„Crescit in S. Domingo insula, ubi Poiteau primus invenit. V. sicc. in Herb. Desfont. *Laurier-soie* incolis." (Poiret l. c.)

Probabiliter *Phoebae elongatae* adscribenda est, at donec uberius illustretur, seorsim hic ipsis auctoris verbis tractabo.

„Species haec memorabilis est propter flores parvos, in paniculam terminalem amplam expansam multifloram folia superantem dispositos. Rami paniculae alterni, elongati, ramulis brevibus racemifloris alternis. Pedicelli subfasciculati aut subumbellati. Rami arboris teretes, parce pubescentes, sericanti-cinerei. Folia rigidula, fere membranacea, ovata vel ovato-lanceolata, acuminata acumine obtuso, supra cinerascenti-viridia glabra vix nitidula, subtus glabriuscula vel parum pubescentia, costis distantibus, inferioribusque praesertim apicem folii petentibus. Perianthium sexfidum, albidum, ad basin fructus persistens, sed fere immutatum nec increscens. Bacca ovata, pisi magnitudine, nigrescens, glaberrima.

---

17. ? Phoebe cubensis N. ab E.

Ph. foliis oblongis vel elliptico-oblongis utrinque modice attenuatis subtus ramulis novellis paniculisque axillaribus folio brevioribus pubescentibus, axillis venarum barbatis, paniculis folio brevioribus pubescentibus, perianthii laciniis tubo longioribus, staminodiis cordato-capitatis.

Laurus parviflora *Poeppig. Herb. Cub.* (*nec Sw.*)
Ocotea Cymbarum *Herb. Reg. Berol.* (*exempl. Poeppigianum, adiecta schedula,* Lauri parviflorae *nomine a Poeppigio inscripta.*

Crescit in sylvis densis insulae Cubae, Januario florens, (Poeppig). Vidi specc. sicca Cubensia in Herbariis Martiano et Regio Berolinensi.

Arbor, ramis teretiusculis inferne glabris striatis, apice compresso-angulatis minute puberulis, novellis sericantibus; ligno laxo, levissimo; tubo medullari amplo; cortice tenui inodoro. Gemmae bivalves, cano-tomentosulae; axillares stipitatae. Folia chartacea, $3\frac{1}{2}$ — 5 pollices longa, $\frac{3}{4}$ — $1\frac{3}{4}$ pollices lata, pleraque oblonga (alia magis ovalia), in acumen obtusum producta, basi acuta, utrinque viridia, supra ad costam subtus undique tenuiter pubescentia, saturate viridia, laxe reticulata costisque venosis subsenis circa margines arcuatim connexis divisa. Petioli canaliculati, pubescentes. Paniculae axillares, circiter bipollicares, a basi compositae, pubescentes; ramuli paniculae distantes, $\frac{1}{4}$ pollicis longi, apice cymuloso-7-5-3-flori, squamis bractealibus oblongo-lanceolatis acutis deciduis. Pedicelli lineam longi vel paulo longiores, pubescenti-tomentosi, canescentes. Perianthium duas lineas latum, late campanulatum, extus praesertim ad basin pubescens, subtomentosum; laciniae ovales, obtusae, pellucido-punctatae, intus glabrae. Stamina aequalia, glabra; antherae ovato-oblongae, longitudine filamentorum, locello infero oblongo, supero subrotundo duplo minore; interiores tres conformes, reversae. Glandulae geminatae obovatae, sessiles. Staminodia quarti ordinis tria conspicua, glabra, capitulo cordato-triangulari. Ovarium ovatum, glabrum; stylus brevis; stigma capitatum. Post anthesin laciniae persistunt. Fructum non vidi.

Adnotatio. *Phoebe* (?) *parviflora* distincta foliis multo maioribus, floribus minoribus racemosis, racemis angustis glabris, perianthii laciniis subrotundis, cet.

Tribus IV.

PERSEAE.

Hermaphroditae aut rarius diclines. Staminodia perfecta. Antherae bi-quadrilocellatae, interiores retroversae. Limbus perianthii vel persistens, et tum sub fructu patulus non mutatus nec lignescens, vel deciduus discum orbicularem relinquens. Pedicelli fructus in plurimis incrassati, succulenti vel subcarnosi.

Gemmae incompletae.

Folia perennantia, penninervia, saepe puberula. Florum paniculae amplae, vel ubi minores sunt rigidulae, cymulosae, plerisque infraterminales. Perianthia grandiuscula, pube vestita.

Arbores pleraeque Americam tropicam incolentes, una et altera Americam septentrionalem et insulas Canarias, aliquot Indiam orientalem. Series quaedam alpicola est, regiones alpium tropicarum Americae incolens.

Persea. Perianthium persistens. Pedicelli incrassati. Antherae quadrilocellatae. Arbores occidentales.

Machilus. Perianthium persistens. Pedicelli vix incrassati. Antherae quadrilocellatae. Arbores orientales.

Boldu. Perianthium persistens. Pedicelli parum incrassati. Antherae bilocellatae. Arbor Chilensis, monticola.

Alseodaphne. Perianthii limbus deciduus, basis persistens explanata orbiculata. Pedicelli crassi. Antherae quadrilocellatae. Arbores Indiae orientalis amplifoliae.

Hufelandia. Perianthium totum fere evanescens. Pedicelli crassi, subcarnosi. Antherae quadrilocellatae. Arbores insulares Indiae occidentalis.

V. PERSEA Gaertn. (*N. ab E. Laur. Disp. Progr. p.* 10. *n.* 5. *Revis. Laur. in Schlechtend. Lin. VIII.* 1. *p.* 49. *n.* 10. *Wall. pl. As. rar. III. p.* 32. *n. XVIII.* b. Machili spp. *N. ab E. in Wall. pl. As. rar. II. p.* 70. Perseae spp. *Spr.* Lauri spp. *Lin. et auctt.*)

Hermaphroditae, (paucae diclines). Perianthium profunde sexpartitum, subaequale vel inaequale, magis minusve pubescens, persistens, demum ad basin usque evanescens. Stamina fertilia novem triplici serie, quorum tria interiora glandulis binis globosis ad basin stipata; filamenta filiformia, villosa; antherae oblongae, quadrilocellatae, locellis oblongis inaequalibus, sex exteriorum anticis, trium interiorum retro spectantibus. Staminodia tria, capitulo distincto cordato - triangulari.*) Stigma discoideo - dilatatum. Bacca pedicello magis minusve incrassato subcarnoso perianthio non mutato coriaceo aut chartaceo patente coronato insidens, eoque denique destructo pedicellum omnino nudum coronans.

---

*) Cl. Wendland in opere praestantissimo: *Botanische Beobachtungen Hannov.* 1798 de Lauro indica agens, staminodia illa quarti ordinis, a se optime observata atque descripta, in arbore naturali solo suo crescente perfici atque in vera stamina abire coniicit. Contra haec equidem vero experimento in quamplurimis ramis solo natali decerptis instituto certior factus sum, naturam hac in re quammaxime sibi constare, neque unquam fere staminodia haecce eiusdem speciei transmutari in stamina; quod quidem cum intra fines specierum immota lege teneri videatur, in generum tribuumque ampliori campo secundum Wendlandii opinionem ita evenit, ut non solum staminodia, sed ipsae quandoque perianthii laciniae in stamina evolvantur.

Inflorescentia paniculata aut thyrsoidea, in quibusdam depauperata et pauciflora, e squamarum gemmae axillaris aut terminalis fugacium axillis, ramulis subumbelliforis minute bracteolatis.

Gemmae foliiparae bivalves, compressae. **Folia** costato-penninervia.

Adnotatio. Perianthium per se quidem ad fructus usque maturitatem perstat nec nisi casu et irregulari modo destructum dilabitur, tum vero nullo nec disco nec calyculo relicto ita perit, ut fructus nudo pedicello, isti autem veluti in hunc finem grandefacto inhaereat. A Phoebis autem Perseam quamcunque facili opera dignosces e perianthio persistente quidem, nec vero incrassato aut indurato, neque omnino cum fructu post anthesin crescente, sed eadem fere forma et flexibilitate, quam flores arte exsiccati monstrant, persistente. Accedit, quod limbus multo profundius et fere usque ad basin fissus sit in his omnibus.

Subgenus I. *Gnesiopersea.*

Perianthii laciniae subaequales aut **duae** minores. **Staminodia** quarti ordinis apice nuda (nec barbata.) **Glandulae geminatae** ad basin staminum tertii ordinis collaterales, substipitatae.

A. *Corynoppdes.*

Inflorescentia depauperata, pauciflora, sub fructus maturitatem saepe monocarpa. **Pedunculi fructus** maximi, clavati, saepe incurvi. **Perianthii** laciniae duae minores. Species (abortu) diclines, Indiae orientali indigenae.

---

1. Persea peduncularis N. ab E.

P. dioica (?), foliis ellipticis cuspidatis basi attenuatis, pedicellis fructus valde incrassatis arcuatis pedunculo communi longioribus.

Machilus peduncularis *N. ab E. in Wall. pl. As. rar. II. p.* 70 *n.* 3.
Laurus peduncularis *Wall. Cat. n.* 2569.
Machilus, species tertia media. *Rumph. Herb. Amb. III. p.* 70. *tab.* 41.?

Habitat in Penang, ubi cl. Wallich a. 1822. legit.

Arbor. Rami flexuosi, inaequales, teretes, glabri, per intervalla foliosi, epidermide alba laevi; cortex lutescens, insipidus; lignum densum, e fibris subtilibus textum, lutescens, nitidum; tubus medullaris angustus. Ramuli infra folia circa apices ramorum annotinorum congesta orti, graciles, breves, basi longo spatio nudi, apice foliosi; innovatio terminalis crassior, basi cicatricosa. Cicatrices foliorum cordatae, circa innovationum apices confertae. Gemma foliigena terminalis lanceolata, acuta, e squamis foliaceis subbivalvis, glabra. Folia circa ramorum et ramulorum terminos approximata, circiter sex, subalterna, divergentia in nostris haud eruenda, 5—6 pollices longa, 1½—2 pollices lata, obovato-elliptica vel oblonga, basi cuneiformi-attenuata, cuspidata, cuspide angusta sed obtusiuscula, tenuia, concoloria, utrinque nitida, glabra, reticulata, penninervia, ramis principalibus citra margines arcuato-coëuntibus. Petioli semipollicares, glabri, supra canaliculati, marginibus acutis. Flores (abortu feminei) supra folia circa ramulorum novellorum apices paniculati. Pedunculi 2—3 alterni, approximati, solitarii, cicatrice bracteae caducae semilunari pallida cincti, filiformes, compressi, glabri, 1½—2 poll. longi, inferne nudi, ultra medium florigeri. Pedicelli bilineares, patentes, cicatrice cincti, tenues, glabri, alterni vel per paria approximati, triflori. Flores umbellulati, pedicellati, pedicellis 1½ lineas longis, sub anthesi pedunculo vix crassioribus, articulatim insertis. Perianthia masculina non vidi.

Perianthia feminea vix $1\frac{1}{2}$ lineas lata, subcampanulata, sexfida, alba; tubus brevissimus; limbus inaequalis, chartaceus; laciniis duabus exterioribus minoribus ovatis, quatuor interioribus subrotundis, omnibus obtusis extus glanduloso-punctatis asperis, intus subtilissime subsericeis venoso-nervosis pellucido-punctatis. Stamina imperfecta 9 triplici serie, perianthio paulo breviora; filamenta crassa, plana, intus albo-hirta pilis pellucidis basi brevissime annulatis; antherae imperfectae, transversales, truncatae, capituliformes, introrsum albo-hirsutae, locellorum duorum pallidorum rudimentis valvisque in nonnullis hiantibus. Glandulae sex parvae obovato-oblongae staminibus tribus interioribus basi adsociatae. Pistillum longitudine staminum; ovarium magnum, ovatum; stylus ovario brevior, in medio annulatus et quasi articulatus; stigma modice dilatatum, lobulatum. Fructus in inflorescentia plerumque breviori, sed crassiori, unus vel alter circa apicem pedunculi communis perficitur; pedunculus umbellulae paullo longior quam sub anthesi, sed multo crassior, angulatus; pedicellus sub tempus maturitatis fructus fere bipollicaris, penna scriptoria forti crassior, a pedunculo communi abrupte intumescens, cylindricus, in arcum reflexus, carnosus. Perianthii fructus limbus persistens, laciniis coriaceis iam omnibus rotundatis, sed binis duplo minoribus. Bacca immatura ovalis, obtusa. Maturum fructum non vidi, sed pedicellos, a quibus deciderat.

Adnotatio. Icon Rumphii, loco supra citato exhibita, omnino in hanc speciem convenit; in descriptione autem folia inferiora 5—6 pollicum longitudine esse feruntur, 5 latitudine (quod certo errore calami dictum, cum in icone omnia ovalia exhibeantur folia) suprema 9 — 10 pollices longa, 4 lata. Ad sequentem speciem haec aptius referri posse videntur; sed fructus in pedicellis recurvatis, nec erectis pingitur. Dubius tamen haereo, numne rectius ad sequentem referatur synonymon Rumphianum.

„Rubescentem esse pedicellum fructus narrat Rumphius rugosisque maculis notatum; fructum maturitate purpureo-nigrum evadere; lignum durum esse, intricatis fibris nodosum et non modo ad aedes exstruendas utile, sed etiam ad quaedam instrumenta ac praesertim ad capulas.“

2. Persea incrassata N. ab E.

P. foliis ellipticis utrinque acutis, pedicellis fructus incrassatis rectis pedunculum communem subaequantibus.

Machilus incrassatus *N. ab E. in Wall. pl. As. rar. II. p.* 70. *n.* 4.

Laurus incrassata *Jack in Malayan Miscellanies II.* 7. *p.* 33.? *Wall. Cat. n.* 2589.

In Singapore legit. G. Prince.

Arbor, quoad modum crescendi praecedenti simillima, ut de genere dubitare nequeas, tametsi flores non adsint. Differt sequentibus: Rami sunt crassiores epidermide laevissima candida nitida; cortex fuscus, sapore subaromatico amaro gulam constringente; lignum pallidum, laxum; tubus medullaris amplissimus. Cicatrices e lapsu pedunculorum (et foliorum,) ovales, transversae. Folia duplo maiora, crassiora, 7 — 12 pollices longa, 3 — 5 pollices lata, ovalia, basi acuta, in medio, rarius apicem versus, latiora, acuta, costa lata subtus convexa sulcata. Petioli vix semipollicares, crassi. Pedunculus communis in nostro exemplo tres pollices longus, strictus, supra fructus abrupte tenuior. Pedunculi duo inferiores fertiles, 3/4 pollicis longi, erecti, stricti, rugosi, verruculosi, crassitie pennae corvinae, apice modice incrassati, uniflori. Pedicellus annulo inciso discretus, 3/4 pollicis longus, 1/4 crassus, erectus, rectus, cylindricus, in sicco rugosissimus, niger, verrucis scutelliformibus sparsis obsitus. Laciniae limbi calycis persistentes, coriaceae, semicirculares, reflexae, inaequales, maiores vix semilinea latiores. Frustulum carnis baccae adiectum specimini nigrum, nitidulum, cerasi fere hanc fuisse magnitudine docet.

Adnotatio 1. Quod ad synonymon Machili Rumphii iam supra sub *Persea pedunculari* declaratum est, hoc, nisi forte tertiam diversamque a binis nostris speciem exhibeat, foliorum amplitudine, (etiam pedicello ratione ad pedunculum habita breviore) cum *Persea incrassata* propius convenire, quam cum *Persea pedunculari*; sed eius situm, directionem cet. magis ad hanc accedere.

Adnotatio 2. Pedunculi novelli, e gemmarum terminalium, iam germinantium, basi prodeuntes, teneri, succulenti, compressiusculi, siccando quasi in cirrhos deorsum ab apice convolvuntur.

B. *Perseae communes.*

Inflorescentia multiflora. **Pedunculi fructus** mediocres, aut, si crassissimi, aequales nec clavati, rectique. **Perianthii** laciniae regulares, exteriores vix breviores. Species hermaphroditae, omnes praeter unam (*Perseam grandem*) **occidentales.**

---

3. Persea gratissima Gaertn.

P. foliis ovatis ovato-oblongis obovatisve utrinque acutiusculis subtus reticulatis pubescentibus novemcostatis glaucis, perianthii laciniis subaequalibus oblongis, ovario glabriusculo, bacca pyriformi grandi.

Persea gratissima *N. ab E. in Wall. pl. As. rar. III. p.* 32. *n.* 1. *Gaertn. de fruct. et sem. pl. III. p.* 222. *Spr. S. Veg. II. p.* 268. *n.* 11. *Humb. et Bonpl. Nov. Gen. et Sp. pl. II. p.* 158. *n.* 2. *Kunth. Synops. I. p.* 453. *n.* 2. *Schlechtend. Linn. VI.* 2. *p.* 365. *n.* 1139.

Persea americana *C. B. P. p.* 441.

Laurus Persea *Lin. Sp. pl. ed.* 2. *I. p.* 529. *n.* 7. *Willd. Sp. pl. II.* 1. *p.* 480. *n.* 13., *Pers. Synops. I. p.* 449. *n.* 14. *Swartz. Obs. p.* 152. *Jacq. Obs. I. p.* 37. *Dict. des sc. nat. XXV. p.* 342. *Herb. Willd. n.* 7776. *Fol.* 2, 3, 4. *Sieb. Herb. Martinic. n.* 307. *Wall. Cat. n.* 6348.

Laurus indica *Sieb. Herb. Ins. Trinid. n.* 69. (*in Herbb. Reg. Berol. et Guenth.*)

Laurier Avocat *Lam. Enc. méth. III. p.* 449. *n.* 11.

Laurus foliis oblongo-ovatis, fructu obovato, pericarpio butyraceo. *Browne Hist. Jam. p.* 214.

Persea. *Clus. Hist. I. p.* 2. *Plum. Gen. Am. p.* 44. *t.* 20. *Mill. Dict. n.* 11.

Pyro similis fructus in nova Hispania nucleo magno. *C. B. P. p.* 439.

Prunifera arbor fructu maximo pyriformi viridi, pericarpio esculento butyraceo nucleum unicum maximum nullo ossiculo tectum cingente. *Sloane Jam. p.* 132. *Hist. II. p.* 132. *t.* 222. *f.* 2. *Ray. Dendr. p.* 48.

Arbor Americana amplissima pergamenis foliis superficie nitidissima, fructu pyriformi crustaceo cortice coriato. *Pluk. Alm. p.* 39. *t.* 267. *f.* 1.

β. Praecox.

Persea praecox *Poeppig Herb. n.* 2446.

Patria America tropica, ubi tam in continente quam in archipelago Indiae occidentalis provenit atque hominum cultu latius omnemque per orbem spargitur. In sylvis archipelagi Insularum Paraënsium legit clariss. Martius, Augusto et Septembre mensibus florentem; in Caracas Bredemeyer, (Herb. Willd.); in incultis Caripensium Cumanae (de Humboldt in Herb. Willd.); Misantlae in imperio Mexicano Martio mense, (Schiede); in Martinica insula, (Sieber); in insula Trinidad, (idem). Var. β. Ad Maynas Yurimaguas Peruviae, (Poeppig). Vidi specimina sicca ex omnibus locis indicatis, praetereaque cultae arboris ex Horto Calcuttensi in Herbario Wallichiano et vivam arborem in caldariis nostris absque floribus.

Arbor speciosa. Rami angulati, novelli canescenti-tomentosi. Cicatrices foliorum prominulae, semicirculares, rugulosae. Folia alterna, 5 — 7 pollices longa, 2 — 3 pollices lata, ovata cum acumine acuto vel obtusiusculo, basi obtusa, chartaceo-coriacea, venoso-reticulata, penninervia, costis subnovenis subsimplicibus parum prominulis, supra glabra et viridia, subtus scabrido-pubescentia et glaucescentia. Petioli pollicares et longiores, supra canaliculati, puberuli. Gemmae floriparae e foliorum superiorum axillis, apice foliigenae. Squamae fugaces, infimae steriles, mediae paniculam e sinu parientes. Basis communis, cui paniculae innascuntur, brevis; hinc paniculae subcorymbosae, simul sumtae corymbum rami foliosum struunt. Cicatrices squamarum lunatae. Paniculae multae, 3 — 3½ pollices longae, canescenti-tomentosae, pedunculo communi ad medium usque simplici trigono; ramuli paniculae oppositi, breves, apice fasciculatim vel subumbellatim multiflori. Pedicelli 1½ lineas longi, bracteolis minimis subulatis suffulti. Perianthium campanulato-rotatum, usque ad basin sexpartitum, extus pubescenti-sericeum; laciniae obtusae, chartaceo-membranaceae, punctulis pellucidis dissitis inspersae; exteriores paulo breviores, oblongae, triplinerviae, sub anthesi denique interiores subaequantes; interiores oblongo-lanceolatae, trinerviae rariusve subtriplinerviae. Stamina novem, structurae communis, longitudine perianthii; filamenta filiformia, hirta; antherarum oblongarum locelli superiores minores. Staminodiorum quarti ordinis capitula sagittato-triangularia.

Glandulae geminatae subquadratae, brevistipitatae. Stylus ovarii longitudine; stigma depresso-capitatum; ovarium ovatum, pubescens. Fructus pyri mediocris volumine, primum perianthio persistente ad basin cinctus, demum maturitatis tempore destructo plerumque perianthio pedunculo tunc temporis incrassato et succulento absque omni calyculo innixus. „E praestantissimis esse arboribus frugiferis Americae tropicae, namque fructus eius non modo pergrati esse saporis sed etiam ad cibum maxime commendabiles, neque a hominibus tantum sed etiam a bestiis, praesertim a canibus appeti.“ Bredemeyer in schedis Herb. Willd.

Adnotatio 1. Variat floribus ob staminodia quarti ordinis penitus evoluta dodecandris. Stamina horum florum sex interiora omnino sunt inter se conformia, antheris angustis extrorsum quadrilocellatis, et singula binis glandulis stipitatis, ad basin adstantibus, stipata. Occurrunt etiam flores endecandri.

Adnotatio 2. Quibus differat *Persea praecox* a *Persea gratissima* nisi in patria arboris difficile dictu. Plura a cl. Poeppigio expectanda. Id autem constat, specimina, a cl. Martius in Archipelago Paraënsi collecta, omnino congrua esse istis, quae a Poeppigio nostro adlata examini subieci.

Adnotatio 3. Inter specimina *Perseae gratissimae* Herbarii Willdenoviani folium servatur ¾ pedis longum, basi longo tractu cuneiformi-attenuatum, acutum, quod a Viewegio pro Perseae folio missum, valde dubito an eiusdem sit arboris.

---

4. Persea Schiedeana N. ab E.

P. foliis ellipticis utrinque obtusis vel apice brevissime obtuseque cuspidulatis subtus reticulatis pubescentibus glaucescentibus, supra nitidis multicostatis, perianthii laciniis subaequalibus oblongis, ovario tomentoso.

Perseae species, gratissimae similior. *Schlechtend. in Linn. VI. 2. p. 365. n. 1141.*

In sylvis Misantlae, inchoante anthesi legit Shiede. Vidi exemplum Herb. Reg. Berol.

Differt a *Persea gratissima*, cuius fors varietas: foliis amplioribus rigidioribus 9—10 pollices longis 4—5 pollices latis, basin versus minus decrescentibus, supra valde nitidis, subtus laxe at evidenter reticulatis venis seu nervis costalibus circiter quindenis prominulis, plexu arcuato intramarginali venisque transversalibus multis elevatioribus coniunctis instructis; petiolis pollicaribus duplo crassioribus; squamis bractealibus maioribus latioribusque; paniculorum ramis brevioribus trifloris, saepe tam brevibus, ut flores fasciculatos diceres, pedicellis perianthio (dimidio maiori quam in Persea gratissima) plerumque longioribus nec brevioribus; antherarum locellis subaequalibus nec supero duplo fere minori; glandulis geminatis longe stipitatis, capitulo cordato acutiusculo, nec subquadrato; staminodiis quarti ordinis glandulis istis angustioribus (eiusdem licet altitudinis), capitulo minore subrotundo quandoque nullo; ovario dense hirsuto-tomentoso incano, nec sparse puberulo. Fructus latet, sed certo certius arbor haec Perseae est generis.

---

5. Persea drymifolia Schlechtend.

P. foliis elliptico-oblongis utrinque acutis subtus laxe reticulatis ad costas venasque subpuberulis glaucis, bacca pyriformi, perianthii laciniis subaequalibus ovatis, paniculis subsimplicibus.

Persea drymifolia *Schlechtend. in Linn. VI. 2. p. 365. n. 1140. Herb. Reg. Berol.*

Papantlae in regno Mexicano, Martio mense cum floribus legit Schiede. *Aguacate oloroso* Papantlensium. Vidi exemplum Herb. Reg. Berol.

Rami iuniores angulati compressique. Folia elliptico-lanceolata, utrinque-acuta, paululum acuminata, penninervia, pergamentacea, opaca, obsolete pellucido-punctata, discoloria, supra glabra et plana, subtus subpruinoso-glauca et puberula, nervo venisque utrinsecus 7—9 alternis irregularibusque et venulis reticulatis prominentibus; maxima semipedalia, latitudine $2\frac{1}{4}$ poll., petiolo pollicari et ultra; saepius minora, latitudine respectu longitudinis variabili. **Panicula** composita terminalis, foliis brevior, ex toto cum calycibus extus et intus cinerascenti-dense-pubescens. **Flores** pedicellati, cymoso-fasciculati subterni, patentes, semipollice paulo minores; bracteis squamiformibus minutis caducis suffulti. **Perianthii** limbus sexpartitus; laciniis subaequalibus ellipticis acutis, exterioribus paulo brevioribus. **Stamina** 9 fertilia, filamenta pubescentia; interioris seriei biglandulosa. **Staminodia interiora** cum illis alternantia. **Stylus** teres, pubescens.

A *Persea gratissima* differre videtur: **foliis** aromaticis angustioribus, subtus laete glaucis minus reticulatis, venis costalibus autem multo magis prominentibus, etiam venulis transversalibus interstitiorum evidentioribus praeditis, minus puberulis, basi non magis ac apice coangustatis circumscriptione perfecte ovali vel oblonga, tum paniculis (infraapicalibus corymbum struentibus) minus divisis, floribus flavescentibus, fructu minori et minus grati saporis.

---

6. Persea hypoglauca Mart.

P. foliis ovalibus obtusis basi acutis subtus glaucis venosis ramisque glaberrimis, perianthio glabro aequali, bacca globosa parva.

Persea hypoglauca *Mart. in Herb. Bras. Mon. N. ab E. Rev. Laur. Sellov. in Linn. VIII. 1. p. 49. n. 1.*

In summo monte Itacolumí Provinciae Minarum generalium 4800 ped. alt. Martio mense, et in campestribus altis eiusdem Provinciae atque Provinciae S. Pauli ad sylvarum margines cum fructu legit de Martius; aliis in regionibus Brasiliae, ineunte anthesi, Sellovius (Herb. Reg. Berol. n. 4803. XXI.)

Arbor speciosa, 10 — 15 pedum altitudine. **Rami** crassi, simplices, rigidi, glabri, nitidi, inferne subtrigoni, superne sulcato-angulati, dense foliosi. **Cicatrices foliorum** late scutulatae, planae. **Gemma terminalis** parva, pyramidali-trigona, glabra, sub evolutione puberula. **Folia** confertissima, diverg., quantum determinare potui, $\frac{2}{5}$, 4 — 6 pollices longa, $1\frac{1}{2}$ — $2\frac{1}{4}$ poll. lata, rigida, coriacea, ovalia, obtusa, basi acuta et in petiolum latum angusto margine decurrentia, glaberrima, supra nitida scrobiculata, snbtus rore glauco suffusa nervisque costalibus 6 — 7 venosis praedita; iuniora tenuia, membranacea, supra glanduloso-punctata. Flores paniculati. Pedunculi communes axillares, longi, (2-3-pollicares), compressi, glabri, glauco-pruinosi, apice tantum divisi; hinc paniculae ipsae breves, subtrichotomae, contractae; ramuli tres — duas lineas longi, apice cymuloso-5-3-2-flori, superiores uniflori. Squamae bracteales oblongae, obtusae, strigiloso-ciliolatae, membranaceae. Pedicelli $\frac{1}{2}$ — 1 lineam longi, strigilosi. Perianthium membranaceo-chartaceum, glabriusculum, circiter duas lineas latum; laciniae ovatae, obtusae, pellucido-punctatae, strigiloso-ciliolatae; interiores paulo latiores, quinquenerves. Stamina generis; filamenta vix scabriuscula; antherae ovatae, tres interiores subquadratae filamentis latioribus. Glandulae geminatae sessiles. Staminodia quarti ordinis capitulo cordato. Pedunculi fructus axillares, vel etiam ad basin innovationis terminalis, 2 — 4 pollices longi, erecti, stricti, validi, angulati, glabri, a medio, uti videbatur, paniculati vel racemosi, pauciflori, cum ramulis pedicellis et floribus purpurei, fructus paucos perfectos ferentes. Pedicelli fructus bilineares, crassi, obconici. Perianthium fructus 3 linearum diametro, post fructum quoque persistens, patens, chartaceo-rigidum, extus glabrum, intus, praesertim in laciniis interioribus, (quae paulo latiores) strigilosum, laciniis ovatis; discus perianthii explanatus, in centro, ubi bacca affixa, prominulus, pallidus. Bacca magnitudine pisi paulo grandioris, subglobosa, mucronulo brevi terminata, laevis. Pericarpium carnosulum, in sicco tenue, intus pulveraceo-granulosum, odoratum. Semen ovatum. Funiculus a basi pericarpii adscendens, albus, umbilico supero biporo inseritur; extra funiculum etiam plures fasciculi vasorum ramulosi, a basi pericarpii oriundi, circumcirca supra semen adscendunt, qui quidem ad pericarpii contextum pertinere videntur. Testa seminis chartacea, crassiuscula, laevis, pallida; membrana interna tenera, fusca; chalaza ad latus hili posita, flabelliformis, pallida. Cotyledones hemisphaericae, plano-contiguae. Embryo parvus; plumula hemisphaerica, radicula latente, linea insertionis cotyledonum angusta sed satis prominula.

7. PERSEA erythropus Mart.

P. foliis ovalibus utrinque obtusis subtus ramisque tomentosis, perianthio aequali, bacca obovato-subglobosa parva.

β. Foliis utrinque tomentosis, floribus paulo maioribus.

Persea erythropus *Mart. u. Spix Reise. I. p.* 401. *Mart. in Herb. Bras. Mon. N. ab E. Laur. Sellov. in Linn. VIII.* 1. *p.* 49. *n.* 2. *Sellow. in Herb. Reg. Berol. n.* 1360.

In ferruginosis ad Antonio Pareira Provinciae Minarum, Aprili, (a Martius); in Brasilia tropica, ineunte anthesi, (Sellow.)

Arbor 10 — 15 pedum altitudine. Rami crassi, stricti, subsimplices, angulosi, dense tomentosi, tomento in parte inferiori ferrugineo, in superiori cano; lignum pallide cinerascens, subtile, densum; tubus medullaris mediocris, distracte sexangularis; cortex fuscus, insipidus, inodorus. Gemmae axillares et terminales ovatae, obtusae, bivalves, dense tomentosae. Folia conferta, diverg. $3/8$ posita, $1 3/4 — 3 1/4$ pollices longa, $1/2 — 1 1/2$ pollices lata, ovalia vel ovali-oblonga, utrinque obtusa, apice minute mucronata, subtus dense tomentosa ad costas hirsuta, supra punctulata ad costas tomentosa, nervis costalibus quaternis quinisve subtus prominulis venoso-ramificatis, quandoque ob inferiores acutiori angulo excurrentes ad speciem triplinervia. Paniculae axillares, 4 — 5-pollicares, graciles, angustae, in basi gemmae brevi 2 — 3-lineari strigosa nuda 1 — 3 subfasciculatae, a basi ramosae, rhachi ramis pedicellisque purpureis sparsim pubescentibus. Rami paniculae inferiores oppositi, reliqui alterni; omnes fere aeque longi, unde paniculae circumscriptio angusta. Bractea sub singulo ramulo oblonga, longe mucronata, hirsuta, caduca. Bracteolae propriae lineari-subulatae, suboppositae. Flores in ramulorum apicibus plerumque sex, fasciculati vel subumbellati, bracteolis parvis subulatis interstincti, unus medius, tres ab utroque latere, nutantes. Pedicelli $1 1/2$ — 2 lineas longi, glabri, sub flore incrassati. Perianthium campanulatum, extus glabrum intus strigosum, linea paulo altius, ad basin usque 6-partitum; laciniis aequalibus ovatis obtusis quinquenerviis subtiliter pellucido-punctatis, exterioribus paulo angustioribus. Stamina perianthio paulo breviora, sex exteriora sepalorum basibus cohaerentia; filamenta hirsuta; antherae lineari-oblongae, obtusae, crasse pellucido-punctatae, quadrilocellatae;

sex exteriores introrsum versae, locello supero parum breviori; tres interiores reversae, locello infero lineari supero poriformi a valvula inferioris recondito. Glandulae geminatae ad basin staminum interiorum subsessiles, reniformes. Staminodia quarti ordinis cordato-cuspidata, filamento brevi hirto. Stigma depresso-capitatum; ovarium glabrum. Sub fructu pedicellus apice tumens fit turbinatus, cui calyx immutatus sexpartitus rigidulus inhaeret, laciniis magnitudine auctis. Bacca pisi magnitudine, obovato-subglobosa, breve-mucronulata, laevis, nitida.

Var. β. non differt, nisi foliis paulo crassioribus et maioribus supra quoque hirto-tomentosis, et floribus nonnihil maioribus.

---

8. Persea indica Spr.

P foliis oblongis utrinque acutis scrobiculato-reticulatis opacis, iunioribus subtus puberulis, petiolis ramulis cicatricoso-tuberculatis paniculisque axillaribus cano-sericeis, perianthii laciniis ovatis acutiusculis subaequalibus, bacca subglobosa.

Persea indica *Spr. S. Veg. II. p.* 268. *n.* 8.
Laurus indica *Pluk. Alm. p.* 210. *t.* 301. *f.* 1. *Ald. H. Farn. p.* 61. *Lin. Hort. Cliff. p.* 154. *Sp. pl. p.* 529. *n.* 6. *Willd. Sp. pl. II.* 1. *p.* 480. *n.* 11. *Pers. Synops. I. p.* 448. *n.* 12. *Lam. Enc méth. III. p.* 448. *n.* 9. *Willd. En. H. Ber I. p.* 434. *Link En. I. p.* 288. *n.* 3904. *Wendl. Obs. bot. p.* 21. *t.* 3. *f.* 22. *Mill. Dict. n.* 4. *Fabric. Helmst. p.* 400. *Leop. v. Buch, Ins. Can. p.* 140. *Willd. Herb. n.* 7774. 1, 2, 3. *Herb. Reg. Berol.* (*ex parte.*) *Holl. in Herb. Guenth.*
Laurus americana *in Herb. Reg. Berol.*
Laurus Teneriffae *Poir Enc. méth. Suppl. III. p.* 322. *n.* 45.? (*Conf.* Apollonias canariensis.)
Laurus latifolia indica. *Barr. rar. p.* 123. *t.* 877.
Laurus indica Aldini. *Ray Hist. II. p.* 1553.

Crescit in Madeira insula. Vidi sicc. in Herb. Willd. e Madeira insula, exempl. Broussonet. c. fl. et fr. mat.; in Herb. Guentheri, a Fr Holl lectum, d. 12. Jul. 1827 floribus nondum explicatis; et cultum Horti Berolinensis. *Viñatico* Madeirensibus.

„Lignum huius arboris pulchritudine et duritie Swieteniae Mahagony materiei neutiquam cedere.“ de Buch. Ins. Can. p. 4.

Arbor speciosa. **Rami** crassi, angulati, iuveniles compresso-angulati, inferne sparsim superne dense griseo-sericantes, vel ubi laetius vegetant laxius pubescentes et glauco-pruinosi; lignum pallidum; tubus medullaris amplus. **Cicatrices foliorum** et adiectae iisdem **cicatrices pedunculorum** valde prominentes truncatae vel excavatae; illae semicirculares vel subrotundae, hae semper subrotundae, hinc ramuli praeter modum tuberculati. **Gemmae** ovato-lanceolatae, bivalves, sericeae. **Folia** conferta, diverg. 2/5, in ramulo florente 4½—6 pollices longa, 1¼—1¾ pollices et paulo ultra lata, oblonga, acuta, basique acute in petiolum ¾ pollicis longum validum subtrigonum strigiloso-canum supra planiusculum et in medio anguste canaliculatum desinentia, subcoriacea, arctissime venoso-reticulata ideoque, praesertim in pagina superiori, quasi scrobiculata, supra praeter costam pleraque glabra, subtus in iuventute subtilissime puberula, glaucescentia, venis costalibus subduodenis tenuibus ramosis parum distinctis. **Pedunculi communes** e foliorum superiorum axillis, in planta spontanea folia subaequantes, 4—4¼ pollices longi, in culta breviores, inferne angulati, a medio divisi, hinc compresso-subancipites, cano-sericei, paniculigeri; ramuli suboppositi, inferiores circiter semiunciales, apice floriferi, bifidi cum flore intermedio, cymoso-subcapituliflori, bracteolis linearibus interstincti. **Flores** in cymula 7-pluresve, in ramulis supremis subterni, brevissime pedicellati, dense cano-sericei. **Perianthium** speciosum, albidum, chartaceum, campanulatum, 3 lineas altum, 4—4½ lineas latum, profunde sexfidum; tubus brevissimus; laciniae ovatae, acutiusculae, dense minutimque pellucido-punctatae, venuloso-5-7-nerviae, intus parum sericantes; interiores paulo longiores potiusque ex obovato ellipticae. **Stamina** longitudine fere laciniarum exteriorum, conformia; filamenta antheris longiora, hirta; antherae ovales, pellucido-punctatae, locellis subaequalibus oblongis. **Glandulae geminatae** globosae, supra basin filamentorum tertii ordinis insertae. **Staminodia** quarti ordinis capitulo cordato-triangulari acuto dorso apiceque hirto. **Pistillum** glabrum; stylus filiformis ovario longior; stigma in siccis floribus semper incurvum, compresso-capitatum. **Pedicellus fructus** circiter bilinearis, crassiusculus, cylindricus, subcarnosus. **Perianthii fructus** laciniae persistentes, patulae, rigidulae, immutatae, intus densius sericantes. **Bacca** subglobosa, cerasi minoris volumine, coerulescenti-nigra.

---

9. Persea amplexicaulis Schlechtend.

P. foliis oblongis apice attenuatis basi cordatis subsessilibus paniculisque axillaribus et interfoliaceis gracilibus paucifloris glabris, perianthii laciniis aequalibus patentibus, bacca ovata.

Persea amplexicaulis *Schlechtend. in Linn. VI. p.* 90. *n.* 87.

In monte Serro colorado Regni Mexicani Augusto mense cum fructibus maturis legit Schiede. Vidi exempl. Herb. Reg. Berol.

Arbor singularis, tota glabra. Rami, praesertim iuniores, a proiecturis foliorum magis minusve acutis angulati, adultiores incani tuberculosi, iuniores laeves fuscescentes; lignum durum, densum, album; cortex tenuis, insipidus; tubus medullaris angustissimus. Cicatrices foliorum lunatae vel subscutatae. planae, area conformi media vallata notatae. Gemmae axillares ovato-subulatae, terminales lanceolatae, hae atque illae bivalves, ancipites, setulis paucis strigilosis adspersae. Folia per intervalla, absque innovatione conspicua, 3 — 4 approximata, interiectis aliquot vel pedunculis vel squamarum pedunculorumque cicatricibus, divergentia in nostris haud determinanda, $2\frac{3}{4}$ — $4\frac{1}{2}$ poll. longa, 8 — 14 lin. infra medium lata, oblonga, attenuato-acuminata acumine angusto quidem sed obtusiusculo, basi profunde cordata, amplexicaulia, petiolo vix semilineari depresso glabro innixa, chartacea, venuloso-reticulata, concoloria, venis novenis vel pluribus haud admodum distinctis ramulosis instructa, quarum inferiores in lobis baseos curvatae approximatae ac tenuiores. Flores non vidi. Pedunculi communes alii (1 — 2) in foliorum intervallis maioribus approximati, foliolo lanceolato bi-trilineari suffulti, alii in folii proxime insequentis axilla, $1\frac{1}{2}$ — 2 pollices longi, compressi, graciles, glabri, ad speciem apice cymuloso-bifidi cum flore intermedio, vel tantum triflori. Pedicelli fructus semipollicares, clavati, glabri. Perianthii fructus laciniae persistentes, chartaceae, ovatae, obtusae, extus glabrae intus substrigilosae, erecto-patulae, aequales. Stamina sex exteriora laciniis (perianthii fructiferi) breviora; filamentis antherarum longitudine glabris; antheris subrectangulis, locellis aequalibus parvis ovatis. Stamina tertii ordinis cum glandulis geminatis iam evanuere; Staminodia quarti ordinis glabra, capitulo triangulari acuto, perstitere. Bacca quinque lineas longa, ovata vel ovalis.

10. PERSEA Selloviana.

P. foliis oblongis vel elliptico-oblongis basi cuneiformibus triplinerviis subtus cano-tomentosis, perianthii glabriusculi laciniis subaequalibus ovatis. *N. ab E. Laur. Sellov. in Linn. VIII.* 1. *p.* 50. *n.* 3.

In Brasilia legit Sellow. Herb. Reg. Ber. Vidi exempla duo cum floribus (n. 4783), duo deflorata et fructifera (ibid. n. 1559.)

Rami compresso-angulati, subtrigoni, cicatricibus foliorum et pedunculorum valde prominulis verrucosi, adultiores glabriusculi magisque teretes, iuniores tomento denso lutescenti-griseo vestiti; lignum rufescens; tubus medullaris amplus, compressus; cortex fuscus, crassiusculus, saporis modice adstringentis. Cicatrices foliorum semicirculares, pedunculorum iisdem adiectae duplo maiores subovales transversales, utraeque disco annulari elevatae. Gemmae ovatae, tomentosae; axillares biterminales quadrivalves. Folia divergentia $^2/_5$ vel $^3/_8$ posita, versus apices ramulorum intervallis subaequalibus disposita et magnitudine crescentia, 2—4 pollices longa, 8 lineas ad $1^1/_4$ pollices lata, oblonga vel elliptico-oblonga, basi cuneatim angustiora, apice vel obtusa vel acutiuscula vel in acumen mediocre obtusum producta, coriacea, rigida, margine recurva, iuniora undique, adultiora subtus canescenti-tomentosa, ibidemque praedita venis costalibus ternis quaternisve valde prominulis circa margines arcuatim coëuntibus, quarum infimae suboppositae basi propinquae a reliquis maiori spatio distantes folii triplinervis speciem provocant; rete interiectum laxum, in iuvenilibus minus aetate magis prominens. Paniculae tum ad basin innovationum nudae, tum in axillis foliorum superiorum rami imperfecti et abbreviati rudimento impositae, 1—3 poll. longae, graciles, angustae, a basi fere divisae, quandoque longiores, basi microphyllae, foliis floralibus cuneiformibus; rhachis et pedunculus communis patenti-pubescentes, purpurei; ramuli paniculae subaequidistantes, 4—2 lineas longi, patuli, glabri vel pilis raris inspersi, apice umbellatim 5-3-flori. Flores albi, ante anthesin recurvi, durante anthesi erecti. Pedicelli glabri, $1^1/_2$ lineas longi. Perianthium chartaceo-membranaceum, late campanulatum, 3 lineas latum, glabrum; laciniis subaequalibus ovatis obtusiusculis quinquenerviis pellucido-punctatis ciliolatis; interioribus paulo angustioribus. Stamina novem structurae solitae, aequalia, perianthio breviora, glabra; filamentis antheras subaequantibus scabris; antherae ovales; sex exteriorum locelli subaequales, ovato-cuneiformes; trium interiorum inversarumque locellus inferior maior, lineari-cuneiformis. Glandulae geminatae subglobosae, brevistipitatae. Staminodia quarti ordinis speciosa, capitulo cordato-triangulari acuminato acumine barbato. Pistillum staminum longitudine, glabrum; ovarium subglobosum; stylus ovario longior, filiformis; stigma depresso-capitatum. In fructu maturo pedicellus, 3 circiter lineas longus, cum tubo perianthii tumet, laciniae paulo magis rigescunt et magnitudine nonnihil aucta magis minusve patent. Bacca ovato-subglobosa, mucronata, circa 4 lineas longa, basi contracta pedicello insidens, a perianthii laciniis patulis calyculata.

---

11. Persea cinnamomifolia Humb. et Kunth.

P. foliis oblongis utrinque attenuatis subtus puberulis, nervis costalibus subternis inferioribus suboppositis axillis barbatis, perianthii pubescentis laciniis subaequalibus ovatis, bacca ovali.

Persea cinnamomifolia *Humb. et Kunth. Nov. Gen. et Sp. pl. II. p.* 160. *n.* 7. *Kunth. Synops. I. p.* 454. *n.* 7.

Laurus hundensis: foliis oblongis acutis coriaceis nitidis subtriplinervio-venosis, racemis axillaribus folio brevioribus. *Willd. Herb.*

Crescit in regione montosa temperata, inter urbem Mariquitae et Fodinas St. Annae, alt. 840 hexap. (cum Persea petiolari), fructificat Junio, (de Humboldt); in Quindiu et Hunda, (idem in Herbario Willdenoviano manu propria).

Quod ad nervationem foliorum maxime accedit *Perseae Sellovianae*, sed distinctissima est foliis maioribus utrinque attenuatis tenuioribus (chartaceis) obsolete venoso-reticulatis, subtus subtilissime puberulis aetate autem glabris, in axillis venarum poro barbato praeditis, nervis costalibus senis, quorum infimi binique superi obsoleti et mere venulosi, terni medii cum costa subtus sat prominuli inferioresque suboppositi, omnes autem apicem versus laxe venoso-ramificati. — Ramuli glabri sunt, apice novello pubescentes. Cicatrices foliorum semicirculares. Gemma terminalis cano-hirsuta.

Adiicimus descriptionem ex libro Humboldtiano excerptam.

„Arbor? ramis iunioribus subangulatis glabris fuscescentibus. Folia alterna, petiolata, oblonga, acuminata, basi acuta, integerrima, reticulato-venosa, nervo medio venisque primariis subtus prominentibus, coriacea, glabra; iuniora subtus in nervo medio venisque pubescentia, quadri-aut quinquepollicaria, duos et dimidium pollices lata. Petioli semipollicares, canaliculati, glabri. Paniculas floriferas non vidi; fructiferae axillares, simplices, erectiusculae, folio breviores; ramis pubescentibus subdicarpis. Fructus pedicellati; pedicelli incrassati, quatuor lineas longi. Drupa oblonga, magnitudine fructus Corni masculae. Calyx in fructu sexfidus; laciniis ovatis obtusiusculis patentibus."

Variat foliis angustioribus.

---

12. Persea macropoda Humb. et K.

P. foliis oblongo-ellipticis obtuse brevi-cuspidatis concoloribus ramisque glaberrimis, pedicellis fructus incrassatis obconicis rectis, bacca ovali. *N. ab E. Laur. Sellov. in Linn. VIII. 1. p. 50. n. 47*

Persea macropoda *Humb. et Kunth. Nov. Gen. et Sp. pl. II. p. 160. n. 8. Kunth. Synops. I. p. 455. n. 8.*

Drimys granatensis? *Spr. in Herb. Reg. Berol. n. 1392.*

In regione frigida prope S. Fé de Bogota alt. 1360. hexap. Mutisius legit et Bonplandio communicavit, (de Humboldt); in Brasilia tropica, (Sellow.) Vidi in Herb. Reg. Berol. specimen Sellovianum.

Differt a *Persea hypoglauca* foliis concoloribus, nonnihil rigidioribus, basi magis acutis nec vero attenuatis, nervis costalibus subsenis arcuatis fortioribus, pedunculis crassioribus, in gemmae axillaris basi crassa, cicatricibus scutelliformibus magnis saepe complicato-angulatis obsita subaggregatis, pedicellis fructus obconicis crassissimis, laciniis semicircularibus patulis ratione pedicelli (3—4 lineas longi) multo minoribus, bacca semipollicari ovali.

Singularis in hac arbore existit baseos pedunculiferae conditio, quae aliquot lineas longa, gemma ovata strigosa terminata, quandoque et altera gemma laterali praedita, crassa, conica, basi utrinque in angulo folii tumens, cicatricibus pluribus, veluti pezizarum seu scutellarum grege tecta, 1—3 pedunculos nutrit 3—4 pollices longos compressos glabros apicem versus divisos ramis bi-trifidis. Rami circa basin magis teretes sunt quam in Persea hypoglauca; cicatrices foliorum cordatae vel lunatae; folia pleraque 6 pollices longa, $2^1/_4$ pollices lata.

Adnotatio. Synonymum Humboldtianum non ad exemplum originale, sed secundum verba descriptionis adtuli, nec satis constat, num eadem sit nostra species, ac illa Humboldtiana. Pedicelli fructus perhibentur semipollicares l. c., quae raro in nostris 4 lineas excedunt.

Addo hic characterem et descriptionem, a cl. Kunthio l. c. exhibita.

PERSEA macropoda H. et K.

„P. foliis oblongis acutis glabris, pedunculis axillaribus paucifloris, drupa ovato-oblonga, pedicellis fructiferis incrassato-clavatis.“ *Humb. et Kunth. Nov. Gen. et Sp. pl. II. p.* 160. *n.* 8. *Kunth. Synops. I. p.* 455. *n.* 8.

„Rami angulati, cinerascentes, glabri. Folia alterna, petiolata, oblonga, utrinque acuta, integerrima, margine subrevoluta, coriacea, reticulato-venosa, nervo medio venisque subtus prominentibus, utrinque glabra, supra nitida, quadripollicaria, sesquipollicem lata. Petioli crassiusculi, rugosi, glabri, subsemipollicares. Pedunculi floriferi a me haud visi; fructiferi axillares, oligocarpi, folio paulo breviores, glabri. Fructus pedicellati; pedicelli semipollicares, incrassato-clavati, glabri. Drupa ovato-oblonga, magnitudine praecedentis. Calyx in fructu cupuliformis, limbo sexdentato; dentibus ovatis acutis patentibus.“

---

15. PERSEA nutans N. ab E.

P. foliis oblongis utrinque attenuatis chartaceis concoloribus ramisque glaberrimis, pedunculis fructus folio longioribus paucifloris, bacca ovali, pedicellis fructus incrassatis incurvatisque, perianthii laciniis subaequalibus.

Laurus nutans *Isert in Herb. Willd.*
Laurus Leucoxylon *Willd. Herb. n.* 7808. (*nec Swartz.*)

Patria: India occidentalis. Vidi exemplum Herb. Willd., ab Iserto adlatum, sed loco natali non adscripto. „Martinicam" patriam addit Willdenovius in schedis, Iserti, ut credo, adnotatione usus.

A *Persea macropoda*, cui proxima, facile distingues pedunculis longis pedicelloque fructus longiori arcuatim nutante.

Ramus, quem coram habeo, non fortis, laxiusculus, angulatus, ad axillas iuveniles compressus, striatus, glaber; lignum durum, densum, flavescens; tubus medullaris amplus, angulatus; cortex tenuis, pallidus, insipidus. Cicatrices foliorum parvae, lunatae. Gemma terminalis lanceolata, bivalvis, sericea. Folia 4 — 6 pollices longa, 1 — $1\frac{3}{4}$ pollices lata, oblonga, apice magis quam basi attenuata acumine angusto sed obtuso, basi acuta in petiolum angustum 2 — 3 lineas longum carinatum acute canaliculatum glabrum decurrentia, chartacea, laete viridia, concoloria, laxe nec valide venoso-reticulata venisque costalibus subnovenis arcuatis prominulis praedita. Pedunculi (fructiferi) axillares, 5 — 6 pollices longi, compresso-angulati, glabri, haud rigidi, purpurascentes, a medio cicatricosi, ramis inferis pollicaribus, reliquis, uti videtur, brevioribus. Fructus in rami inferioris mediique pedunculi apice solitarii. Pedicelli semipollicares, conico-incrassati, ad horizontem incurvati, glabri. Perianthium in fructu persistens, patens, laciniis chartaceis ovatis obtusiusculis aequalibus glabris. Bacca perianthio explanato libera imposita, semipollicaris, ovalis, mucronata, „odore pomi Borsdorfiani et subdulci sapore." (Isert in Herb. Willd.)

Subgenus II. *Eriodaphne*.

Perianthii laciniae exteriores determinate breviores. **Staminodia** quarti ordinis brevia, apice barbata. **Glandulae geminatae** sessiles. Species omnes Americanae.

Flores hermaphroditi. **Perianthium** sexpartitum, laciniis persistentibus, exterioribus brevioribus. **Stamina** fertilia novem triplici serie, quorum tria interiora glandulis binis globosis sessilibus stipata; filamenta longa; antherae subquadratae vel oblongae; sex exteriores anticae, tres interiores reversae, omnes quadrilocellatae, locellis superis minoribus apicem antherae attingentibus. **Staminodia** tria quarti ordinis brevistipitata, cordata, apice penicillata. **Stigma** peltatum, trigonum. **Bacca** perianthii laciniis haud mutatis erecto-patulis basi cincta.

Inflorescentia: Paniculae e gemmis axillaribus foliorum superiorum, plus minus thyrsoideae, ramis brevibus, **bracteis** deciduis parvis, **floribus** in ramulorum apicibus aggregatis aut glomeratis.

A. *Eriodaphnae calvescentes.*

Glandulae geminatae supra basin staminum tertii ordinis sessiles. **Rami** et **paniculae** glabri aut leviter pubescentes. **Folia tenuiora**, chartacea.

---

14. Persea (Eriodaphne) venosa.

P. foliis oblongo-ellipticis vel ovalibus utrinque acutiusculis punctato-reticulatis subtus pubescentibus glaucis venosis, paniculis glabris, perianthii puberuli laciniis exterioribus ovatis triplo brevioribus. *N. ab E. Laur. Sellov. in Linn. VIII.* 1. *p.* 50. *n.* 5.

β. Tersa; foliis latioribus rigidioribus petiolis gemmisque glabris.

In Brasilia tropica florentem legit Sellovius. Herb. Reg. Berol. n. 1387. Var. *β*. n. XXIV.

Differt a *Persea hypoglauca* laciniis perianthii maxime inaequalibus, foliisque utrinque acutiusculis subtilissime scrobiculato-reticulatis venoso-costatis subtus (iunioribus saltem) pubescentibus;

a *Persea macropoda Humb. el Kunth.* foliis subtus glaucis puberulis apice non in cuspidem contractis punctulato-reticulatis;

a *Persea laevigata Humb. et Kunth.* foliis subtus puberulis basi non obtusis, et floribus sparsim puberulis nec canopubescentibus.

Rami crassi, stricti, angulati, glabri, cicatricibus nodulosi, per intervalla approximato-ramulosi; lignum porosum, cinerascens; tubus medullaris amplus, irregulariter pentagonus; cortex pallide fuscus, vasorum propriorum cingulo, nudo oculo discernibili, praeditus, luminibus vasorum ad sectionem transversalem albidis, massa solida obturatis; odor corticis debilis, anisatus(?) Cicatrices foliorum scutatae, tumidae, marginatae, in disco acute umbonatae vel mucronatae. Rami iuveniles subpubescentes. Gemma terminalis rufescenti-hirsuta, squamis duabus exterioribus brevioribus. Folia diverg. $2/9$ posita *), conferta, 4—8 pollices longa, $1\frac{1}{2}$—$2\frac{1}{2}$ pollices lata, elliptica vel oblongo-elliptica, apice et basi in angulum brevem obtusiusculum conniventia, chartaceo-coriacea, rigidula, supra laete viridia nitida, subtus glaucescentia et magis minusve, sed semper subtilissime, puberula (in var. *β*. glabra), densissime venoso-reticulata reticulo in iuvenilibus quasi cuticula serius secedente tecto latenteque, costa nervisque costalibus novenis venoso-reticulatis modice prominulis. Petioli $\frac{1}{2}$—$\frac{3}{4}$ poll. longi, crassiusculi, teretiusculi, supra canaliculati, iuveniles laxe puberuli, adulti (in var. *β*. semper) glabri. Pedunculi com-

*) Alex. Braun, Stell. der Schuppen u. s. w. p. 324.

munes axillares, 2—3-pollicares, erecti, graciles, glabri, rarissima pube inspersi, purpurei, pruinosi, apicem versus corymbuliferi vel paniculati, ramis aliquot parium erectis suboppositis $\frac{3}{4}$ — $\frac{1}{2}$ pollicem longis, inferioribus bifidis; ramulis trifloris floreque medio intericcto, superioribus unifloris. Pedicelli bilineares, glabri. Perianthium album, anguste campanulatum, chartaceo-membranaceum, extus sparsim strigiloso-pubescens, intus strigiloso-subtomentosum; tubus brevis; laciniae tenuiter pellucido-punctatae, venoso-quinquenerviae, exteriores fere triplo minores ovatae subacutae, interiores oblongo-ellipticae obtusae. Stamina limbo paulo breviora, conformia; filamenta hirta; antherae ovales, pellucido-punctatae; locelli quaterni, ovales, inferiores duplo maiores, situ solito. Glandulae geminatae compresso-subglobosae, filamentis tertii ordinis supra basin affixae, sessiles. Staminodia quarti ordinis capitulo triangulari acuto, apice barbulato, dorso medio hispidulo. Pistillum longitudine staminum, glabrum; ovarium ovatum; stylus ovario longior, filiformis; stigma parvum, incrassatum. Fructus deest. Perianthium fructus persistens, laciniis alternis minoribus patentibus. Pedicelli fructus incrassati, cylindrici.

Varietas β. paniculis brevioribus, foliis rigidioribus ratione longitudinis latioribus ($4\frac{1}{2}$ poll. longis $2\frac{1}{4}$ poll. latis) omni actate cum petiolis glabris, ramis rigidioribus crassissimis, gemma terminali glabra solo apice hirto differt.

---

15. Persea (Eriodaphne) pyrifolia N. ab E.

P. foliis ovato-ellipticis utrinque obtusiusculis chartaceis subtus tenuissime pubescentibus glaucescentibus, perianthii griseo-tomentosi laciniis exterioribus subrotundis triplo brevioribus.

Laurus iavitensis *Spr.* (*nec Humb. et Kunth.*) *in Herb. Reg. Berol. Bras. n.* 1386. (Arboris ramus sterilis, novellas innovationes evolvens.)

Litsaea glaucescens *Spr.* (*ibid. Bras. n.* 1383. *nec Humb. et Kunth.*) (Arbor, paniculas ferens floribus nondum evolutis.)

β. Foliis paulo latioribus utrinque magis rotundatis subtus concoloribus.

Laurus pyrifolia *Herb. Willd. n.* 7777. „Foliis ellipticis, subtus pubescentibus venosis coriaceis, corymbis divaricatis axillaribus. — Laurus, foliis alternis petiolatis venosis ellipticis glabris perennantibus inodoris, floribus enneandris. Cal. 3-phyllus. Cor. 3-petala, racemis axillaribus pedicellis dichotomis.“ *Bredemeyer in Herb. Willd.*

Laurus pruinosa: foliis oblongis subtus glaucis apice breviter acuminatis coriaceis venosis, racemis axillaribus. *Willd. Herb. n.* 7802. (*exempl. Humboldt.*)

In Brasilia tropica legit Sellovius, diverso inflorescentiae statu, sed absque fructu. (Herb. Reg. Berol. Bras. n. 1385, 1386, 5230 (XXII.) 524. (XXIII.) Var. *β*. n. 4803. (XXV.) — „In Caracas, ad ripas fluviorum et rivulorum, floret fructumque maturat diversis anni temporibus, amat solum pingue et humidum. Nomen apud Caraias *Avogatissimarron*, i. e. *wilder Advocatenbaum*).“ Bredemeyer l. c. (Var. *β*.) In America meridionali, de Humboldt, fide Herb. Willd.

Arbor 50 pedum altitudine, trunco recto. Rami per intervalla approximati, crassi, adultiores teretes, rugosi et rimosi, glabri, epidermide fusca; iuniores subtrigoni puberuli, novelli angulati et sub evolutione tomentoso-sericei; lignum lutesceus, durum; tubus medullaris angustus; cortex crassus, fuscus, odoris (in ramo innovante) caryophyllini debilis, cum Sarsaparillae mixti, saporis subacris. Cicatrices foliorum semilunares vel semicirculares, marginatae, prominulae, adiecta saepe cicatrice pedunculi patellari maiori. Gemmae sericeae. Folia apici propius posita divergentia $^2/_5$ rarius $^3/_8$, 3 — 7 pollices cum petiolo pollicari longa, 1 — 3 pollices lata, diversiformia, alia (rariora tamen) pure oblonga, alia obovato-alia ovato-oblonga, pleraque elliptica, illa basi et apice modice attenuata, haec magis obtusa, basi plerumque nonnihil inaequali acutiuscula, vel etiam obtusa et rotundata, adultiora supra glabra et nitida, subtus subtilissime puberula, pleraque glaucescentia, nervis costalibus subnovenis tenuibus parum ramificatis, reti interiecto subtilissimo parum conspicuo, areolis subscrobiculiformibus. Petioli $^1/_2$ — 1 pollicem longi, tereliusculi, supra canaliculati, immarginati, iuveniles pubescentes, adulti glabri, basi obiter strigilosi una cum costa folii media saturate purpurei. Innovationes novellae cum suis foliis teneris undique tomento sericeo-fulvescente nitido vestitae. Paniculарum gemmae axillares, pedicellatae, ovatae, obtusae, bivalvi-squamatae, tomentosae, in nostro exemplo haud pridem enixae. Pedunculi communes axillares, 2—4 pollices longi, haud crassi, angulati, compressi, primum pubescentes demum glabrescentes, propius ab apice divisi, corymbiflori, vel paniculati; ramuli patuli, magis pubescentes, 4—5 alterni vel per paria approximati, 1—$1/4$ pollicis longi; inferiores bifidi cum flore intermedio, ramulis trifloris; reliqui triflori; apex triflorus vel septemflorus. Pedicelli 1—$1\frac{1}{2}$ lineam longi, tomentosuli. Flores albi. Perianthium anguste campanulatum, chartaceum, extus et intus dense griseo-sublomentosum, sericans, 3—$3\frac{1}{2}$ lineas altum; tubus brevis; laciniae pellucido-punctatae, nervo medio ternisque utrinque tenuioribus divisae, obtusiusculae; exteriores ex ovato subrotundae, interiores oblongae duplo et quod excedit longiores. Stamina perianthio paulo breviora, conformia, hirta; filamenta linearia, antheris longiora; antherae oblongae, pellucido-punctatae, locellis superis minoribus. Glandulae geminatae oblongae, filamentis tertii ordinis supra basin adnatae. Staminodia quarti ordinis capitulo triangulari acuto dorso apiceque barbato. Pistillum longitudine staminum, glabrum; ovarium lanceolatum; stylus filiformis, ovario longior; stigma parum incrassatum. „Bacca globosa, nigra, pisi maioris volumine.“ (Bredemeyer l. c.)

Var. *β.* nisi notis, in antecedentibus indicatis, non differt.

Adnotatio 1. Proxime isti accedunt habitu

1°. *Persea gratissima*, quae differt perianthii laciniis subaequalibus, foliis latioribus magis reticulatis, fructu minore;

2°. *Persea Mutisii Humb. et Kunth.*, diversa foliis minoribus glabris, petiolis brevioribus (2—4 lineas longis), paniculae ramis glabris;

3°. *Persea laevigata*, foliis basi obtusissimis ramisque glabris, paniculae pedunculis etiam glabris, perianthio minore canescente differens.

Adnotatio 2. De synonymo *Lauri iavitensis Humboldtii*, a cl. Sprengelio adscripto, nisi ad exemplum originale denique conferendum iudicium omne suspendeo, fatendum tamen, me nihil, quod nostris exemplis conveniat, in libro Humboldtii l. c. invenisse, praeterquam quod utriusque arboris flores et fructus nobis ignoti sint.

---

16. Persea (Eriodaphne) petiolaris H. et K.

„P. foliis ovato-oblongis acutis subtus tenuissime pubescentibus, pedunculis axillaribus paucifloris, drupa globosa, pedicellis fructiferis incrassatis.“

Persea petiolaris *Kunth. Synops. pl. I. p.* 454. *n.* 6. *Humb. et Kunth. nov. Gen. et Sp. pl. II. p.* 159. *n.* 6. *Spr. S. Veg. II. p.* 270. *n.* 59. *Dict. des sc. nat. XXXIX. p.* 143.

Crescit in regione montosa temperata inter urbem Mariquitae et fodinas S. Anae alt. 540. hexap., fructificat Iunio. (de Humboldt.)

„Arbor ramulis subangulatis puberulis fuscescentibus. Folia alterna, longe petiolata, ovato-oblonga, utrinque acuta, integerrima, coriacea, reticulato-venosa, nervo medio venisque primariis subtus prominentibus, supra glabra, nitida, subtus tenuissime pubescentia, quinque-aut sexpollicaria, duos et dimidium aut tres pollices lata. Petioli verrucosi, glabri, pollicares aut sesquipollicares. Flores haud suppetunt. Pedunculi fructiferi axillares, oligocarpi, folio duplo breviores, glabri. Fructus pedicellati; pedicello incrassato glabriusculo. Drupa globosa magnitudine pisi maioris. Calyx in fructu sexfidus, patens, externe pubescens; laciniis oblongis, obtusis.“

Adnotatio. A *Persea pyrifolia* differre videtur petiolis verrucosis, qui quidem vereor, ut casu vel aetate orti constans discrimen exhibeant.

---

17. Persea (Eriodaphne) laevigata H. et K.

P. foliis ovatis vel ovato-ellipticis obtusis vel acutis basi obtusissimis chartaceis glabris concoloribus, perianthii cinereotomentosuli laciniis exterioribus subrotundis triplo (quadruplo) brevioribus.

Persea laevigata *Humb. et Kunth. Nov. Gen. et Sp. pl. II. p.* 157. *n.* 1. *Kunth. Synops. I. p.* 453. *n.* 1. *Spr. S. Veg. II. p.* 269. *n.* 24. *Dict. des sc. nat. XXXIX. p.* 142.

Laurus viburnoides: foliis ovatis acutis venosis membranaceis, paniculis axillaribus folio brevioribus. *Willd. Herb. n.* 7778.

Crescit in regione subcalida; in ripa Catamayi, prope pagos Gonzanama et Lucarque, alt. 1040. hexap. (Regno Novo-Granatensi). Floret Augusto, (de Humboldt). Vidi in Herb. Willd. exemplum ab ill. Humboldtio datum.

Differt a *Persea pyrifolia* inprimis foliis paulo tenuioribus, neque ambitu elliptico ab utraque parte leniter angustatis, sed basi semper obtusissimis, apice magis minusve contractis, in aliis, ut in exemplo Herbarii Willdenoviani video, acutis, in aliis obtusis et obtusissimis utrinque glabris, venis costalibus subduodenis paulo distinctioribus, floribus paulo minoribus.

Caeterum exempla Willdenoviana cum descriptione, a cl. Kunthio l. c. exhibita, bene congruunt. Folia pleraque obtusa sunt; quaedam autem, iuvenilia ea et ampliora, acuta, haec margine ciliolata. Pedunculus communis glaber est, sed rami eius et pedicelli pubescunt. Laciniae perianthii exteriores interioribus triplo (nec quadruplo), uti verba Humboldtiana interpretor *) breviora sunt, et eae quidem obtusae nec acutiusculae.

Descriptionem ex opere Humboldtiano excerptam repetimus.

„Arbor quadri-sexorgyalis; coma globosa; ramis ramulisque glaberrimis. Folia alterna, petiolata, ovato-elliptica, obtusa, basi rotundata, integerrima, coriacea, reticulato-venosa, nervo medio venisque primariis subtus prominentibus, utrinque glabra, supra nitida viridia, subtus pallidiora, quinque et dimidium pollices longa, tres pollices et paulo latiora. Petioli glabri, 14 — 15 lineas longi. Paniculae axillares, longe pedunculatae, ramosae, folio breviores. Flores pedicellati, magnitudine floris Aceris tatarici. Pedunculi subtripollicares ramique paniculae glabri. Pedicelli puberuli. Calyx sexfidus, externe canescenti-pubescens; laciniae tres exteriores ovatae, acutiusculae, tres interiores exterioribus quadruplo breviores (?), oblongae, acutiusculae, patulae. Stamina fertilia novem, perigyna, laciniis interioribus breviora, lineari-clavata, basin versus pubescentia; tria interiora basi biglandulosa. Antherae quadriloculares; loculi parti superiori filamenti, staminum exteriorum interne interiorum externe, immersi. Stamina

---

*) Laciniae tres interiores exterioribus quadruplo breviores perhibentur l. c., absque dubio calami errore.

sterilia (staminodia) tria, squamaeformia, cum staminibus interioribus alternantia, oblonga, pilosa. Ovarium subglobosum, monospermum? stylus erectus, glaber, longitudine staminum; stigma dilatatum. Fructum non vidi; eum polyspermum esse, ut Bonplant notavit, vix credo, ovarium contra monospermum videtur."

Adnotatio. An *Perseae pyrifoliae* varietas? Seorsim tractandam esse censebam propter foliorum alienum adspectum et flores minores, cum inter plura, quae vidi, Perseae pyrifoliae exempla transitum in eiusmodi foliorum figuram non observaverim.

---

18. Persea (Eriodaphne) carolinensis N. ab E.

P. foliis oblongis vel ellipticis obtuse subcuspidatis basi cuneiformibus subtus plerumque glaucis ramisque pubescentibus vel glabrescentibus, pedunculis axillaribus folio brevioribus apice capitato-cymulosis paucifloris, perianthii laciniis exterioribus ovatis, interioribus oblongis duplo fere longioribus.

Laurus Carolinensis *Catesb. Carol. I. p.* 63. *t.* 63. *Seligm. Av. tab.* 60. *Michx. Fl. bor. Am. I. p.* 245. *Pursh. Fl. Am. septentr. I. p.* 276. *n.* 2. *Nutt. Gen. Am. I. p.* 258. *n.* 2. *Spr. S. Veg. II. p.* 265. *n.* 7. *Pers. Synops. I. p.* 449. *n.* 16. *Willd. Herb. n.* 7752. *Lam. Enc. méth. Suppl. III. p.* 323. *n.* 50.

Laurus Borbonia *Lin. Hort. Cliff. p.* 154. *Sp. pl. p.* 529. *n.* 8. *Willd. Sp. pl. II.* 1. *p.* 481. *n.* 14. *En. I. p.* 435. *Link. En. I. p.* 389. *n.* 3908. *Lam. Enc. méth. III. p.* 450. *n.* 12. *Var.* α, β, γ. (Laurier rouge.) *Pers. Synops. I. p.* 449. *n.* 15. *Gron. Virg. p.* 46. *Roy. Lugdb. p.* 226. *Fabric. Helmst. p.* 389. *Mill. Dict. n.* 5. *Willd. Herb. n.* 7781.

Persea Borbonia *Spr. S. Veg. II. p.* 268. *n.* 15.

Laurus foliis acuminatis, flore albicante, baccis coeruleis pediculis rubris insidentibus. *Clayt. ult.*

Borbonia fructu oblongo nigro, calyce coccineo. *Plum. Gen. p.* 4. *fig.* 60.

α. Foliis oblongis distincte cuneiformibus, ramulis hirsutis, pedunculis longioribus.

Laurus Carolinensis var. β. *Pursh. l. c. Willd. Herb. n.* 7772.

β. Foliis ut in praecedente, subtus ramulisque glabriusculis.

Laurus Carolinensis var. *α*. *Pursh. l. c.*

γ. Foliis ex obovato-ellipticis paulo latioribus magis obtusis subtus glabris vel una cum ramulis puberulis, pedunculis brevioribus.

Laurus Borbonia *Herb. Willd. n.* 7781. (*exempl. cult.*)
Laurus Carolinensis var. *γ*. *Pursh. l. c.*

δ. Foliis ut in praecedente, subtus paulo pallidioribus nec glaucis, pedunculis brevibus subthyrsoideis.

Laurus foetens *Herb. Willd. n.* 7775. *Fol.* 1.

Crescit in profundis cedrorum et cupressorum nemoribus, a Virginia ad Louisianam usque. Floret Maio, (Pursh); septentrionem versus extenditur ad magnam usque cupressorum nemus in comitatu Sussex Districtus Delaware, sed rarior occurrit istis in regionibus. Floret Iunio, (Nuttall).

Arbor mediocris. Ramuli teretes, iuveniles angulati, magis minusve hirsuti vel pubescentes, rarius fere glabri, adultiores teretes, glabri, epidermide subfusca; lignum durum praestansque; cortex et omnes fere arboris partes aromaticae sunt. Cicatrices foliorum semilunares. Gemmae strigiloso-sericeae, ovatae, bivalves; axillares vel supraaxillares minores, ancipites, in plerisque axillis obviae. Folia approximata, divergentia $^2/_5$ posita, erecta, in varr. *α*. et *β*. 5—6 pollices longa, $1^1/_4$—$1^3/_4$ pollices lata, oblonga, cuspidato-acuta, basi cuneiformia; in var. *γ*. paulo latiora, 5—8 pollices longa, $1^1/_4$—$2^1/_4$ poll. lata, omnia chartacea supra glabra nitida, reticulato-punctata, subtus glauca, iuvenilia puberula, adultiora glabra, arcuatim venulosa, costa media venisque costalibus subnovenis per paria approximatis infra margines arcuatim coniunctis tenuibus prominulis. Petioli $^1/_4$ pollicis longi, crassiusculi, trigoni, supra planiusculi, pubescentes. Pedunculi communes axillares; in varietatibus *α*. et *β*. 1—$1^1/_2$ pollices longi, in varietate *γ*. (ad nostra saltem exempla) vix $^1/_4$ pollicis longiores, tomentoso-puberuli, apice in cymulam divisi e ramulis paucis brevissimis bi-trifloris valde approximatis constructam et ideo subcapitatam. Flores ob pedicellos brevissimos subsessiles, flavo-virescentes. Perianthium $2^1/_2$ lineas altum, 3 lineas latum, subcampanulatum, profunde sexpartitum, extus pubescenti-sericans, intus sparsim strigilosum; laciniae membranaceae, obsolete pellucido-punctatae, obtusiusculae; exteriores ovatae, interioribus dimidio vel duplo breviores, venoso-7-nerves; interiores ovali-oblongae, venoso-9-nerves. Stamina figurae et directionis solitae, perianthio breviora, conformia; antherae oblongae, locellis oblongis, superioribus cuiusque antherae minoribus; filamenta anthera paulo breviora, linearia, hirtula. Glandulae geminatae subglobosae, supra basin filamentorum tertii ordinis adnatae. Staminodia quarti ordinis glandulis altiora, capitulo trigono-acuto dorso apiceque hirtulo. Pistillum longitudine staminum, glabrum; ovarium oblongum; stylus filiformis, ovario longior; stigma capitatum, compressiusculum (?) Pedicelli fructus incrassati, rubri. Bacca nigro-coerulea, perianthio persistente patulo non mutato basi cincta.

Var. β. non nisi foliis subtus (forsan a calore nimio ad exsiccanda ea adhibito) vix glaucescentibus, praetereaque petiolis evidentius canaliculatis margine acutiori praeditis, omnino, ut foliis etiam, glabris, differt. Patria huius exempli incerta est, in Herb. Willd. „Bouché Angl.“ signati, quod quidem cultae esse arboris ramulum probare videtur.

Adnotatio. Proxime accedit *Perseae macropodae H. et K.*, a qua iam solis foliis discoloribus et inflorescentia satis recedit.

B. *Eriodaphnae vestitae.*

Glandulae geminatae ad basin staminum tertii ordinis sessiles. Rami et paniculae hirsuta vel tomentosa, magis minusve ferruginea. Folia rigidiora, coriacea.

---

19. Persea (Eriodaphne) rufotomentosa N. et M.

P. foliis oblongis acuminatis subtus paniculisque undique rufo-tomentosis.

Ocotea rufotomentosa *Mart. in Herb. Bras. Mon.* (*ex parte.*)

Patria Brasilia: in sylvis Copaés, et in Tabuleiro, locis editis montanis Serro Frio Provinciae Minarum generalium passim, (de Martius). Floret Augusto.

Arbor. Rami crassi, compresso-angulati, dense ferrugineo-hirsuto-tomentosi; lignum molle, lutescens; cortex fuscus, inodorus. Cicatrices foliorum semicirculares, prominulae, planae, limbo sericante cinctae. Gemmae foliigenae subrotundae, squamis carinatis foliaceis pluriserialibus. Folia 3/4—1 pedem longa, 2—2 1/2 pollices lata, lanceolato-oblonga, acuta, crassa, coriacea, supra laevia et nitida, subtus dense ferrugineo-hirsuta, pluricostata. Petioli pollicares, crassi, subtetragoni, supra canaliculati, subtus angulati rufo-supra canohirsuti. Paniculae foliis breviores, 3—4 pollices longae, tomento, seu potius lana densissima rufo-ferruginea e pilis laxe articulatis compressis conflata vestitae, spatio pollicari fere a basi ramificatae; rami paniculae 1/2—1/4 pollicis longi, inferiores alterni plerique apice trifidi ramulis trifloris, superiores triflori. Bracteae sub divisione communi duae, oppositae, ovatae, ramo suo paulo breviores; sub floribus ternis minores oblongo-lanceolatae, similesque sub singulo flore laterali rudimento flosculi accedente; hae bracteae persistunt sub anthesi, denso tomento tectae, glanduloso-punctatae, sicuti et calyces. Pedicelli vix semilineam longi, in florem incrassati. Perianthium diametri 3—$3\frac{1}{2}$ linearum, usque ad basin fere sexpartitum, laciniis coriaceis subcarnosulis glanduloso-punctatis nervoso-striatis ovatis obtusis, quarum tres exteriores breviores. Stamina ordinis primi et secundi laciniis perianthii opposita; filamenta crassiuscula, glabra; antherae glabrae, luteae, subquadratae, glanduloso-punctatae; locelli centro adversi, inferiores duplo maiores ovales, superiores trigoni poriformes. Stamina tertii ordinis paulo longiora, reversa, linearia, obtusa, dorso strigilosa; antherae horum lineares, aversaé, saepe bilocellatae, locello laterali angusto; sed vidi etiam quadrilocellatas. Glandulae geminatae ad basin staminum ordinis tertii sessiles, subglobosae. Staminodia quarti ordinis tria, in filamento brevissimo strigoso subsessilia, ex ovato subcordata, in acumen capituli fere longitudine lineare apice barbato-lacerum pallidiusque extenuata. Ovarium ovale, pubescens; stigma crassum, orbiculato-trigonum, parum obliquum.

---

20. Persea (Eriodaphne) rigida N. ab E.

P. foliis oblongis obtusis subtus glaucis costis paniculisque corymbosis rufo-tomentosis, laciniis perianthii interioribus oblongis, exterioribus ovatis dimidio brevioribus.

In Brasilia cum floribus absque fructu legit Sellow. Vidi in Herb. Reg. Berol. (n. 652. XCVIII.)

Species huius generis inter sese plurimis notis conveniunt, paucis, iis autem evidentissimis differunt, ut supervacaneum esset, descriptiones extendere. Sufficiat, essentialia adnotavisse.

Ramus crassus, subsimplex, inferne teres cano-tomentosus, apice angulatus, tomento rufo vestitus. Cicatrices foliorum subtriangulares margine tomentoso. Gemmae ovatae, obtusae, rufae, bivalves. Folia diverg. $\frac{2}{7}$ posita, approximata, 7—8 pollices longa, $1\frac{3}{4}$—2 pollices lata, obtusa (nec rotundata), basi acuta, rigida, coriacea, margine convexa recurva, supra punctulata, tenuissime pubescenti-tomentosula, costa media utrinque scrobiculata venisque costalibus ferrugineo-tomentosulis, subtus glauca puberula, costa nervisque costalibus 9-15-nis crassis rufo-tomentosis, aetate canis. Petioli crassi, $^3/_4$ pollicis longi, subtus sulcati, aetate incano-iuveniles rufo-tomentosi. Paniculae axillares, corymbosae, undique rufo-tomentosae, pallidiores quam illae *Perseae rufotomentosae*. Pedunculus communis crassus, $1^1/_2$ — 2 poll. longus; ramuli 1 — $^1/_2$ poll. longi, apice glomerato-spicati. Flores ut in Persea rufotomentosa, eiusdemque magnitudinis, rufo-tomentosi; laciniae exteriores ovatae, interiores oblongae dimidio longiores. Filamenta longitudine antherarum vel longiores, pilosa; antherae exteriores oblongae, locellis aequalibus; tres interiores angustiores. Staminodia quarti ordinis cordato-triangularia, acumine barbato. Pistillum glabrum. Fructus deest.

---

21. PERSEA (Eriodaphne) peruviana N. ab E.

P. foliis ellipticis obtusis subtus paniculisque in gemmis axillaribus fasciculatis angustis rufo-tomentosis, laciniis perianthii ovatis, exterioribus duplo brevioribus.

In Andibus Peruviae legit cl. Poeppig. (n. 1300.)

Similis *Perseae rigidae*, differt: foliis maioribus latioribus (7 — 9 poll. longis 3 poll. latis) subtus undique rufo-tomentosis (hinc inde tamen glaucescentibus) costa supra, vix autem costis lateralibus, tomentosa ramis costalibus debilioribus, petiolis longioribus ($1^1/_4$ — $1^1/_2$ poll. longis), paniculis in ramis axillaribus brevissimis, gemma ovata fusca terminatis, 3 — 4 confertis quasi fasciculatis, ramulis earum 1 — 2 lineas longis florum ad apices glomerulo terminatis alternis erectiusculis, hinc singula panicula angusta; (extremae paniculae quasi corymbum exstruunt); laciniis perianthii exterioribus duplo brevioribus nec dimidio tantum interioribus, his magis ovatis quam oblongis, filamentis hirsutissimis, staminodiorum capitulo lanceolato dorso toto strigoso.

---

22. Persea (Eriodaphne) fuliginosa N. ab E.

P. foliis ellipticis obtusis glaucescentibus subtus paniculisque rufo- vel fusco-tomentosis, venis costalibus subtus prominulis, laciniis perianthii ovatis exterioribus subduplo brevioribus.

α. Pallide tomentosa.

β. Fusco-tomentosa.

In Brasilia tropica cum floribus legit Sellow. Vidi var. α. et β. in Herb. Reg. Berol. (n. 4313. XIII., et 1364.)

Ramus tereti-compressus, striatus, cuticula fusca, in adulto glabra. Ramuli divergentes, breves, cicatricibus nodulosi, in var. α. pallide rufo-tomentosi, in var. β. saturate ferruginei vel fusci. Folia conferta, diverg., quantum vidi, $2/7$ aut $3/8$ posita, $2\frac{1}{2}$—3 pollices longa, 10—13 lineas lata, elliptica vel elliptico-oblonga, obtusa, basi acuta vel etiam obtusiuscula, rigida, margine convexa, supra glaucescentia tenuissime pubescenti-tomentosula, subtus vel pallide rufescenti-tomentosa vel rufo-fusco-tomentosa obsolete reticulata costanervisque costalibus (quandoque bifurcis) subnovenis prominulis. Petioli $1/4$—$1/2$ pollicem longi, crassiusculi, subtus sulcati, griseo- vel ferrugineo-tomentosi. Pedunculi communes axillares, 1—3-pollicares, rigiduli, rufescenti- vel ferrugineo-tomentosi, a medio divisi, subcorymbiflori vel thyrsiflori, ramulis brevibus trifloris vel cymulosis. Flores iis *Perseae rufotomentosae* simillimi, rufo- vel ferrugineo-tomentoso-hirti; laciniae ovatae, obtusae, interiores maiores magis ovales. Filamenta pilis raris inspersa; antherae sex exteriores ovato-subquadratae; tres interiores quadrangulares; locellus superior inferiori paulo minor. Staminodia e basi cordata subulato-cuspidata, a tergo apiceque hirsutula. Fructus nostris deest.

Adnotatio. Species haec ramificatione densiori nodulosa foliisque minoribus a praecedentibus bene distinguitur. An *Perseae Lingué* var. ?

23. Persea (Eriodaphne) Lingué N. ab E.

P. foliis ellipticis utrinque obtusis vel basi acutis subtus glaucis pubescenti-tomensosis supra punctulato-reticulatis venis costalibus prominentibus, petiolis latis acute marginatis, perianthii rufo-tomentosi laciniis exterioribus subrotundis interioribus ovatis duplo longioribus, bacca subglobosa mucronata.

Laurus Linguy *Miers. Cruiksh. ap. Hook. Misc. II. Bertero in Mercurio Chilano*, 1829. *Jun. p.* 686. (Lingué, Liñe, Litchi.)
Laurus Ligé *Herb. Domb. in Herb. Kunth. e Mus. Paris.*

β. Canescens; foliis paulo magis pubescentibus subtus incanis, floribus nonnihilo minoribus.

γ. Palustris; minor, foliis rotundioribus subtus parcius puberulis.

Laurus (Persea) palustris *Poeppig Synops. pl. Am. austr. msc. Diar. n.* 882. *Herb. Reg. Berol.*

Crescunt α et β. in regni Chilensis australis sylvis et pratis paludosis montanis a Concepcion ad Antuco. Floret Januario, (Poeppig). Vidi exempl. var. α. et β. cum flore fructuque in Herbario Kunthiano; var. γ. in Herb. Reg. Berol. cum floribus absque fructu.

Differt a *Persea fuliginosa*, cui proxima, foliis ratione longitudinis latioribus, supra denique glabris viridibus subtus glaucis tenui tomento pubeve adspersis, petiolis brevioribus latioribus, floribus dimidio saltem maioribus laciniis latioribus; a *Persea obovata* tum foliorum forma et pubescentia, tum floribus duplo maioribus.

Arbor 48—60 pedum altitudine et 3—4 pedum ambitu. Rami a proiectura dorsali petiolorum compresso-angulati, tomento tenui, in adultioribus griseo-cano in novellis ferrugineo vestiti, lignum album, subtile; tubus medullaris amplus; cortex tenuis, inodorus. Cicatrices foliorum lunatae vel cordatae, tomentoso-marginatae. Gemmae latae et breves, obtusae, tomentosae, bicarinatae, bivalves; terminales magnae, fulvo-hirsutae, squamis duabus petiolaribus truncatis ad basin fulcratae. Folia diverg. $2/_5$, distantia inaequali, undique vel ad apices ramulorum magis conferta, 1—4 pollices longa, $3/_4$—2 pollices lata, inferiora minora subrotunda, superiora maiora elliptica, cuncta apice vel rotundata vel obtuse acutata, basi obtusa vel acutiuscula, coriacea, plana, supra glabra viridia glandulis immersis punctulata, iuvenilia pubescenti-subtomentosa nec vero incana, subtus glauca tomentosa, adulta subtiliter pubescentia, tenuissime punctulato-reticulata, venis costalibus senis novenisve validis saepe furcatis praedita. Petiolus $1/4$ — $1/2$ pollicis longus, subtus convexus sulcatus, supra depresso-canaliculatus, latiusculus. Pedunculi communes infra gemmam terminalem conferti, 5 — 6-pollicares, fastigiati, angulati, rufo-tomentosi, a medio vel paulo inferius superiusve divisi, racemiflori, pauciflori, (in nostro). Pedicelli erecti, 1 — $1\frac{1}{2}$ lineas longi, tomentosi, sub flore incrassati, bracteola lanceolata fulva dimidio vel duplo breviori caduca suffulti. Perianthium 3—4 lineas altum, diametro limbi fere quadrilineari, patens, profunde sexfidum, extus et intus rufotomentosulum; tubus obtuse triangularis, coriaceus; laciniae tubo paulo longiores, chartaceae, obtusae, pellucido-punctatae; exteriores obovato-subrotundae venoso-quinquenerves, interiores, quae duplo et ultra longiores, ovatae venoso-septemnerves. Stamina longitudine limbi; filamenta longitudine antherarum, hirta; antherae oblongo-rectangulae, quadrilocellatae, locellis subaequalibus lanceolatis, trium interiorum altero laterali altero magisque superiori postico. Glandulae geminatae stipitatae, filamentis staminum interiorum supra basin insertae, capitulo subgloboso basi cordato. Staminodia quarti ordinis capitulo e basi cordata acuminato apice piliformi, stipite hirto. Pistillum longitudine staminum, glabrum; ovarium obovatum; stylus crassiusculus, subulatus, ovario paulo longior; stigma latum, lobatum. Bacca cerasi mediocris ambitu, subglobosa, stylo persistente mucronata et perianthio persistente suffulta, laevis, lutea (?)

Adnotatio. Tametsi nominis Llithi similitudo quaedam insinuare videatur, huius loci esse *Laurum causticam* Mol., in regno Chilensi communem, sufficit tamen iam sola perianthii 4-fidi nota, qua distinguatur; ut taceam folia Lamarckio „glabra“ appellata, et virtutes maxime venenosas, quas *Llithi* arbori tribuunt Feuillé et Molina. Ne Laurinarum quidem hanc esse ordinis mihi persuasum est. Monendum autem, in tab. 23. apud Feuilleum Vol. II. nomina ita esse commutata, ut *Llithi* nomen sub Lucumae figura legatur, *Lucumae* autem Llithi figurae subiectum sit, unde nescio an errorem gravissimum in calyce quadrifido Llithi tribuendo exortum esse censcam. Fortassis omnis descriptio arboris apud Poiretium in *Enc. méth. Suppl. III. p.* 519. *n.* 31. Lucumae huius est, et calyx quadrifidus apud Molinam non ad naturam sed ex icone Feuilleana (scilicet commutata illa) desumtus esse videtur. Haec si consideraveris, icon Feuill. II. t. 23. Lucumae nomine edita, haud male responderet minoribus illis *Perseae Lingué* dictae exemplis.

---

24. Persea (Eriodaphne) Meyeniana.

P. foliis ellipticis obtusis vel acutiusculis basi acutis scabriusculis subtus glaucis, venis costalibus prominentibus, petiolis semicylindricis margine obtuso, paniculis ad basin ramorum et innovationum confertis, perianthii tomentoso-sericei laciniis exterioribus ovatis interioribus elliptico-oblongis plus duplo longioribus. *N. ab E. in Linn. VIII.* 1. *p.* 5.

In Cordillera de S. Fernando, Regni Chilensis, 3000 ped. altitudine, Martio mense a. 1831. cum floribus perfectis legit cl. Meyen.

Arbor. Rami ratione longitudinis crassi et rigidi, basi teretes, superiora versus compresso-angulati, proiectura a ramis decurrente, superficie aequabili subtiliter striata tomentulo pulverulento tenui at denso subolivaceo vestiti; cortex tenuis, inodorus; lignum molle, cinereum; tubus medullaris amplissimus. Cicatrices foliorum inferiorum irregulares angulatae, superiorum late scutatae truncatae marginatae, umbilico transversali subprominulo excentrico. Gemmae axillares ovatae, obtusae, ferrugineo-tomentosae, e squamis 5—6 ovatis obtusis spiralim positis exstructae, quarum inferiores breviores carinataeque. Gemma terminalis consimilis, duplo maior. Folia divergentia $^2/_5$, intervallis maxime inaequalibus disposita, magnitudine formaque in eodem ramo summopere diversa; infima saepe vix pollicaria 5 lineas lata obovata obtusaque cum mucrone, vel etiam obtusissima; tum reliqua derepente vel sensim crescendo transeunt in 3—$4^1/_2$ pollices longa, 1—$2^1/_4$ pollices lata, ideoque vel oblonga, vel ovalia, quae cuncta apice vel obtuso gaudent, vel brevissimo argutoque acumine sunt praedita, basis autem omnium acuta est, vel adeo cuneiformis, caeterum folia sunt rigidule chartacea, margine convexa, utrinque ad speciem glabra, sub lente fortiori autem a setulis (subtus granuliformibus) exiguis scabra, supra viridia et fere laevia, subtus laete glauca, venulis transversalibus tenuissimis reticulata fereque laevia, costis subsenis elevatis rectis vel parum arcuatis simplicibus rariusve subramosis praedita. Petioli 3 — 4 lineas longi, semiteretes, supra planiusculi trisulci, margine obtusi, subpubescentes, crassiusculi. Pedunculi communes circa apicem ramorum e gemmarum tam axillarium quam terminalis basi sulcata strigiloso-sericante ferruginea provenientes, corymbum terminalem densum exhibentes, pollice vix longiores, crassiusculi, compressiusculi, angulati, subtiliter tomentosi, ferrugineo-grisei, squama gemmae ovata caduca, cicatriculam angustam semilunarem relinquente, suffulti, a medio corymboso-vel racemoso-divisi, 6 — 9-flori; ramuli paniculae 3 parium, suboppositi, patentes vel erecti, bracteola parva lanceolata suffulti, inferiores 3-2-1-flori, et tum in medio bibracteolati, tres circiter lineas longi, reliqui uniflori breviores. Pedicelli $1\frac{1}{2}$ lineas longi, angulati, versus perianthium ut ramuli ferrugineo-griseo-tomentosuli, sericantes. Perianthium $2\frac{1}{2}$ — $3\frac{1}{4}$ lineas altum, subcampanulatum, extus et intus sericanti-tomentosum album; tubus brevis; limbi laciniae membranaceo-chartaceae, pellucido-punctatae, erecto-patulae, obtusae; exteriores plus duplo breviores, ovatae, trinerves, ob apicem patulum quasi calyculum floris exhibentes; interiores elliptico-oblongae, septemnerves; (proportio exteriorum ad interiora = 1 : $2\frac{1}{2}$.) Stamina laciniis maioribus breviora; filamenta patulo-hirta, linearia, longitudine antherarum; antherae ex oblongo sublineares, apicem versus nonnihil angustiores, obtusae cum mucrone obtuso, pellucido-punctatae, luteae, quadrilocellatae locellis lanceolatis, quorum superioribus minoribus; sex exteriorum ostiolis anticis trium interiorum posticis; valvulae ostiolis conformes. Glandulae geminatae supra basin filamentorum tertii ordinis insertae, substipitatae, subrotundae, compressae, luteae. Staminodia quarti ordinis altitudine glandularum; filamento plano longe ciliato, introrsum glabro; capitulo triangulari acuto a facie interiori sagittato filamenti longitudine aut paulo altiori glabro. Pistillum staminum altitudine, glabrum, validum; ovarium obovatum, obsolete trigonum; stylus crassus, ovarii longitudine, flexuosus; stigma discoideo-trigonum. Ovula duo, a trophospermio, in parietibus ovarii, neque opposite adscendentibus pendula, ovalia, compressiuscula, lutea. Fructum maturum non vidi.

Adnotatio 1. Similis est haec species *Perseae Lingué varietati γ. palustri*, sed differt foliis tenuioribus basi magis acutatis subtus laete glaucis inter costas ob venulas tenerrimas ad speciem laevibus, nec punctulato-reticulatis, pubescentia multo subtiliore, petiolis angustioribus margine obtusis, floribus angustioribus neque adeo dense tomentosis, laciniis perianthii interioribus angustioribus.

Adnotatio 2. In hac specie primo veram ovarii structuram perspexi. Conf. Schlechtend. Linn. l. c. t. 1.

---

25. Persea (Eriodaphne) alpigena Spr.

P. foliis ovatis obtusis basi acut subtusis pubescenti-glaucis venis costalibus prominentibus, petiolis longiusculis angulatis, paniculis axillaribus folio longioribus, perianthii sericei laciniis tribus exterioribus suborbiculatis, interioribus ovatis triplo longioribus.

Persea alpigena *Spr. S. Veg. II. p.* 268. *n.* 13. (*excl. synon.* Ocotea obtusifolia *Kunth.*)

Laurus alpigena *Swartz. Fl. Ind. occ. II. p.* 704. *Willd. Sp. pl. II.* 1. *p.* 481. *n.* 17. *Pers. Synops. I. p.* 449. *n.* 20. *Poir. Enc. méth. Suppl. III. p.* 320. *n.* 33.

Habitat in summis montibus Jamaicae australis. Swartz.

„Arbor mediocris altitudinis, ramis erectis. Ramuli teretes, superne inter folia angulati, saepe rubro-colorati, pubescentes. Folia petiolata, alterna, 1 — 3-pollicaria, ovata, basi acuminata, apice obtusa (rarius acuta), convexa inprimis margine, subcoriacea, supra vix nervosa glabra, subtus nervis elevatis venosa pubescenti-subglauca; versus lucem oculo armato perforata. Petioli longiusculi, angulati, saepe colorati. Racemi axillares, rariores, foliis longiores, stricti, erecti, subcompositi, ramulis brevissimis paucifloris. Flores terminales, subsessiles, parvi, sed non inter minores. Perianthium 6-partitum; laciniae tres exteriores minutae subrotundae, tres interiores triplo maiores ovatae patentes utrinque pubescentes, subsericeae. Filamenta novem: tria interiora basi hirsuta, sex exteriora brevissima. Antherae oblongae, angulatae, 4-locellatae. Ovarium ovatum. Stylus subulatus, longitudine staminum; stigma obtusum. Fructus . . . . ."

„Observatio. Aestate floret. A caeteris (Indiae occidentalis) dignoscenda foliis fere minoribus magis ovatis obtusis subtus glauco-pubescentibus, racemis erectis paucifloris."

Adnotatio. Maxime affinis *Perseis fuliginosae*, *Lingué* et *Meyenianae*, sed differt a binis prioribus perianthio non rufo-tomentoso, ab hac posteriori autem paniculis axillaribus nec ad basin ramorum innovationumque confertis nudisque.

Perseae sericea et *Mutisii H. et K.* differunt foliis basi obtusis et perianthii (tomentosi) laciniis exterioribus, cum interioribus comparatis, non adeo brevibus.

---

26. Persea (Eriodaphne) sericea H. et K.

P. foliis ellipticis vel elliptico-subrotundis utrinque obtusis subtus paniculisque rufo-sericeis, venis costalibus tenuibus immersis, laciniis perianthii exterioribus interioribusque ovatis, his subduplo longioribus.

Persea sericea *Humb. et Kunth. Nov. Gen. et Sp. pl. II. p.* 159. *n.* 4. *Kunth. Synops. I. p.* 454. *n.* 4. *Spr. S. Veg. II. p.* 269. *n.* 26. *Dict. des sc. nat. XXXIX. p.* 145.

Laurus sericea *Willd. Herb. n.* 7798. (*exemplum Humboldtianum.*)

„Crescit regione amoena temperata nemorosa prope Loxam Peruvianorum alt. 1060 hexap. Floret Julio." (de Humboldt).

„Arbor ramis sulcatis pubescentibus. Folia alterna, petiolata, elliptica, utrinque rotundata, coriacea, integerrima, venosa, supra glabra, subtus ferrugineo-sericea, sesquipollicaria, pollicem lata. Petioli quatuor aut quinque lineas longi, subincrassati, pubescentes. Pedunculi communes axillares, quinque- aut sexflori, in apice ramorum corymbosim congesti, sulcato-angulati, pubescentes, sesquipollicares. Flores pedicellati, magnitudine floris *Perseae gratissimae*. Perianthium campanulatum, sexfidum, externe sericeo-pubescens; laciniae ovatae, acutae, tres exteriores duplo breviores. Stamina fertilia novem, perianthio breviora, tria interiora basi biglandulosa, teste Bonplandio. Ovarium ovatum; stylus basin versus trigonus; stigma acutum teste Bonpl. Drupa ovata, basi perianthio aucto circumdata, monosperma, magnitudine fructus Viburni Lantanae.“

„Non nisi specimina fructifera in herbario Bonplandiano obvia, quam ob rem antherarum structuram describere non potui.“

Adnotatio. A *Persea fuliginosa*, cui inter reliquas proxima, differt: foliis quam pro longitudine latioribus margine planis (nec recurvis) praesertim basi magis rotundatis, apice vel omnino rotundatis cum parvo mucronulo, vel in cuspidis obtusae brevissimaeque effigiem nonnihil prominulis, supra puberulis (nec glabris ut habet opus Humboldtii) subtus pubescentia adpressa tomentoso-sericantibus (pallide ferrugineis), venis novenis rectiusculis subsimplicibus tenuibus immersis (nec subtus prominulis margines petentibus) praeditis, pedunculis (fructiferis saltem) folia superiora ramuli subaequantibus.

Perianthii laciniae ovatae, exteriores duplo breviores. — Cicatrices foliorum valde prominulae, truncatae, semicirculares, marginulatae. Pedunculi communes pollicares, angulati, apice cymuloso-7-pluriflori.

---

27. Persea (Eriodaphne) Mutisii H. et K.

P. foliis ellipticis vel ovato-ellipticis utrinque obtusis subtus glaucis sericanti-subpuberulis demum glabrescentibus, costa petiolisque dilatatis, venis costalibus parum prominentibus, perianthii rufo-tomentosi laciniis ovatis, exterioribus paulo brevioribus.

Persea Mutisii *Humb. et Kunth. Nov. Gen. et Sp. pl. II. p.* 158. *n.* 3. *Kunth. Synops. I. p.* 454. *n.* 3. *Spr. S. Veg. II. p.* 269. *n.* 23. *Dict. des sc. nat. XXXIX. p.* 142.

Laurus bogotensis: foliis oblongo-ellipticis obtusis venosis coriaceis, corymbis terminalibus, fructibus sphaericis. *Willd. Herb. n.* 7806. (*specimen Humboldtianum.*)

Crescit in alta planitie montana, inter Fagatativa et S. Fé de Bogota, alt. 1360. hexap. (de Humboldt), a Mutisio cum Bonplandio communicata. Vidi exempl. in Herb. Willd.

„Arbor ramis sulcato-angulatis fuscis glabris. Folia alterna, breviter petiolata, elliptica, obovato-elliptica aut ovato-elliptica, utrinque rotunda aut basin versus paulo angustata, integerrima, valde coriacea, reticulato-venosa, nervo medio venisque primariis subtus prominentibus, utrinque glabra, supra nitida, subtus pruinoso-glaucescentia, quatuor et dimidium pollices longa, duos et dimidium pollices lata. Petioli duas aut quatuor lineas longi, paulo dilatati, glabri. Corymbi axillares, pedunculati, folio duplo breviores. Flores pedicellati. Pedunculi communes pollicares et longiores ramique corymbi glabri. Pedicelli crassiusculi, ferrugineo-pubescentes. Perianthium coriaceum, sexpartitum, externe ferrugineo-pubescens, in fundo pilis ferrugineis obsitum; laciniae tres exteriores breviores subrotundo-ovatae acutiusculae, tres interiores ovato-oblongae obtusae. Stamina fertilia novem, longitudine laciniarum exteriorum, tria interiora basi biglandulosa; filamenta lineari-spathulata, glabra; antherae quadrilocellatae, locelli staminum exteriorum interne, interiorum externe filamenti parti incrassatae immersi. Staminodia tria, ovata, acutiuscula, glabra, cum staminibus interioribus alternantia. Ovarium oblongo-ellipticum, glabrum; stylus longitudine staminum, glaber; stigma paulo dilatatum, subobliquum. Drupa globosa, magnitudine cerasi, calyce aucto sexfido patentissimo basi cincta, monosperma."

Rami crassi, cicatricibus lunatis valde prominulis gemmisque ovatis bivalvibus obsiti, iuniores utrinque, adultiores subtus magis minusve puberuli, pubescentia brevi incumbente nitidula. Folia rigida sunt, supra fere laevia, subtus minute scrobiculata, venis costalibus novenis parum prominulis et reti interiecto laxo praedita, costa lata depressa sulcata. Petioli 2—3 lineas longi, et sub folio 2—2½ lineas lati, depresso-plani, iuniores puberuli, aetate glabri. Basis foliorum saepe subcordata. Pedunculi communes e foliorum supremorum minorumque axillis, conferti, pollice vix longiores, compressi, crassi, rigidi, puberuli, apice cymuloso-multiflori, floribus brevissime pedicellatis subcapitatis. Perianthium campanulatum, crasse coriaceum, 3—4 linearum diametro, extus dense ferrugineo-tomentosum;

laciniae ovatae acutiusculae, exteriores paulo breviores quam interiores. Reliqua in descriptione Kunthiana exposita sunt.

Adnotatio. Species haec Persearum Americanae microphyllae et rigidae si quae aliae difficillime distinguuntur. Differt *Persea Mutisii* a *Persea sericea* foliis subtus glaucis subpruinosis multo minus puberulis aetate fere glabris costa petiolisque latissimis sulcatis, florum laciniis minus inaequalibus; a *Persea ferruginea* foliis apice non subacutatis venis in pagina inferiori minus prominulis (neque vero, ut in *Persea sericea*, immersis, nec tomentosis) perianthioque minus inaequali. *Persea rigida*, cui folia subtus glaucescunt, differt circumscriptione eorum oblonga; porro *Persea fuliginosa* tomento, basi foliorum acuta, petiolisque angustioribus; *Perseae obovatae* denique magis in propatulo est diversitas.

? 28. Persea (Eriodaphne) hypericifolia N. ab E.

P. foliis ovatis subcordatis obtusis subtus concoloribus ramisque pubescentibus venis costalibus paucis ramosis costaque prominulis, petiolis brevibus . . . .

Laurus hypericifolia *Willd. Herb. n.* 7811.

Patria ignoratur. Vidi exemplum Herb. Willdenoviani absque flore fructuque.

Non praetereundum esse censebam ramulum hunc parvum dicti herbarii, ob summam cum *Persea Mutisii* similitudinem. Diversi tamen esse videtur arboris. Est angulatus, puberulus. Gemmae axillares ovatae, ancipites, bivalves, strigiloso-canae. Folia in apice ramuli (novelli) per paria approximata, $1\frac{1}{2}$ — $1\frac{3}{4}$ pollices longa, unum pollicem lata, ovata, obtusa, pleraque basi retusa et subcordata, subcoriacea, supra laevia venis costaque immersis, iuvenilia probabiliter pubescentia, subtus pallidiora pubescentia venuloso-reticulata, costa prominula crassa, venis costalibus subsenis ramosis, quarum illae secundi paris plerumque fortiores suboppositae magisque ramosae. Petioli $1\frac{1}{2}$ lineas longi, crassi, nec vero dilatati, canaliculati, puberuli.

---

29. Persea (Eriodaphne) ferruginea H. et K.

P. foliis ovatis acutiusculis rigidis subtus grosse reticulatis paniculisque subterminalibus folio brevioribus ferrugineo-tomentosis, perianthii laciniis exterioribus subrotundis, interioribus ovato-oblongis duplo longioribus.

Persea ferruginea *Humb. et Kunth. Nov. Gen. et Sp. pl. II. p.* 159. *n.* 5. *Kunth. Synops. I. p.* 454. *n.* 5. *Spr. S. Veg. II. p.* 269. *n.* 27. *Dict. des sc. nat. XXXIX. p.* 143.

Laurus ferruginea: foliis ellipticis acutis subtus ferrugineo-tomentosis rugoso-venosis. *Willd. Herb. n.* 7799. (*specimen Humboldtianum.*)

Crescit prope Loxam sed locis frigidioribus. Floret Iulio, (de Humboldt). Vidi in Herb. Willd. exempl. c. floribus.

„Arbor ramulis subangulatis fuscis, iunioribus fucescenti-pubescentibus. Folia alterna, petiolata, ovata, acuta aut obtusa, basi rotundata, integerrima, reticulato-venosa, nervo medio venisque subtus valde prominentibus supra vix visibilibus, valde coriacea, supra glabra nitida, subtus ferrugineo-tomentosa, subtripollicaria, 21 — 22 lineas lata. Petioli incrassati, semiteretes, glabri, vix semipollicares. Corymbi axillares, pedunculati, dichotomi, folio breviores. Pedunculi septem aut octo lineas longi, rami pedicellique fucescenti-tomentosi. Flores magnitudine floris Lauri nobilis. Perianthium sexfidum, externe et in fundo ferrugineo-tomentosum; laciniae tres exteriores subrotundo-ovatae acutiusculae, interiores duplo maiores oblongo-ovatae obtusiusculae. Stamina fertilia novem, perianthio breviora; filamenta clavata, externe convexiuscula, interne plana, glabra, tria interiora basi biglandulosa; glandulis squamaeformibus. Antherae quadrilocellatae; locelli filamentis exterioribus interne, interioribus externe immersi, operculati, superpositi. Staminodia tria, cum staminibus interioribus alternantia. Ovarium oblongum, glabrum; stylus crassus; stigma dilatatum. Fructus ignotus.“

Folia etiam supra pubescentia, subtomentosa, nec glabra, ut in descriptione Kunthiana exstat. Pedunculi communes infra gemmam terminalem siti, rigiduli, foliis proximis breviores, apice cymuloso-7-5-flori. Flores fere ut in *Persea obovata*.

Differt a *Perseis fuliginosa* et *sericea* foliis ex ovato ellipticis plerisque acutiusculis venis costalibus 6—7-nis costaque subtus valde prominulis, illis magis minusve ramulosis, hac lata carinulata vel pluricostata, omnique superficie foliorum inferiori ramulisque floribusque tomento rufo-ferrugineo, aetate inter costas canescente, vestitis.

---

30. Persea (Eriodaphne) obovata.

E. foliis obovatis subtus paniculisque folia aequantibus ferrugineo-tomentosis, perianthii laciniis interioribus ovatis exterioribus subrotundis duplo brevioribus. *N. ab E. Laur. Sellov. in Linn. VIII.* 1. *p.* 51. *n.* 9.

In Brasilia tropica florentem absque fructibus legit Sellow. Herb. Reg. Berol. n. 1363.

Ramuli crassitie pennae scriptoriae, adulti teretes striati cano-tomentosuli, iuveniles angulati compressiusculi rufo-tomentosi, tomento tenui adpresso; lignum molle, cinerascens; tubus medullaris mediocris; cortex fuscus, insipidus. Cicatrices foliorum tumidae, truncatae, lunatae, semicirculares vel subcordatae. Gemmae terminales ovatae, fusco-ferrugineae, tomentosae. Folia diverg. $^2/_5$ posita, conferta, $1^1/_4 — 2^3/_4$ pollices longa, $^1/_2$ — 1 pollicem lata, obovata, basi attenuata nec vero acuta, vel obovato-cuneiformia, subinaequilatera, chartaceo-coriacea, rigidula, margine convexa, supra punctata et in iuventute pubescenti-tomentosa, subtus primum rufo-dein cano-tomentosa, nervis costalibus 4 — 6-nis prominulis arcuatis, infimis debilioribus secundi paris saepe oppositis magisque arcuatis praedita, reti venuloso indistincto. Petioli mediocres, 2 — 3 lineas longi, subtrigoni, subtus striati, rufo-dein canotomentosi. Pedunculi communes axillares, 2 — 3 pollices longi, compresso-angulati, rufo-dein cano-tomentosi, a medio superius divisi, nonnulli ad basin ramuli inferioris folio, reliquis minori, praediti; ramuli paniculae 2 — 3 parium, breves, per paria approximati, apice capitato-triflori. Bracteolae propriae subulatae, parvae. Flores brevipedicellati, subsessiles, $1^1/_4 — 1^1/_2$ lineas alti, extus ferrugineo-tomentosi; tubus obconicus; laciniae erectae, membranaceo-chartaceae, pellucido-punctatae, septemnerves, obtusae; exteriores duplo breviores latae magis quam altae rotundatae, interiores ovatae vel ovales.

Stamina limbo paulo breviora; sex exteriora glabra, filamentis antheris longioribus linearibus nervo medio inscriptis, antheris ovatis obtusis quadrilocellatis, locellis ovalibus introrsum conversis superiori minori; tria interiora in dorso (centro adverso) hirta, antheris filamentisque aequalibus, illis subtetragonis truncatis, locellis quatuor aequalibus ovalibus, supero magisque laterali apicem attingente. Glandulae geminatae globosae, filamentorum tertii ordinis basi laterali adnatae. Staminodia quarti ordinis capitulo triangulari-sagittato acuto in dorso apiceque hirto. Pistillum longitudine staminum, glabrum; ovarium obovatum; stylus ovario dimidio duplove longior; stigma umbilicatum, subtrigonum. Fructus deest.

Adnotatio. Inter congeneres perianthii laciniis magis latis quam altis, quasi involucrum exhibentibus, facile distinguitur.

---

31. Persea (Eriodaphne) alba.

P. foliis lanceolatis coriaceis subtus ramisque novellis et paniculis argenteo-sericeis, perianthii laciniis exterioribus subrotundis dimidio brevioribus. *N. ab E. Laur. Sellov. in Linn. VIII. 1. p. 51. n. 10.*

In Brasilia tropica cum fructu maturo absque floribus legit Sellow. Herb. Reg. Berol. n. 1361.

Arbor. Rami teretes, crassiusculi, per intervalla ramosi, adultiores denique glabrescentes, rugulosi et rimulosi, cuticula fuscescente, iuniores e cinerascenti argenteo-sericei, sulcato-multanguli; lignum durum, pallidum; tubus medullaris cito oblitteratus; cortex fuscus, inodorus. Cicatrices foliorum prominulae, truncatae, lunatae vel late cordatae; pedunculorum excavatae, subrotundae, basi truncatae. Gemmae axillares parvae, ovatae, compressae, terminales lanceolatae; hae et illae sericeae, bivalves. Folia diverg. $^2/_5$ posita, 4 pollices longa, 8—9 lineas lata, lanceolata, utrinque modice angustata, apice obtusa, basi acutiuscula in petiolum vix sesquilinearem crassum tereti-compressum supra planiusculum desinentia, coriacea, margine revoluta, novella undique, adultiora subtus dense griseo-sericea, nitentia, et tum vero supra punctulata pubescenti-scabriuscula opaca; costa media subtus valde prominula sulcata, supra concava; nervi costales multi (15—18), tenuissimi, parum conspicui, simplices, supra immersi; rete venosum inconspicuum. Pedunculi fructus communes axillares, $1\frac{1}{2}$ — 2 pollices longi, angulati, cum omni inflorescentia sericei, nitentes, apicem versus paniculigeri; ramuli paniculae 5 — 6, $\frac{1}{2}$ — $\frac{1}{4}$ pollicis longi, alterni vel per paria approximati, rigiduli, plerique ad speciem bifidi ramulis trifloris cum flore intermedio, iam paucis fructibus onusti, cicatricosi. Pedicelli vix linea longiores, crassi, obconici, rugoso-sulcati. Perianthii laciniae sub fructu rigidae, patulae, cupulam fere exhibentes, extus sericeae, intus puberulae, obtusiusculae; exteriores subrotundae, magis latae quam altae, interiores ovales dimidio longiores. Bacca piso duplo fere maior, globosa, submucronata, basi perianthio patulo, nec adpresso, calyculata.

III. *Species anomala.*

Perianthium (morbosum) cum pedicello laciniisque persistentibus incrassatum, carnosum, (tumorem fructiformem arcte includens.)

? 32. Persea acuminata N. et M.

P. foliis oblongis longe acuminatis glabris subtus transversim reticulatis, paniculis axillaribus, calycibus (fructus monstrosi) una cum laciniis persistentibus carnosis tumorem (an etiam fructum?) includentibus.

In sylvis ad Iapurá flumen Provinciae Fluminis Nigri, Decembre legit de Martius c. fructu immaturo et absque floribus.

Arbor. Ramus crassitie pennae cygneae, laevis, angulatus, striatus, glaber; lignum porosum, pallidum; tubus medullaris irregulariter sexangularis; cortex tenuis, fuscus, insipidus, annulo vasorum propriorum. Cicatrices foliorum semicirculares, pedunculi cicatricibus pezizoideis adnexae, prominulae signant ramum apicem versus foliosum. Folia diverg. $^2/_5$ posita, speciosa, $^3/_4$—1 pedem longa, $2^1/_4$—3 poll. lata, oblonga, longissime acuminata, basi acuta in petiolum apice depressum basi profunde canaliculatum decurrentia, glabra, chartaceo-coriacea, margine (praesertim basi) reflexa, costis senis vel novenis arcuatis subtus prominentibus scabrisque divisa et inter eas reti elegantissimo e venis transversalibus arcuatis interiectisque his areolis angulatis angustis texto utrinque conspicuo praedita. Pedunculi communes fructus 3—4 pollices longi, angulosi, glabri, paniculas laxiusculas produnt, iam paucis tantum pedunculis seu ramis retorto-patentibus residuis. Perianthium cum fructu magnitudine cerasi, inde a pedunculo incrassato succulentum et iam corrugatum, globosum, ad medium usque sexfidum, laciniis suis ovatis obtusis corrugatis et crassis, tegit excrescentiam fungosam, intus solidam et totam cellulosam ovatam obtusam fructum mentientem, ita ut vertex tantum inter lacinias conspiciatur.

Tota igitur huius exempli fructificatio morbosa est atque anomala, neque sententiam ex ea ullam deducere licet. Partium floris internarum ne minima quidem in his supersunt vestigia.

VI. MACHILUS Rumph. (*N. ab E. Laur. Dispos. Progr. p.* 11. *n.* 6. *Wall. pl. As. rar. II. p.* 61. *et* 70. *n.* 16. Perseae spp. *Blume.*)

Flores hermaphroditi, paniculati, nudi. Perianthium sexpartitum, chartaceum, persistens. Stamina fertilia novem triplici serie, quorum tria interiora glandulis binis stipitatis liberis ad utrumque latus stipata; antherae oblongae, quadrilocellatae, valvulis totidem adscendentibus dehiscentes, locellis sex exteriorum introrsum, trium interiorum extrorsum versis, inferioribus duplo maioribus. Staminodia tria stipitata, capitulo acuto magis antheriformi in serie interiori, dorso eglandulosa. Stigma discoideum. Bacca perianthio haud mutato patenti vel reflexo insidens, pedicello fructus non incrassato.

Inflorescentia paniculata, paniculis ad basin gemmae terminalis aut axillaris alternatim aggregatis corymbosis nudis, squamis bractealibus defluentibus.

Gemmae foliigenae perulatae, squamis imbricatis. Folia penninervia, venosa, venis subtilibus.

Adnotatio. Differt a *Persea:* perianthio quidem persistente, sed pedunculo minime incrassato, quo diversus character inflorescentiae fructiferae oritur; tum gemmis perulatis.

1. MACHILUS odoratissima.

M. foliis lanceolatis vel oblongo-lanceolatis utrinque acutis glabris, paniculis compositis. *N. ab E. in Wall. pl. As. rar. II. p. 70. n. 1.*

α. Paniculis floribusque pubescentibus, baccis globosis.

Laurus odoratissima *Wall. Cat. n.* 2607. A (*ex parte*), C, D, E.
Laurus indica *Lour. Fl. Cochinch. ed Willd. I. p.* 311. *n.* 8.
Machilus quarta species minima. *Rumph. Hb. Amb. III. p.* 70. *t.* 42.
Laurus Champa *Herb. Hamilt.*
Laurus bombycina *Herb. Hamilt.*

β. Paniculis floribusque glabriusculis vel sparsim puberulis, baccis ovatis vel (immaturis) oblongis.

Laurus odoratissima *Wall. Cat. l. c.* A (*ex parte*), B, F.

Crescit α. et β. in Nepalia, (Wall. 1821.); var. α. in Patgong et Gualpara, (Hamilton); in montibus Sillet, (F. D.) Var. β. in Singapur, (Wall. 1822.); in montibus prope Deyra-Dhoon, (idem 1825.). In Cochinchinae sylvis montanis, (Loureiro). In Amboina? (Rumph.)

Arbor procera. Rami teretes, iuveniles angulosi magis minusve sericei, adulti fusci et glabri, lenticellis cicatricibusque exasperati, demum canescentes et rimosi; bases innovationum a squamis delapsis dense annulato-cicatricosae; cortex fuscus, adstringens; inodorus; lignum porosum, rufescens; tubus medullaris amplus, diu persistens, subpentagonus. Cicatrices foliorum prominulae, semicirculares, planae, pallidae; pedunculorum ad basin innovationum inverse scutatae. Gemmae axillares et terminales ovato-globosae vel globosae, dense squamatae, squamis latis orbiculatis coriaceis in medio flavicantisericeis in ambitu glabris multifariis, interioribus sensim maioribus, sub rami florigeri explicatione amplificatis dilatatisque. Folia circa ramulorum apices approximata, $3\frac{1}{2}$ — $6\frac{1}{2}$ pollices cum petiolo longa, 1 — 2 pollices lata, oblongo-lanceolata vel lanceolata, utrinque acuta, rigidula, chartaceo-coriacea, adulta glabra, supra nitida, subtus pallidiora, tempore foliationis villoso-sericea, penninervia, ramis primariis pluribus non validis circa margines venuloso-connexis, reticulo interiecto distincto, areolis angustis supra punctiformibus. Petioli 4 — 5 lineas longi, semitereti-compressi, supra obtuse canaliculati, glabri, crassiusculi. Inflorescentia paniculata, e gemma terminali corymbum constituens. Pedunculi communes diverg. $\frac{2}{5}$ dense approximati, $1\frac{1}{2}$—2 pollices longi, teretes, crassiusculi, squamis gemmae interioribus lanceolatis vel lineari-lanceolatis membranaceis extus villosis fugacissimis interstincti, a medio divisi, in var. α. cano-pubescentes, in var. β. glabriusculi vel sparsim subpuberuli; ramuli paniculae patentes, inferiores subopposili 2 — 3 lineas longi triflori; reliqui breviores biflori, vel etiam eorum loco flores solitarii; apex paniculae triflorus. Pubescentia ramulorum et pedicellorum pro varietate varia. Bracteolae lineares, membranaceae, scariosae, caducae ad ramificationes paniculae. Pedicelli 2 lineas longi, cani, vel subpubescentes, teretes, crassiusculi. Flores albidi, fragrantes, subcampanulati, sub anthesi magis patentes duas lineas-post anthesin tres lineas alti, usque ad basin fere sexpartiti, laciniis subaeque latis oblongis vel oblongo-lanceolatis obtusis chartaceis, extus in var. α. cano-sericeis in var. β. glabriusculis, intus in utraque sericantibus, multinerviis glanduloso-punctatis. Fundus floris hirsutus. Stamina fertilia novem, triplici serie, perianthium aequantia; filamenta antheris triplo longiora, lineari-filiformia, glabra, basi hirsutula; antherae lineares, obtusae, pellucido-punctatae, quadrilocellatae, staminum sex exteriorum introrsum, trium interiorum extrorsum dehiscentes, valvulis pallidis ostiolis conformibus; locelli oblongi, inferiores dimidio longiores superioribus, post pollen emissum fere linearibus. Glandulae geminatae sex, staminibus tribus interioribus basi connatae, stipitatae, capitulo reniformi obtuso compresso luteo. Staminodia tria interiora staminibus duplo breviora, filamento capituloque aequalibus, illo basi hirsuto, hoc lanceolato acuto, marginibus extrorsum reflexis ibidemque rimae pallidae seu valvulae linearis vestigiis utrinque notatis. Pistillum staminibus brevius, glabrum;

ovarium ovatum; stylus ovario paulo longior, subulatus, flexuosus; stigma parum dilatatum, inaequale. **Bacca** imposita perianthio magnitudine parum aucto, laciniis circiter tres lineas longis reflexis chartaceis, tubo neutiquam incrassato; ante maturitatem plerumque oblonga, matura globosa cum apicula, violaceo-nigra, laevis. **Semen** pendulum, figura baccae. Structura interna ut in reliquis.

Adnotatio 1. Varietates supra citatae a tempore evolutionis pendere videntur et multis modis inter se confluunt. Etiam formae, quas litteris D, E, F, signatas, ut dubias exhibet Catalogus Wallichianus, ex horum numero sunt. Pedunculi et flores aetate pubescentiam exuunt, et perianthia sterilia, aucta magnitudine, nec vero reflexis laciniis, alieni quid monstrant. Hi autem genitalibus iam carent.

Adnotatio 2. *Stigmatidium elegans Fée* haud raro in huius arboris foliis obvenit.

---

2. Machilus macrantha.

M. foliis ellipticis acutis subtus glaucis glabris venoso-penninerviis, paniculae amplae pubescentis ramulis divaricatis bifidis. *N. ab E. in Wall. pl. As. rar. II. p.* 70. *n.* 2. *III. p.* 31.

Laurus macrantha *Wall. Cat. n.* 2587. A, B.

Crescit in Nilghiry, a Nolan lecta.

Species distinctissima, sed ad exemplum incompletum describenda. **Arbor. Folia** cum petiolo 6¾ pollices longa, 2½ pollices lata, elliptica, obtusa aut in cuspidem brevem obtusamque contracta, raro magis acuta, basi parum angustata, ipsa tamen basi obtusa inaequali, membranacea, mollia, glabra, subtus glauca; costa media lata, supra circa basin concava et griseo-tomentosula, subtus (pressione forsan) plana; venae costales tenues, margines versus furcatim solutae; rete indistinctum. Petiolus 1½ pollices longus, depressus, glaber, ubi transit in laminam subtomentosus. **Panicula** (decerpta sed integra praesens) 7 pollicum, tota canescenti-pubescens. **Pedunculus** communis et omnes rami crassi, compressi; rami distantes, pauci, alterni, patentes vel divaricati, inferiores 4-unciales, ramulis binis uncialibus bifidis quadrifloris, apice trifidi septemflori; superiores breviores, bifidi, 4—5-flori; apex paniculae trifidus septemflorus. Bracteae desunt. Pedicelli 5—6 lineas longi, divergentes, apice paulo crassiores, articulo inserti, cano-pubescentes. Perianthium diametro 5—6 linearum, patens, post anthesin patenti-persistens, usque ad basin fere sexpartitum, extus et intus cano-tomentosum, chartaceum; laciniae oblongo-lanceolatae, obtusae, quinquenerves pellucido-punctatae, longitudine et latitudine aequales. Stamina novem, dispositione solita, laciniis limbi duplo fere breviora; filamenta linearia, angusta, albo-hirta, sex exteriora basi parum dilatata, tria interiora basi abrupte explanata; antherae fere rectangulae, oblongae, obtusae, glabrae, pellucido-punctatae, luteae, quadrilocellatae, sex exteriores introrsum, tres interiores extrorsum dehiscentes; locelli inferiores fere laterales oblongi longiores, superiores approximati ovales minores; valvulae conformes ostiolis concolores. Glandulae geminatae basi dilatatae staminum trium interiorum insertae, erectae, longitudine dimidii filamenti, stipite capitulo longiore hirsuto, capitulo reniformi introrsum depresso vertice bisulco extus convexo luteo glabro. Staminodia tria interiora filamentorum longitudine, stipite lato lineari-cuneiformi membranaceo ciliato, capitulo stipite vix latiori sed duplo breviori subovato obtuso, basi introrsum cordato, extus toto convexo hirsuto. Pistillum staminum longitudine, tenuissime pubescens; ovarium globosum; stylus filiformis, deciduus; stigma parvum, angulatum, pallidum. Ovulum obovatum, pendulum, obliquum. Fructum maturum non vidi, sed ovarium grossificatum adolescens.

SPECIES DUBIA.

? 3. Machilus pilosa N. ab E.

M. foliis oblongis pilosis, racemis amplis terminalibus.

Laurus pilosa *Lour. Fl. Cochinch. ed. Willd. I. p.* 311. *n.* 9. *Poir. Enc. méth. III. p.* 318. *n.* 27.

Habitat in sylvis montanis Cohinchinae, Loureiro.

„Arbor magna, ramis patentibus. Folia ovato-oblonga, acuminata, integerrima, pilosa, enervia, sparsa, petiolata, 8-pollicaria. Flos polygamus, luteo-viridis, uterque racemis vastis subterminalibus. Hermaphroditi calyx campanulato-patens, 6-fidus, laciniis acutis. Corolla nulla. Filamenta 9, subulata, calyce breviora, pilosissima, antheris oblongis 2-locularibus incumbentibus. Ovarium subrotundum; stylus crassus, calyci aequalis; stigma 2-fidum, reflexum. Bacca globosa, coriacea, parva, 1-sperma. Masculi in distincta planta: calyx 6-phyllus, foliolis ovatis concavis lanuginosis. Corolla nulla. Filamenta 9, brevia, pilosa; antheris planis 4-locularibus. *)"

„Observatio. Lignum flavum, longae durationis, ad aedificandum, vel tornandum facile et pulchrum est." Loureiro.

Adnotatio. Repugnant generi in descriptione a Loureirio data: flores dioeci, et stigma bifidum, quod posterius si ita esset, Laurina planta haec certo non foret existimanda.

---

*) „Similis videtur *Lauro involucratae* Retz. Observ. fasc. 5. p. 27. n. 33." Willd. l. c.

VII. BOLDU. *N. ab E. Laur. Disp. Progr. p. 11. n. 7.* Peumi spp. *Mol.* Boldu, *Feuillé Chil.*

Flores hermaphroditi, paniculati, nudi. Perianthium sexfidum, subaequale, rotatum, laciniis chartaceis non mutatis persistentibus. Stamina fertilia novem triplici serie, quorum tria interiora glandulis geminis sessilibus stipata. Antherae subovatae, bilocellatae, valvulis totidem adscendentibus dehiscentes, locellis apicem antherae non attingentibus, sex exteriorum introrsum trium interiorum extrorsum spectantibus. Staminodia tria subsessilia triangulari-subulata in serie magis interiori. Bacca perianthio persistente non mutato nonnihil rigescente basi cincta, pedicello incrassato imposita.

Inflorescentia: paniculae parvae, rigidulae, in axillis foliorum superiorum subopposita.

Gemmae bivalves. Folia reticulata, venoso-penninervia, subopposita.

Adnotatio. Ad Apolloniadem genus se habet, uti Persea ad Ocoteam, nec fere differt, quod ad characteres, a Perseis, nisi antheris bilocellatis; longissime autem discrepat reliquo habitu et foliorum textura, ut merito separetur.

*) Nomen barbarum, quo arbor haec ab incolis notatur.

1. Boldu chilanum N. ab E.

Boldu, arbor olivifera. *Feuill. Peruv. et Chil. ed. Germ. II. p.* 13. *t.* 6. *f.* 2.

Peumus Boldus *Mol. Hist. nat. regn. Chil. ed germ. p.* 160. *et* 311.

Boldus chilensis *Mol. Sagg. d. Chili p.* 158. *R. et Sch. S. Veg. VII.* 1. *p.* 57.?

Laurus Belloto Miers vulgo Belloto. *D. Bertero. Cat. n.* 1078. *in Herb. Kunth.*

Boldo (excl. syn. Ruizia) *Graham. Journ. p.* 498.

Peumus fragrans (nec Pers.) vulgo Boldu. *Bertero in Merc. Chil. a.* 1829. *Jun. p.* 686.

Laurina. (Perseae spec.?) *Poeppig. Coll. pl. Chil. I. n.* 259. *Diar. n.* 112.

Crescit in nemoribus Chilensibus, in Provincia Concepcion frequens, prope Concon, et in sylvis densis collium editiorum Guillotae, Augusto (cum fructu immaturo, Poeppig.) Floret ab Augusto in Octobrem. Vidi specimina Herbb. Reg. Berol. et Kunthiani.

Arbor, secundum Feuilleum 30—40-pedalis, hominis fere crassitie, sed saepe etiam minor atque tenuior (6—8 ulnas alta, unam crassa, Graham). Rami iuniores compresso-angulati, in summitate vere compressi et utrinque bisulci, griseo-tomentosuli; lignum cinerascens, rude; tubus medullaris mediocris; cortex tenuis, subfuscus, aromaticus, odore singulari. Cicatrices foliorum parvae, tumidae, semicirculares, marginatae. Gemmae bivalves, griseo-strigosae; axillares parvae compressae sessiles, superiorum aliquot foliorum apici proximorum maiores stipitatae ovatae angulatae, apice saepe incurvae. Folia per paria approximata vel subopposita, 3—5 pollices longa, 1—2 pollices lata, oblonga, elliptica vel ovato-elliptica, basi acuta vel obtusa, apice semper obtusa, quandoque ad apicem magis quam ad basin attenuata, chartaceo-coriacea, rigida, supra grosse et laxiuscule reticulata nitida subtilissime scabrida demum glabra, subtus densius nec arctissime reticulata pallidiora pubescentia brevissima rigidula inspersa. Petioli 2—3 lineas longi, crassiusculi, griseo-strigilosi, teretes, supra depressi, in medio bicostati sive trisulci. Pedunculi communes e foliorum supremorum axillis, oppositi vel alterni, pollicares, rigiduli, teretes, dense griseo-strigiloso-tomentosi, teretiusculi, a medio divisi; ramuli (quorum multi abortivi) patentes, 2 — 3 lineas longi, bi-triflori. Pedicelli brevissimi, vix lineam longi, obconici, grisei. Perianthium $1\frac{1}{2}$ — 2 lineas latum, usque ad basin fere sexpartitum, utrinque griseo-tomentosum, scabrum; laciniae erectae, baccae incumbentes, ovato-subrotundae, obtusae, coriaceae, triangulo dorsali medio crassiori elevato notatae et quasi duplicatae. Stamina limbo breviora; filamenta antheris breviora, lata, exteriora dorso strigosa, laciniis adhaerentia et iisdem tota incumbentia; antherae bilocellatae, sex exteriores subcordatae obtusae introrsum dehiscentes, locellis oblongis a basi ad apicem fere pertingentibus septo angusto discretis; tres interiores extrorsum dehiscentes, subquadratae, truncatae; valvulae crassae, sanguineae. Glandulae geminatae in fundo hirto perianthii sessiles circa latus posticum staminum trium interiorum. Staminodia quarti ordinis glabra, fere triangularia, capitulo cum stipite crasso brevissimo confluente nec nisi in margine superiora versus ex pelluciditate distinguendo. Bacca ovalis, in nostris semiadulta tres circiter lineas alta, matura secundum Feuilleum sex lineas crassa, (magnitudine pisi, Graham), carnosa, dulcis, mucilaginosa, coloris lutescenti-viridis gratique, ad sensum Indorum, saporis. Semina parva, nigra, subrotunda (secundum Molinam durissima, ita ut ad monilia et rosaria conficienda inserviant (?).

Adnotatio 1. Comparatis Feuillei desriptione et icone, vix dubium restat, quin haec nostra eadem sit species ac illa, quam auctor observavit. In hanc etiam cadunt, quae supra adnotavimus, „stamina sex exteriora petala mentientia cum sepalis expandi", quibus extrorsum divergentibus stamina interiora cum staminodiis filorum (quae dixit Feuilleus) specie sola arriguntur*).

*) Cum haec iam dudum scripsissem, confirmatam sententiam meam non sine voluptate vidi exemplo supra iam citato, quod in herbario amplissimo Kunthii, viri spectatissimi, examinavi. Nomen etenim *Belloto* vix dubium est quin idem sit ac Boldu illud Feuilleanum, quod cum semel receptum sit magisque consonum videatur linguae cuidam peregrinae ac nimis italicum istoc Belloto, Cornuque etiam latinum resonet, hoc nomen Boldu retinui.

Adnotatio 2. Primum obiterque intuenti simile et congener esse videtur Boldu nostrum *Cryptocaryae Peumo*, quacum Molina coniunxit; sed nimis discrepat florum utriusque structura. Cryptocarya Peumus, nisi Cryptocaryae generis est, certo certius generis a Boldu genere alieni erit Cryptocariisque affinitate coniunctioris, quod Peumum Molino appellare placuit. Vide infra *Cryptocaryam Peumum*.

Adnotatio 3. Cortice huius arboris utuntur incolae ad dolia, priusquam vinum infundant, fumo eius imbuenda. (*Molin. l. c.*) „Cinnamomo similem esse corticem" (*Graham l. c.*) „Lignum esse inutile neque igni alendo idoneum, quia carbones citissime extinguantur. Balnea, ex corticis decocto parata, lui venereae, doloribus rheumaticis et hydropi mederi, etc." (*Merc. chil. l. c.*) Nisi plura ex his de *Peumo fragrante Pers.* cum nostro commutato intelligi debent.

Adnotatio 4. *Boldum chilensem Molin. Sagg. di Chili* aliam esse arborem eamque a nostra, ipsius etiam Molinae specie olim in *Hist. Chil. l. c.* edita, diversam, verba produnt auctoris, qui folia iam „lanceolata" ei tribuit certoque Laurum hanc esse affirmat.

Adnotatio 5. *Peumus* Pers., cui ab auctore Synopseos synonyma *Peumi Boldu Molinae* perperam adtribuuntur, Atherospermearum ordinis est. Etiamsi autem haec arbor a Laurinis longius distet, nihilominus tamen cum Boldu nostro a multis maximeque a Bertero confunditur.

VIII. ALSEODAPHNE[*]) *N. ab E. Laur. Disp. Progr. p.* 11. *n.* 8. *Wall. pl. As. rar. II. p.* 61. *et* 71. *n.* 18. Lauri spp. *Wall.*

Flores hermaphroditi, paniculati, nudi. Perianthium sexfidum, chartaceum, limbo deciduo. Stamina fertilia novem triplici serie, quorum tria interiora staminodiiis binis stipitatis compressis ad basin stipata; filamenta in pluribus dilatata; antherae oblongae, quadrilocellatae, valvulis totidem adscendentibus dehiscentes, locellis exteriorum omnibus anticis, trium interiorum posticis. Staminodia tria stipitata capitulo (introrsum) sagittato-lanceolato in serie magis interiori, dorso eglandulosa. Stigma discoideum. Bacca monosperma, perianthii basi integrae orbiculari explanatae insidens.

Inflorescentia: paniculae (in nostris e squamarum gemmae terminalis axillis subcorymbosae, ut in Persea), ramis in quibusdam subumbellifloris.

Gemmae foliigenae compactae, squamis paucis hiantibus extrorsum tectae. Folia penninervia, ramis costalibus venosis vel costiformibus.

Accedit *Camphorae*, a qua differt: staminodiorum interiorum capitulo longiori angustiori non glanduloso, gemmis non perulatis, foliis penninerviis nec nervosis.

A *Cinnamomo* differt perianthii tubo sub fructu plano, nec cupulari, limbo omnino deciduo, foliis non nervosis;

A *Phoebe* genere, cui floris structura proxima, perianthii limbo deciduo discum planum integrum relinquente recedit; inflorescentia quoque aliter composita est.

---

[*]) Ἄλσος, εος nemus, δάφνη laurus.

1. Alseodaphne semecarpifolia.

A. foliis obovato-cuneiformibus subtus glaucis glabris venoso-penninerviis, panicularum terminalium ramis apice cymoso-umbellatis. *N. ab E. in Wall. pl. As. rar. II. p.* 72. *n.* 1.

Laurus semecarpifolia *Wall. Cat. n.* 2586. A.

Habitat in India orientali, loco natali speciatim haud adnotato. Vidi exemplum herbarii Heyneani.

Arbor. Rami angulati; adultiores glabri, iuveniles pubescentes, apice foliosi; epidermis grisea, iuvenilis virens, lenticellis oblongis inspersa; cortex fuscus, insipidus, cavitatibus succosis praeditus; lignum cinerascens, densum; tubus medullaris mediocris, angulatus. Cicatrices foliorum gemmiferorum cordatae, squamarum florigerarum lunatae, pedunculorum subrotundae concavae pateriformes limbo deplanato. Gemmae axillares minutae, constantes e squamis duabus compresso-carinatis oppositis et tertia antica media triangulari multo minori, griseo-pubescentes, terminalis maior, griseo-tomentosa, squamis tribus coriaceis ovatis convexis, interioribus apice prominulis sericeis. Folia 5 — 6 pollices cum petiolio longa, versus apicem 3 — $3\frac{1}{4}$ pollices lata, obovata, obtusa, basi cuneiformia, chartacea, glabra, supra viridia et eximie reticulata, subtus glauca, penninervia; costa media lata, convexa, striata, pubescens; rami laterales suboppositi, mediocres, ramoso-soluti; rete interiectum minus conspicuum. Petioli vix $\frac{1}{4}$ pollicis longi, lati, subtus convexi, supra late canaliculati, obtuse marginati, subpubescentes. Pedunculi communes terminales, e squamarum foliacearum deciduarum axillis alternatim prodeuntes, approximati, glabri, compressi, striati, 7 — 8 pollices longi, a medio florigeri; rami paniculae per paria approximati, 3 — $3\frac{1}{2}$ pollices longi, compressi, glabri, superiores breviores et saepe geminati, omnes apice ex eodem fere puncto soluti in ramulos seu pedunculos 6 — 8 inaequales compressos, quorum inferiores 1 — $1\frac{1}{2}$ lineas longi, triflori, superiores 3 — 6 lineas longi, bifidi, singulo ramulo trifloro cum uno flore medio. Bracteolarum cicatrices parvas lunatas pallidas ad omnes divisiones, sed ipsas bracteolas non vidi. Pedicelli 1—2 lineas longi, compressiusculi, glabri vel minutim pubescenti-scabri. Flores campanulati, $1\frac{1}{4}$ — $1\frac{1}{2}$ lineas longi, extus scabri, albi, ultra medium sexfidi; laciniae ovatae, obtusae, chartaceae, venoso-nervosae, pellucido-punctatae, intus sericeae, post anthesin mox deciduae; exteriores paulo angustiores et vix breviores. Stamina perianthio breviora; filamenta angusta, linearia, antheris dimidio longiora, sex exteriora extus, duo interiora intus minute pubescenti-scabra, pubescentia adpressa; antherae oblongae, truncatae, pellucido-punctatae, flavae, quadrilocellatae, locellis sex exteriorum introrsum, trium interiorum extrorsum versis, quorum inferioribus oblongis, superioribus cuneiformibus minoribus; valvulae ostiolis conformes. Glandulae geminatae capitulo reniformi compresso apice extrorsum bipunctato luteo, stipite brevi scabro filamento staminum trium interiorum basi utrinque adhaerente. Staminodia tria interioris ordinis staminibus vix dimidio breviora, stipite brevissimo scabro, capitulo triangulari-lanceolato obtuso, extus convexo, in medio scabro, ad apicem utrinque lineola impressa marginato, introrsum basi sagittato, hinc sulco medio notato. Pistillum longitudine staminum, glabrum; ovarium globosum; stylus ovario duplo longior, filiformis; stigma discoideum, integrum, pallidum. Statim post anthesin ovarium tumens disco orbiculari, e basi perianthii residua orto, nudum inhaeret.

---

2. Alseodaphne grandis.

A. foliis cuneiformibus subtus glaucis glabris costato-penninerviis costa media in facie superiori angusta canaliculata, paniculatum terminalium ramis subdichotomis. *N. ab E. in Wall. pl. As. rar. II. p.* 72.

Laurus grandis *Wall. Cat. n.* 2594. A.

Persea grandis *N. ab E. in Wall. pl. As. rar. III. p.* 32. *n.* 2.

Crescit in Penang, (G. Porter); in Amherst, Februario 1827; in Tavoy, Decembre 1827 cum fructu lecta a Guil. Gomez.

Arbor excelsa. Rami crassi, per intervalla cicatricosi, interstitiis rugulosis lenticellis paucis ovalibus conspersi, fusci, iuveniles obtuse angulati furfuraceo-pubescentes; cortex spongiosus, pallide fuscus, strato nigricante a ligno disiunctus; lignum ambitu anguloso, rufescens, molle, fibris subtilibus; tubus medullaris amplus, angulatus. Cicatrices foliorum magnae, cordatae, marginatae, disco elevato, squamarum floralium lunatae, pedunculorum scutelliformes, depressae, disco excavato. Gemmae axillares parvae, compressae, subbivalves, griseae; terminalis maior, lanceolato-trigona, foliaceo-squamosa, squamis sub foliatione per parva intervalla dimotis evolutisque in foliola 4 — 6 lineas longa oblonga mucronata-sessilia sericea cito decidua, 6 — 8 divergentia $^2/_5$ posita, quae folia vera ita sequuntur, ut, cum a sexta squama exeas, folium divergentia $^1/_3$ eam excipiat, et quartum locum, perpendiculo sextae squamae respondentem, secundum folium occupet. Folia ampla, speciosa, cum petiolo suo pedem longa, ubi latiora $3^1/_2$ pollices lata, brevissima cuspide acutata vel etiam obtusa, basi cuneiformi-attenuata, coriaceo-chartacea, firma, glabra, supra viridia et nitida, subtus glauca, penninervia; costa validissima, supra fere inconspicua et sulco angusto indicata, in pagina inferiori autem maxime prominente striataque, ramis costalibus haud infirmibus, alternis vel per paria approximatis, ante marginem arcuatim coniunctis, venulis transversis curvis et reti venuloso non confertis. Petioli 1 — $1^1/_4$ pollices longi, semiteretes, supra canaliculati, glabri. Paniculae e gemma terminali 5 — 6, una cum squamis bractealibus undique ferrugineo-tomentosae, in florentibus nostris non omnino explicatae, $3^1/_2$ — 4 pollices longae. Squama sub singula communis 3 lineas longa, subcoriacea, lanceolata, acuta, carinata, decidua. Pedunculus communis compressus, subtrigonus, apicem versus divisus; rami eius inferiores subopposititi, 4 — 5 lineas longi, patentes, reliqui decrescentes, omnes ancipites, linea alterius lateris elevata notati, apice bifidi, ramulis trifloris vix lineam longis cum flore intermedio pedicellato; bracteolae sub singulo ramo $1^1/_2$ — 2 lin. longae, lineari-lanceolatae, caducae; ramulorum lineares, ramulos aequantes. Flores (in nostro specimine nondum explicati, sed iam dehiscentes), pedicello medii floris lineari, lateralium breviori tomentosis suffulti, alabastro piperis fere magnitudine globoso; tubus brevissimus; limbus sexpartitus, laciniis coriaceis ovatis obtusis nullis nec nervis nec punctis conspicuis, extus ferrugineo-tomentosis intus cinereo-sericeis, basi facile solvendis, exterioribus paulo latioribus. Stamina fertilia novem, situ solito; filamenta angusta, strigosa; antherae (in tali flore, quem diximus) sex exteriores breves, ovatae vel quasi reniformes, introrsum,-tres interiores ovales extrorsum dehiscentes, saturate luteae; locelli inferiores ovati, superiores minores obovati, valvulis adhuc clausis. Glandulae geminatae staminum interiorum lenticulares, extus convexae et infra verticem bifoveolatae, introrsum planae, linea media strigosa notatae; stipite brevi strigoso. Staminodia tria interioris ordinis in stipite brevissimo strigoso ovato-triangularia, dorso convexa strigosa, facie interiori plana bisulca. Pistillum staminibus paulo brevius, pubescenti-strigilosum; ovarium obovato-subglobosum; stylus filiformis, ovario duplo longior; stigma parvum, depressum, angulatum (?), pallidum. Pedunculi communes fructus 3—4 pollices longi, incurvi, rigiduli, glabri, noduloso-asperi, panicula parva trifida ramis brevibus bifidis terminata. Pedicelli fructuum crassi, rugosi, a basi tumentes, obconico-cylindrici, recenti statu probabiliter carnosuli. Perianthii sola basis, seu discus hypogynus orbiculatus denique residuus est. Bacca magnitudine nucis Avellanae, ovata aut oblongo-ovata, mucronulata, nigra; carne tenui.

SECIES DUBIAE.

+ 3. Alseodaphne costalis.

A. foliis (grandibus) cuneiformibus subtus glaucis glabris costato-pennninerviis, costa in pagina superiori ramisque costalibus subtus planis. *N. ab E. in Wall. pl. As. rar. II. p.* 72. *n.* 3.

Laurus grandis *Wall. Cat. n.* 2594. B.

Crescit in Singapur, ubi cl. Wall. a 1822 absque fructu legit.

Ramulus structura fere praecedentis. Folia plus quam pedalia, in petiolum vix pollicem longum supra depresso-planum longe decurrentia, cuneiformi-attenuata, apice brevicuspidata cuspide obtusiuscula, coriaceo-chartacea, glabra, subtus glauca; costa in pagina folii superiori lata et plana, in pagina inferiori acute carinata; rami costales validi, revera costiformes, subtus plani bisulci. Plura non liquent, vix autem dubium, quin arbor huius sit generis.

? 4. Alseodaphne lucida.

A. foliis ovalibus coriaceis supra lucidis costato-penninerviis, costa subtus et ramis prominulis petiolisque furfuraceo-pubescentibus. *N. ab E. in Wall. pl. As. rar. II. p.* 72. *n.* 3.

Laurus? lucida *Wall. Cat. n.* 2590.

Crescit in Singapur, lecta a cl. Wallich a. 1822.

Arbor. Rami teretes, fusci, glabri, lenticellis crebris pallidis subrotundis sulculo divisis; cortex fuscus, adstringens; lignum albidum, densum; tubus medullaris conspicuus; ramuli angulati. Cicatrices foliorum magnae, suborbiculatae, concavae, in fundo granulatae, margine angusto elevato laevi cinctae. Gemmae axillares parvae, late ovatae, squamis duabus ovatis mucronatis rigidis cano-subtomentosis inclusae; terminalis maior, subglobosa, squamis pluribus ovatis obtuse carinatis subaequalibus coriaceo-lignosis hiantibus cincta, grisea. Folia diverg. $2/5$ aeque distantia, 10—11 pollices longa, $2\frac{1}{2}$—$2\frac{3}{4}$ pollices lata, ovalia, in brevem obtusamque cuspidem producta, basi obtusa vel acutiuscula, saepe inaequalia, coriacea, rigida, gravia, supra laevia nitida, subtus pallidiora, penninervia ramis costalibus integris ante marginem arcubus venulosis coniunctis, utrinque sed magis subtus cum costa prominulis; costa furfuraceo-pubescente convexa striata. Petioli pollicem longi, subtus semiteretes, supra planiusculi, versus laminam nonnihil marginati, basi rugulosi, furfuraceo-subtomentosi, scabri. Flores non inventi sunt.

Adnotatio. Arborem incertae sedis et eam forte a Familia Laurinarum prorsus alienam, ob antecedentium quandam (levioris scilicet momenti) similitudinem hic adiunximus. — Ad *Quercus* genus eam pertinere, vix dubium est.

IX. HUFELANDIA *) *N. ab E. Laur. Disp. Progr. p.* 11. *n.* 9. *et p.* 21.

Flores hermaphroditi, paniculati, nudi. Perianthium sexfidum, laciniis brevibus aequalibus deciduis. Stamina fertilia novem triplici serie; filamenta lata, brevissima; antherae ovatae, bilocellatae, exteriores planae locellis mediis introrsum,-interiores tetragonae, locellis magis inferis retrorsum dehiscentes, valvulis adscendentibus. Staminodia quarti ordinis triangularia, stipite brevi latoque. Glandulae geminatae ovatae compressae sessiles ad basin staminum interiorum. Stylus brevis; stigma obtusum. Bacca succulenta, basi perianthii truncatae insidens.

Inflorescentia axillaris, paniculata, nuda, qualem in Phoebes genere videmus.

Florum structura exterior ut in Phoebis.

Differt a *Beilschmiedia* genere: perianthio vix ad medium sexfido nec profunde partito, laciniis imbricatis erectis nec distantibus patulis angustis; filamentis brevissimis; locellis antherae ab apice remotis minoribus; glandulis floris paucioribus; staminodiis magnis; cupula excavata; bacca carnosa (uniloculari); inflorescentia paniculata nuda.

Adnotatio. Est *Phoebe* antheris bilocellatis limboque perianthii cadente.

---

*) Genus Hufelandio, Regi Borussiae a consiliis status et Archiatro cet. cet. die festo 28. Iul. a. 1833, quo semisaecularia adepti a se Doctoris in Medicina gradus celebrabat, dedicatum.

1. Hufelandia pendula.

H. foliis oblongis apice brevi attenuato basi acutis, paniculis laxis effusis, fructibus pendulis. *N. ab E. Laur. Disp. Progr. p.* 22. *n.* 1.

Laurus pendula *Swartz Prodr. Fl. Ind. occ. p.* 65. *Fl. Ind. occ. II. p.* 719. *Willd. Sp. pl. p.* 484. *n.* 28. *Pers. Synops. I. p.* 449. *n.* 32. *Spr. S. Veg. II. p.* 266. *n.* 11.

Crescit in sylvis montium Jamaicae occidentalis. Floret Aprili. Vulgo *Slogwood.* Swartz.

Arbor trunco 15-20-pedali. Rami laxiores, ramulis teretibus cicatricatis striatis pubescentibus. Folia oblongo-ovata, basi acuminata, apice brevi attenuato terminata, integra, nervosa, venosa, fusco-viridia, nec nitida, subtus cinerascenti-glauca, membranacea, 3-4-pollicaria. Petioli semunciales, teretes, supra plani. Racemi axillares versus apices ramulorum, longitudine foliorum, laxi, filiformes, compositi ramulis diffusis patentibus compressis. Flores terminales, discreti, pedicellati, parvi, viridi-albi. Perianthium 6-partitum, deciduum, laciniis ovatis erectis margine villosis. Filamenta 9, quorum 6 exteriora perianthio adnata brevissima, 3 magis interiora. Antherae luteae, staminum exteriorum ovatae 2-loculares, interiorum paulo longiores tetragonae basi 2-loculares, latere interiori villosae. Glandulae geminatae luteae ad basin staminum interiorum. Staminodia 3 prope ovarium. Ovarium ovatum. Stylus staminibus brevior. Stigma obtusum. Bacca oblonga, nitida, pendula, nuda, absque calyculo ad basin, matura nigra, pulposa, 1-sperma. Semen oblongum, testa tenui tectum.

Adnotatio. „Baccae maturae esca Columbarum, sicut et alii fructus huius generis. Optime dignoscitur: racemis laxis fere deflexis, fructuque nudo pendulo.“ (Swartz l. c.)

2. HUFELANDIA Thomaea.

H. foliis elliptico-oblongis obtusis basi acutiusculis, paniculis strictis. *N. ab E. Laur. Disp. Progr. p.* 23. *n.* 2. *cum tabb.* 2.

Laurus, foliis obverse ovatis, subtus cinereis, fructibus oblongis sparsis, calycibus deciduis. *Browne Jam. p.* 214. *n.* 3.?

Patria Insula St. Thomae. Vidi exemplum Herb. Kunthiani ex Museo Parisiensi.

Rami adultiores teretes striati glabri, iuniores compressi angulati subarticulati, summitates novellae rufescenti-strigilosae subsericeae; lignum leve, rufescens; tubus medullaris mediocris; cortex tenuis, subfuscus. Cicatrices foliorum planae, prominulae, scutiformes, rufidulae. Gemmae ovatae, obtusae, bivalves, ferrugineo-subsericeae. Folia diverg. $^2/_5$ posita, subdistantia, 3 — 4 poll. longa, $1^1/_4$ — $1^1/_2$ poll. lata, ex elliptico oblonga, obtusa aut in acumen brevissimum obtusumque prominula, basi acuta in petiolum desinentia, membranacea, glabra, subtus glaucescentia, et sub bona lente subtilissime granulata, iuniora tenera et laevia, adultiora utrinque densiusque subtus reticulata, venis costalibus subsenis parum prominulis. Petioli $^1/_4$ — $^1/_2$ pollicis longi, semiteretes, supra plani, iuniorum foliorum dense strigiloso-sericei subferruginei. Paniculae folia aequantes, a basi fere divisae. Pedunculus communis et partiales satis firmi, compressi, glabri, in extremis partibus parce strigilosi; ramuli patentes, per paria approximati, decrescentes; inferiores paniculati, tum reliqui corymboso- vel cymoso-9-7-5-3-2-flori, ramulis divergentibus. Bracteae et bracteolae fugaces. Pedicelli lineam longi, substrigilosi, haud laxi. Perianthium (albidum?) linea paulo altius, lineam latum, campanulatum, extus scabrum, in tubo et ad laciniarum basin dense canostrigilosum et sericans, usque ad medium fere sexfidum; tubus turbinatus, crassiusculus; laciniae aequales, subrotundae, obtusae, erectae, in disco, praesertim ad basin, crassiusculae, margine submembranaceae subtilissime ciliatae, obsolete trinerves, pellucidopunctatae. Stamina exteriora perianthio paulo breviora, tria interiora longitudine perianthii; filamenta antheris breviora et earum latitudine, strigiloso-sericea; sex exteriora cum basi laciniarum cohaerentia; antherae sex exteriores ovatae, obtusae, glabriusculae, apice brevi spatio steriles; locelli duo, antici, approximati, ovato-lanceolati; valvulae acutae, luteae, apice, ubi adhaerent, flavae, sutura media obsoleta. Antherae tres interiores subsessiles, fere tetragonae, truncatae, extrorsum magisque circa basin bilocellatae locellis angustis. Glandulae ad horum staminum basin dorsalem binae, subrotundo-ovales obtusae, subsessiles, filamento longiores. Staminodia quarti ordinis altitudine glandularum, capitulo crasso triangulari acuto, stipite lato strigiloso. Pistillum longitudine staminum, glabrum; ovarium ovatum; stylus brevis, crassus, conicus, obtusus; stigma non discretum. Peracta anthesi mox cadunt laciniae perianthii et tubus restat truncatus strigiloso-fimbriatus fructum ovalem exsertum sustentans. Maturum fructum non vidi.

Adnotatio. An var. *Hufelandiae pendulae*? a qua praesertim inflorescentia strictiori et fructu non pendulo differre videtur.

SPECIES DUBIA.

? 3. Hufelandia thyrsiflora.

H. foliis ovato-lanceolatis acuminatis, racemis (infraterminalibus) elongatis strictis, pedicellis elongatis unifloris. *N. ab E. Laur. Disp. Progr. p.* 25.

Laurus thyrsiflora *Poir. Enc. méth. Suppl. III. p.* 322. *n.* 42. *Spr. S. Veg. II. p.* 265. *n.* 8.

Crescit in Madagascar, ubi Commerson legit. Poiret l. c. ex herb. Desfont (absque floribus.) Ipse non vidi.

Species haec, inflorescentia memorabili distincta, ramis gaudet glabris teretibus laevibus cinereis. Folia alterna, petiolata, coriacea, ovata, 3 pollices et quod excurrit longa, integerrima, acuminata, glabra, utrinque cinerascenti-viridia (glauca?), subtus nervis confluentibus venisque laxe reticulatis praedita. Racemi terminales, recti, angusti, 8—10 pollices longi, laxissime ramificati; rami divergentes, expansi, floribus, quantum e fragmento coniicio, binis ternisve sessilibus terminati. Baccae nuclei pruni magnitudine, ovatae, glabrae. Perianthium, seu potius perianthii residua, ad basin fructus brevissima, integerrima, truncata, marginem tantummodo elevatum in apice pedicelli incrassato referentia. Poir. l. c.

Adnotatio. Species incerti loci, quae forsitan et *Gymnobalano* generi pertinet; at vero inflorescentia laxior et pedicelli non nisi circa apices incrassati *Hufelandiae* magis convenire videbantur.

Tribus V.

CRYPTOCARYEAE.

Hermaphroditae. Staminodia perfecta (quibusdam nulla?) Antherae bi-rarius quadrilocellatae locellis faciei insertis; interiores retroversae. Limbus perianthii deciduus vel persistens. Numerus staminum in quibusdam abortu diminutus. Fructus vel siccus vel baccatus, in perianthii tubo vel baccante vel durescente totus maximamve partem inclusus, rarissime perianthii basi persistenti impositus et tunc vero durus nec baccatus.

Inflorescentia vel thyrsoidea densiuscula, vel racemosa. Perianthium plerisque infundibuliforme.

Gemmae incompletae.

Folia perennantia, venosa, paucis nervosa.

Arbores Indiae orientalis, Novae Hollandiae, paucissimae Americae tropicae. Cortex et folia in nonnullis aromatica.

Genera:

Endiandra. Stamina tria interiora sola residua.

Beilschmiedia. Stamina novem. Antherae bilocellatae. Fructus nudus, durus. Racemi breves, primum gemmaceo-bracteati.

Cecidodaphne. Stamina novem. Antherae quadrilocellatae. Fructus perianthio immersus (?) Thyrsi breves e gemma galliformi prodeuntes.

Cryptocarya. Stamina novem. Antherae bilocellatae. Fructus perianthio vel baccante clauso verticeque nudo, vel perforato et laciniis perianthii reflexis cincto, totus obtectus, liber, neque cum tubo perianthii concretus.

Caryodaphne. Stamina novem. Antherae bilocellatae. Fructus perianthio clauso verticeque nudo baccante tectus eidemque concretus.

Agathophyllum. Stamina novem. Antherae quadrilocellatae. Fructus perianthio durescente a limbo connivente umbonato totus obtectus.

Mespilodaphne. Stamina novem. Antherae quadrilocellatae. Fructus primum perianthio pomiformi a laciniis conniventibus umbonato immersus, demum erumpens et a perianthio crasso cupuliformi truncato profunde caliculatus, baccans. Staminodia parva capitulo ovato.

X. ENDIANDRA R. Br. *Prodr. Fl. Nov. Holl. I. p.* 422. *ed. N. ab E. p.* 258. *N. ab E. Laur. Dispos. Progr. p.* 12. *n.* 10. *Wall. pl. As. rar. II. p.* 61. *et* 68. *n.* 10.

Flores hermaphroditi (polygami). Perianthium sexfidum limbo deciduo. Stamina fertilia tria, interiora; antherae bilocellatae, posticae. Stamina exteriora in glandulas faucium mutata vel nulla. Stigma globosum. Bacca perianthii tubo truncato immersa. (An in omnibus?)

Inflorescentia paniculata, axillaris, in duabus speciebus nutans.

Gemmae foliigenae parvae, laxae, squamis foliaceis carinatis. Folia alterna, penninervia et reticulata.

Adnotatio. In hoc genere stamina tria tertii ordinis perficiuntur abortientibus contra sex exterioribus, hisque vel in glandulas abeuntibus vel omnino latentibus. Memoratu digna est figura horum staminum, quae, filamentis brevissimis crassisque praedita, staminodiis tribus interioribus, in multis obviis, persimilia existunt, ut itaque in isto flore stamina quasi ad ultimum gradum evolutionis deiecta et ad angustissimum numerum redacta videantur. Tres illae glandulae, quas in una specie ad basin staminum externe positas observavit b. Swartzius, iis, quas Camphora circa staminodia fert, respondere videntur. In aliis equidem eiusmodi glandulas haud observavi, sed evidenti circulo glanduloso, e granulis minutis conflato, stamina ad basin cincta.

---

1. Endiandra glauca Rob. Br.

„E. foliis elliptico-oblongis glabris subtus glaucis costatis panicula axillari longioribus, glandulis faucium connatis.“ *Rob, Br. Prodr. Fl. Nov. Holl. I. p.* 402. (*ed. N. ab E. p.* 258.) *Spr, S. Veg. I. p.* 176. *n.* 2. *R. et Sch. S. Veg. I. p.* 484.

„In Novae Hollandiae littoribus intra tropicum. F. Bauer invenit.“ (R. Br. l. c.)

Hanc speciem ipse non vidi.

---

2. Endiandra Sieberi N. ab E.

E. foliis lanceolatis utrinque reticulatis subaveniis concoloribus, floribus nutantibus, glandulis sex distantibus, staminodis quarti ordinis conspicuis.

Laurus *n.* 275. *in Sieb. Fl. Nov. Hollandiae.*

Crescit in Nova Hollandia, (Sieber). Vidi exempl. cum floribus absque fructu in Coll. Sieber. et in Herb. Reg. Ber.

Differt ab *Endiandra glauca* R. Br. foliis angustioribus utrinque fere concoloribus, et glandulis liberis compressiusculis a tergo staminum fertilium dissite positis.

Rami subtrichotomi, ut omnes partes glabri, ad axillas compressi, in sicco fusci; ramuli basi tumentes et quasi articulo inserti. Gemmae parvae, ovatae, subfuscae. Folia per paria approximata, divergentia in nostris non bene eruenda, 3 — 3½ poll. longa, ¾ — 1 poll. lata, lanceolata, vel ex oblongo lanceolata, utrinque attenuata, apice tamen obtuso, margine (in nostris) subrepanda, rigido-chartacea, glabra, utrinque arcte subtiliterque reticulata, nitida, subtus pallidiora nec glauca, costa media supra magis quam subtus prominente divisa, venis costalibus pluribus tenuissimis saepe fere inconspicuis. Petioli breves, canaliculati, glabri. Paniculae e foliorum superiorum axillis, suboppositae, 1½ — 2 poll. longae, confertae, glabrae, a basi fere trichotomae, thyrsoideae, densae, rigidae, cicatricibus squamarum et pedicellorum prominentibus fuscis exasperatae, ramulis subsecundifloris. **Pedicelli** linea breviores. **Perianthium** brevi-campanulatum, lineam altum latumque, cartilagineo-carnosulum, glabrum, album; laciniae ovatae, obtusae, sparsim pellucido-punctatae, nervo medio crasso et aliquot lateralibus vix conspicuis praeditae, fragiles. **Staminum** sex exteriorum vestigia obsoleta, tuberculiformia. **Stamina** tria interiora altitudine limbi; filamenta brevia; antherae subquadratae, truncatae, extrorsum utrinque ostiolo subquadrato dehiscentes, in siccis perianthio obscuriores, subfuscae. **Glandulae geminatae** in circulo paulo exteriori, staminibus haud arcte contiguae, liberae, sessiles, subrotundae, compressae, luteae. **Staminodia** quarti ordinis cum staminibus alternantia, stipitata, capitulo parvo truncato. **Ovarium** oblongum; stylus brevissimus; stigma depresso-capitatum, parvum. **Fructum** non vidi.

---

3. ENDIANDRA firma.

E. foliis ellipticis venosis utrinque reticulatis concoloribus, floribus recurvatis, annulo glanduloso obsoleto. *N. ab E. in Wall. pl. As. rar. II. p.* 68. *n.* 1.

Laurus firma *Wall. Cat. n.* 2597.

Crescit in Pundua, legit F. D. (Wallich l. c.)

Arbor. Rami angulati, adultiores teretiusculi, glabri, fusci, dense glanduloso-tuberculati, subtrichotomi; cortice externe pallide fusco, odoris debilis ingrati, suffuso inter hunc et lignum strato resinoso atro-nitente; lignum rufescens, subtile, luminibus vasorum conspicuis; tubus medullaris compressus, latus. Ramuli novelli extremo apice strigiloso-tomentosi, grisei. **Gemmae foliigenae** similiter griseae, parvae, subbivalves, squamis carinatis foliaceis; **terminalis** maior. **Cicatrices foliorum** truncatae, prominulae. **Folia** cum petiolo 5 — 8 pollices longa, $1\frac{1}{2}$ — 3 pollices lata, diverg. $\frac{2}{5}$ per paria sibi approximata, elliptica, basi acuta, apice vel obtusa vel in brevem obtusamque cuspidem prominula, coriacea, glabra, utrinque concoloria, penninervia, ramis aliquot paulo fortioribus subtusque magis prominulis praedita, minime autem distincte costata, utrinque eleganter venoso-reticulata. Petioli 3 — 4 lineas longi, crassi, glanduloso-tuberculati, semiteretes, superne canaliculati marginibus acutis incurvis, superficie in sicco transversim rugulosa. Paniculae racemosae, axillares, folio breviores, recurvatae et singulari modo uncinato-crispatae, decompositae. Pedunculus communis compresso-angulatus, a basi fere divisus, decompositus, ramulique omnes strigulis minutis squamulosis scabri; ramuli paniculae alterni, per paria approximati, divaricati, bi-apice subtrichotomi, ramulis propriis pedicellisque subsecundis recurvatis. Bracteolae ovato-lanceolatae, acutae, caducae, subtomentosae. Pedicelli 1—2 lineas longi, minute strigilosi. Alabastrum floris piperis magnitudine, ovatum, obtusum, subtrigonum, basi truncatum. Perianthium campanulatum, $1\frac{1}{2}$ lineam altum, coriaceum, rigidum; tubus brevis, obconicus, canescenti-strigilosus; limbus sexpartitus, extus strigulis minutissimis dispersis scabriusculus, glanduloso-exasperatus, albus; laciniae ovatae, crassae, obtusae, concavae, enerves; exteriores latiores, intus glabrae, plagula incrassata baseos ferrugineo-tomentosa instructae, margine tenuiori rufescente pellucente cinctae; interiores minores et magis ovales, intus ubique ferrugineo-tomentosae. Basis floris demto limbo sexangularis, angulis alternis maioribus. Annulus glandulosus angulatus ferrugineo-tomentosus stamina ambit. Haec laciniis tribus exterioribus adversa, limbo breviora, conniventia, rigida, coriacea; filamenta brevissima, tomentosa; antherae subsessiles, pyramidales seu lanceolatae, introrsum obtuse-extrorsum valide carinatae, carinis margineque rufo-tomentosis, bilocellatae, locellis extrorsum conversis lanceolatis sursum conniventibus glabris linea impressa circumscriptis carina exteriori discretis, ante dehiscentiam sulculo valvulae profundo obliquo ceu rima notatis rufescentibus; valvulae oblique revolutae, oblongae, sulcatae, luteae; ostiola linearia. Pollen compactum. Pistillum vix tubo longius, sed omnino sanum et perfectum; ovarium subglobosum; stylus brevissimus; stigma parvum, capitatum, pubescens. Fructum non vidi, sed ovarium paullum amplificatum tubo perianthii, laciniis iam privati, semiimmersum.

Adnotatio. Folia costata a celeberr. Brownio non foliis venosis opponuntur, sed penninervia etiam sunt ramis quibusdam lateralium fortioribus, praesertim subtus prominulis, intericctis saepe aliis tenuioribus magisque venosis.

XI. BEILSCHMIEDIA N. ab E. *) *Laur. Disp. Progr. p.* 12. *n.* 11. *Wall. pl. As. rar. II. p.* 61. *et* 69. *n.* 14. (Lauri spp. *Roxb.* Tatrantherae spp. *Wall.*)

Flores dioeci vel hermaphroditi, in ramulo articulato prima iuventute squamato racemosi. Perianthium sexpartitum, laciniis aequalibus deciduis. Stamina fertilia novem, triplici serie; antherae oblongae, bilocellatae, valvulis totidem adscendentibus, interiores a latere magisque extrorsum dehiscentes. Staminodia tria, ovata, substipitata in serie magis interiori, cum staminibus tertiae seriei alternantia. Glandulae tres capitulatae staminibus secundae seriei singulatim approximatae; interdum etiam tres seriei exteriori respondentes. Stigma depressum, subdiscoideum. Ovarium bilocellatum. Bacca coriacea, monosperma cum rudimento dissepimenti, perianthii basi persistenti imposita.

Inflorescentia axillaris, pedunculo communi brevi articulato, ante evolutionem tecto squamis imbricatis deciduis uni-vel paucifloris, quarum inferiores saepe steriles longius persistunt. Post lapsum igitur squamarum flores fiunt racemosi.

Folia venosa.

Differt a *Cryptocarya* forma perianthii, staminum dehiscentia, staminodiorum forma situque, fructu nudo neque a tubo perianthii incluso, et inflorescentia.

---

*) C. T. Beilschmied, Silesius, Pharmaceuta Olaviensis, amicus carissimus, edidit librum utilissimum „de plantarum distributione geographica", dissertationes complures botanici argumenti et versionem germanicam relationum de statu et progressu rei botanicae quotannis in consessu publico Academiae Regiae Holmiensis legendarum, eiusque Academiae iussu et impensis impressarum, quibus titulus est: *Jahresbericht der Königl. Schwedischen Akademie der Wissenschaften über die Fortschritte der Botanik in den Jahren* 1825—1834. *etc. Uebersetzt und mit Zusätzen versehen von C. T. Beilschmied. Breslau.* 8.

1. Beilschmiedia Roxburghiana.

B. racemulis basi nudis, perianthii laciniis ovalibus. *N. ab E. in Wall. pl. As. rar. II. p. 69. n. 1.*

Laurus bilocularis *Roxb. Hort. Calcutt. p.* 30. *Wall. Cat. n.* 2605.

Crescit in Tipperah, lecta a Cl. S. Harris a. 1797. Floret mense Februario, maturat fructum mense Iunio. Vidi exemplum cultum e Horto Calcuttensi.

Arbor speciosa. Rami teretes, glabri, lutei, iuveniles obtuse trigoni apice pubescenti-subtomentosi; cortex fusco-rufus, saporis amaricantis, ingrati; lignum porosum, rufescens; tubus medullaris satis amplus. Cicatrices foliorum planae, ovales vel scutiformes, superficie tuberculata. Gemma foliigena terminalis, trigona, acuta, tomentoso-sericea, squamis tribus exterioribus carinatis acutis aequalibus interiora velantibus. Folia versus apicem ramulorum, interdum etiam a basi ad apicem divergentia $^2/_5$ posita, cum petiolo unciali 6—$6^1/_2$ pollices longa, 2—$2^1/_4$ pollices lata, basi acuta, inferiora apice obtusa, superiora in brevem obtusamque cuspidem producta, glabra, laete viridia, pennatim venosa, utrinque eleganter reticulata et concoloria, adulta chartacea, nuper exclusa membranacea tenera. Petioli satis fortes, subtus convexi, supra canaliculati, iuveniles pubescenti-substrigilosi. Racemuli axillares; inferiores quandoque denudati et gemini, plerique autem solitarii, pollicares, angulati, 3—7-flori, inferne ad medium nudi continui scabriusculi, tum articulo accedente in racemi axin strigoso-pubescentem griseum flexuosum transeuntes. Bracteolarum cicatrices infra pedicellos in nostris solae superstites. Pedicelli $1^1/_2$ lineas longi, erecto-patentes, crassiusculi, cano-strigosi; horum duo inferiores oppositi, tum duo alterni, terni denique in fasciculo terminali, vel duo oppositi ternique terminales, vel in inflorescentiae geminatae pedunculo altero soli bi terni relicti. Flos hermaphroditus: perianthio patente ultra medium sexfido extus et intus strigiloso-tomentoso, laciniis chartaceo-membranaceis ovato-oblongis obtusis pellucido-punctatis obsolete nervosis, duabus paullo angustioribus. Stamina fertilia novem, perianthio paulo breviora; filamenta antheris dimidio longiora, linearia, latiuscula, villosula, primae et secundae seriei laciniis suis basi villo cohaerentia; antherae ovato-lanceolatae, apice attenuatae, obtusae, pellucido-punctatae, glabrae, bilocellatae, locellis sursum subconniventibus; sex exteriorum introversis, trium interiorum a latere positis magisque retrorsum vergentibus, cunctis ovato-lanceolatis, valvulis totidem conformibus dehiscentibus. Staminodia tria ordinis quarti stipite longitudine fere capituli pubescente praedita, capitulo sulcato-quadrangulari ovato, tribus staminibus interioribus alterna, seriem paulo magis interiorem constituere videntur, tametsi ad speciem iisdem sint intericeta. Glandulae sex stipitatae, capitulo ovato vel subcordato compressiusculo, simili modo inter reliquos staminum ordines distributae sunt. Occurrunt etiam flores, in quibus nullae inter stamina tria exteriora inveniantur glandulae. Pistillum longitudine staminum, glabrum; ovarium ovato-subrotundum, laeve, uniovulatum, ovulo e vertice pendulo; stylus ovario duplo longior, subulatus; stigma parvum, tenue, trilobum, pallidum. Bacca sicca, perianthii fundo orbiculato parvo innixa, 1¾ pollices longa, ½ pollicem crassa, oblonga, apice subumbilicato cum mucronulo, basi media ubi calici insidet orbiculato-plana fusca; cortice sicco crustoso, extus fusco, interiora versus pallido. Semen unum, cortici fructus cohaerens; testa crassa, crustacea, rufescens; membrana interna chartacea, nigricans, intus plica longitudinali, cotyledonum commissuram intrante et dissepimenti ipsum cavum seminis percurrentis specie fallente praedita. Intus (in nostro fructu) pulvere flavicante respersum est semen. Cotyledones duae, figura et magnitudine seminis, semicylindricae, plano iunctionis inaequali rugoso, apice infero, membrana plicata ad medium fere adscendente ibidemque adhaerente, quae a plica membranae internae supra memorata proficiscitur, diremtae. Cavum embryonis superum, basi cotyledonum insculptum, parvum, subglobosum, poro minuto, vertici fructus respondente, hians; massa cotyledonum crassa, iam crustoso-granulata, rufa. Embryo in cavo suo destructus iacebat.

Adnotatio 1. A *Beilschmiedia fagifolia* differt: foliis maioribus nitidis, floribus maioribus laciniis latioribus, racemulisque maioribus axi florente non ut in illa e basi gemmae immediate prodeunte, sed a pedunculo communi aequali nudo, gemmae baseos vices gerente, sublato.

Adnotatio 2. *Bilocularis* cognominatio non proprio accipienda sensu, cum fructus *Beilschmiediae* in omni statu uniovulatus et monospermus existat. Differt autem haec species plica illa membranae internae inter cotyledones prominula, quae etiamsi in aliis quoque observetur Laurinarum generibus, in isto tamen ante omnia in oculos cadit, et dissepimenti falsam suspicionem movet.

---

2. Beilschmiedia fagifolia.

B. racemulis basi squamatis, perianthii laciniis lanceolato-linearibus. *N. ab E. in Wall. pl. As. rar. II. p.* 69. *n.* 2.

Tetranthera fagifolia *Wall. Cat. n.* 2539.

Crescit in montibus provinciae Sillet, (F. D.)

Arbor. Rami cortice glabro, tuberculis rugulisque exasperato fusco inodoro, saporis acris aromatici (Pimentae); lignum albidum, porosum; tubus medullaris angustus, cito evanescens. Ramuli iuveniles setulis sparsis minutissimis scabri, basin versus nudi, apicem versus foliosi. Folia alterna, approximata, cum petiolo 3 — 3½ pollices longa, 1¼ — 1½ pollices lata, ovalia, in cuspidem mediocrem obtusam producta, basi acuta et longo tractu in petiolum compressum canaliculatum decurrentia, chartacea, venoso-reticulata, utrinque pubescentia minutissima oculo nudo inconspicua vestita et scabriuscula, concoloria, supra nitida. Petiolus 3 — 4 lineas longus, scaber. Racemuli florum plerumque gemini, axillares, longitudine petioli, 6 — 10-flori. Pedunculus communis flexuosus, compressus, utrinque canaliculatus, ad florum insertionem tumidulus, cano-hirsutus. Squamae seu bracteae imbricatae, ovato-orbiculatae, concavae, acutiusculae, subcoriaceae, griseo-sericeae, cito cum flores pullulare incipiunt defluentes, inferioribus solis, quae steriles, diutius persistentibus. P e d i c e l l i solitarii, subdistichi, linea paulo longiores, axi articulatim inserti, cano-hirsuti, subsericei. P e r i a n t h i u m $2\frac{1}{2}$ linearum diametro, profunde sexpartitum, tubo brevissimo hirsuto, laciniis lato-linearibus obtusis obsolete trinerviis distantibus utrinque pubescenti-scabridis (in sicco fuscidulis.) S t a m i n a fertilia 9, laciniis paullo breviora; filamenta antheris paullo longiora, pubescenti-scabra, seriei primae et secundae laciniis suis basi pube subcohaerentia; antherae ovato-oblongae, angustae, obtusae, incurvae, pellucido-punctulatae, bilocellatae, locellis parallelis, sex exteriorum introrsum dehiscentibus, trium interiorum fere omnino lateralibus, et ubi antherae paulo perfectiores, retrorsum inclinatis, rima valvulaque sursum revoluta lanceolato-linearibus. S t a m i n o d i a tria parva stipitata capitulo angusto subtrigono staminibus singulis secundae seriei iuxtaposita, interdum deficientia; tria pistillum cingentia latiora, subsessilia, ovata, acutiuscula. P i s t i l l u m staminibus brevius, glabrum; ovarium ovatum; stylus ovario paullo longior; stigma discoideum, margine repando. Fructus deest.

XII. CECIDODAPHNE *). *N. ab E. Laur. Disp. Progr. p.* 12. *n.* 12. *Wall. pl. As rar. II. p.* 61. *et* 70. *n.* 15.

(Tetrantherae spp. *Wallich.* Lauri spp. *Hamilton.*)

Flores hermaphroditi (?) e gemma galliformi terminali paniculati. Perianthium subinfundibuliforme, sexfidum, laciniis deciduis. Stamina fertilia novem triplici serie disposita, quorum tria interiora glandulis binis capitatis ad basin stipata. Antherae ovatae, quadrilocellatae, valvulis totidem adscendentibus dehiscentes; tres interiores retro spectantes. Staminodia tria capitulo antheriformi subulato in serie magis interiori. Stigma disciforme. Fructus .....

Inflorescentia: gemma, in ramo vel ramulo terminalis, crassa, dense squamosa, ramis e singula squama singulis paniculatis multifloris brevibus paniculam densam thyrsoideam subglobosam constituentibus.

Folia perennantia, venosa.

Adnotatio. Habitu proxima *Cryptocaryae*, cui forsan et fructu calyce obtecto coniunctior olim invenietur, sed differt antheris quadrilocellatis et inflorescentia densa ante anthesin gallam referente. Ab *Alseodaphne*, cui sola characteris essentialis verba consideranti similis videri possit, omni habitu distat, et pistilli florumque iam inspectio sufficit, ut oculo in hac familia modice exercitato diversissimam fore fructus perfectioris indolem tibi persuadeas.

---

*) A κηκὶς, galla, et δάφνη laurus, ob inflorescentiam ante anthesin galliformem.

1. Cecidodaphne glaucescens.

C. paniculis albo-tomentosis. *N. ab E. in Wall. pl. As. rar. II. p. 70. n. 1.*

Tetranthera glaucescens *Wall. Cat. n.* 2560 A, B.
Laurus glaucescens *Herb. Hamilt.*

Crescit in Sillet, (Hamilton, et F. D.) Floret a Februario in Aprilem usque.

Arbor alta. Rami adultiores teretes, glabri, epidermide striata; cortice tenui fuscescente, saporis myrrhae debilis; ligno rudi poroso albido; tubo medullari amplo. Ramuli iuniores subcompressi, angulosi, circa apices parum puberuli, subdichotomi, valde inaequales, ad genicula cicatricoso-annulati, patuli. Cicatrices foliorum rarae, semicirculares. Gemmae foliigenae ovatae, dense squamosae, griseo-sericeae, squamis orbiculatis obtusis coriaceis. Folia per intervalla valde inaequalia disposita, modo 2 — 6 ad apicem ramuli congesta, modo aliqua inferne magis sparsa; semper tamen sena novello ramulo tributa videntur, diverso loco in diversis prodeuntia. Longitudo folii 4 — 6 pollicum petiolo addito, latitudo 1½ — 2 polllicum. Petiolus ¾ pollicis longus, subtus convexus, supra canaliculatus margine acuto, glaber. Lamina folii elliptico-oblonga, in acumen obtusum producta, basi acuta, glabra, utrinque viridis, chartacea, penninervis, ramis venulisque reticuli mediocriter conspicuis. Gemma florigera tum in rami apice, tum maxime in ramulis 2 — 4 poll. longis apice tantum foliis 1 — 4 praeditis, caeterum nudis, terminalis, nucis moschatae vel etiam iuglandis magnitudine, globosa, villoso-sericea, squamis communibus suborbiculatis obtusis subaequalibus imbricatis deciduis tecta, multiflora, e centro gemmam foliigenam proferens. Pedunculus communis e squamae singulae angulo ½ — ¾ pollicis longus, a medio trichotomo-paniculatus, multiflorus, densissime albo-tomentosus, ad basin squama ovata acuta, ad ramifiationes squamulis linearibus deciduis tomentosis praeditus. Hi pedunculi, in axi gemmae rudi crasso conico cicatricoso-rugoso tomentoso positi, paniculam fere orbicularem 1—2 pollicum diametro sessilem exhibent, singulari inter omnes Laurinas adspectu. Pedicelli linea paullo longiores, inferiores terni superiores gemini vel solitarii, albo-tomentosi, crassiusculi. Perianthium vix sesquilineae diametro, subcoriaceum, extus intusque albo-tomentosum, ex infundibuliformi subcampanulatum; tubus obconicus; limbus ad medium usque et paulo profundius sexfidus, laciniis patulis oblongis obtusis obsolete nervosis et punctulatis. Stamina novem, triplici serie posita, laciniis perianthii duplo breviora; filamenta antheris subaequalia, villosa; antherae subquadratae, truncatae, punctulatae, quadrilocellatae, locellis subaequalibus, inferioribus ovatis remotis magisque lateralibus fereque posticis, superioribus contiguis obovatis, sex exteriorum anticis, trium interiorum posticis seu retroversis. Valvulae ostiolis locellorum conformes. Glandulae trium parium obovatae staminibus tribus interioribus ad basin et magis a tergo adpositae sunt. Staminodia tria filamentorum longitudine, staminibus interioribus alterna horumque glandulis saepe villo coniuncta, filamento basi villoso, capitulo e basi sagittata lanceolato-subulato solido. Pistillum staminum fere longitudine, glabrum; ovarium oblongum, tubum perianthii replens; stylus filiformis, ovarii longitudine; stigma discoideum, orbiculare, integrum, umbilicatum.

Adnotatio. Ob stamina solito breviora, valvulas antherarum etiam in floribus defloratis saepe clausas, et pistillum ratione staminum magis perfectum, dubius sum, num feminei potius sexus flores sint, quos examini subieci, latente forsitan adhucdum arbore mascula.

XIII. CRYPTOCARYA R. Br. *Prodr. Fl. Nov. Holl. I. p.* 402. (*ed. N. ab E. I. p.* 258.) *N. ab E. Laur. Disp. Progr. p.* 12. *n.* 13. *Wall. pl. As. rar. II. p.* 61. *et* 69. *n.* 13.

Flores hermaphroditi, paniculati. Perianthium subinfundibuliforme, ad tubum usque sexfidum, limbo aequali deciduo. Stamina fertilia novem triplici serie, quorum tria interiora glandula stipitata libera ad utrumque latus instructa. Antherae oblongae, bilocellatae, valvulis totidem sursum reflexis dehiscentes; sex exteriores introrsum, tres interiores extrorsum conversae. Staminodia tria substipitata, capitulo angusto acuto, in serie magis interiori. Stigma capitatum; ovarium tubo perianthii immersum. Caryopsis tubo perianthii nudo drupaceo clauso obtecta, libera, neque cum tubo connata.

Inflorescentia paniculata axillaris, vel etiam in terminalem abiens, laxiuscula et in plerisque flexuosa.

Gemmae foliigenae squamis paucis foliaceis carinatis. Folia penninervia.

Adnotatio 1. Genus, tubo perianthii distincto fructuque in calycis tubo (limbo orbato et saepe costato) penitus recondito, neutiquam autem cum eo connato, longe distinctissimum.

Adnotatio 2. Quae in Wallichii opere loco citato de fructu Cryptocaryarum in diversis speciebus diverso dubitanter adhuc adnotavi, ea nuperrime Blumii, viri clarissimi, observationibus, in harum arborum patrio solo institutis, confirmata sunt simulque, uti par erat, melius explicata atque ad veros suos terminos revocata. Hunc igitur ducem secutus, iam in duo genera, *Cryptocaryam* et *Caryodaphnen*, dissolvi species, quae pridem in unum colligebantur.

Sectio I. *Cryptocarieae genuinae.*

Glandulae geminatae et staminodia stipitata. Gemmae herbaceae, squamis paucis.

---

1. Cryptocarya floribunda.

Cr. foliis ovali-oblongis brevicuspidatis subtus glaucis glabris, paniculis axillaribus dichotomis in terminalem nudam abeuntibus flavescenti-tomentosis. *N. ab E. in Wall. pl. As. rar. II. p.* 69. *n.* 1.

β. Foliis ellipticis obtusis, (probabiliter morbosis).

Laurus floribunda *Wall. Cat. n.* 2593. A, B.

Crescit in Sillet (F. D.), unde in Hortum bot. Calcuttensem illata est.

Arbor amoena. Rami obsolete angulati, leviter flexuosi, alternatim ramosi, subdichotomi, adultiores glabri, striati, flavescentes, lenticellis ovalibus inspersi, ad foliorum ortum compresso-dilatati, glanduloso-granulati; cortex griseus, vasis propriis nigris praeditus; lignum pallide rufescens, durum, fibris subtilibus; tubus medullaris mediocris, angulatus. Ramuli novelli minutissime pubescentes. Cicatrices foliorum inferiorum subrotundae, superiorum lunatae, prominulae, tuberculatae. Gemmae parvae; axillares ovatae, griseo-tomentosae, squamis paucis suboppositis ovatis acutis foliaceo-coriaceis; terminales bivalves, oblongae, hiantes. Folia diverg. 2/5 posita, subaequidistantia, in ramis adultioribus inter flores 5 pollices (cum petiolo) longa, 1 3/4 lata, vel in var. *β.* 4 1/2 longa, 2—2 1/4 pollices lata, inferiora et ramorum vegetiorum 7—8 pollices longa, 3—3 1/4 pollices lata, ex oblongo elliptica, in cuspidem brevem obtusiusculam terminata, alia etiam obtusa, basi breviacutata, coriacea, firma, ramo costali marginata, supra laete viridia glabra, subtus glauca et sub fortissima lente pubescentia minutissima appressa inspersa, alternatim costato-penninervia, ramis cestalibus integris subtus cum costa prominentibus prope a margine venuloso-connexis, reti venuloso arcuatim iuncto, venulis subparallelis, subtus magis distinctis. Petioli vix semiunciales, crassi, tuberculati, semiteretes, supra pubescentes et plani cum sulculo medio. Paniculae e foliorum superiorum alis, 5—6 pollices longae, dein desinentibus foliis nudae breviores et in paniculam terminalem abeuntes, aphyllae. Pedunculus communis compresso-angulatus, ad ramificationes dilatatus ibidemque tuberculatus, pubescenti-tomentosus, incanus, firmus, infra medium ad apicem usque divisus. Bracteae ad ramorum et eorum subdivisionum basin exiguae, ovatae, acutae, rufescenti-tomentosae, cito caducae, relicta cicatricula lunata; rami paniculae plures, ad 3—$1\frac{1}{2}$ pollices decrescentes, patentes, angulati, striati, basi tuberculati, incani, diverg. $\frac{2}{5}$ alterni, subaeque dissiti, ipsi simili modo divisi, ramulis $\frac{1}{2}$—$\frac{1}{4}$ pollicis longis, bis-terve dichotomis corymbosis, ultimis 1—3-floris floreque solitario medio. Bracteolae extremae ovatae, exiguae. Omnis ramificatio paniculae cum flore tomento tenui flavicantigriseo vestitur. Flores brevissime pedicellati, infundibuliformes, $1\frac{1}{2}$ lineas longi; laterales fasciculi terminalis triflori ramuli apici articulo inserti, medius dichotomiae. Tubus perianthii limbo paulo brevior, angulatus, subaequalis; limbus sexpartitus, laciniis obovato-ellipticis obtusis obsolete nervosis et punctatis chartaceis, extus tomentosis, intus (basi praesertim) sericeis. Stamina fertilia novem, perianthium subaequantia, quorum sex laciniis perianthii basi adnata; filamenta filiformia, dorso basique pubescentia, sex exteriorum parte libera antheris breviori; antherae oblongae, obtusae, pellucido-punctatae, glabrae, luteae, bilocellatae, bivalves, ostiolis dimidiato-oblongis angustis, trium interiorum retroversis; valvulae conformes, sursum reflexae. Glandulae geminatae liberae, brevi hirtoque stipite suffultae, capitulo oblique cordato obtuso vertice bifoveolato, singulo staminum trium interiorum ad latus et paulo magis a tergo adstant, neque cum iisdem cohaerent. Staminodia tria interiora staminibus haud duplo breviora, stipite crasso hirto brevissimo, capitulo lanceolato acuto extrorsum carinato, carina pubescente, latere interiori plano glabro bisulco. **Pistillum** vix tubo perianthii longius, glabrum; ovarium ratione styli magnum, oblongum, in stylum brevissimum, stigmate parvo capitato trigono pallido pubescente coronatum, attenuatur. **Fructum** maturum non vidi.

---

2. Cryptocarya amygdalina.

Cr. foliis ellipticis brevi-cuspidatis utrinque reticulatis concoloribus glabris, paniculis axillaribus in terminales ramorum abeuntibus strictis dichotomis tomentosis, fructibus oblongis muticis ecostatis. *N. ab E. in Wall. pl. As. rar. II. p.* 69. *n.* 2.

Laurus? amygdalina Herb. Hamilt. *Wall. Cat. n.* 2585.

Habitat in Patgong, lecta a cl. Hamilton d. 26. Mart. a. 1809 cum floribus et fructu maturo.

Arbor, praecedentis habitu, sed notis propriis eximie distincta. **Ramulus** irregulari modo e trigono angulatus, strigulis minutissimis subfurfuraceis ferrugineis, paniculiarum etiam pedunculos cum ramis et ramulis tenui tomento inducentibus vestitus; lignum lutescens, densum. **Cicatrices, gemmae,** tubercula glandulosa corticis circa nodos ut in illa. **Folia** 8—7 poll. longa, 2—$2\frac{1}{2}$ poll. lata, ovalia, in cuspidem brevem obtusiusculum producta, basi magis minusve acutata, tenuia fereque membranacea, utrinque viridia et glabra, venis tenuibus confertim reticulata, penninervia, ramis tenuibus per paria approximatis et ita versus apicem incurvis, ut folia multiplinervia (7—9-plinervia) describi possint. Petioli 3—4 lineas longi, minus validi quam in praecedente, subtus carinati glabri, supra plani cum sulco medio et pubescenti-tomentosi, lutescentes. **Paniculae** axillares, folium subaequantes vel paulo longiores, 3—4-pollicares, in ramulis lateralibus minores et (praeter inferiores) nudae, terminalem paniculam constituentes. **Pedunculus communis** satis firmus, angulatus, cum ramis rufescenti-tomentosulus; rami paniculae patentes, firmi, alterni vel per paria approximati, a medio in ramos plerumque ternos alternos corymboso-divisi. **Bracteae** ad ramorum basin ferrugineae, ovatae, parvae, caducae. Ramuli semel vel bis bifidi cum flore intermedio, extremi 1—3-flori. **Flores** subsessiles, infundibuliformes, paulo maiores ac in *Cryptocarya floribunda*, extus cano-tomentosi; limbus intus praeter basin glabriusculus, in basi et tubus minutim strigilosi; laciniae ovali-oblongae, acutiusculae, venoso-trinerves, punctis pellucidis vix visibilibus. **Stamina** et staminodia omnino ut in *Cryptocarya floribunda*, sed filamenta exteriora dorso minutim strigilosa, interiora glabra, valvulae fuscae. **Staminodiorum** interiorum bases etiam minus strigosae, sed reliqua figura harum partium eadem. **Ovarium** oblongum; stylus longitudine ovarii, filiformis, stamina subaequans, cum ovario glaber; stigma parvum, globosum, pallidum. **Fructus** cum calyce vestiente figura olivae, $3/4$ pollicis longus, oblongus, utrinque attenuatus, apice tubi parte truncata brevissima coronatus. Corticis stratum exterius laeve, succulentum, fuscum; medium suberoso-ligneum, siccum; interius, cui caryopsis basi sua inhaeret et cum eodem saepe dissolvitur, membranaceum, extus floccosum, intus laeve. **Fructus** proprius est **caryopsis** oblonga, castanea, laevis, nitidissima, utrinque sulco (cotyledonum suturam prodente) impressa, ad basin abrupte contracta, in ambitu radiatim plicata, ipsaque basi convexa pallida fundo perianthii innata, apice attenuata et styli parte inferiori incrassata plicata apiculata. Membranae fructus et seminis tam intime connatae, ut unum et simplex integumentum esse videantur. **Cotyledones** oblongae, basi attenuatae, crassae, in sicco semine induratae et grumosae, rufescentes. **Radicula** supera.

Cryptocarya costata Blume. *)

Cr. foliis venosis ellipticis vel elliptico-oblongis breviter cuspidatis infra grisco-viridulis et in venis obsolete pubescenti-

*) Dum haec imprimebantur, opportune mihi adlatae sunt observationes **Blumii**, amici summopere colendi, quibus vir praeclarissimus hanc sectionem *Cryptocaryearum* mirifice et amplificavit et correxit. His autem cum ex voluntate uti in hac monographia concessum sit, ita utendum esse censeo, ut ad **verbum repetam**, **quae vir tanti ingenii maximaeque assiduitatis in loco**

bus, paniculis raris axillaribus in terminalem saepe abeuntibus fusco-tomentosis, fructibus ellipsoideis costatis. *Blume Bydr. Flor. Ned. Ind. p.* 558.

Huru unjuk monticolarum Iavae occidentalis.

In sylvis primaevis inferioribus, quae ut ager caffea conseratur excidi solent. Cum floribus fructibusque simul variis anni temporibus reperi. Lignum, quod ad varia opera fabrilia adhibetur, leve et fibrosum, maxime cistis faciendis est idoneum.

Truncus 60—80 pedes altus, cacumine admodum ramoso. Ramuli adultiores inferne cylindrici, subtiliter striati, glabri, ad exortum ramulorum erecto-patentium alternantium tenuiorum compresso-subdilatati, e virescenti nigriti, superne subangulares pubescentia brevissima fusca summo apice ferruginea. Innovationes quoque minutae terminales et axillares globosae e paucis squamis carinatis foliaceis conformatae, perinde ac paniculae et petioli, costa et venae foliorum novorum magis minusve sunt ferrugineo-subtomentosa. Folia petiolo $\frac{1}{2}$—$\frac{2}{3}$ poll. longo ecanaliculato instructa, alterna, elliptica raro oblonga, breviter obtusiuscule acuminata, basi aequali- vel inaequali-attenuata, $2\frac{1}{2}$—$4\frac{1}{2}$ poll. longa, $1\frac{1}{3}$—$2\frac{1}{3}$ poll. lata, coriacea, supra glaberrima, obscure viridia cum nitore, nulla inter venas simplices curvas reticulatione, in pagina dorsali griseo-viridula, et ad costam venasque vestigio exiguo pubescentiae minutae, hic tenuissime reticulata. Paniculae ad apices ramulorum alternatim dispositae, axillares, passim in paniculam terminalem unicam ramosissimam confluentes, foliis vulgo aliquanto breviores, interdum ea adaequantes, — axi tenui compresso-tereti usque ad dimidium longitudinis nudo, a medio ad apicem usque in ramos sparsos decrescentes breves tenues diviso, quorum inferiores sunt dichotomi, intermedii cymoso-septemflori, terminales ex apice

---

natali vivas examinando plantas Iavae insulae indigenas adnotavit. Quaecunque igitur in isto genere occurrunt species, adiecto Blumii nomine ornatae atque ad calcem characteris specifici repetito eodem nomine aut citato eius libro, qui inscribitur: *Bydragen tot de Flora van Nederlandsch Indie* signatae, earum omnium tam diagnoses quam descriptiones Blumii esse grato animo confiteor iterumque gratias ago. Neque tamen solis verbis viri praestantissimi uti licuit, sed et videre sicca specimina oculosque testes adsumere eorum, quae omni numero completa in descriptionibus auctoris leguntur.

tantum triflori, — patentes, rarae, aeque ac perianthia extus tomento brevi fusco obsessae. **Bracteae** ramorum solitariae, 1—$1\frac{1}{2}$ lin. longae, angustae, ferrugineo-tomentosae, ante anthesin caducae: ad apicem pedicellorum lateralium ternae, minores, setaceae, cum pedicellus intermedius (ramorum sive ramulorum triflororum) florem praecociorem suffulciens est ebracteatus. **Flores** minuti, viriduli, hermaphroditi, fere omnes non ad grossificationem pervenientes. **Perianthium** infundibuliforme, tubo laciniis limbi ovatis obtusis erecto-conniventibus concavis membranaceis deciduis dimidio longiore, substantiae crassioris, vegeto-persistente, ovarium foecundatum arcte tegente neque tamen ei adhaerente. **Stamina** summo tubo perianthii inserta, laciniis breviora, longitudine aequalia: sex laciniis opposita, antheris subrotundo-ovatis antice dehiscentibus: tria seriei interioris antheris ovatis postice dehiscentibus. **Staminodia** novem, formae duplicis, libera, glabra; horum sex (sive **glandulae geminatae**) per paria ad margines baseos trium staminum interiorum postice sunt locata, subsessilia, glandulaeformia, nephroideo-globosa, sulcata: tria reliqua tres antheras minutas crassas cordiformes acuminatas stipite brevissimo pubescente suffultas incompletas sistunt, magis introrsum cum staminibus interioribus fertilibus alternantes. **Filamenta** brevia, compressa, pubescentia. **Antherae** glabrae, 2-locellatae, valvulis totidem adscendentibus dehiscentes. **Pistillum** tubo perianthii immersum, glabrum. **Ovarium** elongato-ellipsoideum, 1-ovulatum, superne in stylum brevem, supra stamina non prominentem attenuatum. **Stigma** terminale, parvum, obtusiusculum, album. **Fructus induviati** (sive **Caryopsides**, basi ellipsoideo-urceolatae perianthii arcte inclusae neque tamen lateribus ei connatae) in ramis paniculae plerumque solitarii, pollicares, elongato-ellipsoidei, obiter costati, glabri, apice cicatricula minuta punctiformi plana notati. **Induvia fructus** substantiae non crassae subcarnosae, caryopsides arcte includentia, clausa. **Caryopsis** eiusdem formae ac fructus, sed ima, qua basi auctae perianthii est affixa, obtusior, ceterum ei non accreta, absque putamine indurato, striata. **Membrana nuclei** membranacea, arcte adhaerens, spadicea. **Nucleus** exalbuminosus, cotyledonibus maximis, plano-convexis, carnosis. **Radicula** brevissima, ad extremitatem superiorem cotyledonibus immersa, obtusa.

---

1. Cryptocarya glaucescens Rob. Br.

Cr. foliis ovali-oblongis obtuse acutatis obsolete reticulatis venosis glabris subtus glaucis, paniculis axillaribus brevibus plurifloris.

Cryptocarya glaucescens *R. Br. Prodr. Fl. Nov. Holl. I. p.* 402. *n.* 1. (*ed. N. ab E. p.* 258.) *Spr. S. Veg. II. p.* 270. *n.* 1. *Sieb. Fl. Nov. Holl. n.* 608. (*in Herb. Reg. Berol.*)

In vicinia Coloniae apud portum Iacksonii Novae Hollandiae legit cl. R. Brown. Vidi exemplum Herb. Sieb. floribus nondum perfecte evolutis.

Ramuli compresso-angulati, minutim puberuli. Cicatrices valde prominulae; foliorum minores, trigonae vel lunatae, pedunculorum suborbiculares, patellares. Gemmae axillares, aliae inter pedunculi cicatricem et petiolum ovatae, angulatae, sericeae, bi-quadrivalves squamis carinatis. Folia diverg. $2/5$ posita, approximata, 4—5 pollices longa, $1\frac{1}{2}$—$1\frac{3}{4}$ pollices lata, ex oblongo elliptica, apice parum attenuata ipsoque apice obtuso, basi acutiuscula, subcoriacea, glabra, subtus glauca, supra opaca (in nostris etiam glaucescentia), supra subtilissime punctatim reticulata, subtus laeviuscula, costa media (basi praesertim) crassa supra canaliculata subtus prominula, venis costalibus subsenis ratione costae tenuibus, reti laxo coniunctis. Petioli crassi, 3 lineas longi, supra canaliculati margine acuto, glabri, purpurei. Pedunculi communes e foliorum superiorum axillis, nonnulli laterales nudi, cum omnibus partibus cano-sericantes, in nostro exemplo, quod primas monstrat paniculas, $1/4$—$1/2$ pollicis longi, a medio subtrichotomi, subcorymbosi. Bracteae membranaceae, sericeae, obtusae, caducae, communes sub ramis oblongae, partiales ramulorum ovatae. Flores apertos non vidi.

5. Cryptocarya obovata R. Br.

„Cr. foliis oblongo-obovatis obtusissimis basi acutis utrinque glabris uninervibus, paniculis terminalibus.“ *R. Br. Prodr. Fl. Nov. Holl. I. p.* 402. (*ed. N ab E. p.* 258.) *n.* 3. *Spr. S. Veg. III. p.* 270. *n.* 3.

„Crescit in Nova Hollandia circa Port. Iackson urbem.“ Rob. Brown l. c.

---

6. Cryptocarya moschata Mart.

Cr. foliis ovali-oblongis brevicuspidatis utrinque reticulatis glabris concoloribus, pedunculis axillaribus petiolo paulo longioribus paucifloris, fructu obovato umbonato costato.

Cryptocarya moschata *Mart. in Herb. Bras. Monac.* *) *N. ab E. in Linn. VIII.* 1. *p.* 37.

Ocotea Cymbarum Humb. *Spr. in Herb. Reg. Berol.* (*nec Humb. et Kunth.*)

In sylvis aboriginibus ad Praesidium S. Iohannis Baptistae et alibi Provinciae Minarum Generalium, (de Martius). In Brasilia tropica, (Sellow in Herb. Reg. Berol. n. 1375.) — *Nox moscado do Brasil* incolis.

Arbor. Rami teretiusculi, glabri; lignum densum, rufescens; tubus medullaris mediocris; cortex pallidus, circulo fusco a ligno discretus, in siccis odoris et saporis pimentae cum caryophyllino mixti gratissimi, qui in fructu denique fortiores et distinctiores percipiuntur. Cicatrices foliorum parvae, fere semicirculares vel lunatae; pedunculorum subrotundae, contiguae. Folia diverg. $^2/_5$, in aliis subopposita vel per paria approximata, et tum vero quod ad divergentiam non determinanda, intervallis valde inaequalibus posita, $3^1/_2$ — 6 pollices longa, 1 — 2 pollices lata, oblonga vel elliptico-oblonga, angustiora acuta, latiora in brevem obtusamque cuspidem prominula, basi acuta, utrinque glabra et venoso-reticulata, nervulis costalibus novenis denisve tenuibus apice venoso-solutis

---

*) Nomen a forma potius quam ab odore et sapore derivandum esse videtur, namque nec moschi, nec nucis moschatae odorem in nostra percepi, sed caryophyllinum potius vel ei similem.

subtus tantum distinctioribus praedita. Petioli $1/4$ pollicis longa, semiteretia, supra transversim (in sicco) rugosa. Pedunculi e foliorum superiorum axillis; florentes plerique breves, 2—3 lineas longi, teneri, glabri, apice bi-rarius trifidi, bi-triflori, nec raro uniflori, quandoque etiam longiores, $1/2$—1 pollicem longi, paniculato-racemulosi, angusti tamen. Squamae bracteales parvae, lineares; propriae exiguae, denticuliformes. Pedicelli brevissimi, in tubum perianthii transeuntes, basi strigilosi. Perianthium infundibuliforme, circiter bilineare; tubus obconicus, limbi longitudine, glaber; limbi laciniae ovales, obtusae, erecto-patulae, extus hirtulae, ciliatae, pellucido-punctatae, uninerves interiores paulo angustiores. Filamenta antheris breviora, scabra; antherae ovato-acuminatae, cuspide subulata scabra praeditae, glandulosae, bilocellatae, locellis lanceolatis a basi ad apicem fere antherae protensis; sex exteriores paulo maiores incurvae introrsum, - tres interiores extrorsum dehiscentes. Glandulae geminatae stipitatae, capitulo subcordato. Staminodia quarti ordinis angusta, stipitata. Pistillum glabriusculum, ovario lanceolato; stylus ovarii longitudine. Pedunculi fructus $1\frac{1}{2}$—2 pollices longi, compresso-angulati, pubescentiae vestigiis residuis, basi incrassati et gemmulis aliquot abortivis squamarumque cicatricibus praediti, iam paucis fructibus vel uno tantum onusti, ramulorum aut pedunculorum cicatricibus asperi. Fructus cum pedicello suo brevi Ficum caricam parvam examussim referentes, pollicares, obovato-pyriformes, multicostati, umbone parvo pallido rotundato terminati, fusci. Integumentum perigoniale crassiusculum, fibroso-suberosum, aromaticum, pallidum; extus et intus fuscum, cavo nitidissimo. Caryopsis baccata, mucronulata, fusca, nitida, cavum perianthii replens, aromatica, fusca, tunicis tenuibus. Semen (in nostris) incompletum.

---

7. Cryptocarya acutiflora Blume.

Cr. foliis venosis oblongis longe cuspidatis basi subacutis subtus glaucis et minutissime puberibus, paniculis densis axillaribus folio brevioribus in terminalem elongatam abeuntibus dense fusco-tomentosis, perianthii laciniis ovatis acuminatis.

Ramulos eius florentes e densis sylvis agri Preangerani accepi, quas *Cr. ferreae* esse credebam, cui haec quidem species maxime est affinis. Sed in hac etiam certam notam, qua discernatur, praebet forma laciniarum perianthii, quae acuminatae et quarum tres exteriores aliquanto angustiores sunt quam interiores cum his alternantes. In hoc quoque spectatur dissimilitudo tam cum illa, quam cum affinibus illi *Cr. Mentek* et *Cr. oblongifolia*, quod eius antherae sunt apice membranaceo-cucullatae. Quod ad formam foliorum, paniculas densifloras et bracteolas in ramulis trifloris admodum angustas, ad *Cr. ferream* propius quam ad illas accedit, nisi quod paniculae eius densius tomentosae, perinde ac *Cr. Mentek* ac *Cr. oblongifoliae* in inflorescentiam terminalem compositam coalescere gestiant.

---

8. Cryptocarya oblongifolia Blume.

Cr. foliis venosis oblongis obtusiusculis basi subacutis subtus flavo-virescentibus et minutissime puberibus, paniculis raris axillaribus folium adaequantibus in terminalem divaricatam confluentibus fusco-subtomentosis, perianthii laciniis ovalibus obtusis. *Blume Bydr. Flor. Ned. Ind. p.* 557.

Huru Kidang montanorum Iavae occidentalis.

In provinciis Bantam, Buitenzorg, Krawang, agro Preangerano, aliisque in sylvis altiorum montium, mensibus Octobri — Decembri florens.

Arbor est vasta, sexaginta et amplius pedes longa, cuius lignum a Iavanis ad opera fabrilia aptissimum habetur. Medium quasi locum haec species cum *Cryoptocarya acutiflora* obtinet inter *Cr. ferream* et *Cr. Mentek*, quibus habitu quam simillima est. Haec fere sunt, quibus ab utraque distinguitur: Ramuli floriferi sunt paniculati, ita ut, foliis, e quorum axillis paniculae oriuntur omnibus fere decidentibus, ramorum summitates panicula composita maxima ramosissima divaricata terminentur; inferiores quoque rami panicularum sunt rariores neque adeo densiflori quam *Cr. ferreae*, at magis elongati ac dichotomo-ramosi quam *Cr. Mentek*. Lacinias perianthii *Cr. ferreae* oblongo-cochleariformes, *Cr. Mentek* vero lato-ovatas esse vidimus: in hac autem specie in ovalem formam transeunt et praeterea pedicelli laterales ramulorum triflororum bracteolis nanis sunt instructi. In structura florum nullum aliud cernitur discrimen, nisi quod antherae staminum sex exteriorum pro retusis sint obtusae, neque interiorum ad apicem incrassatae. Ceterum tomentum ramulorum summorum angulatorum plane simile est *Cr. Mentek*, cui speciei, magis quam *Cr. ferreae*, haec arbor foliis crebrioribus venosis (licet magis oblongis ac basi subacutis) ac paniculis in ramulorum summitatibus approximatis est affinis.

---

9. Cryptocarya ferrea Blume.

Cr. foliis venosis oblongis vel elliptico-oblongis acuminatis basi acutiusculis subtus glaucis et minutissime pubescentibus, paniculis contractis axillaribus folio brevioribus raro in terminales abeuntibus ochraceo-subtomentosis, perianthii laciniis oblongo-cochleariformibus obtusis. *Blume Bydr. Flor. Ned. Ind. p.* 557.

Huru bessie indigenarum, id est Laurus ferrea, ob ligni duritiem, quod durabile quidem sed perquam difficile est elaboratu.

In sylvis inferioribus montis ignivomi Tjerimai in provincia Cheribon, ubi eam mense Augusto florentem conspexi.

Arbor 20 — 35 pedes alta, admodum ramosa. Rami cylindrici, cortice tenui fusco glabro obducti. Ramuli sulcato-angulati, elevato-punctati, pulvere sulphureo et versus summitates tomento brevi denso ochraceo vel pallide ferrugineo obsessi, quo tota etiam inflorescentia, innovationes e foliis conglobatis inexplicatis paucis squamis cinctis formatae, nec non et petioli foliorumque costa, licet copia minori, utrinque sunt obducta. Folia alterna, petiolo tereti obsolete canaliculato $1/3$ — $1/2$ poll. longo, formae supra indicatae, 3 — 6 poll. longa, $1\frac{1}{2}$ — $2\frac{1}{2}$ poll. lata, superne acutiuscule acuminata, acumine semper fere sphacelato, basi inaequali-acutiuscula, marginibus illic prope petiolum recurvis, plana, coriacea, supra obsolete penninervia ac nitida, subtus glauca, reticulato-penninervia, pulvere sulphureo tenuissimo adspersa, nec non in 5 — 7 paribus venarum lutearum prominentium illic exigua pube sericea obducta. Paniculae foliis dimidio certe breviores, ex axillis foliorum superiorum, strictae, ramosae, circumscriptionis elongato-ovoideae, rhachide tereti-sulcata ima incrassata, per dimidium pollicem longitudinis inferne nuda, ramis erecto-patentibus, primariis secundariisque statu minus evoluto bracteis linearibus solitariis coriaceis deinde defluentibus tectis; rami inferiores fere pollicares, dichotomi, densiflori, in divisiones contractas trifloras soluti; rami superiores sensim breviores, cymas breviter pedunculatas, in apice rhacheos umbellulas brevissimas trifloras sistentes. Ramuli ultimi vix lineam longi, flore intermedio sessili praecociore ebracteato, utroque laterali pedicello vix $1/2$ lineae longo apice bibracteolato suffulto, bracteolis bilateralibus, angusto-linearibus, acutiusculis, concavis, patentibus, membranaceis, deciduis tubum perianthii adaequantibus. Perianthium infundibuliforme, 2 lineas longum, sexfidum: tubus turbinatus, obsolete costatus, coriaceus, extus dense sericeo-velutinus: laciniae biseriales, longitudine tubi, cochleariformes, obtusiusculae, erecto-patentes, membranaceae, utrinque subsericeae, deciduae. Stamina perfecta 9, lacinias adaequantia, totidem staminodiis liberis biseriatis alternantia: sex exteriora laciniis perianthii opposita, antheris paulo latioribus, ovatis, retusis intus dehiscentibus sunt instructa et glandulis (staminodiis minutis) introrsum sitis, brevissime stipitatis, cordato-obtusis, imo dorso affixis, crassis, glabris, margine utrinque sulco exaratis, luteis alternantia; interiora stamina cum staminodiis maioribus, cordato-acuminatis, interiori facie glabris, dorso qua imo stipiti brevi pubescenti sunt inserta puberulentis, antheris fertilibus longioribus sed angustioribus, carnosis luteis alternant et antheras extrorsum dehiscentes, ovato-oblongas, obtusas apice incrassatas gerunt. Filamenta filiformi-compressa, pubescentia. Antherae glabrae, bilocellatae, valvulis elliptico-oblongis sursum reflexis dehiscentes. Pistillum glabrum, saepe abortivum. Ovarium tubo perianthii immersum, elongato-ellipsoideum, superne in stylum filiformem crassiusculum extenuatum, ovulum inversum anatropum ferens. Stigma parvum, depresso-obtusiusculum, albidum. Fructus non vidi quidem, sed cum ovarium, grossificatione ineunte, tubo perianthii ore truncato plane sit immersum, hoc eos etiam in maturitate arcte tegi est verisimillimum.

10. Cryptocarya Mentek Blume.

Cr. foliis venosis oblongis vel ovato-oblongis acutiusculis basi subinaequali rotundatis subtus glaucis et minutissime pubescentibus, paniculis raris axillaribus in terminalem abeuntibus ferrugineo-subtomentosis, perianthii laciniis lato-ovatis obtusiusculis. *Blume.*

Cryptocarya ferrea var. *Bl. in Bydr. Flor. Ned. Ind. p.* 557.

Huru Mentek monticolarum.

In sylvis montis Salak ultra agros caffea consitis, unde ramulos florentes mense Maio nactus sum.

Cr. ferreae sane perquam est affinis, itaque, ne eadem mihi repetere necesse sit, paucis commemorare volo, quibus in rebus ab illa differat. 1.) Pubescentiae ramulorum extremorum et panicularum in hac color est magis ferrugineus, in illa potius ochraceus. 2.) Folia ad basin in *Cr. Mentek* magis sunt rotundata, venis lateralibus crebrioribus. 3.) Infimi quoque paniculaɾum rami in hac multo breviores, minus ramosi atque haud adeo densiflori sunt atque in illa specie. 4.) Bracteolae sub floribus lateralibus tubo perianthii dimidio sunt breviores, latiores, scilicet ovatae, acutae, concavae. 5.) Laciniis etiam perianthii ipsius alia est forma. — Ceterum plane eadem est florum structura, nisi quod staminodia verticilli externi sint minora sed longius stipitata.

SPECIES DUBIA HUIUS SECTIONIS.

? 11. Cryptocarya dubia H. et K.

Cr. foliis ovato-ellipticis obtusis reticulato-venosis glabris, corymbis axillaribus. *Humb. et Kunth. Nov. Gen. et Sp. pl. II. p.* 167. *n.* 1. *Kunth. Synops. I. p.* 459. *n.* 1. *Spr. S. Veg. II. p.* 271. *n.* 5. *Dict. des sc. nat. XII. p.* 87.

„Crescit in temperatis prope S. Fé de Bogota, alt. 1480 hexap. Floret Iulio.“ (de Humboldt l. c.)

„Ramuli angulati, fuscescentes, glabri. Folia alterna, petiolata, ovato-elliptica, obtusa, basi rotundata reticulato-venosa, nervo, medio subtus valde prominente, utrinque glabra, bi- aut tripollicaria, 14—20 lineas lata. Petioli tres lineas longi, glabri. Corymbi axillares, pedunculati, folio breviores. Flores longe pedicellati, magnitudine floris Rhamni catharticae. Pedunculi pedicellique glabri. Calyx tubuloso-campanulatus, glaber; limbo sexdentato; dentibus ovatis acutiusculis aequalibus deciduis, tribus exterioribus, tribus interioribus. Stamina novem, limbo calycis inserta, decidua; tria interiora basi biglandulosa. Filamenta ovata, externe convexiuscula, interne glabra. Antherae biloculares; loculi staminum exteriorum interne, interiorum externe filamento immersi. Stamina sterilia haud vidi. Ovarium subglobosum, monospermum, glabrum. Stylus erectus, glaber; Stigma obtusum. Fructus ignotus.“

„Probabiliter generis distincti.“ (Kunth l. c.)

Sectio II. *Gymnocarya.*

Perianthii tubus ore aperto fructus verticem denudante laciniisque reflexis diu persistentibus coronato. Staminodia brevia, sessilia, basi tomentosa.

---

12. Cryptocarya pyriformis N. ab E.

Cr. foliis ovalibus obtuse brevicuspidatis utrinque reticulatis glabris concoloribus, paniculis axillaribus glabris divaricatis, perianthio fructus pyriformi cernuo vertice aperto laciniis reflexis coronato.

Crescit in Guiana gallica, (Poiteau.) Vidi in Herb. Kunthiano absque floribus, cum fructu immaturo. *)

Rami glabri, teretes, laeves, iuniores compresso-angulati; lignum pallens. Cicatrices foliorum magnae, prominulae, cordatae, umbone elevato lunato. Gemmae exiguae, subulatae, bivalves, glabrae. Folia diverg. $2/5$ posita, 4 — 6 poll. longa, $1\frac{1}{2}$ — $2\frac{1}{4}$ poll. lata, ovalia, in acumen brevissimum obtusum producta, basi acuta, chartacea, firma, nitida, omnino glabra, laxiuscule reticulata, subtus pallidiora, venis costalibus senis-novenis parum prominulis praedita. Petioli vix $\frac{1}{4}$ pollicis longi, glabri, acute canaliculati marginibus acutis conniventibus. Paniculae axillares; florentes breviores 1 — $1\frac{1}{2}$ pollices longae, fructiferae 2 — 3 pollices longae, glabrae. Pedunculi compresso-angulati, a medio divisi. Bracteae persistentes, membranaceae, parvae, ovales, obtusae, subsericeae, revolutae. Rami paniculae pauci, per paria approximati, divaricati, inferiores longiores, omnes (uti videbatur) pauciflori, subcymosi, bracteolis ad divisiones persistentibus praediti. Pedicelli 1 — $1\frac{1}{2}$ lin. longi, primum graciles, sub fructu tumentes et carnosi, in tubum

*) *Laurus, trouvé audessus des Vanilles.* Poit. l. c. in sched.

transeuntes. Flores non nisi defloratos vidi, 1½ lineas longos cernuos turbinato-obconicos sub limbo parum constrictos glabros, iam succulentos et aqua facile emolliendos. Perianthii tubus limbo multo longior, ex oblongo obovatus, in petiolum transiens, subcarnosus, crassus, extus glaber, intus superiora versus cum limbo dense tomentosus; laciniae breves, ovatae, obtusae, crassae, enerves, pellucido-punctatae, primum erectae et subincurvae, increscente denique tubo reflexae et probabiliter in fructu maturo omnino deficientes. Stamina novem, brevia; filamenta antheris breviora, lata, strigosa; antherae sex exteriorum ovato-triangulares, obtusae, scabrae, locellis binis lanceolatis ad apicem fere protensis dehiscentes; staminum trium interiorum truncatae, locellis posticis paulo angustioribus. Glandulae geminatae sub tomento latentes, confluentes (?) Staminodia parva, sessilia, basi tomentosa (seu potius capitulo obsoleto stipiti crasso tomentoso imposito). Ovarium crassum, ovatum, glabrum; stylus brevis; stigma capitatum. Magis adolescente fructu tubus perianthii, 4 — 6 lineas longus, pyri nonnihil incurvi formam induit, cuius vertex medius tunc temporis hiat et laciniis in ambitu reflexis parumque mutatis subtriangularibus, tanquam pyri corona cingitur. Maturitatis denique tempore fructus cum tubo perianthii carnoso cerasi minoris volumen adeptus, ultra tubi verticem paulisper prominet, subglobosus obtususque.

Adnotatio. Ob perianthium fructus carnosum habitumque totius arboris *Cryptocaryae* generi subiunxi, vix autem dubito, quin proprii sit generis. Differt a Cryptocarya: tubo perianthii in fructu apice aperto laciniis patulis coronato, tum etiam filamentis brevissimis ab antheris non discretis et staminodiis sessilibus.

Ab *Aydendro* differt: tubo perianthii fructificante carnoso, nec vero in vertice ita contracto, ut laciniae coronam umboniformem exhibeant, laciniisque patenti-reflexis nec conniventibus; tum vero locellis antherarum angustis anticis nec vertici appropinquatis.

Ab *Acrodiclido* simili ratione et praeterea staminum perfectorum numero staminodiisque praesentibus distinguitur.

Ab *Endlicheria* denique recedit perianthio non rotato, antheris non discretis locello angusto praeditis, staminodiis, fructu perianthio cupulari caliculato.

Sectio III. *Peumus Lam.*

Glandulae geminatae et staminodia sessilia. Gemmae perulatae, squamis pluribus. Flores racemosi.

---

13. Cryptocarya Peumus N. ab E.

Cr. foliis suboppositis ovatis obtusis subtilissime reticulatis glabris subtus glaucis.

Laurus Peumo Domb. *Lam. Enc. méth. III. p.* 455. *Herb. Dombey. in Herb. Kunth.*

Laurus Peumus *Hook. Bot. of Beech. voy. p.* 45. *Poeppig Coll. pl. Chil. III. n.* 117. *Herb. Reg. Berol. n.* 801. a.

Peumus rubra *Mol. Chil. ed. Germ. p.* 160. *et* 311. *)

Adenostemum nitidum *Pers. Bertero in Herb. Kunth.* (*nec Pers.*)

Variat Floribus dodecandris enneasepalis.

---

*) *Peumi* character apud Molinam l. c. difficillime intelligendus.

„Cal. 6-fidus. Cor. 6-partita. Drupa monosperma."

„Calyx sexfidus, inferus, laciniis oblongis. Petala subrotunda, sessilia. Stamina sex, subulata, longitudine calycis. Antherae sagittatae, luteae. Germen subrotundum. Stylus sensim incrassatus. Stigma oblique depressum."

Quatuor refert species:

1. *Peumus rubra:* foliis alternis petiolatis ovalibus integerrimis.
2. *Peumus alba:* foliis alternis petiolatis ovalibus dentatis.
3. *Peumus mammosa:* foliis alternis sessilibus cordatis integerrimis.
4. *Peumus Boldus:* foliis oppositis petiolatis ovalibus subtus villosis.

Ex his posterior species ad *Boldu chilanum* pertinet, iam supra p. 180. illustratum. Primam speciem dubius equidem ad *Cryptocaryam Peumum* duxi; secunda species, seu *Peumus alba* Molin., ob folia

In Chili australi, (Lamarck); in Chili australis sylvis ad Antuco, Decembre cum floribus, (Poeppig). Vidi specimina Herb. Reg. Berol. et Herb. Kunth. (Dombeyana et Berteroana.)

Rami adultiores teretes, glabri, epidermide rufa lenticellis minutis inspersa; iuniores angulati, canescenti-strigilosi; lignum molle, subtile, album; tubus medullaris mediocris, medulla ferruginea; cortex tenuis, odoris singularis subcamphorati. Cicatrices foliorum lunatae vel semicirculares, planae, marginatae. Gemmae axillares et terminales subglobosae, illae minores ancipites, hae rotundatae, omnes squamis plurium ordinum subrotundis arcte imbricatis scariosis fuscis puberulis, margine praesertim tomentoso-canis tectae. Folia distantia et distributione valde irregulari, subopposita vel per paria approximata, alterna quoque, diverg. $\frac{1}{4}$ posita, $1\frac{1}{4}$—$2\frac{1}{2}$ pollices longa, $\frac{3}{4}$—$2\frac{1}{4}$ pollices lata, ovata vel ovato-subrotunda, basi apiceque rotundata, vel basi nonnihil acuta, coriacea, subtilissime reticulata venisque costalibus subsenis tenuissimis ramosis praedita, glabra, supra viridia subtus pruinoso-glauca et in iuventute praesertim minutissime scabrida. Petioli vix sesquilineares; teretiusculi, canaliculati, minute scabri. Pedunculi axillares et terminales, suboppositi, pollicares, pubescentes vel pubescenti-tomentosi, graciles, a basi florentes, racemiflori; pedicelli patentes, $1\frac{1}{2}$—1 lineam longi, pubescentes, plerique uniflori, raro unus vel alter ex inferioribus biflori. Flores erecti. Perianthium infundibuliforme, extus et intus pubescens, album, $1\frac{1}{2}$—2 lineas altum et totidem lineas in limbo latum; tubus obconicus, rigidulus; limbi laciniae tubi longitudine, aequales, oblongae, obtusae, uninerviae, confertim pellucido-punctatae, membranaceae, erecto-patulae. Stamina novem triplici serie,

---

„dentata" certo e Laurinarum ordine exsulat; tertia autem maxime incerta restat. Ex quarum omnium confusione characterem illum pessimum derivandum esse neminem fugit. Priori speciei fructus, (qui cunctis olivae forma, sed minores), rubros esse, secundae albos, tertiae papilla quadam umbonatos docet auctor; nucleum harum specierum fragilem esse, intus album butyraceum oleique plenum, saporis grati, ut fortassis in cibum et ad lampades nutriendas inserviat. „Fructum aqua tepida emollitum comedi, fortiori autem calori expositum, amaritudinem contrahere." „Corticem coriariis inservire, et pigmentum etiam castaneum praebere."

perianthio paulo breviora, pubescenti-scabra, conformia; filamenta brevissima, sex exteriorum breviora laciniarumque basibus inserta; antherae oblongo-lineares, apice subbarbulatae, bilocellatae, locellis lineari-lanceolatis apicem non attingentibus, sex exteriorum anticis trium interiorum lateralibus; valvulis solito crassioribus deciduis obtuse canaliculatis; post pollen emissum locelli collabuntur. Glandulae geminatae sessiles, subglobosae, parvae, pallidae. Staminodia quarti ordinis longitudine dimidia staminum, ex ovato subulata, apice scabrido-barbulata, sessilia. Pistillum longitudine staminum, glabrum; ovarium tubo immersum, ovale, in stylum subulatum eiusdem longitudinis transiens; stigma subtrigonum, umbilicatum. Fructum maturum non vidi.

Adnotatio. Genus *Gomortega R. et Pav.*, quod *Adenostemum* Persoonio, vix dubium est, quin sit e Laurinarum ordine; sed characteres minime sufficiunt ad decidendum, an Cryptocaryae hanc tertiam sectionem, Cryptocaryam Peumum continentem, finibus suis comprehendat. Videas verba auctorum, quae in appendice traditurus sum.

Id certo constat, *Adenostemum nitidum* „foliis oblongo-lanceolatis nitidis" Pers. l. c. non esse Peumum nostram, cui folia sunt subrotunda et subtus glauca.

Caeterum exempla Herbarii Kunthiani, tum Dombeyanum Lauri Peumo, e Herb. Reg. Paris. profectum, tum Berteroana eiusdem nominis, et alterum, *Adenostemi nitidi* nomine inscriptum, quae cuncta e regno Chilensi adlata sunt, eandem omnino nullisque notis discernendam exhibent speciem.

XIV. CARYODAPHNE *) Blume. **)

Flores hermaphroditi, corymboso-paniculati. Perianthium infundibuliforme, tubo obconico aequali deciduo. Stamina fertilia novem triplici serie, quorum tria interiora glandula stipitata libera ad utrumque latus instructa. Antherae oblongae, (apice glandulusae,) bilocellatae, valvulis totidem sursum reflexis dehiscentes, locellis oblongis ab apice antherae distantibus; sex exteriores introrsum, - tres interiores extrorsum conversae. Staminodia tria stipitata capitulo acuto longo in serie magis interiori. Stigma discoideum. Ovarium perianthio immersum. Caryopsis tubo perianthii nudo (i. e. laciniis destituto) drupaceo clauso obtecta et cum eodem connata.

---

*) Ex κάρυον nux, nucleus, et δάφνη laurus, ad significandum fructum recenti statu drupaceum.

**) Genus (vel saltem subgeneris titulo concesso) a Blumio nostro propositum, cui equidem species foliis nervosis adscribendas esse mihi persuasi eo, quod duae Iavanicae, quae foliis tri-vel triplinerviis, eadem et fructus gaudeant conditione drupacea nucleoque perianthii tubo carnoso accreto nec libero, qualem in Cryptocaryae genere eundem videmus. Tertia species a me addita, scil. *Cryptocarya triplinervis* R. Br., adeo cum binis Iavanicis congruit, ut hanc illis adsociando putem me non erravisse. Ex adverso autem illas species, quibus folia penninervia sunt, etiamsi de fructu maturo nihil certi ad haec usque tempora constet, inter *Cryptocaryas*, sicuti res erat, reliqui. In quo an erraverim tempora docebunt; fateor autem, me non sine fiducia quadam iudicem provocare naturam, quae ubicunque in isto ordine folia nervosa genuit, et florum aliquam ex propitoos adiecisse videtur diversitatem.

Inflorescentia: paniculae axillares, rigidulae, breves, trichotomae et subcorymbosae, aut fere simpliciter racemosae.

Gemmae foliigenae squamis paucis subcoriaceis carinatis; axillares pedicellatae. Folia trinervia aut triplinervia.

Adnotatio. Characteri generis, quem subtilem fors aliquis dicat vituperetque, haud levi pondere adstant foliorum nervatio et inflorescentia, ita, ut vel absque floribus speciem huius generis solis ex foliis dignoscas. Flores etiam maiusculi sunt teneriores que ac in Cryptocaryis veris.

1. CARYODAPHNE laevigata Blume.

C. foliis tri- vel triplinerviis elliptico-oblongis brevi-cuspidatis glabris subtus pallidioribus, racemis paniculisve axillaribus paucifloris glabriusculis, fructibus ellipsoideis ecostatis. *Blume Bydr. Flor. Ned. Ind. p.* 556.

In sylvis primaevis regionum montanarum Iavae mediterraneae occidentalis, ubi eam variis anni temporibus florentem, mense Aprili cum fructibus reperi. (Blume.)

Frutex ferme 12 pedes altus, dichotomo-ramosus, subinde etiam arborescens, plane glaber, squamis *foliiparis* terminalibus exiguis et gemmis axillaribus, e quibus *inflorescentia* exoritur, exceptis, quae externe sunt sericeo-*velutinae*; in pedunculis vero exiguum modo vestigium pubis mox evanescentis sparsae conspicitur. Rami elongati, teretes, tenuissime striati, rubiginosi, tenuiores superne compresso-angulati. Folia alterna, 4—5 poll. longa, circiter 2 poll. lata, cum petiolo semipollicari, forma quam supra indicavimus, apice in cuspidem brevem saepe leviter incurvam obtusam terminata, ad basin suboblique acutiuscula, utrinque nervo prope basin e costa oriente infra apicem evanescente, sursum insuper venis aliquot arcuatis ad marginem anastomosantibus, substantiae tenuis coriaceae, supra nitida, saturate viridia, subtus pallide virescentia. Inflorescentia aut abbreviata ac simpliciter racemosa, pedicellis unifloris, aut magis elongata ac paniculata, in paucos ramulos breves paucifloros divisa, axillaris, solitaria, $\frac{1}{2}$—2 poll. longa, erecto-patens, rhachi compresso-angulata. Pedicelli alterni, infimi 1—$1\frac{1}{2}$ lin. longi, supremi vix dimidium lineae, ima ad rhachin una minuta, ut infra perianthium duabus bracteolis suboppositis squamiformibus fugacibus. Perianthium $2\frac{1}{2}$ lin. longum, infundibuliforme, glabrum, luteolum, sexfidum; tubus inverse conicus, obsolete costatus, coriaceus, infra limbum aliquantum coarctatus; limbus longitudine tubi, laciniis 6 biserialibus, lanceolatis, obtusis, patulis, membranaceis, concaviusculis, obscure 3-nerviis, deciduis. S t a m i n a fertilia 9, longitudine subaequalia, laciniis perianthii dimidio breviora, erecta, glabra: 6 exteriora laciniis perianthii supra basin affixa, antheris antice dehiscentibus: tria interiora antheris latere magis postice dehiscentibus, quibus latere extrorsum duae g l a n d u l a e parvae subcapitatae satis longe petiolatae (sunt enim per se dimidio breviores quam stamina fertilia) distinctae, glabrae, sunt interpositae. His staminibus fertilibus seriei interioris alterna tria staminodia crassiora eiusdem longitudinis obvia sunt, angulato-ovoidea, acuta, stipite crassiori suffulta. F i l a m e n t a linearia, compressa, utrinque parum dilatata. A n t h e r a e oblongo ovatae, obtusae, biloculares, valvulis totidem obovatis membranaceis adscendentibus. P i s t i l l u m glabrum, staminibus longius. O v a r i u m ellipsoideum, tubo perianthii immersum, uniloculatum, ovulo ellipsoideo inverso anatropo brevissime funiculato. S t y l u s longitudine staminum, filiformis; stigmate subdilatato-depresso, minutissime papilloso. F r u c t u s ellipsoideus, ecostatus, magnitudine parvi ovuli columbae, in vertice cicatrice styli umbilicatus, citrinus, sursum versus purpureo-variegatus. P e r i c a r p i u m (quod a solo tubo perianthii excrescenti oritur) baccatum, putamini secundum longitudinem elevato-striato dense fibroso monospermo arcte accretum. S e m e n ellipsoideum, laeve, spermodermide simplici, membranacea, vasculosa inclusum. C o t y l e d o n e s plano-convexae, maximae, carnosae. G e m m u l a parva, inter partem superiorem cotyledonum inclusa.

---

2. Caryodaphne densiflora Blume.

C. foliis basi tri- vel triplinerviis elliptico-oblongis obtuse-cuspidatis glabris subtus glaucis, paniculis corymbosis axillaribus densifloris, fructibus globosis in vertice sulcatis. *Blume Bydr. Flor. Ned. Ind. p.* 556.

Laurus triplinervia *Reinw. in literis ad N. ab E.*

Kiteja sive *Kitedja* monticolarum Iavanorum.

In sylvis inter 1400 — 1800 pedes supra maris aequor elevatis in occidentalibus Iavae provinciis, veluti circa montem Salak, in montosis Seribu, in monte Kendang, provinciae

Bantam, cet. Mensibus Martio et Aprili florentem, Iulio, Augusto, Novembri ac Decembri fructigeram inveni. Ligno ad asseres levioris operis fabrilis utuntur, quod non admodum crassum et fibrosum sed valde durabile est, coloris e stramineo rubentis. Cortici rufescenti sunt vires tonicae copia insigni materiae extractivae amarae aliquantum balsamicae. Folia sunt grate aromatica et eorum infusione, theae instar, adversus spasmos ventriculi et affectus convulsivos gravidarum utuntur indigenae.

Arbor 60 — 80 pedes alta, trunco crasso cylindrico, cortice rufescenti laeviusculo obducto. Ramuli teretes, patentes, glabri, striati, virescenti-nigri, teneri subangulati, perinde ac petioli foliorum novorum, paniculae cum floribus ac parvis gemmis terminalibus axillaribusque nudis (quae foliis conduplicatis constant) tomento brevi ochraceo obducti. Folia alternantia, petiolo brevi $\frac{1}{4}$ — $\frac{1}{2}$ poll. longo semitereti ecanaliculato instructa, 3 — 6 poll. longa, $1\frac{1}{2}$ — 3 poll. lata, elliptica aut oblonga, superne in cuspidem obtusiusculam $\frac{1}{3}$ — $\frac{1}{2}$ poll. longam rectam aut curvam producta, basi acuta ac nervosa superne insuper cum aliquot venis et in pagina dorsali pallide glauca tenuissime reticulata, in superiori intense viridia cum nitore. Paniculae (sive potius cymae irregulares) corymbosae, axillares ac terminales, solitariae raro geminae, foliis multo bseviores, breviter pedunculatae, dichotomo-ramosae, multiflorae, paucis bracteis perparvis ovatis ante florum aperturam defluentibus tomentosis squamiformibus instructae. Ramuli secundarii axis triflori, pedicello lineari, intermedio ebracteato, lateralibus paulo longioribus supra basin cum duabus bracteis rudimentariis obsoletis tuberculiformibus. Perianthium 3 lineis paulo longius, sexfidum; ima tubulosum, laciniis biserialibus erecto-patentibus ovato-oblongis acutis concavis trinerviis membranaceis intus sericeis, deciduis: basis tubulosa turbinata, limbo dimidio brevior, longitudine striata, coriacea, pedicello continua. Stamina fertilia 9, totidem staminodiis distinctis interpositis, sex exteriora basi laciniarum imposita longiora, antheris introrsum- tribus cycli interioris extrorsum dehiscentibus. Filamenta linearia, complanata, apice in antheras ovatas dilatata hisque continua, ut stipites staminodiorum subtomentosa. Antherae glabrae, duabus valvulis ovalibus membranosis corrugato-persistentibus dehiscentes; antheris tribus interioribus acutioribus. Pollen globosum, laeve, ambitu pellucidum, in centro nucleo minus pellucido. Staminodia duobus verticillis inter stamina disposita, quorum interior tribus constat antheris, brevissime stipitatis, maximis, lineari-sagittatis, acuminatis, carnosis dorso supra basin affixis, imperfectis, fertilibus antheris multo longioribus, dorso cum linea tomentosa (vestigio connectivi) ceterum glabris, luteolis: staminodia (sive glandulae) sex verticilli externi modo descriptis amplius dimidio breviora, longius stipitata, staminibus interioribus postice per paria collateralia, capitata, carnosa, glabra, lutea. Pistillum glabrum, supra stamina prominens. Ovarium basi tubulosae perianthii insidens, elongato-ovoideum, superne in stylum attenuatum, ovulo inverso, anatropo, brevissime funiculato. Stylus filiformis, stigmate obtuso, rugoso, obsolete papilloso-scabrido. Drupae (sive proprie Caryopses drupaceae, basi perianthii inclusae eique undique connatae) in axi lignoso paniculae subcorymbosae, seminibus *Hippocastani vulgaris* paulo maiores, globosae, vertice circa mucronem prominentem radiato-sulcatae, atro-violaceae, carnosae, glabrae. Caro succulenta, circiter duas lineas crassa, saporis balsamici aromatici amari. Putamen turbinato-globosum, lignosum, crassum, extus rugoso-sulcatum, intus laeve, monospermum. Semen inversum, ovoideo-globosum, extremitate inferiori depressione rugulosa, superiori breviter mucronatum, spermodermide membranacea spadicea vasculosa obtectum. Cotyledones maximae, plano-convexae, crassae, carnosae, albidae, saporis acris amari. Radicula brevissima, in extremitate superiori seminis inter cotyledones semiimmersa, obtusa, supera. Gemmula minutissima.

---

3. Caryodaphne Browniana N. ab E.

C. foliis oblongo-lanceolatis acuminatis triplinervibus subtus parum pubescentibus, paniculis axillaribus terminalibusque.

Cryptocarya triplinervis *Rob. Br. Prodr. Fl. Nov. Holl. I. p.* 402. (*ed. N. ab E. p.* 258.) *Spr. S. Veg. III. p.* 270. *n.* 2.

„In littoribus Novae Hollandiae intra tropicum, tam orientalibus quam septentrionalibus.“ (Rob. Brown. l. c.)

Fructus maturus nondum visus est.

XV. AGATHOPHYLLUM. *Juss. Gen. pl. p.* 431. *Schreb. Gen. II. n.* 1754. *Spr. Gen. I. p.* 394. *n.* 1979. *N. ab E. Laur. Disp. Progr. p.* 12. *n.* 14.

(Evodia *Gaertn. de Fruct. et Sem. II. p.* 101. *t.* 103. *f.* 2. Ravensara *Sonner. Ind. II. p.* 226. *t.* 127.)

Hermaphrodita. Perianthium sexfidum, laciniis aequalibus persistentibus a tubo strictura discretis. Stamina fertilia novem, triplici serie posita, quorum tria interiora staminodiis binis globosis ad basin stipata. Antherae bilocellatae, valvulis sursum adscendentibus dehiscentes; sex exteriores ovatae, apice membranaceae, anticae; tres interiores posticae, apice subulatae. Staminodia tria quarti ordinis apice subulata. Stigma capitatum? Caryopsis tubo perianthii ingrossato coriaceo intus 5 — 6-plicato apice vel nudo vel laciniis persistentibus coronato inclusa, pressione carinarum perianthii angulata, (basi sexloba.) Embryo conformis, lobatus.

Inflorescentia: panicula terminalis, nuda, contracta.

Folia penninervia.

Adnotatio. A Cryptocarya solummodo differt perianthii tubo in fructu intus plicato, et caryopsi eandem ob causam a pressione plicarum in lobos divisa.

1. Agathophyllum aromaticum Willd.

A. foliis obovato-cuneiformibus, fructu ovato-subgloboso apice nudo.

Agathophyllum aromaticum *Willd. Sp. pl. II. 2. p.* 842. *Spr. S. Veg. II. p.* 460. *Willd. Herb. n.* 9115. *Juss. Gen. p.* 431.
Evodia aromatica *Lam. Ill. Gen. t.* 404. *Pers. Synops. II. p.* 1.
Evodia Ravensara *Gaertn. de Fr. et Sem. pl. II. p.* 101. *t.* 103.
Ravensura aromatica *Sonner. it. Ind. ed. germ. II. p.* 177. *t.* 127.

Crescit in Madagascar. Vidi exemplum Herb. Willd. cum floribus absque fructu, a cl. Du Petit Thouars datum. Nomen Madagascariense *Raven-tsara*, i. e. „folium bonum", unde nomen Schreberianum deductum.

Arbor. Rami teretes, striati, fusci, glabri, iuniores puberuli, cortice crassiusculo, odoris (sicut et folia, pedunculi et flores), caryophyllini satis fortis et grati; lignum durum, lutescens. Gemmae stipitatae, subrotundae, griseo-strigilosae, bivalves. Folia conferta, diverg. $\frac{2}{5}$, 2—3 pollices longa, $\frac{3}{4}$—$1\frac{1}{4}$ pollices lata, erecta, ex obovato oblonga, apice rotundata quandoque subretusa, basi cuneiformi-attenuata, chartaceo-coriacea, glabra, supra viridia et ad costam basin versus substrigilosa, subtus glaucescentia, utrinque dense subtiliterque reticulata, venis costalibus 6—9-nis tenuibus parum conspicuis, costa media latiuscula depressa. Petioli 3—4 lineas longi, plani, substrigilosi, adulti glabri. Panicula in ramulis terminalis, 2 pollices longa, sessilis, adiecta saepe altera minori e proximi folii axilla surgente; rhachis et ramuli puberuli; ramuli subaequales, subaeque dissiti, patuli, inferiores $\frac{1}{2}$—$\frac{1}{4}$ pollicis longi, saepe subpaniculati; reliqui $1\frac{1}{2}$—1 lineam longi, cymuloso-4-5-flori, vel simpliciter triflori, apicibus patulis. Pedicelli vix lineam longi, strigiloso-cani. Flores lineam alti, strigiloso-cani et quasi pruinosi, campanulato-infundibuliformes, crasse chartacei; tubus obconicus, limbo duplo brevior; limbi laciniae subaequales, elliptico-oblongae, obtusae, erecto-patulae, grosse pellucido-punctatae, utrinque strigiloso-pubescentes, subtrinerves nervis infra apicem in unum confluentibus undulatis, exterioribus vix angustioribus. Stamina novem, limbi fere altitudine; filamenta scabriuscula, antheris paulo breviora, sex exteriora basi laciniarum notabili spatio adnata; antherae ovato-triangulares, apice attenuatae, obtusae tamen, incurvae ibidemque steriles, dorso, praesertim exteriores, hirtulae, circa basin bilocellatae, locellis exteriorum anticis quadratis ab apice remotis, interiorum lateralibus magisque posticis oblongo-parallelogrammis, etiam ab apice remotis; valvulae fusco-ferrugineae, sursum adscendentes. Glandulae geminatae ad basin staminum interiorum posticam sessiles, subglobosae, hirtulae. Staminodia quarti ordinis magna, triangulari-acuminata, subsessilia, apice recto. Pistillum longitudine staminum, glabrum; ovarium oblongum; stylus ovarii longitudine; stigma capitato-depressum, parvum, (in nostris cernuum). Fructum non vidi. Secundum Gaertnerum Caryopsis est, perianthio pyriformi aut ovato-globoso, cerasi magnitudine, in vertice cicatrice orbiculata a lapsu calycis et striis tribus obsoletis brevissimis notato, extus suberoso-fungoso modice crasso, intus coriaceo-lignoso, mucrone plano terminato, ad basin plicato-semisexloculari apice uniloculari inclusa, superne convexa et integra, inferne in sex lobos discretos, secundum plicarum perianthii impressiones divisa. Seminis, cum pericarpio conformis, integumentum adnatum, vix distinguendum. Embryo absque albumine semini conformis, inversus, albus, aromaticus. Cotyledones „ex lobis embryonis secundum longitudinem suam irregulariter bipartitis formatae, carnosae, duodenae“ (Gaertner); potius singulae sexlobae (?) Radicula obsoleta, supera.

2. Agathophyllum retusum Willd.

A. foliis oblongis, fructu oblongo-subclavato apice coronato.

Agathophyllum retusum *Herb. Willd. n.* 9116.

Crescit in Madagascar, (Du Petit-Thouars). Vidi exemplum cum fructu semidestructo absque floribus in Herb. Willd.

Quod ad habitum *Agathophyllo aromatico* congruit, sed differt evidentissime ramis dense strigiloso-canis vel subferrugineis, cortice, saltem in exemplo Willdenoviano, inodoro, foliis 3—4 pollices longis 3/4—1 pollicem latis oblongis obtusis vel apice obsolete emarginatis basi acutis, minime vero cuneatis, coriaceis (glabris) marginibus convexo-decurvatis, supra laevibus costa inter duos sulculos immersa, subtus etiam vix reticulatis, venis costalibus parum prominulis, 9—12-nis praeditis, subpruinosis, costa prominula; petiolis crassioribus semipollicaribus depresso-angulatis (strigiloso-scabris) strigulis in costae folii paginam superiorem nonnihil adscendentibus, pedunculo terminali dense fusco-tomentoso, fructu magis oblongo, apice nec basi nonnihil crassiori, in vertice laciniis perianthii persistentibus ovalibus obtusis conniventibus coronato. Cavum interius perianthii fructiferi nitidum, fuscum, a basi ultra medium plicis sex sursum decrescentibus praeditum et per easdem in loculos sex partis inferioris divisum. Caryopsis deest.

Adnotatio. Exempla, in quibus, adnotante Flacourtio, fructûs saepe solitarii terminales (*Iuss. Gen. pl. p.* 432.), ad hanc speciem pertinere vix dubium est.

XVI. MESPILODAPHNE*) N. ab E. *Laur. Disp. Progr. p.* 12. *n.* 15. *Linn. VIII.* 1. *p.* 45. *n.* 7.

(*Perseae* et *Cryptocaryae* spp. Mart.)

Dioica (?) Perianthium sexfidum, tubo obconico, laciniis aequalibus persistentibus. Stamina fertilia novem triplici serie posita, quorum tria interiora staminodiis binis sessilibus globosis ad basin stipata. Antherae quadrilocellatae; sex exteriores ovatae anticae, tres interiores angustiores posticae. Staminodia quarti ordinis in una specie distincta, stipite brevi, capitulo cordato-lanceolato; in una, quantum observari licuit, nulla (?); in binis speciebus flores non observati sunt. Stigma depresso-capitatum. Bacca ab initio perianthii tubo suberoso-carnoso crasso, laciniis arcte conniventibus umbonatim clauso, obtecta, denique, delapsis laciniis verticeque deraso, perianthio immersa vel emergens.

Inflorescentia: thyrsuli vel paniculae axillares primum gemma parce squamata inclusi, squamis generalibus ramificationumque conformibus parvis rigidulis sub evolutione defluentibus.

Adnotatio. Differt ab affinibus: perianthio fructus primo baccam apice umbonato-coronatam referente, quo charactere ab omnibus Laurinis distinguitur. In universum *Endiandram* refert vel *Cryptocaryam*, sed longius distant haec genera antheris bilocellatis, calycibus fructus truncatis, fructuque nunquam emergente. *Agathophyllum* genus differt calyce baccante intus quinque-sexplicato, caryopsin comprimente ut nucleum 5—6-lobum referat, tum maxime etiam antheris bilocellatis. Quod ad fructum *Aydendro* soli conformis, quod quidem antheris apice biporosis longius adhuc a nostro genere removetur.

Ubi perianthii tubus in cupulam transit, saepe disrumpitur margineque exteriori duplicato irregulariter a laciniis residuis coronato, interiori detruncato, in conspectum venit.

---

*) A μεσπίλη mespilus, et δάφνη laurus, i. e. Laurus fructu mespiliformi.

1. Mespilodaphne ceanothifolia N. ab E.

M. foliis oblongo-cuneiformibus obtusis glabris.

Persea ceanothifolia *Mart. in Herb. Brasil. Monac. n.* 3174.

In sylvis Iapurensibus ad Porto dos Miranhoes Provinciae Rio Negro Brasiliae, Februario Mense; tum etiam in sylvis ad Flumen Amazonum Provinciae Paraënsis, Septembre, (de Martius).

Arbor aut frutex, ramis densis teretibus, hinc inde obsolete sulcatis, epidermide aequali non lenticellata cinerascente glabra; lignum grossum, rufescens; cortex fuscus, haud admodum crassus; tubus medullaris teres, mediocris. Ramuli ad apicem rami subfastigiati, basi spatio aliquo aphylli. Cicatrices foliorum parvae, semilunares. Gemmae foliiparae ovales, acutae, ancipites, pruinoso-canae; squamis duabus exterioribus acute carinatis. Folia conferta, diverg. $^2/_5$, $3^1/_2$—4 poll. longa, poll. $1^1/_4$ lata, ex obovato oblonga, basi cuneatim attenuata, in petiolum brevissimum crassum semiteretem glabrum decurrentia, in acumen brevissimum obtusum prominula, coriacea, glabra, intense et nitide viridia, venulosa nec costata. Thyrsuli axillares, pollicares, glabri. Gemmae floriger ae foliigenis similes, sed crassiores nec compressae, ovatae, cuspidatae; squamae ovatae, acutae, carinatae, pruinoso-canae, coriaceae, exteriores oppositae, earumque quatuor conspicuae, apice saepe patulae; partiales conformes, minores; omnes sub evolutione defluentes. Rhachis angulata, glabra, ad basin cicatriculis squamarum angustis notata, dein ramosa ramulis suboppositis compositis, apice racemulosa. Flores brevissime pedicellati, in ramulis extremis terni, albi, cum ramulis subtilissime strigiloso-cani, linea paulo latiores. Perianthii tubus obconicus, intus strigilosus; laciniae ovato-oblongae, obtusae, patulae, intus et extus fere glabrae, uninerves, pellucido-punctatae, tres interiores paulo angustiores et nonnihil albidiores. Stamina in nostris plantis omnibus, quotquot examinavi, imperfecta, antheris subcarnosulis nec dehiscentibus, tubo perianthii inserta, brevia, inflexa, glabra; sex exteriorum filamento brevissimo lineari, anthera ovata obtusa introrsum dehiscente, locellorum quaternorum ostiolis distantibus ovalibus conspicuis; interiora tria angusta, linearia, paulo longiora, antherarum locellis lateralibus extrorsum versis oblitteratis sulculiformibus binis (?) Glandulae ad horum basin geminae, sessiles, globosae, flavae. Pistillum longitudine staminum, glabrum; ovarium tubo perianthii immersum, turbinatum, uniloculare; ovulo uno pendulo. Stigma capitatum, depressum, triangulum. Fructus, quem immaturum (nec vero corrugatum) vidi, piperis magnitudine, globosus. Tubus perianthii in fructu corticem durum suberosum constituens, crassus; laciniae, non auctae sed duriores, in umbonem arcte connivent, caryopsin claudentes. Cavum perianthii fructus immaturi lamellis cellulosis divisum, cum transversim dissecetur fructum pluriloculare mentitur. Caryopsis (imperfecta) lageniformis, perianthii cavum replens.

Adnotatio. Pauca tantum perianthia in nostris exemplis ad fructum parata inveni, pleraque, uti videbatur, infecunda casum moliebantur; hinc plantam dioicam vel polygamam esse suspicor, nostramque ab altero sexu sorte seclusam fructus perficere non potuisse.

---

2. Mespilodaphne pretiosa N. et M.

M. foliis oblongis utrinque attenuatis vel elliptico-oblongis obtusis glabris concoloribus. *N. ab E. Laur. Sellov. in Linn. VIII. 1. p. 45. n. 1.*

α. Angustifolia; foliis oblongis, paniculis minoribus.

Cryptocarya pretiosa *Mart. in Herb. Brasil. Monac.*

Laurus Canelilla: foliis lanceolatis venosis coriaceis, pedunculis axillaribus subquinquefloris. *Willd. Herb. n.* 7784. (*specimen Humboldtianum.*)

Canelilla, der berühmte Zimmet des Orinoco. *de Humboldt in Herb. Willd.*

Laurus Quixos *Lam. Enc. méth. III. p.* 455.

Borbonia peruviana lauri folio, cupula fructus ampla expansa aromatica, cortice ligni cinnamomeo. *Ios. Iuss. in Herb. Lamarck. l. c.*

β. Latifolia; foliis elliptico-oblongis brevicuspidatis basi magis attenuatis, paniculis maioribus magis compositis.

Habitat in sylvis ad oppidum Pará rarius, frequentius in Provinciae Paraënsis interioribus, *Páo* vel *Casca preciosa* Lusit. (de Martius); ad Maypure, (de Humboldt). Var. *β*. ad San Ioao do Ypanema die 26. Septembris a. 1819 cum fructu maturo novellosque gignens innovationes a Sellovio lecta est, tum etiam cum floribus perfectis aliis in regionibus Brasiliae. (Herb. Reg. Berol. n. 1388 et n. 186. (XX.)).

Arbor. Rami glabri, iuniores angulati, adultiores teretiusculi, epidermide in iuvenilibus pallide cervina, in adulto ramo cinerascente, longitudinaliter parallele rimosa et transversaliter longioribus brevioribusque intervallis diffracta, quo rami superficies saepe singulari modo tessellata evadit; lignum rufescens, laxum; tubus medullaris angulosus; corticis interiora strata fusca, dissecta nitentia, odoris atque saporis gratissimi, cinnamomi cum florum Aurantiorum vel olei Bergamottae mixti. Cicatrices foliorum semicirculares vel subrotundae, planae. Gemmae foliigenae axillares parvae, lanceolatae, canescenti-substrigilosae, ancipites, squamis duabus exterioribus carinatis, terminales maiores, similisque structurae. Folia diverg. $\frac{2}{5}$, 5—7 pollices longa, $1\frac{1}{2}$—2 pollices lata, oblonga, apicem versus attenuata acumine ipso obtuso, basi acuta in petiolum semipollicarem semiteretem supra canaliculatum desinentia, glabra, chartacea, venuloso-penninervia, nitida. Flores var. *α*. non vidi; in var. *β*. paniculae ad basin innovationis approximatae, iuxta basin trifidae, ramis et apice thyrsoideo-racemosis, ramulis inferis tri- reliquis unifloris, omnibus floribusque glabris. Pedicelli linea paulo longiores. Perianthium 3—$3\frac{1}{4}$ lineas latum, glabrum, glanduloso-punctatum, subrotatum, chartaceum, album; tubus turbinatus; limbi laciniae ovatae, obtusae, subaequales, obsolete nervosae, patulae. Stamina sex exteriora antheris ovato-subrotundis planis brevissime stipitatis, locellis quatuor ovalibus parvis uno super altero positis introrsum dehiscentes; tria interiora paulo altiora, filamento obconico, anthera subquadrata utroque latere oblique bilocellata, dorso cum filamento strigilosa. Glandulae geminatae magnae, globosae. Staminodia quarti ordinis distincta, scabra; stipite crasso, capitulo ovato-lanceolato subulato a stipite parum discreto. Pistillum stamina aequans, glabrum; ovarium obovatum, in tubo perianthii latens; stylus ovario brevior; stigma subcapitatum. Peracta anthesi perianthii laciniae persistunt conniventque. Pedunculi fructiferi axillares, pollicares et paulo longiores, angulati, pruinoso-canescentes, paniculato-trifidi, iam paucis fructibus in ramulis patentissimis residuis brevipedicellatis. Fructus immaturus magnitudine pisi et maior, globosus, laciniis perianthii conniventibus oblongis obtusis conico-coronatus, mespilum referens. Cortex calycinus crassus, saporis corticis ramorum suavissimi. Ovarium occultum, depressum, laeve, a stylo mucronatum. Fructus adulti tubus calycinus 3—3½ lineas altus, pyriformis, in vertice clausus et plaga, ubi laciniae olim inserebantur, circulari derasa notatus, ficum adamussim fingens, extus ferrugineo-pustulatus.*)

Var. β. Rami cortice glabro, odore et sapore speciei communis, per intervalla foliosi, ad basin innovationum floriferi. Folia per intervalla approximata, 5½—7 pollices longa, 2—2½ pollices lata, apice brevi-acutata, basi magis acuta, rigidula, petiolis latioribus et crassioribus praedita.

Adnotatio 1. Non omnium ramorum cortici est odoris suavitas; admixtum in aliis sentimus camphorati aliquid acrisque, his etiam sapor gravior.

Adnotatio 2. In opere Humboldtiano haec species non tractatur, etiamsi exemplum, ab ipso perillustri peregrinatore dono datum, in Herbario Willdenoviano existat.

---

*) Adiectae sunt specimini Martiano, in capsula seorsum servatae, seminis maturi cuiusdam cotyledones, magnitudine amygdali, oblongae, convexae, oleosae, quae, an eiusdem sint arboris, dubito.

3. Mespilodaphne leucophloea.

M. foliis lanceolatis utrinque attenuatis glabris glaucis supra laevigatis subtus laxe reticulatis, epidermide ramorum alba membranacea sponte solubili. *N ab E Laur Sellov in Linn. VIII 1 p. 45. n. 2.*

In Brasilia tropica legit Sellovius, absque fructificatione. (Herb. Reg. Berol. n. 1372.)

Silentio praeterire nolebam exemplum huius arboris, in Regio Herbario servatum, ob epidermidis structuram aliasque notas memorabile, et probabiliter huius generis.

R a m u s per intervalla fasciculatim et fastigiatim ramificatus, glaber, inferne epidermide privatus, fuscus, rimulosus, rugosus et maxime inaequalis; ramuli autem iuniores angulati, etiam glabri, epidermide alba tenui membranacea laxa diffracta atque solubili vestiti; cortex subfuscus odoris et saporis grati aromatici, sed debilis. C i c a t r i c e s f o l i o r u m per intervalla confertae, semicirculares, planae. G e m m a t e r m i n a l i s ex ovato subulata, ferrugineo-strigosa. F o l i a circa apices ramulorum approximata, 3 — 4 rarius sena, divergentia non satis certa, 4 — $4\frac{1}{2}$ pollices longa, unum pollicem lata, apice modice attenuata et obtusa, basi longius attenuata et in petiolum semiteretem glabrum supra depresso-canaliculatum 2 — 3 lineas longum decurrentia, chartaceo-membranacea, glabra, supra laevia venis vix ullis conspicuis glauca opaca, subtus laxe at paulo evidentius reticulata, nervo carinali utrinque prominulo subtus carinato venisque costalibus subsenis debilibus solutis instructa. Plura quae addam non habeo.

? 4. MESPILODAPHNE prolifera.

M. foliis oblongo-lanceolatis utrinque acuminatis subtus dense reticulatis ramisque glabris, paniculis ad basin innovationum parvis glabris trifidis. *N. ab E. Laur. Sellov. in Linn. VIII.* 1. *p.* 46. *n.* 3.

In Brasilia tropica cum floribus vetustis imperfectisque legit Sellovius. (Herb. Reg. Berol. n. 1373.)

Species distincta videtur, quae probabiliter huius generis. Differt a binis praecedentibus (*M. pretiosa* et *leucophloea*) ramis strictis rectiusculis per intervalla distincte, quemadmodum in pino, prolifero ramosis, foliisque, praesertim in pagina inferiori, confertissime reticulatis, concoloribus, neque, ut in *M. leucophloea*, glaucis. Epidermis ramorum et ramulorum glabra, alba, verrucosa nec diffracta; lignum griseo-cinereum, densum; tubus medullaris mediocris; cortex crassus, fuscus, odoris grati, saporis aromatici subacris, debilioris. Cicatrices foliorum semicirculares. Gemmae substrigosae; axillares parvae, compressae, bivalves, terminales crassiores, ovatae, squamis quatuor conspicuis. Folia circa ramorum apices conferta, diverg. $^2/_5$, 3—$4^1/_2$ pollices longa, 10—12 lineas lata, ex oblongo-lanceolata vel lanceolata, acuminata acumine obtuso, basi attenuata in petiolum-canaliculatum glabrum $^1/_4$ pollicis longum decurrentia, chartacea, glabra, nitida, subtus pallidiora dense nec grosse venuloso-reticulata nervo carinali prominulo obtuse carinato venisque costalibus tenuibus novenis divisa, supra minus evidenter reticulata, costa depressa. Pedunculi communes ad basin innovationis pauci, 1—$1^1/_2$ pollices longi, compressi, glabri, apicem versus trifido-corymbulosi ramulis trifloris, vel etiam subcymulosi, 5—7-flori. Pedicelli duas lineas longi, patentes. Flores subcernui, glabri. Perianthium coriaceo-chartaceum; tubus obconicus; limbi laciniae ovales, obtusae, glanduloso-asperae, patulae, peracta anthesi (in nostro exemplo) patentes; faux hirsuta. Antherae sex exteriores fere semicirculares, sessiles, quae reliquae erant ad basin tantum bilocellatae (!); tres interiores subsessiles, tetragonae, truncatae, distincte quadrilocellatae, locellis retroversis fereque ut in Nectandris constructis. Glandulae geminatae duae sessiles ad basin horum staminum. Staminodia quarti ordinis nulla inveni. Ovarium, stylo stigmateque parvis praeditum, ovatum, tubo perianthii immersum, incompletum videtur, et forsan planta nostra hermaphrodito-mascula est. Fructus deest.

Adnotatio. Antherarum structura *Nectandram* prodere videtur, sed laciniae persistentes perianthii repugnant, tum universus quoque adspectus *Mespilodaphnes* est magis quam Nectandrae. An *Phoebes* generis?

Tribus VI.

ACRODICLIDIA.

Arbores hermaphroditae. Staminodia vel nulla vel dentiformia, compressa. Stamina tria vel novem. Antherae locellis binis poriformibus iuxta apicem dehiscentes, subsessiles, interiores retro- aut introversae. Fructus primum perianthio pomiformi vel mespiliformi laciniis conniventibus clauso aut umbonato reconditus, serius emergens et cupulae calycinae crassae truncatae vel appendiculatae profunde immersus, baccans.

Inflorescentia paniculata thyrsoidea, vel conglomeratocapitata, puberula. Flores saepe infundibuliformes limbo brevi.

Gemmae incompletae.

Folia perennantia, venosa, cuspidata, saepius puberula.

Arbores Americae tropicae.

Genera:

Aydendron. Stamina novem. Staminodia dentiformia. Paniculae infraterminales.

Evonymodaphne. Stamina tria interiora sola perfecta in columnam contigua, introrsum dehiscentia, sex exteriora laminiformia.

Acrodiclidium. Stamina tria interiora sola praesentia, libera, extrorsum dehiscentes. Paniculae thyrsoideae.

Misanteca. Stamina tria interiora sola praesentia, monadelpha. Flores capitati.

XVII. AYDENDRON *) *N. et M. in Linn. VIII.* 1. *p.* 36. *N. ab E. Laur. Disp. Progr. p.* 13. *n.* 16.

Flores hermaphroditi, paniculati. Perianthium infundibuliforme, sexfidum, limbi laciniis aequalibus inaequaliter deciduis. Stamina fertilia novem triplici serie; filamenta crassa, brevia, hirsuta, antherae sex bilocellatae, valvulis totidem adscentibus dehiscentes; exteriores latiores brevissimae, ostiolis poriformibus infraapicalibus introrsum conversis; tres interiores minores, posticae, ostiolis magis lateralibus. Glandulae geminatae sessiles, compressae. Staminodia quarti ordinis compresso-subulata, obtusa, sessilia, squamiformia, in una specie sub hirsutie faucium latentia obsoleta. Ovarium in stylum brevem attenuatum; stigma truncatum, angustum. Fructus primum calycis tubo incrassato laciniis per aliquod tempus persistentibus umbonato vel earundem staminumque residuis denticulato immersus, sub maturitatem a tubo perianthii crasso recta nec omnino aequaliter truncato hinc inde sub-eroso vel laciniarum residua parte dentato calyculatus, glandiformis.

Inflorescentia: paniculae, in basi innovationum ramorumque axillares, lapsu foliorum denudatae; ante anthesin squamoso-bracteolatae, bracteolis valde caducis.

Adnotatio. Cupula fructus e duobus stratis et veluti cupulis constat, quarum altera alteri immersa limbum interiorem perianthii, stamina olim ferentem, exhibet, altera, sive exterior,

---

*) *Ay* vel *Aü* Bradypus et δένδρον arbor, ad nomen vulgatum, quo arbores nonnullae huius generis ab indigenis appellantur, constructum. Bradypodes *Aydendri mollis* foliis quammaxime delectari ferunt.

laciniis subiecta iisdemque saepe residuis coronata apparet. Metamorphosis cupulae e mespili forma in cupularem communis est isti generi cum Mespilodaphnes genere. Haud raro autem fructu ad perfectionem non adolescente, clausus perstat tubus servatque figuram pomi seu grossulariae. Ubi magis perficitur fructus, e tubo emergens eiusque ostium expandens glandis calyculati figuram adipiscitur.

---

1 Aydendron permolle N. ab E.

A. ferrugineo-tomentosum, foliis oblongis acuminatis supra nitidis, petiolis convoluto-canaliculatis.

Cryptocarya (?) Aü üva *Mart. in Herb. Bras. Monac.*

In sylvis ad Egà Provinciae Fluminis nigri Brasiliae, Decembre legit de Martius; ibidem Poeppig.

Aüiva aut *Aü-üva* incolis, i. e. Arbor Bradypodis.

Arbor magna, centum pedum altitudine, frondosa. **Rami** teretes, tomento ferrugineo mollissimo vestiti; lignum durum, suaveolens, (odore olei bergamottae), griseum; tubo medullari angusto; cortex fuscus, nitidus, resinosus. **Cicatrices foliorum** latae, cordatae, rugulosae. **Gemmae** subpetiolatae, ovato-lanceolatae, trigonae. **Folia** speciosa, 6—8 pollices longa, 2 pollices lata, oblonga, acuminata, basi obtusiuscula, coriacea, subtus aureo-fulvo tomentosa mollia, iuniora pallidiora, supra obscure et nitide viridia, laevia, glabra, subtus dissite nec crasse penninervia. Petioli crassi, semipollicares, ob margines dilatatos superne involutos profunde canaliculati, subtus obtuse carinati, ferrugineo tomentosi. **Paniculae** ad basin ramorum axillarium et innovationum e gemma terminali continuatarum 2—6, aliquot pollicum longitudine, ferrugineae, ramis teretiusculis bi-trifidis paucifloris. **Squamae** (seu folia inferiora minoraque rami) mox cadunt, et tum paniculae nudae restant, primo, gemma terminali nondum evoluta, una cum ramo suo vel innovationis basi paniculam amplius compositam axillarem vel terminalem fingentes, mox succrescente summitate distincte inferiores, cicatricum arcu angusto cinctae. Rami paniculae trifidi; ramuli 3—5-flori. Pedicelli in tubum perianthii indiscriminatim transcuntes, cum flore sesquilineam implentes. Perianthium anguste infundibuliforme, tubo obconico; limbi laciniis brevibus ovatis obtusis tomentosis obscure viridibus (siccis ferrugineis). Stamina novem triplici serie; filamenta hirsutissima, albo- (demum fulvo-) ciliata; sex exteriora ovata, antheris latiora; tria interiora linearia; antherae pro filamentorum volumine exiguae, sex exteriores late trigonae obtusae ostiolo utriusque lateris subrotundo marginato fusco introrsum-interiores tres minores subcubicae latere exteriora versus poro ova'' ehiscentes; valvulae ostiolis conformes. Glandulae ad basin staminum interiorum in siccis fere oblitteratae villisque absconditae. Staminodia quarti ordinis in hac specie videre non potui. Ovarium „depresso-globosum" exhibet cl. Martius; in siccis est ovato-lanceolatum, rostrato-attenuatum, basi glabrum, ceterum dense strigosum; stylus brevissimus, gracilis, glaber; stigma subcapitatum. Ovulum unum, pendulum.

? 2. Aydendron Cujumary N. ab E.

A. foliis oblongis acuminatis supra nitidis subtus tenuissime puberulis, paniculis fructus rigidissimis, cupulis verrucosis margine truncato-bisulcato.

> Ocotea Cujumary *Mart. in Herb. Bras. Mon. et in Buchn. Repert. a.* 1830. *XXXV. p.* 178. *Féruss. Bull.* 1831. *Ianv. p.* 63.
>
> Cuchery. *De la Condamine?*

In sylvis Iapurensibus et ad Ega, tum etiam in campestribus sylvisque caeduis prope Barra do Rio negro Provinciae Fluminis nigri Brasiliae, Decembre cum fructu maturo legit de Martius.

Arbor. Rami maiores patuli, obtuse tetragoni, circa apices ramosi, glabri; ramuli graciles, elastici, teretes, apicem versus ad axillas compressi, glabri, basi area circulari cincti spatioque aliquo aphylli, apicem versus dense foliosi; epidermis laevis, parvis lenticellis inspersa; lignum pallens, molle; tubus medullaris sat amplus; cortex insipidus. Cicatrices foliorum prominentes, oblique truncatae, planae, area media orbiculari rugulosa. Gemmae axillares omnino nullae explicatae! terminalis supra paniculas ovata, obtusa, squamis herbaceo-coriaceis subtomentosis ovatis obtusis concavis suboppositis, binis exterioribus interiores primum occultantibus. Folia diverg. $^2/_5$, subdisticha, pleraque 5—6 pollices longa, $1^1/_2$—2 pollices lata, oblonga, in angustam neque acutam cuspidem producta, basi acuta, rigidula, chartacea, consistentia circiter foliorum Lauri nobilis, supra glaberrima laevia nitida, subtus pallidiora et per lentem vitream visa pube minutissima in adultioribus denique evanescente inspersa, laxe reticulata nervisque costalibus apice venoso-divisis subnovenis praedita. Petioli vix 3 lineas longi, crassi, teretes, glabri, canaliculati, marginibus acutis. Flores non vidi. Pedunculi fructus communes in innovatione terminali apice gemmifera, caeterum nuda, vix pollicari crassa sulcata nudi, 3—4, 2—5 pollices longi, iam penna scriptoria paulo tenuiores, rugosi, rigidi, tomenti strigilosi, quod probabiliter florentes paniculas aut racemos undique tegebat, residuis hinc inde vestiti, prope a basi divisi. Ramuli sive pedunculi petentes, rigidi, rugosi, a pollicis longitudine cito decrescentes, bi-uniflori; superiores pedicellis locum cedentes. Pedicelli fructus cum cupula unum corpus obconicum 4 lineas longum constituentes, annulari articulo coniuncti ramulo. Cupula 4—5 lineas lata, suberoso-coriacea, crassa, extus dense verrucosa, margine oblique truncato bisulco, baccae appressa eademque duplo brevior. Bacca circiter semipollicaris, ovalis, obtusa cum parvo mucronulo; caro baccae satis spissa. Testa seminis chartacea, tenuis, umbilico chalazaque superis. Cotyledones ovales. Plumula ovata, satis conspicua, compressa; radicula minuta, recondita.

Adnotatio. Semina saporis sunt aromatici, maiori autem olei pinguis parte, ac Fabae, quae *Puchury* dicuntur, praegnantia. Contra vitia digestionis, ut Fabae Puchury, in pulverem redacta et aqua vinove mixta propinantur; maiorem autem in vitiis ventriculi efficaciam tribuunt pulveri ex partibus aequis harum baccarum et ligni semideusti arboris cuiusdam ignotae, *Pira-cuubà*, i. e. lignum piscium dictae.

? 3. Aydendron Laurel N. ab E.

A. foliis oblongo-lanceolatis lanceolatisve longe acuminatis subtus tenuissime puberulis, racemis (fructuum) axillaribus folio duplo brevioribus, cupulis truncatis margine simplici acuto.

> **Ocotea Pichurim** *Humb. et Kunth. Nov. Gen. et Sp. pl. II. p.* 166. *n.* 15. *Kunth. Synops. II. p.* 458. *n.* 15. *Spr. S. Veg. II. p.* 269. *n.* 28.
> **Laurus Pichurim** *Willd. Herb. n.* 7786. (*exempl. Humboldt. cum fructibus absque floribus.*)

Crescit in uliginosis iuxta Caño de Berita, prope Calabozo. (Prov. Venezuelae.) Fructificat Martio. *Laurel* incolarum. (de Humboldt.)

„Arbor ramis pendulis, teretibus, striato-rugulosis, glabris; cortice fusco-cinereo. Folia alterna, petiolata, oblongo-lanceolata, iuniora lanceolata, utrinque acuminata, integerrima, coriacea, reticulato-venosa, venis primariis nervoque medio subtus prominentibus, utrinque glabra, supra nitida, iuniora subtus tenuissime sericea, subsexpollicaria, sesquipollicem lata, aromatica. Petioli subsemipollicares, canaliculati, glabri. Pedunculi communes axillares, multiflori, folio multo breviores. Flores non vidi. Fructus pedicellati; pedicellis incrassatis, glabris. Bacca forma et magnitudine olivae, calyce persistente cincta. Calyx in fructu cupulaeformis, coriaceus, glaber, limbo integro."

„An Fabae Pichurim ob vim febrifugam celebratae huius arboris fructus? Lignum suaveolens." H. et K. l. c.

Adnotatio 1. Ob similitudinem *Aydendri Cujumary* huc retuli, a quo differt: gemmis conspicuis subulatis incanis compressis, foliis, vel ubi maiora sunt, angustioribus acuminatis nec cuspidatis, nervis costalibus subnovenis subsimplicibus fere ad margines folii pertingentibus arcuque nullo conspicuo inter se coniunctis, nec, ut in Cujumary, evidenter ramoso-venosis arcubusque suis longo ante margines spatio plexum struentibus, reti venuloso subtilissimo subtus vix conspicuo, racemulis fructuum axillaribus circiter pollicaribus glabriusculis, cupulis extus non pallide verrucosis, margineque acutis.

Conveniunt autem baccae utriusque speciei, convenit sapor corticis baccarumque.

Adnotatio 2. Specimen Herbarii Willdenoviani folia habet omnino lanceolata, 5—5½ pollices longa, 10—13 lineas lata; reliqua autem cum descriptione Kunthiana congruunt; adiecta est quoque schedula, ill. Humboldtii manu propria inscripta, addito loco natali „Calabozo".

Adnotatio 3. Nomen mutandum erat, ne confundatur haec species cum aliis arboribus, quas Fabas Puchury dictas ferre nuper docuit Martius noster. At eiusdem fors generis esse, Nectandrisque potius adscribendas et hanc et praecedentem speciem haud improbabile, eoque magis, cum inflorescentia Aydendri Cujumary in exemplis Martianis nescio quid monstrosi prae se ferre videatur.

---

4. Aydendron firmulum N. et M.

A. foliis lanceolato - oblongis basi acutis iuvenilibus subpubescentibus adultis cum petiolis canaliculatis ramisque angulatis rimosis glabris, ramulo florigero racemisque strigiloso - sericeis, floribus pedicellatis nutantibus, bacca subglobosa. *N. ab E. Laur. Sellov. in Linn. VIII. 1. p. 36. n. 1.*

Ocotea firmula *Mart. in Herb. Bras. Monac.*

Laurus revoluta; foliis lanceolatis venosis coriaceis margine revolutis, ramulis angulatis. *Willd. Herb. n.* 7785. (*exempl. Humboldt. absque flore et fructu.*)

Laurus Pucheri? *Humboldt in Herb. Willd.* (*in altera autem schedula vera adest* Ocotea Pichurim *Humboldt a nostro sat diversa.*)

Cryptocaryae sp. *Herb. Endlich.*

In sylvis, Catingas dictis, ad Sincorà, locis altis Provinciae Bahiensis, Novembre cum fructu maturo absque floribus, (de Martius. Vidi sicc. specc. in Herb. Martiano et in Herb. Reg. Berol., a Sellovio missa (n. 3691.), atque in Herb. cl. Endlicher. Ad Maynas, Poeppig (n. 2478.). Ad Caraccas, (de Humboldt).

Similis *Aydendro citrifolio.* Arbor, vel frutex fortior. Rami fastigiato - divisi, iuniores a costa decurrente compresso-angulati, adultiores teretes; epidermis adultiorum cinerea, lichenum thallis variegata, rimis longitudinalibus et transversalibus quasi squamatim discissa; iuveniles strigiloso - sericantes; lignum durum, pallide rufescens; tubus medullaris angustus, in iunioribus mediocris; cortex crassus, fuscus, subamarus, cardamomorum odore et sapore in aliis debili, in aliis fortiori. Cicatrices foliorum prominulae, truncatae, semicirculares, planae. Gemmae axillares ovatae, terminales lanceolatae, hac et illac bivalves, cano-tomentosae, hac basi compositae. Folia diverg. $^2/_5$, conferta, 3—8 pollices longa, 1—$2^3/_4$ poll. lata, oblonga, apice magis minusve attenuato obtuso vel acutiusculo, basi acuta, rigidula, adulta complicata et recurva, supra nitida, subtus pallidiora, reti venuloso subinconspicuo, subtus scrobiculata; venis costalibus subnovenis in minoribus parum-in maioribus magis conspicuis; iuvenilia folia subtus et in margine pube rara exili inspersa. Petioli $^1/_2$—1 pollicem longi, compressiusculi, firmi, supra canaliculati marginibus acutis. Pedunculi communes ad basin innovationis, e squamarum fugacium axillis, $1^1/_2$—2 pollices longi, angulati, strigoso-cani, a medio floriferi. Squamae bracteales lanceolatae, tomentosulae, longitudine pedicellorum; aliae minores suboppositae in inferiori parte cuiusque pedicelli. Flores abortu simpliciter racemosi, nutantes vel recurvi, 6—8, approximati. Pedicelli crassiusculi, lineam circiter longi, sericantes. Perianthium linea paulo longius, infundibuliforme, chartaceum, strigiloso-sericans; tubus obconicus, in pedicellum transiens; limbus tubum aequans, campanulatus; laciniae subrotundo-ovatae, obtusiusculae, concavae, pellucido-punctatae, obsolete venuloso-nervosae, ciliatae; interiores paulo angustiores. Stamina novem; antherae subsessiles, ovatae, obtusae, basi steriles cum filamento hirsutae, infra apicem bivalves, ostiolis parvis ovalibus, sex exteriorum staminum introrsum versis, trium interiorum, quae paulo angustiora, extrorsum. Staminodia sub villis faucium latentia, parva, squamiformia; in aliis nulla omnino inveni. Pistillum longitudine staminum; ovarium lanceolatum, scabrum, in stylum subulatum aeque longum transiens; stigma parvum. Pedunculi fructigeri in ramulo vel innovatione brevi angulosa strigilosa denique ex apicis gemma continuata approximati, 1—2 pollices longi, compresso-angulati, iam glabri, a medio cicatricibus ramulorum paniculae vel pedicellorum praediti, circa apicem unum alterumve fructum ferentes. Pedicelli fructus erecti, sursum incrassati, semipollicares. Cupula crassa, rugulosa, 5 lineas lata, in margine acuto subdenticulata. Bacca cerasi minoris magnitudine, globosa, cupulae primum usque ad verticem fere immersa, matura autem ultra medium emergens.

Adnotatio 1. In opere Humboldtiano haec species, (probabiliter ob exemplorum insufficientiam) omissa est.

Adnotatio 2. Conferas *Oreodaphnae nitidulae var. β.* et *γ.*, quae si forte huius generis, charactere specifico, qui sequitur, hic loci inserendae sunt:

Aydendron (*pauciflorum*) foliis elliptico-cuneiformibus obtuse-brevi cuspidatis glabris rigidulis, petiolis acute canaliculatis, ramulis novellis angulatis cano-strigilosis, pedunculis folio brevioribus apice cymuloso-paucifloris, cupula glabra hemisphaerico-phialoidea.

---

5. Aydendron salicifolium N. ab E.

A. foliis oblongo-lanceolatis utrinque attenuatis chartaceis laevibus ramisque glabris, ramulo florigero paniculisque terminalibus aggregatis brevibus rufescenti-strigilosis, floribus sessilibus.

Laurus salicifolia *Swartz Fl. Ind. occ. II. p. 709. Willd. Sp. pl. II. p. 482. n. 22. Spr. S. Veg. II. p. 265. n. 5.*

Laurus hexandra *Richard. in Herb. Willd. n. 7804. (excl. synon. Swartz. et Aubl.*

Crescit in Guiana, (Richard in Herb. Willd.); in India occidentali, (Swartz, teste Herb. Lambert. in Herb. Mart.)

Arbor. Rami teretiusculi, epidermide glabra cinerea rimulosa et lenticellata, sub evolutione foliorum griseo-strigilosi et angulati, per intervalla subverticillatim ramulosi, ramulis 3 — 4 erecto-patulis apice foliosis; lignum pallescens; tubus medullaris angustus; cortex subfuscus, odoris et saporis aromatici debilis. Cicatrices foliorum per intervalla confertae, semicirculares vel trigonae, planae, latae. Gemmae compressae, acutae, incanae. Folia circa apices innovationum conferta, 3 — 4 pollices longa, 7 — 14 lineas lata, lanceolata vel oblongo-lanceolata, ramulorum inferiorum in acumen breve obtusumque producta, superiorum acutata vel acuminata, basi cuneata in petiolum 2 — 3 lineas longum canaliculatum primo strigilosum dein glabrum purpureum haud ita fortem decurrentia, chartacea, glabra, plana, supra saturate viridia, subtus pallidiora, costa media purpurea prominula, venis costalibus subnovenis retique laxo parum conspicuis. **Pedunculi communes** ad basin gemmae innovationis terminalis pauci, ½—1½ pollices longi, rigiduli nec crassi, squamuloso-scabri, ad medium usque vel ultra simplices, hinc vel racemulosi vel paniculati, trifidi, ramulis inferioribus 3—4 lineas longis patulis cymuloso-tri-septemfloris, aliis subracemosis. **Bracteolae** ad divisiones et infra flores parvae, ovatae, concavae, membranaceae, puberulae, deciduae. **Flores** sessiles, cernui, lineam alti et in limbo lineam lati, glabri, vel quasi pruinoso-strigilosi, infundibuliformes; tubus obconico-cylindricus, crassus, coriaceus; limbus tubi longitudine, laciniis erecto-patulis ovato-subrotundis concavis obtusis aequalibus pellucido-punctatis submembranaceis subenerviis diutius persistentibus. **Antherae** sessiles, limbum subaequantes, ovatae, obtuse mucronatae, basi villis densis rubiginosis (in sicco) cohaerentes, apice nudiusculae et in ipso mucrone ad utrumque latus poro minuto ovali subtransversali, in sex exterioribus introrsum- in tribus interioribus ad latus spectante pertusae; valvulae arrectae, minutis alis similes. **Glandulae** ad basin dorsalem staminum interiorum sessiles, sub villis latentes. **Staminodia** subulata, hirta, longitudine dimidia staminum. **Pistillum** longitudine staminum; ovarium in tubo perianthii latens, ovatum, glabrum; stylus longitudine ovarii, filiformis, scabriusculus; stigma parvum, capitatum. **Fructum** maturum non vidi; immaturus (pisi magnitudine) urceolatus, tubo perianthii subgloboso infra limbum constricto limbo erecto-conniventi clauso adeoque fructum tenerum recondente.

Adnotatio 1. Simile est hoc Aydendron *Aydendris firmulo* et *suaveolenti*, maximeque huic posteriori, sed differt foliis tenuioribus neque rigidis, ab *Aydendro suaveolente* etiam odore corticis debili atque diverso.

Ab *Aydendro firmulo* praeterea distinguitur floribus sessilibus, nec pedicello distincto fere lineam longo praeditis.

Adnotatio 2. Lauri hexandrae (quae *Ajouea Guyanensis* Aubl.) nomen, exemplo Herbarii Willdenoviani adscriptum, falsum esse, cuique Aubletii verba legenti et iconem intuenti illico apparebit. Similis sane est rami adspectus, sed longe alia florum structura, quibus stamina sex, filamentis distinctis praedita, et antherae latis ostiolis in facie dehiscentes glandulaeque totidem seriei interiori interpositae tribuuntur.

6. Aydendron microbotryum N. ab E.

A. foliis lanceolatis apice attenuatis coriaceis reticulatis subtus sparse puberulis, racemulis ad innovationum basin brevissimis nutantibus ramulisque strigilosis, floribus pedicellatis.

Laurus salicifolia *Herb. Schott.* (*nec Swartz.*)

Crescit in Portorico. (Schott. l. c.)

Est species distinctissima, *Aydendra* cum *Acrodiclidiis* connectens. Rami teretes, dense ramulosi; adultiores glabri, lenticellis minutis tuberculati, iuniores hirsuti; cortex fuscus, aromaticus. Gemmae griseo-dense-strigilosae, bivalves; axillares ovatae, terminalis obtusa, oblonga, dehiscens. Cicatrices foliorum semicirculares. Folia conferta, diverg. $^2/_5$ posita, 2—4 poll. longa, 7—10 lin. lata, lanceolata, basi acuta, apice acuminata acumine obtusiusculo, crassiuscula, confertim reticulata, supra glabra nitidula, subtus, praesertim ad costam, tenuissime puberula pallidiora, venis costalibus pluribus (7, 9, 11,) parum prominulis ramificatis retique implexis praedita; costa media subcarinata, bistriata. Petioli 2—$2^1/_2$ lineas longi, semiteretes, depresso-canaliculati, iuniores pubescentes, purpurascentes. Racemuli ad basin innovationum 1—2, 3—4 lineas longi, apice recurvo-cernui, a medio florentes, 5—6-flori, simplices. Pedunculus communis gracilis et pedicelli, qui lineam longi vel longiores recurvique strigiloso-pubescentes. Flores vix linea longiores, turbinati, parum strigilosi; tubus obconicus, limbo longior; laciniae limbi ovatae, obtusae, incurvae. Stamina sex exteriora antheris incompletis, filamentis crassis extus strigosis; tria interiora ope glandularum basin ambientium in conum obtusum conglutinata, antheris apice poris binis subrotundis dehiscentibus, valvulis sursum reflexis. Ovarium in tubo perianthii reconditum; stylus inclusus. Cupula fructus a pedunculo communi recto angulo adscendens, solitaria, 4 lineas lata et alta, glabriuscula, breviter turbinata, coriacea, limbo duplicato discreto, exteriori lobato, interiori truncato integerrimo. Baccam non vidi.

Adnotatio. Cum *Acrodiclidio micrantho* etiam eo convenit, quod perianthia deflorata in aqua emollita larga mucilagine induuntur.

— — ———

7. Aydendron suaveolens.

A. foliis oblongis coriaceis in petiolum latum attenuatis obtuse acuminatis ramisque glabris, pedunculis fructus infra gemmam terminalibus aggregatis racemosis brevibus ebracteatis, cupula fructus hemisphaerica crassa squarroso-verrucosa. *N. ab E. Laur. Sellov. in Linn. VIII.* 1. *p.* 37. *n.* 2.

In Brasilia cum fructu maturo legit Sellow. Vidi in Herb. Reg. Berol.

Ab *Aydendro firmulo* differt foliis multo crassioribus, petiolis latioribus, pedunculis brevioribus cupulisque crassioribus duplici margine cinctis squarrosis, denique cortice dulci suaveolente.

Ramus rigidus, fasciculatim ramosus, inferne teres, iunior subtrigonus, glaber, rimuloso-asper; lignum pallens, rude; tubus medullaris sat amplus; cortex fuscus, odoris omnino corticis *Mespilodaphnes pretiosae* sed dibilioris. Cicatrices foliorum magnae, fere ex transverso ovales, marginatae, pedunculorum iis adiectae subrotundae umbilicatae. Gemmae terminales subulatae, glabrae. Folia circa ramulorum apices diverg. $\frac{2}{5}$ approximata, 4 pollices longa, unum pollicem circiter lata, coriacea, crassa, rigida, oblonga, apice mediocriter attenuata acumine obtuso, basi cuneatim attenuata et in petiolum crassum latum semitereti-depressum marginatum, siccando convoluto-canaliculatum, 3 — 4 lineas longum transeuntia, glabra, supra laevia, subtus obiter scrobiculato-reticulata, venisque costalibus senis-novenis debilibus praedita, concoloria. Pedunculi communes (fructus) e basi innovationis (in nostro non evolutae) infra gemmam terminantem corymboso-aggregati, circiter pollicares, angulosi, cicatricosi, prope a basi divisi, racemosi, iam di-tricarpi. Fructus nutantes. Pedicelli fructus brevissimi, confluentes cum cupula hemisphaerica crassa truncata extus verrucis pallidis confertis exasperata, margine truncato crasso linea impressa discreto, haud raro lacinia una alterave residua appendiculata. Bacca figura et magnitudine glandis, ovata, obtusa cum mucrone, laevis, sicco-coriacea, dum matura, cupula plus duplo altior, odorata.

8. Aydendron bracteatum N. ab E.

A. foliis elliptico-oblongis acute brevicuspidatis coriaceis in petiolum latum brevissimum desinentibus glabris, ramulis novellis strigilosis, pedunculis fructus infraterminalibus aggregatis bractea suffultis, cupula primum mespiliformi demum hemisphaerica appendiculato-dentata aequali.

Ex insula St. Vincentii. Vidi siccum specimen in Herbario cl. Schott.

Ramus crassitie pennae cygneae, obsolete angulatus, incanus, subtilissime strigiloso-tomentosus, aetate calvescens; cortex pallide fuscus, odoris aromatici debilis; lignum albidum; tubus medullaris amplus, irregulariter angulatus. Cicatrices foliorum non vidi; pedunculorum suborbiculares, profunde umbilicatae. Gemma terminalis ovata, acuminata, parum strigilosa, bivalvis, valvis ovato-lanceolatis carinatis; axillares parvae, ovato-subulatae. Folia per intervalla arcte congesta, divergentia in nostris non rite dignoscenda, $4\frac{1}{2}$—8 pollices longa, $1\frac{1}{2}$—$2\frac{1}{2}$ pollices lata, minora quandoque obtusiuscula, reliqua in cuspidem brevem angustam acutiusculam producta, basi cuneiformia, in petiolum vix linea longiorem crassum semiteretem supra depresso-canaliculatum subtilissime tomentosulum anguste at obtuse desinentia, coriacea, crassa et rigida, glabra (iuniora probabiliter puberula), supra laevia glaucescentia, subtus pallidiora subtiliter anguste reticulata nervisque costalibus undenis tenuibus sed distinctis circa margines arcubus subtilibus coniunctis praedita. Pedunculi communes ad basin innovationum approximati, singuli bractea circiter semipollicari lanceolata acuminata carinata membranaceo-chartacea strigiloso-sericea suffulti, quae bracteae diutius quam in aliis persistunt et, ubi steriles sunt, supra pedunculorum congeriem ad basin comae foliorum subsequentis magis imbricatae, inflorescentiae tanquam ramenta inhaerent. In nostro exemplo pedunculi iam fructiferi 3—4 poll. longi sunt, rigiduli, satis crassi, glabriusculi, obsolete angulati, a medio circiter divisi, multis cicatriculis elevatis truncatis praediti, paucis fructibus residuis. In fructu parum adulto partes floris bene perspexi. Huic pedicellus est vix linea longior. Tubus perianthii iam globosus, seminis cannabis magnitudine; laciniae in umbonem conniventes, aequales, rotundatae, coriaceae, pubescentiae strigilosae residuis vestitae. Stamina laciniis breviora; filamenta latitudine fere antherarum, dense hirta; antherae sex exteriores transversales truncato-triangulares poro parvo oblique ovato utrinque iuxta apicem magisque ad latus converso dehiscentes; tres interiores subquadratae, rugulosae, ostiolis magis posticis simulque lateralibus parvis circa verticem. Glandulae geminatae parvae, s..iles, ad basin staminum interiorum. Staminodia subulata, hirta. Cupula fructus subsessilis, semipollicem lata, hemisphaerica, coriaceo-crassa, extus laevis, ut in omni hoc genere quasi duplicata seu e binis cupulis, quarum una alteri immersa est, constans, hinc limbo duplici praedita, altero eoque exteriori acuto lacinulis perianthii residuis non mutatis distantibus appendiculato, altero interiorique humiliori truncato integroque, baccae basin in cavum suum recipiente, margineque stamina (sub anthesi) ferente. Bacca pollicem alta, ovalis, obtusa.

Adnotatio 1. Proxima haec species est *Aydendro suaveolenti*, sed differt: foliis duplo maioribus argute cuspidatis subtus evidentius reticulatis costulatisque, bracteis pedunculos communes fulcientibus diutiusque persistentibus, pedunculis longioribus a medio ulteriusve divisis, cupulis extus *non* verruculosis, bacca maiori.

Adnotatio 2. Folia exempli nostri *Fumaginis* cuiusdam maculis irregularibus confluentibus hinc inde muriculato-exasperatis fusco-nigris inquinata sunt.

---

9. Aydendron citrifolium N. ab E.

A. foliis ovalibus basi obtusis petiolis canaliculatis ramisque compresso-angulatis glabris, paniculis scabridis.

In sylvis Iapurensibus Provinciae Fluminis nigri Brasiliae, ad amnem Juì, Februario mense primos flores expandens a cl. Martio lectum.

Ramus arboris glaber, lenticellis oblongis subglandulosis exasperatus, viridis, ob costam fortem e singuli petioli dorso descendentem compresso-angulatus; lignum cinerascens, densum; tubus medullaris mediocris; cortex fuscus, insipidus. Gemmae axillares et terminales lanceolatae, ancipites, bivalves, glabrae, illae substipitatae. Folia conferta, diverg. $^2/_5$, 4—5 poll. longa, $1^1/_2$—2 poll. lata, elliptica, obtusa vel obtuse cuspidata, basi obtusiuscula in petiolum teretiusculum glabrum 2—3 lineas longum acute et profunde canaliculatum glabrum conniventia, glabra, supra minutim impresso-punctulata viridia, subtus obsolete reticulata et in sicco fuscescentia, hinc forsan in vita pallida, venis costalibus tenuibus subsenis. Pedunculi communes ad basin innovationis approximati, 2—3 pollices longi, tenues, compresso-angulati, sub evolutione iam squamulis suis bractealibus exuti, a medio subcorymboso-paniculati, cum ramis et pedicellis exigua pube scabriusculi et canescentes, corymbum terminalem communem una struunt. Rami paniculae singulae patentes, $1^1/_2$—$^1/_2$ pollicem longi, pauci, inferiores oppositi vel abortu unilaterales, apice pro longitudine magis minusve trichotomo-subcymosi. Pedicelli lineam longi, graciles. Perianthium chartaceum, extus, uti pedicelli, scabriusculum, lineam longum latumque; tubus obconicus; limbi laciniae aequales, subrotundae; faux strigilosa. Antherae sex exteriores subrotundae, obtusae cum mucronulo, parte infera quasi in filamentum bialatum introrsum utrinque excavatum strigilosum locellos inferiores absorbens mutata, superiori transversali utrinque ad apicem poro trigono valvato dehiscente; tres interiores obconicae, truncatae, introrsum convexae, extus ad apicem canaliculatae et utrinque poro luteo valvato pertusae, basi utrinque et extrorsum glandula subquadrata subsessili compressa lutea stipatae. Staminodia quarti ordinis tria dentiformia, parva, basi strigosa. Pistillum glabrum; ovarium ovatum; stylus ovarii longitudine, mediocris; stigma depresso-capitatum. Fructum non vidimus.

? 10. Aydendron obtusifolium N. ab E.

A. foliis obovato-ellipticis utrinque obtusis supra laxe subtus dense reticulatis ramisque glabris, paniculis fructus foliis sublongioribus scabris, cupulis fructus obovatis baccam oblongam semitegentibus.

Ocotea obtusifolia *Humb. et Kunth. Nov. Gen. et Sp. pl. II. p.* 165. *n.* 13. *Kunth. Synops. I. p.* 458. *n.* 13. *Herb. Willd. n.* 7814.

Crescit in regione alta provinciae Bracamorensis, inter Rio Cutaco et villam Olleros, alt. 710 hexap. Fructificat Augusto, (de Humboldt.) Vidi exempl. Herb. Willd. cum fructu immaturo.

„Ramuli teretes, sublaeves, glabri, cortice, cinereo. Folia alterna, petiolata, obovato-oblonga, obtusa, basi subrotundata, integerrima, coriacea, reticulato-venosa, venis primariis nervoque medio subtus prominentibus, utrinque glaberrima, supra nitida, tres et dimidium pollices longa, 20 lineas et paulo latiora. Petioli semipollicares, glabri. Paniculae axillares, pedunculatae, floriferae a me non visae; fructiferae folio duplo longiores; ramis pedunculisque glabris. Fructus pedicellati; pedicellis valde incrassatis. Bacca forma et magnitudine olivae, calyce persistente semiinclusa. Calyx in fructu cupulaeformis, glaber, limbo integro."

Ob affinitatem cum *Aydendris citrifolio* et *desertorum* huc relata est ista species, quae quidem foliis glabris evidenter in utraque pagina reticulatis, reti in pagina superiori grossiori, at ampliori ac in inferiori pagina, differt. Petioli planiusculi sunt. Pedunculi fructus crassi, apicem versus cum pedicellis strigilosi. Cupulae subglobosae (in Herb. Willd.) baccam immaturam umbonatam fere recondunt. Margo cupularum in hoc exemplo inaequalis, subrepandus.

Adnotatio. An potius Oreodaphnes species?

? 11. Aydendron verrucosum.

A. foliis oblongis basi obtusis subcordatis subtus reticulatis petiolis canaliculatis ramisque costatis et verrucosis glabris, pedunculis fructus infra gemmam terminalem aggregatis, cupula fructus subglobosa verrucosa. *N. ab E. in Linn. VIII. 1. p. 37. n. 3.*

In Brasilia tropica cum fructu maturo legit Sellovius. Vidi specimen Herbarii Regii Berolinensis (n. 1374.)

Summopere affinis *Aydendro citrifolio*, sed procul dubio distincta species. Arbuscula esse videtur, ramis haud validis, costis acutis a foliis decurrentibus angulatis, superne compressis glabris sed lenticellis crebris magnisque elevatis ovalibus pallidioribus verrucosis; lignum cinerascens, durum; tubus medullaris mediocris; cortex fuscus, odoris et saporis caryophyllorum. neque adeo fortis. Cicatrices foliorum semicirculares, pedunculorum orbiculares; squamarum lunatae. Gemma terminalis angusta, bivalvis, glabra, basi rufo-strigilosa. Folia diverg. 2/5 posita, 4—6 pollices longa, 11—16 lineas lata, oblonga, iuvenilia tenera membranacea nitidissima, adultiora firmiora opaca, basi obtusa vel leviter subcordata, apice nonnihil attenuata acuta vel obtusa, glabra, subtus reticulata, costa media bisulca, venis costalibus subduodenis tenuibus solutis patentibus praedita. Petioli 2—3 lineas longi, teretiusculi, acute canaliculati, glabri, adulti verrucosi. Flores non vidi. Pedunculus fructus in ramulo, foliis iam orbato, infra gemmam terminalem situs, in hoc exemplo semipollicaris, glaber, vestigiis ramulorum aut florum delapsorum paucis, unoque fructu praeditus, glaber. Pedicellus vix lineam longus, crassus. Cupula semiglobosa, diametro 3 linearum, subverrucosa, glabra, baccam ab initio aequans et includens. Bacca matura 3/4 pollicis alta, ovalis, obtusa cum mucrone.

---

12. AYDENDRON desertorum N. ab E.

A. foliis elliptico-oblongis cordatis subsessilibus, ramis paniculisque tomentosis.

Ocotea desertorum *Mart. in Herb. Bras. Monac.*
Ocotea obtusifolia *id. ibid.*

In sylvis Capoës versus Flumen St. Francisci, et ad fluvium viridem (Rio verde), tum in Chapada do Parañao Provinciae Minarum generalium Brasiliae, Iulio et Augusto mensibus cum floribus novellis fructuque maturo legit praecl. Martius.

Arbor. Rami angulosi, figurae irregularis, adultiores glabrescentes, iuniores densissime lanuginoso-tomentosi, grisei; lignum cinerascens, satis densum, inodorum; tubus medullaris compresso-angulatus, amplus; cortex griseus, insipidus, inodorus. Cicatrices foliorum subcordatae, marginatae, disco elevato ruguloso, pedunculorum plerumque minores, contiguae, ovatae vel transversales, concavae. Gemmae terminales ovatae, obtusae, dense lanato-tomentosae, rufae, squamis herbaceis, clausis. **Folia** conferta, diverg. $2/5$, 3—4 pollices longa, $1^1/_4$—2 pollices lata, ex ovali oblonga, obtusa, basi cordata, coriacea, crassa, rigida, supra laevia subtus tenuissime reticulata, nervis costalibus subtilibus subnovenis parum conspicuis praedita, iuniora tenuissime puberula, adulta glabrescentia.*) Petioli vix linea longiores, crassi, profunde sulcati, tomentosi. **Pedunculi communes** ad basin innovationum aggregati, 2—3 poll. longi, laxi, uti rami pedicelli et flores lanuginoso-tomentosi, compressiusculi, e **squamae** rufo-hirsutae oblongae obtusae caducaeque angulo orientes et sub evolutione subcorymbosi (quandoque etiam e supremorum innovationis foliorum axillis proveniunt), a medio circiter divisi. **Bracteolae** primoribus illis similes, per gradus minores et minimae, defluentes sub reliquis ramificationibus. Rami paniculae $1/2$—1 pollicem longi, patentes, inferiores subopposití, reliqui alterni, omnes apice bis vel semel trifidi, 3-7-rarius pluriflori. **Pedicelli** lineam longi, tomentosi. **Flores** turbinato-infundibuliformes, linea paulo longiores et latiores, albi, tomentosi; tubus obconicus; limbus tubi longitudine vel paulo brevior, laciniis late ovatis obtusis tenuibus pellucido-punctatis venoso-trinerviis. **Stamina** in filamentis brevissimis albido-hirtulis novem, quorum sex exteriora antheris anticis latis subrotundis mucronulatis crassis praedita, utrinque iuxta apicem poro sursum valvato orbiculato parvo dehiscunt; antherae tres interiores obverse trigonae truncatae dorso unisulcatae extrorsum et ad latus utrumque poro simili trigono

---

*) In folio *Aydendri desertorum* sociatim crescunt:

Stigmatidium velatum N. ab E.

St. erumpens, epidermide candida cinctum, thallo orbiculato aggregato vel confluente fusco subtilissime radiato-striato, sporangiis centralibus aggregatis (nigris).

Diameter lin. $1/2$. Plura aggregata vel in thallum communem orbicularem confluentia.

Depazea Aydendri N. ab E.

D. epiphylla, maculis orbicularibus minute lobulatis subtilissime radiatis cinerascentibus, peritheciis marginalibus et discoidalibus aggregatis papillaribus atris, disco demum denudato candido.

Maculae 2—4 lin. diametro. *Stigmatidium velatum* haud raro ex huius fungi area prorumpit.

recluduntur. Glandulae ad basin staminum trium interiorum magisque posticae sessiles, subquadratae, compressae. Staminodia quarti ordinis tria, parva, e basi latiori subulata, compressiuscula, obtusa, superne glabra, quandoque staminum interiorum alteri lateri connata, denticulum ad eorum basin exhibentia, et tum quidem, nisi sollicite attendas, oculos facile effugientia. Pistillum longitudine staminum; ovarium ovale, tuberculatum; stylus haud crassus; stigma subcapitatum. Post anthesin perianthii tubus intumescit et primo quidem subglobosus extus rugosus ovarium recondit, limbo tum temporis laciniis perianthii, magnitudine minime auctis sed rigescentibus ideoque pro mole tubi ingrossati exiguis, ceu denticulis parvis distantibusque aucto, caeterum truncato sulcoque medio marginis exsculpto. Denique, fructu magis adolescente, os tubi dilatatur, margine plerumque hinc inde diffractum vel erosum, denticulis limbi tum penitus, vel maximam partem evanidis, quo facto cupulam crassam nonnihil irregularem concavam hemisphaericam semipollicari diametro exhibet tubus perianthii, cui bacca basi immersa inhaeret. Bacca ovalis, obtusa cum mucrone, cum cupula glandi quercus persimilis, $1/2$—$3/4$ pollicis longa, cupula plus duplo altior; caro baccae tenuis, odoris aromatici pinguis. Seminis testa tenuis; membrana interna fusca, chalaza verticali utrinque fasciam vasculosam pallidam emittente, quae fasciae arcu venoso iunguntur. Cotyledones forma et magnitudine seminis, basi supera mucronatae. Plumula embryonis solito maior, oblonga, apice bifida; radicula anceps, recondita.

XVIII. EVONYMODAPHNE N. ab E. *)

Hermaphrodita. Perianthium subrotatum, patens, tubo brevi, limbo aequali persistente (?) Stamina novem, tubi apici inserta; primi et secundi ordinis in staminodia conversa, antheris petaloideis, illis sessilibus, his unguiculatis; trium interiorum multo maioribus depresso-tetragonis sessilibus (seu potius a filamentis non discretis) in columnam repando-triangularem contiguis (hirtis) vertice truncato in poros binos orbiculares valvulis erectis introrsum versis dehiscentibus. Glandulae geminatae nullae, nisi fors filamentis confluentia. Staminodia quarti ordinis nulla. Pistillum longitudine staminum interiorum; ovario tubum aequante; stylo conico ovarii longitudine; stigmate parvo discoideo.

Inflorescentia: racemi aut cymae simplices, graciles, in ramulo proprio apice gemmiparo axillares. Flores parvi, fere Oreodaphnes.

Folia penninervia, nervis seu venis costalibus paucis, procul a margine arcuatim coniunctis.

Adnotatio. Genus distinctissimum, *Acrodiclidio* et *Misanteecae* confine, sed diversum ab omnibus habitu, et antheris fertilibus introrsum nec extrorsum dehiscentibus, i. e. valvulis margini postico ostioli adfixis.

---

*) Ab εὐώνυμος Evonymus et δάφνη laurus, propter similitudinem inflorescentiae.

1. Evonymodaphne armeniaca N. ab E.

Laurus armeniaca *Herb. Poeppig. n.* **1861.** *et* **1787.**

Ad Tocache in Peruvia et ad Maynas subandinum legit cl. Poeppig. Fructus latet.

Rami graciles, acute quinquangulares, cum vestigio anguli tertii, grisei, adulti glabri, novelli griseo-substrigilosi; cortex tenuis, pallide fuscus, odoris aromatici dulcis; lignum albidum, laxiusculum; tubus medullaris mediocris. Cicatrices foliorum scutatae, prominulae; primordialium rami aut gemmalium lunatae. Gemmae strigoso-sericeae, subargenteae; axillares conicae, angulatae, parvae; terminalis subulata, maior. Ramuli basi longo tractu aphylli, apice di-triphylli. Folia diverg. $^2/_5$ posita, in ramis vegetioribus haud approximata, patentia, 5—6 pollices longa, $1^1/_4$—$1^3/_4$ poll. lata, oblonga, cuspidato-acuminata cuspide angusta, basi acuta, coriaceo-membranacea, plana, glabra, laete viridia, utrinque concoloria, nervo medio subtus prominente costisque sat conspicuis patentibus modice arcuatis spatio aliquo a margine arcuatim coniunctis instructa; retis interiecti laxiusculi venulae subtiles. Petioli crassiusculi, 3—6 lineas longi, teretes, glabri, supra canaliculati medioque canali linea elevata divisi, marginibus erectis acutis, sicci rugosi. Pedunculi communes in ramulis axillaribus 2—3 lineas longis griseo-puberulis gemmulaque terminatis 2—3, approximati, bracteola reniformi suffulti, filiformes, glabri, 2—3 pollices longi, apice floribus 3—5 pauloque inferius quandoque duobus approximatis pedicellatis instructi. Pedicelli 3—10 lineas longi, patentes, incurvi, glabri, graciles, apice crassiori. Perianthium circiter 2 lin. diametro, rotato-campanulatum, glabrum, ad medium usque sexfidum; tubo brevi obconico; limbi laciniis subrotundis obtusis chartaceis pellucido-punctatis uninerviis probabiliter persistentibus; tribus interioribus paulo maioribus magisque ovatis. Stamina limbo paulo breviora, in discum hemisphaericum compacta; tria exteriora sterilia, in laminas subrotundas sessiles staminum interiorum dorso incumbentes mutata; secundi ordinis etiam sterilia, ovato-subrotunda, stipitata, petala parva mentientia, longitudine exteriorum; tria interiora denique paulo altiora at multo crassiora, subhexagona, depressa, columnam crassam sexangularem lateribus alternis profundioribus formant. Antherae et filamenta haud discreta unum efficiunt corpus; latus internum cuiusque staminis in latera tria aequalia dividitur, quorum medium strigilosum, sicuti et omnes anguli atque margines, latus externum concavum est et latius; lateralia angustissima magisque hirta; vertex truncatus, nonnihil extrorsum declivis, poris duobus maiusculis suborbiculatis dehiscit; valvulae subrotundae, rufescentes, erectae, margine postico affixae, rufae. Glandulae et staminodia desunt. Ovarium ovatum; stylus inter stamina tria centralia axilis, eorundem longitudine.

XIX. ACRODICLIDIUM*) N. ab E. *Laur. Disp. Progr. p.* 13. *n.* 17.

Hermaphroditum. Perianthium urceolatum, limbo quinquefido inflexo persistente. Stamina novem tubi apici inserta, brevissima; primi et secundi ordinis in staminodia petaloidea mutata; tertii ordinis perfecta, antheris tetragonis poro apicis extrorsum dehiscentibus, valvula pallida reflexa punctum terminale referente (unde inter perianthii lacinias incumbentes puncta sex lutea, per paria in orbem posita, emicant.) Glandulae geminatae subquadratae, ad basin dorsalem staminum fertilium. Staminodia quarti ordinis nulla. Ovarium tubo perianthii immersum; stigma simplex, acutum. Caryopsis perianthio increscente ventricoso-urceolato formae parum mutatae immersa.

Inflorescentia: thyrsuli parvi, axillares, nescio an e gemmis prodeuntes casuque squamarum denudati; namque in nostris exemplis nec gemmae floriparae adsunt, nec evidentia squamarum delapsarum vestigia ad basin pedunculorum relicta. Si e gemmis praeformatis egrediuntur thyrsuli, nec una cum folio suo explicantur, parvam et bivalvem tantum esse gemmulam non dubito.

---

*) Ab ἄκρος summus, et δικλὶς fores seu valvae geminae, quia antherae in vertice valvis geminis dehiscunt.

1. Acrodiclidium Brasiliense N. ab E.

A. ramulis griseis, foliis elliptico-oblongis cuspidatis supra laevibus subtus puberulis, tubo perianthii subgloboso.

In sylvis secus fluvium Amazonum per Provincias Paraënsem et Fluminis nigri Brasiliae Septembre et Octobre legit cl. Martius. In ipsa ripa fluvii crescit.

Arbor. Rami adultiores teretes, epidermide fusca glabra laeviuscula lenticellis parvis subrotundis pallidis conspersa; lignum griseum, densum; tubus medullaris oblongus, angustior; cortex pro crassitie ramorum tenuis, strato exteriori pallide fusco, interiori saturate fusco nitidulo, inodorus saporis amaricantis et adstringentis; rami iuniores substriati vel angulati, a pubescentia subtilissima non nisi lentis ope conspicienda subsquamulosa grisei. Cicatrices foliorum subrotundae vel cordatae, plano-depressae. Gemmae foliigenae axillares, parvae, subulatae, compressae, bivalves, griseae; terminalis maior, nec aliis notis diversa. Folia in ramulis apicem versus approximata, diverg. $^2/_5$ posita, 3 — 7 pollices longa, 2 — $2^1/_2$ pollices lata, ex elliptico oblonga, cuspidato-acuminata cuspide angusta obtusiuscula, basi acuta in petiolum supra canaliculatum semipollicarem glabriusculum desinentia, supra glabra et nitida, subtus pallidiora et pubescentia rammorum simili ad speciem tomentosula, chartaceo-coriacea, venoso-penninervia ramis costalibus senis quinisve, reti venuloso laxo divaricato. Thyrsuli seu racemuli compositi, vix pollice longiores, axillares vel ex axillaribus terminales, solitarii, toti grisei, erectiusculi, densi, integumento ramorum simili vestiti, vitis viniferae novellum thyrsum examussim referentes; alii prope a basi divisi, alii longius pedunculati, et, quod singulare, saepe in eodem ramo ex alternis axillis praecociores magis simplices fructiferi, praecedentibus sequentibusque aliis magis serotinis densifloris. Squamarum duarum cicatrices lineares ad basin pedunculi. Rami thyrsuli inferiores paulo longiores pluriflori subracemosi, medii 3-2-flori, terminales uniflori, uti pedicelli vix semilineares articulati. Flores fasciculato-terni vel solitarii. Perianthium semilineam altum, et eiusdem fere latitudinis, cylindraceum et infra limbum brevem nonnihil constrictum; tubus crassus, coriaceus, rigidus, intus strigosus, ovarium arcte includens; limbi brevis laciniae subrotundae, subaequales, crassae, rigidae, in omnibus, quotquot vidi, duplici serie antheris incumbentes nec nisi verticem floris perfectioris revelantes, ubi valvulae antherarum fertilium punctorum sex lutescentium specie emicant. Stamina in tubi ore inserta, triplici serie, brevissima; sex exteriora abortiva, incumbentia, laminas parvas ovatas obtusas concavas ungue brevissimo praeditas, quasi limbum interiorem perianthii referentia; tria interiora erecta, in centro floris conniventia, tetragona, apice oblique truncata, filamento et anthera vix discretis; antherae poris geminis parvis verticalibus rotundis extrorsum dehiscentes, valvulis conformibus luteis introrsum reflexis in ipso vertice antherae singulae gemina puncta lutea exhibentibus. Glandulae binae, magnae, compressae, subrotundae, (apiculatae?) ad latus singuli staminum tertii ordinis. Staminodia quarti ordinis nulla. Ovarium tubo perianthii immersum, oblongum, glabriusculum, in stylum brevem acutum transiens, uniovulatum. Fructus, (semiadulti et forte provectiores) seminis brassicae magnitudine, in singulo thyrsulo pauci relicti, cernui. Perianthii fructus tubus depresso-globosus, rugulosus, coriaceus, crassus; limbus tubo duplo angustior, disciformis, caeterum laciniarum et antherarum disci situs et forma non mutata. Ovarium impraegnatum oblongum, magis ventricosum. Fructum maturum non vidi.

---

2. Acrodiclidium Guianense N. ab E.

A. ramulis ferrugineis, foliis oblongis cuspidatis supra laevibus subtus pubescentibus, tubo perianthii oblongo.

Crescit in Guiana Gallica, (Poiteau.) Vidi in Herbario Kunthiano.

Differt evidenter ab *Acrodiclidio Brasiliensi*, cui de reliquo simillimum: ramulorum tomentulo densiori molliori ferrugineo nec griseo, foliis angustioribus (4 pollices longis 1¼ pollices latis), petiolis tomentosulis, paniculis maioribus

$1\frac{1}{2}$ pollices longis gracilioribus laxioribus, pedunculo a medio diviso, floribus (modo defloratis) maioribus, scil. 1—$1\frac{1}{2}$ lin. longis, pedicello $\frac{1}{2}$—2 lin. longo innatis nutantibus, tubo perianthii ex oblongo obconico limbo duplo et amplius longiori.

---

3. Acrodiclidium Kunthianum N. ab E.

A. ramulis ferrugineis, foliis elliptico-oblongis argute cuspidatis reticulatis supra punctulato-asperis subtus puberulis, tubo perianthii globoso.

Crescit in Guiana Gallica, (Poiteau.) Vidi in Herb. Kunthiano absque floribus perfectis.

Arbor speciosa, a binis praecedentibus iam primo adspectu amplitudine foliorum distinguenda.

Rami subtetragoni, quadrisulci, dense tenuiterque ferrugineo-tomentosi; lignum laeve. Folia $\frac{3}{4}$—1 pedem longa, 3—$3\frac{1}{2}$ pollices lata, oblongo-ovalia, in cuspidem angustam acutiusculam producta, basi obtusa, chartacea, utrinque conformiter laxiuscule reticulata, supra glabra nitida tuberculisque subtilissimis exasperata, subtus pubescenti-scabra pallidiora opaca, costis subnovenis elevatis praedita. Petioli breves, crassi, supra trisulci, tomentosi, tomento in costae mediae paginam superiorem excurrente. Flores non vidi. Pedunculi communes fructus axillares, 2—3 pollices longi, rigiduli, compresso-angulati, cum ramis et pedicellis ferrugineo-tomentosuli, a medio divisi. Ramuli paniculae circiter 3—4-lineares, patuli, cymulosi, iam 1—2-carpi. Pedicelli $1\frac{1}{2}$ lineas longi. Perianthii tubus in nostris pisi magnitudine et amplior, coriaceus, crassus, sparse strigilosus, globosus et ob pedicellum transeuntem nonnihil pyriformis, vertice rotundatus medioque in vertice umbonatus, laciniis parvis triangularibus obtusis, marginibus recurvis crassiusculis, intus dense strigilosis conniventibus. Stamina novem residua, limbo breviora, basi hirta, antheris subsessilibus; quarum sex exteriores breviores obtusissimae, locellorum loco cicatricula orbiculari notatae; tres interiores maiores, pyramidales, apice inflexae verticeque barbulatae, infra verticem ostiolis binis parvis ovatis perforatae. Glandulae a tergo staminum trium interiorum geminae, crassae, corrugatae. Staminodia quarti ordinis nulla inveni. Ovarium crassum, subglobosum, glabrum, stylo brevissimo mucronatum, tubi perianthii cavum replens.

Adnotatio 1. Quod ad genus non omnino dubii expers est ista species. Attamen nisi novi, huius potius invenietur quam Aydendri generis.

Adnotatio 2. Quod ad habitum accedit Oreodaphnae umbrosae N. et M., sed habitu multum discrepat.

---

4. Acrodiclidium Iamaicense N. ab E.

A. ramulis purpureis, foliis elliptico-oblongis obtuse cuspidatis utrinque glabris.

Endiandra Iamaicensis *Spr. S. Veg. II. p.* 176. *n.* 1. *Schult. Mant. III. p.* 400 (151.) *)

Laurus triandra *Swartz Prodr. Fl. Ind. occ. II. p.* 65. *Fl. Ind. occ. II. p.* 706. *Willd. Sp. pl. II.* 1. *p.* 482. *n.* 18. *Pers. Synops. I. p.* 429. *n.* 21. *Enc. méth. Suppl. III. p.* 524. *n.* 55.

Laurus parvifolia *Lam. Enc. méth. III. p.* 451. *n.* 14.?

In Iamaicae occidentalis montibus rarius provenire, Swartz. l. c. Vidi exemplum, e Iamaica insula allatum, in Herbario Schottiano.

Arbor 30 pedalis (secundum Swartz.) Rami in nostris speciminibus maculis ab epidermide denudatis reticulato-striatis variegati, caeterum aequales, glabri, purpurei, teretes; cortex odoris acris (nescio an proprii); lignum lutescens, durum; tubus medullaris mediocris. Ramuli novelli purpurei, apice parce strigilosi. Cicatrices foliorum trigono-lunatae, prominulae, concavae. Gemmae axillares parvae, bivalves, ovato-subulatae, griseae; terminalis maior, basi squamis pluribus ovatis ciliolatis substrigilosis laxioribus cincta, apice prominulo bivalvi obtuso nudiusculo. Folia circa ramulorum apices haud adeo conferta, 6 — 7, diverg. 2/3 posita, 3 circiter pollices longa, unum pollicem lata, oblongo-elliptica, in cuspidem brevem obtusam producta, basi obtusiuscula in petiolum angustum bilinearem vel paulo longiorem canaliculatum glabrum tenui

---

*) Rob. Br. Prodr. Fl. Nov. Holl. p. 402. (ed. alt. p. 258.) nota. (ubi cl. Brownius Laurum triandram videri sibi Endiandrae speciem addit.) R. et Sch. S. Veg. I. p. 484. nota.

margine decurrentia, chartacea, plana, utrinque glabra, supra laxe et obiter subtus confertim reticulata venisque costalibus subnovenis tenuibus praedita, pallidiora. Thyrsuli ad basin innovationum nudi aliique axillares $1/2$ — 1 pollicem longi, a medio divisi, subrotundi aut ovati. Pedunculus communis compressus, parce strigilosus, purpurascens. Ramuli thyrsi breves, decrescentes, approximati, subopposili; inferiores cymulosi pluriflori, reliqui 3 — 2 — 1 - flori. Bracteae et bracteolae oblongo - lanceolatae, obtusiusculae, membranaceae, ciliatae, caducae. Perianthium vix lineam longum, lineaque in limbo angustius, ante et post anthesin purpureum, glabrum, breviter infundibuliforme; tubus obconicus; laciniae subrotundae, aequales, tubo duplo breviores, ciliatae, grosse pellucido - punctatae, nervoso - striatae, membranaceae, deciduae, albae. Stamina sex exteriora omnino desiderantur; tria interiora arcte conniventia, infra laciniarum divisionem inserta, glabra; antherae in alabastro, quod sedulo examinavi, subrotundae, dorso gibbae, locellis quam in *Acrodiclidio Brasiliensi* maioribus obovatis in vertice tamen approximatis, valvula lutea. (Secundum cl. Swartzium antherae perfectae tetragonae sunt, apice biloculares vel foraminibus duobus notatae polliniferis, valvulis luteis tandem porrectis). Glandulae geminatae luteae, globosae, in alabastro sessiles et per paria confluentes (Swartzio teste pedicello brevissimo affixae), stamina a tergo cingunt. Staminodia quarti ordinis nulla. Pistillum glabrum, stamina vix superans; ovarium ovale; stylus cylindricus, crassus, ovarii longitudine; stigma parvum, depressum, stylo paulo latius, fuscum. Bacca (secundum Swartzium) subrotunda, perianthii tubo increscente rugoso truncato fusco tecta, vertice tantum nuda, pisi maioris volumine.

„Flores numerosi decidunt steriles, antheris tantum praediti absque pistillo.“ Swartz. l. c.

Adnotatio. *Acrodiclidio Brasilensi* persimile, sed facile distinguendum: ramulis rubris, foliorum maiorum acumine breviore magisque obtuso, floribus minoribus angustioribus glabris, ostiolisque antherarum maioribus.

Acrodiclidio generi forsan inserenda:

Oreodaphne mucorea,

quam infra videas.

XX. MISANTECA*) *Schlechtend. in Linn. VI. 2. p. 367. N. ab E. Laur. Disp. Progr. p. 13. n. 18.*

Hermaphrodita. Perianthium obconico-turbinatum, angulatum, limbo brevi sexlobo deciduo inaequali. Stamina novem, tubi apici inserta; primi et secundi paris in staminodia conica truncata vel retusa mutata, brevia; tria interiora maiora, in columnam quadrangularem connata, antheris apice poris binis extrorsum dehiscentibus, valvulis adscendentibus. Glandulae geminatae nullae, vel levissima earum in ambitu columnae staminum vestigia. Staminodia quarti ordinis nulla. Pistillum inter perianthii staminumque tubum latens, verticem antherarum non perforans; stigma depresso-capitatum. Bacca (?) tubo perianthii cyathiformi sulcato truncato obtuse multidenticulato crasso profunde immersa, mucronulata.

Inflorescentia: pedunculi ad basin gemmae innovationis aggregati, florum capitulum densum multiflorum, e cyma maxime contracta ortum, ferentes. Flores parvi, confertissimi.

Adnotatio. Summa est cognatio generum huius tribus (*Acrodiclidii, Misantecae, Aydendri* et *Evonymodaphnes*) sed singulum eorum certis suis finibus continetur, et ex habitu etiam quem dicunt, est distinguendum. In universum Misantecae species una, quam solam cognovimus, Aydendro adeo est similis, ut absque flore ac fructu non facile eam dignoscas.

*) *Palo misanteco* Misantlensibus et Papantlensibus.

1. Misanteca capitata.
Schlechtend. Linn. VI. 2. p. 367. n. 1148.

In sylvis Misantlae Mexicanorum Martio cum flore et fructu, Papantlae Februario mense sterilem legit Schiede. Vidi exemplum Herb. Reg. Berol.

Arbor videtur excelsa, ramis magnis; ramuli satis validi, teretiusculi, sicci corrugato-sulcati, ad genicula compressi, glabri, cinerascentes, novelli subpulverulento-tomentosuli grisei; lignum lutescens, densum, durum; tubus medullaris (in iuvenili ramulo satis amplus) angulatus; cortex subfuscus odore et sapore acri piperis. Cicatrices foliorum magnae, prominulae, orbiculato-scutatae, in disco rugulosae. Gemmae axillares parvae, latae magis quam altae, glabrae, squamis carinatis valvatis, pluribus conspicuis inter duas exteriores; terminalis gemma ovato-lanceolata, acuminata, bivalvis, squamis circa margines puberulis. Folia diverg. $^2/_5$, sed raro circa apicem rami ultra 5, elliptica et elliptico-lanceolata, 9 poll. longa, $3^1/_2$ poll. lata, acuminata, basi acuta, subcoriacea, supra glabra nitida, subtus subtiliter pubescentia opaca, penninervia; costa media subtus carinata. Venae costales subduodenae, subsimplices, costiformes; reticuli interiecti venulae etiam subtus prominulae. *) Petioli crassi, canaliculati, vix semipollicares, glabri. Pedunculi ad basin brevem innovationis angulato-sulcatam gemma quiescente terminatam aggregati, 2 — 3, angulati, compressi, pubescentes, longitudine sub anthesi circiter pollicis, fructiferi elongati 2—7-pollicares. Capitulum compositum, subternatum, multiflorum, compactum, ceraso minus, furfuraceo-pubescens. Typus capituli cyma trichotoma vel dichotoma ramis ramulisque veluti in receptaculum commune coalitis, in quo flores densissime congeruntur. Bracteae subrotundae, acutae, nervo medio pube-

*) Frequens in huius arboris foliis nascitur *Coenogonium Linkii Ehrenb.*

scentes margineque ciliatae ramos capituli suffulciunt, iam sub anthesi reflexae et evanidae. **Perianthium** turbinato- vel obconico-subcylindricum, carnosum, crassum, furfuraceo-pubescens, 1½ lin. altum; tubus coriaceus, sexangularis; limbi laciniae tubo duplo breviores, erectae, coriaceae, uninerves, confertim pellucido-punctatae, ovatae, acutiusculae, sub grossificatione deciduae; exteriores paulo latiores. **Columna staminum** perianthii limbo paulo longior, in vertice a parte styli perforata, inclusa parte basilari pilosa; antherae apice bilocellatae, locellis valvulisque conformibus ovalibus, his introrsum reflexis; fossulae totidem effoetae inferiores inclusaeque loculis superioribus apertis exacte sunt suppositae. **Staminodia** seu rudimenta staminum sex exteriorum squamiformia, cuneata, truncata, subciliata ad angulos superos vestigia locelli ostendunt imperfecti. **Pistillum** infra tubum et columnam staminum latens, glabrum. Stylus ovario longior. **Fructus** in pedunculo elongato lignescente pauci, 2 — 4, sessiles, glandiformes, axi circiter novemlineari. **Cupula fructus** extus tuberculato-rugosa, superiora versus sulcata, in truncato margine obtuse et inaequaliter multidentata, lignescens, **baccam** oliviformem laevem basi styli apiculatam ultra medium includens.

Post anthesin primum tumet perianthii tubus limboque conivente, ut in *Mespilodaphne*, obturatur; mox autem delapso limbo hic magis expanditur et ex ovali forma in cyathum transit.

Tribus VII.

NECTANDREAE.

Hermaphroditae. Staminodia dentiformia, rarius subcapitata. Stamina novem. Antherae subsessiles, latae, locellis basin versus in arcu dispositis dehiscentes, interiores retroversae. Perianthii laciniae latiusculae, patentes, deciduae; exteriores latiores. Fructus baccans, cupulae profundae truncatae insertus.

Inflorescentia: panicula, in plerisque ampla.

Gemmae incompletae. Folia perennantia, penninervia, venosa, in axillis venarum costalium quandoque porosa.

Arbores Americae tropicae.

Genus unum:

Nectandra.

Subgenus A. *Pomatia.* **Staminodia biglandulosa.**

Subgenus B. *Porostema.* **Staminodia nuda.**

XXI. NECTANDRA *) Rottb. (*N. ab E. in Linn. VIII. 1. p. 46. n. 9. Laur. Disp. Progr. p. 14. n. 19.* **)

Hermaphrodita. Perianthium sexpartitum, rotatum; laciniis deciduis, tribus exterioribus nonnihilo latioribus. Antherae novem, ovatae, subsessiles; locellis quaternis in arcum dispositis, ab apice antherae distantibus; antherarum trium interiorum retroversis. Glandulae geminatae globosae, sessiles, ad basin dorsalem staminum trium interiorum. Staminodia vel dentiformia basique biglandulosa, vel eglandulosa et tum capitulo parvo ovali praedita. Stylus brevissimus; stigma parvum, truncatum. Bacca perianthii tubo in cupulam truncatam integram mutato magis vel minus immersa.

Inflorescentia paniculata, vel corymbosa, axillaris, laxiuscula, satis ampla.

Subgenus I. *Pomatia.*

Staminodia dentiformia, conniventia, basi biglandulosa. Flores quam pro familia ampliores, tomentosi vel sericantes. Inflorescentia strictior. Folia costata, reticulata, hirta vel tomentosa.

---

*) Nomen male compositum a *necto* et *ἀνήρ*, ob antherarum locellos quatuor coniunctos. Retinui tamen, Rottboellii reverentia ductus, eoque lubentius cum haud male sonet.

**) Reliqua synonyma vide infra in Subgenere II.

Flores hermaphroditi, panniculati, nudi. Perianthium sexfidum, tubo crasso post anthesin tumente et ovarium includente, limbo patulo sexfido, primum plano, dein erecto, demum deciduo; laciniis exterioribus plerumque latioribus. Stamina fertilia novem triplici serie, quorum tria interiora ad basin posticam glandulis geminis fundo perianthii innatis et cum staminibus saepe confluentibus cincta; antherae subsessiles, ovato-quadratae vel triangulares, quadrilocellatae, valvulis totidem adscendentibus dehiscentes, locellis ab apice remotis in arcu dispositis; exteriorum omnium anticis, trium interiorum lateralibus magisque posticis. Staminodia quarti ordinis magis minusve discreta et completa, quandoque in stamina perfecta mutata, semper autem glandulis geminis ad basin stipata, et ubi magis incompleta sunt, cum iisdem in annulum glandulosum sexlobum, tubi calycis ostium claudentem et stylo tantum pervium concreta, Stylus brevis, crassus; stigma trigonum. Bacca monosperma, tubo perianthii indurato incrassatoque, primum laciniis erectis coronato, demum, his cadentibus, detruncato immersa atque recondita, sub tempus maturitatis emergens et a tubo profunde calyculata.

Inflorescentia: paniculae axillares, una cum foliis erumpentes, nudae. Folia diverg. $^{2}/_{5}$, $^{3}/_{11}$ vel $^{3}/_{13}$ posita, quandoque subopposita, multicostata. Gemmae terminales crassiusculae, obtusae, herbaceo-squamosae, squamis exterioribus 3 — 4.

Adnotatio. A subgenere II. *Porostema*, differt: glandulis geminatis duodenis, scilicet geminis staminum trium tertii ordinis et staminodiorum quarti. Duplex autem in hoc ordine discernitur evolutionis processus, quippe vel glandulae staminodio veluti subacto et domito cum eodem in annulum glandulosum confluunt, vel staminodium ad altiora enitens antheram magis minusve perfectam acquirit, et tum quidem glandulae ad filamenti basin non aliter atque in staminibus tertii ordinis sedent, ac cum iisdem annulum glandularum duodecimlobum constituere videntur.

Qualis *Dodecadenia* inter Laurinas *Tetranthereas*, talis est *Pomatia* inter Laurinas *Nectandreas*.

---

1. Nectandra (Pomatia) oppositifolia.

N. foliis suboppositis oblongis ellipticisve utrinque attenuatis subtus grosse reticulatis ramulisque et paniculis infraterminalibus folio brevioribus rigidis ferrugineo-tomentosis, antheris ovato-triangularibus. *N. ab E. Laur. Sellov. in Linn. VIII. 1. p. 47. n. 1.*

α. **Angustifolia**; foliis oblongis.

β. **Amplifolia**; foliis ellipticis maioribus.

Varietatem *α.* in Brasilia florentem et cum cupulis vacuis legit Sellow, loco speciatim non indicato. Vidi in Herb. Reg. Berol. (n. LV. et LVI. 3722. et 1128.) Var. *β.* in Brasilia tropica, idem. (Ibidem n. 1390.)

Inter congeneres facile distinguitur foliis suboppositis subtus grosse reticulatis et uti ramis paniculisque ferrugineis.

Caeterum maxime accedit *Nectandrae canescenti*, a qua in hisce praesertim differt: Tomentum est ferrugineum, nec incanum. Rami et ramuli alternatim compressi, hi suboppositi. Cicatrices foliorum scutatae. Folia fere opposita sunt diverg. $1/4$, rigidiora, minora, in nostris $3 1/2$ — 7 pollices longa, $3/4$ — $1 3/4$ pollices lata, pleraque argutissime acuminata, iuniora supra pallidius subtus laete rufo-tomentosa, aetate supra glabra subtus glaucescentia tenuiorique tomento vestita; venae et nervi costales (noveni plexu submarginali valido coniuncti) magis prominent. Pedunculi communes e foliorum superiorum decrescentium axillis, oppositi vel suboppositi, parium 2—3, 2—1 pollicem longi, a medio divisi, paniculam brevem terminalem foliosam efficiunt; paniculae autem et summitas florigera rami tomento densissimo ferrugineo induuntur; ramuli panicularum suboppositi, 2—3 parium, breves, triflori. Flores dimidio maiores, rigidiores, ferruginei, 5—6 lineas lati; tubus obconicus, brevis, ferrugineus; laciniae ovales. Antherae sex exteriores ovato-triangulares, acutae, tomentosae, iuxta basin quadrilocellatae, locellis parvis obovato-cuneiformibus; tres interiores truncatae, locello infero posticoque lineari. Glandulae geminatae utriusque ordinis inter sese et cum staminodiis vix prominulis in annulum densum, fornicem formantem, connatae. Cupula baccae Solani amplitudine, subglobosa, glabrescens, ore laciniarum residuis irregulariter appendiculato. Bacca (nondum omnino matura) cupulam non excedens, vertice nudo, subglobosa.

Var. β. differt foliis maioribus latioribusque, $5\frac{1}{2}$ — 8 pollices longis 2 — 3 pollices latis argute brevi-cuspidatis, basi acutis, paniculisque paulo magis compositis; sed reliquis omnibus characteribus congruit.

---

2. NECTANDRA (Pomatia) canescens N. et M.

N. foliis oblongis ellipticisve utrinque acutis iunioribus tomentoso-canescentibus plexu ramorum costalium submarginali arcuato, paniculis axillaribus corymbifloris laxis folio brevioribus, antheris subquadratis. *N. ab E. Laur. Sellov. in Linn. VIII. 1. p. 47. n. 2.*

Persea canescens *Mart. in Herb. Brasil. Monac.*

In America tropica, praesertim in Brasilia: in sylvis secus Flumen Amazonum Provinciae Paraënsis, in sylvis ad Madeira fluvium Provinciae Fluminis nigri et in sylvis caeduis ad Sebastianopolin Provinciae Rio de Ianeiro legit Martius; in Barra de Jucù solo sabuloso, (Maximilianus Princeps Wiedensis); in sylvis humidis prope urbem Porta Estrella, et ad Sebastianopolin, (Beyrich); in aliis partibus Brasiliae tropicae legit Sellow, (Herb. Reg. Berol. n. 433.); ad Ega, prope Flumen Amazonum, (Poeppig). Floret Septembre et Octobre; fructus maturescunt Aprili et Maio.

Arbor 15—40 pedum et altior in sylvis interioribus, (in arenosis Barrae de Jucù octopedalis tantum, [Maxim. Pr. Wied.]) ramis densis teretibus, iuvenilibus sulcato-angulatis vel compressis pubescenti-tomentosis; lignum cinerascens, durum, in ramis iunioribus una cum tubo medullari irregulariter 4—6-angulare; cortex fuscus. Cicatrices foliorum magnae, oblique ovales, truncatae, quibus adiectae saepe cicatriculae pedunculorum cupulares cum vel sine apiculo medio. **Folia** divergentia $^3/_{11}$ vel $^3/_{12}$, approximata, 5 — 12 pollices longa, 1 — $2^1/_2$ pollices lata, elliptica, oblonga, vel oblongo-lanceolata, quae elliptica sunt basi apiceque acuta, quae angustiora acuminata, versus basin attenuata, rigidula, iuniora superne tenuisme molliterque cano-tomentosa, adulta utrinque viridia, pubescenti-tomentosula vel glabriuscula, subtus pallidiora, costa nervisque costalibus 10 — 14 albidioribus subparallelis ibidem prominulis. Petioli breves, vix semipollicares, crassi, semiteretes, tomentosi, supra canaliculati. **Pedunculi communes** axillares, vel rarius ad basin innovationum nudi, compressi, superiora versus tenuiter pubescentes, apice paniculati floribus inferioribus saepe deciduis, cum panicula $2^1/_2$ — 3 pollices longi, apice cymoso-quadriramosi. **Pedicelli** bilineares, crassiusculi, sulcati, pubesenti-tomentosi. **Perianthium** bilineare, urceolatum, pubescenti-tomentosum; tubus (post anthesin) globosus, includens ovarium; laciniae obovato-subrhombeae, tubum aequantes, chartaceae, crassiusculae, virentes; tres exteriores latiores extus tomento pallide-ferrugineo vestitae, tres interiores extus ad basin triangulo acuto pariter tomentoso notatae, caeterum tenuissime pubentes. **Stamina** glabra, alba, glanduloso-exasperata; sex exteriora antheris ovato-quadratis vel trigonis obtusis filamento brevissimo suffultis quadrilocellatis; locelli versus basin in arcu dispositi, interiores paulo altiores, omnes autem ovales aequales, valvulis antherae concoloribus crassis dehiscentes; staminum trium interiorum antherae sessiles, compresso-tetragonae, truncatae, locellis lateralibus oblongis, altero magis antico et paulo superiori nonnihil minori. **Glandulae binae** tumentes hemisphaericae staminibus interioribus a tergo contiguae, nec vero cum eorum basibus auferendae sed fundo limbi insertae. Intra staminum interiorum circulum **limbus glandulosus sexlobus**, lobis alternis paulo maioribus **staminodia** quarti ordinis referentibus, introrsum connivens styloque contiguus limbi fundum penitus claudit. **Ovarium** globoso-depressum, sub annulo discoidali in perianthii tubo latens; stylus prominulus, brevis, crassus, triangularis; stigma trigono-capitatum. **Ovulum** unum. **Perianthium fructiferum** longum tempus a flore non nisi magnitudine partium residuarum adaucta differt. **Maturi fructus** paniculae e superiorum foliorum axillis suboppsitae, rigidae, canescentes, trichotomo- vel subdichotomo-cymosae, divaricatae, oligocarpae. Cupula magnitudine baccae Ribis minoris, iam glabra, rugulosa, nitida, truncato-subglobosa, baccam ovatam ultra medium (vel fere ad verticem usque) in cavum suum recipiens.

---

3. Nectandra (Pomatia) Amazonum N. ab E.

N. foliis oblongis acuminatis basi acutis iunioribus paniculisque axillaribus corymbifloris laxis folio brevioribus pulverulento-tomensosis canescentibus, plexu nervorum costalium submarginali obsoleto, antheris triangularibus.

Ocotea Amazonum *Mart. in Herb. Brasil. Monac.*

Crescit in Fluminis Amazonum omni ripa a Parà ad Tabatinga Provinciae Paraënsis, Septembre et Octobre cum floribus primis fructuque maturo iuventa, (de Martius.)

Similis *Nectandrae canescenti*, sed differt: ligno molliori; tubo medullari ampliori; cicatricibus foliorum semicircularibus; foliis diverg. $^2/_5$ vel $^3/_8$ positis, interstitiis valde inaequalibus, hinc inde suboppositis, minoribus 6—9 pollices longis, 1—2 pollices latis, tenuioribus, apice magis quam basi attenuatis (quod secus in illis), minus reticulatis, nervis costalibus 6—9-nis circa margines in plexum venarum tenuem parum conspicuum desinentibus, utrinque in pagina superiori, ut etiam ad costam mediam, serie granulorum e venularum tenuiorum basi tumida ortis exornatis, supremis fere lanceolatis utrinque acuminatis, (inflorescentia etiam, uti videtur), et antheris 6 exterioribus perfecte triangularibus. Paniculae axillares, cum pedunculo compresso a medio ramoso circiter bipollicares, sericeo-tomentosae, incanae. Rami paniculares 4—6 lineas longi, suboppositi vel per paria approximati, quatuor vel sex, patentissimi, bifidi, cum flore intermedio; ramuli triflori. Bracteola sub singulo flore laterali singula, ovali-oblonga, obtusa, tomentosa, decidua. Pedicelli circiter lineam longi, tomentosi, apice incrassati. Perianthium rotatum, coriaceum, patens, extus tomentosum; tubus brevis, obovatus; limbi diametri 3 fere linearum laciniae late obovatae, obtusae; exteriores latiores extus totae tomentosae, interiores triangulo tomentoso baseos notatae, caeterum, uti omnes laciniae intus et antherae glanduloso-punctatae asperulae et subtomentosae. Antherae subsessiles; sex exteriores triangulares, circa basin introrsum quadrilocellatae, locellis in arcu transversali positis parvis obovato-lunatis; antherae tres interiores apice late et obtuse triangulae, basi conico-angustatae, utrinque bilocellatae, locellis ovali-subrectangulis, altero magis antico, altero magis postico. Glandulae geminatae a tergo staminum interiorum connatae discum glandulosum obtuse conicum exhibent, cuius dentes conici obtusi inter stamina conniventes staminodiisque quarti ordinis comparandi tubi os claudunt. Ovarium subglobosum, apice attenuatum in stylum brevem asperulum; stigma depresso-capitatum. Tempore maturitatis unus plerumque fructus in panicula restat, terminalis vel subterminalis; pedunculus fructus est rigidior et minus tomentosus. Cupula fere 6 lineas lata, profunde cyathiformis, deraso-truncata, rugulosa, glabrescens, nigra. Bacca ovalis, mucronulata, cupula duplo longior.

Adnotatio. Singularis est hac in specie adspectus granulorum, quae densa serie (praesertim in foliis ramorum luxuriantium) costam nervosque costales in pagina superiori ambiunt. Glandulas esse facile tibi persuadebis, sed accuratius inspecta radices esse venularum tumidas cognosces.

---

4. Nectandra (Pomatia) pulverulenta N. ab E.

N. foliis oblongis argute cuspidatis basi acutis, iunioribus paniculisque axillaribus oblongis thyrsoideis strictis folio brevioribus pulverulento-pubescentibus, floribus extus albis, plexu nervorum costalium obsoleto, antheris ovalibus.

In Andibus Peruvianis, (Poeppig n. 1427.)

A *Nectandris* (*Pomatiis*) *canescenti* et *Amazonum* valde differt: paniculis e superiorum foliorum axillis subfastigiatis, in pedunculo valido angulato pollicari stricto parum pubescente 1—2 pollices longis oblongis vel ovato-oblongis, pedicellis in ramulis brevissimis cymulosis saepe geminis ternisve 2—2½ lineas longis, floribusque extus dense albido-pubescenti-tomentosis quasi pulvere inquinatis. — Flores circiter tres lineas lati, laciniis late ovalibus obtusis subaequalibus, intus cum antheris griseo-puberulis scabris. Antherae sex exteriores ovales, obtusae, sessiles, locellis ad basin quaternis oblongis in arcu dispositis. Glandulae ad basin staminum interiorum maximae. Staminodia brevissima, pyramidalia, vix inter glandulas distinguenda.

Ramus e trigono inaequaliter sexangularis, striatus, inferne glaber, apice canescenti-subpubescens. Gemmae pedicellatae, subulatae, albidae. Folia approximata, diverg. $^2/_5$ 6—7 poll. longa, 2 circiter poll. lata, oblonga, in cuspidem acutiusculam angustam producta, basi acuta in petiolum supra anguste canaliculatum desinentia, rigidula, iuvenilia pube albida (praesertim in costa subtusque) laxe conspersa, adultiora supra glabra subtus pubescentia, in sicco rufescentia, nervo medio nervisque costalibus subundenis valde prominulis, venulis transversalibus arcuatis reticuloque interiecto denso subtilibus, attamen distinctis.

---

5. Nectandra (Pomatia) rigida N. ab E.

N. foliis elliptico-oblongis acutis iunioribus ramulis paniculisque subracemosis angustis brevibus ferrugineo-tomentosis, plexu nervorum costalium submarginali tenui, antheris subrotundis.

Ocotea rigida *Humb. et Kunth. Nov. Gen. et Sp. pl. II. p.* 163. *n.* 7. *Kunth. Synops. I. p.* 457. *n.* 7.
Laurus rigida *Willd. Herb. n.* 7793.

Crescit in ripa obumbrata fluvii Guilquasé, prope montem ignivomum Sotara, alt. 708. hexap. (Regnum Novo-Granatense.) Floret Octobri, (de Humboldt.)

„Arbor procerrima; ramulis angulatis, iunioribus ferrugineo-tomentosis. Folia alterna, petiolata, oblonga, utrinque acuta, integerrima, coriacea, reticulato-venosa, venis nervoque medio subtus prominentibus, utrinque glabra, nitida, iuniora utrinque fuscescenti-pubescentia, in venis nervoque medio tomentosa, octopollicaria, tres et dimidium pollices lata. Petioli subpollicares, glabri. Paniculae axillares, pedunculatae, folio triplo breviores; ramis, pedicellis pedunculisque ferrugineo-tomentosis. Flores magnitudine Potentillae vernae. Calyx sexfidus; laciniis patentibus, tribus exterioribus subrotundo-ovatis obtusis externe ferrugineo-tomentosis, tribus interioribus angustioribus glabris. Stamina fertilia novem; tria interiora basi biglandulosa. Filamenta ovato-subrotunda, externe convexa, interne plana. Antherae quadriloculares; loculi staminum exteriorum interne, interiorum externe filamento immersi. Stamina sterilia non vidi. Ovarium ovatum, glabrum; stylus erectus, crassus, pubescens; stigma obtusum. Fructus ignotus.“

„An vere huius generis.“ Kunth. l. c.

Adnotatio. Quod ad folia accedit *Nectandrae* (*Pomatiae*) *Amazonum*, sed differt: tomento iuvenilium ramulorum et panicularum denso ferrugineo, nec tenui et quasi pulverulento canescente; ab omnibus reliquis autem, uti et a *Nectandra Amazonum*, antheris fere orbiculatis, interioribus exterioribusque conformibus proxime ad basin locellis quaternis in arcu positis exiguis subovatis instructis. Folia adultiora supra glabrescunt et nitent, subtus tenuissimam pubem retinent; nervi costales subnoveni, intra margines tenui plexu coëuntes, supra immersi, subtus prominuli. Petioli crassi, primum tomentosi, dein glabri. Paniculae ad basin ramuli oriuntur, squama cadente nudae, in pedunculo sesquipollicari-bipollicari gracili a medio diviso. Flores ob ramulos brevissimos subfasciculatim racemosi, laete ferruginei, tomentosi. Pedicelli breves. Glandulae geminatae staminum interiorum magnae, confluentes. Staminodia quarti ordinis exigua, subulata, hirta, iuxta filamenta interiora posita, extrorsum a glandulis omnino obtecta.

Huius absque dubio generis est, sed inter confines sane species distinctissima.

---

6. Nectandra (Pomatia) discolor N. ab E.

N. foliis oblongis acuminatis basi acutis subtus ramulis paniculisque folia aequantibus rigidis tenuissime ferrugineo-tomentosis, nervis costalibus crassis margine discretis, antheris trigonis.

Ocotea discolor *Humb. et Kunth. Nov. Gen. et Sp. pl. II. p.* 163. *n.* 6. *Kunth. Synops. I. p.* 436. *n.* 6.

Laurus discolor *Willd. Herb. n.* 7794. (*exemplum Humboldtianum.*)

Persea tigricida *Spr. S. Veg. II. p.* 270. *n.* 38. (*excl. syn.* Ocotea rigida Humb.

Laurus tigricida *Mutis. Fl. Bogot. Mspt.* (*ex Humboldt.*)

Crescit in Regno Novo Granatensi. Floret Aprili, (de Humboldt.) Vidi exemplum Herbarii Willdenoviani cum floribus et cupulis.

„Rami angulati, ferrugineo-pubescentes. Folia alterna, petiolata, oblonga, utrinque acuminata, integerrima, margine praesertim basin versus revoluta, coriacea, reticulato-venosa, nervo medio venisque subtus valde prominentibus, supra glabra nitida, subtus tenuissime fuscescenti-tomentosa, praesertim in nervo medio, septem-aut octopollicaria, duos aut duos et dimidium pollices lata. Petioli novem aut decem lineas longi, fuscescenti-pubescentes. Paniculae axillares, pedunculatae, folium subaequantes; ramis alternis, dichotomis; ramulis pedicellisque fuscescenti-tomentosis. Flores magnitudine floris Potentillae vernae. Calyx sexfidus, externe ferrugineo-tomentosus; laciniis oblongo-ovalis obtusis patentissimis deciduis. Stamina fertilia novem, calyce multo breviora; tria interiora biglandulosa; filamenta ovata, externe convexa interne plana; antherae quadriloculares; loculi filamentis exterioribus interne interioribus externe basin versus immersi. Stamina sterilia tria, ovato-lanceolata, cum staminibus interioribus alternantia. Ovarium oblongum, glabrum; stylus crassus, longitudine staminum, glaber; stigma dilatatum. Fructum non vidi.“

Antherarum locelli parvi, ovales, iuxta basin antherae siti. Fructus semiadulti cupula gaudent subglobosa, baccam ad verticem adhuc ambiente, truncata rugulosa subtomentosa magnitudine baccae Solani nigri, in pedicello crasso subcylindrico 3 lineas longo. Bacca globosa, mucronata.

Differt a *Nectandra* (*Pomatia*) *Amazonum* foliis rigidioribus coriaceis subtus cum ramulis paniculisque magis tomentosis costis novenis fortioribus (circa margines attenuata fine procurrentibus nec coniunctis) praeditis, maximeque panicula in pedunculo forti ad folii longitudinem sublata, rigida, per se quidem brevi, e ramulis aliquot parium approximatis 3—2 lin. longis apice cymuloso-capitulifloris una cum floribus dense ferrugineo-tomentosis constante, floribus denique dimidio maioribus.

Simili ratione, et antheris insuper trigonis etiam a *Nectandra canescente* recedit.

A *Nectandra oppositifolia*, cui florum structura et magnitudine proxima, differt foliis nec suboppositis neque subtus grosse venuloso-reticulatis, sed inter costas non nisi venis transversalibus tenuibus immersis praeditis.

---

7. NECTANDRA (Pomatia) mollis N. ab E.

N. foliis oblongis argutissime acuminatis basi angusta subcordatis margineque revolutis undique cum ramulis paniculisque subterminalibus ferrugineo-tomentosis, plexu nervorum costalium submarginali tenui, staminibus ovatis.

Ocotea mollis *Humb. et Kunth. Nov. Gen. et Sp. pl. II. p.* 164. *n.* 8. *Kunth. Synops. I. p.* 457. *n.* 8. *Schlechtend. Linn. VI. p.* 366. *n.* 1145.

Persea mollis *Spr. S. Veg. II. p.* 270. *n.* 34.

Persea incana *Schott. in Spr. Cur. post. in S. Veg. p.* 403. *n.* 24.

Laurus villosa: foliis oblongis acuminatis basi angustatis subtus tomentoso-villosis, racemis axillaribus. *Willd. Herb. n.* 7796.

Crescit regione temperata prope El Azufrel in Andibus Quinduensibus, alt. 1050. hexap. (Regno Novo-Granatensi.) Floret Novembri, (de Humboldt); in sylvis Misantlae Mexicanorum, Februario in anthesi, (Schiede); in Brasilia, (Schott.) Vidi exemplum Herbb. Willd. et Kunth. Humboldtianum, Schiedeanum Herb. Reg. Berol. et Günther., et Martianum ex Herb. Lindleyano, tum vero Schottianum ex Herb. Schott.

„Rami angulati, ferruginei, hirto-tomentosi. Folia alterna, petiolata, oblonga, acuminata, basin versus angustata et leviter cordata lobis inflexis, integerrima, reticulato-venosa, nervo medio venisque subtus prominentibus, subcoriacea, utrinque densissime sericeo-pubescentia, mollia, flavescenti-fuscescentia, subtus in venis ferrugineo-tomentosa, septem- aut octopollicaria, duos pollices lata; iuniora utrinque tomentoso-hirta, ferruginea. Petioli quatuor lineas longi, ferrugineo-tomentosi. Paniculae axillares, pedunculatae, folio triplo breviores; ramis, pedunculis pedicellisque ferrugineo-pubescentibus. Flores magnitudine florum Perseae rigidae. Calyx sexfidus, externe et in fundo ferrugineo-tomentosus; laciniis subrotundo-ovatis acutiusculis subaequalibus patentissimis. Stamina fertilia novem; filamenta ovata, externe convexiuscula, interne plana, pubescentia; antherae quadriloculares; loculi staminum exteriorum interne, interiorum externe filamento immersi. Stamina sterilia non vidi. Ovarium oblongum, glabrum; stylus erectus, teres, pubescens; stigma dilatatum. Fructus ignotus."

Adnotatio. Rami angulati; folia subtus, petioli flores rufo-hirsuta; folia supra dense strigiloso-sericantia, crassa, exquisite acuminata, nervis 12 — 15 subtus valde prominulis iuxta margines in tenues arcus coniunctivos extenuatis praedita, basin versus magis minusve cuneatim angustata et denique abrupte in petiolum desinentia marginibus hac parte revolutis ipsaque basi plerumque leviter cordata, qua nota facillime ab omnibus confinibus distinguitur. Quo latiori autem basi gaudent folia, uti in exemplis Schiedeanis video, eo distinctius cordata sunt. Paniculae 1½ — 2½ pollices longae, in axillis superioribus confertae, a medio divisae, rigidae, ramis paucis brevibus patentibus apice cymuloso-subcapitatis. Flores magnitudine florum *Nectandrae* (*Pomatiae*) *discoloris* et *oppositifoliae*, albi, odoratissimi, (Schiede). Locelli antherarum parvi, ovales, iuxta basin antherae linea parum arcuata dispositi. Staminodia quarti ordinis brevissima, conica, obtusa, hirta, intra glandulas in annulum confluentes et sub hirsutie faucium latentia.

8. Nectandra (Pomatia) Arnottiana N. ab E.

N. foliis elliptico-oblongis obtusis iunioribus subtus ramulis paniculisque subthyrsoideis folia aequantibus aut superantibus fulvo-tomentosis venis costalibus reticuloque in pagina inferiori prominulis, antheris subrotundis.

In Peruvia. Vidi specimen herbarii Arnottiani.

Affinis *Nectandrae rigidae*, sed distincta foliis minoribus subtus semper tomentosis et rugosis obtusis nec acutis, paniculis longioribus amplioribus, staminodiis canaliculatis, cet.

Rami subtrigoni, iuniores pube rufo-fulva vestiti, adultiores glabrescentes fusci. Cicatrices foliorum lunatae, planae, prominulae, tomentosae. Gemma terminalis fulvo-tomentosa. Folia in ramis per intervalla conferta, quina ad sena, diverg. $\frac{2}{5}$, $2\frac{1}{4}$—$2\frac{1}{2}$ pollices (cum petiolo 3—4 linearum crasso semitereti supra planiusculo in iuventute fulvo-tomentoso) longa, 1 pollicem vix lata, ex oblongo ovalia, utrinque modice attenuata, apice obtusa, rigida, coriacea, supra in iuventute cano-tomentosula aetate laevia et nitida, subtus venoso-rugulosa reticulata, primo fulvo-dein cano-tomentosa, costa media obtusa valde prominula, venis costalibus subsenis in rete folii solutis. Paniculae in parte inferiori innovationis nudae et in foliorum eiusdem inferiorum angulis, 3—$2\frac{1}{2}$—$1\frac{1}{2}$ pollices (cum pedunculo communi) longae, pedunculi longitudine, rufo-ferrugineo-tomentosae. Pedunculus rigidus, compressus; rami paniculae alterni, breves, plerique triflori. Bracteae ad basin ramorum oblongae, partiales oppositae, florum lateralium lanceolatae, omnes obtusae, crassiusculae, tomentosae. Pedicelli crassi, vix linea longiores, cum perianthiis extus fulvo-tomentosi. Perianthium 3 lin. latum, rotatum, coriaceum, patens, laciniis oblongo-ovalibus obtusis recurvis uninervibus grosse pellucido-punctatis intus pallidiori hirsutie tectis. Stamina limbo duplo breviora; filamenta longitudine antherae; sex exteriora hirtula, tria interiora glabra; antherae subquadratae aut rotundae, obtusae, exteriores incurvae, tres interiores quasi ravolutae magisque truncatae; locelli oblique ovales, in arcum dispositae, parum a vertice antherae distantes. Glandulae geminatae crassae, basin staminum interiorum obtegentes. Staminodia quarti ordinis brevissime stipitata, glabra, altitudine glandularum, capitulo oblongo-triangulari dorso convexo, pagina superiori profunde canaliculata. Pistillum glabrum, longitudine staminum; ovarium subglobosum; stylus crassus; stigma discoideum.

Adnotatio. Locus huius speciei iuxta *Nectandram nitidam;* sed innotuit demum, cum, folio praecedente iam impresso, aptior illa non amplius ei patebat sedes.

---

9. Nectandra (Pomatia) Willdenoviana N. ab E.

N. foliis oblongo-lanceolatis utrinque acuminatis subtus subtilissime scabridis axillis venarum costalium inferiorum porosis barbulatisque, antheris alternis triangularibus semicircularibusque.

Laurus salicifolia *Herb. Willd. n.* 7783. (*nec Swartzii, nec Humboldtii.*)

In ripa Guayrito fluminis ad Caracas Bredemeierus legit cum floribus. Vidi in Herbario Willdenoviano.

A *Nectandrae* (*Pomatiae*) *Amazonum* formis angustifoliis differt praesertim glandulis in nervorum costalium inferiorum axillis obviis, subtus foveola barbulata hiantibus supra in tuberculum obtusum elevatis, pubescentia vel in tenerioribus foliis nunquam subtomentosa sed e setulis sub bona tantum lente observabilibus adpressis sparsis micantibus constante, demum in superiori pagina tota evanescente.

Folia cum petiolo semipollicari 6—7 pollices longa, 1¾ pollices circiter lata, longe acuminata; nervi costales senisepteni, paulo minus ac in *Nectandra Amazonum* prominuli; rete venosum multo minus conspicuum. Pedunculi communes 2—2½ pollices longi, stricti, a medio divisi, glabriusculi; ramuli breves, erecti, saepe triflori. Flos omnino *Nectandrae Amazonum*, rigidulus, extus magis canescens minusque tomentosus. Antherae exteriores semicirculares, secundi ordinis compresso-trigonae, lobo infero inflexo; tertii ordinis emarginatae, subcubicae. Glandulae duodecim in annulum connatae. Staminodia quarti ordinis parva, hirtula, tota fere annulo glanduloso immersa.

Adnotatio. *Laurus salicifolia Swartz.* ob „flores minutos" huius loci esse nequit; nam nostri flores sunt pro familia ampli. Idemque valet de *Ocotea salicifolia H. et K.*

---

10. NECTANDRA (Pomatia) villosa.

N. hirsuta, foliis oblongis vel elliptico-oblongis acuminatis basi acuta margineque revolutis plexu nervorum costalium submarginali tenui, pedunculis axillaribus corymbifloris rigidis folio brevioribus, antheris triangularibus. *N. ab E. Laur. Sellov. in Linn. VIII.* 1. *p.* 47. *n.* 3.

Litsaea villosa *Spr. in Herb. Reg. Berol.* (*Brasil. n.* 1391.)

β. Venosa; foliorum costis venisque transversalibus maxime prominulis densioribusque, ramis tomentosis.

Laurus venosa *Dombey in Herb. Kunth.*

In Brasilia tropica primos flores monstrantem legit Sellovius, (Herb. Reg. Berol. n. 1391.) Var. *β.* ad Cochero in Peruvia a Dombeyo lectam vidi in Herb. Kunth.; ad Tocache, Huallaga Peruviae legit cl. Poeppig; in Andibus Peruvianis, (idem n. 1237.)

Arbor, in universum ad *Nectandras canescentem* et *Amazonum* maximeque autem ad *mollem* accedens, sed hirsutie omnium partium densa subtomentosa rigidula canescente vel pallide ferruginea, etiam in foliis adultioribus persistente, foliis inferioribus amplissimis, pedunculis crassioribus omnium fere distinctissima.

Rami crassi, compressi, proiecturisque a foliorum origine descendentibus obtusis saepe bicarinatis irregulariter angulati, serius calvescentes; lignum molle; tubus medullaris amplus, irregularis; cortex crassus, fuscus, spongiosus, saporis subacris, odoris (an proprii) aromatici debilis. Gemma terminalis magna, ovato-lanceolata, acuminata, fulvo-hirsuta, bivalvis. Folia rami inferiora 1—1½ pedes longa, 4 pollices lata, partis florentis autem 8—5 pollices longa 2 — 1¾ poll. lata, latiuscule oblonga, basi acuta, apice argutissime acuminata, superiora paulo minus acutata, chartacea, utrinque dense tomentoso-hirsuta, opaca, subcanescentia, hirsutie in adultioribus magis dispersa, subtus in omnibus densiori, nervis costalibus ut ipsa costa subtus prominulis, 12—15-nis, arcuatis apice attenuato plexum submarginalem tenuem arcuatum efficientibus, venis interiectis subparallelis arcuatis costas coniungentibus; quae quidem ramificatio sceleti folii in iuvenili folio ab hirsutie saepe tegitur. Petioli ½ — ¼ pollicis longi, depressi, subtus carinati, hirsuti. Pedunculi communes axillares, a 6 ad 3 pollices decrescentes erecti, crassi, compresso-angulati, eum ramificationibus hirsuti, a medio vel paulo apicem versus divisi; ramuli 2 — 3 parium per paria approximati, patuli, crassi, apice cymoso-bis-terve bifidi cum flore intermedio, 1 — $\frac{1}{2}$ pollicem longi. Squamae bracteales suboppositae, ovatae, concavae, subcoriaceae, hirsutae, gradatim decrescentes. Pedicelli erecti, 1 — 2 lineas longi, crassi, hirsuti, in tubum perianthii transeuntes. Perianthium rotatum, coriaceum, 3 — $3\frac{1}{2}$ linearum diametro, extus dense hirsutum; tubus brevis, turbinatus; laciniae subenerves, intus scabriusculae et glanduloso-exasperatae, exteriores ovatae obtusae vel acutiusculae latiores extus totae hirsuto-tomentosae, interiores oblongae triangulo tomentoso extus ad basin notatae. Faux et filamenta brevissima strigoso-hirsuta; antherae sabsessiles, perianthio breviores, glanduloso-punctatae; sex exteriores ovato-triangulares obtusae, locellis iuxta basin introrsum in arcum dispositis lineari-oblongis; interiores tres subtetragonae, truncatae, locellis lineari-oblongis in arcum inversum dispositis. Staminodia exigua, conoidea, hirsutissima. Glandulae duodecim parvae subglobosae sessiles in annulum confluunt, stamina interiora et staminodia sinuatim ambientem. Pistillum longitudine staminum, glabrum; ovarium obovatum; stylus ovarii longitudine; stigma discoideum, umbilicatum. Fructus deest.

Var. β. vix aliter differt ac ramulorum integumento subtiliori tomentulum referente, et foliis supra glabriusculis venisque immersis, subtus autem magis prominulis densiusque confertis praeditis, quo fit, ut magis etiam rugosa atque reticulata appareant folia, quae cuncta a situ loci altiori derivanda esse censeo.

---

11. Nectandra (Pomatia) macrophylla N. ab E.

N. foliis ellipticis acute brevi-cuspidatis basi acutis subtus ramisque hirsutis, plexu nervorum costalium submarginali tenui, paniculis corymbosis laxis folio brevioribus.

Ocotea macrophylla *Humb. et Kunth. Nov. Gen. et Sp. pl. II. p.* 165. *n.* 11. *Kunth. Synops. I. p.* 457. *n.* 11.

Persea macrophylla *Spr. S. Veg. II p.* 270. *n.* 42.

Laurus pubescens: foliis ovato-oblongis acuminatis subtus reticulato-venosis pubescentibus, racemis simplicibus axillaribus. *Willd. Herb. n.* 7795. (*exemplum Humboldtianum.*)

Crescit regione temperata prope El Azufral, in Andibus Quinduensibus, alt. 1050 hexapod. (Regno Novo-Granatensi). (de Humboldt). Vidi in Herb. Willd.

„Ramuli teretes, tomentoso-hirti. Folia alterna, petiolata, oblonga, breviter acuminata, basi acuta, integerrima, coriacea, reticulato-venosa, venis nervoque medio subtus prominentibus, supra glabra nitida viridia, subtus praesertim in nervo medio et venis densissime tomentoso-hirta et olivacea, septem-aut octopollicaria, tres aut quatuor pollices lata. Petioli semipollicares, tomentoso-hirti. Pedunculi axillares, pauciflori, pubescentes, folio breviores. Flores non vidi. Fructus pedicellati; pedicellis semipollicaribus incrassato-clavatis glabriusculis. Drupa oblonga, magnitudine fructus Pruni domesticae, basi calyce persistente cincta. Calyx in fructu cupulaeformis, limbo integro.“

Cicatrices foliorum cordatae vel scutatae gibbo medio conformi elevato. Folia etiam supra, praesertim in costa, sparsimque in superficie hirsutula, probabiliter in iuventute undique hirsuta. Pedunculi communes (fructus) circiter 3 pollices longi, hirsuti, oligocarpi, haud crassi. Cupula hemisphaerica, in ambitu diffracta.

A *Nectandra* (*Pomatia*) *villosa* inprimis differt foliis ratione longitudinis latioribus, exquisite et argute brevi-cuspidatis nec acuminatis, basi minus acutis, retis venosi arcubus intercostalibus minus densis neque adeo regularibus, pedunculoque laxiori.

---

12. Nectandra (Pomatia) lanceolata.

N. foliis lanceolatis utrinque acuminatis iuvenilibus undique adultis subtus ramisque et paniculis tomentosis, cupulis adiecto pedicello infundibuliformibus. *N. ab E. Laur. Sellov. in Linn. VIII. 1. p. 47. n. 4.*

In Brasilia australi, ad Monte Video et in finibus Regni Paraguay, hinc inde circa tuguria incolarum, frequentem in sylvis, tum in aliis Brasiliae tropicae regionibus, cum floribus die 19. Novembris et cum fructu maturo legit Sellow. (Herb. Reg. Berol. n. 1377. 1447. LII. et LIV. (5373.)

Arbor alta, patula, *Nectandrae canescenti* similis, differt tomento ramorum et foliorum densiori, foliisque angustioribus.

Gemmae rufo-hirsutae. Folia $3\frac{1}{2}$—5 pollices longa, $\frac{3}{4}$ — 1 pollicem lata, acuminata, basi longe attenuata, subcoriacea, supra demum glabrata laevia et nitida, subtus rufescenti-tomentosa, denique grisea, reticulata, nervis costalibus senis septenisve prominentibus parallelis acuto angulo procurrentibus divisa.*) Petioli breves, crassi, canaliculati, tomentosi. Pedunculi communes ad basin innovationum et ex axillis foliorum $\frac{1}{2}$ — 3 pollices longi, a medio divisi, cum ramis tomentosi, cani vel rufescentes; rami paniculae patuli, per intervalla approximati, semiunciales circiter; inferiores triflori, rarius racemulosi, quandoque omnis inflorescentia racemulus 5—7-florus simplex. Pedicelli linea paulo longiores, tomentosi. Perianthium rotatum, subcoriaceum, 4 lineas latum; tubus brevis, tomentosus; laciniae limbi exteriores late ovatae magisque patulae, extus tomentosae, interiores minores, trapezoideo-obovatae basi praesertim tomentosae, superius pube-

---

*) In huius arboris foliis frequens pullulat

Excipula Urceolaria.

E. erumpenti-superficialis, epiphylla, in macula discolori aggregata, nigro-fusca, subangulata, margine accessorio epidermidis flexuoso cincta, disco aperto concolore.

Maculae irregulares, $\frac{1}{4}$ — $\frac{1}{2}$ pollicis diametro, subfuscae. Perithecia primum sub epidermide latentia $\frac{1}{8}$ — $\frac{1}{4}$ lineae diametro, dein epidermide disrupta in ambitu persistente cincta, depresso-concava, nitida, e fusco nigra, nunquam, quantum vidi, vertice clausa, sed epidermide tantum velata.

rulae, omnes obtusae, venoso-trinerviae, obsolete pellucido-punctatae, intus tomentosae. Stamina limbo breviora, conniventia; filamenta brevissima, glabriuscula; antherae sex exteriores latae, semicirculari-triangulares, planae, locellis anticis in arcum inferum dispositis ovatis; valvulae rufae. Stamina tria vel sex interiora antheris reversis, tertii ordinis vel exterioribus similibus, vel truncatis subquadratis, quarti ordinis, ubi adsunt, acutiusculis; locelli quaterni, ovales, valvulis rufis. In aliis staminodia capitulo conico compresso in ordine quarto. Glandulae geminatae ad basin filamentorum tertii et quarti ordinis sessiles, globosae, in annulum confertae. Pistillum lageniforme, glabrum; ovarium globosum; stylus ovario duplo brevior, subtrigonus; stigma latum trilobum. Pedunculi fructus 3—4 pollices longi, compressi, rufescenti-tomentosi, apice divaricato-subcymosi, di-tricarpi; ramuli eorum circiter semipollicares, tomentosi. Pedicelli fructus una cum tubo perianthii in formam cupulae infundibuliformis abeunt, incrassati et glabrescentes. Margo cupulae recta truncatus, 3—3½ linearum diametro. Bacca ovata, 4—5 lineas alta.

? 13. NECTANDRA (Pomatia) lucida.

N. foliis oblongis utrinque acutis supra lucidis subtus pubescenti-tomentosis pallidis nervis costalibus paucis, ramulis novellis hirsutis, cupulis sexlobis (!) *N. ab E. Laur. Sellov. in Linn. VIII. 1. p. 47. n. 5.*

In Brasilia cum fructu maturo absque floribus legit Sellow. (Herb. Reg. Berol. n. LIII.)

Rami adultiores teretes, striati, glabri vel sparsim puberuli, hornotini angulati, rufo-tomentosi subhirsuti; lignum molle, albidum; medulla ampla; cortex fuscus, insipidus. Ramuli per intervalla approximati, patentes, basi aphylli, ad insertionem tumidi. Cicatrices foliorum semicirculares vel scutatae, in iuventute margine tomentosae. Gemmae ovatae, obtusae, rufo-hirsutae; terminales maiores, squamis extus 3—4 conspicuis. Folia diverg. 2/5 posita, 3½—4½ poll. longa, 1—1⅓ poll. lata, oblonga, utrinque modice attenuata, apice obtusa, basi acuta, e chartaceo coriacea, supra glabra punctulata lucida laete viridia, subtus pallidiora puberula pube circa costas densiori, costa media nervisque costalibus subsenis margine plexu coniunctis et reti venuloso laxiusculo, distincto tamen, praedita. Petioli circiter semipollicares, crassiusculi, subtrigoni, supra canaliculati. Flores nostro specimini desunt. Pedunculi fructus axillares et infra gemmam terminalem siti, $1\frac{1}{2}$—2 pollices longi, subpubescentes, haud validi, a basi fere noduloso-cicatricosi, circa apices oligocarpi. Pedicelli obconico-incrassati, bilineares, glabri, cum cupula pateriformi glabra, margine a laciniis perianthii parvis ovatis lobata et subrepanda, intus dense strigosa confluentes. Antherae exteriorum nonnullae residuae, sessiles, basi dense strigosae, superiora versus unilocellatae (!) videbantur. Bacca ovalis, fere $\frac{3}{4}$ pollicis alta, cupula multo altior.

Adnotatio. Species est suspecta, inter alias huius generis suo tempore, cum flores inventi fuerint, illustranda. Habitus quidem omnino reliquarum huius generis, sed antherae (imperfectiori statu quidem observatae) *Aydendri* esse putares.

---

14. Nectandra (Pomatia) cissiflora N. ab E.

N. foliis ellipticis acutiusculis basi cuneiformibus subtus minute pubescentibus, ramis paniculisque pulverulento-tomentosis griseis, paniculae ramis apice cymosis, perianthii parvi laciniis subaequalibus.

In Andibus Peruvianis legit cl. Poeppig.

Quod ad habitum species haec ad sectionem alteram pertinere videtur, sed structura florum interior coniunctior Pomatiis.

Ramus crassus, valde angulosus, levis, tomentulo tenuissimo veluti pigmento quodam lutescenti-griseo tectus, quo et petioli et pedunculus communis vestiuntur; cortex tenuis; lignum album; medulla amplissima, fusca. Cicatrices foliorum sublunatae margine supero recta, planae. Gemmae grandiusculae, conicae, angulatae, incanae, bivalves. Folia 9 pollices longa (probabiliter maiora etiam) $3\frac{1}{2}$ — 4 pollices lata, superiora minora, ovalia, brevi acumine praedita, basi in petiolum latum pollicarem supra planiusculum subtus obtuse carinatum cuneatim decurrentia ibidemque margine revoluta, coriacea, supra glabra costa media lata planiuscula divisa, subtus arcuatim reticulata, subtilissime at sparsim puberula, concoloria, nervo medio subcarinato costisque lateralibus subnovenis ante margines arcubus tenuibus coniunctis praedita. Paniculae axillares, 4—2 pollices longae, strictae, in pedunculo communi valido compresso-angulato a medio circiter diviso basi articulo annulari discreto; superiores breviores in cymas trifidas abeuntes; rami paniculae alterni, angulo 45° patentes, breves, cymoso-bi-quinquefidi, ramulis iterum cymosis multifloris, floribus confertis. Pedicelli vix linea longiores, uti flores extus cano-pubescentes. Bracteolae oblongae, parvae, rufescenti-tomentosae, deciduae. Perianthium $1\frac{1}{2}$ lin. latum, campanulato-subrotatum; tubo brevi obconico; laciniis subaequalibus ovatis obtusis erecto-patentibus crassiusculis uninerviis pellucido-punctatis extus albido-intus rufo-strigilosis subpulverulentis, basi recta iunctura cadentibus. Stamina parva; antherae subrotundae; sex exteriores in filamentum breve cuneiforme attenuatae, incurvae, dorso-tres interiores apice et extrorsum furfuraceo-tomentosulae, ferrugineae, quadrilocellatae, locellis orbiculatis parvis, exteriorum in arcu introrsum spectanti positis ab apice antherae parum distantibus, interiorum magis lateraliter geminatis; Antherae interiores subtruncatae. Glandulae geminatae maximae, ad limbum usque tumentes, a tergo staminum interiorum positae sunt. Staminodia tria, subulata, griseo-strigosa, ad basin utrinque glandula sessili stipata. Pistillum longitudine staminum, glabrum; ovarium ovato-subrotundum; stylus ovario brevior; stigma capitatum. Fructus specimini nostro deest.

Subgenus II. *Porostema*.

Schreb. Gen. pl. n. 1226. *Swartz. Fl. Ind. occ. II. p.* 707. nota. (Nectandra Roland. *Rottb. in Act. Hafn. I. p.* 279. *Pl. Sur. p.* 10. Ocoteae spp. *Humb. et Kunth.* Borboniae spp. *Gaertn.* Lauri spp. *Auctt.*)

Staminodia eglandulosa, subcapitata. Flores mediocres, sericantes, puberuli vel glabri.

Inflorescentia: paniculae axillares, cum foliis erumpentes, ante anthesin non squamatae bracteolisque floralibus parvis caducis mature denudatae subtrichotomae. Gemmae foliiparae parvae, angustae, squamis paucis carinatis contiguis tectae. Folia penninervia, nervis costalibus subtus prominulis arcuatis circa margines plexu venoso arcuato coniunctis.

---

15. Nectandra (Porostema) angustifolia.

N. foliis anguste lanceolatis attenuatis glabris nitidis, paniculis axillaribus longe pedunculatis folio brevioribus subcorymbosis, pedicellis ramulisque novellis subpubescentibus. *N. ab E. Laur. Sellov. in Linn. VIII.* 1. *p.* 48. *n.* 6.

Ocotea angustifolia *Schrad. Vorl. Nachr. in Gött. gel. Anz. a.* 1821. *n.* 72. *p.* 711. *Maxim. Princ. Wied. it. I. p.* 341. *II. p.* 342.

Ocotea salicifolia *N. ab E. in Herb. Ser. Princ. Wied. nunc. Mart.* (*nec. Swartz.*)

β. Falcifolia; foliis elongatis lineari-falcatis obtusis, pedicellis floribusque glaberrimis.

In rupibus fluminis Belmonte, (Maxim. Princ. Wied.); in Brasilia australi, ad Monte Video et in finibus Paraguay cum floribus, (Sellow. in Herb. Reg. Berol. n. 3458. A.); ad Rincon do Gallinas (idem ibidem B.)

Var. *β*. vidi in Herb. Arnottiano, specimen Brasiliense. *Parana Laurel* incolis.

Frutex 4—8 pedum altitudine, Salici similis (Maximilianus Princ. Wied.), 30—40′ altitudine 3′ diametro (Sellow.) Rami recti, ramosi, teretes, glabri, epidermide subfusca, hinc inde verrucosa, iuniores compresso-angulati trigoni sparsim minutimque puberuli; lignum pallide rufescens, leve, fibris subtilibus; tubus medullaris angustus; cortex tenuis, fuscus, insipidus. Folia diverg. $^2/_5$, circa apices ramulorum conferta, in var. *α*. $3^1/_2$—6 poll. longa, $^1/_2$—$^3/_4$ poll. lata, lanceolata, acuminata, basi acuta, glabra, supra laevia, subtus obsolete reticulata et laxe venosa, concoloria, chartacea. Petioli $^1/_4$ poll. longi, trigoni, supra canaliculati, glabri. Pedunculi communes axillares, 1—2 pollices longi, graciles, glabriusculi, apicem versus, rarius a medio divisi, plerumque trichotomo-subcorymbosi, ramulis patentibus, duorum circiter parium subopposilis, cymoso-bis-terve, dichotomis cum flore intermedio saepe abortivo. Pedicelli 2 lineas longi, puberulo-hirti. Flores albi, odoris grati caryophyllorum. Perianthium rotatum, chartaceum, 2 lin. latum; tubus brevissimus, extus (in var. *α*.) substrigilosus; laciniae subdistantes, glabriusculae, papilloso-scabriusculae, subopacae; interiores obovatae paulo latiores, exteriores ex obovato-cuneiformes. Antherae subsessiles, basi cuneatim contractae, glabrae, glanduloso-exasperatae; exteriores sex late trigonae, acutiusculae, introrsum ostiolis quaternis in arcum dispositis ab apice remotis obovatis dehiscentes; interiores tres cuneiformes, truncatae, dorso canaliculatae, locello subrotundo in angulo supero alteroque oblongo magisque infero extrorsum dehiscentes. Glandulae geminatae sessiles globosae ad basin horum staminum. Staminodia quarti ordinis distincta, stipite crasso capituloque stipite parum crassiori brevi compresso-trigono cum stipite confluente glabris. Glandulae geminatae ad basin horum staminodiorum illis tertiae seriei conformes. Pistillum glabrum, longitudine staminum; ovarium obovatum, crassum, stylo duplo longius; stigma trigonum, peltato-discoideum.

Var. *β*. differt: ramulis et pedicellis glaberrimis; foliis 6—7 pollices longis 4—8 lineas latis, magis minusve falcatis apice minus attenuatis ipso apice obtuso nec acuto; paniculis paulo magis compositis pedicellisque fortioribus; floribus paulo maioribus extus et intus glaberrimis; antheris obtusis locellis potius oblongo-ovalibus. Quantumvis autem primo adspectu a reliquis huius speciei formis longius abesse videatur, vix tamen specie differt. Conveniunt textura, color, nervatio foliorum, congruit florum et inflorescentiae conditio.

Adnotatio 1. „E vulgatissimis esse arborum ad Fluminis nigri ripas crescentium.“ (Sellow.)
Adnotatio 2. *Laurus salicifolia*, quam olim isti speciei coniunxi, longe distat, et Aydendri species est.

---

16. NECTANDRA (Porostema) saligna.

N. foliis lanceolatis oblongisve utrinque attenuatis glabriusculis subtiliter dense-reticulatis opacis, paniculis infraterminalibus corymbosis strigiloso-pubescentibus. *N. ab E. Laur. Sellov. in Linn. VIII. 1. p. 48. n. 7.*

α. Foliis lanceolatis glaucescentibus.

β. Foliis oblongis obscure lucidulis.

Persea membranacea *Spr. S. Veg. II. p.* 270. *n.* 35. (*ad exempl. orig. in Herb. Guenther.*)

In Brasilia australi, ad Montevideo et in finibus Paraguay, atque in Brasilia tropica legit Sellow. Var. α. et β. cum floribus absque fructu; ad Estrella de Victoriano (idem.) Vidi in Herb. Reg. Berol. (n. 1256, 1376, et 2997.)

A *Nectandra angustifolia*, cui proximam esse censeres, longius tamen distat: ramis laxioribus patulo-ramosissimis; foliis latioribus, 4—6 pollices longis, 8—12—13 lineas latis, apice attenuatis sed minus acutis potiusve obtusis, tenuioribus, glaucescentibus, supra opacis, subtus in iuventute sparsim puberulis aetate glabris; paniculis omnibus ad basin gemmae terminalis, saepe in pulchrum densumque corymbum confertis, pedunculo, ramis, pedicellis perianthiisque extus magis minusve, semper tamen distincte, strigoso-puberulis.

Glandulae geminatae in hac specie fere annulatim confluunt, in margine supero lobulatae staminodiisque non raro connatae; vidi etiam flores, in quibus loco staminodii unius alteriusve glandula, reliquis geminatarum subsimilis, intrabat; plerique autem flores glandulis geminatis gaudent non modo ad basin staminum tertii ordinis, sed etiam ad basin staminodiorum quarti. Lignum subtile est, densum, album. Ramificatio conferta, gracilis, incomta. Gemmae et apices ramulorum strigiloso-canae. Venae costales et rete folii in pagina superiori laevigataque parum conspicua, in inferiori venae costales subduodenae, rete laxiusculum parum distinctius. Paniculae circiter 1 — 2 pollices longae, a medio divisae, ramis plerisque trifloris. Flores magnitudine et structura florum praecedentis, sed notis supra indicatis recedentes. Peracta anthesi cito cadunt laciniae et tubus pateriformis ovario amplior truncatus restat.

Adnotatio 1. Cave, ne cum *Oreodaphne angustifolia* confundas, quae non modo notis genericis satis differt, sed maxime etiam foliis crassioribus dense subtiliterque reticulatis, nervis costalibus paucioribus praeditis, paniculisque angustioribus et rigidioribus.

Adnotatio 2. *Stigmatidiis* variis in utraque pagina foliorum maxime infestatur haec species.

Adnotatio 3. *Persea membranacea Spr. l. c.* certo huius loci est, nec improbabile videretur, etiam Swartzii huc pertinere *Laurum membranaceam*, nisi eam, „*Lauro Borboniae* proximam" auctor declaravisset, „praeditamque floribus maiusculis", qui quidem in hac non maiores inveniuntur, ac in *Lauris Leucoxylo, patente*, rel.

17. Nectandra (Porostema) salicifolia N. ab E.

N. foliis lanceolatis utrinque acutis glaberrimis nitidis laxe angulato-reticulatis, paniculis axillaribus multifloris.

Ocotea salicifolia *Humb. et Kunth. Nov. Gen. et Spec. pl. II. p.* 166. *n.* 14. *Kunth. Synops. I. p.* 458. *n.* 14. *Spr. S. Veg. II. p.* 270. *n.* 44.

Laurus splendens: foliis lanceolatis acuminatis nitidis coriaceis venosis, racemis axillaribus. *Willd. Herb. n.* 7788. (*exempl. Humboldt.*)

Laurus pendens *Willd. Herb. n.* 7815.

Crescit ad oram Oceani Pacifici, prope Acapulco Mexicanorum. Fructificat Aprili. Vidi exempl. sterile in Herb. Willd.

„Arbor subbiorgyalis; ramis teretibus laevibus glabris; cortice cinereo adstringente. Folia alterna, petiolata, lanceolata, acuminata, basi acuta, integerrima, coriacea, reticulato-venosa, nervo medio subtus prominente, utrinque glaberrima, nitida, subquinquepollicaria, pollicem lata et paulo latiora. Petioli glabri, 4 lineas longi. Pedunculi axillares, multiflori, glabri (teste Bonpl.) Flores albi, minuti (ex Bonpl.) Calyx in fructu cupulaeformis, glaber, limbo integro."

Adnotatio. Ramuli novelli et gemmae sericantes; hae bivalves.

Primo intuitu a *Nectandra saligna* vix diversam esse censebis, luculenter autem apparebit post accuratum examen diversitas. Folia etenim, quae Nectandrae salignae vere lanceolata sunt, opaca glaucescentia supra fere laevia subtus anguste tenuiterque reticulata, huic paulo latiora sunt utrinque viridia nitentia, venisque gaudent costalibus novenis distinctis, tametsi non multum prominulis, ramis transversalibus in angulos flexis coniunctis et rete irregulare areolarum triplo et quadruplo ampliorum ac in illius foliis nectentibus. Petioli breviores sunt, compressi, supra canaliculati. Accedunt flores axillares, et reliqua, quae a Bonplandio adnotata legimus.

18. NECTANDRA (Porostema) psammophila N. et M.

N. foliis elliptico-oblongis coriaceis laevibus concoloribus iunioribus subtus puberulis, racemis in basi ramulorum vel innovationum subsimplicibus brevibus ramulisque novellis strigoso-canis.

> Ocotea Minarum *Mart. in Herb. Brasil. Monac.* (*ex parte.*)
> Ocotea psammophila *Mart. in Herb. propr.*

In arenosis regionis Barra de Jucù Martio mense a. 1816 cum floribus legit Seren. Princ. Wiedensis, (Herb. Mart.) In sylvis subalpinis alt. 1500 pedum supra Serra do Mar Provinciae Rio de Ianeiro et S. Pauli, Decembre cum fructu semiadulto, (de Martius.)

Species e racemulis brevibus facilis cognitu satisque distincta. Frutex octo pedum (secundum Martium arbor 30 pedum) altitudine, laete vigens, ramis strictis ramosis, inferne teretibus glabris, superne ramulisque angulatis in var. α. strigiloso-sericantibus; lignum laxum; medulla angusta; cortex tenuis, inodorus. Cicatrices foliorum semilunares, vel late cordatae. Gemmae ovatae, bivalves, dense cano-tomentosae; axillares minores, compressae, obtusae; terminales ramulorum et innovationum florigerarum grandiores, basi magis ventricosae, et ibidem e gemmulis minoribus compositae. Folia diverg. $2/5$, approximata, $3 - 4\frac{1}{2}$ pollices longa, $1 - 1\frac{3}{4}$ pollices lata, ex ovali oblonga, in acumen breve obtusum producta, basi acuta, rigidula, subcoriacea, supra (praeter costam mediam quae strigilosa) glabra punctulata laevia subopaca, subtus iuniora setulis subinconspicuis scabriuscula et in axillis venarum costalium evidenter barbata, demum glabrescentia obsolete reticulata, nervis costalibus venosis senis-novenis non admodum conspicuis, praesertim in adultioribus. Petioli $\frac{1}{4}$ pollicis longi, canaliculati, pubescentes. Pedunculi communes in basi ramuli axillaris vel innovationis apice gemmiferae approximati, $1 - 5$, $\frac{1}{4} - \frac{1}{2}$ pollicis longi, angulati, pubescenti-strigilosi, canescentes, a medio florentes, ramulis vel $3 - 2$-floris, vel unifloris approximatis hinc vel thyrsulum vel racemulum densum pauciflorum conficientibus. Squamae bracteolares ad bases pedunculorum oblongo-lanceolatae, obtusae, tomentosae, caducae. Pedicelli linea paulo breviores, pubescentes, divergentes. Perianthium album, chartaceo-coriaceum, rotatum, extus strigiloso-canescens, intus cum antheris papilloso- et scabrido-puberulum; laciniae ovatae, obtusae, exteriores paulo angustiores.

Antherae in disco pro more imbricatae, subsessiles; sex exteriores transversales, rotuudatae, locellis quatuor obovatis vel obtrigonis in arcum iuxta basin dispositis introrsum dehiscentes; tres interiores truncato-cuneiformes, dorso sulcatae, locello utriusque lateris supero ovato obliquo laterali, infero magis postico oblongo. Glandulae geminatae globosae, magnae, staminibus interioribus paulo breviores. Staminodia altitudine glandularum, capitulo angusto lanceolato glabro. Pistillum glabrum; ovarium subglobosum; stylus brevissimus; stigma capitato-trigonum. Post anthesin statim cadunt laciniae et tubum cupuliformem truncatum relinquunt. Fructum maturum non vidi, immaturus magnitudine pisi, globosus, mucronatus, cupulae truncatae tenui amplae ultra medium immersus.

? 19. NECTANDRA (Porostema) virgultosa N. ab E.

? N. foliis lanceolato-cuneiformibus obtusis concoloribus ramis racemulisque ad basin innovationum nascentibus glabris . . .

Laurus s. Ocotea virgultosa *Mart. in Herb. Bras. Monac.*

In sylvulis udis depressis, Capoès dictis, Provinciae Minarum generalium, cum cupulis et fructu maturo, (de Martius.)

Frutex *Oreodaphnarum* habitu, sed ob fructum diversum in hunc locum repositus, donec plura circa eum innotescant; distincti enim generis esse videtur. Rami crassitie pennae gallinaceae, erecti vel adscendentes, adultiores teretes iuniores sulcato-angulati, compressiusculi, epidermide albicante induti, rugulosi, per intervalla subverticillatim ramosi ramis subfastigiatis; lignum durum, tubum medullarem oblitterans; cortex pro rami crassitie crassus, fuscus, odoris et saporis debilis aromatici subdulcis. Cicatrices foliorum oblique prominulae, subsemicirculares, truncatae, circa apices innovationum confertiores. Gemmae ovatae, bivalves, compressae, axillares minores apice pruinosae, terminales apice attenuatae. Folia per intervalla confertiora, 1—$2\frac{1}{4}$ pollices longa, 4—7 lineas supra medium lata, minora apice rotundata, maiora apice parum angustata, omnia obtusa, basi cuneatim attenuata, rigidula, erecta, aetate provectiori glabra, iuniora subtus pube subtilissima adpressa rara, praesertim ad costam, inspersa, subtiliter venoso-reticulata, ramis costalibus venulosis obsoletissimis.*) Flores desunt. Pedunculi fructuum ad basin innovationum (probabiliter plures approximati) in nostra singuli, pollicares, glabri, compressi, simplices, a medio vel paulo inferius cicatricibus paucis ramorum vel pedicellorum residuis racemulum parvum prodentibus, iam infra apicem unum fructum ferentes. Pedicelli fructus glabri, bilineares, apice modice incrassati. Cupula cyathiformis, truncata, margine acuto nec omnino recto, glabra. Bacca ovata, mucronata, pisi magnitudine, cupulae ad dimidium immersa.

? 20. Nectandra (Porostema) cymbarum N. ab E.

N. foliis oblongo-lanceolatis chartaceis supra nitidis pedunculisque (fructus) ad basin ramulorum et innovationum brevibus glabris, cupulae grandis margine duplici.

Ocotea cymbarum *Humb. et Kunth. Nov. Gen. et Sp. pl. II. p.* 166. *n.* 16. *Kunth. Synops. I. p.* 458. *n.* 16.

Ocotea amara *Mart. in Buchn. Repert. a.* 1830. *XXXV. p.* 180. *Féruss. Bull. des sc. nat.* 1831. *Ianv. p.* 63. *Herb. Brasil. Monac.*

Laurus corruscans: foliis oblongo-lanceolatis acuminatis venosis integerrimis coriaceis supra nitidis, pedunculis axillaribus. *Willd. Herb. n.* 7787. (*exempl. Humboldt.*)

Crescit in sylvis Orinoccensibus, prope S. Fernando de Atabapo. Fructificat Maio. *Sassafras* Orinoccensibus, (de Humboldt.) In sylvis aboriginibus Provinciae Fluminis nigri, cum cupulis fructuque, (de Martius.) Vidi specimina Humboldtiana in Herb. Willd., et Martiana.

---

*) In foliis crescit

Depazea Macula N. ab E.

D. epiphylla, maculis suborbicularibus laevibus flavescentibus margine integro, peritheciis centralibus orbicularibus depressis subrugosis demum scutulatis.

Arbor (100′ altitudine, de Humboldt). Rami (et omnes eorum, quas vidi partes) glabri. Rami inferne teretes superne angulati, verrucosi et rimulosi; lignum pallidum, densum; tubus medullaris mediocris, inferne teres; cortex crassiusculus, adultior fuscus, aromatico-amarus. Cicatrices foliorum magnae, semicirculares disco elevato; pedunculorum scutellatae. Gemmae ovatae vel ovato-lanceolatae, cuspidatae, bivalves, glabrae. Folia circa apices ramulorum approximata, speciosa, 1¾—1 pedem longa, 1½—2 pollices lata, oblongo-lanceolata, acuminata acumine magis minusve obtusato, basi acuta, crasse chartacea, glabra, supra nitida, subtus pallidiora, obsolete punctato-reticulata, nervis costalibus duodenis- vel 14-nis non valde prominulis. Petioli pollicares, semiteretes, crassiusculi, canaliculati marginibus acutis, glabri. Pedunculi communes ad basin ramorum axillarium et innovationis terminalis, squamae (nec folii) cicatrice ad basin cincti. Floriferos non vidi. Fructiferi 1½ pollices longi, haud admodum validi, angulosi, glabri, cicatricibus pedicellorum ramulorumve paucorum a medio, cupulaque subterminali una grandi, in pedicellum attenuata, profunde excavata crassa, extus verrucis albis rotundis depressis obsita, cum pedicello pollicem fere alta et eiusdem fere diametri, praediti, cuius quidem cupulae margo truncatus sulculo profundo circulari dividitur in limbum exteriorem paulo altiorem subcrenulatum, cui olim laciniae inhaesere, et interiorem aequalem brevioremque, staminum priscam sedem. Bacca 1½—2 pollices longa, ovalis, umbonata, carne siccando coriacea odore cerino-aromatico. Semen non vidi.

Adnotatio 1. Cortex huius arboris in Brasilia inter stomachica censetur.

Adnotatio 2. Folia 5 pollicum longitudine perhibentur a cl. Kunthio, 12—14 linearum latitudine. Talia equidem invenio in exemplo Herbarii Willdenoviani; sed alia etiam 7 pollices longa, 1¾ pollices lata et ea quidem Brasiliensis nostri exempli foliis simillima, praesertim quod ad ambitum in medio fere parallelum, basi denique magisque ante apicem arcu contractum. Pedicelli et in hoc brevissimi; cupulae et baccae forma et magnitudo eaedem. Superficies tantum cupulae in Humboldtianis verruculosa quidem, sed verrucae non discolores sunt. Nec *ligni Sassafras* simile quid, quod ad odorem et saporem corticis, in Humboldtianae illius arboris exemplo sentii, sed amaritudinem et aroma, ut in Martianis, et idem quoque cl. Auctores Gen. et Spec. plantarum l. c. de sua adnotant.

Adnotatio 3. Corticem huius arboris venenum *Urarì* incolarum intrare suspicatur Martius. „Lignum durissimum et suaveolens ad fabricandas scaphas inservire," (de Humboldt l. c.)

Adnotatio 4. An genus distinctum? An *Oreodaphnes* subdiv. I. *Aperiphractes* species?

Ad *Perseam Borboniam* perperam refertur haec species a Sprengelio.

? 21. NECTANDRA (Porostema) cinnamomoides N. ab E.

N. foliis oblongis argute cuspidato-acuminatis basi acutis chartaceo-coriaceis supra glabris laevibus nitidis subtus subtilissime puberulis venis costalibus angustis crebris discretis, fructu . . . .

Laurus cinnamomoides Mut. *Humb. et Kunth. Nov. Gen. et Sp. pl. II. p.* 169. *Spec. dub.* 1. *Kunth. Synops. I. p.* 460. *Willd. Herb.* (foliis oblongo-lanceolatis acuminatis integerrimis coriaceis supra nitidis venosis, petiolis profunde canaliculatis.) *n.* 7770.

Laurus Quixos *Lam. Enc. méth. III. p.* 453.?

Canella do Mato. *Maxim. Princ. Wiedens. it.*

Cinnamomum sylvestre americanum. *Seb. Thes. II. p.* 90. *t.* 84. *f.* 6.

Crescit in regione umbrosa temperata Andaquiorum (Regno Novo Granatensi), ubi *Canela* nuncupatur: colitur prope Mariquitam, alt. 500 hexap. (de Humboldt.)

„Arbor ramis teretibus glabris sulcato-rugosis; cortice subcinereo. Folia alterna, petiolata, subdisticha, oblonga, acuminata, basi acuta, integerrima, coriacea, reticulato-venosa, venis nervoque medio subtus prominentibus, utrinque glabra, supra nitida, sex- aut septempollicaria, duos pollices lata. Petioli semipollicares, canaliculati, glabri. Flores et Fructus ignoti."

Differt a *Nectandra cymbarum*, cui similis: sapore et odore corticis distincte cinnamomeo, gemmis axillaribus et terminalibus dense sericeo-strigosis, foliis brevioribus et ratione longitudinis latioribus 6—7 pollices longis et $1^3/_4$—2 pollices latis in acumen longius multoque acutius procurrentibus basi minus attenuatis subtus pubescentia subtilissima inspersis neque omnino glabris reticulatis nec fere laevibus, venis costalibus circiter novenis ramosis, nec pluribus subsimplicibus, praeditis.

Quae cuncta, tametsi nec flores adsint in exemplis a me visis, nec fructus, neque omnino constet, cuinam generi adscribenda sit ista species, id saltem extra omnem dubitationis aleam positum esse videtur, *Nectandras cymbarum* et *cinnamomoidem* non eiusdem speciei esse arbores, ut cl. Martius, loco supra citato, suspicatur.

---

22. Nectandra (Porostema) paterifera N. ab E.

N. foliis elliptico-oblongis longe cuspidatis basi acutis chartaceis nitidis glabris subtus venoso-reticulatis in costa subpubescentibus venis costalibus subsenis reti intextis, cupula fructus pateriformi tenui, bacca ovali.

Laurus cupularis *Herb. Schott.*

Patria ignota. An Brasilia?

Ob fructum, Nectandris plerisque consimilem, huc refero hanc arborem, cuius non nisi ramulum tenerum binis fructibus onustum vidi. Est gracilis, teres, inferne glaber, superiora versus tenui pube adspersus, probabiliter dum recens erat viridis, iam fuscus; lignum griseo-pallidum; cortex tenuis, inodorus; tubus medullaris iam in hoc ramulo, filo emporetico vix crassiori, angustus angulatus. Cicatrices foliorum planae, subrotundae, superius subtruncatae. Gemmae cinereo-tomentosae, axillares parvae subrotundae omnium fere axillarum, terminalis subulata bivalvis hians. Folia iis *Camphoromoeae venulosae* simillima, nec fere nisi ex acumine angustiore apiceque minus obtusato distinguenda, $3^1/_4$—$3^1/_2$ pollices longa, pollice vix latiora, ex oblongo ovalia, in acumen (seu cuspidem) longum attenuatum ipso tamen fine obtusum producta, basi acuta, tenui-chartacea, glabra nitida, supra laevia venis costalibus in siccis parumper prominulis, subtus laxiuscule at distincte, nec valide, reticulata, venis costalibus senis circiter tenuibus et mox in rete commune solutis neque amplius distinguendis praedita, costa media convexa basin versus scabrido-subpuberula. Petioli angusti, canaliculati, glabri, 3 lineas longi. Pedunculus (communis) fructus ratione ramuli crassus, pollicaris, glaber, iam dicarpus, uti e cicatricibus coniicio cymuloso-pauciflorus. Pedicelli ¾ pollicis longi, communi pedunculo crassiores, glabri, fructum versus modice amplificati. Cupula 6—7 lineas lata, pateriformis, laeviuscula, integerrima margine acuto tenui, baccae basi amplior. Bacca ovalis, obtusa, pollicaris.

Adnotatio. A *Nectandris cinnamomoide* et *cymbarum* differt foliis minoribus tenuioribus; ab illa maxime cupula fructus; a *Nectandra nitidula* foliis distinguitur longe cuspidatis tenuibus fructuque maximo. Caeterum *Oreodaphnis Ceramocarpiis* an adscribenda sit haecce species, an *Nectandris*, non nisi e floribus deinceps inquirendis intelliges.

? 23. Nectandra (Porostema) striata N. ab E.

N. foliis ovalibus utrinque acutis concoloribus subtus ramulisque pubescentibus axillis venarum primi et secundi ordinis subtus barbatis, pedunculis (fructiferis) ad basin ramorum et innovationum brevibus, cupula grandi turbinata striata baccam alte vestiente.

Ocotea (Laurina) arbor macrophylla fructu Ocoteae. *Schlechtend. in Linn. VI. p.* 366. *n.* 1146.

In regione tropica, Cuesta grande de Chiconquiaco, Martio mense cum fructu maturo absque floribus legit Schiede. Vidi exemplum unicum in Herb. Reg. Berol.

Arbor singularis, ad cupulam fructus quod attinet *Nectandrae cymbarum* similis, sed aliis notis adeo differens, ut valde dubitem, anne longe diversi sit (certo tamen Laurinarum) generis.

Est ramulus brevis, valde rugulosus et inaequalis, griseus, tomento tenui tectus, cicatricibusque semicircularibus prominentibus rugosis exasperatus, apicem versus angulatus striatusque. Gemma terminalis oblongo-lanceolata, grisea, quadrivalvis. Folia 8—10 pollices longa (forsan maiora etiam), $3\frac{1}{2}$—4 pollices lata, ovalia, probabiliter apice, certo basi acuta ibidemque in petiolum crassum teretiusculum non canaliculatum glabrum $\frac{3}{4}$ pollicis longum desinentia, chartacea, in sicco glaucescentia, supra laeviuscula, setulis exiguis granuliformibus praesertim subtus ad costas scabriuscula, caeterum glabra, costis subnovenis intra margines arcubus tenuibus coniunctis subtus prominulis iisque omnibus barba densa axillari flavicanti ornatis, infimis fere ad originem laminae prodeuntibus; interstitia costarum venis transversalibus flexuosis, in axillis barbatis, coniuncta; rete interiectum regulare, laxiusculum, parum prominens. Flores nostris desunt. Fructus unus adest in basi innovationis brevis annotinae, quam altera iam insecuta est etiam brevior. Pedunculus semipollicaris, crassus, sulcatus, canescenti-strigilosus, uti in hoc exemplo apparet primitus triflorus, sed abortu uniflorus squamisque duabus ovatis appressis in medio suboppositis praeditus. (An igitur omnes pedunculi in hac communiter uniflori?) Cupula fructus subnutans, $\frac{3}{4}$ pollicis alta et pollicis fere diametro, turbinata, suberoso-coriacea, plicato-striata et quasi grosse venosa, dense pulverulento-tomentosula, incana, margine truncato simplici inflexo. Bacca subglobosa, late umbonata, umbone umbilicato, basi nonnihil contracta, longitudine cupulae vel paulo altior, tomentosa. Styli pars residua in umbilico verticis conspicitur.

---

24. Nectandra (Porostema) leucantha.

N. foliis elliptico-oblongis coriaceo-chartaceis glabris concoloribus, paniculis axillaribus et infraterminalibus paucifloris, rigidis subpubescentibus. *N. ab E. Laur. Sellov. in Linn. VIII.* 1. *p.* 48. *n.* 8.

Persea leucantha *Mart. in Herb. Bras. Monac.*
Laurus exaltata *Spr. in Herb. Guenth.*

In Brasiliae regione Camporum, Tabuleiro dicta, ad Salgado, Provinciae Minarum generalium Augusto, et in Montibus ad Villam do Rio das Contas Provinciae Bahiensis interioris, Octobre et Novembre mensibus legit de Martius; in Brasilia loco non indicato florentem fructuque immaturo Sellovius, (Herb. Reg. Berol. n. XLVI.); in nemoribus montanis prope Rio de Ianeiro, Maio cum floribus, (Beyrich.)

Arbor 15 — 25 pedum altitudine, cortice cinereo laevigato, ramis patentibus densis. Iuniores rami compresso-angulati, subtrigoni; lignum porosum, lutescens; alburni candidi et tubi medullaris amplioris sectio transversalis figuram inaequilateri-pentagonam exhibet; cortex fuscus, odoris et saporis in siccis expers. Cicatrices foliorum magnae, prominulae, truncatae, scutiformes vel ovales. Gemmae axillares omnes abortivae, parvae; terminales subulatae, trigonae, squamis canostrigilosis carinatis, ternis exterioribus. Folia diverg. $^2/_5$ posita, 8 — 3 pollices longa, $2^3/_4$ — $1^1/_2$ pollices lata, in petiolum brevem latum crassum obtusiuscule desinentia, acumine valde variabili, longiori vel breviori, in nostris omnibus obtuso vel obtusiusculo quandoque minutim emarginato (in vegetioribus etiam acuminata vidi folia) coriacea, crassa vel chartacea, glabra, subtus pallidiora; nervi costales prominuli, seni rariusve septeni; rete venosum densum. Pedunculi communes axillares, $1^1/_2$ — 3 pollices longi, folia subaequantes, crassi, stricti, apice puberuli, trifidi; ramuli duo inferiores subalterni, breves, triflori, medii apice septem-pluriflori. Pedicelli $1^1/_2$ lineas longi, pubescenti-tomentosuli, crassi. Flores pro familia speciosi, cernui, candidi, 5 lineas lati. Perianthium rotatum; tubo brevi turbinato; limbo regulari, laciniis aequalibus obovato-subrotundis subcoriaceo-mollibus subtilissime puberulo-scabris pellucido-punctatis, tribus interioribus paulo minoribus lineisque duabus sursum conniventibus ad basin impressis notatis. Antherae primi et secundi ordinis subsessiles, basi lata vix contracta; exteriores transversales, mediae transversaliter trigonae, cunctae obtusissimae, basin versus utrinque bilocellatae, poris subrotundis parvis fere in lineam transversalem dispositis, interiori paulo maiori; tertii ordinis antherae truncato-obpyramidales, compressae, basi paulo evidentius contractae; locelli fere laterales, unus super altero positus, et inferior, qui paulo maior, retrorsum conversus. Glandulae binae magnae globosae ad basin horum staminum sessiles magisque posticae. Staminodia quarti ordinis parva, stipite crasso, capitulo paulo crassiori oblongo vel trigono obtuso. Ovarium depresso-globosum; stylus ovario brevior; stigma indistinctum. Peractá anthesi cadunt laciniae, et tubus obconico-cupularis humilis restat; in quibusdam autem diutius persistunt laciniae. Fructum maturum non vidi; immaturum unum, piso duplo maiorem, tubo globoso, laciniis perianthii adhuc persistentibus linea recta ad basin discretis.

Adnotatio. Variat perianthio quinquefido et staminibus exteriorum ordinum quinque, (de Martius.) Huic respondet tubi medullaris et ligni stratorum conformatio.

---

25. NECTANDRA (Porostema) xanthocalyx N. et M.

N. foliis elliptico-oblongis coriaceis glabris subtus glaucis, pedunculis fructus axillaribus et ad basin innovationum rigidis apice racemosis, fructibus nutantibus.

Ocotea xanthocalyx *Mart. in Herb. Bras. Monac.*

Inter frutices in planitie Chapada do Parañao Provinciae Minarum generalium, Septembre, cum fructu maturo absque floribus, (de Martius.)

Haud absimilis *Nectandrae albiflorae*, sed diversa iam ad primum adspectum statura humili fruticosa, foliis subtus glaucis nervis minus prominulis, inflorescentia (in stirpe fructifera saltem) racemosa.

Frutex 4—6 pedum altitudine, glaber. Rami rigiduli, inferne teretes superne inaequaliter tetragono-pentagono-angulati et puberuli, minute lenticellati; lignum densum, durissimum, pallidum; tubus medullaris iam subnullus; cortex albidus, inodorus. Cicatrices foliorum magnae, prominulae, truncatae, rugosae, subrotundae. Gemmae tomentoso-sericeae, subovatae, bivalves, squamis exterioribus terminalium maioribus. Folia diverg. $2/5$ (?), $5\frac{1}{2}$—5 pollices longa, 2 pollices lata, ovalia, obtusa, basi acuta in petiolum $1/4$ poll. longum crassum semiteretem supra planum desinentia, in frutice fructifero complicata, glabra, supra laevia nitida, subtus rore glauco adspersa, subtiliter reticulata, nervis costalibus 6—9-nis parum prominentibus. Pedunculi communes ad basin innovationum terminalium nudi (gemmigeni), dein aliquot superiores axillares foliorum, bipollicares, erecti, rigidi, angulati, basi simplices glabriusculi, a medio florentes; tempore fructuum cicatricosi, et ad apicem perianthiis 3 — 5 racemosis cernuis approximatis fructigeris onusti. Pedicelli, ramulo brevissimo vix lineari inserti, vestigia exhibent floris unius vel alterius ad latus olim adstantis; iam isti pedicelli 5 — 6 lineas longi, obconici, carnoso-incrassati, roseo-ignei, in cupulam calycinam truncatam integerrimam margine acuto tres fere lineas latam coriaceam eiusdem coloris continuati. Bacca ovata, obtusa, cupula quadruplo longior eademque basi arcte cincta.

---

26. Nectandra (Porostema) nitidula N. et M.

N. foliis oblongis ellipticisve venoso-reticulatis obtuse brevicuspidatis basi acutis coriaceis concoloribus supra laevissimis, ramis novellis paniculisque tam ad basin ramorum et innovationum nascentibus quam axillaribus dichotomis puberulis glabrisve, bacca ovali. *N. ab E. Laur. Sellov. in Linn. VIII.* 1. *p.* 48. n. 9.

Ocotea nitidula *Mart. in Herb. Brasil. Monac.*
Persea paniculigera *Mart. l. c.* (*ramus ineunte anthesi decerptus.*)

α. Minor; foliis oblongis, primoribus subrotundis.

β. Maior; foliis oblongis, primoribus ovalibus.

γ. Latifolia; foliis ovalibus subtus scabris glabrisve.

Var. α. in Campis prope Taubaté Provinciae S. Pauli Brasiliae, eandem varietatem cum varietatate β. mixtam in campis, Tabuleiro dictis, terrae adamantinae prope Tejuco et in montosis Serro frio Provinciae Minarum generalium, in sylvis, Catingas dictis, locis editioribus deserti Minarum novarum, etiam in sylvis ad Coari Provinciae Fluminis nigri legit cl. Martius; diversis in partibus Brasiliae tropicae, Sellow (Herb. Reg. Berol. n. 1368* et 4495 (XVI. XVIII.); in Insula S. Catharinae Brasiliae, (Herb. Arnott.)

Var. γ. iisdem in locis florentem invenit Sellovius. (Herb. Reg. Berol. n. 1379, 1370 et XIX.)

Mense Maio primi flores apparent, fructus a Iunio usque in Decembrem inveniuntur.

Arbuscula. Rami teretiusculi, glabri, apicem versus angulati, strigilosi vel glabri; lignum griseum, densum; tubus medullaris mediocris, teretiusculus; cortex crassus, fuscus, insipidus. Cicatrices foliorum lunatae vel semicirculares, prominulae. Gemmae strigiloso-tomentosae, lanceolatae, ancipites, bivalves. Folia diverg. $^2/_5$ posita, in var. α. 3—4 pollices longa unum lata, in var. β. 4—$4^1/_2$—6 pollices longa $1^1/_4$—$1^1/_2$ (2) pollices lata, caeterum similia, ovali-oblonga, vel oblonga, basi cuneatim acuta in petiolum brevem crassiusculum semiteretem supra canaliculatum in iuventute pubescentem dein glabrum desinentia, in cuspidulam brevem obtusam (varietati α. angustiorem, varietati β. latiorem) apice contracta, quandoque obtusa, subcoriacea, rigidula, glabra, supra laevia nitida, subtus subtiliter reticulata iuniora puberula, nervis costalibus subnovenis venuloso-connexis tenuibus; reti venuloso subtili. Primi ramuli vel innovationis folia saepe minora, in var. α. vix pollicaria subrotunda cum vel sine mucronulo obtuso, in var. β. obovato-ovalia obtusa. Rami laetissime florentes, cum primum flores evolvuntur, basi spatio aliquo aphylli, dein ex axillis foliorum minorum corymboso-paniculati, ipsi in paniculam eiusmodi rami terminalem confluentes. Paniculae partiales 3—5 pollices longae, laxae, flexuosae atque incomptae et tortae. Pedunculus communis et rhachis pubescentes, propius ab apice divisi; ramuli paniculae ad basin annulo strigiloso cincti, divaricati, apice corymboso-divisi; inferiores suboppositi longiores, reliqui alterni, 3—4 lineas ad $^1/_2$ pollicem longi. Sub singulo ramo bractea squamiformis, oblonga, obtusa, pubescens, alba, marginibus reflexa, patens, decidua, 3 lineas longa; ramuli secundi vel tertii gradus denique apice cymoso-bi-trifidi, ramis subalternis divaricatis, lateralibus tri-medio unifloro, ante evolutionem capitulum ovatum exhibentes, bracteis duabus oppositis navicularibus valvatis inclusum, quarum singula similem gemmulam in axilla fovet. Pedunculi magis evoluti, et arborum debiliorum ad basin ramorum et innovationum nascentes, nudi, basi cicatrice angusta delapsae squamae cincti, angulati, apicem versus puberuli, dein glabrescentes, a medio vel paulo superius divisi, 4 circiter pollices longi. Paniculae eiusmodi rami pauci, alterni, $^1/_2$—1 pollicem longi, patentes, apice dichotomi, bifidi. Bracteolae ad basin pedicellorum parvae, subulatae, caducae. Pedicelli floris $1^1/_2$—2-fructus 3—4 lineas longi, substrigilosi, in fructu subincrassati. Perianthium rotatum, strigilosum; tubus brevis, obconicus; laciniae limbi ovales, obtusae, glanduloso-punctatae, basi nervosae, aequales, deciduae. Stamina limbo duplo breviora, glabra, brevissimis filamentis instructa; antherae 6 exteriores semicirculares, obtusae, prope a basi arcuatim quadrilocellatae, locellis ovatis anticis; tres interiores e cubico obconicae, dorso canaliculatae, truncatae, locellis magis lateralibus. Glandulae geminatae magnae, globosae. Staminodia quarti ordinis parva, glabra, capitulo distincto triangulari exiguo. Ovarium globosum, glabrum; stylus brevis, crassus; stigma capitatum. Calyculus fructus diametro $2\frac{1}{2}$ linearum, truncatus, cupuliformis, limbo acuto, bacca ovali obtusa laevi multo brevior, patulus; caro baccae crassiuscula, insipida. Hylus seminis acutus; testa crustosa; membrana interna nitida, fusca, sanguineo-venulosa; chalaza hylo proxima.

Var. *γ*. nisi foliis latioribus plerisque ellipticis, paniculis magis pubescentibus et floribus paulo maioribus non differt.

Adnotatio 1. Ramus foliis 5—6 pollices longis, duos pollices latis, quem e sylvis ad Coari retulit Martius, simillimus quidem videtur reliquis, nec nisi foliis grandioribus diversus, sed deficiente flore fructuque nil certi de eo statuendum.

Adnotatio 2. A *Nectandra turbacensi*, cui proxima, *Nectandra nitidula* nostra differt magnitudine, foliis crassioribus, nervatione densiori, paniculis longioribus. Confer speciem sequentem.

Adnotatio 3. Cl. Sprengel in Herb. Reg. Berol. ad *Nectandrae nitidulae* varietatem *γ*. *latifoliam* citat *Nectandram biiugam* Rottb., quae *Laurus Surinamensis* Swartz. Fl. Ind. occ. De hac autem specie dubia plura succurrunt:

1°. Folia „lanceolato-ovata" dicuntur, quod minime circa nostram, saltem sensu Linneano, praedicandum; tum racemos „filiformes" esse docemur, quod multo magis ab hac alienum. Pro certo igitur statuo, a *Nectandra nitidula* diversam esse *Nectandram* hanc *surinamensem* Swartzii.

2°. *Ocoteam Guianensem* synonymon *Lauri Surinamensis* Sw. faciunt Willdenovius, Gaertnerus fil., et, tacite quidem, Sprengelius, idque tanquam ipso Swartzio docente sibi persuasum fingunt. Swartzius autem „simillimam quidem" *Nectandrae biiugae* seu *Lauro Surinamensi*, diversam tamen praedicat

Aubletianam hanc speciem, quae nobis longe diversissima, *Ocoteae* generis Aubletiani genuinus et unicus typus est.

3°. *Ocotea Guianensis* Gaertn. (*de Fr. et Sem. III. p.* 226. *t.* 222.) si revera huius arboris fructum exhiberet, Nectandrae vel Oreodaphnes typo accedere eam extra dubium positum esset; sed vereor, ut per se quidem perfectus, et omnino huius, de qua nobis sermo est, speciei fructus a Gaertnero l. c. pictus sit. Nectandrae enim eiusque confinium plurimarum baccae ante tempus plenae maturitatis perianthii tubo maximam partem immersae sunt, tum vero, tumente carne, altius denique emergunt.

---

27. NECTANDRA (Porostema) turbacensis N. ab E.

N. foliis oblongis venoso-costatis obsolete reticulatis obtusiusculis basi cuneiformibus chartaceis concoloribus axillis venarum costalium in iuvenilibus subtus barbatis, paniculis axillaribus dichotomis divaricatis foliis subbrevioribus, perianthio ramulisque novellis tenuissime strigilosis, bacca ovali.

Ocotea turbacensis *Humb. et Kunth. Nov. Gen. et Sp. pl. II. p.* 162. *n.* 5. *Kunth. Synops. I. p.* 456. *n.* 5. *Schlechtend. Linn. VI. p.* 366.

Laurus lanceifolia: foliis lanceolatis utrinque acutiusculis membranaceis venosis, paniculis axillaribus folio brevioribus. *Willd. Herb. n.* 7790. (*specimen Humboldtianum.*)

β. Paniculis simpliciter cymosis.

Persea umbrosa *Spr. in Herb. Schottiano* (*nec* Ocotea umbrosa *Humb. et Kunth. sive* Persea umbrosa *Spr.*)

Crescit locis subcalidis nemorosis prope Turbaco (Regno Novo-Granatensi). Floret Maio, (de Humboldt). Vidi exempl. origin. in Herb. Willd. cum floribus et fructu. Var. *β.* in Insula St. Marthae, (Herb. Schott.)

Non facile verbis expones, quibus differat a *Nectandra nitidula*, nihilominus tamen longe diversam invenies ad hosce praesertim characteres animum advertens:

Est arbor excelsa, *Nectandra nitidula* arbuscula esse perhibetur; folia *Nectandrae turbacensis* ratione latitudinis longiora sunt, 5—5½ pollices longa, 1¼—1½ pollices lata, utrinque, praesertim basi, attenuata, (apice tamen obtusiusculo), ex lanceolato oblonga, tenuiora, multo minus reticulata, venis costalibus 4—7—9 ratione retis multo magis conspicuis subsimplicibus acutiori angulo egredientibus praedita, iuniora in axillis venarum inferiorum foveolata et barbulata; petioli longiores sunt (semiunciales) angustioresque; paniculae omnes axillares, folio suo plerumque evidenter breviores, pedunculo glabro, pedicellis floribusque minus strigilosis.

Descriptio Kunthiana, qua nihil accuratius, haec est:

„Arbor procerrima; ramis teretibus striatis glabris. Folia alterna, petiolata, lanceolato-oblonga, utrinque paulo angustata, apice obtusiuscula, integerrima, coriacea, reticulato-venosa, utrinque glabra, nitida, subquinquepollicaria, sesquipollicem lata; iuniora subtus in nervo medio puberula. Petioli sex aut septem lineas longi, glabri. Corymbi axillares et terminales, pedunculati, dichotomi, folio breviores. Pedunculi sesqui- aut bipollicares, rami panicularum pedicellique puberuli. Flores magnitudine floris Cynoglossi Omphalodis. Calyx sexfidus, externe puberulus; laciniis obovato-oblongis obtusis patentissimis. Stamina fertilia novem, calyce multo breviora; tria interiora biglandulosa. Filamenta ovata, externe convexa, interne plana; antherae quadriloculares. Stamina sterilia tria, ovata, minuta, cum staminibus interioribus alternantia. Ovarium subglobosum, glabrum; stylus brevis, crassus; stigma dilatatum. Drupa oblonga, magnitudine fructus Coffeae, basi calyce persistente cupulaeformi integerrimo cincta.“

„*Lauro globosae Lam.* simillima, differt fructu oblongo.“

Ad haec adnotandum: Ramuli novelli et gemmae canostrigilosa. Glandulae florum in annulum confluunt, staminodia brevissima conica inflexa ambientem et fere occultantem; sed propriae ad horum basin glandulae, ut in Pomatiis, non inveni.

Var. *β.* non differt, nisi foliis tenerioribus et pedunculis folio duplo brevioribus, apice cyma pauciflora non adeo patente praeditis, inferius glabris.

28. Nectandra (Porostema) sanguinea Rottb.

N. foliis oblongis basi acutis venoso-costatis laxe sed evidenter reticulatis chartaceis concoloribus adultis glabris, axillis venarum costalium inferiorum subtus barbatis, paniculis axillaribus di-trichotomis folia subaequantibus ramulisque novellis pubescentibus, bacca globosa, filamentis antheras aequantibus.

Nectandra sanguinea, arbor alta, patula; folia alterna, lanceolata, petiolata, glabra; florum racemi terminales sanguinei; flosculi albidi; drupae dispermae (?) succulentae, atronitidae, pericarpiis carnosis sanguineis cinctae. *Mscr. Rolandri p.* 389. *apud Rottb. Pl. Sur. p.* 10.

Nectandra sanguinea *Rottb. in Act. litt. Hafn. a.* 1778. *p.* 279. *Plant. Surin. p.* 10. *Swartz. Fl. Ind. occ. II. p.* 707 *Willd. Sp. pl. II.* 1. *p.* 482. *n.* 19. *Pers. Synops. I. p.* 449. *n.* 22. *Poir. Enc. méth. Suppl. III. p.* 325.

Persea sanguinea *Spr. S. Veg. II. p.* 268. *n.* 16.?

Ocotea globosa *Schlechtend. Linn. VI. p.* 366. *n.* 1144.

Persea globosa *Spr. S. Veg. II. p.* 269. *n.* 19.?

Laurus globosa *Aubl. Guian. I. p.* 364. *n.* 4. *Lam. Enc. méth. III. p.* 451. *n.* 15. *Pers. Synops. I. p.* 449. *n.* 26.? *Herb. Reg. Berol.*

Borbonia globosa *Gaertn. de fruct. et sem. pl. III. p.* 224. *t.* 222.?

Laurus Borbonia var. *β. Lam. Enc. méth. III. p.* 450. *n.* 12. (*descr excl. synon.*)

Laurus martinicensis *Jacq. Coll.* 2. *p.* 109. *t.* 5. *f.* 2. *Willd. Sp. pl. II* 1. *p.* 481. *n.* 15. *Pers. Synops. I. p.* 449. *n.* 18. *Spr. S. Veg. II. p.* 266. *n.* 14. *Sieb. Fl. ins. Trinit. n.* 99.

Borbonia fructu globoso nigro, calyce e viridi rubente. *Plum. Gen.* 4. *Msc. VI. t.* 99.

Laurus folio breviore, flore racemoso minore. *Sloane Jam. II. p.* 21. *t.* 166. *f.* 1. *Rai Suppl. Dendr p.* 89. *n.* 24.

Laurier à feuilles courtes. *Nicols St. Dom. p.* 254.

β. Platystelis; petiolis depresso-planis latioribus foliaceo-marginatis, costa supra, subtusque una cum ramis costalibus puberula, staminodiorum capitulo triangulari.

Crescit in Surinam, (Rolander, Rottboell); in Guiana, (Aublet); in Martinicae sylvis, (Jacquin); in ins. Trinitatis, (Sieber); in Iamaica, (Swartz); in S. Domingo, (Lamarck) (?) Papantlae Mexicanorum, (Schiede, lecta hac posteriori regione Decembre mense florifera et fructifera.) Vidi specimina sicca Herb. Reg. Berol. Guentheriani et Sieberiani.

Var. *β.* in insula St. Vincentii, (Herb. Arnott.)

A *Nectandris nitidula* et *turbacensi* haec species iam solis fructibus globosis maxime differt, tum vero ab illa nervis costalibus magis prominulis et ad axillas barbatis, ab hac autem reti venoso ampliori magisque prominente, petiolis brevioribus, foliisque latioribus, paniculis angustioribus magis pubescentibus, cupulis duplo fere minoribus.

Rami dense ramulosi, nonnihil flexuosi, ramulis acuto angulo egredientibus, adultiores teretes striati parce et subtilissime puberuli epidermide cinerea nitore sericeo (non a pube provocato) tecti, iuniores angulati pubescentes; lignum album, molle, fibris subtilibus; tubus medullaris amplior; cortex subfuscus, inodorus. Cicatrices foliorum scutatae. Gemmae terminales subulatae, incano-strigilosae. Folia diverg. $^2/_5$ posita, approximata, 4—7 pollices longa, 1—$2^1/_2$ pollices lata, oblonga, in acumen breve obtusumque prominula, basi acuta, supra saturate viridia nitentia, subtus pallidiora nec vero glauca, in utraque pagina regulariter, nec dense, venoso-reticulata et glabra, venis costalibus subsenis acuto angulo mediae costae coniunctis mediocriter prominulis saepe rubris harumque duabus seu quatuor inferioribus in axillis cano-barbatis; iuvenilia folia magis minusve pubescentia. Petioli $^1/_4$—$^1/_2$ pollicis longi, trigoni, canaliculati, in var. β. depresso-plani, iuniores cano-strigilosi, adulti glabri. Pedunculi communes e foliorum superiorum axillis, 4—$2^1/_2$—pollices longi, erecti, purpurei, basi glabri, apicem versus cum ramificationibus pedicellisque pubescentes, haud crassi, a medio divisi; ramuli paniculae acuto angulo egredientes, 1—$^3/_4$—$^1/_2$ pollicem longi, cymuloso-bisbifidi ramulis extremis trifloris; apex paniculae singulae simili modo cymosus. Pedicelli vix linea longiores. Perianthium $2^1/_2$ lineas latum, rotatum, plano-expansum, utrinque muriculato-scabrum, coriaceo-chartaceum, album; tubus brevissimus; laciniae oblongae, obtusae, obsolete nervosae et punctatae, aequales. Stamina limbo multo breviora; sex exteriora filamentis brevibus (sed distinctis) scabris, antheris fere reniformibus seu semicircularibus parvis duplo fere latioribus quam altis introrsum quadrilocellatis, locellis in arcum dispositis a basi et apice aequo spatio (nec multum) distantibus ovatis, ratione antherae maiusculis. Antherae staminum interiorum glandulis geminatis crassis globosis a fronte (extrorsum conversa) basi tectae, filamento crasso suffultae, subquadratae, locellis superioribus fere terminalibus subrotundis, inferis posticisque ovalibus. Staminodia distincta, clavata, obtusa (in var. β. maiora distincte trigona acutiuscula dorso gibba, stipite longiusculo. Pistillum longitudine staminum, glabrum; ovarium turbinatum, stylo crassiusculo altius; stigma trigono-capitatum. Fructus plures in singula panicula perficiuntur. Pedicelli fructus glabri, apice modice incrassati, bilineares. Cupula hemisphaerica, truncata, bacca parum angustior eidemque margine sua contigua. Bacca (adulta sed immatura) pisi magnitudine, subglobosa, sicca in vertice depressa cum mucronulo.

Adnotatio. *Laurum globosam Lamarck.* signo dubitandi citavi, quia folia „subtus glauca" perhibentur et baccae „cerasi minoris volumine", quod nostrae fructus non attingunt.

„Talem etiam e Herbario cl. Iussieuvii eam pinxit Gaertnerus, in pedicello fere pollicari maxime clavato.

De *Nectandra sanguinea Rottb.* vix erit quod dubites, nisi folia „subsessilia" obiicias. Addimus hic descriptionem Rottboellianam:

„Caulis arboreus, ramosissimus; rami alterni, teretes, striati, purpurei, in ramulos minores subdivisi. Folia alterna, subsessilia, patentia, pollicem transversum distantia, sicca, tenacia, glabra, lanceolata, acuta, integerrima, 6 pollices longa, vix duos lata *), transversim venosa, venis subtus exstantibus reticulata. Gemmae lanceolato-subulatae in axillis foliorum. Racemi pedunculati, terminales et laterales, compositi, foliis breviores. Flores parvi. Corollae interno latere pulverulentae. Antherae quatuor in apice singulae squamae (scil. valvulae totidem antherae), in unica serie sive collaterales. Receptaculum concavum, carnosum, persistens.

In Charactere generico perianthium infundibuliforme dicitur. — Quae cuncta ad *varietatem β. platystelem* inprimis adhibenda.

Caeterum tam in descriptione quam in charactere generis a Rottboellio expressis plura sibi contraria invenies, ut v. c. „corollam infundibuliformem", quae Nectandris minime convenit, caulem „diffusum", cum de arbore sermo sit, baccam „dispermam" descriptam a Rolandro, et s. p.

*) Ergo oblonga.

29. Nectandra (Porostema) Willdenoviana N. ab E.

N. foliis oblongis obtuse acuminatis reticulatis tenuiter venoso-costatis chartaceis concoloribus glabris, axillis venarum nudis, paniculis e foliorum superiorum axillis et ad basin innovationum confertis subcorymbosis glabriusculis foliis brevioribus, perianthiis intus dense tomentosis.

In Herbario Regio Berolinensi, absque nomine et patriae indicatione.

Species est pulchra et distinctissima, foliis fere *Nectandrae sanguineae*, sed minoribus angustioribus tam basi quam apicem versus magis attenuatis, venisque costalibus multo tenuioribus, pedunculis brevioribus, floribus *Nectandrae grandiflorae*, cui quidem folia sunt multo crassiora, supra fere laevia, subtus venoso-costata. Quod ad rete foliorum propinqua etiam est *Nectandrae politae*, a qua nostra differt foliis minoribus et angustioribus, floribus maioribus magis rotatis et patentibus; ab omnibus autem, quas diximus, paniculis plerisque infraterminalibus.

Ramus gracilis, epidermide cinerascente plicata nitente lenticellisque parvis verruculosis conspersa. Gemmae axillares floriparae parvae, ovatae, compressae, fuscae, bivalves, glabrae; squamis obtuse carinatis margine puberulis fugacibus. Folia circa apices ramulorum conferta, 3 — 4 pollices longa, $1\frac{1}{4}$—$1\frac{1}{2}$ poll. lata, ex elliptico oblonga, in acumen obtusum extenuata, basi acuta, plana, chartacea, utrinque glabra, supra nitida, subtus pallidiora, laxe at concinne venoso-reticulata, venis costalibus subnovenis tenuibus ramificatis, axillis nudis. Petioli circiter $\frac{1}{4}$ poll. longi, compressiusculi, canaliculati, glabri. Pedunculi communes ex axillis foliorum superiorum, plerique autem ad basin innovationis conferti, patentes, 1 — $2\frac{1}{2}$ pollices longi, compressi, glabri, a medio fere divisi, patentipaniculati vel subcorymbosi; ramuli paniculae alterni, patentes, haud conferti, inferiores $\frac{1}{2}$ superiores $\frac{1}{4}$ pollicis longi, plerique triflori. Pedicelli 2 — 3 lineas longi, graciles, parce strigilosi. Flores albi. Perianthium rotatum, patens, 4 — $4\frac{1}{2}$ lineas latum, subcoriaceum, extus scabrum, intus dense scabrido-tomentosum, profunde sexpartitum; laciniae lanceolato-oblongae, obtusae, grosse pellucido-punctatae, 4 — 5-nerves; tres interiores paulo angustiores, lineari-oblongae.

Stamina limbo perianthii multo breviora; sex exteriora dorso apiceque strigilosa; filamenta antheris paulo breviora, distincta; antherae transversali-rotundatae, pellucido-punctatae, introrsum quadrilocellatae, locellis in arcu positis minus ac in plerisque ab apice distantibus ovalibus, superioribus magisque interioribus minoribus; valvulae fulvae. Antherae staminum trium interiorum subquadratae, truncatae, cum filamento brevi glabrae, locellis ovatis, infero magis postico supero paulo minori laterali. Glandulae geminatae ad basin staminum interiorum crassae, subglobosae, sessiles, filamento paulo longiores. Staminodia quarti ordinis altitudine glandularum, distincta, glabra; stipite seu filamento longo, capitulo triangulari brevi obtusiusculo, introrsum concavo, marginibus tenuibus pallidioribus. Pistillum staminum altitudine, glabrum; ovarium obovatum; stylus ovario duplo brevior, crassus; stigma capitatum, subtrilobum. Fructus deest.

---

30. Nectandra (Porostema) concinna N. ab E.

N. foliis ellipticis obtusis vel obtusissime cuspidulatis glabris supra laevibus glaucis subtus subtiliter arcte reticulatis pallidis venis costalibus tenuibus axillis nudis, paniculis e foliorum superiorum axillis subcorymbosis glabriusculis folia subaequantibus, perianthiis intus dense tomentosis.

Laurus exaltata *Herb. Schott.*

Habitat in Iamaica, (Schott. l. c.)

Quod ad folia similis est haecce species *Nectandrae squarrosae var. β. pyrifoliae*, sed differt: foliis quicquam maioribus 5—5½ pollices longis 2—2¼ latis supra laevibus glaucis subtus multo subtilius reticulatis, paniculis floribusque amplioribus.

Tum etiam accedit *Nectandrae Willdenovianae*, quae differt; foliis tenuioribus utrinque magis attenuatis evidentius laxiusque reticulatis nec glaucis, florumque laciniis oblongo-ovalibus.

Si ad flores respicis, omnino fere refert *Nectandram grandifloram*, sed longius distat foliis latioribus minimeque ad basin cuneiformi-coangustatis, tum etiam paniculis fere glabris, solis floribus extus sparsim strigilosis intus autem ut in *Nectandra Willdenoviana* densissime tomentosis.

---

31. Nectandra (Porostema) grandiflora.

N. foliis oblongis vel ellipticis cuneiformibus costatis obtuse brevi-cuspidatis ramulisque novellis pedunculisque basi sparsim strigilosis, paniculis infraterminalibus laxis subcorymbosis glabris. *N. ab E. Laur. Sellov. in Linn. VIII.* 1. *p.* 49. *n.* 10.

α. Oblongifolia.

β. Latifolia; foliis ellipticis, paniculis magis compositis (staminibus florum priorum ternis exterioribus plerumque petaloideis.)

In Brasilia australi ad pedem iugi montium, Serro de Ubra dicti, Septembre a. 1823 florentem legit Sellovius; aliisque in partibus Brasiliae tropicae, idem, florentem et incunte anthesi. (Herb. Reg. Berol. ♂. 1241, 1368, 169 (XXVI.), 4688, (XXVII.) 4823, (XXVIII.)).

Varietatem *β.* in Brasilia australi, idem. (Herb. Reg. Berol. ♂. 1210.)

Similis *Nectandrae nitidulae*, a qua quidem abunde differt foliis basi longius cuneatim attenuatis rigidioribus nervis costalibus subtus multo magis prominulis costiformibus, paniculis magis expansis floribusque fere duplo maioribus. Simili fere ratione differt a *Nectandra turbacensi*. Nescio tamen, an tres istae species, quas dixi, in unam coniungendae sint.

Arbor 30 pedum altitudine. Rami inferne teretes, epidermide laevi obscura glabra, circa apices fastigiatim ramulosi; novelli ramuli compresso-angulati, glabri, extremo tantum apice strigilosi, quandoque subsericei; lignum densum, subrufum;

medulla teres, angusta; cortex crassus, fuscus, insipidus, inodorus. **Cicatrices foliorum** scutiformes vel semicirculares, planae, adiecta plerisque gemmae abortivae basi subrotunda inaequali parva. **Gemmae** bivalves, **axillares** strigilosae; inferiores minores abortivae ovatae, superiores paulo maiores perfectae, **terminalis** vix maior istis obtusa ovalis subquadrivalvis saepe abortiva. **Folia** ramulorum apices versus 6—9, diverg. $^2/_5$ rarius $^3/_8$ posita, $5^1/_2$—7 pollices longa, $^3/_4$—$1^3/_4$ pollices lata, oblonga, in acumen breve obtusumque producta, basi magis minusve (evidenter tamen omnia) cuneiformi-angustata et in petiolum 4—5 lineas longum crassiusculum tereti-compressum parce strigilosum anguste at profunde canaliculatum decurrentia, supra laete viridia laevia nitida, subtus pallidiora vel glaucescentia strigulis paucissimis (quandoque deficientibus) conspersa laxe tenuiterque reticulata nervisque costalibus senis fortioribus arcuatis, binis ternisve versus apicem tenuioribus venulosis, praedita. **Pedunculi communes** ad basin innovationis aggregati, nudi, corymbosi, gemmaque terminali, uti fieri solet, oblitterata, paniculam terminalem corymbosam exhibentes, 3—$1^1/_2$ poll. longi, compressi, basi strigilosi, apice cum ramulis pedicellisque glabri, a medio divisi; iuveniles paniculae minores squamisque bractealibus ovato-lanceolatis membranaceis glabris vel obsolete strigilosis fugacibus interstinctae; adultiores nudae. Ramuli paniculae propriae $^3/_4$—$^1/_4$ pollicis longi, patuli, per paria approximati, compressi, plerique (praesertim superiores) triflori, summi cymoso-bini vel terni cum flore intermedio prius explicato. **Pedicelli** floris aperti 1—2 lin. longi, aequales. **Perianthium** $3^1/_2$—4 lin. latum, rotatum, coriaceum, glabrum; laciniae subaequales, ovatae, obtusae, minute glanduloso-punctatae, subenerves, in medio spissae opacae, lateribus subpellucidis. **Antherae** subsessiles, ovatae; tres exteriores obtusae, sequentes tres cuspidatae, locelli harum ovales aequales obliqui a basi distantes in arcu dispositi; antherae tres interiores compresso-tetragonae, truncatae, dorso canaliculatae, locello infero oblongo laterali valvula extrorsum,- supero subtriangulari magis introrsum (!) dehiscente, valvula extrorsum reflexa. **Glandulae geminatae** parvae, ad basin antherarum sessiles, discretae. **Staminodia** quarti ordinis parva, fere subulata, sessilia, glabra. **Pistillum** staminibus brevius, glabrum; **ovarium** subglobosum; **stylus** brevis; **stigma** parvum, capitato-depressum. **Fructus** deest.

Varietas β. vix differt, nisi foliis ratione longitudinis paulo latioribus magis ellipticis ($3^1/_4$ pollices longis $1^3/_4$ pollices latis) et panicularum ramis inferioribus pluri-(5—7)-floris. In hac flores praecociores staminibus tribus exterioribus petaloideis, sed iis laciniis perianthii duplo minoribus, gaudent.

---

32. NECTANDRA (Porostema) polita N. et M.

N. foliis ovalibus breviouspidatis membranaceis lucidis, iuvenilibus paniculisque axillaribus infraapicalibus parvis tomentoso-sericeis.

In sylvis, Capoès dictis, ad Villa da Caxoeira Provinciae Bahiensis Brasiliae, Februario Mense prima anthesi legit Martius.

Arbor. Rami pulchre et dense comosi, teretes, inferne glabri laeves nitidi, apicem versus subangulati, tenuissime sericanti-strigilosi; lignum pallidum; tubus medullaris amplus, angulatus; cortex tenuis, subfuscus, inodorus. Cicatrices foliorum et pedunculorum tumidae, contiguae, truncatae; illae maiores, cordatae vel scutiformes, in disco subelevatae; hae consimiles sed inversae. Gemmae lanceolatae, bivalves, rufescenti-sericeae. Folia diverg. $^2/_5$ posita, 6—8 pollices longa, $2^1/_2$ pollices lata, elliptica, in cuspidem brevem angustiorem vel latiorem et tum vero obtusissimum prominula, basi breviacutata, membranaceo-chartacea, venoso-reticulata, adulta, glabra, supra lucida subtus nitidula, nervis costalibus subsenis costaque subtus prominulis (coloratis?); prima iuventute subtus tota, supra ad costam et nervos sericea. Pedunculi communes e foliorum superiorum axillis, circiter biunciales (in nostris), angulosi, glabriusculi, apice puberuli, a tertia parte divisi, ante explicationem squamis oblongis obtusis tomentosulis caducissimis bracteati; rami pauci, 4—6, alterni, semipollicares, patuli, subsericei, bifido-cymosi cum flore intermedio, 7—3-flori. Pedicelli lineam longi, canescenti-tomentosuli. Perianthium campanulatum, patulum, chartaceum, extus et intus scabrido subtomentosum, canescens, ultra medium sexfidum; laciniae ovales, obtusae, subaequales enerves, rigidulae, punctis pellucidis parum conspicuis praeditae. Stamina perianthio breviora, dorso scabriuscula, subconformia; filamenta antherarum longitudine, crassiuscula; antherae quadratae, obtusae, quadrilocellatae, locellis a basi ad apicem fere extensis subaequalibus, in lineam transversalem dispositis, valvulis luteis dehiscentibus; trium interiorum staminum magis lateralibus. Glandulae geminatae magnae, globosae, sessiles. Staminodia quarti ordinis a glandulis compressa iisdemque vix longiora, dorso strigosula, capitulo conico obtuso angusto. Pistillum glabrum, longitudine staminum; ovarium ovatum, in stylum brevem attenuatum; stigma parvum, lobulatum. Post anthesin laciniae perianthii cito solvuntur restatque tubus truncatus brevis obconicus.

---

33. Nectandra (Porostema) squarrosa N. ab E.

N. foliis ellipticis obtuse brevi-cuspidatis coriaceo-chartaceis concoloribus glabris reticulatis, paniculis axillaribus corymbiformibus ramulisque novellis pubescenti-canis.

Ocotea squarrosa *Mart. Herb. propr.*

β. Pyrifolia; foliis ovatis duplo maioribus.

In arenosis ad Cabo frio cum floribus fructuque legit Maximilianus Princeps Wiedensis. — Var. β. in Herbario Martiano absque nomine et loci natalis notitia, fors cum genuina specie adlata.

Arbor mediocris (vel frutex) per intervalla ramosa, ramis ramulisque patentibus. Adultiores rami teretes sunt, crassi, per intervalla, ubi ramuli prodeunt, veluti nodosi, glabri, epidermide cinerascente pallida lenticellato-verrucosa tecti; lignum subtile, densum, pallide rufescens, radiis medullaribus confertis omnibus integris striatum; tubus medullaris mediocris, compressus; cortex crassus, pallidus, annulo obscuriori medio divisus, inodorus, insipidus. Rami hornotini angulati, dense strigoso-sericei, grisei. Cicatrices foliorum in ramo adultiori semicirculares, prominulae, marginatae, discoque elevatae. Gemmae hirsuto-tomentosae, bivalves, ovatae; axillares parvae, compressae, terminales maiores apice angustiores. Folia in iunioribus innovationibus conferta, unde ramuli basi aphylli, diverg. $^2/_5$, 2 — 3 pollices longa, 12 — 14 lineas lata, in cuspidem brevem obtusamque prominula, basi acutiuscula, chartaceo-sicca, utrinque pulchre reticulata venisque costalibus 5 — 6-nis vix conspicuis reti implexis praedita, glabra, laete viridia, subtus pallidiora. Petioli $^1/_4$ pollicis longi, canaliculati, sericei, serico in costam ab infera pagina adscendente. Pedunculi communes e foliorum axillis ideoque in ramulorum apice approximati, 1 — 2 pollices longi, graciles, compresso-angulati, sulcati, cano-pubescentes, basi longo tractu simplices, apicem versus ramulis 4 — 6 per paria approximatis, vel sub-oppositis cymuloso-tri-plurifloris fastigiatim compositi, nonnulli inferiorum ad divisiones inferiores folio parvo unguiculari instructi, caeterum casu squamarum bractealium nudi. Pedicelli pubescentes, medii ternatorum bilineares integri, laterales bi-trilineares cum articulo medio vel supero, i. e. lineares ramuli uni-bilinearis apici impositi. Perianthium rotatum, chartaceum, album, $2^1/_2$ linearum diametro, extus intusque strigiloso-scabrum; tubus brevis; limbi laciniae ovales, obtusae, subaequales, obsolete venuloso-nervosae, pellucido-punctatae. Stamina aequalia; filamenta angusta, antheras longitudine subaequantia, hirtula; antherae glanduloso-scabridae; sex exteriores magis latae quam longae, rotundatae, basi subacutae, locellis aequalibus ovalibus, quorum inferior lateralis superior interiorque anticus, arcu ab apice antherae modico spatio distante; antherae tres interiores truncatae, subquadratae, dorso canaliculatae, locello supero laterali suborbiculari, infero posticoque oblongo. Glandulae geminatae ad basin staminum interiorum crassae, subglobosae, pressione vicinarum partium angulatae vel compressae. Staminodia quarti ordinis parva, capitulo lanceolato obtuso compresso glabro a stipite hirtulo parum discreto. Pistillum glabrum; ovarium ovatum, stylo crassiusculo duplo longius multoque crassius; stigma discoideo-angulatum. Singuli paucive tantum singulo in pedunculo fructus perficiuntur, plerique terminales, glandiformes, cernui, pedunculoque cupulaque iam glabrescentibus, perfecte glandiformes, tres-quatuor lineas longi; cupula, cadentibus serius laciniis, detruncata, baccam ovalem mucronulatam ad medium fere ambit.

Var. β. differt foliis (Pyri communis foliorum summa similitudine) in breve obtusumque acumen productis.

. Ramuli novelli et gemmae sericantes. Folia cum petiolo semipollicari canaliculato subsericeo 3 — 4 pollices longa, $1\frac{1}{4}$ — 2 fere pollices lata, ovata, basi acumineque brevi apicis obtusis, utrinque pulchre reticulata, obsolete venulosa, coriacea, glabra, subtus paulo pallidiora nec vero glaucescentia. Pedicelli 1 — 2 lineas longi, pubescentes. Perianthium 3 lineas latum, rotatum, laciniis obovatis chartaceis subaequalibus. Antherae (floris abortu feminei) suborbiculares, scrobiculis loco locellorum ab apice remotis, filamentis brevibus; interiores posticae, truncatae. Glandulae geminatae magnae. Staminodiorum quarti ordinis capitula parva, compresso-trigona, obtusa. Pistillum glabrum; ovarium crassum, ovatum; stylus brevis; stigma discoideum, integrum.

---

34. NECTANDRA (Porostema) Puchury maior N. et M.

N. foliis oblongis ellipticisve anguste cuspidatis coriaceo-chartaceis concoloribus glabris reticulatis, pedunculis axillaribus brevibus (corymbuliferis?), cupula fructus maxima spongiosa.

Ocotea Puchury maior *Mart. in Buchn. Repert. a.* 1830. *XXXV. p.* 171. *Féruss. Bull. des sc. nat.* 1831. *n.* 1. *p.* 62. *Herb. Bras. Monac.*

Crescit in sylvis ad Tabatinga, Provinciae Fluminis nigri Brasiliae, lecta Decembre mense cum fructu maturo absque floribus, (de Martius.) *Puchury*, *Puchery*, *Puchyry* incolis indigenis.

Arbor. Rami crassiusculi, erecto-patuli, stricti, teretes, novelli angulati, glabri, epidermide viridi laevi, per intervalla ramulosi, ramulis 3 — 4 approximatis erectis; lignum porosum, molle; tubus medullaris amplus; cortex crassiusculus, fuscus, odoris foeniculacei cum caryophyllino mixti („camphorati" Mart.), saporis aromatici, nec acris. Cicatrices foliorum scutatae truncatae prominulae, pedunculorum discoideae tumentes margine obtuso cinctae. Gemmae axillares exiguae, conicae; **terminalis** subulata; cunctae bivalves, glabrae. **Rami** et innovationes basi aphylli, apice foliosi. **Folia** superiora versus magis approximata, divergentia $\frac{2}{5}$ posita, raro sena, saepius terna vel quaterna, (et tum quidem squamae gemmae terminalis cyclum ternarium explent,) 6 — 4 pollices longa, 2 — $1\frac{1}{4}$ lata, pendula, rami adultioris (quae maiora) etiam rigidiora complicata magis oblonga petiolo fere pollicari, iunioris minora tenuiora elliptica petiolo semipollicari; omnia vero cuspide angusta sat longa obtusa praedita, basi acuta, reticulato-venosa, venisque costalibus novenis tenuibus reti implexis divisa, concoloria, glabra, nitida. **Petioli** glabri, canaliculati, angusti. **Flores** nostris desunt. **Pedunculi communes fructus** in ramis (ut videtur propriis) brevioribus apice di-tetraphyllis axillares, iam monocarpi, sed cicatricibus ramulorum compositionem (probabiliter corymbulosam paucifloram) prodentibus, 1 — 2 poll. longi, crassi, rigidi. **Fructus** subterminalis, cernuus. **Pedicellus** brevissimus, rugosus, in cupulae basin expansus. **Cupula** sesquipollicari diametro, profunde excavata, hemisphaerica, rugosa, glabra, spongioso-suberosa, sicca crustae panis exaridae haud absimilis, odoris et saporis corticis ramorum paulo fortioris. **Bacca** ovalis, cupula duplo altior, fere bipollicaris.

Adnotatio 1. Quoad folia similis est *Nectandrae squarrosae*, sed differt **ramis** strictis, **foliorum** cuspide longa et angusta, **pedunculis** brevioribus, **odore** et **sapore** corticis et probabiliter **cupulis** maioribus.

Adnotatio 2. Fructus primis anni mensibus ex arbore relictis cupulis suis in terram defluunt, ubi ab incolis colliguntur carneque et pericarpio purgatae cotyledones leni calore exsiccantur. Laudantur praesertim adversus morbos a debilitate intestinorum ortos, v. c. Dysenteriam, Diarrhoeam, Cardialgiam, Singultus et Ructus habituales, Colicam spasmodicam, Meteorismum, Stranguriam et Incontinentiam urinae. Pro cataplasmate autem tepido imponuntur vulneribus ictu Raiarum inflictis.

35. **Nectandra** (Porostema) cuspidata N. et M.

N. foliis oblongo-lanceolatis caudato-acuminatis ramis paniculisque axillari-terminalibus patentibus pulverulento-subtomentosis cinereo-glaucis, axillis costarum subtus nudis, cupulis fructus pateriformibus, bacca globosa.

Ocotea cuspidata *Mart. in Herb. Bras. Monac.*
Ocotea riparia *Mart. l. c.*

In ripa Fluminis Amazonum, praesertim ad villam Ega Provinciae Fluminis nigri Brasiliae, et in sylvis Japurensibus eiusdem Provinciae, Ianuario mense inchoante anthesi et cum fructu maturo; porro in sylvis secus fluvios Maué et Amazonum Provinciae Paraënsis et Fluminis nigri, Septembre cum floribus fructibusque, (de Martius); ad Ega iuxta flumen Amazonum, (Poeppig). Vidi etiam in Herb. Schottiano, a Lhotzkio lectum specimen Brasiliense, et Peruvianum in Herbario Arnottiano.

? β. Macrocarpa; perianthio fructus duplo maiori, foliis paulo angustioribus ramulisque minus incanis.

In sylvis caeduis Provinciae Rio de Ianeiro, Octobre, (de Martius.)

Arbor, 20—30 pedum altitudine, coma oblonga, trunci cortice albo, ramis divisis pulchre comosis polyphyllis, inferne teretiusculis striatis, ad exortum ramulorum compressis, circa apices novellos acutangulis, pube singulari detersibili pulveracea dense vestitis cinerascentibus; lignum durum, rufescens; medulla mediocris; cortex tenuis, inodorus. Cicatrices foliorum subrotundae. Gemmae axillares stipitatae, lanceolatae, acuminatae, pulverulento-tomentosae, incanae, ancipites, extus bivalves squamis carinatis; terminalis similis sed maior et paulo crassior. Folia diverg. 2/5, quandoque magis inordinate posita, 3½—6 poll. longa, 1—1½ poll. lata, lanceolata, in acumen longum angustum at obtusiusculum producta, basi acuta in petiolum 4—5 lineas longum trigonum supra canaliculatum abrupte desinentia ibidemque margine reflexa ut quasi tuberculo claudi videantur, pube brevissima adpressa vix lentis ope conspicua supra dispersa et demum evanescente subtus densiori vestita, canescenti-glauca, nervis costalibus quaternis senisve arcuatis subtus cum costa purpurascente prominulis, reticulo venoso subtili transversali. Pedunculi communes 2—2½ pollices longi, axillares et praesertim in axillis superioribus approximati, stricti, angulati; squamulis fugacissimis iam destituti et nudi, omnibus ramificationibus et pedicellis tomentulo caulino simili canescentes, a medio divisi. Paniculae rami vix semipollicares, compresso-ancipites, per paria approximati vel alterni, 5—7, apice bis bifidi, divergentes, cum vel sine flore intermedio. Pedicelli $1\frac{1}{2}$ — 2 lineas longi. Perianthium $1\frac{1}{2}$—2 lineas latum, rotatum, extus pulverulento-canum, intus punctulatum; tubus brevis, obconicus; limbus ad basin cohaerens, chartaceus, laciniis alternis ovatis oblongisque obtusis aestivatione fere valvata, pellucido-punctulatis. Stamina limbo duplo breviora, discum hemisphaericum cumulantia, glabra, glanduloso-punctata; filamenta brevissima; antherae sex exteriores subrotundo-transversales, introrsum locellis 4 ovatis in arcu medio sursum convexo dispositis dehiscentes; tres interiores subquadratae truncatae dorso canaliculatae, in filamentum cuneiforme abeuntes, locellis magis lateralibus in arcu superius concavo positis. Glandulae geminatae crassae, globosae, sessiles. Staminodia quarti ordinis parva, subconica, obtusa, capitulo filamentoque vix discretis glabris. Pistillum glabrum, staminum longitudine; ovarium globosum; stigma in stylo brevi crasso discoideum, angulatum. Laciniae perianthii peracta anthesi cito defluunt. Tubus perianthii sub fructu pateriformis, parum profundus, integerrimus, patulus. Bacca pisi magnitudine, globosa.

Adnotatio. In specimine herbarii Schottiani etiam monstrosa inveni, nescio an ovaria dicam an thoros $\frac{3}{4}$ pollicis longos e basi crassiori subcylindricos incurvos suberoso-duros apice obtusos plagaque derasa orbiculari notatos, basi perianthio irregulariter lacero arcte adpresso suffultos duarum linearum diametro; de quibus conferas adnotationem sub Cinnamomo Culilawan p. 74.

Var. *β. macrocarpa*, quod ad foliorum figuram plurimosque alios characteres simillima quidem, sed differt ramis multo minus tomentosulis, cicatricibus pedunculorum axillaribus pateriformi-concavis, foliis non glaucescentibus, simili attamen pubescentia (rariori) inspersis, pedunculis (fructiferis) paulo crassioribus, maximeque cupulis fructus duplo maioribus crassioribus 4—5 linearum diametro baccam globosam ad medium laxe cingentibus.

Propria fors species est, sed specimina pauca tantum ad manus sunt, et ea floribus destituta, solis fructibus aliquot praedita.

36. **Nectandra** (Porostema) **polyphylla** N. ab E.

N. foliis elliptico-oblongis caudato-acuminatis subtus ramisque pulverulento-tomentosis cinereo-glaucis, supra demum glabrescentibus splendentibus.

Loiro de folha larga. Lignum album *collect. lignorum. Mart. in Herb. Bras. Monac.*

In sylvis ad Coari, Provinciae Fluminis nigri Brasiliae, absque flore et fructu legit de Martius.

Arbor 100 pedum altitudine, ligno albido, quam ob eximiam *Nectandrae cuspidatae* similitudinem hic inserere non dubitavi, quamvis nec flores nec fructus viderim. Differt a *Nectandra cuspidata:* altitudine, cicatricibus foliorum semilunaribus vel semicircularibus, foliis brevioribus et ratione longitudinis latioribus, (3 poll. cum petiolo longis 1 poll. latis ovalibus, basi acutis quidem nec vero acuminatis, neque ut illius foliis ad petiolum abrupte reflexis marginibus quasi nodulum ad basin utrinque gerentibus, denique nervis costalibus venosis plerumque ternis, ad summum quaternis praeditis, qui ubi suboppositi, septuplinervia facile appellares folia.) Caeterum folia primo quidem in pagina superiori puberula, nunquam tamen omni huius paginae carent nitore, exuto autem cum tempore ad maximam partem hoc integumento, splendent.

Quae utrum loci solique ubertati tribuenda sint, an speciei propriae veri characteres, videant alii.

Adnotatio. *Macrophyllam* appellare, ex versione accuratiori nominis vulgati, non licuit, cum folia, collata cum aliis, minime lata sint; significationem igitur primitivam substitui; leucoxylon ne dicerem, obstabat Swartziana eiusdem nominis species antiquior.

---

37. **Nectandra** (Porostema) **puberula** N. ab E.

N. foliis lanceolatis acuminatis subtus ramis paniculisque axillaribus patentibus pulverulento-subtomentosis incanis, axillis costarum subtus barbatis.

Persea puberula *Schott. in Spr. Cur. post. in S. Veg. p* 405. *n.* 25.

Crescit in Brasilia, Schott. Vidi exemplum Herb. Schottiani cum floribus absque fructu.

Convenit cum *Nectandra cuspidata*: integumento ramorum et panicularum, foliorum magnitudine nervatione et circumscriptione, panicularum proportione et divisione, sed differt: foliis apice minus productis, in nostris (quod ad apicem attinet) in eodem ramo valde ludentibus, modo acute acuminatis, modo acutis vel adeo obtusiusculis, axillis costarum omnium subtus cinerascenti-barbatis, reliquo autem integumento parciori et in pagina superiori plerumque nullo, paniculis paulo minus compositis, floribus autem amplioribus.

A *Nectandris lucida* et *Japurensi*, quibuscum axillis convenit costarum barbatis, ex foliis distingues angustioribus, a priori etiam paniculis laxioribus floribusque minoribus, a posteriori paniculis patulis subcorymbosis, neque ob ramos breves angustioribus et quasi thyrsoideis.

Satis igitur inter confines distincta esse species videtur, et si cui alii specierum, tanquam varietas, subiicienda esset, *Nectandra lucida* sane proximo iure adstaret; haec autem foliis supra lucidis emicat, *Nectandra puberula* contra (in nostris, saltem exemplis) folia opaca exhibet, minimeque nitentia.

Floris structura nonnulla monstrat, quae isti speciei propria. Perianthium est rotatum, tres lineas latum, subcoriaceum, utrinque dense grumuloso-tomentosum, album, laciniis obovatis obtusis; quarum exterioribus paulo brevioribus, nervis omnium propter tomentum non conspiciendis. Stamina limbo duplo breviora; antherae omnes apice grumuloso-tomentosae, locellis ab apice longe distantibus; sex exteriores ex subrotundo trigonae, locellis subrotundis aequalibus in linea fere recta dispositis; tres interiorum subtetragonae, truncatae, locellis in arcu superne concavo dispositis, mediis linearibus posticis, lateralibus minoribns ovatis latus spectantibus. Glandulae geminatae globosae, sessiles. Staminodia clavata, scabra. Ovarium globosum, styli longitudine, glabrum; stigma globosum, depressum.

38. Nectandra (Porostema) lucida N. et M.

N. foliis oblongis ellipticisve cuspidato-acuminatis costatis subtus subtilissime scabrido-puberulis axillis costarum barbatis, paniculis axillaribus terminalique compositis divaricatis rigidis strigoso-tomentosis.

Ocotea lucida *Mart. in Herb. Brasil. Monac.*

In sylvis ad Japurà flumen Provinciae Fluminis nigri Brasiliae, Februario mense florentem Decembre cum fructu maturo legit Martius; ad Yurimaguas, Maynas Peruviae, (Poeppig.)

Nectandrae Japurensi simillima est, sed suis notis haud magno negotio distinguenda. Folia sunt magis acuminata vel cuspidata, supra glabra et lucidula, subtus pubescentia pube non nisi per lentem valde augentem conspicua scabriuscula, de reliquo autem omnino ut in *Nectandra Japurensi.* Pedunculi 2—2½ poll. longi, a medio divisi, vel in superiorum foliorum axillis vel subterminali-aggregati, compresso-angulati, strigiloso-tomentosi; ramuli circiter semipollicares, iugis 2—4 suboppositi, divaricati, tomentosuli, apice dichotomo-cymosi; apex paniculae cymosus et divaricato-divisus. Flores duplo fere maiores, 4 lineas lati, perfecte rotati, scabrido-puberuli, laciniis obovatis basi late cuneatis subcoriaceis subenervibus obsolete glanduloso-perforatis. Antherae exteriores ex subrotundo trigonae, ad basin quadrilocellatae, locellis in arcu dispositis parvis; etiam interiorum antherarum locelli ab apice longius distant. Pedunculi fructus depauperati. Pedicelli fructus circiter 3 lineas longi, apice incrassati, abeunt in cupulam crassam truncatam rugosam glabram parum profundam, 4 linearum diametro, margine acuto obsolete denticulato instructam, cui bacca subglobosa eiusdem diametri basi immersa.

Adnotatio. Specimina Poeppigiana differunt foliis tenuioribus costis minus prominulis, pedunculis basin versus minus canescentibus, setulis in costae mediae pagina dorsali vix ullis sed earum loco tuberculis minimis. Flores in hac abortu staminum feminei, antheris tribus exterioribus latioribus fere ut in *Petalanthera* petaloideis.

39. Nectandra (Porostema) Japurensis N. et M.

N. hermaphrodito-dioica (?), foliis oblongis ellipticisve utrinque acutis costatis subtus paniculisque axillaribus terminalique compositis laxis pulverulento-tomentosis, axillis costarum subtus barbatis.

Ocotea Japurensis *Mart. in Herb. Bras. Monac.*

In sylvis Japurensibus ad Maripi, S. Ioh. Princ. cet. Provinciae Fluminis nigri Brasiliae, Decembre et Ianuario foeminam florentem, in Provincia Paraënsi marem primis floribus legit cl. Martius.

Arbor ingens. Ramuli divisi, laxiusculi, striati, inferne teretes glabrescentes, versus apicem angulosi, subtiliter pulverulento-tomentosuli; lignum laxum, cinereum; tubus medullaris sat amplus, angulatus. Folia, diverg. $^2/_5$ posita, 7—9 poll. longa, 2—$3^1/_3$ poll. lata, oblonga vel oblongo-elliptica, magis minusve cuspidata, basi acuta, supra glabra, subtus subtilissime tomentosula, nervis costalibus septenis-novenis subintegris, quorum inferioribus suboppositis. Petiolus semipollicaris, canaliculatus, crassiusculus, glaber. Panicula arboris masculinae terminalis, $^3/_4$ pedis longa, late pyramidalis, e paniculis partialibus a basi ortis, 5—3—2-pollicaribus patentibus, tum apicem versus e ramis uncialibus apice cymoso-septemfloris composita; rami paniculárum partialium $^1/_2$—$^1/_4$ pollicis longi, cymoso-7—5-flori, patentissimi. Omnis panicula dense cinerascenti-tomentosula, subpulverulenta. Arboris femineae paniculae pleraeque axillares, et ad basin innovationum etiam nudae, pedunculis 2—$2^1/_2$ pollices longis a medio divisis, ramulis saepe brevibus 1—4 lineas longis, quo fit, ut paniculae densae et thyrsoideae appareant. Occurrunt tamen et aliae in paniculam terminalem ut in mare compositae. Pedicellus cymae medius prius florens ramis lateralibus longior, $1^1/_2$—2 lineas longus, tomentosus. Perianthium patens, subcampanulatum, coriaceo-chartaceum, extus subtomentosum, album, profunde sexfidum; laciniae ovatae, obtusae, trinerves, glanduloso-punctatae, subaequales, intus glabrae, interiores paulo angustiores. Stamina glabra; antherae sex exteriores subrotundae, anticae, subsessiles, locellis a basi ad apicem fere pertingentibus nec minus vero in arcu dispositis, exteriori maiori lunato, interiori ovali; tres interiores antherae subcubicae, truncatae, dorso canaliculatae, filamento evidentiori crasso praeditae, ad latus utrumque bilocellatae, locellis aequalibus ovatis, superiori magis postico. Glandulae geminatae ad basin staminum interiorum maximae, globosae, in sicco collabescendo-rugulosae. Staminodia quarti ordinis capitulo lanceolato-trigono a stipite strigiloso parum discreto glandulas non superante. Pistillum longitudine staminum, glabrum; ovarium ovatum longitudine styli; stigma discoideum. Flos femineus masculino simillimus, antheris gaudet imperfectis, locellis non dehiscentibus, ovario grandiore, stylo paulo breviore et stigmate latiore. Fructus deest, sed laciniae perianthii a tubo sutura discretae iam nunc facile solvuntur.

Adnotatio. Flores diclines casu fortuito potius hic ortos, quam naturae arboris tribuendos esse censeo.

? 40. NECTANDRA (Porostema) Puchury minor N. et M.

? N. foliis oblongis ellipticisve acuminatis costatis subtus ramulisque novellis subtilissime spongioloso-tomentosis, pedunculis fructus ex axillis superioribus brevibus crassis.

Ocotea Puchury minor *Mart. in Buchn. Repert. a.* 1830. *XXXV. p.* 172. *Féruss. Bull. des sc. nat.* 1831. *Janv. p.* 62. *Herb. Bras. Monac.*

In sylvis Brasiliae secus Solimoës fluvium et in sylvis Japurensibus Provinciae Fluminis nigri, Novembre cum fructu maturo, absque floribus, (de Martius.)

Arbor. Rami crassi, patuli, adultiores teretes glabri cinerascentes epidermide obsolete lenticellata, iuniores angulati dense griseo-tomentosi, tomento tenui pulverulento-spongioloso; lignum cinerascens, molle, nitidulum; tubus medullaris amplus; cortex tenuis, subfuscus, (in siccis) inodorus et insipidus (recens *Sassafras* olens, Mart.). Ramuli per intervalla aggregati, erecti, rigidi, basi aphylli. Cicatrices foliorum magnae, planae, subrotundae vel subcordatae. Gemmae terminales subulatae, ut rami novelli tomentosae. Folia circa ramorum apices quaterna-sena, diverg. $^2/_5$ posita intervallis inaequalibus, inferiora saepe suboppósita, 7 — 10 pollices longa, $2\frac{1}{2}$ — 3 pollices lata, ex oblongo elliptica, acuminata, basi acuta, coriaceo-chartacea, supra glabra, subtus tomentulo caulino simili at subtiliori vestita, statu sicco subferruginea, nervis costalibus arcuatis plexuque submarginali coniunctis septenis novenisve; reti interiecto laxo parum distincto. Petioli $\frac{1}{2}$ — $\frac{3}{4}$ pollicis longi, teretiusculi, supra obiter canaliculati, iuniores tomentosuli adultiores glabrescentes. Flores non vidi. Pedunculi communes fructus e foliorum superiorum axillis iam monocarpi, sed cicatriculis suis inflorescentiam parvam racemulósam vel potius cymulósam paucifloram prodentes, $\frac{1}{4}$ — $\frac{3}{4}$ pollicis longitudine, crassi, rugosi, tomento caulino simili vestiti. Pedicellus fructus terminalis erectus, vix linea longior et eiusdem fere diametri, rugulosus, et, uti cupula hemispsaerica crassiuscula basin versus sulcata et gibbosa truncata $\frac{1}{2}$ — $\frac{3}{4}$ pollicis lata integra margineque acuto subrepando praedita, magis minusve tomentosulus. Bacca ovalis, $\frac{3}{4}$ — 1 pollicem longa, sicca rugosa, fusca, odoris pinguis, ingrati; caro baccae siccando extenuata. Testa seminis crustacea; membrana interna fusca, venulosa. Cotyledones forma baccae, oleóso-acres (?), odoris Balsamo Peruviano subsimilis. Embryo ovatus.

Adnotatio 1. A *Nectandris Japurensi* et *lucida* foliorum acumine longiori, nervis costalibus apice in arcus plures flexis horumque auxilio coniunctis, nec simpliciter transeuntibus, pedunculisque (fructus) brevioribus distingues.

Adnotatio 2. Usus medicus idem ac Fabarum Puchury maiorum.

SPECIES INCERTAE HUIUS SUBGENERIS.

? 41. NECTANDRA (Porostema) sarcocalyx N. ab E.

N. foliis ovali-oblongis basi cuneiformibus obtuse cuspidatis glabris, paniculis (?) axillaribus, bacca thoro tumido pulvinato cincta.

Laurus (Persea) sarcocalyx *Mart. in Herb. Brasil. Monac.*

Crescit in campis alpestribus Brasiliae ad Villam do Rio das Contas et Sincora Provinciae Bahiensis, (de Martius.)

Ramulus adest, *Nectandrae* habitu, sed singularis fructuum (nescio an monstrosorum?) structura, teres, glaber; ligno durissimo subtili flavicante; cortice pallide fusco insipido. Cicatrices foliorum semicirculares, sublunatae, marginatae, pedunculorum orbiculares depressae contiguae. Gemma terminalis subulata una cum ramulorum apicibus petiolisque novellis pubescens. Folia *) diverg. $\frac{2}{5}$, 3 — $3\frac{1}{2}$ pollices longa, 11 — 15 lin. lata (inferiora bipollicaria, pollicem lata), omnia vel ovalia vel ovali-oblonga, basi acuta vel cuneata, glabra, nitida, venoso-penninervia, rigidula, inferiora brevissime-superiora longius cuspidata cuspide obtusa. Pedunculus communis fructifer folii longitudine, reflexus, angulatus, glaber, superiora versus cicatriculis ramorum pedunculorumque notatus, pedicello uno alterove subterminali obconico 3 lineas longo glabro. Perianthii (fructiferi?) tubus in orbem integrum expansus, sub thoro tumido fere reconditus; laciniae nullae

*) In huius arboris foliis frequens est

Stigmatidium guttula mihi

St. thallo suborbiculari parvo in ambitu crenato laeteo, ostiolis sparsis exiguis maioribusque uno vel altero subcentrali depressis atris.

Diameter vix lineae.

residuae. Thorus suberosus, tumens, orbiculo calycino triplo latior, pollicis fere diametro, irregulariter lobatus, rotundatus, cidaris forma baccam ambit pisiformem subglobosam laevem exiguo mucronulo praeditam, quae thori tumori ita est immersa, ut conspicua quidem sit a parte superiore, nec vero ultra eius vallum pulvinatum assurgat.

Adnotatio. Cum eiusmodi tumores in hac familia non raro inveniantur steriles et in floribus masculis, suspicari licet, fructum, quem descripsi, non esse naturalem isti speciei, sed morbosum, e tumore insano cum fructu coniuncto ortum. Haec etiam causa esse videtur tubi perianthialis in orbem more *Alseodaphnarum* explanati, cum alias sub thoro tantopere expanso persistere non potuisset. Ab *Alseodaphne* habitu nimis distat planta nostra, quam quae possit coniungi, adeoque affinis est *Nectandris*, ut segregari ab iis nequeat.

? 42. NECTANDRA (Porostema) floribunda N. ab E.

N. (Laurus) „foliis ovato-lanceolatis planis membranaceis venosis, racemis axillari-terminalibus folio longioribus paniculatis, pedunculis longissimis.“ *Swartz. Prodr. Fl. Ind. occ.* p. 65. *Fl. Ind. occ. II. p.* 721. *Willd. Sp. pl. II.* 1. *p.* 484. *n.* 29. *Pers. Synops. I. p.* 449. *n.* 33. *Spr. S. Veg. II. p.* 266. *n.* 23. *Poir. Enc. méth. Suppl. III. p.* 321. *n.* 40.

Incolit sylvas montium Iamaicae australis, (Swartz).

„Arbuscula et Arbor. Rami patentes, ramulis teretiusculis laxis glabris. Folia petiolata, ovato-lanceolata, utrinque acuminata, integra, plana, glabra, supra subnitida subtus pallidiora, nervosa, subtilissime venosa, membranacea. Petioli breves, compressi. Racemi ex axillis foliorum terminalium, pedunculis longissimis, erecti; racemulis simplicibus alternis patentibus laxis; floribus pedicellatis, alternis, discretis, maiusculis.“

„Observatio. De huius genere nil pro certo dicere possum. Propter habitum, praecedentium (*Lauri pendulae* et *parviflorae*) simillimum, ad Lauros retuli. Flores nondum explicatos observavi, quasi polypetalos, partibus interioribus fructificationis deficientibus.“ Swartz l. c.

Species haud rite cognita, quae forsan ad *Nectandram sanguineam*, aliamve affinium referenda.

Tribus VIII.

DICYPELLIA.

Dioica, vel polygama. Staminodia nulla. Stamina ordinum duorum exteriorum in foemina laciniis limbi consimilia et cum iisdem persistentia calyculum crassum radiatum sub fructu formantia, vel cadentia (?) Antherae interiores, 3 — 6, sessiles, quadriporosae. Bacca.

Inflorescentia racemosa, depauperata, saepe bracteolata et ab initio gemmiformis.

Gemmae incompletae. Folia perennantia, venosa.

Arbores Brasilienses non satis cognitae et probabiliter aliis Laurinarum sectionibus olim adsociandae.

Genera.

Dicypellium. Perianthii limbus cum staminibus sex exterioribus persistens, increscens durescensque, radiatim patulus. Antherae tres interiores sessiles, basi quadriporosae. Panicula nuda.

Petalanthera. Perianthii limbus persistens (?) Stamina sterilia tria ad sex, petaloidea. Stamina interiora sex ad novem antheris filamentoque angusto discretis, illis quadrilocellatis locellis per paria sibi impositis; interiorum staminum magis lateralibus. Panicula bracteolata, subtrifida.

Pleurothyrium. Perianthii limbus deciduus. Lobuli glandulosi sex cum limbo alternantes, persistentes. Stamina perfecta novem, conformia, locellis lateralibus altero retro altero introrsum spectante.

XXII. DICYPELLIUM *) *N. ab E. Laur. Disp. Progr. p.* 14. *n.* 20.

Dioicum. Perianthium profunde sexpartitum, explanatum, laciniis aequalibus persistentibus.

Mas nobis deest.

Femina: Staminodia triplici ordine diversiformia; exteriora tria perfecte petaloidea; media petaloideo-unguiformia, apice inflexa, infra apicem quadriscrobiculata, interiora sessilia, compressa, truncata, utrinque infra verticem biscrobiculata, a tergo glanduloso-bigibbosa. Staminodia, praeter gibbos, quos dixi, nulla, neque quarti ordinis, nisi squamarum trium parvarum (ut mihi visum) vestigia. Stigma acutum. Bacca sicca, calyce subcarnoso rugoso ingrossato patulo staminodiisque auctis induratisque calyculata, disco dilatato sexangulari imposita.

Inflorescentia: racemi simplices, pauciflori, infra gemmam terminalem novelli ramuli nascentes, squama parva caduca primum suffulti mox nudi, singuli vel bini approximati, demum, evoluta e gemma rami innovatione, ad basin rami vel innovationis foliosae reiecti.

Adnotatio. Genus hocce, singulari quidem perianthii fructiferi natura, tamen (uti videtur) bene distinctum; multis autem convenit cum *Camphoromoea* genere, ut non nisi flore masculino sedulo quaerendo res clariori luce illustrari et certioribus forsan characteribus utrumque genus circumscribi possit.

---

*) A δὶς bis et κύπελλον poculi genus, ob cupulam fructus quasi duplicem.

1. Dicypellium caryophyllatum N. ab E.

Persea (?) caryophyllata *Mart. in Herb. Bras. Monac.* Licaria Guianensis. *Aubl. I. p.* 313. *t.* 121. *Bois de rose* incolis; *Licari Kanali* Caribaeis.

Habitat in sylvis Brasiliae, ad Mandioccam, colitur in hortis prope Pará, Provinciae Paraënsis, floret maturatque fructus Aprili, *Ibyra Giynha*, i. e. Lignum Capsici, incolis, (de Martius.) Vidi etiam in Herbario clariss. Endlicheri ramulum huius arboris, absque flore, e Brasilia advectum.

Arbor. Rami teretes, glabri, epidermide in adultioribus cinerea verrucoso-rugulosa, in ramulos per intervalla approximatos divisi; lignum durum, densum, griseum; tubus medullaris angustus; cortex non admodum crassus, fuscus, odoris caryophyllorum, saporis caryophyllaceo-acris, piperati. Cicatrices foliorum scutiformes, planae. Gemmae axillares inferiores pleraeque abortivae, ovatae, obtusae, compressae; superiores et terminalis subulatae, cinerascentes, squamis angustis carinatis, duabus exterioribus brevioribus cuspidatis. Folia per intervalla inaequalia alterna, diverg. $^2/_5$, 4 — 7 pollices longa, $1^1/_2$—2 poll. lata, oblonga, exquisite cuspidato-acuminata acumine obtusiusculo, basi acutiuscula, chartacea, glabra, subtus venoso-reticulata, reti venoso-pennato ramificationibus gracilibus. Petioli breves, crassiusculi, subtus convexi, supra canaliculati et a folii limbo decurrente marginati, glabri. Racemi ad basin gemmae terminalis unus vel duo approximati, 1 — $1^1/_2$ pollices cum pedunculo longi, 3 — 6.-flori. Pedunculus communis racemulo longior, compressiusculus, apice strigiloso-micans. Pedicelli ebracteati, in apice pedunculi approximati, $1^1/_2$ — 2 lin. longi, substrigilosi. Flores cernui. Perianthium quatuor linearum diametro, patens, profunde sexpartitum, coriaceum; laciniis aequalibus subrotundis extus glanduloso-punctatis glabris. Stamina floris ♂ non vidi. Floris ♀ staminodia triplici serie; tria exteriora forma et textura sepalorum, paulo minora; media spathulata, crassa, apice obtusa incurva et infra apicem utrinque foveolis binis oblique positis instructa, basi cuneiformia; tria intima sessilia, obverse trigona, angulo centripeto magis producto, vertice truncato, dorso utrinque gibbo adnato glanduloso, lateribus compresso-planis, utrinque foveolis seu poris binis infra apicem in linea horizontali dispositis pertusa. Valvulae distinctae nullae in his obviae. Glandulae geminatae, nisi gibbi antherae, nullae. Staminodia quarti ordinis nulla, vel eorum loco squamula parva inter stamina interiora. Pistillum lageniforme, stylo brevi. Ovulum oblongum, pendulum. Versus tempus maturescentis fructus pedicellus apice nonnihil tumet, perianthium cum laciniis ad diametrum pollicis dimidii increscit, herbaceo-subcarnosum, siccando corrugatum, patulum; simili modo staminodia augentur, calyculum interiorem formantes. Staminodiorum sex interiorum corona, disco expanso, in effigiem patellae sexangularis, processibus sex ornatae, sublata, baccam basi ambit areae mediae subrotundae impositam drupaceam ovatam in vertice depresso mucronulatam laevem $^3/_4$ pollicis longam; caro baccae tenuis, suaveolens; membrana baccae interna in vertice incrassata, stellatim plicata, cum testa tenui concreta, nisi ipsa haec pro testa habenda sit. Membrana seminis interna fusca, nitida, laevis, tenuissime sanguineo-venulosa; chalaza sub vertice pallida, stellata. Embryo cavum seminis (et pericarpii) explens; cotyledones crassae, hinc convexae, commissura plana. Corculum, uti solet in his, supra basin cotyledonum adfixum obtectumque.

Adnotatio. An huius loci: *Linharea aromatica, Canella do Mato. Arruda in Koster's Travels p.* 493.? Specimen habeo, a Ser. Principe Maximiliano Wiedensi in sylvis Cabo frio Brasiliae lectum, sed flore fructuque carens, quod sapore et odore corticis pluribusque aliis notis congruens, foliis differt paulo minoribus tenuioribus basi magis cuneiformi-angustatis; sed haec a loco et praesertim ab aetate pendere possunt, nostrum enim exemplum teneri ramuli pars est.

XXIII. PETALANTHERA*) *N. ab E. Laur. Disp. Progr. p.* 15. *n.* 21.

Flores hermaphrodito-diclini (?), squamis primum involucrati et tum subcapitati. Perianthium sexfidum, laciniis subaequalibus persistentibus (?) Stamina novem-duodecim, tria vel sex exteriora in staminodia petaloidea sessilia vel unguiculata et tum vero sagittato- vel ovato-concava mutata; sex vel novem interiora breviora, antheris ovato-triangularibus, quadrilocellatis, locellis inaequalibus, valvulis totidem adscendentibus introrsum magisque latera versus dehiscentibus; filamenta angusta. Glandulae binae circa basin staminum trium vel sex interiorum affixae. Staminodia quarti ordinis vel nulla, vel horum loco stamina tria intima, perfecta vel imperfecta, capitata. Stigma subcapitatum. Fructus latet.

Inflorescentia: flores primum in capitula squamis bractealibus tecta collecti, sub singula bractea singuli, defluentibus denique bracteis denudati glomerati. Capitula capitato-congesta, in thyrsos glomeratos supraaxillares foliolosos collecta.

Adnotatio. Quod ad antherarum constructionem proximum sane hoc genus est *Oreodaphnae*, a qua quidem differt: perianthii limbo patente et staminibus exterioribus in staminodia petaloidea conversis, tum inflorescentia bracteata.

---

*) Ex *petalum* et *anthera*, ob staminodia petaloidea.

1. PETALANTHERA bracteolata N. ab E.

Ocotea bracteolata *Mart. in Herb. Bras. Monac.*

In sylvis primaevis Coari, Provinciae Rio negro Brasiliae Novembre et Decembre, et in Japurensibus eiusdem Provinciae Ianuario et Februario mensibus legit de Martius; ad Jurimaguas et Maynas, Poeppig n. 2426.

Arbor 80 pedum altitudine. Rami polyphylli, teretiusculi, cortice fusco insipido, lenticellis parvis ovalibus prominulis insperso, aetate glabro, in iuventute villoso-tomentoso; lignum grossum, durum, griseum, quercino haud absimile; tubus medullaris angustus. Cicatrices foliorum ovales vel subrotundae, concaviusculae, non raro cicatrice rami deiecti consimili proxime superiora versus adiecta, discreta tamen. Gemmae foliiparae bivalves, squamis carinatis herbaceis tomentosis. Folia diverg. $^2/_5$ alterna, patentia, 4—6 pollices longa, 2 pollices circiter lata, elliptico-oblonga, in acumen breve obtusum attenuata, basi acuta in petiolum vix $^1/_4$ pollicis longiorem semiteretem hirsuto-tomentosum crassiusculum desinentia, subcoriacea, supra in costis strigoso-tomentosa subtus puberula, aetate glabra, venoso-reticulata, costis distantibus quinis senisve subtus prominulis instructa; nonnulla in pagina inferiori punctis elevatis obscurioribus (nescio an morbo) inspersa. Superiora ramorumque folia magnitudine decrescentia ex ovatis denique latescunt. Paniculae e foliorum superiorum axillis paulo superius provenientes, folio suo paulo longiores, vel aequales brevioresve, denique terminales, inaequales et valde irregulares, pedunculatae, totae cum pedunculo ramisque compressis cinereo-hirsutulae, alternatim ramosae, ramis apicem versus maxime decrescentibus, inferioribus circa apicem subcorymboso-ramulosis, superioribus capitulo glomerulorum terminatis. Folia ad divisiones paniculae primarias pollicaria, sesquipollicaria, in $^1/_2$ — $^1/_4$ pollicis longa decrescentia, subrotunda, brevipetiolata, patentia. Capitula magnitudine seminis Brassicae; primitus 3—4 in apice singuli ramuli extremi conglomerata, ob ipsos ramulos autem maxime contractos capitula composita Pisi fere magnitudine in ramis maioribus constituentia; dum clausa, subrotunda sunt, squamis seu bracteis, senis plerumque, subrotundo-ellipticis obtusis cano-pubescentibus pellucido-punctatis deciduis ita tecta, ut tria foliola exteriora, interiora tria ambientia, perianthii speciem optime fingant. In capitulis lateralibus squamae magis ovales sunt, in terminali seriorique orbiculares. Bracteolae oblongae (nec vero ubique) capitula distinguunt. Flores sub singula bractea singuli, brevissime pedicellati subsessilesque, cum casu bractearum apparentes et propter diversam diversorum capitulorum eiusdem glomeruli evolutionem inter capitula non explicata quasi dispersi, semine Brassicae minores. Perianthium usque ad basin fere sexfidum, crasse chartaceum, extus (praesertim basi) tomentoso-scabrum; laciniae ovato-subrotundae, obtusiusculae, pellucido-punctatae, concavo-explanatae, nitidulae; tubus brevissimus, rigidulus. Stamina tria exteriora sterilia, petaloidea, longitudine fere et latitudine laciniarum perianthii, ungue brevi angusto, lamina subovata obtusiuscula basi sagittata concava venulosa undulata. Stamina sex interiora perfecta; filamenta brevia, glabra, angusta; antherae longitudine filamenti, cordato- vel ovato-triangulares, acutae, rugulosae, utrinque locellis binis praeditae, quorum inferior oblongus, superior ovalis et duplo fere minor, valvulis solito more dehiscunt; staminum tertii ordinis locelli laterales et extrorsum vergentes. Supra filamentorum trium interiorum basin dilatatam glandulae pro more geminae magisque dorsales absque stipite adhaerent, trapezoideae, compressiusculae, longitudine filamenti. Ubi novem adsunt stamina, staminodiorum nulla invenies vestigia. Ubi sex, plerumque adest et alter staminum ordo, sive quartus, e staminibus constans imperfectis duplo brevioribus, stipite filiformi et capitulo loco antherae parvo subrotundo praeditis. Pistillum longitudine staminum, glabrum; ovarium parvum, ovatum; stylus incurvus, crassiusculus; stigma truncatum.

Adnotatio. Occurrunt flores, in quibus stamina exteriora magis etiam amplificata atque sessilia seriem sepalorum tertiam reliquorum similitudine efficiunt; sunt quoque alii, quibus haec eadem series vera stamina, antheris sterilibus vel uno alterove locello instructis monstrat. In aliis unus et alter staminum secundi ordinis in sepala transit.

XXIV. PLEUROTHYRIUM*) N. ab E.

Hermaphroditum. Perianthium sexfidum; tubo obconico-trigono, laciniis patentibus oblongis subaequalibus crassiusculis deciduis. Glandulae sex, triangulares, introrsum carinatae, cum laciniis perianthii alternantes. Stamina novem, subconformia; antherae subcubicae, quadrilocellatae, locellis omnium lateralibus parallelis ovatis altero retro-altero introrsum spectante, filamentis brevibus. Staminodia brevia, dentiformia, basi a tergo biglandulosa. Bacca (iuvenilis saltem) tubo perianthii suburceolato margine repando-crenato immersa.

Inflorescentia: thyrsi (aut paniculae) axillares, stricti, ramulis florum fasciculo terminatis aut cymoso-bifidis.

Folia costata.

Adnotatio. Genus glandulis limbi et antheris latere antrorsum retrorsumque dehiscentibus distinctissimum.

---

1. Pleurothyrium Poeppigii N. ab E.

Pl. floribus thyrsoideis, thyrsis folio multo brevioribus, foliis oblongis.

Ad Maynas invenit cl. Poeppig. (Addenda n. 301.)

Arbor. Rami crassi, angulati, subtilissime tomentoso-spongiolosi, grisei, fistulosi; cortex crassus, fuscus, adstringens, odore debili; lignum cinerascens, porosum; tubus medullaris amplus, angulatus, in nostro exemplo omnino inanis. Cicatrices foliorum lineari-transversae, prominulae, submarginatae. Gemmas non vidi. Folia speciosa, pedem fere (cum petiolo) longa, $3\frac{1}{2}$—4 poll. lata, floralia minora 6—7 poll. longa 2—$2\frac{1}{2}$ poll. lata, in petiolum brevem latiusculum late canaliculatum subtus convexum margine acutum glabrum acute decurrentia, acuta, subcoriacea, firma, supra glabra opaca, subtus tenuissime tomentoso-cana, costa media valde prominula carinata costisque lateralibus

---

*) A πλευρὸν latus et θύριον ostiolum, propter ostiola antherarum lateralia.

16—12 mediocribus leniter incurvis parallelis iuxta marginem obscure coniunctis praedita, venis interstitialibus transversis subarcuatis reticulatis. Thyrsi axillares, patentes, 2—2½ poll. longi, stricti, casu denique foliorum nudi. Pedunculus communis crassus, angulatus, integumento caulis vestitus, brevi a basi spatio florens; ramuli approximati, patentissimi, 1—2 lineas longi, crassi, angulati, tomento rami vestiti. Cicatrices infra ramulos rameis similes a bractearum defluxu. Flores in ramulis subumbellati, cernui, ante anthesin bracteis, cicatrices angustas relinquentibus, tecti. Pedicelli crassi, trigoni, lateribus costula media notatis cano-tomentosulis, in tubum perianthii trigonum simili modo vestitum obconicum transeuntes. Limbus perianthii tres circiter lineas latus, patens; laciniae oblongae, obtusae, crassae, rigidae, marginibus (in sicco) revolutis, extus tomentosulae (integumento partium reliquarum simillimo); exteriores, quae angulis tubi respondent, paulo latiores. Glandulae cum laciniis alternae sex, altitudine staminum, crassae, carnosae, glabrae, luteae, e basi lata in acumen duplo angustius obtusum contractae, extus (in sicco) rugula indeterminata, intus carina lata obtusa praeditae, in fundum floris basi sua protensae. Stamina novem, glomerata, brevia et ratione floris parva, glabra, sex exteriora laciniis perianthii opposita; filamenta angusta, antheris breviora; antherae subcubicae, diametro transversali paulo maiore, obtusae, vertice paulo magis extrorsum declivi, latere interiore paulo magis tumente; locelli laterales gemini, ovati, paralleli, subaequales, a basi ad apicem antherae fere productae, valvulis totidem adscendentibus dehiscentes, exteriores cuiusque paris paulo demissiores retrorsum, interiores autem introrsum conversi. Antherae staminum trium interiorum reliquis conformes, paulo tamen crassiores verticeque magis horizontaliter truncato; filamenta his etiam paulo breviora et latiora. Glandulae ad basin horum staminum obsoletae sive potius cum fundo floris omnino glanduloso confluentes. Staminodia tria, exigua, subulata, ad fauces tubi latentia, glandulis duabus crassis carinis glandularum limbi subcontiguis a latere stipata. Pistillum longitudine staminum, nonnihil tomentosulum; ovarium ovatum, in tubo perianthii latens; stylus brevis, crassus; stigma discoideum, integrum. Ovulum ovatum, fine supero acuto in funiculo ad alterum latus ovarii adscendente suspensum. Fructum non vidi.

2. Pleurothyrium chrysophyllum N. ab E.

Pl. floribus paniculatis, paniculis folium subaequantibus, foliis ovali-oblongis basi cuneiformibus subacutis subtus ferrugineo-tomentosis.

Ocotea chrysophylla *Poepp. n.* 1718.

In Andibus Peruvianis; Poeppig. Vidi etiam in Herb. Arnottiano specimen Peruvianum (n. 1452.)

Maxime convenit cum *Pleurothyrio Poeppigii*, a quo differt: foliis maioribus, 1—$1\frac{1}{2}$ pedes longis, 4—$5\frac{1}{2}$ poll. latis, minus acutis, subtus ferrugineo-tomentosis costisque 20—24 ex utroque latere subrectis quandoque bifurcis praeditis, paniculis oblongis, 10—12 pollices longis ferrugineo-tomentosis, ramulis 2 poll. longis iterato dichotomis divergentibus.

Etiam in hac specie margines petiolorum inciso-crenati et subcartilaginei. — Flores magnitudine florum *Pleurothyrii Poeppigii*, terni in ramulorum extremorum apicibus, quorum laterales bracteolis singulis ovalibus ferrugineo-tomentosis diutius persistentibus suffulti. Structura floris interni omnino ut in praecedente.

---

3. Pleurothyrium bifidum N. ab E.

Pl. racemis axillaribus filiformibus folio brevioribus, pedunculis trifloris, foliis ovali-cuneiformibus.

Ocotea? bifida *Poepp. n.* 2398.

Ad Yurimaguas, Maynas; Poeppig 1831.

Arbor speciosa. Rami angulati, novelli strigiloso-tomentosi. Gemma terminalis ovata, trigono-pyramidalis, fusco-strigosa. Folia in apice ramorum conferta, 1—$1\frac{1}{4}$ ped. longa, $\frac{1}{3}$ ab apice 4—6 poll. lata, hinc basin versus attenuata, cuspide brevi angusta praedita, basi inaequali in petiolum desinentia, coriacea, supra glabra costa media plana lata basin versus canaliculata divisa, subtus dense strigiloso-tomentosa canescentia costa media lateralibusque prominulis convexis his 16—17-nis simplicibus parallelis ante marginem plexu obsoleto iunctis; rete intericctum parum distinctum. Petioli 1—$1\frac{1}{4}$ poll. longi, crassi, statu recenti probabiliter subcarnosi et subtetragoni, in sicco statu valde corrugati, sparsim fuscescenti-strigilosi. Racemi infra gemmam terminalem exorti, 6—8 pollices longi, erecti, graciles, ferrugineo-strigilosi, a medio florentes. Pedunculi seu rami racemi aeque longi, 3 lineas circiter protensi, erecti, alterni, in nostro exemplo (quod ad anthesin nondum pervenit) apice alabastra terna approximata fusco-ferrugineo-tomentosa ferentes, quorum lateralia multo minus evoluta, sessilia, ovata, bractea ovata obtusa gibboso-ventricosa subcoriacea dense fusco-ferrugineo-tomentosa obsolete 3—5-nervi teguntur, medium autem brevi pedicello suffultum, discoideum, hemisphaerico-depressum, ebracteatum, 2 linearum est diametro. Laciniarum perianthii formam, utpote quae nimis adhuc invicem cohaererent, definire nequivi. Genitalia discum efficiunt elegantem regularem, in ambitu glandularum contiguarum cingulo lato sexsinuato cinctum, in cuius sinubus stamina sex exteriora sita sunt, tribus interioribus pistillum ambientibus. Stamina glabra; antherae subcubicae, locellis ovatis lateralibus geminis vertici fere contiguis, altero locello introrsum altero magis retro converso. Stigma discoideum; stylus crassus, altitudine staminum.

---

4. **Pleurothyrium cuneifolium N. ab E.**

Pl. paniculis infraterminalibus, foliis oblongo-ovalibus basi cuneiformibus.

Ad Ega iuxta flumen Amazonum; Poeppig n. 2908.

Affinitas generalis eximia, sed specifica differentia haud minus evidens. Ramus medulla ampla laxa farctus, simili modo ac in reliquis pulverulento-tomentosus, griseus et angulatus. Gemmae axillares breves, conicae, griseae; terminalis lanceolata, acuminata, compressa. Folia tenuiora, 9—12 pollices longa, apicem versus $3\frac{1}{2}$ pollices lata, basin versus cuneiformia, apicis acumine breviori; costae 14—15, retis interiecti maculae minores; pagina inferior subtilissime tomentosula, incana. Petioli longiores, margine late crenato. Paniculae ad basin innovationis iam nudae, 6—8 pollices longae, incurvae, griseae. Pedunculi communes trigono-compressi; rami fere pollicares, erecti, apice (abortu floris intermedii) bifidi; ramulis iterum bifidis horumque extremis ramulis trifloris. Bracteolae parvae, oblongo-lanceolatae, obtusae. Flores cernui, pedicellis bi-trilinearibus griseis. Tubus perianthii obovatus, obsolete trigonus, brevis; limbus planus, extus griseo-tomentosus; laciniae exteriores distincte latiores, ovales; interiores oblongae, cunctae obtusae, margine haud revolutae, intus punctulatae. Reliqua omnino ut in praecedente.

Tribus IX.

OREODAPHNEAE.

Dioicae vel polygamae. Staminodia nulla vel subulata, aut saltem imperfecta. Stamina vel sex, tribus interioribus deficientibus, vel in plerisque novem, rariusve duodecim, tertii (quarti etiam, si adest) ordinis reversa. Antherae filamento distincto praeditae, bi-quadrilocellatae, ubi quadrilocellatae, locelli per paria sibi sunt impositi. Perianthii campanulati vel rotati, parvi vel mediocris, rarissime grandioris, laciniae aequales nec dilatatae. Fructus parvus vel mediocris, baccans, aut cupulae profundae truncatae appendiculataeve insertus, aut perianthio patulo immutato suffultus, aut pedicello fere nudo incrassatoque subcarnoso impositus.

Inflorescentia axillaris vel infraterminalis, paniculata vel racemosa, magis minusve composita, multis parva et racemulosa, quibusdam tenera et laxa aut elongata, minute bracteolata, bracteolis fugacibus; in una specie umbellulata et involucrata.

Gemmae incompletae. Folia perennantia, venosa, multis in axillis venarum costalium subtus porosa et barbulata, saepe salicina, tam Caprearum quam Viminalium foliis comparanda.

Arbores et frutices Americae tropicae, paucae Insularum Mascarenarum, una Canariarum, nullae Indiae orientalis.

Genera:

Teleiandra. Stamina duodecim perfecta. Antherae quadrilocellatae, ordinum tertii et quarti reversae. Staminodia nulla.

Leptodaphne. Stamina sex, tertio ordine in staminodia infra capitulum biglandulosa converso. Antherae quadrilocellatae, Staminodia quarti ordinis nulla. Cupula truncata. Paniculae graciles, laxae.

Ajouea. Stamina sex, interiora et staminodia nulla. Antherae bilocellatae. Perianthium in cupulam parvam sexfidam durescens. Panicula laxiuscula.

Goeppertia. Perianthium aequale. Stamina novem. Antherae bilocellatae. Staminodia nulla. Fructus perianthii tubo cupulari integro vel appendiculato calyculatus. Paniculae laxae.

Dehaasia. Perianthii laciniae tres exteriores brevissimae. Antherae bilocellatae. Staminodia nulla. Fructus pedicello incrassato succulentoque impositi, nudi vel perianthio haud mutato basi cincti.

Oreodaphne. Stamina novem. Antherae quadrilocellatae. Staminodia nulla, vel subulata aut subcapitata. Fructus perianthii tubo crassiusculo cupuliformi profundo, truncato rariusve laciniis emarcidis appendiculato, calyculatus. Paniculae vel thyrsi aut racemuli, saepe breves; in subgenere quarto inflorescentia est umbellulata et involucrata. Folia quandoque porosa.

Camphoromoea. Stamina novem. Antherae quadrilocellatae. Staminodia nulla. Bacca perianthio in cupulam sexfidam indurato calyculata. Folia paucicostata. Paniculae parvae.

Ocotea. Stamina novem. Antherae quadrilocellatae. Staminodia nulla. Bacca perianthio patulo haud mutato pedicelloque incrassato imposita. Paniculae mediocres.

Gymnobalanus. Stamina novem. Antherae quadrilocellatae. Staminodia nulla. Fructus pedicello incrassato et perianthio subdenudato impositus. Paniculae parvae, rigidulae. Folia plerisque porigera.

XXV. TELEIANDRA*) *N. ab E. Laur. Sellov. in Linn. VIII. 1. p. 46. n. 8. Laur. Disp. Progr. p. 15. n. 22.*

Flores dioici. Perianthium masculinum rotatum, profunde sexfidum, laciniis inaequalibus. Stamina duodecim quadruplici serie; antherae quadrilocellatae, locellis uno super altero positis, valvulis totidem adscendentibus dehiscentes, sex exteriores introrsum, sex interiores extrorsum conversae. Glandulae geminatae globosae, sessiles ad basin staminum sex interiorum. Staminodia quarti ordinis *nulla*, quorum loco stamina interiora. Pistillum nullum.

Femina latet.

Inflorescentia: paniculae ad basin ramulorum et innovationum nudae, parvae, cymulosae.

Adnotatio. Quod ad habitum *Leptodaphnes* generi proximum est hocce genus, et duplicato id quidem numero staminum referre diceres; sed distinguendum esse censebam, donec fructus inventus sit; quem si forte *Leptodaphnes* fructui similem esse constiterit, connubio utriusque generis prorsus nihil obstare censeo.

In hoc tribu se habet *Teleiandra*, ut *Dodecadenia* ad genera tribus *Tetranthererarum*.

---

*) A τέλειος perfectus, completus, et ἀνήρ, quia stamina in hoc genere omnia completa.

1. TELEIANDRA glauca.

T. foliis ovalibus cuspidatis glaucis glabris. *N. ab E. Laur. Sellov. in Linn. VIII. 1. p. 46.*

In Brasilia legit Sellow, arborem masculinam cum floribus. (Herb. Reg. Berol.)

Rami inferne teretes, subtiliter striati, novelli angulati, glabri; lignum densum, subtile; tubus medullaris amplissimus; cortex tenuis, inodorus. Ramuli et folia per intervalla conferta. Cicatrices foliorum parvae, ovales, mox oblitteratae. Gemmae parvae, ovales, obtusae, bivalves, albo-sericantes. Folia diverg. $^2/_5$ posita, sed propter intervalla inaequalia ad speciem sparsa, vel subverticillata, $2^1/_2$ — $5^1/_4$ pollices longa, 9 — 14 lineas lata, elliptica, in petiolum angustum fere semipollicarem semiteretem supra canaliculatum glabrum acuta basi decurrentia, exquisite cuspidata cuspide angusta sed obtusa, glabra, chartacea, glauca, opaca, supra laevia, subtus obsolete laxeque reticulata, venis costalibus ternis senisve, sed ternis semper magis prominulis *). Paniculae ad basin denudatam

*) In foliis *Teleiandrae glaucae* crescunt:

Lejeunia perforata N. ab E.

L. appressa, repens, foliis orbiculatis laxe reticulatis hinc inde sparsim perforatis lobulo saccato margine extrorsum unidentato, amphigastriis transversim bicruribus sublunatis.

Lejeunia, an praecedentis forma iuvenilis?

L. dendritico-radiata, tenerrima, foliis oblique ovatis vel oblongis cucullato-lobulatis, amphigastriis nullis.

Peziza laurina N. ab E.

P. cerea, sicca, hypophylla, cupulis exiguis sparsis discoideis planis appressis lutescenti-carneis margine subdilutiore.

Depazea opercularis N. ab E.

D. macula subrotunda expallida, apotheciis approximatis convexis a basi secedentibus annulo residuo discum expallidum cingente.

ramuli vel innovationis e squamarum fugacium axillis. **Pedunculus communis** $\frac{1}{2}$—1 pollicem longus, gracilis, compressus, glaber, ad apicem cymuloso-trifidus, ramulis simili modo 5—4—3—2-floris, summis unifloris. **Pedicelli** circiter duas lineas longi, graciles, recurvi. **Perianthium** campanulato-rotatum, chartaceum, glabrum, album, vix $1\frac{1}{2}$ lineam latum, profunde sexfidum; laciniae subtiliter glanduloso-punctatae, subenerves, obtusiusculae, exteriores angustiores oblongae, interiores ovatae. **Stamina** duodecim, quadruplici serie; filamenta brevissima, lata, scabra; antherae pellucido-punctatae, sex exteriores late ovatae, introrsum quadrilocellatae, locellis fere totam paginam interiorem occupantibus, inferis magisque exterioribus ovato-hexagonis, superis interioribusque ovalibus; antherae sex interiores ex oblongo tetragonae, rugulosae, locello supero minore, tertii ordinis magis introrsum, quarti magis extrorsum, ut omnium horum locellis inferis, dehiscentibus. **Glandulae geminatae** compressae, subglobosae, sessiles, albidae ad basin sex staminum interiorum. **Pistilli** vestigia nulla.

Planta feminea et fructus latent.

Ozonium fuscum N. ab E.

O. dense contextum, fusco-brunneum, fibrillis crassioribus e tenerrimis articulatisque conglutinatis constantibus iisque ab invicem denique discedentibus ramificatis, globulis hinc inde maioribus, granulisque minimis paucissimis inspersis.

XXVI. LEPTODAPHNE *) *N. ab E. Laur Disp. Progr. p. 16. n. 23.*

Dioica. Perianthium infundibuliforme, limbi laciniis subaequalibus deciduis (?) Stamina perfecta sex, duplici serie, laciniis opposita; antheris ovalibus introrsum dehiscentibus quadrilocellatis, locellis uno super altero positis subaequalibus valvulis totidem dehiscentibus; filamentis alternis basi utrinque vel altero latere denticulo erecto auctis. Stamina tria tertii ordinis vel nulla, vel in staminodia stipitata, infra apicem biglandulosa (glandulis substipitatis) interdum numero vel magnitudine inferiora transformata. Staminodia quarti ordinis nulla. Stylus (in femina) brevis; stigma compresso-capitatum, subquadrilobum. Bacca perianthii tubo truncato cyathiformi integerrimo subcarnoso basi immersa?

Inflorescentia: paniculae laxae, nudae, axillares vel circa bases innovationum positae, eodem temporis momento flores suos expandentes. Folia venoso-reticulata.

Adnotatio 1. Ab *Oreodaphnes* subgenere I. *Aperiphracta* differt: floribus dioicis, perianthio basi angusto obconico infundibuliformi, staminibus tertii ordinis nullis vel in staminodia infra capitulum biglandulosa mutatis, stigmate quadrilobo, inflorescentia singulari laxa.

Adnotatio 2. Genus hoc, ad exempla feminea concinnatum, ulteriori indiget examine.

---

*) A λεπτὸς tenuis gracilis, et δάφνη laurus, propter paniculas graciles.

1. LEPTODAPHNE tenuiflora N. ab E.

L. foliis ovalibus obtuse cuspidatis membranaceis gemmisque glabris.

Persea tenuiflora *Mart. in Herb. Bras. Monac.*

β. (♂(?)) Monstrosa, pedunculis paucifloris, staminibus exterioribus vel omnibus petaloideis, aliis floribus viviparis.

In sylva Brasiliae densissima prope cataractas Tejucenses ad Sebastianopolin Provinciae Rio de Ianeiro, Novembre large florentem legit de Martius.

Var. β. in sylvis caeduis ad Sebastianopolin, Septembre idem.

Arbor. Rami laxi, longe lateque inter virgulta extensi, flexuosi, irregulariter tri-tetragoni, subcompressi, adultiores subteretes, glabri, epidermide tuberculato-rugosa cinerascente, *Opegrapha scripta* aliisque id genus inspersa; lignum durum, rufescens; tubus medullaris angustus. Cicatrices foliorum scutiformes, inaequales. Gemmae terminales glabrae, stipitatae, subulatae, incurvae, parvae, a folio supremo iam adulto quasi ad latus reiectae, gemmulamque exiguam lateralem eiusdem folii in communi angulo excipientes. Foliorum distributio ex nostris exemplis non eruenda; $3\frac{1}{2}$ — $5\frac{1}{2}$ poll. longa sunt, $1\frac{1}{2}$ — 2 fere pollices lata, ovalia, in acumen breve obtusum producta, basi acuta in petiolum semiteretem canaliculatum 4 — 5 lineas longum glabrum desinentia, glabra, membranacea, venoso-reticulata nervisque costalibus ternis quinisve suboppositis alternisve tenuibus venosis praedita, nec iuvenilia quidem evidenter pubescentia. Paniculae in ramulis vel circa basin nudae, vel axillares, vel etiam terminales, paucae, $1\frac{1}{2}$ — 2 pollices longae, graciles, cum pedunculo a medio diviso glabrae, ramis inferis elongatis trifido- vel paniculato-plurifloris, mediis tri-summis (brevissimis) unifloris. Pedicelli lineam longi, basi ante evolutionem minutissime bibracteolati, in tubum perianthii anguste obconicum sensim dilatati. Perianthium (floris ♀) lineam longum et latum, extus glabrum, chartaceum, flavescens, usque ad medium sexfidum, laciniis oblongo-ovalibus obtusis concavis grosse pellucido-punctatis enervibus, post anthesin saltem persistentibus; interioribus paulo tenuioribus et latioribus; exterioribus intus in disco barbulato-hirtis; tubus intus et ad fauces hirsutus. S t a m i n a perianthio breviora, sex exteriora aequalia laciniis opposita et ab iisdem munita; filamenta antherarum longitudine, linearia, hirta, in nonnullis vel alterna vel cuncta utrinque processulo uno ad latus stipata; antherae ovatae, acutiusculae, compressae, vestigiis locellorum quaternorum, quorum inferior ovalis maior, superior ovatus. P o l l e n globosum, cicatrisatum. S t a m i n a tertii ordinis in aliis nulla; in aliis 1—2, staminiformia, filamento hirto, capitulo triangulari-lanceolato, staminodiis glandulosis binis brevistipitatis in utroque latere infra capitulum auctis; alterum, vel unum e binis, squamiforme acephalum hirtum. P i s t i l l u m breve, glabrum; o v a r i u m crassum, subglobosum; s t y l u s brevissimus; s t i g m a crassum, compresso-capitatum, subquadrilobum. O v u l u m unum, pendulum.

A r b o r, quam ob summam foliorum similitudinem huius speciei et probabiliter sexus masculini morbosam prolem declaravi, differt f o l i i s paulo minoribus, cortice pallidiore, p a n i c u l a infra gemmam terminalem ramuli nata vix pollicari pauciflora subpubescente. — A l a b a s t r u m floris unius, qui videbatur perfectior, pistillo carebat, laciniisque gaudebat (fere ut in Petalanthera) tribus accessoriis loco staminum exteriorum. S t a m i n a secundi ordinis iis sani floris similia erant; tum tria tertii crassiora et denique tria quarti ordinis conica basi biglandulosa; in omni floris fundo mucilago e glandulis irregularibus exsudabat. Reliqui flores monstrosi sunt duplo grandiores, e laciniis sex exterioribus totidemque interioribus his oppositis irregularibus ovatis constructi, in disco autem duos, veluti flores irregulares sexfidos brevissime crasse pedicellatos gignentes, quorum laciniae aliae oblongae, aliae lineares, aliae utrinque unidentatae apice angustissimo, una autem in singulo subulata strictiorque, neque ea quidem magis centralis, sed interiorum una, alteri tridenti ordine suo respondens.

Sin igitur circulum sex petalorum stamina exteriora in sepala mutata offerre censebis, nonne florem alterum interiorem e staminum interiori ordine, alterum e carpellorum excentricorum antholysi ortum esse nobiscum tibi persuadebis?

---

2. Leptodaphne subalpina N. ab E.

L. foliis ovalibus exquisite brevicuspidatis coriaceis glabris, gemmis strigoso-sericeis.

Ocoteae tenuiflorae confinis species. *Mart. in Herb. Brasil. Monac.*

In Brasiliae montium, Serra grande dictorum, subalpinis prope Villam do Rio das Contas Provinciae Bahiensis, Octobre cum perianthiis defloratis fructuumque calyculis residuis, (de Martius).

Similis quidem haec est *Leptodaphnae tenuiflorae*, sed certo tamen distincta species, differt statura grandiore; tubo medullari ampliore; ramis teretiusculis; gemma terminali dense strigoso-sericea incana; foliis rigidioribus maioribus 6 pollices longis duos pollices latis, petiolis fere $^3/_4$ pollicis longis crassioribus; staminibus exterioribus filamentis brevissimis innixis. — Paniculae structura et magnitudine praecedentis, at rigidiores, non minus ac in illa divaricatae. Pedunculi communes fructuum paucis tantum perfectis calyculis praediti, contracti. Pedicelli $^3/_4$ pollicis longi, carnosuli, iam corrugati, in cupulam 3 linearum diametro truncatam integerrimam probabiliter statu recenti carnosulam, a tubo perianthii provectam, incrassati.

XXVII. AIOUEA Aubl. *N. ab E. Laur. Disp. Progr. p.* 16. *n.* 24. *Schult. S. Veg. VII.* 1. *p. XII. n.* 1300. Duglassia *Schreb. Gen. pl. n.* 1761. Lauri sp. *Linn. Willd.* Colomandra *Necker.* Ehrhardia *Scop.*)

Hermaphrodita. Perianthium infundibuliforme, sexfidum, limbi laciniis aequalibus persistentibus. Stamina perfecta sex, duplici serie, laciniis opposita, antheris ovalibus bilocellatis valvulis totidem introrsum dehiscentibus; filamentis elongatis. Glandulae geminatae sex in serie interiori magnae, subglobosae, sessiles, hirtae. Stamina tertii ordinis et staminodia nulla. Stylus longiusculus; stigma sexfidum (?) Bacca perianthii non mutati laciniis persistentibus erectis basi cincta.

Inflorescentia: paniculae laxae, axillares vel subterminales, bracteis cito defluentibus denudatae. Folia venosa.

Species una, in Guiana Gallica nascens.

Adnotatio. Genus hoc, Aubletii adversariis et iconibus innitens, sin vere ita, ut dictum est, sese habet, certo ab omnibus, quae cognovimus, abunde distat, ab altera parte accedens *Leptodaphnae*, a qua differt antheris bilocellatis et limbo perianthii persistente, ab altera autem *Apolloniae*, quae staminibus novem et staminodiorum apparatu distinguitur.

---

1. Ajouea Guianensis.

Aubl. Fl. Guian. I. p. 310. t. 20.

Laurus hexandra *Swartz. Fl. Ind. occ. II. p.* 708. *Willd. Sp. pl. II.* 1. *p.* 482. *n.* 21. *Pers. Synops. I. p.* 449. *n.* 24. *Poir. Enc. méth. Suppl. III. p.* 524. *n.* 33.

„Habitat in Guianae Gallicae sylvis Sinemariensibus, triginta milliaribus a maris littore, ad ripas Sinemari fluvii. Floret Octobre. Nomen Caribaeum *Ajouvé.*" Aublet.

Arbor mediocris, 4 — 5 pedum altitudine 6 — 7 pollicum diametro; cortice viridi, ruguloso striatoque; ligno compacto albo. Coma truncum terminat ramosa, undique patens; ramuli versus apicem ramorum 3 — 7 et plures, foliosi. Folia alterna, oblonga, acuminata, basi acuta, rigida, laevia, viridia. Paniculae axillares et ex apice ramorum amplae, laxae, rubicundae; ramuli paniculae triflori. Perianthium subcampanulatum, sexfidum, laciniis ovatis, tribus interioribus lutescentibus. Stamina sex, disco perianthium intus cingenti imposita; filamenta brevia, glandulis ad basin geminis compressis albohirtis luteis stipata; antherae ex apice filamenti dilatato formatae, ovales, introrsum convexae quadrilocellatae valvulis totidem adscendentibus supra antherae verticem prominentibus dehiscentes, in latere exteriori bisulcae. Pollen flavum. Ovarium in fundo perianthii ovato-subglobosum; stylus ovario longior; stigma sexfidum (?) Bacca parva, nigricans, perianthio cincta; carne viscida. Testa tenuis, fragilis. Cotyledones oleosae, aromaticae.

Adnotatio 1. Recepimus, Aubletii verbis et icone usi, genus, incertum id quidem, sed sane dignissimum quod deinceps sollicite examinetur.

Quod maxime in icone Aubletiana memorabile, stamina sunt, longis filamentis praedita, antherisque brevibus evidentissime bilocellatis valvulisque duabus sursum reflexis („corpora carnosula, intus concava, extus convexa, antheras terminantia Aubl.“) dehiscentibus.

Adnotatio 2. *Ajouea* Herb. Kunth., e Museo Parisiensi, cui Martinus olim inseruit, profecta, est *Oreodaphnes* species, *commutata* mihi appellata. Nefas autem duxi, ob solum hunc testem evertere omnia, quae Aubletius et scripta et picta nobis tradidit.

XXVIII. GOEPPERTIA N. ab E. (Endlicheria *N. ab E. Laur. Sellov. in Linn. VIII. 1. p. 37. Laur. Disp. Progr. p. 16. n. 25.*)

Flores polygamo-dioici. Perianthium rotatum, ultra medium sexfidum, limbi laciniis aequalibus latiusculis membranaceis diutius persistentibus denique cadentibus. Stamina fertilia novem triplici serie; filamenta brevia, linearia, plana, glabriuscula vel sparsim hirtula; antherae bilocellatae (in una specie ex parte quadrilocellatae) valvulis totidem quot locellis adscendentibus dehiscentes: sex exteriores suborbiculares, trigonae vel quadratae, ostiolis magnis subrotundis ovatisve mediis introrsum magisque ad latus exterius dehiscentes, (accedente in una specie poro supero); tres interiores paulo maiores, ovatae trigonaeve, filamentis latioribus insidentes, ostiolis ovatis oblongisve extrorsum spectantibus, in una specie quaternis; valvulae omnium saturatius coloratae. Glandulae geminatae dorsales, compressae, substipitatae. Staminodia quarti ordinis nulla. Ovarii in flore masculino rudimentum oblongum, stigmate subsessili imperfecto coronatum; floris hermaphroditi ovarium in stylum brevem attenuatum, stigmate truncato angusto. Bacca calycis tubo indurato hemisphaerico margine acuto integro vel laciniis persistentibus appendiculato imposita, glandiformis.

Inflorescentia: paniculae angustae, axillares et ad basin innovationum positae, ramulis apice bi-trifloris. Folia ramis costalibus paucis apicem petentibus (ad speciem septuplinovemduplinervia).

Arbores Brasilienses et insularum Indiae occidentalis, pubescentia patula sericanteve vestiti.

Adnotatio 1. Cum genus hoc Laurinarum eximium, novissime tum a me conditum, Endlichero, viro praeclarissimo amico dilectissimo dedicare praeclaroque eius nomine exornare apud animum statuerem, ignorabam, eodem fere tempore aliud eiusdem nominis genus ex Rubiacearum ordine a Presleo, viro clarissimo, esse conditum, quod quidem, nisi prius animo conceptum, editum saltem prius videtur atque (quod maximi aestimandum) nitidissima icone est illustratum. Igitur cedendum esse Preslei statuto ratus, dum novum iam nomen orbo generi quaerebam, succurrebat, Goeppertiam plantarum genus e Scitaminearum ordine a me pridem selectum, iam alio ab aliis nomine esse appellatum et in scriptis evulgatum, ab aliis autem *Marantae* generi (perperam ei quidem) coniunctum. Quam ob rem, ne viro a me maximi habito genus plantarum laesum atque impugnatum tribuatur, Laurinum hoc ab altero amicorum relictum alteri offerre et Goeppertio, Professori Vratislaviensi, de plantarum historia quam maxime merito, denique dedicare, haud dubitabam.

Adnotatio 2. Differt hoc genus ab Aydendro: perianthio rotato, antheris diversiformibus in medio nec infra apicem latioribusque ostiolis dehiscentibus, fructus calyculi margine acuto, inflorescentia, toto denique habitu. Ab Ajouea inter alia distinguitur antherarum ostiolis rotundis nec elongatis.

---

1. Goeppertia hirsuta.

G. tomentoso-hirta, foliis oblongis acuminatis, antheris ovatis filamento longioribus, pedicellis flore brevioribus.

Endlicheria hirsuta *N. ab E. Laur. Sellov. in Linn. VIII. 1. p. 38. n. 1.*

Cryptocarya hirsuta *Schott. in Spr. Cur. post. p.* 405. *n.* 28.

In Brasilia tropica legerunt Schott et Sellow. (Herb. Schott. et Reg. Berol. n. 1585, 2244 et 5995.) In iugi montium altiorum, Serra de Estrella dicti, sylvis, Februario cum floribus masculis, (Beyrich). Yurimagua, Maynas, (Poeppig, App. n. 90.)

Arbor 50 — 60 pedum altitudine. Rami teretes, vegetiores compresso-angulati, tomento hirto-velutino griseo tecti, iuveniles cum foliis novellis ferruginei; ligni stratum tenue, album; medulla ampla; cortex viridis, tenuis, inodorus. Cicatrices foliorum lunatae, parvae, cito oblitteratae. Gemmae tomentosae; axillares late ovatae, breves, bivalves, squamis interioribus haud raro denudatis; terminalis maior, teretiuscula, quadrivalvis. Folia diverg. $^{2}/_{5}$ posita, intervallis irregularibus approximata vel subopposita; in planta mascula paulo angustiora et minora oblonga $3^{1}/_{2}$ — $5^{1}/_{2}$ pollices longa 1 — $1^{1}/_{2}$ pollices lata, in femina maiora ovalia vel ovali-oblonga

5—6 pollices longa $1\frac{1}{2}$—$2\frac{1}{4}$ pollices lata, in utraque acuminata, basi acuta, utrinque hirtulo-tomentosa, adultiora supra pilosula nervis costisque hirsutis, denique glabriuscula et nitida, in pagina inferiori reticulata nervisque costalibus prominulis quaternis senisve per paria approximatis praedita, septupli-novemduplinervia. Petioli $\frac{1}{2}$ — $\frac{3}{4}$ pollicis longi, teretiusculi, supra canaliculati, hirsuto-tomentosi. Pedunculi communes arboris masculae alii axillares (probabiliter gemmae ramuli imperfectae innati) alii ad basin innovationis terminalis aggregati, $1\frac{1}{2}$ — 3 pollices longi, graciles, hirti, a basi vel a medio divisi; ramuli distantes, patuli, 2—3 lineas longi, apice rarius cymuloso-quinqueplerique triflori; occurrunt etiam paniculae breves, cymoso-pluriflorae. Pedicelli 1 — $1\frac{1}{2}$ lineas longi, pubescenti-scabri, graciles, patentes. Flores masculi cernui, albidi. Perianthium membranaceo-chartaceum, rotatum, pubescenti-strigosum, canescens; laciniae subaequales, oblongae, obtusae, grosse pellucido-punctatae, obsolete trinerves, intus glabriusculae, basi et ad fauces hirtae. Stamina sex exteriora minora basi laciniarum adhaerentia; filamenta antheris breviora; antherae ovatae, vesiculoso-cellulosae, flavissimae, introrsum in medio valvula mediocri ovata fusco-ferruginea dehiscentes. Stamina tria interiora paulo longiora; filamenta antherae longitudine, compressa, glabra; antherae ovato-subquadratae, extrorsum magisque a latere valvula lanceolata dehiscentes. Glandulae geminatae orbiculares, compressae, brevistipitatae, laciniis radiisque floris parallelae. Staminodia quarti ordinis nulla. Ovarii rudimentum exiguum, glabrum, absque stylo et stigmate. Occurrunt etiam flores, ceteroquin simillimi, omnino asexuales, neque staminum nec pistilli vestigiis ullis praediti. Feminei flores masculinis simillimi, nec nisi e staminibus effoetis minoribus operculo rarius dehiscentibus distinguendi. Antherae exteriores in his acutae. Inflorescentia eadem, sub tempus maturescentis fructus denique nonnihil immutata. Fructuum corymbulus, ramulis dicarpis, ramuli tripollicaris in medio diphylli summitatem iam occupat, gemmae terminantis cicatrice ad latus repressa. Pedicelli fructus breviores quam in mare, iam quidem crassi, Cupula 3 lineas alta et lata, hemisphaerica, rugulosa; intus strigosa, margine acuto, in aliis nudo et recto, in aliis laciniis perianthii non mutatis adhuc appendiculato. Bacca ovato oblonga, mucronata, semipollicaris.

---

2. Goeppertia panicularis N. ab E.

G. hirto-pubescens, foliis oblongis utrinque acutis supra demum glabris, antheris ovatis filamento-pedicellisque perianthio longioribus.

Crescit in Brasilia, ubi Lhotzkius legit. Vidi specimen arboris masculae, amiciss. Schottii donum.

Goeppertiae hirsutae similis, sed differt evidenter suis characteribus. Rami (praesertim novelli) petioli, paniculae, folia subtus (praesertim in costis principalibus) pube brevi rigidula densa, primum rufa dein canescente vestita, nec vero pube rigidula patula hirta; folia in nostris maiora, 5—6½ poll. longa, pauca supremaque 4-pollicaria, 2 poll. lata (minora 1¼ poll.) minus acuminata, supra (extra costas) cito omnino glabra (nervis ut in illa subsenis); paniculae ex omnium fere foliorum angulis terminalesque subcorymbosae laxiores, 3 circiter pollices longae, pubescentia caulinae simili vestitae; rami distantes, graciles, 6—4 lineas longi, apice cymuloso-7—2-flori. Pedicelli 2—2½ lin. longi; antherarum loculi maiores, ovatae, fere totum latus suum anticum occupantes. Reliqua ut in *Goeppertia hirsuta*. Feminam non vidi.

---

3. Goeppertia longifolia N. ab E.

G. pubescenti-scabra, foliis lanceolato-oblongis acuminatis, antheris triangularibus filamento lato brevioribus.

Ocotea turbacensis *Poeppig n.* 1520. (*nec H. et K.*)

In Andibus Peruvianis legit cl. Poeppig. Vidi arboris masculae specimen.

Habitu generico optime congruit cum *Goeppertia hirsuta*, differt autem sequentibus: rami, folia, inflorescentia omnis pube brevi albida inspersa sunt nec hirsuta; folia maiora (8—9 poll. longa, 2 poll. et paullo ultra lata) basi magis attenuata (7-pli ad 9-plinervia); paniculae in axillis foliorum solitariae, tum ad basin innovationum aggregatae, strictae, pedunculo communi ramulisque crassioribus, thyrsoideae, thyrsum Vitis viniferae fingentes, ramulis brevibus patentibus apice cymuloso-multifloris; laciniae perianthii ovato-oblongae; antherae latitudine filamentorum linearium hispidorum, iisdemque in serie prima et secunda duplo- in tertia dimidio saltem breviores, ostiolis ovato-triangularibus. Glandulae geminatae stipitatae filamentis staminum interiorum (in siccis) tam arcte incumbunt, ut unum cum iisdem corpus efficere et anthera, veluti appendix, filamento ipsa crassiori imposita esse videatur. Feminam non vidi.

---

4. Goeppertia sericea.

G. foliis ovalibus obtusis subtus thyrsisque axillaribus sericeis.

Endlicheria sericea *N. ab E. Laur. Sellov. in Linn. VIII. 1. p. 38. n. 2.*

Laurus sericea *Hook. in Herb. Arnott. Sieber, Flora Insulae Trinitatis n.* 175.

In Insula Trinitatis legit Sieber; ex insula S. Vincentii, (Hooker in Herb. Arnott.)

Arbor. Rami subangulati, tomento tenui sericante griseo magis minusve denso vestiti; cortex insipidus; lignum pallidum; tubus medullaris amplissimus. Gemma terminalis ovata, bivalvis, griseo-sericea, squamis carinatis obtusis; axillares parvae, ovato-subrotundae. Folia satis conferta, diverg. $^2/_5$ posita, $2^1/_2$ — $4^1/_2$ poll. longa, 1 — $1^3/_4$ poll. lata, ex oblongo elliptica, obtusa, basi acuta, coriacea, venoso-reticulata, supra glabra laete viridia venis costalibus immersis, subtus dense sericanti-subtomentosa evidentius reticulata nervis costalibus prominentibus, subseptuplinervia, ramis costalibus quatuor inferioribus apud pleraque a superioribus maiori spatio distantibus interiecto in multis ramo singulo, unde folia oriuntur obliqua. Petioli 5 — 6 lineas longi, crassi, subtrigoni, supra planiusculi, basi compressi, sericei. Paniculae thyrsoideae, densae, axillares, 2 — 4, folia sua subaequantes, erectae, griseo-sericeae. Pedunculus communis crassiusculus, compresso-angulatus, pone medium denique divisus; rami erecto-patentes, per paria suboppositi, approximati, apice cymulosi, pluriflori, numero florum thyrsi apicem versus decrescente, typo ternario. Bracteae et bracteolae oblongo-lanceolatae, dense sericeae, deciduae; cicatrices bractearum tumidulae. Flores erecti. Pedicelli lineam longi. Perianthium (floris ☿—♂) $1\frac{1}{2}$ lineas latum, subrotatum, tubo quam in praecedente paulo longiore obconico, extus dense strigiloso-sericeum; laciniae aequales, ovales, obtusae, uninerves, pellucido-punctatae. Stamina limbo breviora; sex exteriorum filamenta antheris paulo angustiora et earundem longitudine, dorso parce strigilosa; antherae quadratae, pellucido-punctatae, luteae, locello utrinque uno pauloque magis ad latus converso breviter ovato, valvula fulva; trium interiorum staminum filamenta latitudine antherae, dorso (centrum spectante) fere glabro; antherae magis ovatae, locellis posticis obovatis, valvulis itidem fulvis; emisso polline ostiola magis contrahuntur fiuntque angustiora. Glandulae geminatae a tergo staminum tertii ordinis obovatae, substipitatae, lacte flavae. Staminodia quarti ordinis omnino nulla. Pistilli rudimentum lanceolatum, acutum, scabriusculum, absque styli stigmatisve distinctis vestigiis.

Adnotatio. Exempla pleraque collectionum, quas cl. Sieberus edidit, flores habent imperfectos, bracteis suis adhuc involutos. Florentem ramum denique in Herbario Endlicheriano inveni, cuius ope res ad liquidum perducta est.

---

8. Goeppertia anomala N. ab E.

G. pubescenti-strigilosa, foliis oblongis utrinque acuminatis supra glabris, antheris tertii ordinis bilocellatis.

Ad Egam, iuxta flumen Amazonum, marem legit cl. Poeppig. Feminam non vidi.

Rami haud crassi, trigono-angulati, pilis subtilissimis adpressis conspersi et ideoque subcanescentes, medulla ampla farcti. Gemmae parvae, bicuspides, incanae; terminalis similis at paulo maior. Folia diverg. $\frac{2}{5}$ posita, 6 — 7 poll.

longa, $2^3/_4$ pollices lata, elliptico-oblonga, in petiolum 4—5 lineas longum canaliculatum canescenti-substrigilosum acute desinentia, in cuspidem longiusculam angustam at obtusam et saepe obliquam producta, membranacea, laxe at evidenter reticulata, supra glabra opaca, subtus pilis exiguis appressis subincana, costis senis septenisve prominentibus ante marginem antrorsum conversis evanescentibusque. Paniculae (♂) 1—3 poll. longae, axillares, aut in ramuli brevissimi axillaris nudique apice intra gemmam nascentes, aut ad basin innovationis terminalis nudi, graciles, oblongae, pedunculi communi a tertia aut dimidia parte a basi florente anguloso canescente; ramuli paniculae 3 — 2 lineas longi, patentes, apice divaricato-bifidi; horum ramuli 1 — 2 lineas longi, 7 — 3-flori, omnes canescenti-substrigilosi, graciles. Pedicelli graciles, linea longiores, puberuli. Perianthia masculina rotata, patentia, Myosotidis palustris fere figura, 2 fere lineas lata, extus et in faucibus strigilosa; laciniae obovatae, obtusae, tenerae, margine ciliolatae, venulosae, pellucido-punctatae, tres interiores paulo angustiores. Stamina novem; sex exteriora laciniis duplo breviora; filamenta angusta, parce strigilosa, anthera paulo longiora; antherae subrotundae, obtusae, locellis inferis perfectis ovatis, superis plerisque imperfectis aut nullis, quandoque et uno alterove dehiscente sed parvo et poriformi. Stamina tria interiora longiora, filamento crassiori sensim in antheram paulo latiorem transeunte, hinc stamen subclavatum; locelli antherarum quaterni, unus alteri oblique impositus, extrorsum et paullulum ad latus conversi, ovales, superior minor; antherae hae apice saepe incurvae aviculae caput fingentes. Glandulae binae, magnae, subglobosae, stipite brevissimo strigoso insidentes, singulum istorum staminum ad latus magisque a tergo stipant. Pistilli rudimentum vix conspicuum. Femina ignota.

Adnotatio. Species singularis, habitu *Goeppertiae hirtae* quam maxime congruo, nec characteribus multum contrariis, ad Oreodaphnas tamen quasi transitum praeparans.

XXIX. HAASIA Blume*). Cryptocaryae sp. *Blume.* Machili spp. anomalae *N. ab E. in Wall. pl. As. rar. II. p.* 70. Perseae Corynopodes *N. ab E. in hoc opere p.* 124. *sqq.*

Flores hermaphroditi aut abortu monoeci, paniculati. Perianthium sexfidum, laciniis inaequalibus, tribus exterioribus nanis. Stamina fertilia novem, quorum tria interiora extrorsum glandulis geminis sessilibus instructa. Antherae subrotundae, bilocellatae, valvulis totidem adscendentibus magisque lateraliter sex exteriores introrsum, interiores extrorsum, dehiscentes. Staminodia interni ordinis nulla. Stigma discoideo-triangulatum. Bacca pedicello carnoso-incrassato imposita.

Inflorescentia paniculata, paniculis ad continuationem terminalem ramulorum dispositis. Flores viriduli. Gemmae foliiparae parvae, squamis foliaceis. Folia penninervia, reticulata.

A *Cryptocarya Rob. Br.* differt forma perianthii, fructu non basi eius immerso, verum nudo, ut et defectu staminodiorum cum internis staminibus intus alternantium. Postremo hoc charactere etiam recedit a *Beilschmiedia Nees ab Esenb.*, in qua praeterea laciniae perianthii magis sunt aequales. Manifesto ob similem fructum proxime accedit ad *Sassafras:* ab hoc tamen atque ab *Actinodaphne N. ab E.* et *Persea Gaertn.* antheris bilocellatis satis est diversa.

---

*) Genus a cl. Blume elaboratum. „Cornelius de Haas, Societatis Indiae Orientalis Batavae Consiliarius extraordinarius et aliquandiu Amboinae praefectus, Rumphio nostro, cum iam lumine oculorum esset orbatus, haud exiguo in literarum studiis fuit adiumento, non solum amanuenses et pictores idoneos ei adiungendo, sed etiam suppeditando plantas, quae in Moluccis non crescunt, in his arborem toxicariam Macassariam, qua de re conferantur literae capiti quarto *Rumphiorum* adiectae. Hunc talem igitur Scientiae Amabilis fautorem dignum censui, cuius nomen in opere nostro celebraretur." *Blume.*

1. Haasia microcarpa Blume.

H. foliis oblongis vel elliptico-oblongis utrinque subacutis vel apice obtuse cuspidatis concoloribus glabris, paniculis flore brevioribus, laciniis perianthii persistentibus, pedicellis fructiferis rectis pedunculo paniculae 3—4-plo brevioribus. *Blume.*

Puspa Tjarang montanorum in parte australi provinciae Bantam.

Habitat in provincia Iavanica Bantam in sylvis ad radices altiorum montium, veluti inter Lebak et Tjitarap, ubi etiam div. Van Hasselt aliquot eius specimina collegit et fructus delineationem adumbravit. Semper fere florere videtur, fructus autem raro inveniuntur.

Arbor non alta, latam circa se umbram diffundens, trunco recto cylindrico haud alte in ramos late extensos crassos nodoso-tuberculatos diviso. Ramuli elevatis petiolorum deciduorum pulvinis cicatrisati, teretes, striati, albido-cinerascentes, glabri, aetate tenera obtuse angulosi, gemma parva conoidea terminati, cuius squamae lato-ovatae foliaceae ad marginem tantum sunt sericeo-ciliatae. Folia sparsa, saepe tamen ad apices ramulorum conferta, 3—6 poll., subinde vero usque ad 10 poll. longa, $1\frac{1}{2}$—4 poll. et ultra lata, ex oblongo elliptica, apice modo in cuspidem brevem vel satis elongatam obtusam producta, modo acutiuscula, coriacea, glabra, concoloria, undulata, supra nitida simpliciter penninervia, subtus reticulato-penninervia. Petioli semipollicares et interdum longiores, basin versus crassiores, teretiusculi, canaliculati, glabri. Paniculae singulae aut plures ad innovationes terminales, 2—4 poll. longae, simplices, patulae, pedunculatae, circumscriptionis elongato-ovoideae, rarae, rhachi angulato-compressa in 3—9 ramos breves a basi ad apicem longitudine decrescentes sparsos compressos simplices patentes, ex apice aliquantum dilatata trifloros, longiores vero cymoso-septemfloros divisa. Leve vestigium pubis brevissimae tandem evanescentis in rhachi eiusque ramis vix sub lente conspicitur; bracteae quoque cito iam cadere videntur, quarum angustae tantummodo ad exortum pedicellorum ramulorumque cernuntur cicatriculae. Pedicelli circiter 3 lineas longi, curvati, superne sensim crassiores et ad basin perianthii dilatati, triquetri, glabri, carnosi. Perianthium ante expansionem turbinato-globosum, externe glabrum, inaequali-sexfidum, subcoriaceum, ad basin substantiae magis carnosae, viridulum; laciniae triangulari-ovatae, obtusae, margine sericeo-ciliatae ac interne pube sericea appressa vestitae, tribus externis minoribus quasi calycem tridentatum referentibus vix supra sinum trium laciniarum longe maiorum extensum. Stamina laciniis maioribus tertia parte breviora, erecto-conniventia, pubescentia, longitudine subaequalia (tribus exterioribus, quae laciniis minoribus opponuntur, paulo longioribus), exteriora sex latiora atque antheris maioribus introrsum-, tria reliqua valvulis rotundis sursum et ad latus reflexis extrorsum dehiscentibus; filamenta crassiuscula, staminum sex exteriorum latiora ac magis complanata; antherae subrotundae, crassae, qua facie ambo loculi disiuncti subrotundi sunt immersi paulum concavae altera vero convexae, exteriores sex magis transverse dilatatae. Pistillum glabrum, sessile, basi carnosae perianthii impositum; ovarium ovoideo-subtrigonum, uniovulatum; stylus filiformis, longitudine staminum; stigma terminale, peltato-triangulatum, papillis minutis scabridum. Florum pauci tantum ad grossificationem perveniunt, qua incepta basis perianthii et simul totus pedicellus magis magisque increscit, tandem receptaculum clavatum ultra dimidium pollicis longum carnoso-baccatum ex viridi rubrum efformans, cui bacca laciniis emarcido-persistentibus cincta est imposita. Bacca receptaculo dimidio brevior, ellipsoidea, superne cicatrice styli umbilicata, laevigata, purpurea, monosperma. Semen ellipsoideum, inversum, cotyledonibus maximis crassis carnosis plano-convexis, inter quas sursum plumula exigua est inclusa. (Fructus auctore Van Hasselt et secundum imaginem ab ipso adumbratam.) *Blume.*

2. HAASIA media Blume.

H. foliis ellipticis utrinque acutis vel apice argute cuspidatis glabris subtus glaucinis, paniculis folio brevioribus, laciniis perianthii deciduis, pedicellis fructiferis curvatis pedunculum paniculae adaequantibus. *Blume.*

Machilus tertia species media. *Rumph. Herb. Amb. III. p.* 70. *tab.* 41.

In sylvis montanis Amboinae, unde specimina cum fructibus mihi sunt ad manum.

Magna ei cum priori specie est similitudo; folia autem substantiae sunt tenuioris, subtus glaucina, apice magis acutata, et fructus longe maiores.

Arbor ligno straminco non ponderoso, at durabili et tenaci. Ramuli subteretes, cinereo-albidi, glabri, gemma parva subuliformi-conoidea glaberrima terminati. Folia sparsa, 3—9 poll. longa, 1½—4 poll. lata, cum petiolo ½—1-pollicari canaliculato patula, supra laete viridia, subtus glaucina et inter venas curvatas prominentes tenerrime reticulata, glaberrima. Pedunculi fructigeri laterales, nutantes, lignosi, ferme 1½—2 poll. longi, verrucoso-punctati, duobus tribusve fructibus dependentibus saepe uno tantum solitario praediti. Baccae ellipsoideo-globosae, magnitudine Cerasi domestici, pedicellis incrassatis impositae, initio atro-virides, denique atro-caeruleae, lucidae. Pedicelli ultra pollicem longi, cylindracei, carnosi, solidi, extus carnei ac verrucoso-punctati, intus virentes, ramis paniculae clavato-incrassatis sublignosis semipollicaribus continui. Pericarpium vix lineam crassum, baccatum, intus virens, nucleo ellipsoideo-globoso laevi. Testa chartacea, rufescens. Tunica interna membranacea, tenuis, vasculosa. Cotyledones maximae, hemisphaericae, extus viridescentes, interne albidae, carnosae, amarae. Gemmula conoidea, inter Cotyledones inclusa, viridula. *Blume.*

3. Haasia peduncularis N. ab E.

H. foliis ellipticis cuspidatis basi attenuatis glabris concoloribus, pedunculis folio brevioribus, perianthiis sub fructu persistentibus nec mutatis, pedicellis fructiferis curvatis pedunculo paniculae longioribus.

Persea peduncularis *Operis nostris supra p.* 125. *n.* 1. (*excl. synon. Rumph.*)

Descriptionem ex antecedentibus transferas. Similis quidem haec est species praecedenti, (Haasiae mediae), sed differt evidenter foliis mollioribus basi acutioribus utrinque concoloribus, pedunculo communi ratione pedicelli breviori et laciniis perianthii persistentibus.

Quod lacinias tantum duas exteriores minores invenerim, post ea, quae Blumius noster adnotavit et ipse in eius speciminibus vidi, statu morboso et irregulari florum a me examini subiectorum accidisse intellexi.

---

4. Haasia incrassata N. ab E.

H. foliis ellipticis utrinque acutis glabris concoloribus, pedunculis folio brevioribus, perianthiis sub fructu persistentibus nec mutatis, pedicellis fructiferis rectis pedunculum paniculae adaequantibus.

Persea incrassata *Operis nostri supra p.* 127. *n.* 2. (*cum synon. et descript.*)

Differt a binis precedentibus foliis multo maioribus et pedicello fructus recto ratione longitudinis crassiori.

5. HAASIA elongata Blume.

H. foliis cuneato-oblongis subacutis glabris subtus albido-cineraceis, paniculis folium adaequantibus, laciniis perianthii deciduis, pedicellis fructiferis rectis pedunculo paniculae 3—6-plo brevioribus. *Blume.*

In sylvis montanis insulae Sumatrae, unde e provincia Palembang per virum Nob. Praetorius, e provincia Padang per virum Nob. Korthals Herbarium Regium nostrum nactum est specimina. Lignum, licet non durum, operi fabrili durabili aptissimum est.

A sequenti specie foliis magis elongatis subtus inter venas angustius reticulatis plane glabris distinguitur, ut a prioribus paniculis magis elongatis longius pedunculatis est diversa.

Arbor procera, cortice fusco rugoso saporis aromatici amari, ramis validis in ramulos non adeo longos teretes glabros superne foliosos inferne nudos cicatrisato-rugulosos divisis. Gemma terminalis conoideo-subuliformis, glabra. Folia conferta, 5—9 poll. longa, 2—8 poll. lata, oblonga, acuta aut subacuta, ad basin in petiolo semipollicari cuneata, passim subdimidiata, utrinque glabra, coriacea, in pagina superiori nitida costa e petiolo canaliculata sed sine venis distinctis (siccata tenuissime et arctissime reticulata), in pagina adversa albido-cineracea, penninervia, reticulatione tenui sed arctissima et costa elevata hic, ut videtur, flavo-virescente. Paniculae, quarum tantummodo fructiferae sunt notae, ad basin innovationum ramulorum binae ternae aut plures approximatae, patentes, longitudine foliorum aut eam superantes, sine pubescentia. Axis paniculae teretiusculus, glaber, inferne per 3—7 pollices longitudinis suae nudus, superne in ramos $\frac{1}{2}$—$1\frac{1}{2}$ poll. longos simplices sparsos divisus aut horum lapsu cicatrisatus. Pedicelli incrassati, solitarii aut geminati in apice ramorum, fere $1\frac{1}{2}$ poll. longi (atque adeo nuda parte axis longe breviores), recti, sed subinde leviter incurvi, cylindracei, carnosi. Baccae globosae, magnitudine globuli sclopeti, monospermae. *Blume.*

6. HAASIA cuneata Blume.

H. foliis ovatis vel obovato-oblongis ellipticisve apice rotundato-obtusis vel acutiusculis subtus glaucis ac puberibus, paniculis folio brevioribus. *Blume.*

Cryptocarya cuneata *Blume in Bydr. Ned. Ind. p.* 578.

Iavanis haec arbor dicta est *Patat*, monticolis Iavae occidentalis *Huru unjuk.*

Mense Novembri florentem in sylvis insulae Nusa Kambang reperi, itemque Aprili in inferioribus sylvis montis Salak, fructus autem nunquam vidi.

Arbor magnifica, 40 pedes alta, vertice in ramos multifariam furcatos soluta, dense foliosa. Rami teretes, internodiis elongatis, exalbidi, glabri, circa nodos lapsu foliorum cicatrisati, hic illic lenticellis oblongis cinnamomeis aetate fuscis elevato-punctati, in apice atque in ramulis brevibus pube livido-sericea obtectis foliosi. Gemmae apicales parvae, abbreviato-conicae, ochraceo-velutinae, e paucis squamis caducis formatae, folia atque pedunculos tenerrima aetate tegentibus. Folia conferta, petiolata, 3 — 5 poll. longa, $1\frac{1}{2}$ — 4 poll. lata, proinde non forma magis quam magnitudine diversa, plerumque ad basin cuneata et obovata, raro elliptica, superne dilatato-subrotunda vel acumine brevi obtuso praedita, coriacea, supra glabra nitida obscure viridia ac simpliciter penninervia, in pagina dorsali glauca, pube minutissima, inter venas elevatas reticulata: petioli $\frac{1}{2}$ — fere pollicem longi, teretiusculi, ad basin crassiores, interiori facie superne sulco ad laminam adscendente exarati, tenera aetate puberuli, tandem glabrati. Paniculae ad innovationes ramulorum inter folia terminalia digestae hisque dimidio breviores, graciles, longe pedunculatae, erectae, deinde horizontales aut nutantes, circumscriptione ovoidea, pube minuta obsessae, rhachi tenui imo articulato-incrassata superne tereti-compressa supra medium in ramos horizontales verticillatim confertos aut sparsos sursum decrescentes tenerrimos divisa, quorum inferiores sunt cymoso-septemflori, superiores umbellato-5- vel 3-flori. Bracteae minutissimae, viridulae, solummodo in ramis compressis et ad basin pedicellorum $1\frac{1}{2}$ — 2 lineas longorum tenuissimorum subtriquetrorum, membranaceae, fugacissimae. Flores ante expansionem magnitudine grani Sinapi, turbinato-globosi, pube sericea obducti, flavido-viriduli. Perianthium in sex lacinias triangulari-ovatas obtusas concavas subcoriaceas fissum, quarum exteriores tres valde abbreviatae, arcte appressae. **Stamina** antherifera 9, filamentis complanatis, brevia, utpote laciniis perianthii maioribus breviora, plane hirta, quorum sex filamenta exteriora paulo longiora basique nuda, tria interiora ad basin dilatatam extus utrinque **glandula** nephroideo-globosa sessili glabra stipata. **Antherae** biloculares, loculis disiunctis parvis, valvulis rotundis sursum reflexis dehiscentibus; antherae staminum sex exteriorum magis sunt dilatatae atque introrsum-, trium interiorum potius subrotundae et extrorsum dehiscentes. Praeter glandulas descriptas nulla alia staminodia sunt obvia. **Pistillum** longiora stamina longitudine aequans, glabrum; **ovarium** ovoideum, basi perianthii subcarnosae impositum neque tamen immersum, ovulo solitario anatropo apici loculamenti funiculo brevi affixo; **stylus** filiformis, brevis, stigmate obtuse-triangulato papilloso-verrucoso. *Blume.*

XXX. OREODAPHNE*) *N. ab E. Laur. Disp. Progr. p. 16. n. 26. Laur. Sellov. in Linn. VIII. 1. p. 39.*

Hermaphroditae vel **dioicae** aut **polygamae**. **Perianthium** sexpartitum aut sexfidum, subaequale; limbo demum evanescente. **Stamina** novem; antherae oblongae in filamentis angustis; locelli quaterni per paria unus super altero positi, antherarum trium interiorum reversi. **Staminodia** quarti ordinis vel nulla, vel subulata aut saltem minus completa. **Bacca** perianthii tubo in cupulam profundam crassamque converso truncatoque magis vel minus immersa.

Inflorescentia: **paniculata** vel **racemosa**, plerisque densa, multis etiam brevis et thyrsoidea, axillaris, in quarto subgenere **umbellulata**.

Subgenus I. *Aperiphracta*.

Hermaphroditae. **Perianthium** rotatum, sexpartitum. **Staminodia** nulla. **Paniculae** ampliores maioresque. **Flores** maiusculi, plerisque tomentosi vel sericei. (Spp. 1—8.)

Subgenus II. *Agriodaphne*.

Dioicae vel **polygamae**. **Perianthium** rotatum vel campanulatum, raro subinfundibuliforme. **Staminodia** nulla. **Bacca** cupulae profunde immersa. **Paniculae** minores vel racemuli axillares rariusve infraterminales. **Flores** parvi, glabri vel strigilosi. (Spp. 9—38.)

---

*) Ab ὄρος mons, et δάφνη laurus, Laurus montana; plures enim huius generis species montes incolunt habitumque prae se ferunt durum et rigidulum.

Subgenus III. *Ceramophora.*

Dioicae vel **polygamae**. **Perianthium** infundibuliforme rariusve rotatum. **Staminodia** quarti ordinis subulata, parva, paucis magis perfecta. Inflorescentia paniculata vel racemosa, angusta. (Spp. 39 — 59.)

Subgenus IV. *Umbellaria.*

Hermaphroditae. **Perianthium** campanulatum. **Staminodia** quarti ordinis subulata, longa. **Inflorescentia** umbellulata, involucrata. (Sp. 60.)

Adnotatio. Subgenus tertium cum secundo congruit habitu, sed distinguitur staminodiis; primum subgenus a secundo differt habitu, sed congruit characteribus plurimis, si hermaphroditismum, alioquin certo levioris habendum, in hisce haud maioris esse ponderis statuimus. Subgenus quartum cum tertio congruit habitu, differt inflorescentia, quae omnino est Tetrantherae; sed flores sunt firmi et rigiduli ut in subgenere secundo; glandulae denique subdivisionis B Ceramophorarum Adenotracheliarum sunt.

Integrum igitur proposui hoc veluti centrum Laurinarum occidentalium, in quo tironibus commodum me paravisse puto maxime, utpote quibus hanc viam ingressis ex isto grege iam vel absque floribus dignoscere quamcunque harum Laurinarum speciem in manu sit.

Subgenus I. *Aperiphracta* *).

Flores hermaphroditi **Perianthium** sexfidum, laciniis aequalibus paulo supra basin deciduis. **Stamina** fertilia novem, triplici serie posita, quorum tria interiora staminodiis binis subglobosis sessilibus ad basin stipata. **Antherae** oblongae, quadrilocellatae, valvulis totidem adscendentibus dehiscentes, locellis

*) Ab ἀπερίφρακτος, cui interiora staminodia, ovarium circumsepientia, desunt.

parallelis subaequalibus, sex exteriorum anticis, trium interiorum posticis. Staminodia quarti ordinis nulla. Stigma discoideum. Bacca perianthii tubo indurato cupuliformi, post delapsas lacinias truncato vel obtuse sexlobo basi imposita.

Inflorescentia: paniculae axillares, in aliis parvae, solitariae aut in ramulis axillaribus paniculam maiorem foliosam componentes, ramuli pauciflori basi nudi, oppositi vel alterni, tri-sexflori; pedicelli laterales omnes bractea una maiori binisque minoribus suffulti; in aliis paniculae minores ramulis brevissimis racemulosae vel thyrsoideae; in aliis maiores elongati et validi.

---

1. Oreodaphne (Aperiphracta) Spixiana N. ab E.

O. foliis ovalibus reticulatis pubescentibus, iunioribus subtus glaucis, floribus paniculatis rhachique tomentosis.

Ocotea rufotomentosa *Mart. in Herb. Bras. Monac.* (*ex parte.*)

In sylvis Capoës dictis locis montanis Serro frio Provinciae Minarum Generalium Brasiliae, Maio mense in anthesi legit de Martius.

Arbor. Rami crassiusculi, compresso-trigoni, hirtotomentosi, ferruginei; lignum durum, fuscum, sectione transversali ovato-oblonga; tubus medullaris eiusdem formae, mediocris; cortex crassus, inodorus, insipidus, subdulcis, fusco-cinerascens, lacunarum albicantium circulo lignum cingente. Cicatrices foliorum semilunares, plano-detruncatae, prominulae. Gemmae axillares parvae, terminales paulo maiores, oblongae, obtusae, compressiusculae, dense ferrugineo-tomentosae, squamis foliaceo-coriaceis arcte cohaerentibus, exterioribus ternis. Folia 5 pollices longa, duos circiter pollices lata, elliptica, utrinque acuta, coriacea, supra pubescentia, demum nitida glabrescentia in costis tomentosula, subtus glauca venoso-reticulata densius puberula, costis arcuatis prominulis*). Petioli $\frac{1}{2}$—$\frac{3}{4}$ pollicis longi, semiteretes, crassi, tomentosi, supra plani. Inflorescentia dense lanuginoso-tomentosa, ferruginea, caeterum singularis et difficilis expositu; scilicet, paniculae sunt axillares, foliorum longitudine vel longiores, terminalesque, et eae pleraeque vel a basi foliosae, vel basi aphyllae, apicem versus foliosae, hae omnes autem foliis gaudent gemmaque foliipara inter ramos duos terminales inaequales florigeros terminali, hinc potius rami quam inflorescentia dicendae. Paniculae partiales 1 — 3-pollicares, ramis inferioribus suboppositis apice 3-rarius plurifloris, reliquis alternis brevissimis unifloris. Bractea ad basin ramuli oblonga, obtusa, coriacea, ramulum (praesertim uniflorum) adaequans, tardius decidua; bracteolae laterales ad basin pedicellorum duae, lanceolatae, obtusae, paulo breviores. Pedicelli 1$\frac{1}{2}$ lineas longi, validi, apice incrassati. Perianthium 5 lineas latum, explanatum, usque ad basin 6-partitum, coriaceum, utrinque dense tomentosum, pellucido-punctatum, extus ferrugineum, intus lutescens; laciniae aequales, ovatae, obtusae, obsolete venoso-nervosae. Stamina novem, situ solito; filamenta angusta, hirtula; antherae grosse pellucido-punctatae, quadrilocellatae, locellis parallelis (exterioribus paulo magis deorsum productis) subaequalibus oblongo-cuneatis; sex exteriorum staminum antherae breviores et anticae; trium interiorum et paulo maiorum longiores et posticae. Glandulae geminatae crassae, subrotundae, in siccis scrobiculatae et corrugatae, sessiles ad basin staminum tertii ordinis. Staminodiorum quarti ordinis nulla vestigia. Pistillum totum strigilosum; stigma peltatum, trigonum.

---

*) In huius arboris foliis crescit:

Dothidea centralis N. ab E.

D. (Stigmea Fr.) epiphylla, orbiculata, subconfluens, nigra, opaca, tuberculis in centro confertis singulis pluribusve obtusis rugulosis atro-nitidis, intus concoloribus.

Diameter areae lineae unius.

2. OREODAPHNE (Apcriphracta) citrosmoides N. ab E.

O. foliis oblongo-lanceolatis utrinque attenuatis paniculisque axillaribus racemoso-compositis dense pubentibus.

Ocotea citrosmoides *Mart. in Herb. Bras. Monac. n.* 1223.

Crescit in sylvis caeduis Brasiliae prope Sabará provinciae Minarum generalium. Floret Maio. (de Martius.)

Arbor 20 — 30 pedum altitudine. Rami inferne teretes, superne angulati lateribus planis, dense velutino-tomentosi incani; lignum densum, durum, cinereum; tubus medullaris angulatus, aetate valde angustus; cortex fuscus, tenax, insipidus. Cicatrices foliorum prominentes, convexae, tomentoso-marginatae, subrotundae, adiecta cicatrice pedunculari transversali-ovali excavata margine elevato cincta. Gemmae terminales ovatae, acutae, tomentosae, squamis exterioribus 2 — 3 carinatis. Folia diverg. $^2/_5$ et $^3/_8$, approximata, 4 — $5^1/_2$ pollices longa, $1^1/_4$ — $1^1/_2$ pollices lata, oblongo-lanceolata, pleraque argute acuminata, basi cuneatim attenuata, rigidiuscula, utrinque dense pubescentia, laxe reticulata, costa nervisque costalibus subsenis apice in plexum venosum divaricatis subtus prominulis, axillis omnino eglandulosis. Petioli vix tres lineas longi, e tereti subtrigoni, supra planiusculi, subcarnosi, dense tomentosi. Paniculae ex omnium foliorum axillis, 2 — 3-pollicares, erectae ramoque subappressae, dense pubentes, rhachi angulata a basi divisa, ramis patulis superiora versus decrescentibus; inferiores rami paniculae racemosi ramulis inferis trifloris, mediis apice subcymoso-5-7-floris, tum aliis brevissimis trifloris, summis unifloris. Bracteae infra ramos oblongae, concavae, ramulorum et pedicellorum e linearibus subulatae, omnes obtusiusculae, crassiusculae, squamis gemmae conformes, deciduae. Pedicelli lineam longi, pubescentes. Flores (in nostris) hermaphrodito-masculi. Perianthium diametro $2^1/_2$ linearum, late campanulatum vel subrotatum, extus strigiloso-pubescens intus punctulato-asperulum, ultra medium sexfidum; laciniae late ovatae, obtusae, membranaceae, obsolete trinerves, glanduloso-punctatae, exteriores paulo latiores. Stamina perianthio paulo breviora; filamenta subtilissime puberula, exteriora longitudine antherarum basi angustiora, interiora linearia cum antheris suis paulo longiora; antherae sex exteriores ovatae, truncatae, introrsum quadrilocellatae, locello infero angustiori oblongo-lineari; interiores tres paulo angusiores, reversae, locellis ut in exterioribus. Glandulae geminae reniformes ad basin staminum interiorum. Pistillum longitudine staminum, glabrum, sterile; ovarium oblongum; stigma discoideum, depressum.

---

3. Oreodaphne (Aperiphracta) cuneata N. ab E.

O. foliis cuneiformibus supra glabris subtus ramulisque novellis flocculoso-pubescentibus, axillis venarum subtus porosis, paniculis folia aequantibus divaricatis rigidis, perianthii laciniis interioribus apice utrinque macula tomentosa notatis.

Laurus cuneata et nitida *Herb. Domb.*

Ad Cochero Peruviae legit Dombey. Vidi exemplum originale in Herb. Kunthiano, e Museo Parisiensi.

Ramus teres, adultior glaber, brunneus, rugosus, lenticellis plurimis magnis subrotundis elevatis pallidis cicatricibusque planis suborbiculatis variegatus. Gemmae incanae, bivalves; axillares parvae ovatae, terminalis lanceolata longa. Folia 6—7 pollices longa, 2 pollices trans medium lata, basi cuneiformia (apex folii in nostris destructus est), plana, chartacea, satis dense arcuatim reticulata, supra glabra nitida venis immersis, subtus pallidiora minutissime ferrugineo-squamulata et praeterea pube brevi rigidula inspersa, venis costalibus novenis prominulis extrorsum ramosis instructa, axillis venarum principalium et nonnullarum inferiorum ordinum poro oblongo perforatis pilisque densioribus stipatis. Petioli semipollicares, supra canaliculati et subtomentosi, subtus convexi, ad partem a folii basi decurrente marginati, sat validi. Paniculae axillares, 4—5 pollices longae, patentes. Pedunculus communis crassus, compressus, inferne lenticellatus parce puberulus, a medio divisus, hinc cum ramis et pedicellis magis puberulus; rami paniculae semipollicares, sursum decrescentes, divaricati, apice cymoso-trifidi, multiflori. Flores conferti, nutantes. Pedicelli vix linea longiores. Perianthium 1½ lin.

altum latumque, campanulatum, coriaceum, ad medium usque divisum, laciniis ovatis obtusis subtilissime pellucido-punctatis obsolete nervosis, extus et intus minutim strigilosum, praeter lacinias interiores, quae, quousque ab exterioribus in alabastro teguntur, extus densissime strigiloso-candicant, ita, ut pars superior candicans magisque depressa ac linea media magis glabra divisa ab inferiori, quae minutim strigilosa tumidiorque, angulo depresso dirimatur; basis interior laciniarum omnium contra densius strigilosa. Stamina limbo breviora; filamenta linearia, latiuscula, strigilosa, longitudine antherarum, sex exteriora basi laciniarum adhaerentia; antherae ovatae, obtusae: sex exteriores latiores, locellis quatuor ovatis acutis subaequalibus, per paria oblique uno super altero positis, introrsum dehiscentes; tres interiores angustiores, locellis extrorsum conversis, inferis longioribus angustis. Glandulae geminatae subrotundae, compressiusculae, sessiles, filamenti altitudine, stamina tria interiora a tergo obtegunt. Staminodia quarti ordinis nulla omnino. Pistillum staminibus brevius, glabrum; ovarium globosum; stylus ovario longior, gracilis; stigma capitato-trigonum, mediocre. Fructum non vidi.

Adnotatio. Memorabile, quod integumentum perianthii in ista specie, si cum Nectandris comparetur, modo omnino contrario distributum sit, ita scilicet, ut basis laciniae triangulum ostendat minus vestitum, apicis margines autem canescant, cum in Nectandris bases earum triangulo canescente notentur, apicis margines autem late glabrescant.

---

4. Oreodaphne (Aperiphracta) velutina N. ab E.

O. foliis ovalibus subtus velutinis, floribus glabris, paniculis folio brevioribus racemosis, rhachi velutina.

Ocotea velutina *Mart. in Herb. Bras. Monac.*

α. Arbor hermaphrodito-mascula et feminea; floribus maioribus, staminibus perfectis, stylo elongato, foliis concoloribus.

α*. Eadem, foliis minoribus.

In summo Brasiliae monte Itambé, iugi Serro frio Provinciae Fluminis nigri, Maio mense, (de Martius); aliis in locis Brasiliae (accuratius non indicatis) cum floribus et fructu maturo legit Sellow. (Herb. Reg. Berol. n. 1384, XCIV, et XCV. (5367) et 5928.)

β. Arbor hermaphrodito-feminea; floribus minoribus, staminibus imperfectis, antheris tribus interioribus sessilibus, ovario grosso, stylo brevi, foliis subtus glaucis.

In montosis sylvatis Brasiliae prope Taparoca praedium regionis Serro frio Provinciae Minarum generalium, (de Martius). In Brasilia tropica cum fructu maturo, (Sellow. in Herb. Reg. Berol. n. XXXIV.)

Arbor 15—20 pedum altitudine, ramis distantibus, ramulis angulatis, epidermide albo-cinerea in partibus teneris dense velutina; lignum laxum, griseum; tubus medullaris ramulorum amplus, compressus, angulatus. Cicatrices foliorum lunatae, subcordatae, scutatae, mox a limbo tumente velutino oblitteratae. Gemmae terminales grandiusculae, ovato-oblongae, compressiusculae, tomentosae, squamis exterioribus binis carinatis coriaceis semiamplectentibus; axillares breviores, obtusae. Folia diverg. $^2/_5$, intervallis inaequalibus, 4—8 pollices longa, $1^1/_4$—$2^3/_4$ pollices lata, ovalia subovata, apice paulo angustiora, basi obtusa vel acutiuscula, supra puberula viridia, subtus in forma *α*. pallidiora, in forma *β*. glaucescentia maximeque in nervis velutina, venoso-reticulata, nervis costalibus senis apice venosis. Petioli breves, crassi, semiteretes, tomentosi. Paniculae e foliorum superiorum axillis infra gemmam terminalem, pollicares, sesquipollicares, basi squamulis gemmae floralis duabus parvis deciduis stipatae, a basi fere divisae, exceptis floribus velutinae, apice racemosae pedicellis solitariis vel fasciculato-ternis geminisve, basi compositae, ramis breviusculis 5—7-floris. Rhachis angulata. Bractea caduca, lanceolata, obtusa, crassiuscula sub singula ramificatione primaria, cicatriculam prominulam relinquens; pedicellorum bracteolae brevissimae, squamiformes, fugacissimae, ut in paucis tantum inter multos flores eas invenias. Pedicelli 1—$1^1/_2$ lineas longi, pubescentes. Flores pallide virescentes. Perianthium floris hermaphrodito-masculi trium linearum diametro, campanulatum, chartaceum, tubo brevi basi puberulo, superius glabrum; laciniae subaequales, late ovatae, obtusae, 5-nerves, obsolete pellucido-punctatae. Stamina perianthii longitudine, glabra, conformia, tria interiora paulo longiora et angustiora reversa; filamenta antheris breviora; antherae oblongae, flavae, quadrilocellatae, locellis inferioribus angustioribus longioribusque lineari-oblongis; valvulae in sicco laete flavicantes. Glandulae ad basin staminum interiorum geminae, globosae, sessiles, aurantiacae. Pistillum glabrum; ovarium parvum; stylus filiformis, ovario duplo longior; stigma subglobosum. Post anthesin delapsis laciniis tubus restat perianthii limbo repando.

Arbor hermaphrodito-feminea differt a mascula: foliis basi obtusioribus subtus glaucis; paniculis minoribus minus compositis; perianthio dimidio minore; staminibus perianthio duplo brevioribus minoribus carnosulis, locellis minoribus non dehiscentibus annulo indicatis; antheris interioribus sessilibus; stylo crasso ovario vix longiore. An species propria?

Arbor fructifera altera, (var. α*.), quae probabiliter huius est speciei, foliis gaudet paulo minoribus supra glabris, ramis minus pubescentibus solis pubescentiae residuis manifestis, gemma terminali minori, squamis exterioribus pluribus conspicuis. — Pedunculi pleiocarpi. Pedicelli bilineares, crassi, subcylindrici. Cupula subexplanato-pateriformis, humilis; bacca magnitudine baccae Ribis rubri vel pisi maioris, globosa.

---

5. Oreodaphne (Aperiphracta) umbrosa N. ab E.

O. foliis oblongo-ellipticis obtuse cuspidatis subtus glaucis utrinque paniculisque decompositis tomentoso-puberulis, paniculae ramulis apice cymoso-densifloris.

Ocotea umbrosa *Mart. in Herb. Bras. Monac.*

Inter Taparoca et Tapanhoceganga Provinciae Minarum generalium locis altis sylvaticis, Maio mense cum floribus legit de Martius.

Similis est *Ocoteae opiferae*, sed facili negotio distinguenda ramis irregulariter compresso-angulatis ferrugineo-villosulis subtomentosis, foliis maioribus latioribus utrinque pube densa sub tomentosa tectis nec subtus sericeis, in acumen breve obtusum productis nec cuspidatis; paniculis a basi vel prope a basi divisis, ramis inferioribus elongatis ramulosis, reliquis brevioribus, hisque ramulisque ramorum maiorum apice cymuloso-bi-trifidis, ob ramulorum brevitatem fasciculatim multifloris, floribus nutantibus confertis; perianthio floris (hermaphrodito-masculi?) dimidio maiori late campanulato pubescenti-scabro nec tomentoso, laciniis acutiusculis.

Ab *Oreodaphne velutina* discedit foliorum forma magnitudine basique acuta et paniculis amplioribus. Varietatem tamen huius posterioris speciei esse suspicatus est cl. Martius.

Addimus descriptionem, a cl. Martio ad vivam factam.

„Arbor altitudine 10—15 pedum, ramis erectiusculis in ramulos angulosos virescentes pube subferruginea molli obsitos divisis. Folia spithamaea et pedalia (4 pollices lata), oblongo-elliptica cum acumine brevi obtuso, basi acuta, supra obscure viridia, subtus glauca, (nervis costalibus novenis prominulis) venisque flavescenti-pallidioribus, pube utrinque tenui adspersa, petiolo semitereti crasso brevi affixa. Paniculae axillares, decompositae, quam folia breviores, pedunculi communi et partialibus angulatis tomentoso-pubentibus pallide viridibus. Bracteae ramentaceae lanceolatae fuscae pubentes ad basin ramorum principalium, lineari-lanceolatae minutae nigrescentes (suboppositae) ad basin pedicellorum, utraeque deciduae (diutius tamen quam in multis aliis persistentes). Flores magnitudine florum Lauri nobilis, pallide virides, minute pubescentes. Perianthii laciniae ovatae, acutiusculae, trinerves, pellucido-punctatae, exteriores paulo latiores. Antherae ovales, sex exteriores filamentorum lateri interiori affixae, tres interiores exteriori; filamenta glabriuscula; sex exteriora breviora basin versus angustiora, tria interiora longiora, latitudine subaequalia; locelli ovales. Ovarium ovatum, in stylum quam stamina interiora paulo breviorem crassiusculum subattenuatum; stigma depresso-capitatum. Fructus deest."

Adnotatio. Verba uncis inclusa a memet addita sunt.

6. Oreodaphne (Aperiphracta) opifera N. et M.

O. foliis oblongis cuspidatis in petiolum desinentibus subtus paniculisque confertim divaricato-ramosis sericeis, bacca ovali.

Ocotea opifera *Mart. in Buchn. Repert. a.* 1830. *n.* XXXV. *p.* 179. *Féruss. Bull. des sc. nat.* 1831. *Ianv. p.* 63. *Herb. Bras. Monac.*

In sylvis Provinciae Paraënsis Brasiliae secus flumen Amazonum, Maio cum floribus; in sylvis ad Barrado do Rio negro, Japurensibus et secus flumen Amazonum Provinciae Fluminis nigri, Octobre et Decembre cum fructibus maturis, (de Martius.)

Arbor. Rami apices crassitie pennae cygneae, sulcato-quinquangulares, dense sericeo-tomentosi, incani; ligno laxo tuboque medullari amplo conformibus; cortice fusco insipido. Cicatrices foliorum magnae, ovato-scutatae, aliae semicirculares adiecta minore pedunculi oblongo-transversali concava marginata. Gemmae axillares parvae, terminales crassiores, omnes ex ovato cuspidatae, sericeo-tomentosae, bivalves. Folia diverg. $\frac{2}{5}$, grandia, speciosa, rigidula, 8—12 pollices longa, $2\frac{1}{2}$—$2\frac{3}{4}$ pollices lata, oblonga, acute cuspidata, basi cuneata, supra glabra punctulisque elevatis glandulosis dense conspersa, subtus cano-sericea, reticulata, costa media, duodenisque vel denis et ternis ramis lateralibus prominentibus, quandoque et punctis glandulosis conspicuis. Petioli semipollicares, semiteretes, supra canaliculati margine acuto, tomentoso-sericei, crassi. Paniculae axillares, rigidae, 4—5 pollices longae, pollicari-bipollicari spatio a basi divisae, supradecompositae; rhachi et ramis angulatis tomentoso-sericeis, ramis ramulisque recto angulo patentibus, ramulis inferioribus plerisque oppositis, cymoso-bis terve bifidis, divisionibus patulis brevibus rigidis, articulis cicatrisatis coniunctis. Bracteae omnium graduum conformes, magnitudine decrescente, oblongae, carinatae, caducae, sericeae, primariae alternae, reliquae subopposítae. Pedicelli semilineam longi. Perianthium lineare, campanulatum, chartaceum, extus sericeo-tomentosum, intus pubescens, intra tubum strigosum; limbi laciniae ovatae, obtusae, trinerves, dense minutimque pellucido-punctatae, aequales. Stamina perianthio breviora, subtilissime puberula vel glabra, structura et situ communi; filamenta antherarum longitudine; antherarum locelli ovali-oblongi, subaequales; trium interiorum magis laterales atque postici inferiorque in his longior et angustior. Glandulae geminatae magnae, globosae, sessiles, a latere staminum interiorum positae. Staminodiorum quarti ordinis vestigia nulla; (in uno flore inter permultos, quos dissecui, staminodii minutissimi denticuliformis hirti rudimentum me vidisse puto, sed id vix in numerum vocandum.) Pistillum longitudine staminum; ovarium lanceolatum, basi strigilosum; stylus ovarii longitudine; stigma peltatum, angulatum, umbilicatum. Post anthesin cadunt laciniae. Paniculae fructus non longiores florentibus, paulo magis rigentes, polycarpae, densae, onustae fructibus divaricatis reflexisque, glandes quercinas parvas optime referentibus, 5—6 lineas longis. Cupula perianthialis longitudine dimidiae baccae, $2^1/_2$ lineas lata, truncata, extus rugulosa. Bacca ovalis, obtusa cum mucronulo, laevis; caro eius tenuis, odorata, odore singulari subaromatico-nauseoso. Semen hylo supero, umboni parvo imposito, ad quem a basi pericarpii funiculus umbilicalis tenuis adscendit; testa chartacea; membrana interna fusca; chalaza infra hylum sita, lutea. Cotyledones figurae seminis.

Adnotatio. In Barra do Rio negro ex fructibus huius arboris destillatis oleum aethereum paratur limpidum, coloris lutei vinosi, odoris veluti si oleum Citri vetustum cum oleo Rorismarini misceas, saporis autem aromatico-acris. Recentis olei et odorem et saporem magis gratos esse cl. Martio persuasum est, se enim non nisi decem annorum eiusmodi oleum gustasse. Utuntur hoc oleo in membrorum contracturis, artium doloribus aliisque morbis huius generis, vel cum oleo pingui in unguentum mixto, vel puri eiusdem infrictione adhibita.

---

7. Oreodaphne (Aperiphracta) longifolia N. ab E.

O. foliis oblongis acuminatis in petiolum latum attenuatis subtus paniculisque elongato-ramosis sericeo-pubescentibus, bacca ovata.

Ocotea longifolia *Humb. et Kunth. Nov. Gen. et Sp. pl. II. p.* 164. *n.* 9. *Kunth. Synops. I. p.* 457. *n.* 9. *Spr. S. Veg. II. p.* 270. *n.* 40. *Willd. Herb. n.* 7789.

Crescit in saxosis inter Mariquitam Novo-Granatensium et S. Anam, alt. 500. hexap. (de Humboldt.) Fructificat Iunio.

„Arbor decemorgyalis; ramis iunioribus sulcato-angulatis fuscis puberulis. Folia alterna, petiolata, lanceolato-oblonga, acuta, basi in petiolum angustata, integerrima, margine subrevoluta, coriacea, reticulato-venosa, venis nervoque medio subtus prominentibus, glabra, nitida, subtus tenuissime pubescentia, novem- aut decempollicaria, duos et dimidium pollices lata. Petioli bipollicares, canaliculati, pubescentes. Paniculae axillares, pedunculatae, folio paullo breviores. Pedunculi subbipollicares; rami pedicellique pubescentes. Flores non vidi. Drupa ovata, calyce persistente semiinclusa. Calyx in fructu cupulaeformis, glaber, limbo integro.“

Adnotatio 1. Differt ab *Oreodaphne opifera*: foliis ratione longitudinis angustioribus lanceolato-oblongis utrinque leniter attenuatis, neque basi magis atque apice attenuatis; petiolis duplo fere crassioribus, a folii decurrentis basi ad imum fere marginatis late canaliculatis supra dense tomentosis tomento in costam folii superne adscendente, pubescentia paginae inferioris minus sericante, reti venoso multo angustiori scrobiculato; pedunculo eiusque ramis fortioribus, his longioribus alternis angulo 45° egredientibus (fructiferis racemosis); cupulis dimidio fere maioribus; bacca ovata breviori.

Adnoatio 2. In Herbario Willdenoviano specimen exstat huius arboris, memorabili fungositate tori luxurians. Eiusmodi fungositates $1\frac{1}{2}$—2 pollicum longitudine sunt, basi cylindricae, in arcum curvatae, apice irregulariter incrassatae truncataeque, in superficie areolato-rimulosae, suberosae, fuscae. Omnes fere cupulae unius inflorescentiae structurae solitae, plerisque adhuc laciniis residuis appendiculatae, tales exserebant processus, una tantummodo bacca perfecta gaudebat. Conferantur, quae supra p. 74. et 75. sub *Cinnamomo Culitlawan* in universum de his similibusque excrescentiis adnotavi. Morbosam autem eiusmodi prolem, cum hisce, praeter magnitudinem, omnino congruam, in *Nectandra cuspidata* observavi; vide supra p. 331.

SPECIES DUBIA HUIUS SUBGENERIS.

? 8. Oreodaphne (Aperiphracta) divaricata N. ab E.

O. foliis oblongis vel ovato-lanceolatis acuminatis basi acutis membranaceis dissite costulatis glabris, subtus subtiliter reticulatis glaucis, panicula laxa terminali (infraterminali) pedunculis undique divaricatis floribusque pubescenti-canis.

Laurus divaricata *Poir. Enc. méth. Suppl. III. p.* 322. *n.* 43. *Spr. S. Veg. II. p.* 266. *n.* 12.

Crescit in Cayennae insula. Herb. Desfont. Poir l. c.

Arbor dubia, quae, nisi isti generi sit adscribenda, cum *Nectandris* fors consociabitur. Distinguitur inprimis inflorescentia.

Rami glabri, teretes. Folia maiuscula, alterna, petiolata, formae nonnihil inconstantis, alia latiora ex ovato lanceolata acuminata, alia angustiora lanceolata elongata longius acuminata, omnia autem basi attenuata, glabra, supra viridi-glauca, subtus bruneo-cinerea costis distantibus subsimplicibus, reticulata subtiliterque rugulosa. Panicula florum terminalis, ampla; ramis laxis valde expansis subdichotomis rectangule patentibus. Pedicelli breves, pubescentes, laterales alterni, terminales subumbellati. Perianthium ovato-subglobosum, profunde partitum, laciniis ovatis obtusis concavis pubescenti-cinereis. Fructus non vidi. Poiret. l. c.

Ad *Oreodaphnas opiferam* et *longifoliam* accedere videtur, nisi omnino *opiferae* sit synonymon.

Subgenus II. *Agriodaphne* *).

(*Vide supra p.* 380. Ocotea *Gaertn. de Fruct. et Sem. pl. III. p.* 227. *t.* 222. (*nec Aubl.*))

Dioicae. Perianthium brevicampanulatum aut subrotatum, rarius infundibuliforme, ad medium usque aut profundius sexfidum, laciniis post anthesin aliquandiu persistentibus sed ante maturitatem fructus deciduis. Stamina novem antheris oblongis quadrilocellatis; filamentis discretis. Tria interiora basi biglandulosa. Staminodia tertii ordinis nulla. Bacca perianthii tubo incrassato, primum laciniis non mutatis patulis coronato denique his sero cadentibus truncato obsolete denticulato vel tota immersa nec nisi a vertice conspicua, vel saltem basi cupulae profundae inserta.

Inflorescentia: racemi axillares subsimplices esquamati, in paucis paniculae. (Spp. 9—38.)

A. *Angulis venarum costalium subtus porosis.* (Spp. 9—11.)

---

9. Oreodaphne (Agriodaphne) tristis.

O. foliis confertis ellipticis vel elliptico-oblongis basi acutis vel acutiusculis grosse reticulatis glabris, axillis venarum subtus porosis, racemulis basi compositis ramulisque strigilosis. *N. ab E. Laur. Sellov. in Linn. VIII. I. p.* 40. *n.* 1.

α. Oblongifolia; foliis elliptico-oblongis oblongisve utrinque obtusiusculis subtus glaucescentibus. Mas.

Ocotea tristis**) s. aenea *Mart. in Herb. Bras. Monac.*
Tetranthera racemosa *Spr. in Herb. Reg. Berol.*

---

*) Ab ἄγριος agrestis, ferus, et δάφνη: Laurus agrestis seu fera.

**) In campis tristibus, ubi animae illorum, quos amor peredit.... *Virg. Aen. VI.* 493. (Martius.)

β. Rotundifolia; foliis late ovalibus utrinque obtusiusculis subtus glaucescentibus. Femina.

γ. Concolor; foliis oblongis obtuse acutatis basi subcuneatis utrinque concoloribus nitidisque. Femina.

Var. *α*. in Serro frio Provinciae Minarum generalium Brasiliae, Maio florentem legit de Martius; in Brasilia tropica Sellow. (Herb. Reg. Berol. n. 1365. ex parte.) — Var. *β*. vidi, cum cupulis vacuis in Herb. Reg. Berol. a Sellovio lectam. — Var. *γ*. in eodem herbario, ab eodem lectam.

Frutex, *Oreodaphnae pulchellae* simillimus. Differt var. *α*. ramis divergentibus, nec per intervalla approximatis erectis, puberulis nec hirsutis; foliis paulo minoribus, basi plerumque minus coangustatis post evolutionem mox utrinque glabris, magis grossiusque reticulatis, venis costalibus (praesertim subtus) minus conspicuis citiusque venuloso-solutis, (in axillis subtus poro pertusis, supra bullula tuberculatis); racemis nonnihil maioribus basi ramo uno alterove sat longo praeditis pubescentibus nec hirsutis; pedicellis fere lineam longis, unde inflorescentia apice distincte racemosa basi subpaniculata; floribus paulo maioribus.

Var. *β*. non differt a varietate *α*. nisi foliis latioribus 15 — 16 lineas longis 7 — 9 lineas latis ovatis vel ovalibus rarius obovatis basi obtusis vel nonnihil acutis apice rotundatis frequentius autem obtuse acutatis.

Var. *γ*., quod ad folia varietati *α*. similis, differt glaucedinis paginae inferioris defectu et basi foliorum plerumque paulo magis attenuata, apice quoque magis in angulum obtusum coëunte quam rotundata.

Flos femineus masculo paulo minor est; antherarum locelli sunt imperfecti. Pistilli glabri ovarium lanceolatum in stylum brevem attenuatum; stigma latum, umbilicatum.

Adnotatio. Ab *Oreodaphne phillyreoide* varietates *α*. et *γ*. maxime distinguuntur angulis venarum subtus porosis cupulisque fructuum duplo fere maioribus.

10. Oreodaphne (Agriodaphne) rigens.

O. foliis confertis ellipticis utrinque obtusis grosse reticulatis rigidis glabris, axillis venarum costalium subtus porosis, racemulis a basi compositis ramulisque glaberrimis nitidis. *N. ab E. Laur. Sellov. in Linn. VIII.* 1. *p.* 40. *n.* 2.

α. Grandifolia.

β. Parvifolia.

Tetranthera racemosa *Spr. in Herb. Reg. Berol.* (*ex parte.*)

Varietatem *α.* in Brasilia tropica cum fructu maturo absque floribus legit Sellow. (Herb. Reg. Berol. n. 1389.) — Varietatem *β.* idem iisdem in regionibus, (l. c. n. 1365. ex parte) cum floribus.

Oreodaphnae tristi, et eius quidem *varietati β. latifoliae* adeo similis, ut coniunxissem, nisi moles partium maior et glabrities repugnare viderentur. Ramus var. *α.* digiti crassitie, rectus, strictus, subangulatus, glaber, epidermide laevissima nitente; varietatis *β.* rigidus quidem, sed minus crassus. Folia 4½—5 poll. longa 2¼ — 2½ poll. lata, var. *β.* 12—14 lineas longa 8 — 9 lineas lata, in utraque forma autem ovalia, vel ovato-elliptica, summa subrotunda, utrinque obtusa vel obtuse subcuspidulata, erecta, rigida, concoloria, utrinque (maxime tamen in pagina superiori) grosse reticulata, venis costalibus novenis validis praedita, glabra, nitida. Petioli lati, vix linea longiores. Racemi folio duplo breviores, stricti, glabri, a basi divisi ibidemque compositi, ramulis brevibus 2—3-floris, quandoque ita abbreviatis, ut pedicelli aggregati appareant; superiores pedicelli solitarii, terminales subumbellati. Flores praecedentis, sed glaberrimi. Pedunculi fructus polycarpi. Baccae pisi magnitudine, globosae, cupulae una cum pedicello 2—3 lineas longae, obconicae, glabrae.

11. Oreodaphne (Agriodaphne) pulchella.

O. foliis ex elliptico oblongis lanceolatisque arcte reticulatis supra nitidis subtus glaucescentibus ramulisque puberulis hirsutis, axillis venarum costalium subtus barbatis porosisque, paniculis thyrsoideis brevibus. *N. ab E. Laur. Sellow. in Linn. VIII.* 1. *p.* 40. *n.* 3.

Ocotea pulchella *Mart. in Herb. Bras. Monac.*

β. Sericeola; ramulis sericeo-canis nec hirsuto-tomentosis, foliis magis glabris supra nitidulis basi saepe longius attenuatis.

*β**. Foliis glaucis. (♀)

*β***. Foliis viridibus ellipticis vel oblongis, basi magis minusve attenuatis, apice semper in acumen obtusum magis minusve prominens contractis. — *Canella brava* incolarum.

Persea surinamensis *Spr. in Herb. Guenth.* (*ab ipso cl. Sprengelio datum exempl.*)

*β****. Foliis viridibus elliptico-oblongis vel oblongis obtusis, basi acutis (♀).

*β*****. Foliis viridibus supra nitidissimis ex ovato-ellipticis, basi parum acutis, apice distincte obtuseque cuspidatis.

γ. Angustifolia; foliis lanceolatis et lineari-lanceolatis, supra magis opacis, caeterum ut in var. *α.* (♂)

δ. Corniculata; glandulis geminatis cuspidatis vel in formam staminodiorum mutatis, ut in var. *β**, sed ramis tenuioribus divergenti-ramosissimis, et paniculis terminalibus confertioribus.

Inter Ypanema et Ytu in sylvis Capoës Provinciae S. Pauli Brasiliae, Ianuario et Februario mensibus (♂), et in campestribus et virgultetis prope Casa Pintada versus civitatem S. Pauli, Decembre (♀) legit de Martius. Vidi etiam in Herb. Reg. Berol. ♀, c. fl. fructuque maturo. (n. 144, 1378. III. IV. et V.)

Var. *β.* in Herb. Reg. Berol., a Sellovio lecta c. fl. — Var. *β** ♀ in Brasilia, loco incerto, var. *β*** ♂ diversis Brasiliae locis, praesertim in partibus australioribus ad Monte Video et in Paraguay, ab eodem lectae sunt (d. 1672, d. 1883, d. 1122. L, M, VII, (5109) ♂; *δ* 1760, O, I, VI, VIII, (5491) ♀; H, K, sterilis.) Var. *β**** cum praecedentibus lecta est, (II.) ♀; Var. β^{****} in Brasilia tropica cum fructu maturo. (Sellow. Herb. Reg. Berol. n. 1366.)

Var. γ. iisdem in terris, loco non adnotato, (Sellow. in Herb. Reg. Berol. n. X. ♂).

Var. δ. ☿ — ♂ inter exempla var. β^{**} cum floribus absque fructu lecta ab eodem. (Ibidem n. δ. 2084.)

Arbuscula. Rami teretiusculi, apicem versus compresso-angulati et fastigiatim ramosi hirsutique hirsutie rufescente; adultiores tomentosi et denique glabrescentes; lignum durum, densum, rufescens; tubus medullaris mox coarctatus; cortex fuscus, crassiusculus, insipidus. Cicatrices foliorum lunatae vel semicirculares. Gemmae ovato-lanceolatae, compressae, tomentosae, bivalvi-squamatae, squamis herbaceis; terminalis paulo crassior. Folia divergentia $^2/_5$, versus apicem ramulorum confertiora, $1\frac{1}{2}$ — $2\frac{1}{4}$ pollices longa, 6 — 10 lineas lata, inferiora elliptica vel ex obovato elliptica obtusa, superiora oblonga vel oblongo-lanceolata apice paulo angustiora sed et ea obtusiuscula, omnia basi acuta, rigidula, utrinque venoso-reticulata, supra puberula aetate denique glabrescentia, subtus pubescentia vel subvillosa glaucescentia; nervi costales subterni, plerique per paria approximati, venosi, axillis venarum barbatis et denique perforatis. Petioli 1 — $1\frac{1}{2}$ lineas longi, canaliculati; tomentoso-hirsuti. Pedunculi communes axillares, solitarii, $\frac{1}{2}$ — 1 pollicem longi, erecti, rufo-hirsuti, a medio fere divisi, ramis inferioribus in aliis longioribus 2 — 3-rarius plurifloris, in aliis omnibus ramis abbreviatis floresque fere spicatos exhibentibus. Squamae bracteales cito cadentes. Pedicelli semilineares. Perianthium subrotatum, patens, extus pubescens, profunde sexfidum, laciniis ovatis obtusis, basi trinervibus pellucido-punctatis tenui-chartaceis. Flores masculi: Stamina novem, vix puberula; antherae ex ovato-quadratae, obtusae, pellucido-punctatae, filamento longiores; tres interiores extrorsum dehiscentes; omnes quadrilocellatae, locellis oblique uno super altero eoque magis interiori positis ovatis subaequalibus. Glandulae ad basin trium staminum interiorum subsessiles, globosae, laterales. Pistillum glabrum, minus completum. Flores feminei tubo paulo longiori quam masculini flores conspicui, inflorescentiaque saepe paulo magis composita, differunt: staminibus imperfectis non dehiscentibus; ovario crassiori obovato; stigmate perfecto discoideo umbilicato. Peracta anthesi perianthii laciniae longum tempus persistunt immutatae. Fructus subracemosi, brevissime pedicellati, 2—4 in singulo pedunculo communi. Cupula hemisphaerica, basi conica in pedicellum attenuata primo laciniis non mutatis irregulariter appendiculata, demum illis omnino delapsis recta truncata, margine acuto. Bacca pisi grandioris volumine, subglobosa, cupulae ad dimidium immersa.

Var. β. fortassis species propria est.

Differt forma eius β* ramis strictioribus et in novella summitate non villoso-tomentosis sed sericeo-incanis.

In forma β** rami magis laxi et folia fere glabra inveniuntur; haec formae quidem solitae, sed utrinque viridia, subtus paulo pallidiora. Fructus in hac forma occurrebat glandiformis, cupula brevi obconica, bacca ovali pisi magnitudine cupula triplo longiore. In multis etiam torus fungosus in speciem fructus, quandoque formae fere communis, quandoque irregularis multoque amplioris tumescit.

Var. β*** ab exemplis formae praecedentis angustifoliis non differt nisi foliis apice rotundatis.

Var. γ. rami laxiores sunt, folia angusta arcte et scrobiculato-reticulata obtusa basi cuneata, subtus evidenter puberula et glauca, ramuli pubescenti-tomentosi ferruginei.

Var. δ. quod ad folia et integumentum var. β* simillima, differt: ramis tenuioribus divergenti-ramosissimis, paniculis circa apices ramulorum in paniculam brevem densam decompositam et supradecompositam aphyllam approximatis, floribus (☿-♂) paulo minoribus, glandulis geminatis plerisque in dentem lateralem erectum excurrentibus, vel omnino dentiformi-contractis, vel substipitatis capituloque ovato compresso fere antheram mentientibus.

Pori venarum axillares his omnibus communi characteri sunt.

Adnotatio. *Oreodaphnae pulchella* et *tristis*, utpote quibus pori venarum costalium communes sunt, summa etiam in universum similitudine ita connectuntur, ut dictu difficile sit, utrum intra suos quaeque terminos constet, an una in alteram transeat. Inter multa autem, quae vidi, utriusque speciei exempla, id discriminis semper reperi, quod *Oreodaphnes tristis* folia breviora, utrinque minus coangustata densioraque, in pagina superiori reti venarum amplo sed crasso multumque prominente sint praedita, *Oreodaphnes pulchellae* autem folia, per se quidem angustiora et in utroque fine magis conniventia, reti paginae superioris multo densiori quasi scrobiculato gaudeant; praeterea *Oreodaphne tristis* fruticulus est humilis, ramis brevioribus divaricatis vel confertis, floribus masculinis paulo brevioribus, paniculis fere glabris, fructibusque minoribus pedunculis brevioribus impositis.

B. *Axillae venarum subtus epores, nudae, vel macula tomentosa notatae.* (Spp. 12—37.)

---

12. Oreodaphne (Agriodaphne) phillyreoides N. ab E.

O. foliis confertis obovato-oblongis basi cuneiformibus grosse reticulatis glabris rigidis, subtus eporibus, thyrsulis subsimplicibus axillaribus folio brevioribus.

Cryptocarya monticola *Mart. in Herb. Bras. Monac.*
Cryptocarya dubia *Spreng. in Herb. Reg. Berol.* (*nec Humb. et Kunth.*)

In montosis arbusto consitis graminosisque Provinciae Minarum generalium Brasiliae, alt. 2800 — 3600′, fruticem hermaphrodito-femineum cum fructibus legit cl. Martius; hermaphrodito-masculum in Brasilia tropica florentem invenit Sellow. (Herb. Reg. Berol. n. 1362.)

Arbuscula, facie Phillyreae. Rami rigidi, strictiusculi, cortice fusco lenticellato-verrucoso caeterum laevi et glabro in ramulo novello strigiloso-canescente; lignum durum, rufescens. Cicatrices foliorum inaequales, subscutatae, truncatae. Gemma terminalis subulata, bisquamata, strigilosa, rarius glabra. Folia conferta, erecta, diverg. $2/5$, semi—bipollicaria, 4—7 lin. lata, oblonga (minora obovata), obtusa, basi cuneiformi in petiolum brevem decurrentia, glabra, lucida, venoso-reticulata nervis costalibus venosis quaternis obsoletis, axillis eporibus. Racemi axillares folio duplo breviores, erecti, pauciflori, iuniores strigilosi, fructiferi glabri, subopposití; inferiores bi-rarius triflori. Flores circa apicem pedunculi thyrsulum densum pauciflorum exhibentes. Pedicelli strigilosi, linea vix longiores.

Perianthii strigilosi laciniae ovatae, obtusae. **Stamina** novem, in arbuscula hermaphrodito - mascula perfecta glabriuscula, antheris quadratis, locellis ovalibus uno super altero posito, situ et distributione communi. In planta hermaphrodito-feminea imperfecta, glabra, brevia, tubi apici inserta; sex exteriora conformia, filamento brevi, anthera ovato-trigona obtusa introrsum biscrobiculata nec valvis perfectis dehiscente; tria interiora fere lineari tetragona, anthera et filamento aequalibus, illa a latere et extrorsum bisulca. **Glandulae** binae ovatae ad basin staminum interiorum, collaterales. **Staminodia** quarti ordinis nulla. **Ovarium** subglobosum, glabrum; **stylus** brevis, cylindricus; **stigma** depresso-capitatum. **Perianthium fructus** magnitudine Pimenti, obovato-subturbinatum, rugulosum, coriaceum, massa ad basin crassiori, cavo intus nitente, limbo diutius persistente patulo chartaceo, demum cadente et tubi marginem nudum truncatum plerumque incisuris sex brevibus notatum relinquente. **Bacca** grani piperis vix magnitudine, laevis, subglobosa, perianthii tubo immersa vertice tantum prominulo vel saltem conspicuo, stylo stigmateque persistentibus coronato.

? 13. Oreodaphne (Agriodaphne) mucosa N. ab E.

? O. foliis lanceolatis mucronulatis subtus ramulisque griseopubescentibus axillis venarum costalium obsoletarum eporibus, paniculis axillaribus thyrsoideis petiolo duplo longioribus.

Laurus angustifolia *Willd. Herb. n.* 7810.

Patria ignota. Vidi exempl. Herb. Willd. floribus nondum explicatis.

Speciei certae, sed loci incerti, **ramus** teres, apice angulatus, griseo-strigilosus, subsericeus; ligno duro subtili albo; medulla angusta; cortice fusco odoris foeniculacei vellicantis. **Cicatrices foliorum** prominulae, planae, truncatae, sublunatae. **Gemmae axillares** conspicuae, oblongae, bivalves, sericeo-strigilosae, incanae. **Folia** diverg. $\frac{2}{5}$ posita, 2—3 pollices longa, 8—7 lineas lata, lanceolata, minora obtusata, maiora apice attenuata acumine ipso obtuso cum mucronulo, basi acuta in petiolum $1/3$ pollicis longum canaliculatum tomentoso-canum desinentia, coriaceo-chartacea, utrinque sat dense et regulariter venoso-reticulata, iuvenilia undique adulta subtus pubescentia et canescentia, venis costalibus subnovenis parum distinctis reticulato-solutis. **Paniculae** in ramuli brevis axillaris apice gemmipari basi pleracque nudae (nondum explicatae), $1/2$—$3/4$ pollicis longae, pauciflorae, incanae. **Pedunculus communis** a medio divisus, ramulis lineam ad semilineam longis tri-bi-floris, apice simpliciter racemuloso. **Alabastrum** floris globosum, magnitudine seminis brassicae; laciniae subrotundae, interiores paulo minores. **Stamina** novem, imperfecta, antheris brevibus, hoc in statu subsessilibus, quarum tria interiora pori gemini terminalis vestigia monstrant. **Pistillum** perfectum; **ovario** globoso; **stylo** brevi. Fundus perianthii muco tenaci in fila ducibili scatet.

Adnotatio 1. *Angustifoliae* nomen mutavi, cum alia iam adesset huius generis nomine reque vera angustifolia.

Adnotatio 2. An potius *Acrodiclidii* species?

---

11. Oreodaphne (Agriodaphne) Martiana.

O. foliis oblongo-lanceolatis utrinque attenuatis reticulatis venosisque subtus pallidioribus glaucisve glabris axillis venarum costalium subtus eporibus, petiolis brevibus, racemis axillaribus et ad basin innovationum subsimplicibus, pedicellis perianthio longioribus floribusque pubescentibus, cupula fructus subglobosa verrucosa baccam totam fere tegente. *N. ab E. Laur. Sellov. in Linn. VIII. 1. p. 41. n. 4.*

Ocotea daphnoides *Mart. in Herb. Bras. Monac.*

β. **Latifolia**; foliis oblongis.

In alpinis, Serra da Caraça dictis Provinciae Minarum generalium Brasiliae, Martio mense cum floribus, (de Martius.) — Var. *β.* in Brasilia loco non notato, cum floribus fructuque maturo, (Sellow in Herb. Reg. Berol. (XIV 5735), XV. XXXII.)

Frutex 6—10 pedalis, glaber, ramis patentibus. Quod ad folia et racemulos haud absimilis *Oreodaphnae nutanti*, sed e ramulis glabris glaucescentibus et floribus erectis facilis distinctu. Ramuli angulati, per intervalla foliosi atque floriferi, iuveniles rore glauco inspersi glabri; lignum laxiusculum, lutescens; tubus medullaris mediocris, angulatus; cortex subfuscus, crassiusculus, insipidus. Cicatrices foliorum late cordatae, truncatae. Gemmae lanceolatae, acuminatae, ancipites, apice strigiloso-ciliatae. Folia diverg. $\frac{2}{5}$ posita, conferta, 3—$3\frac{1}{4}$ pollices longa, 7—10 lineas lata, oblongo-lanceolata, in acumen obtusiusculum attenuata, basi subcuneata, in petiolum $\frac{1}{4}$ pollicis vix longitudine canaliculatum subtus convexum glabrum crassum decurrentia, glabra, subtiliter reticulata, subtus (iuniora praesertim) glaucescentia, in aliis concoloria sed paulo pallidiora, venis costalibus 6—9 parium exarata. Racemi e foliorum superiorum angulis, nonnunquam ad innovationum basin magis conferti, subcorymbosi basique nudi, 1—$2\frac{1}{2}$ pollices (cum pedunculo compresso glabro a medio, vel ubi racemus compositus est, a basi diviso) longi, erecti, pauciflori, alii simplices, nonnulli inferne ramulo uno alterove cymulifloro praediti. Pedicelli duas lineas longi, erecto-patuli, pubescenti-cani. Flores albi, extus et intus subtiliter puberuli, chartacei. Perianthium (femineum) rotatum, 3 lineas latum, patens; tubus brevis; laciniae late ovatae, obtusae, pellucido-punctatae, exteriores paulo angustiores subuninerves, interiores venuloso-trinerves. Stamina glabra, punctulato-scabra; sex exteriora breviora, antheris ovato-subquadratis longitudine filamenti, scrobiculis loco locellorum quaternis ovatis, uno super altero posito, introrsum spectantibus; tria interiora longiora, filamento antheram a latere et extrorsum dehiscentem superante, basi dilatato et paulo supra basin utrinque glandulam subglobosam sessilem ferente. Staminodia quarti ordinis nulla, in multis autem processus filiformis hirtulus loco unius eorum, sed nunquam plures eiusmodi obvii sunt. Pistillum lageniforme glabrum, ovario subgloboso, stylo brevi, stigmate discoideo angulato saepe cernuo. Fructus pauci in pedunculo perficiuntur. Pedicelli fructus incrassati. Cupula magnitudine cerasi, globosa, rigida, glabriuscula, rugulosa, verrucis multis planis pallidioribus obsita, ore integro contracto detruncato. Bacca ovato-subglobosa, mucronata, cupulae usque ad verticem fere immersa.

Varietas β. distinguitur foliis latioribus 4—4½ pollices longis 1¼—1½ pollices latis subtus concoloribus, pedunculis pedicellisque longioribus. An species distincta?

---

15. Oreodaphne (Agriodaphne) Poeppigiana N. ab E.

O. foliis obovato-oblongis brevi-obtuseque cuspidatis basi cuneiformibus leviter dense reticulatis concoloribus glabris axillis costarum subtus eporibus, petiolis longiusculis, paniculis axillaribus et infraterminalibus folio brevioribus divaricatis pubescenti-scabris, floribus in apicibus ramulorum aggregatis nutantibus canescentibus, fructu....

Ad Yurinaguas, Prov. Maynas, Poeppig n. 2435.

Accedit ad *Oreodaphnes Martianae var. β.*, sed differt: foliis maioribus latioribus, 6 pollices longis apicem versus 2—2¼ pollices latis, basin versus magis attenuatis cuspide brevi obtusa abrupte producta praeditis opacis obscure viridibus, petiolis longioribus (8 lineas longis); floribus paniculatis, pedunculo communi ramisque scabro-pubescentibus, his patentissimis; floribus in apice brevipedicellatis, saepe subagglomeratis, incano-puberulis paulo maioribus. — Antherae omnes conformes, rectangulae, filamenta glabriuscula aequantes, locellis subaequalibus oblongis. Glandulae ad basin staminum interiorum grandes, globosae, sessiles. Pistillum angustum, imperfectum. Paniculae circiter 3 pollices longae, in nostro specimine nutantes, ob ramos ab inferioribus valde decrescentes patentesque pyramidales, canescentes, floribus grandiusculis ornatae hanc speciem a confinibus bene distinguunt.

---

16. Oreodaphne (Agriodaphne) nitidula.

O. foliis lanceolatis oblongisve basi attenuatis glabris subtilissime punctulato-reticulatis supra laevigatis nitidis axillis venarum costalium cporibus, petiolis brevibus, racemulis axillaribus et ad basin innovationum spiciformibus paucifloris, floribus erectis pedicellisque glabris. *N. ab E. Laur. Sellov. in Linn. VIII.* 1. *p.* 41. *n.* 5.

α. Foliis lanceolatis basi cuneatis.

Ocotea nitidula var. angustifolia *Mart. in Herb. Brasil. Monac.*

β. Foliis oblongo-cuneiformibus obtuse subcuspidatis supra nitidis, petiolis 4 lineas longis.

γ. Foliis oblongo-cuneiformibus obtuse subcuspidatis opacis, petiolis ½ pollicem longis.

Laurus pauciflora *Schlechtend. patr. in Herb. Reg. Berol.*

In editis iugi Serro frio dicti ad Tapanhoacanga Provinciae Minarum generalium Brasiliae, primo flore, (de Martius). Var. *β.* in Brasilia loco non indicato, cum cupulis, (Sellow in Herb. Reg. Berol. XII. et XIII.) Var. *γ.* absque patriae notitia in Herb. Reg. Berol.

Ab affinibus, scil. *Oreodaphne Martiana*, *Poeppigiana*, *angustifolia* et *nutante*, foliis in supina pagina lucidis utrinque laevibus pedicellisque fere glabris distinguitur.

Arbor 20 — 30 pedum altitudine, coma ovato-globosa. Rami adultiores teretiusculi, iuveniles sulcato-angulosi, pruinosi, omnino glabri, albidi, per intervalla ramosi; tubus medullaris mediocris. Cicatrices foliorum prominulae, truncatae, lunatae vel scutatae, adiecta saepe cicatrice pedunculi concava transversali. Gemmae bivalves, squamis apice subulatis barbatis; terminalis basi composita. Folia conferta, rigidula, 3 — 4 pollices longa, 8 — 10 lineas lata, ex oblongo lanceolata vel lanceolata, superiora apicem versus modice coangustata acumine obtusiusculo, basi cuneiformi-attenuata, in petiolum ¼ pollicis longum depresso-canaliculatum purpureum decurrentia, glabra, supra laevigata et nitida, subtus pallidiora obsolete reticulata nervisque costalibus parum prominulis venosis 9 — 10-nis praedita; folia inferiora minora sunt, obtusa, vel apice retusa. Pedunculi communes e foliorum superiorum angulis et ad basin innovationum ex axilla squamae ovato-lanceolatae acuminatae apice ciliatae caducae, vix pollicares, glabri, a medio apiceve racemosi, pauciflori; axillares ad speciem basi compositi, revera autem cum aliis minoribus ramuli brevissimi apici innascentes. Bracteae ovato-attenuatae, membranaceae, ciliatae, pallidae, caducae, sub flore singulo singulae. Pedicelli brevissimi, vix semilineares, unde flores subspicati, glabri vel pube rarissima inspersi. Flores $1\frac{1}{2}$—2 lineas lati, glabri, chartacei, albi. Tubus perianthii brevis; laciniae ovatae, obtusae, obsolete pellucido-punctatae basique nervoso-venosae, margine subtilissime puberulae. Stamina (floris ♂) glabra, exteriora breviora; antherae 6 exteriores ovatae obtusae locellis anticis ovalibus aequalibus uno super altero posito; tres interiores truncatae in filamento cuneiformi, locello altero laterali posticoque oblongo, altero in angulo superiori minori. Glandulae geminatae compressae, subrotundae, erectae, sessiles. Staminodia quarti ordinis nulla; ovarium angustum; stylus strigosus; stigma latum, angulatum. Cupulae fructus in pedicello brevi lato-obconicae, glabrae, 4—5 lineas latae, laciniis nonnullis residuis appendiculatae, margine oblique acutato subcrenulato. Fructus desunt.

Var. *β.* et *γ.*, quae forsan species diversae, nisi et *Aydendri* generis, gaudent ramulis basi strigoso-sericeis. In var. *γ.* cupulae minores sunt. (Vide supra p. 232.)

---

17. Oreodaphne (Agriodaphne) exaltata N. ab E.

O. foliis ovalibus obtuse acutatis basique acutis glabris subcoriaceis subtus pallidis axillis venarum costalium eporibus, paniculis ex axillis foliorum superiorum corymbosis folia aequantibus ramulisque glabris, bacca ovali perianthii tubo urceolato laevi semitecta.

Laurus exaltata *Swartz. Prodr. Fl. Ind. occ. p.* 65. *Fl. Ind. occ. II. p.* 702. *Willd. Sp. pl. II.* 1. *p.* 481. *n.* 16. *Pers. Synops. I. p.* 449. *n.* 19. *Poir. Enc. méth. Suppl. III. p.* 319. *n.* 32.

Persea exaltata *Spr. S. Veg. II. p.* 268. *n.* 12. (*excl. syn.* Ocotea turbacensis *Kunth.*)

Frequens in sylvis Iamaicae occidentalis; Swartz.

„Arbor excelsa. Truncus altissimus omnium huius generis, strictissimus, teres, cortice fusco sublaevi. Rami terminales, erectiusculi, laeves; ramulis minoribus saepe cicatricatis ex foliis deciduis, subflexuosis. Folia petiolata, alterna, lanceolato-ovata, acuminata apice obtuso, integra, nervosa, venosa, coriaceo-membranacea, glaberrima, nitida, saturate fusco-viridia, subtus pallidiora, circiter 3-pollicaria. Petioli semunciales, planiusculi, glabri. Racemi ex axillis foliorum terminalium, illis longitudine aequales, numerosi, compositi, corymbosi, ramulis compressiusculis subdivisis glabris; floribus pedicellatis parvis albis. Calyx corollinus, 6-partitus, persistens; laciniis ovatis obtusis concavis patulis plerumque deciduis. Filamenta 9, tria interiora, sex exteriora; antherae apice oblongae, 4-loculares, 4-valves. Glandulae minutissimae, luteae ad basin filamentorum. Germen ovatum; stylus subulatus, brevis; stigma obtusum. Drupa ovalis, glabra, calyci persistenti urceolato glabro ad dimidium insidens, monosperma."

„Observatio. Arbor, quam *Timber-Sweetwood* dicunt Iamaicenses, inter praestantissimas aestimatur pro usu domestico, aedificiis etc. Ligno duro, recenti flavo. Ceterae species ob mollitiem fere omnes inutiles. Primo intuitu dignoscitur in sylvis altitudine, colore corticis et foliis saturate viridibus nitentibus." *Swartz l. c.*

Adnotatio. Ab *Oreodaphne nitidula* differt: altitudine arboris, petiolis longioribus, inflorescentia magis composita.

---

18. Oreodaphne (Agriodaphne) indecora N. ab E.

O. foliis oblongo-lanceolatis basi attenuatis glabris laxe venulosis membranaceis axillis venarum costalium subtus eporibus nudis, racemulis ad basin innovationum subsimplicibus paucifloris floribusque patentibus glabris.

Persea indecora *Schott. in Spr. Cur. post. ad S. Veg. p.* 405. *n.* 27.

Patria Brasilia; Schott. Vidi exemplum originale.

Ramus arboris coram est flexuosus, crassitie pennae anserinae, teres, glaber, griseus, rugosus, Graphidibus aliarumque Lichenum thallis variegatus, apice subfasciculato - ramosus, aphyllus. Ramuli glabri, subangulosi, foliosi, iam fusci et pallide lenticellati, summis apicibus substrigilosis. Cortex rami adultioris fuscus, sat crassus, odoris haud ingrati, saporis acris et amaricantis; lignum pallidum, densum; tubus medullaris angustus. Cicatrices foliorum tumidulae, scutiformes, planae, umbonulo V-formi. Gemma terminalis lanceolato-subulata, griseo-strigilosa. Folia circa ramorum apices magis conferta, diverg. $^2/_5$ posita, 3 pollices longa, 10 lineas lata, oblongo-lanceolata, in acumen obtusum obliquumque producta, basi cuneiformia, glabra, membranacea, utrinque concoloria, pallide viridia, laxe leviterque reticulata, reti in superiori pagina minus etiam conspicuo, venis costalibus ramosis subnovenis tenuibus subtus nonnihil prominulis, axillis integris nudisque. Petioli vix tres lineas longi, glabri, subtus convexi, supra canaliculati, acute marginati. Racemuli ad basin innovationum revera nudi, ad speciem ex foliorum supremorum angulis nascentes, glabri, simplices rariusve cymulosi, pedunculo gracili pone medium denique florigero. Flores albidi, (?) in sicco nigrescentes. Pedicelli fere lineam longi. Perianthium rotatum tubo breviter-turbinato, utrinque a glandulis subcutaneis pellucidis tumidulis asperulum, $2^1/_2$ lineas latum; laciniae ovatae, obtusae, membranaceae, uninerves. Antherae limbo breviores; sex exteriores subsessiles, glabrae, ovatae, compressae, obtusae, locellis quaternis (binis utrinque) subrotundis uno super altero positis ab apice remotis introrsum dehiscentes, valvulis luteis; tres interiores subquadratae, reversae, dorso scabrae, locellis quaternis oblongis extrorsum dehiscentes, filamento anthera breviori (distincto tamen) basi dilatato sublatae. Glandulae geminatae magnae, subglobosae, in basi dilatata filamenti sessiles, usque ad mediam antheram pertingentes, siccae corrugatae. Staminodia quarti ordinis nulla. Pistillum altitudine staminum, glabrum; ovarium obovatum; stylus crassus, ovario duplo brevior; stigma subtrigonum. Fructum non vidi. Laciniae perianthii statim post anthesin in floribus nonnullis solvi videbantur.

Adnotatio. Cum *Mespilodaphnes* genere conveniunt ramificatio, odor et sapor corticis etsi sit debilior, foliorum teneritas, florum siccorum crispatura aliqua; sed desunt omnino staminodia, et laciniae (ut iam diximus) ante tempus caduut neque coronulae formam in fructu semimaturo induunt.

---

19. Oreodaphne (Agriodaphne) pauciflora N. ab E.

O. foliis ovali-oblongis basi cuneatis glabris abrupte angusteque cuspidatis cuspide longa obtusa axillis venarum costalium subtus eporibus, racemulis in ramulo axillari parvis paucifloris.

Ad Egam, iuxta flumen Amazonum; Poeppig. ♂.

Accedit ad *Oreodaphnen indecoram*, a qua differt: foliis minoribus latioribus et exquisite cuspidatis, cum *Oreodaphnes indecorae* folia potius acuminata dicenda sint quam cuspidata. Quod ad folia magis propinqua videtur *Oreodaphnae dispersae*. In ista autem paniculae magis sunt compositae, neque foliorum figura omnino congruit.

Ramus adultus teres striatus, novelli ramuli angulati setulis parcis conspersi, in nostro specimine subopposili fastigiati. Gemma terminalis subulata, cano-strigilosa. Folia circiter tres pollices longa et unum pollicem lata, cuneata, in petiolum mediocrem teretiusculum canaliculatum glabrum decurrentia, apice rotundato-contracta et denique in cuspidem 4—5 lineas longam linearem obtusam producta, plana, chartacea, glabra, subtus punctata, leviter et laxe reticulata venisque costalibus tenuibus quinis senisve, ad axillas haud impressis, praedita. Racemuli simplices (in nostro), axillares aut ex ramulo brevissimo axillari nascentes, $\frac{1}{2}$—1 pollicem longi, erecti, glabri, 5—8-flori. Pedicelli reflexi. Flores glabri, formae omnino et structurae eiusdem ac in *Oreodaphne indecora*, nonnihil minores, masculi. Laciniae perianthii oblongae, crassiusculae, obtusae. Antherae sex exteriores subsessiles, ovatae, glabrae, locellis omnino ut in *Oreodaphne in-*

decora; interiores tres filamentis longioribus in dorso (centro adverso) sursum barbatis. Glandulae ad eorum basin grandes, globosae. Staminodiorum nec pistilli vestigia ulla.

Adnotatio. An *Oreodaphnes indecorae* arbor mascula?

---

20. Oreodaphne (Agriodaphne) lancifolia.

O. foliis oblongo-lanceolatis utrinque acutis laeviusculis subtus canescentibus glabris axillis venarum costalium subtus eporibus, petiolis brevibus, racemis axillaribus terminalibusque confertis contractis ramulisque canescenti-puberulis.

Persea lancifolia *Schott. in Spr. Cur. post. p.* 405. *n.* 26.
Ocotea subacris *Mart. in Herb. Bras. Monac.*

In Montibus, Serra da Caraça dictis, Provinciae Minarum generalium, Aprili et Maio largis floribus onustam legit de Martius; aliis in locis Brasiliae cl. Schott, teste exemplo originali.

Frutex, *Oreodaphnes Martianae* habitu, sed insigniter differens: ramis rigidioribus, iunioribus pube canescente circa apices sericante conspersis, cortice crassiore subacri, ligno duro, tubo medullari angusto, foliis rigidioribus brevioribus et ratione longitudinis latioribus $1\frac{3}{4}$—$2\frac{1}{2}$ pollices longis $\frac{1}{2}$—$\frac{3}{4}$ pollicis latis, inferioribus ex oblongo ellipticis obtusis basi acutis, superioribus oblongo-lanceolatis utrinque aequo modo angustatis, apice attamen obtusis, supra laevibus, subtus minutim obiterque reticulatis venisque costalibus subsenis parum conspicuis praeditis, petiolis brevioribus crassioribus pubescentibus (semiteretibus supra planis trisulcis), racemis denique axillaribus compositis rariusve simplicibus contractis in inflorescentiam terminalem pyramidalem pubescentem transeuntibus. Scilicet ramuli axillares angulati, pubescentes, 2—1 pollices longi, e superiorum foliorum omni axilla nascentes, basi foliosi frequentius tamen squamatim-denudati, a basi fere colligunt pedunculos $\frac{1}{2}$—$\frac{1}{4}$ pollicis longos a medio vel a basi inde simpliciter racemosos paucifloros quandoque apice cymuloso-3-5-floros; quod ubi fit, ramus abit in racemum compositum apice subsimplicem, donec circa rami communis summitatem racemi simplices, ex axillis foliorum nascentes, inflorescentiam angusto cacumine claudunt. Flores in racemulo partiali 3—6—8, apicem versus conferti, pubescenti-cani. Pedicelli vix semilinea longiores. Perianthium (floris feminei) subrotatum, duas lineas latum; tubus obconicus, brevis; laciniae obtusae, patentes, obsolete pellucido-punctatae, utrinque pubescenti-strigosulae, albae; exteriores ovatae trinerves, interiores oblongae paulo angustiores subuninerves. Stamina perianthio duplo breviora, in femineo flore imperfecta, glabra, glanduloso-subexasperata; antherae ovatae, obtusae, longitudine filamentorum in exterioribus angustorum; locelli foveolis quaternis ovalibus situ solito indicati; staminum tertii ordinis antherae paulo magis sublatae, angustiores, dorso canaliculatae, extrorsum foveolatae, locelli superioris foveola minori. Glandulae geminatae ad basin horum staminum globosae, sessiles, filamenti altitudine. Staminodia quarti ordinis nulla. Pistillum crassum, lageniforme, strigosum; ovarium late ovatum; stylus brevis, crassus, trigonus; stigma discoideum, subtriangulare. Fructum maturum non vidi. Laciniae perianthii post anthesin non statim solvuntur, sed valde iam ingrossato ovario perstant.

---

21. Oreodaphne (Agriodaphne) floribunda N. ab E.

O. foliis oblongo-lanceolatis obtuse cuspidatis basi acutis utrinque reticulatis concoloribus glabris axillis venarum costalium subtus eporibus, petiolis brevibus, racemis axillaribus brevibus simplicibus in terminalem nudum transeuntibus confertis substrigilosis, ramis glabris.

Persea floribunda *Schott. in Spr. Cur. post. in S. Veg. p.* 405. *n.* 22. (*excl. syn.* Perseae Bofo.)

Crescit in Brasilia; Schott. Vidi exemplum originale.

Aegre ab *Oreodaphne lancifolia* verbis distingues, etiamsi, cum ante oculos imago versetur, haud multo negotio distinguatur. Differt autem ab hac: ramulis, nisi novellorum summitatem respicias, glabris; foliis multo evidentius reticulatis subtus viridibus nec canis, maioribus, $3\frac{1}{2}$—4 pollices longis $1\frac{1}{4}$ pollices latis, obtusis vel brevissime obtuseque cuspidulatis, basi acutis nec cuneiformi-attenuatis; racemulis axillaribus omnibus a basi florigeris, rhachi glabriuscula, pedicellis solis perianthiisque sparse strigilosis, in racemum terminalem nudum compositum abeuntibus, quo fit, ut ramuli racemo composito basi folioso coronati esse videantur.

Ab *Oreodaphne Martiana*, cui foliorum reti conspicuo magis convenire videtur, differt ramis glabris, foliis nec subtus glaucescentibus nec basi cuneiformibus, racemis brevioribus a basi floriferis pedicellisque brevioribus.

Adnotatio. Cum *Persea Bofo* Spr., quae nobis *Oreodaphne (Ceramocarpia) Bofo*, parum convenit ista species.

---

22. Oreodaphne (Agriodaphne) Willdenoviana N. ab E.

O. foliis oblongis utrinque subacutatis reticulatis venosisque concoloribus glabris axillis venarum costalium subtus eporibus nudis, petiolis brevibus, paniculis axillaribus floribusque in ramulis subcapitatis pubescentibus, fructu....

? Laurus exaltata *Willd. Herb. n.* 7782. (*nec Swartz.*)

Incertae patriae arbor, cuius exemplum sat perfectum, a cl. Rudolphi Willdenovio datum, non sine dubitationis signo *Lauri exaltatae* nomine ab isto inscriptum est.

Similis quidem, praesertim quod ad folia, *Oreodaphnes Martianae var. β. latifoliae*, sed differt evidenter inflorescentia. Racemi $1\frac{1}{2}$—4 pollices longi, axillares, alii folia sua fere aequant, alii iisdem duplo sunt breviores. Pedunculus crassiusculus, angulatus, inferne fere glaber, inter ramos (una cum iisdem) subtiliter sparsimque pubescens, a medio circiter divisus. Rami racemi distantes, patuli, plerique alterni, ab uno pollice ad $\frac{1}{4}$ pollicis decrescentes, omnes apice tantum florigeri, floribus cymuloso-subcapitatis 7-5-3-nis, summis solitariis. Pedicelli vix lineam longi, puberuli. Flores (hermaphrodito-masculi) rotati, iis dictae speciei maxime similes, subtilissime pubescenti-scabri, albi, patentes; laciniae subaequales, ovatae, concavae; exteriores venoso-trinerves, interiores, quae paulo maiores, quinquenerves. Stamina perfecta, conformia, perianthii longitudine; filamenta antherarum longitudine, scabriuscula; antherae ovato-quadratae, locellis quaternis ovalibus aequalibus, binis utrinque uno super altero positis. Glandulae geminatae globosae. Staminodia quarti ordinis nulla. Pistillum scabriusculum; ovarium a stylo vix distinguendum, valde imperfectum; stigma latum, discoideum, obtuse trigonum.

---

23. Oreodaphne (Agriodaphne) Leucoxylon N. ab E.

O. foliis oblongo-ellipticis acumine obtuso glabris coriaceis laevibus nitidis axillis venarum costalium subtus eporibus nudis, petiolis brevibus acute canaliculatis, paniculis axillaribus folio subbrevioribus glabris, pedicellis brevibus floribusque in ramulorum paniculae apice aggregatis scabriusculis, laciniis perianthii ovatis acutis.

Laurus Leucoxylon *Swartz. Prodr. Fl. Ind. occ. p.* 65. *Fl. Ind. occ. II. p.* 711. *Willd. Sp. pl. II.* 1. *p.* 483. *n.* 24.

Persea Leucoxylon *Spr. S. Veg. II. p.* 268. *n.* 14.

Laurus, foliis venosis ovatis, fructu maiori, calycibus tumidis laciniis reflexis. *Browne Hist. Jam. p.* 214.?

Lauri species. *Wydler Portoric. n.* 196. *in Herb. Reg. Berol.*

Crescit in sylvis montium Iamaicae, (Swartz); ad Portorico, (Wydler). Vidi specimen in Herb. Reg. Berol.

Hanc veram *Laurum Leucoxylon Swartzii* esse existimo, congruunt enim in eam plurima descriptionis Swartzianae. Ab *Oreodaphne Willdenoviana*, cui similis, differt: foliis maioribus, laevibus nec reticulatis, supra obscure lucidis, basi non attenuatis; paniculis fere glabris, magis compositis ramis brevioribus, pedicellis paulo longioribus; floribus minoribus patentissimis laciniis ovatis.

Rami angulati, albido-cinerei, glabri; tubus medullaris amplus; lignum album, leve. Folia 6—9 pollices longa, 2¼—3 pollices lata, ex elliptico-oblonga, apice magis minusve attenuata acumine autem semper obtuso, basi obtusa vel breviter acutata, crasse coriacea, glabra, supra laevia et obscure viridi-nitida, venis costalibus novenis haud multum prominulis, reti interiecto laxo obsoleto. Petioli semipollicares, glabri, crassiusculi, subteretes, supra profunde canaliculati marginibus argutis. Paniculae axillares, 3—7 pollices longae, erectae, strictae, decompositae et supradecompositae, proxime a basi divisae, glabrae, divisionibus superioribus pedicellisque minutissime scabris. Pedunculus communis et eius rami compressi; rami inferiores oppositi, ut omnes ramificationes patentes, apicem versus regulariter decrescentes. Flores in ramulorum apicibus subcapitatim aggregati. Pedicelli circiter lineam longi, crassiusculi. Perianthium rotatum, lineam latum, chartaceum, subtilissime scabridum, profunde sexpartitum, laciniis ovatis apicem versus angustioribus quidem, nec vero, ut habet Swartzius, acutis. Stamina limbo perianthii breviora; filamenta glabra, scabriuscula, longitudine antherarum; antherae sex exteriores subquadratae, tres interiores lineari-oblongae, omnes quadrilocellatae, locellis ovato-subrotundis, per paria sibi superpositis; sex exteriorum introrsum, trium interiorum extrorsum conversis. Glandulae geminatae ad basin staminum trium interiorum subglobosae, angulatae, in stipitem brevem contractae. Staminodia quarti ordinis nulla. Pistillum (in arbore hermaphrodito-mascula) fere filiforme, ovario vix inflato, stigmate autem crassiusculo. Fructum non vidi.

Adnotatio. *Laurus parviflora Sw.* quod ad descriptionem nostrae haud mediocriter convenit, sed differt: laciniis perianthii subrotundis erecto-patulis, antheris oblongis, tum foliis „vix nervosis vel venosis“, quae nostrae saltem venis costalibus haud ita obliteratis gaudent, etiamsi rete venosum valde tenue sit folioque immersum.

24. Oreodaphne (Agriodaphne) Martiniana N. ab E.

O. foliis oblongis utrinque attenuatis glabris reticulatis axillis venarum costalium subtus eporibus nudis, petiolis brevibus supra planis, paniculis axillaribus petiolo duplo longioribus petiolisque strigiloso-tomentosis, perianthii laciniis oblongis obtusis.

Laurus borbonia (Laurier rouge) *var. γ. Lam. Enc. méth. III. p.* 450.

Patria Guiana Gallica, S. Domingo, (Martin). Vidi in Herb. Kunth. specimen Herb. Mus. Paris., a Martino adlatum.

Similis *Oreodaphnae Leucoxylo*, a qua distinguitur his praesertim notis: Rami teretes, pulveraceo-subtomentosi. Folia 6—9 pollices longa, 2—2½ pollices lata, basi multo magis acuta, membranaceo-chartacea, utrinque evidenter sed laxe reticulata, pallide viridia, venis costalibus subsenis subtus evidenter prominulis praedita. Petioli pulverulento-subtomentosi, supra plani vel obsolete canaliculati, tomento in costae folii paginam superiorem adscendente. Paniculae axillares, ad summum pollicares, thyrsoideae, rhachi ramisque tomentulo strigiloso ferrugineo tectis. (Flores et in hac ad ramulorum apices subcapitatim vel glomeratim aggregati). Perianthii laciniae oblongae, obtusae, distantes. — Pistillum glabrum; ovarium subrotundo-ovatum; stylus longitudine fere ovarii; stigma dilatatum.

---

25. Oreodaphne (Agriodaphne) parviflora N. ab E.

O. foliis oblongo-ellipticis acuminatis acumine obtuso glabris laevibus opacis membranaceis axillis venarum costalium subtus eporibus, petiolis brevibus supra planiusculis, paniculis axillaribus terminalibusque prope a basi divisis folio brevioribus glabris, floribus longiuscule pedicellatis laciniis subrotundis.

Laurus parviflora *Swartz. Fl. Ind. occ. II. p.* 717. *Willd. Sp. pl. II.* 1. *p.* 483. *n.* 27. *Pers. Synops. I. p.* 449. *n.* 31. *Poir. Enc. méth. Suppl. III. p.* 321. *n.* 38.

Persea parviflora *Spr. S. Veg. II. p.* 270. *n.* 37.

Habitat in montibus Iamaicae; Swartz.

„Arbor. Rami erecti, cortice cinereo; ramulis teretibus superne angulatis, glabris. Folia petiolata, alterna, oblonga, elliptica, acuminata apice obtuso, integra, vix nervosa vel venosa, utrinque glabra nec nitida, membranacea, fere pedalia. Petioli breves, crassi, tereti-plani. Racemi axillares et terminales, foliis breviores, erecti, conferti, compositi, subpaniculati (inprimis terminales): pedunculis communibus brevibus compressis glabris, ramulis approximatis alternis oppositisque compressis subdivisis, superne sensim brevioribus, floribus plerumque terminalibus numerosis parvis albidis. Calyx 6-partitus; laciniae subrotundae, concavae, semipatentes. Stamina novem; antherae minutae, oblongae, 4-loculares. Glandulae minutissimae ad basin filamentorum. Germen... Stylus brevis, acutus; stigma acutum. Fructus...“

„Observatio. Quoad figuram foliorum et racemorum *Lauro Leucoxylo* simillima, flores vero in *L. parviflora* pedicellis longioribus, laciniis calycinis rotundatis concavis, nec acutis subreflexis. Fructu, vel figura drupae, quam adhuc ignoramus, magis forte differunt.“ *Swartz l. c.*

Adnotatio. Species dubia, quam etiamsi ipse non viderim, ab affinibus tamen huius generis speciebus non modo satis distinctam puto, sed alius fortassis generis esse suspicor.

---

26. Oreodaphne (Agriodaphne) thymelaeoides.

O. foliis oblique lanceolatis basi cuneiformibus glabris glaucis concoloribus, axillis venarum costalium subtus eporibus, petiolis brevibus planis, paniculis infraterminalibus laxis, pedicellis floribusque pubescentibus, ramis angulatis. *N. ab E. Laur. Sellov. in Linn. VIII. 1. p. 42. n. 6.*

Ocotea daphnoides *Mart. in Herb. Bras. Monac.* (*ex parte.*)

In iugo Serro frio Provinciae Minarum generalium Brasiliae, Maio mense arborem masculam observavit cl. Martius; ad ripas fluminis, Rio das mortes pequenho dicti, die 8. Maii a. 1819, (Sellow in Herb. Reg. Berol.)

Similis quidem in pluribus *Oreodaphnae Martianae*, sed probabiliter distincta est species, e floribus laxius paniculatis foliisque angustioribus in petiolos alatos attenuatis minus acutatis undique glaucis distinguenda.

Rami epidermide glabra viridi in summitatibus pruinosa tecti, angulosi, fastigiato-ramosi; ligno pallido laxiusculo; tubo medullari angulato mediocri; cortice pallide fusco insipido. Cicatrices foliorum angustae, lunate. Gemmae terminales basi compositae, subovatae, quadrivalves, squamis carinatis aequalibus apice strigoso-sericeis; axillares quoque gemmae quadrivalves sunt, sed breviores magisque obtusae. Folia diverg. $^2/_5$ et $^3/_8$ posita, $1^1/_2$ — 4 pollices longa, 6 — 12 lineas lata, lanceolata et pleraque subfalcata, apice parum attenuata obtusaque, nonnulla apice magis attenuata acumine tamen obtuso, basi cuneata et in petiolum 3 — 4 lineas longum depresso-planum attenuata, rigidula, glabra, glauca, concoloria, subtus paulo pallidiora, subtiliter obiterque reticulata, venis costalibus subsenis subtilibus vel obsoletis. Pedunculi infra gemmam terminalem approximati, 3 — 6, subcorymbosi, 2 — $2^1/_2$ pollices longi, a medio vel propius a basi divisi, compresso-angulati, glabri, apicem versus puberuli, in aliis etiam laterales. Bracteae ovatae, obtusae, sericeae, caducae; bracteolae minores; ramuli paniculae inferiores $^1/_2$ — $^1/_4$ pollicis longi, patentes, subumbellato-3-quinqueflori, pedicello medio longiori. Pedicelli pubescentes, 1 — $1^1/_2$ lineas longi, versus apicem paniculae singuli racemum simplicem constituentes; non raro etiam inflorescentia pure racemosa evadit, pedicellis omnibus simplicibus. Perianthia magnitudine perianthiorum *Oreodaphnes Martianae*, similisque structurae, magis campanulata, extus strigoso-sericantia. Stamina aequalia; antherae dorso granulato-exasperatae; 6 exteriores ovato-subquadratae, tres interiores quadrangulares; locelli ovati, perfecti, subaequales. Pistillum perfectum (?). Fructus deest.

Adnotatio. In hac specie flores occurrunt staminodii unius vel alterius quarti ordinis vestigiis, eiusque modo subulati glabri, modo paulo magis evoluti et capitati.

---

27. Oreodaphne (Agriodaphne) angustifolia N. ab E.

O. foliis lanceolatis acuminatis supra laevibus glaucescentibus subtus venoso-penninervibus subtilissime appresso-puberulis pallidioribus axillis venarum subtus eporibus, petiolis canaliculatis, panicula terminali decomposita rigida pedicellis floribusque strigiloso-tomentosis, ramis sulcatis.

Persea angustifolia *Schott. in Spr. Cur. post. in S. Veg. p.* 405. *n.* 23. (*excl. syn.* Perseae psychotrioidis.)

Crescit in Brasilia, (Schott). Vidi exemplum originale, floribus hermaphroditis absque fructu.

Primo quidem adspectu proxima videtur *Oreodaphnae thymelaeoïdi*, sed differt maxime ramis profunde-ramulis leviter quinquesulcatis, tomentulo strigiloso subferrugineo circa apices praesertim conspicuo vestitis, ligno cinereo, tubo medullari amplissimo; foliis quo angustioribus eo magis acuminatis acumine angusto acutiusculo, chartaceis, supra laevissimis glabris sola costa media conspicua prominula ferrugineo-subpubescente, subtus etiam vix evidenter reticulatis at vero venis costalibus 7—9-nis tenuibus prominulis praeditis et pube brevissima nudo oculo inconspicua adpressa canescente sparsim vestitis paulo pallidioribus; peduuculis (in nostris paniculam terminalem subfastigiatam construentibus) crassioribus tomento denso strigiloso vestitis; floribus extus magis sericantibus paulo maioribus. In nostris, quae hermaphrodito-masculis floribus gaudere videntur, pistillum ovario praeditum est oblongo, stylo brevi, stigmateque crasso trigono.

Observatio. Huius speciminis folia pleraque in superficie superiori punctis nigris *Dothideae* cuiusdam epiphyllae absque ordine conspersa sunt.

28. Oreodaphne (Agriodaphne) acutifolia.

O. foliis lanceolatis argute acuminatis basique acutis glabris subtiliter reticulatis supra nitidis axillis venarum costalium subtus eporibus nudis, petiolis longis, paniculis ad basin ramorum et innovationum angustis glabris scabriusculisve. *N. ab E. Laur. Sellow. in Linn. VIII.* 1. *p.* 42. *n.* 7.

β. Latifolia; foliis maioribus latioribusque.

Myrtus dioeca *Spr. in Herb. Reg. Berol. et probabiliter S. Veg. II. p.* 486. *n.* 113. (*sed minime Lin.*)

γ. Prolifera; panicula terminali corymbosa ramosissima flexuosa purpurea, ramis ramulisque bracteolis parvis ovatis squamiformibus squarroso-patulis gemmulisque ramulorum loco perianthiorum instructis, foliis angustis.

In Brasilia australi, in Monte Video et in Paraguay, ad Estrella de Victoriano, in ripa Fluminis Nigri prope Bagé et ad S. José do Uruguay legit Sellow; in Buenos Ayres, (Herb. Arnott.) Nomen apud incolas: *Parana Laurel* et *Laurel blanco.* Vidi exempla plura Herbarii Reg. Berol. (♂. 271, 830, 905, 4675, et 5263) et Arnottiani. — Var. *β.* in Brasilia tropica cum floribus, (Sellow ibid. n. 1382.) — Var. *γ.* ad Paraná fluvium provinciae Buenos Ayres. Vidi specimen in Herbario Arnottiano.

Inter species confines facile distinguitur foliis exquisite acuminatis acumine acutissimo, et petiolis longioribus, minus a lamina decurrente alatis una cum costa rubicundis.

Rami sunt ramosissimi, teretes, epidermide verruculosa glabra; novelli angulati, et in summo apice cum gemmis, praesertim ubi pars rami vel innovationis super inflorescentiam procurrit, strigiloso-sericantes; lignum molle, subtile, cinerascens; tubus medullaris angustus. Folia cum petiolo 2¼—4 (in ramulis luxuriantibus 4—5) pollices longa, 6—11 (in maioribus 10—14) lineas lata, alia lanceolata, alia oblongo-lanceolata, pleraque argute acuminata, basi acuta, margine tenui cartilagineo pellucido cincta, chartaceo-coriacea, rigidula, glabra, subtiliter reticulata, supra laete viridia nitida, subtus pallidiora, venis costalibus 6—9-nis tenuibus, costa media lata at depressa rubicunda. Petioli 7—9 lineas longi, lineares, supra plani basique canaliculati, subtus carinati, glabri, rufescentes. Pedunculi communes, ad basin innovationum vel ramorum orti, $1\frac{1}{2}$ — 2 pollices longi, a medio divisi, compressi, glabri, ante gemmae evolutionem fasciculum panicularum axillarem vel terminalem exhibent, dein, gemma evoluta foliisque defluentibus, circa basin nudi aggregantur. Ramuli paniculae breves, distantes, duas vel tres lineas longi, bi-triflori, summi uniflori, glabri. Pedicelli glabri, vix linea longiores. Perianthium $2\frac{1}{2}$ lineas latum, rotatum, glabrum, chartaceo-membranaceum, una cum antheris pellucido-punctatum; laciniae limbi ovatae, obtusae, subtrinerves. Stamina perianthium subaequantia; antherae quadratae, locellis ovatis. Glandulae geminatae globosae, substipitatae. Ovarium ovatum vel oblongum et stylus glabra; stigma dilatatum, discoideum. Pedunculi fructus axillares, pollicares, glabri, angulati, apice vestigiis ramulorum paucisque fructibus praediti. Pedicelli 2 — $2\frac{1}{2}$ lineas longi, incrassati; cupulae cernuae, hemisphaericae, integrae, glabrae. Bacca ovata, 5 — 6 lineas longa.

Var. γ. monstrositas est singularis, quales et ex aliis ordinibus (v. c. *Ochnearum*) his terris indigenis coram habeo.

Adnotatio. Ramus sterilis probabiliter eiusdem arboris, in Herbario Regio Berolinensi sub n. 4627 servatur, compressior reliquis et foliis nonnullis minus acuminatis abludens.

---

29. Oreodaphne (Agriodaphne) notata.

O. foliis ovalibus cuspidatis reticulatis glabris axillis venarum costalium subtus eporibus albo-tomentosis, petiolis longis, paniculis axillaribus scabris, floribus in ramulorum paniculae apicibus subglomeratis. *N. ab. E. Laur. Sellov. in Linn. VIII. 1. p. 42. n. 8.*

Laurus hexandra *Spr. in Herb. Reg. Berol.* (*nec Swartzii.*)

In Brasilia tropica, (Sellow in Herb. Reg. Berol. n. 432.) Vidi exempla arboris masculae.

Differt ab *Oreodaphne acutifolia:* foliis latioribus cuspide brevi praeditis nec acuminatis, subtus in axillis tomentosis nec glabris; ab *Oreodaphne dispersa:* foliis latioribus in axillis venarum costalium tomentosis, floribusque maioribus.

Rami compresso-angulati, glabri (iuniores pulverulento-tomentosuli), subfastigiatim patenti-ramulosi. Folia patentia, 3—3½ pollices longa, 12 — 14 lineas lata, ovalia, in petiolum trigonum acute marginatum acuta basi decurrentia, cuspidata cuspide mediocri angusta obtusa, membranaceo-chartacea, concoloria, reticulata, venis costalibus 4—6-nis tenuibus praedita, glabra, subtus macula parva tomentoso-alba in axillis venarum inferiorum notata. Petioli circiter semipollicares, glabri vel subsericei. Pedunculi communes 1 — 1½ pollices longi, axillares, pubescenti-scabri, a medio vel paulo superius divisi; ramuli pauci (5 — 6), approximati, patuli, a 3 — 4 linearum longitudine decrescentes, apice cymuloso-7-5-3-flori, floribus ob breves eorum pedicellos subcapitatis. Perianthium (floris masculi) glabrum, glanduloso-punctatum, rotatum, album, duarum linearum diametro. Filamenta glabriuscula, antheris subquadratis breviora; locelli ovati, subaequales, unus super altero positus, interiorum staminum extrorsum spectantes. Glandulae geminatae globosae, sessiles. Staminodia quarti ordinis nulla. Pistilli rudimentum subulatum, glabrum, tubi altitudine. Femina latet.

---

30. Oreodaphne (Agriodaphne) nutans N. ab E.

O. foliis lanceolatis vel oblongo-lanceolatis reticulatis venosisque glabris concoloribus axillis venarum subtus eporibus, floribus femineis post anthesin nutantibus.

β. Sylvestris; ramis foliisque maioribus crassioribus, racemis circa apices congestis plurifloris rigidis.

In campis Provinciae St. Pauli Brasiliae, Ianuario arborem femineam var. α. modo defloratam invenit cl. Martius. — Var. β. in sylvis, Capoës dictis, ad Tapanhoacanga in iugo montium Serro frio Provinciae Minarum generalium, Maio in anthesi, (idem.)

Ramus nobis est teretiusculus, glaber, Lichenum thallis variegatus, novellis ramulorum apicibus angulatis et puberulis. Gemma terminalis subulata, bisquamata, strigoso-cana. Folia conferta, 2½ — 3 pollices longa, 7 — 8 lineas lata, lanceolata, apice magis quam basi attenuata, acuta vel etiam acumine obtusato, in petiolum brevem crassum semitereti-canaliculatum desinentia, subcomplicata, chartaceo-rigida, glabra, iuniora subtus ad costam puberula, venoso-reticulata nervisque costalibus pluribus venosis parum distinctis praedita. Racemi axillares, folio breviores, puberuli, haud procul a basi 6—10-flori. Flores in nostris plurimi iam deflorati; superiores, vel unus saltem subterminalis in singulo pedunculo communi foecundi, cernui vel nutantes, alterni. Pedicelli 1½ lineas longi, rigiduli, puberuli, apice modice incrassati. Perianthium vix lineam longum, campanulatum, defloratum ovale, increscens, laciniis rigidulis primum obtuse conniventibus demum erecto-dehiscentibus; tubus obconicus, intus hirtus; laciniae ovatae, acutiusculae, uninerves, grosse pellucido-punctatae, intus glabrae. Stamina omnino ut in *Oreodaphne phillyreoide*; filamenta basi hirtula; antherae interiores obtuse et subcompresso-pyramidales, utrinque evidenter bifoveolatae. Pistillum ut in dicta specie; stigma discoideo-obtusangulum. Fructum maturum non vidi.

Specimen varietatis β. arboris hermaphrodito-femineae ramus esse videtur luxurians, crassus, angulatus, circa apices plurigemmis, fracta autem subito vi evolutionis, quo factum est, ut racemi, caeteroquin axillares, iam in ipso apice collecti congregatique persistant, nonnulli etiam gemmis adhuc inclusi, incompleti, squamis bractealibus ovatis cuspidatis strigoso-tomentosis flores adhuc tegentibus. Haec si excipias, non differt a communi forma, nisi rigiditate et magnitudine. Folia 4 pollices longa, 1¼ pollices lata, grossius reticulata; petioli crassiores marginibus canaliculi acutioribus, pedunculi et rhaches racemorum, caeteroquin non longiorum, duplo crassiores et rigidiores, plerisque floribus adhuc praesentibus, pedicellis inferioribus bifloris, perianthiis paulo latioribus.

31. Oreodaphne (Agriodaphne) glauca.

O. foliis oblongo-ellipticis longe obtuseque cuspidatis basi acutis reticulatis venosisque glabris supra glaucis axillis venarum costalium subtus eporibus, paniculis axillaribus folio multo brevioribus paucifloris scabris. *N. ab E. Laur. Sellov. in Linn. VIII. 1. p. 42. n. 9.*

Myginda brasiliensis *Spr. S. Veg. II. p. 496. n. 1. (ad exemplum originale.) De C. Prodr. II. p. 13. n. 11. (inter dubias ex Spreng.)*

Rhamnus integrifolia De C., coriaceus Brouss. *Spreng. in Herb. Reg. Berol. (minime autem auctorum citatorum.)*

In Brasilia tropica, ineunte anthesi marem legit Sellow. (Herb. Reg. Berol. n. 434.) Arboris hermaphrodito-femineae specimen vidi in Herb. Schottiano.

Rami laxi, haud crassi, glabri, etiam iuveniles teretes et fere glabri, epidermide fuscescente, lenticellis prominulis rimatis verruculosi, frondosi, adultiores cicatricibus foliorum et lenticellis tumentibus quasi nodulosi; lignum durum, quercino simile; tubus medullaris mediocris; cortex pallidus. Cicatrices foliorum semicirculares, planae. Gemma terminalis in nostris (tempore primorum florum quiescens) parva, subulata, sericans. Ramuli basi aphylli, apice foliis 3—6 (saepe tantum 3—4) approximatis. Folia 3—6 poll. longa, 1—2 poll. lata, ex ovali oblonga, in cuspidem conspicuam sed obtusam producta, basi acuta in petiolum bi-trilinearem crassum canaliculatum glabrum desinentia, subcoriacea, glabra, utrinque reticulata glauca, subtus pallidiora venis costalibus novenis parum conspicuis reliquе venuloso implexis, axillis venarum integris. Paniculae (thyrsoideae) axillares, $\frac{1}{2}$—1 pollicem longae, pleraeque a basi fere, vel saltem infra medium, divisae, ramificationibus maximeque pedicellis strigiloso-scabris; ramuli pauci, inferiores longiores, plerique triflori, medii brevissimi, ut pedicelli subfasciculati appareant, tum superiores denique pedicelli solitarii magisque conferti. Squamae bracteales oblongae, obtusae, pedicelli longitudine, sericeae, membranaceae. Pedicelli lineam 1—$\frac{1}{2}$ longi. Flores plerumque cernui. Perianthium vix linea latius, chartaceo-membranaceum, turbinato-campanulatum, extus et intus subtiliter nec admodum dense strigilosum, glanduloso-punctatum, exasperatum; tubus limbo brevior, obconicus; limbi laciniae ovatae, obtusae, concavae, uninerves, grosse pellucido-punctatae. **Stamina** limbo breviora, glabra, tria interiora paulo altiora; filamenta antheris breviora; antherae subquadratae; sex exteriores introrsum dehiscentes quadrilocellatae, locellis ovatis subaequalibus uno super altero posito, superiori marginem antherae superiorem attingente; tres interiores reversae, angustiores, locello infero lineari. **Glandulae geminatae** dorsales, sessiles, compressae. **Staminodia** quarti ordinis nulla. **Pistilli** vestigia in **floribus masculis**, quos examinavi, nulla. **Flores hermaphrodito-feminei** in diversa arbore masculinis similes; **stamina** explicata sed antheris non dehiscentibus praedita. **Pistillum** staminibus longius, glabrum; **ovarium** ovatum; **stylus** crassus, ovario brevior; **stigma** latum, discoideum, angulatum. **Tubus perianthii** foecundati tumet obovatus, verruculis griseis variegatus, laciniis diu persistentibus erectis coronatus, clauditque ab initio fructum iuvenilem. Maturum fructum non vidi, sed increscentem, calyce tum temporis magnitudine pisi.

? 32. Oreodaphne (Agriodaphne) cernua N. ab E.

O. foliis oblongo-ellipticis ovalibusve aliis obtusis aliis in cuspidem angustam obtusamque productis glabris reticulatis supra nitidis subglaucescentibus chartaceis axillis venarum costalium eporibus, petiolis brevibus trigonis supra planis, paniculis axillaribus et infra gemmam terminalem nudis gracilibus glabris a medio divisis, floribus longiuscule pedicellatis nutantibus subinfundibuliformibus laciniis ovalibus, cupulis crassis cum pedicello suo infundibuliformibus nutantibusque.

Laurus nutans *Hornem in Herb. Endlich.*
Laurus. *Sieber Fl. Martinic. n.* 106. *et Fl. mixt. n.* 384. (*fructifera*); *tum Fl. mixt. n.* 395. (*ante anthesin et probabiliter mascula.*)

Quod ad habitum accedit *Oreodaphnis parviflorae*, et magis etiam *glaucae*, sed differt ab his, sicuti ab omnibus huius subgeneris, floribus angustis fere infundibuliformibus, paniculisque gracilibus, tamen rigidulis, glabris et nitidulis.

Ramuli novelli cum ipsis gemmis glabri (gemma tamen saepe et sericante), angulati. **Folia** diverg. $\frac{2}{4}$ posita, 4—5 poll.

longa, 1¼—1½ pollices lata, oblongo-ovalia, alia fere oblonga, basi breviacutata, apice alia obtusa, alia in cuspidem angustam obtusamque producta, chartacea, utrinque laxe at evidenter reticulata, supra nitidissima, subtus pallidiora, costa latiuscula depressa, venis costalibus subsenis distantibus citra margines tenui arcuatoque plexu coniunctis et ramulis suis reticulo implexis. Paniculae axillares, aliae autem infra apicem nudae cicatricula lunari suffultae, 2—2½ pollices longae, a medio ramificatae. Pedunculus communis et eius rami graciles, glabri; rami breves, patentes, suboppositi alternive, inferiores plerique trifidi, medio ramulo trifloro lateralibus unifloris, reliqui triuniflori. Pedicelli ante anthesin reflexi, 2 lineas longi, apice incrassati, cum perianthio glabri. Perianthium vix lineam altum, ex infundibuli forma campanulatum, ad medium fere sexfidum, laciniis ovali-subrotundis obtusis crassis glanduloso-punctatis opacis. Stamina novem; filamenta brevia, hirta; antherae sex exteriores ovatae, introrsum quadrilocellatae, locellis aequalibus ovali-subrotundis uno super altero posito; tres interiores lineari-oblongae, subsessiles, reversae, ad basin dorsalem glandulis gemminis sessilibus stipatae. Staminodia quarti ordinis nulla. Faux perianthii glabra. Pistillum glabrum, ovario oblongo aut lanceolato inaequilatero in stylum brevem attenuato; stigmate depresso-capitato. Cupulae fructus paucae in panicula, cum pedicello crasso semiunciales eoque accedente infundibuliformes, crassae, glabrae, rugulosae, limbi integri obtusi diametro 2½ linearum. Fructum non vidi.

Adnotatio 1. Specimina florifera Florae Martinicensis l. c. masculae arboris esse videntur.

Adnotatio 2. *Leptodaphne tenuiflora*, cui primo adspectu haud absimilem esse censeres, differt non modo staminibus tertii ordinis perfectis, sed etiam inflorescentia validiore nutante, pedicellis praesertim duplo crassioribus, laciniisque perianthii obtusis, nec acutis.

53. Oreodaphne (Agriodaphne) terminalis N. ab E.

O. foliis obovato-oblongis obtuse cuspidatis obtusisve basi cuneatis leviter reticulatis venosisque glabris concoloribus, axillis venarum costalium subtus eporibus, paniculis in ramis terminalibus divaricatis decompositis glabris, floribus longe pedicellatis.

Tocache, Peruviae, cum *Evonymodaphne armeniaca*, (Poeppig n. 1861.)

Inter confines distincta paniculis terminalibus ramorum brevibus divaricatis, sive potius paniculis racemosis patentissimis ad ramorum apices aphyllos in formam paniculae collectis. Accedit quodammodo ad *Oreodaphnen cernuam*, sed folia tenuiora sunt nec glauca.

Rami laeves, teretes, medulla alba, cortice tenui, epidermide fusca striata glabra. Ramuli patentes, apice 1—2-phylli. Gemmae in apice paniculorum parvae, incano-strigosae. Folia $3\frac{1}{2}$—4 pollices longa, trans medium circiter 14 lineas lata, basi acutata, apice vario, modo fere rotundato, modo brevi obtusoque, modo longiori angustiorique sed et hoc angusta cuspide terminato, glabra, chartacea, viridia subtus paulo pallidiora, subquintuplinervia, scil. venis costalibus quidem quinis senisve, at harum infimis quatuor per paria approximatis magis conspicuis acutiorique angulo nervo coniunctis, reliquis debilioribus. Petioli 3 lineas longi, teretiusculi, glabri, supra canaliculati. Ramuli apice (quousque florent) griseo-hirti, cum racemis partialibus paniculam brevi-pyramidalem 1—2 pollices altam et basi tum 3—4 pollices latam exhibentes. Racemi partiales 1—$1\frac{1}{2}$—2 pollices longi, recto angulo patentes, graciles, glabri, $\frac{1}{4}$ fere a basi florentes; ramuli racemi breves, divaricati, plerique apice triflori, quandoque inferiorum unus longior paulo inferius pari florum praeditus; sequuntur flores fasciculato-terni geminive, denique ad apicem alterni. Pedicelli $1\frac{1}{4}$—$1\frac{1}{2}$ lineas longi, patentissimi, graciles, glabri. Flores (♂) vix linea latiores, subcampanulati, glabri, usque ad medium 6-fidi, laciniis erectis ovatis obtusis pellucido-punctatis rigidulis siccitate margine involutis. Stamina glabra, antheris sex exterioribus filamento longioribus subquadratis locellis subrotundis, tribus interioribus angustioribus filamenta aequantibus extrorsum quadrilocellatis locellis angustioribus. Glandulae geminatae ad horum staminum basin magnae, globosae, sessiles. Staminodia quarti ordinis nulla. Pistillum nullum. Florem femineum non vidi.

34. OREODAPHNE (Agriodaphne) dispersa.

O. foliis oblongis obtuse-anguste-cuspidatis laxe reticulatis membranaceis glabris axillis venarum costalium subtus eporibus, petiolis brevibus, ramis paniculisque axillaribus parvis laxe compositis strigiloso-incanis. *N. ab E. Laur. Sellov. in Linn. VIII. 1. p. 43. n. 10.*

In Herb. Bras. Monac. absque nomine occurrit, a cl. Martio in Brasilia lecta: arbor hermaphrodito-feminea. Arbor hermaphrodita, vel hermaphrodito-mascula, in Brasilia tropica a Sellovio lecta, exstat in Herb. Reg. Berol. n. 1381. et a cl. Poeppig ad Yurimaguas Prov. Maynas inventa, (n. 2364.). Pure mascula autem in eodem Herbario, a Sellovio lecta, (n. XLIX, 5800.)

Rami laxi. Folia tenuia, membranaceo-chartacea, basi acuta, apice evidenter cuspidato-contracto cuspide angusta tamen obtusa, glabra vel subtus in costa venulisque tantummodo pubescenti-scabra, nitida, nervis seu venis costalilbus 5—6-nis axillis integris nec porosis neque supra tumidulis praedita. Petioli 1/4 pollicis longi, semiteretes. Paniculae axillares, a basi fere ramosae, pollicares, ramis inferioribus magis elongatis trifidis vel racemosis, mediis plerisque tri-bifloris erectiusculis, floribus vix lineam diametro aequantibus. Flores hermaphrodito-masculi vel hermaphroditi rotati, duas lineas lati, laciniis ovatis obtusis, staminibus omnino ut in affinibus; pistillo sat completo. Feminei floris laciniae oblongae, obtusae, uninerves; stamina imperfecta, exteriora sex antheris ovatis, filamento brevi scabriusculo, locellis indistinctis; antheris trium interiorum subsessilibus angustioribus basi biglandulosis utrinque bifoveolatis. Pistillum perfectum. — Flores in exemplis femineis nostris, igne fortiori exsiccatis, rigidi, a pedicello facile, annulo integro relicto, solvuntur.

Adnotatio 1. In hermaphrodita vel hermaphrodito-masculina arbore foliorum nervi costales paulo magis, ac in feminea, ubi debiliores sunt, prominent, et utraque superficies paulo magis nitet; ramuli in uno exemplo fere glabri, paucissimis strigulis circa apices adspersi sunt; reliqua omnino ut in feminea.

In altero exemplo Herbarii Regii Berolinensis, floribus pure masculis praedito, nervi costales foliorum (opacorum) non solum magis prominent, sed inferiores etiam angulo magis acuto prodeunt; ramuli iuveniles et paniculae densius strigilosa apparent; omnis autem hic ramus rigidior multisque Muscis Iungermanniis Lichenibusque parasitis onustus.

A d n o t a t i o 2. Species est suspecta, ad *Camphoromocam venosam* foliorum structura multum accedens, sed f l o r u m indole et distributione diversa; igitur non nisi fructu denique observato stabilienda.

---

55. Oreodaphne (Agriodaphne) commutata N. ab E.

O. foliis oblongis acuminatis glabris axillis nervorum costalium subtus eporibus glabris, petiolis brevibus, racemis axillaribus ad basin bi-tripartitis apicem versus subsimplicibus folio brevioribus scabriusculis.

Ajovea guianensis *Herb. Kunth. e Museo Reg. Parisiensi, a Martino missa.*

Inter congeneres distinguitur r a m i s laxis, f o l i i s longis, r a c e m i s gracilibus; sed florum structuram omnino eandem, quam in reliquis, invenimus.

R a m i teretes, laxi, striati, glabri, iuveniles ad axillas compressi et subangulati; tubus medullaris amplus. G e m m a e parvae, substrigilosae. F o l i a aequidistantia, 7—8 pollices longa, 2 pollices lata, oblonga, in acumen angustum obtusiusculum attenuata, basi acutiuscula in petiolum bilinearem teretiusculum canaliculatum desinentia, membranacea, glabra, obsolete et laxe reticulata, venis costalibus senis, septenisve parum prominulis nec multum divisis praedita, utrinque concoloria, costa lata subtus subcarinata. R a c e m i axillares, 4—6 pollices longi, incurvi, plerique prope a basi trifidi ramis rhachique media elongatis setulis exiguis scabris, iisque nunc fere simpliciter racemosis, nunc compositis, tum vero ramulis brevibus distantibus, inferioribus vix semipollicaribus trifidis, reliquis brevioribus trifloris, summis denique omnium unifloris. P e d i c e l l i lineam longi, scabri. F l o r e s nutantes, lineam longi et lati, campanulati, a medio divisi, albidi, extus undique subtilissime pubescenti-scabri, intus, praeter fauces et terga staminum interiorum, quae strigilosa, glabra. Laciniae perianthii ovatae, obtusae, uninerves, grosse pellucido-punctatae; tres interiores paulo angustiores. Stamina perfecta novem, perianthio paulo breviora; filamenta plana, latitudine et altitudine antherarum; antherae ovatae, obtusae, quadrilocellatae, locellis inferis ovatis, superis orbiculatis minoribus; valvulis luteis. Glandulae geminatae ad basin staminum interiorum subglobosae, sessiles. Staminodia nulla. Pistillum altitudine staminum, glabrum; ovarium in stylum crassum parum angustiorem conico-attenuatum; stigma trigonum.

Observatio. *Ajovea Guianensis* Aubl. I. t. 120. sane haud absimilis nostrae *Oreodaphnae commutatae*, quod ad folia attinet; sed differunt: inflorescentia pedunculata evidentius paniculata, florum structura omnino diversissima, scil. quibus stamina sunt sex filamentis longis antheris bilocellatis, fructus denique a perianthio persistente sexlobo calyculati. A Martino quidem proficiscuntur exempla Kunthiana, sed in his potius erravisse Martinum, quam pictorem mentitum esse statuendum.

---

36. Oreodaphne (Agriodaphne) variabilis N. ab E.

O. foliis oblongo-ellipticis obtusiusculis laevibus glabris in ramulis decrescentibus subsessilibus sericantibus axillis venarum costalium subtus eporibus, racemis in ramis microphyllis simplicibus vel basi divisis pubescentibus.

Ocotea variabilis *Mart. in Herb. Bras. Monac.*

In campestribus altis iugi montium Serro frio Minarum generalium Brasiliae, Maio mense cum floribus legit cl. Martius.

Species haec inter reliquas facillime dignoscitur e foliis ramulorum decrescendo diminutis, quo fit, ut ramuli rigidi paniculas decompositas foliolosas exhibeant.

Arbor. Rami densi, ramosissimi, inferne teretes glabri spongioloso-rimulosi lenticellisque parvis suborbiculatis elevatis pallidis inspersi, apicem versus angulosi et minutim puberuli subincani; lignum durum, grossiusculum, pallide rufescens; tubus medullaris angustus, denique oblitteratus; cortex crassus, fuscus, insipidus. Cicatrices foliorum lunatae vel semicirculares. Gemma terminalis ovato-lanceolata, tomentoso-sericea, squamis herbaceis acutis 4 — 6 externe conspicuis, exterioribus brevioribus. Folia conferta, diverg. $^2/_5$ posita, valde diversiformia; rami inferiora 3 — $3^1/_2$ pollices longa, 10 — 11 lineas lata, ovalia vel oblongo-ovalia, acumine brevi obtuso praedita, basi acuta in petiolum 1 — $1^1/_2$ lineas longum depresso-planum subtus convexum glabrescentem desinentia; ramulorum folia ovalia, obtusa cum mucrone, basi in petioli sericantis cuneiformis speciem attenuata et subsessilia, 1 — $^1/_4$ pollicis longa, minora denique subrotunda utrinque subsericea; cuncta folia autem rigidula, laevia, subtus glaucescentia, ramulis costalibus subtilibus venulosis 6 — 9-nis, in adultioribus maioribusque foliis glabris, in minoribus inter flores sitis subtilissime sericantibus. Pedunculi circiter pollicares, a medio fere divisi, pubescentes, ramis inferioribus tri-superioribus unifloris, squamis bractealibus cadentibus nudi, axillares, sed quoniam rami stricti foliis gaudent brevibus sensimque magis diminutis paniculisque brevioribus, ipsi rami panicularum decompositarum foliolisque inspersarum acquirunt speciem abeuntque, sensim contractis cum foliorum diminutione paniculis partialibus, in apicem panicularem, ramulis 3-unifloris basi nudis. Pedicelli 1 — 2 lineas longi, pubescenti-cani. Perianthium chartaceum, sericeum, rotatum, patens; laciniis subaequalibus ovatis obtusis pellucido-punctatis 3 — 5-nervibus, intus albido-subtomentosis. Stamina glabra, interiora longiora. Antherae subquadratae, obtusae, filamenta aequantes; interiores truncatae, reliquae introrsum, hae extrorsum dehiscentes, locellis subaequalibus oblongis, superioribus magis interioribus. Glandulae binae sessiles ad basin staminum interiorum, globosae, subcompressae. Staminodia quarti ordinis nulla. Ovarium angustum; stylus longitudine staminum interiorum, pubescens; stigma discoideum. Post anthesin cito rectaque linea dissolutae cadunt laciniae. Fructus magis adultus desideratur.

37. Oreodaphne (Agriodaphne) Adenotrachelium N. ab E.

O. foliis oblongis exquisite acuminatis reticulatis glabris basi angusta rotundatis subcordatis axillis venarum costalium subtus eporibus, thyrsulis (♂) axillaribus brevibus compactis ramisque apice strigiloso-hirtis, glandulis geminatis maximis stamina tria interiora amplectentibus.

Ad Ega, iuxta Flumen Amazonum, (Poeppig, n. 2560.) Arbor feminea ignota.

Quod ad flores et inflorescentiam *Oreodaphnen polyantham* refert, eidemque, si genus *Adenotrachelium* condimus, est consocianda, sed singulari foliorum forma haud mediocriter differt.

Arbor? Rami graciles, angulati, tomentulo pulverulento-strigiloso ferrugineo in adultiori parte evanescente vestiti; cortex tenuis, fuscus; lignum cinerascens; tubus medullaris amplus, pentagonus. Cicatrices foliorum prominentes, planae, suborbiculares. Gemmae acutae, dense ferrugineo-strigilosae. Folia diverg. $^2/_5$, 6—9 pollices longa, $1^3/_4$—$2^1/_4$ pollices lata, oblonga, in acumen argutum extenuata, basin versus minus coangustata ipsa basi obtusa et nonnihil retusa, plana, chartacea, utrinque evidenter et eleganter reticulata, viridia, concoloria, glabra, venis costalibus subtus prominulis curvis arcubusque costalibus coniunctis, costa media subtus prominente. Petiolus 2—3 lineas longus, crassiusculus, teres, parce rufo-strigilosus, supra anguste canaliculatus. Paniculae (♂) axillares, densae, oblongae, pollicares circiter, in angulis foliorum superiorum. Pedunculus communis rigidulus, dense strigiloso-hirtus, $^1/_4$ a basi divisus, subtrifidus, ramis lateralibus brevioribus, reliquis brevissimis apice cymuloso-bi-plurifloris. Pedicelli vix $^1/_2$ linea longiores, strigilosi. Alabastra depresso-globosa. Perianthium glabrum, rotatum, 2 linearum diametro, undique dense glanduloso-punctatum, laciniis subaequalibus ovatis obtusis uninervibus; faux intus strigilosa. Antherae glanduloso-punctatae; sex exteriores ovatae incurvae filamento paulo longiores, ostiolis quaternis ovato-acutis oblique uno super altero positis introrsum dehiscentes, in filamento vix strigiloso; tres interiores cum filamento suo fere claviformes, truncatae, utrinque infra apicem poro gemino subrotundo ad latus et paulo magis retrorsum dehiscentes. Glandulae geminatae maximae, sessiles, globosae, in sicco lobatae, stamina tria interiora ad $1/4$ a vertice amplectentes tegentesque; in quibusdam inveni laminam glandulosam glandulae a tergo incumbentem. Staminodia quarti ordinis nulla. Fructus latet.

SPECIES DUBIA HUIUS SECTIONIS.

? 38. Oreodaphne (Agriodaphne) retroflexa N. ab E.

O. (Laurus) „foliis perennantibus lanceolatis subnitidis planis, racemis axillaribus folio brevioribus apice floriferis, calycibus fructiferis induratis limbo truncato reflexo.“ *Poir. Enc. méth. Suppl. III. p.* 323. *n.* 46.

Persea retroflexa *Spr. S. Veg. II. p.* 269. *n.* 23.

„Crescit in S. Domingo insula, lecta a cl. Poiteau. Herb. Desfont.“ *Poiret l. c.*

„Rami teretes, glabri. Folia petiolata, alterna, pallide viridia, nitidula, plana, lanceolata, 3—4 pollices longa, coriacea, apice in acumen obtusum contracta; nervi costales alterni, distantes, subsimplices. Petioli breves. Pedunculi axillares, rigidi, recti, folio subduplo breviores, apicem versus flores aliquot parvos alternos racemosos polygamo-dioecos (secundum cl. Poiteau) proferentes. Perianthium campanulatum; laciniae subscariosae, ovatae, obtusae, caducae. Hi calyces peracta anthesi durescunt et ligni fere duritiem adipiscuntur; limbi parte persistente tum valde dilatata et nonnihil reflexa. Bacca pisi magnitudine, globosa, nigrescens.“ *Poiret l. c.*

Adnotatio. *Oreodaphnae exaltatae* eiusque similibus affinis esse videtur ista species.

Subgenus III. *CERAMOPHORA**).

(Vide supra p. 381.)

Flores polygami vel dioici. Perianthium subinfundibuliforme tubo in pedicellum continuato, laciniis deciduis aequalibus; floris masculi rotatum. Stamina fertilia novem, triplici serie posita, quorum tria interiora glandulis binis capitatis sessilibusve ad basin stipata, glandulisve iisdem connatis tanquam collari circum cincta. Antherae ovatae, quadrilocellatae; sex exteriores valvulis totidem introrsum- tres interiores extrorsum dehiscentes, locellis aequalibus subovatis uno super altero positis. Staminodia quarti ordinis tria, vel filiformia pilosa, vel perfecta capitulo cordato, (quandoque unum vel alterum perfectius anthera imperfecta uni-bilocellari praeditum). Stigma peltatum. Bacca perianthii tubo truncato basi immersa.

Inflorescentia: paniculae ad basin vel apicem ramuli breves pedunculatae, squamis bractealibus mox destitutae. Foliorum nervi costales in axillis saepe porosi, vel saltem foveolis barbatis praediti. (Spp. 40 — 59.)

Differunt Ceramophorae a Perseis non modo habitu proprio, sed etiam tubo perianthii longiori, mox delapsis laciniis truncato ovarium tegente et staminodiis plerisque pure filiformibus, nec capitatis, (rarius formae communis). Reliquae *Oreodaphnae* recedunt defectu staminodiorum, servantque diutius perianthii lacinias, quibus denique delapsis tubus in cupulam mutatur.

Cum *Camphoreis* Laurinarum orientalium species hae ab altera parte congruunt, sed differunt longissime staminodiis eglandulosis, gemmis herbaceo-squamatis bivalvibus, foliis penninervibus, bacca calyculo immersa.

Ab *Alseodaphne* genere distinguuntur cupula fructus cyathiformi, nec explanata orbiculari, staminodiis minus evolutis, omnique habitu.

---

*) A κεράμιον urceolus, et φέρω fero, propter calycem fructus urceolarem.

Quae cuncta autem de charactere intelligas neque de vera natura arborum nexuque naturali. Hunc enim si spectas, unum habes et integrum genus *Oreodaphne*, cuius species inter se ita congruunt, ut ex paucis reliquarum omnium habitum naturalem facile quisque cognoscat.

A. *Ceramophorae genuinae. Polygamae. Glandulis florum mediocribus.*

a. *Axillis venarum costalium subtus nec porosis nec barbatis.* (Spp. 39—46.)

---

39. Oreodaphne (Ceramophora) aciphylla.

O. foliis oblongis acuminatis basi acuta margineque reflexa in petiolum convoluto-canaliculatum decurrentibus subtus ramulisque strigiloso-tomentosis axillis venarum costalium eporibus, paniculis terminalibus aggregatis sericeis, perianthio infundibuliformi. *N. ab E. Laur. Sellov. in Linn. VIII. 1. p. 43. n. 11.*

In Brasilia cum fructu maturo absque floribus legit Sellow. (Herb. Reg. Berol. XXXIII. et Suppl. n. 1.)

A reliquis omnibus differt inprimis foliis apicem versus multo magis attenuatis in acumen acutum productis latitudine summa basi propiori, basi in petiolum latum decurrentibus, sed propter margines ab initio petioli primum abrupte revolutas dein sursum convolutas hac parte quasi obtusis et subovatis, subtus denso strigilosoque tomentulo, nudo oculo fere imperceptibili, vestitis, denique cupula latiori, et bacca ovata.

Epidermis ramuli lenticellis innumeris verruciformibus exasperata, cinerascens, praesertim in iuvenili ramulo strigiloso-sericans; cortex crassus, odoris et saporis fere corticis *Aydendri firmuli.* Cicatrices foliorum lunatae. Folia $3\frac{1}{2}$—$4\frac{1}{2}$ pollices longa, infra medium 10 — 15 lineas lata, coriacea, supra glabra et minute punctulata, subtus cum petiolis 3 — 4 lin. longis strigiloso-tomentosula, costa ibidem prominula, venis costalibus parum conspicuis subsimplicibus senis axillis imperforatis nudisque, reti subnullo. Pedunculi communes in apice ramorum aggregati, circiter pollicares vel sesquipollicares, alii in basi gemmae axillaris subfasciculati, alii in paniculam vere terminalem transeuntes, puberuli, a medio vel paulo inferius divisi ramis trifidis confertis, hinc paniculae ipsae thyrsoideae. Pedicelli bilineares. Flores nutantes. Perianthium ex infundibuliformi rotatum, extus et intus dense albicanti-sericeo-tomentosum, chartaceum; tubo obconico; laciniis ovalibus obtusis, exterioribus angustioribus magisque oblongis. Stamina sex exteriora antheris ovatis, locellis quaternis subrotundis uno super altero posito introrsum dehiscentibus; filamenta brevissima. Stamina tria interiora paulo longiora antheris subquadratis reversis. Glandulae geminatae subsessiles, globosae. Staminodia quarti ordinis lineari-subulata, hirta. Pistillum glabrum; stigma depresso-capitatum. Pedunculi fructus ad basin innovationis iam evolutae 1—1½ pollices longi, angulosi, basin versus strigilosi, apicem versus iam glabri, a parte inferiori cicatriculosi, monocarpi. Pedicelli fructus bilineares, crassi, obconici. Cupula semipollicari diametro, pateriformis, crassiuscula, glabra, tuberculosa, margine acuto inaequali lineari, interiori discreto. Bacca ovata, ¾—1 pollicem alta.

---

40. Oreodaphne (Ceramophora) Beyrichii N. ab E.

O. foliis oblongis obtuse cuspidatis basi acutis in petiolum convoluto-canaliculatum decurrentibus subtus reticulatis pubescentibus pallidis axillis venarum costalium eporibus nudisque, paniculis in ramulis axillaribus fasciculatis strigiloso-canis petiolo longioribus, perianthio infundibuliformi.

In sylvis antiquissimis iugi montium, Serra de Estrella dicti, prope Mandioccam Brasiliae, Augusto mense cum floribus absque fructu legit Beyrich; circa Rio de Ianeiro, (idem in Herb. Kunth.)

Arbor 70 — 80 pedes alta. Ramuli angulosi, glabri, cuticula cinerascente; lignum rufescens; tubus medullaris amplus; cortex fuscus, inodorus. Gemmae axillares ovato-subulatae, ancipites, strigiloso-canae. Folia per paria approximata, subopposita, 6 pollices longa, $1\frac{1}{4}$—$1\frac{3}{4}$ pollices lata, oblonga, in cuspidem latiusculam obtusam producta, basi acuta et in petiolum semipollicarem crassum glabrum convoluto-canaliculatum decurrentia, subcoriacea, supra glabra leviter reticulata viridia, subtus canescentia venuloso-reticulata sparsim subtilissime pubescenti-scabrida, costa media nervisque costalibus subnovenis, mediis evidentioribus, prominulis; angulis venarum costalium nec porosis nec barbatis. Pedunculi communes in gemmae axillaris et terminalis subglobosae basi crassa angulata strigoso-canescente circiter lineam longa 3—4 subfasciculati, vix pollice longiores, compresso-angulati, strigilosi, apice vel cymuloso-trifidi ramulis brevibus trifloris, vel thyrsoideo-paniculati ramulis trifloris. Squamae bracteales ad basin pedunculorum et ramificationum ovatae, griseo-rufae, caducae. Pedicelli brevissimi, crassiusculi, supra medium, ubi flos revera insertus, bracteolis duabus exiguis setaceis instructi. Perianthium sesquilineam altum, infundibuliforme, extus- (tubus obconicus, coriaceus, crassus etiam intus) canescenti-strigosum; limbi laciniae tubum aequantes, subrotundae, obtusae, chartaceae, pellucido-punctatae, basi obsolete nervosae; interiores paulo angustiores. Stamina perianthio paulo breviora, glabra; filamenta antheras subaequantia, angusta; antherae subquadratae, pellucido-punctatae, quadrilocellatae; sex exteriores introrsum dehiscentes, tres interiores extrorsum; locellorum cuiusque lateris unus super altero positus, inferior maior, uterque ovatus. Glandulae binae magnae, globosae, sessiles ad basin staminum interiorum. Staminodia quarti ordinis parva, subulata, hirta, glandulas subaequantia et fere intra fauces latentia. Pistillum longitudine staminum, glabrum; ovarium ellipticum, stylo longius; stigma parvum, capitatum.

Adnotatio. Primo adspectu *Oreodaphnae opiferae* similem diceres, sed accuratius inspecta multis gravioribusque differt characteribus.

---

41. Oreodaphne (Ceramophora) cymosa N. ab E.

O. foliis elliptico-oblongis acute cuspidatis basi acutis in petiolum canaliculatum decurrentibus utrinque reticulatis glabris nitidis axillis venarum costalium eporibus, racemis infra gemmam terminalem subcymosim confertis paucifloris scabrido-canis, perianthio (fructus) turbinato appendiculato.

> Laurus cymosa *Willd. Herb. n.* 7813.
> Laurus cupularis var. *β. Lam. Enc. méth. III. p.* 447. *n.* 7.
> Persea cupularis *Spr. S. Veg. II. p.* 269. *n.* 18.

Crescit in insulis Mascarenis, (Lamarck); in Madagascar, (Herb. Willd.). Vidi exempl. Herb. Willd.

Ramuli summitas, in Herbario Willdenoviano obvia, angulata, canescens, pruinoso-scabra. Corticis in hoc nullus odor. Cicatrices foliorum lunatae. Gemmae griseo-strigilosae; terminales ramulorum florentium ovatae, subtetragonae. Folia in nostro 3 — 3½ pollices longa, 1 — 1¼ lata, ovalia, brevi-angusteque cuspidata, basi cuneiformi in petiolum convoluto-canaliculatum 4 — 5 lineas longum glabrum desinentia, chartacea, glabra, utrinque nitida et pulchre denseque reticulata, venis costalibus subsenis tenuibus parum distinctis. Ramuli florentes (tam axillares quam innovatio terminalis) griseo-tomentosuli, crassiusculi, sulcato-angulati, cicatricibus squamarum lunatis pedunculorumque subrotundis valde prominentibus quasi gradibus scalae exsculpti, apice gemma composita quiescente terminati. Pedunculi communes in hac ramuli seu innovationis parte approximati, 5 — 6, ½ — ¼ pollicis longi, cymulam brevem subsessilem construentes, rigiduli, angulati, strigiloso-scabri canescentes, a medio divisi, ramulis 5 — 6, inferioribus 3-2-floris lineam vix longis, superioribus subnullis unifloris. Pedicelli lineam longi, crassiusculi, scabri, cani. Perianthium (floris hermaphroditi, vel hermaphrodito-feminei?) turbinato-campanulatum, 1½ lineas circiter altum latumque, coriaceo-chartaceum, extus intusque in tubo strigiloso-scabrum; limbi laciniae aequales, ovatae, obtusiusculae, pellucido-punctatae, uninerves, papilloso-scabrae. Stamina laciniis breviora; filamenta brevissima, glabra; antherae subquadratae, pellucido-punctatae, quadrilocellatae; locellorum paria unum super altero posita, sex exteriorum staminum centrum spectantia, ostiolis ovatis, superiori minori; staminum trium interiorum et subquadrangularium locellus inferior oblongus lateralis, superior parvus subrotundus, utrinque in angulo supero situs magisque ad peripheriam conversus. Glandulae geminatae ad basin filamentorum tertii ordinis (caeteris latiorum) subglobosae, sessiles, magisque dorsales. Staminodia quarti ordinis fere in faucibus haerentia, ex ovata basi subulata, glabra, vix scabriuscula. Pistillum glabrum; ovarium ovatum; stylus crassiusculus ovarii longitudine, deciduus; stigma subtrigonum. Perianthia fructus immatura turbinata, grani piperis magnitudine, tubo subgloboso laciniis exaridis erectis coronato ovarium globosum adhuc recondente; demum cadentibus laciniis tubus in cupulam mutatur turbinatam truncatamque, baccam ovalem basi cingentem.

Adnotatio. Nomen *Lauri cymosae*, a b. Willdenovio inventum, et Madagascaria patria adscripta *Lauri thyrsiflorae* Poiretii cogitationem provocant; sed longe alia arbor haec est, quam inter Laurinas antheris bilocellatis reposuit Sprengelius.

---

42. Oreodaphne (Ceramophora) cupularis N. ab E.

O. foliis ovato-ellipticis utrinque acutis (apice quandoque obtusis) in petiolum canaliculatum desinentibus obsolete reticulatis glabris axillis venarum costalium eporibus, racemis infra gemmam axillarem et terminalem racemoso-confertis paucifloris scabrido-canis, perianthio fructus subgloboso.

Laurus cupularis var. α. *Lam. Enc. méth. III. p.* 447. *n.* 7. *Ill. gen. t.* 321. *Pers. Synops. I. p.* 448. *n.* 7. *Sieber Herb. Maurit. n.* 128. (*Herb. Reg. Berol. et propr.*)
Laurus Neesiana *Herb. Schott.*
Bois de Canelle *Aubl. Guian. I. p.* 363. *et* 364.

Crescit in sylvis interioribus insularum Mascarenarum, (Aublet. Lamarck.) Vidi exempl. Sieber. cum floribus et fructu.

Differt ab *Oreodaphne cymosa*, cui coniunxit Lamarckius: cortice lignoque odoratis; illius odore in nostro exemplo haud ingrato, *Mespilodaphnes pretiosae* odori consimili, sapore autem magis acri et nonnihil camphorato; ramis ramulisque strigiloso-tomentosis canescentibus; foliis latioribus, 4—5 pollices longis, 2—$2\frac{1}{4}$ pollices latis, utrinque vel breviter acutatis vel apice obtusis, crassioribus minus nitidis venis costalibus evidentioribus reti venoso autem multo obsoletiori laxiorique praeditis; petiolis longioribus et crassioribus; racemulis in axi communi 1—2 pollices longo (simili autem modo sulcato nodulosoque) racematim confertis nec cymulosis, axibusque his axillari-terminalibus; cupula piso duplo maiori subglobosa laevi, margine truncato acuto nudo, baccam ovatam umbonatam mucronatamque ad $\frac{3}{4}$ et ultra arcte vestiente.

Arbor secundum Aubletium vasta, ligno graveolente, ad diversa opera scriniaria utili. Cortex ramorum adultiorum valde inaequalis, rugosus, cicatricibus foliorum lunatis vel semicircularibus pedunculorumque ovalibus transversalibus tuberculatus. Gemmae terminales subtetragonae axillaresque minores compressiusculae, ovatae, obtusae, tomentosae. Folia margine tenui cartilagineo pellucente cincta. Ramuli floriferi et innovationes 1—2-pollicares, strigiloso-cani, cicatricibus lunatis valde prominulis praediti, racemulis $\frac{1}{2}$—$\frac{1}{4}$ pollicis longis confertis tecti. Squamae bracteales obovato-oblongae, sericeo-tomentosae, caducae. Cupula in siccis nigrae, pedicellis bilinearibus crassiusculis praeditae. Bacca laevis, pallida, (an recens quoque sicca et chartacea?) Staminodia lanceolata vel subulata, quandoque unum alterumve in suo loco deficiens.

---

43. Oreodaphne (Ceramophora) Domingensis N. ab E.

O. foliis oblongis lanceolatisve obtuse acuminatis in petiolum planiusculum decurrentibus glabris subtus punctulato-reticulatis axillis venarum costalium eporibus, paniculis infra innovationem approximatis puberulis, floribus nutantibus, staminodiis quarti ordinis capitellatis.

Laurus salicifolia *Trevir. in Herb. Reg. Berol.*

Crescit in S. Domingo, (Treviranus l. c.) Vidi exemplum unum in Herb. Reg. Berol.

Ab *Oreodaphnis cymosa* et *cupulari*, quibus affinis, differt foliis magis coriaceis, petiolis supra planis, paniculis parvis subthyrsoideis.

Ramus crassitie pennae scriptoriae, teres, glaber, laevis; ramuli subangulati, iuniores subtilissime sparsimque puberuli; lignum laxiusculum, griseum; tubus medullaris amplus; cortex haud crassus, rufescens, inodorus. Cicatrices foliorum parvae, triangulares, adiecta pluribus cicatricula pedunculi pateriformi excavata. Gemmae cano-sericantes, bivalves; axillares substipitatae. Squamae gemmarum sub evolutione revolutae. Folia diverg. $^2/_5$ posita, approximata, 3—6 pollices longa, $^3/_4$—1$^3/_4$ pollices lata, oblonga vel lanceolata, in apicem obtusum attenuata, basi acuta margineque angusto reflexo in petiolum brevem glabrum supra planiusculum subtus obtuse carinatum 3—4 lineas longum, in iuniori folio subpubescentem decurrentia, glabra, nec lucida, concoloria, subcoriacea, supra obsolete-subtus evidentius anguste reticulata, costa convexa, venis costalibus novenis pluribusve parum prominulis in rete ramificatis praedita. Pedunculi communes alii e foliorum superiorum axillis, plerique autem ad basin innovationis terminalis proveniunt nudi et approximati, 1—1$^1/_2$ pollices longi, erecto-patuli, crassiusculi, cum ramificationibus puberuli et canescentes, infra medium divisi; rami paniculae breves, 2$^1/_2$—$^1/_2$ lineas longi, alterni, 3-2-flori. Flores in pedicello vix semilineari nutantes. Perianthium 2—2$^1/_2$ lineas latum, in alabastro globosum, dein rotato-campanulatum, chartaceum, extus et intus pubescens, laciniis late ovatis obtusis glanduloso-punctatis, exterioribus paulo latioribus 7-nervibus, interioribus quinquenervibus. Stamina (floris hermaphrodito-feminei) perianthio duplo breviora, glabra, sex exteriora paulo breviora; filamenta longitudine antherarum; antherae quadrato-ovatae, obtusae; locelli sex exteriorum introrsum versi, aequales, ovato-subrotundi, clausi, per paria sibi superpositi; inferiorum trium locellus inferior retrospectans oblongus. Glandulae geminatae grandes, globosae, sessiles. Staminodia quarti ordinis longitudine staminum exteriorum, glabra, stipite lineari, capitulo parvo triangulari-ovato. Pistillum stamina paullo superans, glabrum; ovarium grossum, ovatum; stylus ovario duplo brevior, crassus; stigma depresso-peltatum, latum, in nostris omnibus obliquum.

Adnotatio. Ab *Oreodaphne Martiana*, cui habitu haud absimilis, differt (praeter characteres sectionis) paniculis multo brevioribus.

44. OREODAPHNE (Ceramophora) Bofo N. ab E.

O. foliis oblongo-cuneiformibus acute cuspidatis reticulatis glabris axillis venarum costalium eporibus, racemis axillaribus subsimplicibus brevibus strigiloso-canis, perianthio campanulato laciniis acutis.

Ocotea Bofo *Humb. et Kunth. Nov. Gen. et Sp. pl. II. p.* 161. *n.* 1. *Kunth. Synops. I. p.* 455. *n.* 1. *Spr. S. Veg. II. p.* 269. *n.* 29.

Laurus Bofo: foliis ovato-oblongis utrinque acuminatis venosis membranaceis, racemis axillaribus terminalibusve brevissimis. *Willd. Herb. n.* 7779. (*exempl. Humboldt.*)

Laurus Persea *Willd. Herb. n.* 7776. (*folium*).

Crescit regione calidissima, prope pagum Tomependae, in ripa fluminis Amazonum, alt. 200 hexap. (Prov. Jaen de Bracamoros). Floret Augusto. — *Bofo* incolarum. (de Humboldt). Vidi exemplum originale in Herb. Willd. Alterum exemplum, a Viewegio nomine Lauri Perseae inscripto Willdenovio traditum, solum folium est, sed absque ullo fere dubio huius speciei.

„Arbor 6- aut 8-orgyalis; ramis teretibus glabris fuscescentibus. Folia alterna, petiolata, oblonga, acuminata, basi angustata, subcoriacea, integerrima, reticulato-venosa, nervo medio venisque primariis subtus prominentibus, utrinque glabra, nitida, sex- aut septempollicaria, duos aut duos et dimidium pollices lata. Petioli incrassati, glabri, tres lineas longi. Paniculae axillares, simplices, sesquipollicares. Flores pedicellati, magnitudine floris Rhamni Frangulae; pedicelli ramique paniculae pubescentes. Calyx limbo sexpartitus, albus, externe pubescens; laciniis ovatis acutis aequalibus patentibus. Stamina fertilia novem; filamenta clavata, glabra, tria interiora basi biglandulosa; antherae quadriloculares; loculi staminum exteriorum interne, interiorum externe filamento immersi. Stamina sterilia tria, subulata, cum staminibus interioribus alternantia. Ovarium globosum, glabrum. Stylus brevis, crassus. Stigma subcapitatum. Fructus a me nondum repertus; drupam monospermam esse notavit Bonplandius.“ Humb. et Kunth. l. c.

Addimus his foliorum nervos costales subsenos subsimplices, subtus prominulos, supra sparsim puberulos, nec omnino glabros, rete venosum densum utrinque conspicuum. — Racemuli sub inchoante anthesi ratione foliorum in nostris exemplis minimi. Flores fere ut in *Oreodaphne Beyrichii*, sed paulo minores.

---

45. Oreodaphne (Ceramophora) semicompleta N. ab E.

O. foliis lanceolatis subtus pubescentibus eporibus, paniculis axillaribus apice simpliciter racemosis ramulisque hirtis, floribus subdodecandris. *N. ab E. Laur. Sellov. in Linn. VIII. 1. p. 45. n. 12.*

In Brasilia tropica arborem hermaphroditam vel hermaphrodito-masculam cum floribus absque fructu legit Sellovius. (Herb. Reg. Berol.)

R a m i longi, ramosi praesertim apice, basi teretes, glabriusculi, striati; novelli angulati, hirsuto-tomentosi, grisei vel canescentes; lignum subtile, albidum; tubus medullaris mediocris; cortex inodorus. G e m m a e in omnibus axillis et terminales, lanceolatae, bivalves, hirsuto-tomentosae. F o l i a secundum totam rami longitudinem disposita, conferta, patentia, diverg. $^2/_5$ — $^3/_8$, 3 — 4 pollices longa, 10 — 11 lineas lata, lanceolata, in apicem obtusum nonnihil attenuata, basi acuta, chartacea, iuniora utrinque-adultiora subtus pubescentia, venuloso-reticulata, nervis seu venis costalibus 7 — 9-nis non multum prominulis, axillis venarum integris, neque porosis nec barbatis *). P e d u n c u l i axillares, erecti, stricti, pubescenti-hirti, paulo infra medium divisi, ramulis 2 — 3 - inferioribus $1^1/_2$ — $^1/_2$ lineas longis 2 — 3 - floris, tum pedicellis alternis aequedistantibus unifloris racemulum terminalem constituentibus. B r a c t e a sub singulo ramulo vel pedicello racemi lanceolata, obtusa, cano-strigosa, lineam fere longa. P e d i c e l l i $^1/_2$ — 1 lineam longi, strigiloso-cani. P e r i a n t h i u m $1^3/_4$ lineas latum, rotatum vel late campanulatum, extus strigiloso-canum, in faucibus hirtulum; laciniae ovatae, obtusae, subaequales, pellucido-punctatae, subtrinerves, intus glabrae. S t a m i n a aequalia, perianthio paulo breviora; filamenta lata, antheris breviora, scabriuscula; antherae ovato-quadratae, obtusae, planae, locellis aequalibus, infero ovato supero obovato; tres interiores antherae reversae. G l a n d u l a e g e m i n a t a e globosae, brevistipitatae. S t a m i n o d i a quarti ordinis valde irregularia, in aliis 1 — 2, in aliis 3,

---

*) Habitat in foliis

Stigmatidium ocellatum N. ab E.

St. epiphyllum, thallo orbiculari aggregato vel confluente albo punctiformi, apothecio centrali subsolitario depresso-umbonato atro.

alia parva subulata hirtula, unum autem alterumve perfectius, stipite brevi, anthera obliqua compressa ornithocephaloidea, margine univalvi. Pistillum longitudine fere staminum, glabrum; ovarium oblongo-lanceolatum; stylus ovario triplo brevior, crassus; stigma depresso-capitatum, umbilicatum. Fructus deest.

---

46. Oreodaphne (Ceramophora) lanata.

O. foliis oblongo-lanceolatis subtus eporibus iuvenilibus lanatis, racemis infraterminalibus brevibus ramulisque rufescenti-lanatis, staminodiis hirsutissimis. *N. ab E. Laur. Sellov. in Linn. VIII.* 1. *p.* 43. *n.* 13.

In Brasilia, florentem et cum cupulis vacuis legit Sellovius. (Herb. Reg. Berol. n. 438 (XXXIX), XL, et XLI. (3)).

Ramus in adultiori parte teres, apicem versus angulatus, subtetragonus, inferne tomento denso spongioso rufo-ferrugineo tectus, apice tomentoso-lanatus, per intervalla ramosus et foliosus; lignum pallide cinerascens, densum, subtile; tubus medullaris amplus quinquangularis; cortex fuscus, odoris grati (nescio an aliunde contracti), oleum Caieput referentis, saporis subacris; in superiori ramuli parte nec odore nec sapore ullo fere perceptibili. Cicatrices foliorum scutatae vel lunatae, tomentoso-marginatae. Gemmae axillares abortivae, parvae, compressae; terminalis ovata, obtusa, ferrugineo-tomentosa, squamis herbaceis carinatis aliquot ordinum conspicuis. Gemmae ramorum, in inferiori parte gemmae terminalis latentes unaque in ramos se evolventes, sat magnae, compressae. Ramuli, e gemma sua nascentes, squamae cicatricula lunata angusta ad originem cincti, 3—4 pollices longi, rufo-tomentosi, basi nudi apice paucifolii gemmaque pedunculisque coronati. Folia intervallis valde inaequalibus disposita, ob originem ad ramorum et innovationum apicem hinc inde quasi verticillata, 4—6 pollices longa, alia in medio, alia supra medium, alia infra apicem a ¾—2 pollices lata, lanceolata, oblonga, vel ex oblongo cuneiformia, cuspide modo breviori modo longiori magis vel minus obtusa praedita, basi attenuata, coriaceo-chartacea, iuniora lanuginosa, adulta supra glabra subtus ad costam valde prominulam rufo-lanuginosa, subtiliter reticulata, venisque costalibus

10—12-nis parum prominulis praedita. Petioli circiter semipollicares, crassi, teretiusculi, supra plani, tomentosi. Pedunculi communes ad apicem rami infra gemmam aggregati, 1—1½ pollices longi, angulati, lanati vel tomentosi, pauciflori, basi simplices, a medio divisi, racemulum densum constituentes apice simplicem ramulis infimis quandoque bi-trifidis, saepe omnino simplicem. Squamae bracteales sub fructu adhuc persistentes, ovatae, carinatae, hirsutae, patulae, pedicellos aequantes. Pedicelli 1—2 lineas longi, dense tomentosi, bracteola una vel binis linearibus parvis, ad speciem in medio, revera ad insertionem praediti. Perianthium diametri 4 linearum rotato-campanulatum, subcoriaceum, tubo brevi dense tomentoso, limbo extus strigoso, fauce hirsuta; laciniae limbi aequales, oblongo-ellipticae, pellucido-punctatae, intus glabrae. Antherae sex exteriores subsessiles, filamento brevissimo hirto innixae, ovatae, planae, locellis parvis ovalibus, uno super altero posito, superiori ab apice distante. Stamina tria interiora paulo longiora; filamenta lata, hirta; antherae subquadrangulares, obtusae, reversae, locello superiori laterali paulo minori apicique propinquo. Glandulae geminatae magnae, angulatae, ad basin staminum trium interiorum subsessiles. Staminodia quarti ordinis alia subulata, alia subcapitata, apice hirsutissima. Ovarium oblongum, basi pilosulum; stylus longitudine ovarii, glaber, apice subpubescens; stigma crassum, trigonum. Cupula fructus 4—5 linearum diametro, bacca triplo breviori, patula, pateriformis, rugulosa, hirsuta vel pilosula, limbo acuto laciniis perianthii marcidis non mutatis erectis saepe appendiculato iisque denique delapsis truncato intra limbum (pauloque inferiori circulo) staminum exteriorum persistentium residua monstrans. Bacca ovalis, laevis, mucronulata, circiter semipollicaris.

Adnotatio. Primo intuitu haec arbor *Actinodaphnen* quandam refert, sed differt inflorescentia, staminibus tertii ordinis reversis, foliorum costis debilibus, cet.

---

b. (*Oreodaphneae Ceramophorae genuinae.*) *Axillis venarum costalium subtus porosis vel saltem barbatis.* (Spp. 47—55.)

---

47. Oreodaphne (Ceramophora) porosa.

O. foliis lanceolatis glabris axillis venarum costalium mediarum subtus porosis, perianthii laciniis tubo longioribus, staminodiis filiformibus. *N. ab E. Laur. Sellov. in Linn. VIII. 1. p. 44. n. 14.*

In Brasilia legit Sellow. Vidi in Herb. Regio Berol. exempl. cum floribus et fructibus novellis (4861 et 4989.)

Differt ab *Oreodaphne Maximilianea* cortice ramorum asperrimo, diffracto et subsquamoso, in novellis tantummodo ramulis tomentoso, caeterum glabro (albo), odore corticis et sapore debilissimis; foliis utrinque longius acuminatis supra nitidissimis quasi vernice collinitis, venis quaternis quinisve (nec pluribus ut in illo) acutiori angulo e costa prodeuntibus, tenerrimis quidem sed paulo tamen evidentioribus, — quarum inferiores per paria approximatae parisque secundi (rarius et primi paris) axillae inferne poro lineari, margine tumente cincto, in cavitatem glandulosam ducente, in superiori autem pagina eiusdem loco tuberculo obovato fornicato instructae sunt; — porro petiolis paulo longioribus glabris et superiora versus planis; paniculis laxioribus minus compositis, ramis inferioribus plerumque 3-superioribus bi-unifloris; floribus denique duplo maioribus, ex infundibuliformi rotatis, tubo turbinato limbo breviore; staminodiisque inter stamina magis e tubo emergentibus. — Glandulae geminatae in hac specie sessiles sunt. Ovarium ovatum; stigma subtrigonum, umbilicatum.

---

48. Oreodaphne (Ceramophora) amoena.

O. foliis lanceolatis supra lucidis subtus glaucescentibus subpuberulis subtriplinervibus axillis nervorum infimorum porosis barbulatisque, perianthii laciniis tubo longioribus, staminodiis triangularibus. *N. ab E. Laur. Sellov. in Linn. VIII. 1. p. 44. n. 14.*

In Brasilia australi ad Monte Video, et in finibus Regni Paraguay florentem et cum fructu maturo legit Sellow. (Herb. Reg. Berol. ♂. 1459 et 5174.)

Ab *Oreodaphne porosa*, cui proxime accedit, differt inprimis: foliis minoribus densius confertis (2½—3 pollices longis circiter 8 lineas latis) lanceolatis, apice vel obtusiusculis vel cuspidulatis vel simpliciter acutis, nec basi apiceque attenuatis, subtus glaucescentibus et, dum tenera sunt, subtilissime puberulis, nervis costalibus venosis, binis suboppositis haud procul a basi folii acuto angulo prodeuntibus in axillis porum minutum pilis tectum foventibus, tum vero apicem versus venis costalibus circiter ternis parum distinctis praeditis; (in *Oreodaphne porosa* venae costales tenues basi propius oriuntur plerumque epores, et tum denique sequitur alterum par fortiorum, quod primo pari nostrae speciei respondet) — pedunculis longioribus una cum paniculis laxioribus; denique staminodiis quarti ordinis perfectis, capitulo distinctissimo triangulari acuto subcordato. — Laciniae perianthii intus secundum longitudinem, faux, et omne perianthium extus strigiloso-subsericea; filamenta hispidula. Laciniae perianthii post anthesin eriguntur et rigescentes per aliquod tempus persistunt, tum recta linea solutae cadunt cupulamque relinquunt tenuem et truncatam.

---

49. Oreodaphne (Ceramophora) vesiculosa.

O. foliis lanceolatis supra lucidis axillis venarum costalium inflatis subtus tomentosulis incanis axillis venarum costalium porosis barbatisque, bacca cupulae phialoideae brevi latiusculae imposita. *N. ab E. Laur. Sellov. in Linn. VIII. 1. p. 44. n. 18.*

In Brasilia cum fructu legit Sellovius. (Herb. Reg. Berol. n. XI.)

Oreodaphnes amoenae varietas sit, an propria species, nescio. Differt: foliis paulo angustioribus coriaceo-chartaceis plerumque obtusis, basi magis quam apice angustatis, subtus tomentulo tenuissimo albicanti-glauco obsitis, venis costalibus subsenis omnibus alternis poroque axillari pilis tecto supra in bullulam tumente perforatis, rarius inferioribus oppositis. — Flores desunt. Baccae magnitudine baccarum Solani nigri, ovales, cupula tenui, brevi sed bacca ampliori fulciuntur. Pedicelli fructus in pedunculo communi pauci residui, glabri, 3 — 5 lineas longi, apice incrassati.

Adnotatio. Haud absimilis est *Gymnobalano Minarum*, sed fructus conditio longe alia, et folia rigidiora subtus tomentosula distinguunt.

---

50. Oreodaphne (Ceramophora) obtusata N. ab E.

O. foliis ellipticis obtusis basi acutiuscula in petiolum longum canaliculatum desinentibus obsolete reticulatis venosisque glabris axillis venarum costalium infimorum subtus excavatis ciliatisque supra bullatis, racemis infra gemmam axillarem et terminalem racemoso-confertis paucifloris scabrido-canis, perianthii laciniis tubo longioribus intus strigilosis, staminodiis subulatis.

Patria Insula S. Mauritii. Vidi exemplum Herbarii Kunthiani e Museo Parisiensi.

Primo intuitu maxime refert *Oreodaphnen cupularem* quandam foliis obtusissimis, sed differt evidenter axillis venarum vesiculosis, petiolis longioribus, laciniis perianthii angustioribus; ab *Oreodaphne foetente* distinguitur: foliis brevioribus rigidioribus, axillis venarum infimarum tantummodo porosis bullatis, nec subtus pulvinato-tomentosis.

Rami adultiores teretes, glabri, longitudinaliter rugosi atque epidermide squamatim rupta albida tecti, cicatricosi; lignum durum, pallidum. Ramuli acuto angulo egredientes similique modo divisi, circa basin a casu pedicellorum valde cicatricosi gemmisque tuberculati, angulati, strigiloso-tomentosi, ferruginei, superiora versus parcius angulati et strigilosi, foliosi, hinc coma exoritur densa et stricta. Cicatrices foliorum semilunares, marginatae, bractearum angustiores. Gemmae strigiloso-tomentosae, ovatae, obtusae; foliiparae compressae, bivalves; floriparae crassiores, quadrivalves. Folia conferta, cum petiolo 8 — 10 lineas longo canaliculato glabro 3½ — 4 pollices longa, 1½ pollices lata, regulariter ovalia, rarius subovata vel oblongiuscula, apice rotundata, basi acutiuscula, subcoriacea, plana, glabra, supra nitidula laxiusque reticulata, subtus pallidiora reti arcto subtilissimo; venae costales subsenae, tenues, parum distinctae, ramoso-solutae, quarum infimae acutiori angulo emergunt sinuque foveam orbicularem fovent amplam, in pagina folii inferiori hiantem margineque ciliatam, in superiori autem pagina bullam inflatam foveolatam extollentem. Racemuli in basi gemmae (tam axillaris quam terminalis) approximati, parvi, ¾ — 1 pollicem longi, haud ita proxime a basi floriferi, angusti, dissite scabriusculi, pedicellis plerisque unifloris. Flores cernui, circiter lineam lati, fere rotati; tubus perianthii brevis, obconicus; laciniae patentes, ex ovato oblongae, acutiusculae, tenuiter chartaceae, margine tenuiores, intus densiuscule strigiloso-sericeae, grosse pellucido-punctatae, ad basin trinerves. Stamina limbum fere aequantia, omnia conformia; filamenta angusta, glabra, antherarum longitudine; antherae ex ovato rectangulae, quadrilocellatae, locellis ovatis uno super altero posito, inferiori maiori; antherarum trium interiorum locelli magis laterales quam postici. Glandulae geminatae ad basin staminum interiorum filamenta aequantes, subquadratae, compressae. Staminodia filamenta aequantia, nonnulla subcapitata, alia linearia, staminibus interioribus a latere alternatim appropinquata. Pistillum staminum longitudine, glabrum; ovarium ovatum; stylus filiformis, longitudine ovarii; stigma discoideum, integrum.

31. Oreodaphne (Ceramophora) bullata N. ab E.

O. foliis ellipticis aut oblongo-ellipticis basi acutis in petiolum longum late canaliculatum desinentibus apice acutato-obtusis arcte reticulatis subtiliterque venosis glabris axillis venarum costalium inferiorum subtus excavatis ciliatisque supra grosse bullatis, racemis infra gemmam axillarem et terminalem racemoso-confertis paucifloris pubescenti-scabris, perianthii laciniis tubo longioribus glabris, staminodiis capitatis.

Laurus bullata *Burchel. iter.*

In Promontorii bonae spei montibus alt. IV et V, loco „Puspasvalley" dicto Districtus „Zwellendam" Octobre cum flore fructuque legerunt Ecklon et Mund.

Ab *Oreodaphne obtusata* Herb. Kunth. ex Insula Mauritii differt: ramulis novellis glaberrimis, quae illi scabrido-cani; foliis apice haud rotundatis, sed eadem proportione quam basi acutatis, acumine autem obtuso, angusto tamen; poris ex inferiorum venarum costalium axillis ternis quaternis senisve, valde sublatis; petiolis latioribus; laciniis perianthii $1\frac{1}{2}$ lineas latis glaberrimis; staminodiis capitatis. An var. ?

Cupula fructus profunda, repando-sexloba. Bacca magnitudine glandis parvae, cupulae primum tota immersa, dein ad dimidium exserta. — Glandulae geminatae ad basin staminum trium interiorum crassissimae.

---

32. Oreodaphne (Ceramophora) foetens N. ab E.

O. foliis oblongis obtusiusculis basi acutis reticulatis glabris axillis venarum costalium inferiorum pulvinato-barbatis demum pertusis, perianthii laciniis tubo longioribus, staminodiis quarti ordinis subulatis.

Laurus foetens *Ait. Hort. Kew. II. p.* 39. *Willd. Sp. pl. II.* 1. *p.* 480. *n.* 12. *Pers. Synops. I. p.* 448. *n.* 15. *Willd. En. Hort. Berol. I. p.* 434. *Link. En. I. p.* 489. *n.* 5905. *Leop. v. Buch. Descr. Ins. Can. p.* 140. *cum ic. Dict. des sc. nat.* XXV. *p.* 334.

Persea foetens *Spr. S. Veg. II. p.* 268. *n.* 9. *Herb. Willd. n.* 1775. *Fol.* 2. *et* 3.

Laurus (Till) maderensis *Lam. Enc. méth. III. p.* 449. *n.* 10.

Laurus Till *Poir. Enc. méth. Suppl. III. p.* 324. *n.* 51.

Crescit in insulis Canariis et in Madeira. Vidi sicc. spont. in Herb. Willd. (exempl. a Broussonetio datum, e Teneriffa insula) et cultam absque floribus.

Arbor, ramis flaccidulis, iunioribus praesertim angulatis et strigiloso-tomentosulis, aetate calvescentibus; lignum densum, ramorum albidum, trunci praesertim foetidissimum*); tubus medullaris angustus; cortex fuscus in sicco inodorus. Cicatrices foliorum lunatae vel semicirculares, prominulae, adiecta plerisque cicatrice pedunculi scutellari compressa. Folia approximata, 3½ — 5 pollices longa, 1 — 2 pollices lata, oblonga, apice et basi vel aequaliter modiceque vel apice magis ac basi attenuata, omnium tamen apice obtuso basi acuta, chartaceo-membranacea, adultiora rigidiora, utrinque evidenter venuloso-reticulata, concoloria, aetate glabra, iuvenilia subpubescentia, nitidula, venis costalibus 6 — 9 tenuibus praedita, quarum duae vel quatuor inferiores suboppositae barba densa orbiculari ampla pulviniformi villorum flavorum in axillis instructae sunt, eaque cum tempore derasa, hoc loco poro satis amplo hiant. Petioli ¼ pollicis longi, latiusculi, late canaliculati, in canali praesertim strigilosi. Pedunculi communes axillares, tempore florum 1 — 2 sub fructu 3 — 5 pollices longi, angulati, superne compressi, pubescentes, a medio divisi, subdichotomi, ramis racemifloris. Pedicelli breves, puberuli. Perianthium (femineum) subrotatum, 1½ lineas latum, patens, chartaceum, extus et intus (nec dense) strigiloso-pubescens; tubus brevis, obconicus; limbi laciniae aequales, ovatae, obtusae, pellucido-punctatae. Stamina (in femina) imperfecta, sed praesentia; sex exteriora breviora, filamentis brevibus scabris, antheris late ovatis obtusis introrsum bifoveolatis; tria interiora paulo longiora, antheris tetragonis truncatis. Glandulae geminatae sessiles, globosae, ad horum staminum basin. Sta-

*) *„Einer der grössten Bäume der Insel, den aber keine Axt ungestraft berührt oder verwundet. Der sich entwickelnde Gestank aus dem Holze ist so heftig, dass er die Arbeiter zur Flucht zwingt, so dass sie einen Baum nur nach langen Unterbrechungen in mehreren Tagen zu fällen im Stande sind.“ Leop. v. Buch physik. Beschr. der Canarischen Inseln, S.* 5.

minodia tria quarti ordinis subulata, hirta, glandulis non altiora. Pistillum longitudine staminum, glabrum; ovarium grossum, subrotundum, in tubo latens; stylus crassus, trigonus, ovarii longitudine; stigma discoideo-umbilicatum. Peracta anthesi pedunculus communis succrescit validiorque evadit, depositaque pubescentia calvescit. Fructus pauci in quaque panicula perficiuntur. Pedicelli fructus crassi, 3 lineas-semiunciam longi, obconici. Cupula crassa, suberosa, hemisphaerica, rugulosa, limbo modo integro truncatoque, modo laciniarum residuis appendiculato, diametri 4—6 linearum, ambit baccam subglobosam cupula plerumque angustiorem, grossulariae minori aequalem.

Adnotatio. In insulis Canariis formae Laurinarum tres, diversis orbis partibus propriae, concurrunt, scil.: *Persea Indica*, e Tribu Persearum, Americae temperatae et tropicae, in Asia rarissima; *Oreodaphne* (*foetens*), Tribus Oreodaphnearum, quae Americae tropicae et Archipelago Indiae occidentalis propriae, tum *Phoebe* (*Canariensis*) e Tribu Phoebearum, Indiae orientatalis continenti praecipue adscriptarum.

---

83. Oreodaphne (Ceramophora) Maximilianea N. et M.

O. foliis lanceolatis glabris axillis venarum subtus impressis subbarbatis, pedunculis axillaribus, laciniis perianthii tubum aequantibus.

In arenosis prope Coral de Battuba et Paulista, Septembre a. 1815. cum floribus fructibusque novellis legit Maximilianus Ser. Princeps Vedensis. Vidi specimina in Herb. cl. Martii.

Frutex. Rami divergentes, laxiusculi, divisi, epidermide pallida, inferne teretes et glabri, superiora versus et praesertim in novella innovatione rufo-tomentosi, subvillosuli; lignum durissimum, fibris subtilissimis, albicans; medulla angusta; cortex crassus, fuscus, odoris et saporis caryophyllorum fortis. Cicatrices foliorum planae, semicirculares. Gemmae tomentosae, bivalves; terminalis ovata, non compressa. Folia circa ramulorum apices confertiora, basin nudam relinquentia, diverg. $\frac{2}{5}$ posita, $4-4\frac{1}{2}$ pollices longa, unum pollicem lata, lanceolata, utrinque aequaliter modiceque attenuata, apice obtusa, basi acuta, chartacea, glabra, supra laevia, subtus obiter reticulata venosaque concoloria; axillae venarum costalium inferiorum subtus impressae et barbulatae. Petioli $\frac{1}{4}$ pollicis longi, trigoni, supra canaliculati marginibus acutis, strigiloso-tomentosuli. Pedunculi communes infra apicem ramulorum e foliorum supremorum axillis $1-2$, $\frac{1}{2}-1$ pollicem longi, compresso-angulati, pubescentes, basi longo tractu simplices, apicem versus divisi; ramuli paniculae breves, approximati, alterni, apice cymuloso-7-5-3-1-flori, cum pedicellis semilinearibus puberuli. Perianthium cernuum, praesertim peracta anthesi, lineam altum et latum, crasse-chartaceum, extus, praesertim in tubo, strigilosum, albidum; tubus obconicus, longitudine limbi; limbi laciniae aequales, ovales, obtusae, erecto-patulae, uninerves, obsolete pellucido-punctatae. Filamenta longitudine antherarum linearia, et tubus perianthii intus hirta; antherae conformes et subaequales, crasse pellucido-punctatae; locellorum exteriorum staminum inferior ovatus, superior obovatus; interiorum staminum locelli laterales. Glandulae geminae stamina interiora stipantes capitato-clavatae, ad basin posticam eorum stipite brevi crasso insertae. Staminodia quarti ordinis tria, longitudine filamentorum, filiformia, hirta, nullo capituli stipitisque discrimine. Pistillum glabrum, longitudine staminum; ovarium lanceolatum; stigma late discoideum, in centro depressum, subangulatum.

Adnotatio. Conferatur *Oreodaphne* (*Agriodaphne*) *nutans*, quae nisi staminodiis careret et lacinias perianthii sero post anthesin dimitteret, proxime affinis nostrae Ceramophorae videretur.

---

54. OREODAPHNE (Ceramophora) psychotrioides N. ab E.

O. polygama (?), foliis lanceolatis acuminatis subtus pubescentibus et in axillis venarum barbatis eporibus, paniculis terminalibus confertis brevibus divaricatis pubescenti-canis, perianthii rotati laciniis lineari-oblongis, staminodiis capitulatis.

Ocotea psychotrioides *Humb. et Kunth. Nov. Gen. et Sp. pl. II. p.* 162. *n.* 3. *Kunth. Synops. I. p.* 456. *n.* 3. *Schlechtend. Linn. VI. p.* 366. *n.* 1143.

Persea psychotrioides *Spr. S. Veg. II. p.* 269. *n.* 31.

Laurus psychotrioides *Willd. Herb. n.* 7800. (*exempl. Humboldtianum.*)

Crescit regione temperata Regni Mexicani, in convalli Xalapensi, fontibus madente, alt. 680 hexap. Floret Februario. Prope Cuapa, Februario florentem, legit Schiede. Vidi in Herbario Willdenov. et Reg. Berol. exempl. originale.

„Arbor procerrima; ramis teretibus glabris; ramulis sulcatis, pubescenti-hirtis. Folia alterna, petiolata, lanceolata, acuminata, basi angustata, integerrima, subcoriacea, reticulato-venosa, supra nigro-viridia nitida glabra in nervo medio pubescentia, subtus canescentia pubescenti-hirta, tripollicaria, octo aut novem lineas lata. Paniculae axillares et terminales, simplices, pedunculatae, uni- aut sesquipollicares; ramis alternis patentissimis bi- aut trifloris. Pedunculi pedicellique hirtelli. Bracteae ad basin floris lineares, pubescentes, longitudine pedicelli. Flores magnitudine floris Maianthemi bifolii. Calyx sexpartitus, externe pubescens; laciniis oblongo-linearibus obtusis patentissimis. Stamina fertilia novem calyce multo breviora, tria interiora basi biglandulosa. Filamenta clavata, glabra; antherae quadriloculares; loculi ut in praecedentibus. Stamina sterilia tria, cum staminibus interioribus alternantia. Ovarium oblongum, glabrum; stylus crassus, longitudine staminum; stigma paulo dilatatum. Fructus ignotus.“

Addimus his: Gemmae bivalves, incanae; terminalis rami et ramulorum supra paniculas maior, ovata. Venae costales subsenae, divisae, modice prominulae, spatio a margine arcubus undatis connexae. Pedunculi tum ad basin brevissimam gemmae axillaris minores subsimpliciter racemosae, tum ad basin innovationis terminalis 1—1½ pollices longi, a medio vel paulo inferius divisi, cum ramulis pedicellisque divergentibus pubescenti-cani. Perianthium et intus hirtum. Antherae subquadratae, grosse pellucido-punctatae, locellis utrinque binis ovalibus uno super altero posito; filamenta basi hirta. Glandulae ad basin dorsalem staminum tertii ordinis sessiles. Staminodia distincte stipitata, capitulo parvo glanduloso subovato acuto vel obtuso in dorso pilis raris insperso.

Variat paniculis gracilioribus vel paulo firmioribus, longioribus vel brevioribus.

Inter reliquas generis, quod ad inflorescentiam, accedit *Oreodaphnae polyanthae*, sed differt ab ista et a plerisque reliquarum perianthii patentissimi laciniis angustioribus et staminodiis capitulatis; ab aliis, quae foliis similiter lanceolatis sunt praeditae, vel floris structura, vel inflorescentia, vel defectu pororum facile distingues.

Adnotatio. Occurrunt flores tubo globoso, limbo umbonatim clauso, *Mespilodaphnes* habitu; sed hos semper ventre inanes inveni, absqe germine, nec intelligo, quomodo peracta ad regulam anthesi eiusmodi concretio et contractio laciniarum accidere possit.

---

55. Oreodaphne (Ceramophora) coriacea N. ab E.

O. foliis oblongo-ellipticis anguste obtuseque cuspidatis reticulatis glabris lucidis subtus arcuato-costatis axillis barbatis, paniculis folio brevioribus sub anthesi tenuibus, perianthii laciniis tubo longioribus incanis, staminodiis triangulari-capitatis, cupulis fructus infundibuliformibus ruguloso-sulcatis.

Laurus coriacea *Swartz. Prodr. Fl. Ind. occ. p.* 65. *Fl. Ind. occ. II. p.* 710. *Willd. Sp. pl. II.* 1. *p.* 483. *n.* 25. *Pers. Synops. I. p.* 449. *n.* 27. *Poir. Enc. méth. Suppl. III. p.* 324. *n.* 32. *Spr. S. Veg. II. p.* 265. *n.* 4.

Crescit in montibus Iamaicae frigidioribus, (Swartz.) Ad Portorico, (Wydler, n. 294 in Herb. Reg. Berol.) E Guadeloupa cum cupulis fructus delapsi vidi in Herb. cl. Endlicher.

Inter confines facile distinguitur foliis lucidis, non crassis iis quidem, sed rigidule chartaceis, in sicco statu uti et ramis elasticis curvulisque, tum paniculis ratione reliquarum partium non modo parvis sed etiam tenuibus debilibusque.

Arbor, trigintapedalis; lignum durum, densum, album; tubus medullaris ramulorum mediocris. Rami teretes, sulcati et stricti (Swartz), in nostro autem exemplo magis virgati et subdisticho-ramosi incurvi; epidermis glabra, fuscescens, lenticellis parvis subrotundis exasperata, iuniorum strigiloso-cana; cortex tenuis, insipidus. Gemmae bivalves; axillares parvae, compressae, obtusae, subrotundae, parum strigilosae; terminalis lanceolata, dense strigilosa. Folia approximata, divergentia $2/5$, subdisticha, 5—7 pollices longa, $1\frac{3}{4}$—$2\frac{1}{4}$ pollices lata, ex oblongo elliptica, in cuspidem angustulam obtusam satis longam producta, basi acutiuscula, in petiolum 3—5 lineas longum crassiusculum obtuse carinatum glabrum, supra canaliculatum, margine angustissimo decurrentia, elastice rigiduleque chartacea, utrinque glabra, lucida, subtus paulo pallidiora, utrinque distincte, neque arctissime, venoso-reticulata. venis costalibus subnovenis subsimplicibus, intra margines arcuatim confluentibus, subtus prominulis, quarum inferiores barba axillari nec vero poro praedita sunt. Pedunculi communes axillares, circiter pollicares, graciles, ultra medium divisi, strigilosi, pauciflori; ramuli his breves, tri-biflori. Pedicelli lineam vix aequantes et perianthia circa basin dense strigilosa. Perianthium (arboris hermaphrodito-masculae puto) rotatum, fere 2 lineas latum, crassiuscule chartaceum; laciniae ovales, obtusae, intus strigilosae, exteriores paulo latiores. Stamina laciniis duplo breviora; filamenta antheris breviora, strigilosa; antherae subquadratae, obtusae, locellis incompletis subrotundis per paria sibi superpositis, trium interiorum extrorsum versis. Glandulae geminatae sessiles, globosae. Staminodia quarti ordinis capitulo distincto parvo triangulari. Ovarium globosum; stylus brevis; stigma depressum. Post anthesin statim cadunt laciniae perianthii et tubus brevis patellaris truncatus restat. Fructum non vidi. Cupulae fructus maturi cum pedicello in cupulam leniter incrassato 4—5 lineas longae, coriaceae, glabrae, ruguloso-sulcatae, purpureae, infundibuliformes, limbo integro acuto diametro 3 linearum.

Adnotatio. An haec vera species Swartziana? Non obstant verba auctoris; sed multo minus rem certam reddunt.

B. *Oreodaphnae Ceramophorae Adenotracheliae. Pure dioicae. Glandulis florum maximis filamentum ad antheram usque involventibus.* (Spp. 56 et 57.)

Flos masculus absque rudimento pistilli. Perianthium rotatum, profunde sexfidum laciniis subaequalibus. Stamina novem perfecta, quorum sex exteriora basi sepalorum inserta filamento brevissimo. Antherae quadratae, quadrilocellatae, valvulis totidem sursum adscendentibus dehiscentes; sex exteriores anticae, tres interiores posticae. Glandula collariformis crassa obliqua, e glandulis geminis connatis vel arcte contiguis orta, stamina tria interiora cingit, ipsam antheram basi involvens. Staminodia quarti ordinis tria, parva, subulata, hirsuta, in tubo brevi perianthii latentia.

Femina latet.

Inflorescentia: racemuli (vel paniculae) parvi, in apice ramorum fasciculatim vel paniculatim conferti, squamis caducis denudati.

---

56. Oreodaphne (Adenotrachelia) umbrosa N. ab E.

O. dioica, foliis elliptico-oblongis glabris subtus eglandulosis axillis venarum costalium inferiorum barbatis, paniculis terminalibus brevibus confertis, perianthio (femineo) rotato extus pubescenti-cano, glandulis geminatis crassis stamina tertii ordinis circumdantibus.

Ocotea umbrosa *Humb. et Kunth. Nov. Gen. et Sp. pl. II. p.* 161. *n.* 2. *Kunth. Synops. I. p.* 455. *n.* 2.
Persea umbrosa *Spr. S. Veg. II. p.* 269. *n.* 30.
Laurus umbrosa *Willd. Herb. n.* 7801. (*exemplum Humboldtianum.*)

Crescere, nec sine dubitatione quadam, scribit Humboldtius regione calidissima prope pagum Tomependae, in ripa Fluminis Amazonum alt. 200 hexap. (Prov. Jaën de Bracamoros) cum *Oreodaphne Bofo*. Vidi exempl. Humboldtianum in Herb. Willd.

„Rami subteretes, ramuli subangulati, fusco-cinerei, glabri. Folia alterna, petiolata, oblonga, acuminata, acumine obtuso, basi acuta, integerrima, coriacea, reticulato-venosa, nervo medio venisque subtus prominentibus, utrinque glabra, supra nitida, sex- aut septempollicaria, 24 — 26 lineas lata. Petioli semipollicares, canaliculati, glabri. Paniculae axillares, pedunculatae, folio multo breviores adiecto pedunculo sesquipollicares. Pedunculi semipollicares, glabriusculi; rami paniculae pedicellique pubescentes. Flores magnitudine floris Myosotidis scorpioidis. Calyx sexpartitus, externe pubescens; laciniis obovato-oblongis obtusis aequalibus patentissimis. Stamina fertilia novem, calyce multo breviora, tria interiora basi biglandulosa. Filamenta clavata, glabra. Antherae quadriloculares; loculi staminum exteriorum interne, interiorum externe filamento immersi. Stamina sterilia tria cum staminibus interioribus alternantia, capitato-clavata. Ovarium subglobosum, pubescens; stylus brevis, pubescens. Stigma dilatatum.“

Adnotatio. Quantumvis alieno habitu, tamen accurratius cum inspicias adeo similem hanc speciem invenies *Oreodaphnae polyanthae*, ut liceat quaerere, numne eiusdem feminea sit arbor. Differt inprimis: foliis maioribus, a 7 — 9 pollices longis $2^1/_4$ – $2^3/_4$ pollices latis, laxius (at evidenter tamen) utrinque reticulatis in nostris quidem exemplis una cum petiolis omnino glabris solisque axillis venarum inferiorum barbatis, (probabiliter autem in iuvenili statu subtus latius puberulis); tum floribus patentibus extus undique strigiloso-canescentibus, staminodiisque quarti ordinis capitulatis glabris. Reliqua omnino conveniunt. Stamina in nostris imperfecta, lutescentia, antheris subquadratis bifoveolatis. Glandulae stamina tria interiora collaris forma ambientes maxime inflatae. Staminodia stipitata parva, capitulo minuto subrotundo.

---

57. **Oreodaphne** (Adenotrachelia) polyantha.

O. dioica, foliis oblongis vel ellipticis subtus pubescentibus eporibus, paniculis infraterminalibus confertis, perianthio masculo rotato nutante glabro, glandulis geminatis crassis stamina tertii ordinis circumdantibus. *N. ab E. Laur. Sellov. in Linn. VIII.* 1. *p.* 44. *n.* 17.

Ocotea polyantha *Mart. in Herb. propr.*

? *β*. Ferruginosa; foliis longius cuspidatis subtus ramisque pubescenti-tomentosis ferrugineis.

Laurus Pichurim *in Herb. Reg. Berol. ex Herb. Ott.*

Ad Cabo frio legit fruticem masculum Maximilianus Ser. Princeps Vedensis. In Brasilia tropica Sellovius etiam masculum. (Herb. Reg. Berol. I.) Femina ignota. ? Var. *β*. idem Sellovius legit, (l. c. n. XLVII.)

Frutex 6—8 pedum altitudine. Rami absque ordine divisi, adultiores teretes striati et glabri; novelli compresso-subangulati pubescentes vel hirsuti; lignum durum, albidum; tubus medullaris angustus; cortex fuscus, insipidus. Cicatrices foliorum semicirculares vel obtuse trigonae, prominulae. Gemmae axillares parvae, abortivae, albo-strigilosae, terminales ovatae, rufo-subhirsutae, bi-quadrivalves. Folia in innovationibus conferta, 2—7 pollices longa, $^3/_4$—$2^1/_4$ pollices lata, inferiora minoraque utrinque modice acuta, superiora utrinque magis attenuata, oblonga vel ovalia, chartacea, utrinque reticulata, supra glabra subtus pubescentia pallidioraque, nervis costalibus prominulis subvenosis ternis quinisve. Pedunculi communes in apice ramorum tum gemmae axillaris basi brevi, tum ipsi innovationi terminali infra gemmam inserti, semipollicares vel pollicares, recurvi, hirsutuli, a medio dense floriger, racemuliflori vel ubi ramuli inferiores 2—3-flori thyrsoidei, cum basi communi vel paniculam vel fasciculum producentes, quorum plures rami verticem panicula subglobosa densa $1^1/_2$—2 pollicum diametro claudunt. Squamae bracteales caducae, partiales subulatae, Pedicelli semilinea vix longiores, pubescenti-strigilosi. Flores nutantes. Perianthium ex rotato late campanulatum, tubo brevissimo, basi extus strigilosum; laciniae ovales, obtusae, submembranaceae, glabriusculae, subaequales, pellucido-punctatae, subtrinerves. Stamina sex exteriora laciniarum perianthii basi adnata; filamenta brevissima, hirta; antherae ovato-subquadratae, grosse pellucido-punctatae, tenerae, locellis quatuor ovalibus uno alteri superposito introrsum dehiscentes. Stamina tria interiora glandulis geminatis antice posticeque connatis tanquam collari ita cincta, ut superior tantum pars antherae promineat; haec autem subquadrata, locello supero magis introrsum infero autem a latere magis quam retrorsum dehiscentibus. Staminodia quarti ordinis in tubo inter villos latitantia, parva, subulata, hirsuta. Pistilli nulla vestigia.

Var. β. Ob affinitatem cum *Oreodaphne polyantha* hic varietatis β. signo adfero ramum incertae arboris, quam nulli alii speciei adscribere possum.

Ramus hic teres, striatus, inferne tomento strigiloso iam ad partem detergo indutus, apice fastigiatim ramulosus; ramuli compresso - angulati, strigiloso - tomentosi, ferrugineo - grisei. Cicatrices foliorum semicirculares, prominulae, truncatae. Gemmae axillares duplices, subrotundo - ovatae, tomentosae, bivalves, exterior minor compressa, interior crassior in axilla exterioris; terminalis ovalis obliqua, paulo maior. Folia conferta, diverg. $\frac{2}{5}$ posita, $3\frac{1}{2}$ — 5 pollices longa, 1 — $1\frac{1}{2}$ pollices lata, ex oblongo elliptica, in cuspidem angustam obtusamque sat conspicuam producta, basi acuta, in nostris omnia adulta, complicata, chartacea, venoso - reticulata, supra glabra vel obsoletissime pubescenti - scabrida, subtus ferruginea et pubescenti - tomentosula, venis costalibus subsenis modice prominentibus apice ramificantibus. Petioli angusti, semiteretes, supra planiusculi, circiter 4 lineas longi, tomentosi. Plura desiderantur; vix autem dubia mihi restant, quin huius sit speciei, a qua inprimis integumento densiori magisque ad tomenti conditionem accedente eiusque colore rufescente differt.

SPECIES DUBIAE SUBGENERIS TERTII.

58. Oreodaphne (Ceramophora) pubescens.

O. foliis elliptico - oblongis obtuse cuspidatis petiolis ramisque patulo - pubescentibus axillis venarum subtus eglandulosis, pedunculis axillaribus, fructiferis gracilibus longis, pedicellis crassioribus cupulisque glabris. *N. ab E. Laur. Sellov. in Linn. VIII. 1. p. 45. n. 18.*

In Brasilia tropica, cum fructu fere maturo absque floribus legit Sellovius. Vidi exemplum unum in Herb. Reg. Berol. (n. 1371.)

Differt a plerisque huius subgeneris: pubescentia densa, sed brevi molli, ramos (vel adultiores) petiolos et folia subtus vestiente, tum toto habitu. Frutex videtur humilis, ramis ramosissimis diffusis teretibus, ramulis subdistichis; lignum album; tubus medullaris amplus. Gemmae terminales ovatae, obtusae, hirsutae. Folia approximata, diverg. $2/5$ minus constante, $2^3/_4$—$3^3/_4$ et 4 pollices longa, 10 lineas ad $1^1/_4$ poll. lata, ex ovali oblonga, in cuspidem mediocrem obtusam producta, basi acuta, membranaceo-chartacea, supra laevia et praeter costam et margines glabra, subtus reticulata, venis costalibus subsenis parum prominulis in axillis eglandulosis praedita, puberula. Petioli vix tres lineas longitudine excedentes, crassiusculi, teretes, canaliculati, dense pubescenti-tomentosi. Flores nostro exemplo desunt. Pedunculi fructus ex axillis foliorum superiorum prodeuntes, puberuli, erecti, 1 pollicem longi, ad apicem, probabiliter cymuloso-pauciflori, iam monocarpi, pedicello fere terminali semipollicari quam pedunculo communi crassiori et apicem versus sensim incrassato glabro. Cupula pateriformis, parum profunda, diametro semipollicari, tenuis, glabra, bacca latior, margine recto acuto integerrimo. Bacca ovata, $3/4$ pollicis fere alta, cupula triplo vel quadruplo altior.

? 39. Oreodaphne (Ceramophora) marginata N. ab E.

O. foliis ovatis acutis margine cartilagineo-pellucido cinctis, racemulis ad basin innovationum approximatis brevibus simplicibus, cupula fructus urceolata truncata, bacca (ante maturitatem) immersa.

Patria Insula S. Mauritii. Vidi exemplum absque floribus, fructu immaturo, in Herb. Kunthiano.

Vix dubito, quin olim, cum flores cogniti fuerint, proprii generis esse typus haecce species inveniatur.

Ramus aetate teres, rimis transversalibus, cicatricibus foliorum magnis cordatis gemmisque ovatis abortivis exasperatus, ligno duro albido, medulla angusta, cortice fusco; rami iuniores tomento strigiloso ferrugineo tecti, a proiecturis foliorum angulati, basique cicatricibus squamarum floralium valde prominulis lunatis in carinam descendentibus foveolaque delapsi pedunculi discretis valde verrucosi. Gemmae ovato-oblongae, ferrugineo-tomentosae, bivalves, squamis plicatis; terminalis maior. Folia circa apices ramulorum conferta, diverg. $\frac{2}{5}$ posita, 4—4½ pollices longa, 1½—2 pollices lata, ovata, acutissima, plana, membranacea, glabra, margine ferrugineo-pellucido, quasi oleo tincto cincta, subtilissime reticulata venisque costalibus subsenis tenuibus immersis praedita, supra nitida, subtus pallida. Petioli 4—6 lineas longi, fortes, compressi, supra acute canaliculati, iuveniles tomentosuli. Racemuli ad basin ramorum innovationumque conferti, simplices, plerique septemflori, pedunculo apicem versus florente strigiloso-tomentoso. Ubi rami florentis gemma terminalis non evolvitur, ramus eiusmodi cum racemulis suis in racemum compositum transit, sed cicatrices produnt originem. Pedicelli (fructus) subopposili, 2 lin. longi, erecti, parcius strigilosi, apicem versus incrassati; tubus perianthii in nostris 1½— 2 lineas longus, obovatus, infra limbum nonnihil constrictior, strigilosus dein glabrescens, ore truncato rufescente. Limbus omnis deest. Antherarum (nescio an glandularum) residua aliquot, globosa, scrobiculata adsunt. Fructus tubum replens, immersus, vertice denudato, (immaturus). Pericarpium coriaceum, ovato-subglobosum vertice late umbonato stylique delapsi cicatricula notato. Semen unum, obovatum, iam cavum ovarii replens, pendulum. Placenta filiformis, in altero latere ovarii adscendens. Tunicae duae, membranaceae, luteae, grosse pellucido-punctatae. In regione hyli embryonis rudimenta obscuriora et paulo crassiora apparent.

Subgenus IV. *Umbellularia.*

Hermaphrodita. Perianthium brevicampanulatum, ultra medium sexfidum, laciniis rigidulis deciduis. Stamina novem antheris ovatis quadrilocellatis, filamentis discretis brevibus; locelli quatuor, unus super altero positus, staminum trium interiorum superior locellus introrsum spectans, inferior latera. Glandulae geminatae magnae filamenta staminum trium interiorum a tergo tegentia. Staminodia tertii ordinis longitudine fere staminum, filiformia. Fructus ignotus.

Inflorescentia: umbellulae axillares, ante evolutionem involucro clauso globoso tectae et interstinctae. Foliola involucri alternatim approximata, sub anthesi caduca, latiuscula.

Adnotatio. Solam si speciem inflorescentiae intueris, Tetranthereae tribus esse genus, neque Oreodaphnes generis partem, aut saltem tribus Oreodaphnearum necesse est statuas. Quisquis autem florem accuratius contemplatus fuerit, et Tetranthererarum florem, molliorem eum ac debiliorem, tum staminum eiusdem diversam structuram, habitumque denique arboris animo perpenderit, Oreodaphnen esse, aut saltem eiusdem tribus haud amplius dubitabit. Igitur ut Oreodaphnes generis amplissimum campum rite describam et omnes eiusdem tam partes internas quam fines externos et ad confinia genera relationes rite exponam, etiam istum formarum complexum generi illi adscripsi. Inflorescentia autem in specie, quam mox exponam, racemulus est Oreodaphnes, ad summum apicem pedunculi reductus.

---

60. Oreodaphne (Umbellularia) californica N. ab E.

Tetranthera? californica *Herb. W.-Arnott.*

Crescit in California, (Beechey.) Vidi in Herbario Arnottiano.

Arbor. Rami validiusculi, bi-trifidi, glabri, adultiorum epidermide rugosa cano-fuscoque varia, crebris cicatricibus exasperata; cortex fuscus, tenuis; lignum densum, album; tubus medullaris angustus. Cicatrices foliorum tumidae, truncatae, scutiformes aut late lunatae. Gemmae axillares adpressae, ovatae aut conicae, glabriusculae, squamis duabus exterioribus oppositis; terminalis angustior, fere subulata, incurva, pruinosa. Folia a basi ramulorum conferta, erecta, diverg. $^2/_5$ posita, rigidula, Lauri nobilis foliis similia, $2^1/_2$—$3^3/_4$ pollices longa, 7—11 lineas lata, lanceolato-oblonga, utrinque obtusiuscula, glabra, viridia, concoloria, in utraque pagina pulchre venoso-reticulata venisque costalibus undenis duodenisve subtilibus in rete dissolutis praedita; costa media valida subtus prominens. Petioli 4 lineas longi, crassiusculi, glabri, subtus convexi, supra late canaliculati marginibus acutis. Odor foliorum et ramorum in specimine, quod vidi, fortis aromaticus, sed alienus esse videtur et ab oleo quodam aethereo specimini illito profectus. Pedunculi communes axillares, solitarii, teretiusculi, ante anthesin una cum gemma umbellulae pubescenti-cani, dein glabri, petiolum aequantes aut eodem paulo longiores. Gemma umbellulae subglobosa, acutiuscula, magnitudine pisi aut paulo maior. Involucri foliola 2—3; inferiora sterilia, fugacia, relicta cicatrice angusta; reliqua maiora, late ovalia, obtusa, utrinque pubescenti-cana, venoso-tri-quinquenervia, pellucido-punctata, membranaceo-herbacea, tot, quot flores (igitur singula uniflora), sed exteriora maiora, quae interiores distinguunt flores minora, omnia cum anthesi cito cadentia, relicta cicatrice angusta et vitta rhacheos hirsuta ab eadem adscendente. Flores 6—7 in formam umbellulae aggregati, nutantes, albi. Pedicelli lineam longi, validi, basi strigosi, apice cum perianthio glabri. Perianthium $1^1/_2$ lin. altum, 2 lin. et quod excurrit latum, late campanulatum, carnoso-chartaceum, glabrum, aut extus obsoletissime subsericans; tubus brevis; limbi laciniae subaequales, subrotundo-ovatae, obtusae, uninerves, sparsim pellucido-punctatae. Stamina novem, aequales, perianthio (in nostris) paulo breviora; filamenta antheris breviora, latiuscula, glabra; antherae ovatae aut subtetragonae, obtusae, exteriores locellis quatuor ovalibus subaequalibus in quadrato positis introrsum dehiscentes, trium interiorum, quae paulo angustiores, superiori locello introrsum spectante, inferiori ad latus et nonnihil extrorsum converso minus perfecto. Glandulae geminatae magnae, carnosae, sessiles, ob pressionem partium utrinque excavatae, filamenta staminum trium interiorum usque ad antheram a tergo obtegunt. Staminodia tria quarti ordinis angusta, compresso-filiformia, glabra, longitudine filamentorum. Pistillum glabrum, staminibus paulo brevius; ovarium obovatum; stylus crassus, ovario brevior; stigma peltatum, subrepandum. Fructum perfectum non vidi.

XXXI. CAMPHOROMOEA*) *N. ab E. Laur. Disp. Progr. p.* 16. *n.* 27.

Dioica. Perianthium sexfidum, laciniis aequalibus persistentibus. **Stamina** novem, triplici serie. **Antherae** subquadratae, quadrilocellatae, valvulis totidem adscendentibus dehiscentes; sex exteriores anticae tres interiores latere dehiscentes, subsessiles; locelli subrotundi, subaequales, unus super altero positus. **Glandulae** ad basin staminum trium interiorum globosae, sessiles. **Staminodia** quarti ordinis nulla. **Pistillum** masculi floris nullum omnino. **Bacca** perianthio una cum pedicelli apice intumescente in cupulam regularem sexfidam brevem at rigidulam abeunti basi immersa. Perianthium masculi floris cum staminibus (in una saltem specie) in discum laciniis persistentibus cinctum novem-tuberculatum excrescens.

Inflorescentia: racemuli simplices vel **paniculares** axillares vel subterminales, nudi, vel in innovatione ramulove brevissimo apice gemmiparo e squamarum fugacium axillis nascentes subfasciculati, abortu solitarii, vel, ubi vegetior ramorum incrementum procedit, pure axillares vel etiam intrafoliacei, laxi, pauciflori.

Folia paucicostulata, subtripli-quintuplinervia, aliis venuloso-reticulata, membranacea.

Gemmae parvae, squamis paucis herbaceis.

*) A *Camphora*, et ὅμοιος similis.

1. Camphoromoea subtriplinervia N. ab E.

C. foliis elliptico-oblongis subtriplinervibus axillisque nervorum costalium subtus glabris.

Persea subtriplinervia *Mart. in Herb. Bras. Monac.*

Crescit in sylvis secus flumen Amazonum in Provincia Paraënsi Brasiliae. Floret fructusque simul dimittit maturos Septembre, (de Martius.)

Arbor. Rami laxi, ramosi coma pulchra, glabri, iuniores, praesertim ad basin, strigilosi, teretes; lignum cinerascens, molle; tubus medullaris amplus, medulla ferruginea; cortex tenuis, fuscus, inodorus et insipidus. Cicatrices foliorum semilunares. Gemmae parvae, ovatae, acutae, griseo-strigilosae, bi-trisquamae. Folia diverg. $^2/_5$ intervallis valde inaequalibus disposita, 4—7 pollices longa, $1^1/_4$—2 pollices lata, oblonga vel elliptico-oblonga vel elliptica, in cuspidem modo longiorem modo breviorem obtusiusculam vel obtusam protensa, basi brevi-cuneata in petiolum 2—4 lineas longum canaliculatum decurrentia, tenuia, membranacea, utrinque cum petiolis glabra, remote et venoso-penninervia, nervis costalibus quinis, sed propter nervos inferiores suboppositos acutiori angulo prodeuntes et paulo fortiores pleraque ad speciem tripli- vel quintuplinervia. Racemi axillares e gemma propria proveniunt, cuius axis angulatus cano-strigilosus cicatricosus, apice gemmulam foliiparam ferens, 2—3 lineas longus, raro magis elongatus, racemos 5—6 molitur sed 1—3 tantum perficit, ob baseos suae altitudinem modicam subfasciculatos; simili ratione etiam gemma terminalis racemulos suos promit. Racemuli ipsi cum pedunculo suo semipollicares, vix pollicares, pauciflori, pedicellis inferis quandoque bi-reliquis unifloris, omnibus vix lineam longis cum rhachi strigiloso-scabris articulo insertis cicatriceque squamulae aufugae grisea cinctis. Flores nutantes, albi, late campanulati, grani brassicae magnitudine, albi. Perianthium glabrum, grosse glanduloso-punctatum, ultra medium sexfidum, laciniis aequalibus ovatis obtusis. Stamina in nostris speciminibus, quae femineae arboris esse censeo, imperfecta, perianthio breviora, glabra: sex exteriora filamento lineari, antheram ovato-subquadratam obtusam introrsum obsolete 4-scrobiculatam subaequante; tria interiora paulo longiora, linearia, apice vix incrassata, obtusa, nullo fere locellorum vestigio apparente, basi magisque a tergo glandulis binis globoso-reniformibus crassis sessilibus stipata. Quartae seriei staminodia nulla. Ovarium globosum, glabrum; stylus brevis, glaber; stigma depresso-capitatum. Tempore maturi fructus pauci in communi pedunculo iam restant pedicelli, 2—3 lineas longi, cernui, apice incrassati, in quibus perianthia 3 linearum diametro patulo-cupularia rigida sexfida baccam sustinent ovatam obtusam laevem 5—6 lineas longam.

---

2. Camphoromoea divaricata N. ab E.

C. foliis elliptico-oblongis arcuato-costulatis nervis costalibus subquaternis axillis subtus barbatis, paniculis dichotomis divaricatis.

Patria: Brasilia. (Herb. cl. Endlicher.)

Ramus crassitie pennae scriptoriae, teres, glaber, fuscescens, novellis apicibus substrigilosis; cortex fuscus, odoris haud ingrati; lignum album fibris subtilibus. Cicatrices foliorum amplae, suborbiculares vel subscutatae, planae. Gemmae lanceolatae, bivalves, strigiloso-canae. Folia divergentia $^2/_5$ posita, 4—6 pollices longa, $1^1/_2$—$2^1/_4$ pollices lata, elliptico-oblonga, in acumen breve obtusumque producta, basi acuta, chartacea, glabra, supra leviter, subtus distincte sed laxe reticulata, nervis costalibus plerumque quaternis per paria approximatis acuto angulo prodeuntibus arcuatim apicem versus decurrentibus et extrorsum parce ramificatis, supra depressis subtus prominentibus praedita, quibus iuxta basin in plerisque accedunt costulae duae tenuiores minusque conspicuae. Axillae nervorum costalium, praesertim inferiorum, cano-barbatae. Petioli 4—6 lineas longi, teretiusculi, supra canaliculati, in sicco subtus tuberculati. Pedunculi ad basin innovationis erecti, 2—$2^1/_2$ pollices longi, compressi, glabri, a medio vel paulo inferius ramificati et intra paniculam flexuosi. Panicula brevis lataque. Rami paniculae alterni; patentes vel divaricati, apice cymoso-compositi vel decompositi, ramulis patentibus, vel tri-quadrifloris, vel iterum trifidis ramulis bi-trifloris. Flores subumbellati, patentes vel nutantes, cum pedicellis $^1/_2$—1 lineam longis glabri. Perianthium (floris feminei) parvum, vix lineam latum, late campanulatum, album, crassiusculum, glabrum, profunde sexfidum, laciniis aequalibus ovatis obtusis uninervibus pellucido-punctatis. **Stamina** novem, perianthio breviora, glabra, antheris ovato-subquadratis insculptis loco locellorum scrobiculis quaternis, quarum inferiores paulo maiores; antherae tres interiores reversae. **Glandulae geminatae** ad basin staminum interiorum magnae, ultra dimidiam antheram pertingentes, sessiles, antheram omnem amplectentes, deorsum productae et quasi lobatae, in siccis complicato-corrugatae. **Pistillum** staminum longitudine; ovarium ovale; stylus brevissimus; stigma capitatum, obscurius. **Fructum** non vidi.

---

3. Camphoromoea laxa N. ab E.

C. foliis elliptico-oblongis arcuato-costulatis nervis costalibus subsenis axillis subtus barbatis, paniculis gracilibus laxis.

Persea laxa *Mart. in Herb. Bras. Monac.* (ex parte.)

In sylvis caeduis, Capoeira dictis prope Fazenda de S. Barbara, et haud procul a Villa de Campanha Provinciae Minarum Generalium Brasiliae, Februario (de Martius). In Brasilia australi ad Monte Video et in finibus Regni Paraguayani sterilem legit Sellow. (Herb. Reg. Berol.)

Similis *Camphoromoeae subtriplinerviae*, sed differt: **ramis** laxe dependentibus; **foliis** minoribus, 3 pollices longis 12—14 lineas latis, basi et apice magis attenuatis, apice tamen obtuso, paulo crassioribus, nervis costalibus ternis, quaternis quinisve fortioribus subtus magis prominulis et una cum venulis scabriusculis, in axillis autem evidenter barbulatis, angulis aequalibus egredientibus, plerisque alternis, quandoque tamen et inferis oppositis instructis; **paniculis** (in nostris quae deflorata,) non nisi infra gemmulam terminalem nascentibus, 4—5, alternis, approximatis, basi nudis, corymbosis, longioribus, 2—3 pollices longis, laxis, ramis magis elongatis, inferioribus tri-bifidis, bi-quadri-forsan et plurifloris.

In specimine nostro, quod masculini generis est nulloque alterius sexus vestigio in floribus praeditum, **flores** (iam effoeti) solito maiores sunt, 2½ lineas lati, late turbinati, **perian-**

thii tubo et pedunculi apice subcarnoso-incrassatis, laciniis chartaceo-membranaceis ovatis obtusis patentibus, disco lato plano, staminibus persistentibus incrassatis nec forma valde mutatis basi maxime tumidis, tanquam totidem collibus difformibus obsito. In aliis, ubi stamina plura non mutata, discus medius in tumorem fungosum ovalem vel oblongum solidum assurgens, fructus ficta specie oculos fallit.

Arbor est 15—20 pedum altitudine.

Adnotatio. An *Camphoromoeae divaricatae* forma monstrosa? Differt autem foliis minoribus, maximeque paniculis longioribus gracilibus laxis erectis minus divisis minimeque divaricatis, floribus denique, quoad ex monstrosis coniicere liceat, maioribus.

---

4. Camphoromoea venulosa N. ab E.

C. foliis elliptico-oblongis glabris reticulatis.

Persea laxa *Mart. in Herb. Bras. Monac.* (ex parte.)

Crescit in sylvis Montis formosi Provinciae S. Pauli Brasiliae alt. 2500′, ubi Decembre primos flores explicantem legit de Martius.

Similis *Camphoromoeae laxae*, sed bonis notis distincta. Arbor, ramis gracilibus divergenti-ramosissimis, dependentibus epidermide glabra nitente; lignum densum; tubus medullaris angustus, concolor. Gemma terminalis subulata, sparse strigilosa. Folia quod ad formam maxime congruunt foliis dicti arboris, 3 pollices longa, 1 pollicem lata, ovali-oblonga, petiolo quadrilineari angusto supra canaliculato instructa, basi acuminata, apice in cuspidem satis longam obtusam latiusculam fere linearem producta, utrinque glabra, minime costulata, sed nervis costalibus 4—5-nis tenuibus venuloso solutis retique venuloso subtus prominulo praedita. Paniculae aliae axillares, aliae circa rami axillaris basin nudae, squamula bracteali fugaci primum suffultae, cum pedunculo a medio diviso 1—2 pollices longae, patentes, glabrae, ramulis 4—6 brevibus alternis patulis trifloris, superioribus brevissimis, ita ut pedicelli singuli, gemini vel terni, solitarii vel fasciculati appareant. Pedicelli 1—1½ lineas longi. Alabastrum florum pyriforme. Perianthium campanulatum, chartaceo-coriaceum, glabrum, vix lineam longum, ad dimidium sexfidum, laciniis aequalibus subrotundis. Stamina floris masculini 9, perfecta, glabra; filamenta brevissima, interiorum staminum fere nulla; antherae conformes, subquadrato-ovatae, obtusae, luteae, quadrilocellatae, locellis ovalibus aequalibus uno super altero posito; sex exteriorum anticis, trium interiorum lateralibus magisque posticis. Glandulae geminatae ad basin staminum interiorum parvae, subglobosae, sessiles, in dorso illorum subconfluentes. Staminodia quarti ordinis nulla. Pistilli nulla vestigia. Arborem femineam non vidimus.

Adnotatio. Conferas *Nectandram pateriferam* p. 308, quam dubius adhuc, ob fructum solum praesentem eundemque Nectandris similem posteriori isti generi adscripsi. Si re vera, quod parum probabile, fructus iste eiusdem esse arboris inveniretur, a Camphoromoeis exularet haec species et Oreodaphnis accederet.

XXXII. **OCOTEA** *) *Aubl. Fl. Guian. II. p.* 780. Strychnodaphne *N. ab E. Laur. Dispos. Progr. p.* 17. *n.* 28. *Laur. Sellov. in Linn. VIII.* 1. *p.* 39. Ocotea *Auctt.* ex parte minima. Lauri specc. *Linn. Rich. Willd.*

Flores dioici vel polygami. Perianthium sexfidum, persistens, laciniis aequalibus. Stamina fertilia novem triplici serie, quorum tria interiora staminodiis (glandulis) binis globosis sessilibus ad basin stipata. Antherae ovatae, filamentis brevissimis suffultae, quadrilocellatae, valvulis totidem adscendentibus dehiscentes, locellis parallelis per paria uno super altero positis subaequalibus, staminum sex exteriorum anticis, trium interiorum angustiorumque posticis. Staminodia quarti ordinis nulla. Stigma (floris feminei) capitatum, depressum; stylus persistens. Fructus perianthio persistente explanato nonnihil increscente pedunculoque incrassato suffultus.

Inflorescentia: paniculae in ramuli gemmipari brevissimi axillaris vel innovationis basi nuda parvae, parum compositae.

Folia penninervia.

Rami angulati.

Adnotatio 1. Est fructus fere *Perseae,* in arbore habitus alieni, ortus a flore *Oreodaphnes.*

Adnotatio, 2. Quae apud Aubletium de fructu capsulari pluriloculari polyspermo legimus, nisi ab alieno fructu cum hoc Laurino incuria commutato explicari non potest.

---

*) Nomen alterius speciei apud Caraibas est: *Ajou-hou-ha*, ex quo, nescio quomodo, *Ocotea* effinxit Aubletius. Sonus potius idem ac *Ajouea.*

1. Ocotea puberula N. ab E.

Oc. pubescens, foliis ex oblongo ellipticis utrinque acutis reticulatis costatisque, perianthio fructus plano patente.

Strychnodaphne puberula *N. ab E. Laur. Sellov. in Linn. VIII.* 1. *p.* 39.

α. Foliis minus reticulatis ramisque et paniculis glabriusculis.

Ocotea Maximilianea *Mart. in Herb. propr.*

β. Foliis evidentius reticulatis subtus, ramis compressis tortisque petiolis paniculisque strigilosis vel pubescentibus.

Laurus puberula *Rich. in Ann. Soc. Hist. nat. Paris.* 1. *p.* 108. *Willd. Herb. n.* 7792.
Persea Richardiana *Schlechtend. in Linn. VI. p.* 366. *n.* 1142.
Laurus crassifolia *Poir. Enc. méth. Suppl. III. p.* 323. *n.* 47. *Spr. S. Veg. II. p.* 269. *n.* 22?

Varietatem α. inter frutices humiles (Trancozo) Brasiliae legit Maximilianus Ser. Princeps Vedensis. — Var. β. in Guiana, (Richard); Misantlae, in Regno Mexicano, Martio cum fructibus maturis, (Schiede). Vidi exempla Herb. Mart., Willd., et Reg. Berol. Schied.

Frutex. Rami stricti, crassi, inferne teretes superne angulosi, ramosissimi ramulis erectis, glabri vel pube tenui, in summitatibus semper obvia, strigilosi et scabri; lignum laxum, molle, levissimum; tubus medullaris angustior; cortex tenuis, insipidus. Cicatrices foliorum scutiformes. Gemmae tomentosae, bivalves; axillares ovatae, squamis duabus exterioribus brevioribus, hinc illis interioris ordinis conspicuis; terminales lanceolatae, squamis tantum duabus conspicuis. Folia diverg. $^2/_5$ posita, $3^1/_2$—7 pollices longa, 1—2 poll. lata, oblonga, in acumen longiusculum obtusum acutumve producta, basi acuta, coriaceo-chartacea, venuloso-reticulata, glabriuscula, concoloria, costa media supra (praesertim ad basin) tenuissime tomentosa, subtus cum ramis costalibus subnovenis acute prominulis scabriuscula, aetate glabrescente. Petioli $^1/_4$—$^1/_2$ pollicem longi, angusti, semiteretes, subtus glabri, supra canaliculati, tomentosuli. Paniculae (masculae) axillares, 1—3 pollices longae, quandoque in ramulo axillari brevi basi gemmiparo aggregatae, pedunculo angulato puberulo, procul a basi vel medium versus diviso; rami paniculae decrescentes, patentes, pubescenti-tomentosuli, inferiores a medio paniculati ramulis brevibus 5-3-2-1-floris, superiores (versus apicem paniculae) 5-3-2-1-flori. Squamae bracteales omnium ordinum ex ovato-lanceolatis in ovato-subulatas transeuntes, fugaces, strigiloso-tomentosulae, in cymulis ramulorum superiorum suboppositae, parvae. Pedicelli sublineares, scabriusculi. Perianthium rotatum, chartaceum, extra basin, quae scabriuscula, glabrum, laciniis subaequalibus ovalibus obtusis glanduloso-punctatis. Stamina (floris masculi) longitudine laciniarum; antherae filamento angusto paulo longiores, exteriores sex ovatae locellis quaternis ovalibus subaequalibus pari uno super altero magisque medium versus posito introrsum, tres interiores oblongae extrorsum dehiscentes, locello infero angustiori longiorique quam superiori. Glandulae geminatae globosae, sessiles. Staminodia quarti ordinis nulla. Pistillum incompletum, glabrum; ovarium lanceolatum, stylo longius; stigma parvum, capitatum, depressum. Pedunculi fructiferi parum crassiores nec longiores, puberuli. Pedicelli fructus 1—2 lineas longi, subincrassati. Perianthium fructus (in var. β.) plano-expansum, diametro fere fructus, fundo subcarnoso, laciniis chartaceis ovato-triangularibus acutiusculis aequalibus. Bacca pisi magnitudine vel paulo maior, globosa, stylo persistente brevimucronata, nigra, nitida.

Var. β. differt: ramis magis patenti-ramosis, novellis dense strigiloso-canis compresso-angulatis et quasi sulcatis tortisque, foliis 5—7 pollices longis, $2\frac{1}{4}$—$2\frac{1}{2}$ pollices latis, hinc magis ellipticis, supra magis nitidis et tersis minusque evidenter reticulatis, petiolis crassioribus acutius marginatis plerisque dense strigiloso-canis, paniculis crebrioribus divaricatis, perianthio (praesertim basi) strigiloso.

Adnotatio 1. Var. α. et β. fors diversae species sunt.

Adnotatio 2. *Lauri crassifoliae* Poir. synonymon ad varietatem β. fide Herbarii Willdenoviani adduximus; repugnant autem haud pauca. Verba Poiretii haec sunt:

„*Laurus* (*crassifolia*) foliis perennantibus coriaceis ovatis obtuse acuminatis supra lucidis subtus cinereis, fructibus ovatis pubescentibus.“

„Haec arbor lecta est in Guiana a cl. Richard. Vidi in Herb. Desfont.“

„Distinguitur foliis coriaceis crassis ovatis integerrimis marginibus nonnihil revolutis obtuse acuminatis 2 — 3 pollices longis supra lucidis subtus pallidis et cinerascentibus, ramis costalibus distantibus obliquis. Flores non vidi. Non nisi unum fructum observavi lateralem, pedicello mediocri praeditum solitarium ovatum pubescentem flavescentemque nucis parvae volumine, calyculo parvo basi suffultum."

---

2. Ocotea lanceolata N. ab E.

Oc. glabra, foliis lanceolatis utrinque attenuatis obsolete venosis, perianthii laciniis sub fructu reflexis.

Strychnodaphne lanceolata *N. ab E. Laur. Sellov. in Linn. VIII.* 1. *p.* 39. *n.* 1.

In Brasilia tropica cum fructu immaturo legit Sellovius. (Herb. Reg. Berol. n. 1267. ex parte).

Rami vel iuniores glabri, divaricato-ramosi, adulti teretes, in iuventute subtrigoni; cuticula subfusca, in adultioribus sparsim lenticellata; lignum laxiusculum, rufescens; corticis subfusci odor nec sapor ullus. Cicatrices foliorum truncatae. parum prominulae, lunatae. Gemma terminalis ovata, acuta, bivalvis, substrigilosa, basi squamis nonnullis brevioribus obtusis gemmulisque partialibus aucta. Folia diverg. $^2/_5$, alterna, per paria approximata oppositave, conferta, patentia, 4 pollices longa, 8—9 lineas lata, lanceolata, acuminata, basi acuta, chartaceo-rigidula, dense venuloso-reticulata, glabra, venis costalibus 6—9-nis debilibus parum conspicuis solutis praedita. Petioli 2—3 lineas longi, lati, depresso-plani, acute marginati, glabri. Flores non vidi. Pedunculi fructiferi ad basin gemmae terminalis revera nudi, ad speciem e foliorum ibidem confertorum axillis nascentes, $^1/_2$—2 pollices longi, compressi, sparsim puberuli dein glabrescentes, a medio thyrsoideo-racemiflori, i. e. ramulo uno alterove inferiorum brevi trifloro, reliquis floribus solitariis; ubi brevior est communis pedunculus, idem vel racemulum pauciflorum brevem densumque, vel parvam fert cymulam fereque capitulum 3—5-florum. Pedicelli brevissimi, puberuli, in perianthii tubum hemisphaerico-explanatum supra planum pubescentem transeunt, in cuius ambitu laciniae ovatae obtusae chartaceae reflexae pubescentes tubi fere longitudine persistunt. Bacca (immatura) pisi magnitudine, perianthio paulo latiori imposita.

3. Ocotea Lhotzkii N. ab E.

Oc. dense sericeo-subtomentosa, foliis oblongis costato-venosis margine revolutis subtus nitidissimis, racemis axillaribus angustis.

In Brasilia legit Lhotzky. Vidi specimen femineum, a cl. Schott benigne traditum.

Ramulus biennis, inferne teres, striatus, aphyllus, superne foliosus et inter folia compresso-angulatus, ex apice innovans, in parte annotina tomentulo tenui griseo opaco, in hornotina densiori laete ferrugineo vestitus; cortex tenuis, fuscus; ligni-stratum infirmum; tubus medullaris amplus, teres, medulla albida farctus. Cicatrices foliorum in ramulo, quem coram habeo, desiderantur. Gemmae in apice innovationis confertae, ovatae, obtusae, ferrugineae; terminalis maior. Folia per paria approximata et in apice rami magis conferta, distributione ex meo specimine haud eruenda, $5\frac{1}{2}$ — $3\frac{1}{4}$ pollices longa, $1\frac{1}{4}$ — $1\frac{3}{4}$ pollices in medio lata, oblonga, apice et basi regulari modo decrescentia, apice acutiusculo aut obtusiusculo, basi obtusa et subinaequalia, margine anguste at evidenter revoluta, fere coriacea, supra laxe pubescentia et opaca, subtus serico subtomentoso in siccis griseo-argenteo nitidissimo tecta, utrinque laxiuscule at conspicue reticulata, nervis costalibus subnovenis arcuatis subtus valde prominulis in ambitu arcu tenui laxo coniunctis praedita, quorum duo infimi basi et margini proximi. Petioli 4 — 6 lineas longi, crassi, subtetragoni, supra laminam versus sulco medio duobusque sulcis integris lateralibus insculpti, ferrugineo-tomentosi. Racemi e gemmae axillaris brevisque basi solitarii (forsan in aliis plures), $1\frac{1}{2}$ pollices longi, erecti; rhachis trigona, nonnihil flexuosa, ferrugineo-tomentosa, a basi fere florens; ramuli racemi brevissimi, vix $\frac{1}{3}$ lineae longi, triuniflori, cum rachi tomentosi. Pedicelli $\frac{1}{2}$ — $\frac{3}{4}$ lineae longi, recurvi, tomento tenuiori vestiti sicuti et perianthia. Perianthium (femineum) lineam 1 altum, campanulatum, rigidulum, extus et in fundo strigilosum, ad medium usque sexfidum, laciniis erecto-patulis aequalibus ovatis obtusis obsolete trinervibus et pellucido-punctatis tenuioribus. Stamina novem, limbo duplo breviora, incurva; filamenta antheris breviora at vix angustiora, strigilosa; antherae sex exteriores ovatae, obtusae, incompletae, pleraeque non nisi vestigio locelli inferioris praeditae, aliae autem et quadrifoveolatae, pellucido-punctatae; antherae tres interiores subtetragonae, in filamentum transeuntes, truncatae, extrorsum bilocellatae, solo in his locello supero residuo. Glandulae geminatae ad horum staminum basin globosae, sessiles. Staminodia quarti ordinis nulla. Pistillum iam grossificatum; ovarium ovato-subglobosum, glabrum; stylus brevis, crassus; stigma discoideum, subtrilobum. Fructum non vidi.

Adnotatio. Habitu accedit *Ocoteae puberulae*, integumento autem *Ocoteis Guianensi* et *sericeae*, a quibus tamen longius distat tum nervatione fortiori, tum defectu sulcorum obliquorum folio impressorum, tum etiam inflorescentia angustissima.

---

4. Ocotea Guianensis Aubl.

Oc. foliis lanceolatis acuminatis subtus oblique plicato-bisulcis paniculisque axillaribus divaricatis argenteo-sericeis.

Ocotea Guianensis *Aubl. Fl. Guian. II. p.* 781. *t.* 310. *Willd. Herb. n.* 7816.

Crescit in Guianae sylvis; floret Aprili; maturat fructus Iunio; *Ajou-hou-ha* incolarum, (Aublet). In sylvis ad Parà, Provinciae Paraënsis Brasiliae, sterilem legit Martius; ad Egam iuxta flumen Amazonum Poeppig.

Descriptione Aubletiana nihil est luculentius, dum nomina aliena mutaveris. Arbor, triginta pedes alta, pedum duorum diametro; cortice griseo, rimoso; ligno albo, non compacto. Comae rami centrales erecti, peripherici fere horizontales, omnes valde ramosi. Rami iuniores argenteo-sericei, costis obtusis, singulis a singulo folio descendentibus quinquangulares. Cicatrices foliorum subtrigonae. Gemmae bivalves, argenteo-sericeae. Folia diverg. $^2/_5$, approximata, patentia, coriacea, 6 pollices longa, infra medium $1^1/_4$ poll. lata, acuminata, basi cuneata in petiolum brevem costa crassa divisum margine reflexum attenuata, supra reticulata glabra, subtus dense argenteo-sericea, venis costalibus pluribus parum distinctis. Plicae sulciformes, in utraque pagina folii, maxime tamen in inferiori pagina conspicuae, hanc arborem ab omnibus praeter sequentem distinguunt; quarum altera haud procul a basi folii e margine exorta anguloque acuto cum costa coniuncta, vix semiunciam longa est; altera, pollicari circiter spatio ex opposita folii margine prodiens, ad apicem fere cum costa concurrit. Paniculae e superiorum foliorum axillis, 2—4 pollices longae et ampliores, totae argenteo-sericeae, a basi divisae, rhachi ramisque rigidis angulatis; rami paniculae patentes, inferiores ipsi paniculati, superiores et inferiorum ramuli semel bis terve dichotomo-cymulosi. Flores ob pedicellos breves subagglomerati, sericei, chartacei, albi, suaveolentes. Bracteae omnium graduum ovatae vel oblongae, ventricosae, membranaceae, sericeae, serius deciduae. Perianthium late campanulatum; laciniae obtusae, pellucido-punctatae, obsolete nervosae; exteriores ovatae, interiores ovales angustiores. Stamina (floris feminei) glabra, brevia; sex exteriorum filamentis brevissimis, antheris late ovatis obtusis introrsum quadrilocellatis, locellis parvis ovatis uno super altero posito; tria interiora basi dorsoque granuloso-spongiosa sessilia, basi carne spongiosa cohaerentia; antherae angustae, tetragonae, extrorsum et a latere bilocellatae, locello supero minore subrotundo. Glandulae ad basin exteriorem horum staminum geminae, sessiles, parvae, subglobosae, compressae. Staminodia quarti ordinis nulla. Pistillum glabrum, longitudine staminum; ovarium oblongum; stylus ovario longior, crassus, trigonus; stigma peltato-trigonum, depressum.

Adnotatio. Fructus (ex Aubletio) capsula globosa pisi magnitudine, tecta perianthio, 4—5—6-locularis, polysperma, ad basin 4—6-valvis. Semina minuta??

Quae quidem fructus conditio Laurinae plantae esse non potest; igitur, cum omnis reliqua structura Laurinam indicet, neque fructus ab Aubletio pingatur, errorem versare in his de fructu adversariis pro certo accipio.

5. Ocotea sericea H. et K.

Oc. foliis oblongis argute acuminatis in petiolum latum attenuatis subtus trisulcis paniculisque axillaribus sericeis.

Ocotea sericea *Humb. et Kunth Nov. Gen. et Sp. pl. II. p.* 162. *n.* 4. *Kunth Synops. I. p.* 436. *n.* 4.

Persea argentea *Spr. S. V. II. p.* 269. *n.* 32.

Laurus Surca, foliis oblongis cuspidatis basi angustatis subtus sericeo-pubescentibus. *Willd. Herb. n.* 7797. (Ramus sterilis, foliis singulari modo ab insectis erosis; exemplum Humboldtianum.)

Crescit in alta planitie Novo-Granatensi, iuxta S. Fè de Bogota, alt 1370. hexap. (de Humboldt.) Vidi specimen sterile in Herb. Willd.)

„Rami teretes, rugosi, glabri; ramuli sericei. Folia alterna, sessilia, oblonga, acuminata, basi angustata, integerrima, reticulato-venosa, coriacea, supra glabra viridia, subtus argenteo-sericea, duos et dimidium pollices longa, decem lineas lata. Paniculae axillares, pedunculatae, folio breviores. Pedunculi, pedicelli ramique paniculae pubescentes. Bracteae lineares, pubescentes, tres aut quatuor lineas longae. Flores magnitudine floris Anchusae officinalis. Calyx sexfidus, externe sericeo-pubescens; laciniis ovatis, obtusis, patentibus, subaequalibus. Stamina fertilia novem calyce multo breviora; tria interiora basi biglandulosa. Filamenta clavata; antherae quadriloculares; loculi ut in praecedentibus*). Stamina sterilia tria? Ovarium ovatum, glabrum. Stylus erectus, crassus, teres, glaber, stamina subaequans. Stigma dilatatum. Fructus ignotus."

„Ab Ocotea Guianensi Aubl. vix diversam crediderim, nisi flores quadruplo maiores essent."

Adnotatio. Ab *Ocotea Guianensi* non modo floribus differt, sed etiam foliis multo brevioribus et quam pro longitudine latioribus argutius cuspidato-acuminatis, supra laxius reticulatis, subtus non tam pulchre argenteo-micantibus, maximeque plica seu sulculo tertio, a sulculo longiore apicem versus discendente et fere in medio costae coniuncto, angulo acutissimo, (quod nunquam in Ocoteae Guianensis foliis vidi), tum ipso hoc sulculo longiori iuxta apicem costae parallelo, in marginem excurrente, nec costam ante apicem petente. Alia, quae distinguunt, e descriptione Kunthiana illucent.

*) *Ocoteis (Oreodaphnis) psychotrioide et umbrosa.*

XXXIII. GYMNOBALANUS N. ab E. *Laur. Dispos. Progr. p.* 17. *n.* 29. *Laur. Sellov. in Linn. VIII.* 1. *p.* 38. Lauri spec. *Auctt.*

Dioicus. Perianthium sexpartitum laciniis subaequalibus, totum deciduum. Flos masculus: Stamina novem triplici serie posita; filamenta brevia; antherae oblongae, locellis quaternis uno utrinque super altero posito, valvulis totidem adscendentibus dehiscentes; tres interiores extrorsum conversae. Glandulae binae globosae sessiles ad basin staminum trium interiorum. Staminodia quarti ordinis nulla. Pistillum incompletum, stylo elongato. Flos femineus minor. Stamina ut in mare sed incompleta. Ovarium crassius; stylus vix ovarii longitudine; stigma discoideo-umbilicatum, latius quam in masculo flore. Bacca imposita pedicello incrassato, perianthii vel nullis omnino vestigiis praedito vel sola eius basi brevi acutaque, nec eo latiori, apice marginato.

Inflorescentia: thyrsuli parvi, in planta feminea subspicati, axillares, bracteis caducis.

Folia in axillis venarum subtus porosa et supra ibidem tuberculata.

1. Gymnobalanus Minarum N. et M.

G. foliis oblongo-lanceolatis subtus puberulis axillis nervorum costalium subtus porosis supra tumidulis. *N. ab E. Laur. Sellov. in Linn. VIII. 1. p. 38. n. 1.*

Ocotea Minarum *Mart. in Herb. Bras. Monac.*

α. Hermaphrodito-masculus; floribus amplioribus subracemosis, foliis brevioribus oblongo-lanceolatis nitidulis puberulis vel glabriusculis.

In sylvis ad Mariana Provinciae Minarum generalium Brasiliae, (de Martius); aliis in locis Brasiliae, (Sellow in Herb. Reg. Berol. n. 5636 (XCIII.)

β. Feminea arbor; angustifolia, floribus minoribus magis thyrsoideis.

Persea tubigera *Mart. in Herb. Bras. Monac.*

In sylvis, Capoës dictis, iugi Serro frio Provinciae Minarum generalium Brasiliae passim, Augusto mense in anthesi novellisque cum fructibus, (de Martius); in Campis ad Ypanema et Ytu Provinciae St. Pauli, Ianuario cum fructibus, (idem.)

Arbor 30′ altitudine, Salici cinereae haud absimilis. Rami inferne teretes glabri, superne angulati et apicem versus pubescenti-sericantes, incani; lignum densum, durum; cortex tenuis, pallidus, insipidus. Cicatrices foliorum parvae, scutatae. Gemmae lanceolato-acuminatae, argenteo-sericeae. Folia diverg. $^2/_5$, interdum $^3/_8$, in forma *α* $2^1/_2$—$4^1/_2$ pollices longa, 9—14 lineas lata, ex oblongo lanceolata, utrinque attenuata, acumine obtuso, minora saepe omnino obtusa, basi cuneatim attenuata, iuniora pubescentia, adultiora glabrescentia, omnia laxe reticulata nervisque costalibus 6—9-nis tenuibus parum prominulis divisa, quorum axillae in plerisque foliis (ut in Camphora genere) praesertim in adultioribus supra tuberculi obtusi forma tument, inferne autem poro triangulari vel ovali hiant, corpus glandulosum in fundo foventes. Petioli $1/4$ poll. ad 1. lin. longi, trigoni, tomentoso-cani. Racemi circiter pollicares vel paulo longiores, e foliorum supremorum axillis, toti pubescenti-tomentosi, pauciflori, pedunculati. Pedunculi seu ramuli brevissimi, uni-triflori, ante anthesin bractea caduca oblonga obtusa tomentosula suffulti. Bracteolae duae, oppositae lanceolatae obtusae caducae, ad basin pedicellorum, cum singulorum, tum lateralium fasciculi triflori. Pedicelli vix lineam longi, tomentosi. Flores cernui. Perianthium late campanulatum, 3 lineas latum, extus et intus pubescenti-subtomentosum; tubus brevis; limbi laciniae ovato-oblongae, obtusae, trinerves, pellucido-punctatae; exteriores paulo latiores nervis evidentioribus. Stamina novem forma et magnitudine aequalia; filamenta antheris duplo breviora, glabra; antherae oblongae, pellucido-punctatae, locellis quatuor uno super altero posito dehiscentes, quorum inferiores maiores oblongi vel lineares, superiores magisque interiores minores ovales; sex exteriores anticae; tres interiores posticae, locello infero magisque postico lineari. Glandulae duae ad basin staminum trium interiorum globosae, sessilis. Staminodia quarti ordinis nulla. Pistillum staminum longitudine, glabrum; ovarium ovatum; stigma discoideo-depressum. Post anthesin laciniae sutura arcuata cadunt, quo facto tubus increscens cyathiformis limbo sexlobo fructum circumdat, mox penitus fere recto apparet margine et baccam globosam mucronatam piso maiorem ad medium laxe cingit. Pedunculi paniculae femineae graciliores sunt quam masculae, paulo longiores paucosque perficiunt fructus.

In Forma α rami valde ramosi sunt.

In Forma β rami magis simplices et elongati, densius tomentosi; folia angustiora, ($4^3/_4$ poll. longa et vix 10 lin. lata), magis pubescentia, tuberculis porisque axillaribus nervorum costalium magis conspicuis; pedunculi ex omnibus fere axillis, paulo longiores, ob ramulos omnes fere trifloros thyrsoidei; flores plus dimidio minores, staminibus effoetis minoribus non dehiscentibus. Ovarium crassius; stylus brevior; stigma est latius. Pedunculi fructiferi $3/4$—$1^1/_4$ pollices longi, axillares, crassiusculi, rigidi, angulati, iam glabriusculi, cicatriculis pedicellorum plurium abortientium notati, plerique solo terminali flore, nonnulli uno alterove lateralium ad fructum evolutis. Horum pedicelli (iam fructu orbati) 2—6 lineas longi, crassi, rugulosi, cylindrici vel obconici, calycis tubum residuum mentientes, apice truncati, depresso-marginati a perianthio basi soluto obsolete hexagono, disco, cui bacca inhaerebat, subrotundo. Bacca ¾ pollicis longa, ovalis vel pyriformiovalis, obtusa, laevis, nitidissima, carne, uti videbatur, molli et unctuosa.

Adnotatio. Formam huius arboris monstrosam, floribus plenis globosis capitulum dense bracteatum tomentosum sistentibus, Herbarium Regium Berolinense exhibet sub n. 1380, a Sellovio lectam. Stamina in huius floribus omnia in sepala mutata magisque tomentosa sibi incumbunt; occurrunt autem inter huiuscemodi flores rariores aliquot perfecti feminei generis.

In nonnullis floribus monstrosis, quos aqua emollitos examinavi, sepala coriacea, intus et extus strigiloso-sericea, 24 et plura etiam inveni, quorum exteriora oblonga, interiora breviora et latiora, subrotunda, angulata, quandoque et lacera et complicata ob oculos cadebant. Locellorum antherarum nulla vestigia aderant, nisi in illis, quae obsolete triloba foveolam ad sinum lobi singuli ostendebant. In centro foliola 2—3, (quorum unum perfectius,) purpurea, glabra, singula apice in stylum, stigmate capitato coronatum convoluta, inferiora versus cucullato-ventricosa, folia tot carpellaria dissoluta prodidere. Ovulorum vestigia nulla inveni.

---

2. Gymnobalanus Guianensis N. ab E.

G. foliis oblongis basi cuneiformibus glabris supra nitidissimis, axillis venarum costalium nudis.

E Guiana retulit Martin. Vidi in Herb. Kunthiano exemplum Musei Parisiensis, cum fructibus absque floribus.

Ramus crassus, quadrisulcatus, lenticellis parvis inspersus, pulverulento-tomentosulus, griseus; lignum lutescens, densum; medulla ampla. Cicatrices foliorum semicirculares, planae, areola media lunata. Gemmae subulatae, parvae, incanae. Folia 5—6 pollices longa, 1½—1¾ pollices lata, apicem quam basin versus latiora, obtuse acutata, basi cuneiformia, chartacea, rigidula, glabra, utrinque aequaliter laxe reticulata, venis intercostalibus sat distinctis, costalibus subnovenis subtus prominulis subsimplicibus, axillis nudis, supra nitidissima, subtus pallidiora et quandoque subpuberula; costa media subtus prominente puberula. Petioli circiter semipollicares, trigoni, pubescentes, supra acute canaliculati. Pedunculi communes folia aequantes, compressi, strigoso-tomentosuli, a medio fere paniculato-divisi, ramis patentibus cicatricibus tuberculatis, mono-dicarpis. Pedicelli 2—3 lineas longi, 1—1½ lineas crassi, obconici vel cylindrici, rugulosi, statu recenti probabiliter rubri, glabri, apice excavati limboque a calycis basi residua integra acutaque marginati. Bacca ½ pollicem alta, ovata, obtusa, apicem versus hinc inde setula inspersa, in sicco lutescens. Flores non vidi.

SPECIES DUBIA.

? 3. Gymnobalanus Catesbyanus N. ab E.

G. foliis lato-lanceolatis ramulisque glabris nitidis axillis venarum costalium nudis, paniculis breviuscule pedunculatis, perianthii laciniis oblongis obtusis subaequalibus deciduis.

Laurus Catesbyana *Mich. Fl. bor. Am. I. p.* 244. *Pursh Fl. Am. septentr. I. p.* 275. *n.* 1? *Spr. S. Veg. II. p.* 265. *n.* 6? *Poir. Enc. méth. Suppl. III. p.* 321. *n.* 4.

Laurus Catesbaei *Pers. Synops. I. p.* 449. *n.* 17. *Nutt. Gen. Am. I. p.* 258. *n.* 1.

Laurus borbonia var. *α Lam. Enc. méth. III. p.* 450. *n.* 12. (*ex parte.*)

Laurus aestivalis *Mill. dict. n.* 8. *Willd. Sp. pl. II.* 1. *p.* 484. *n.* 32. *Baumz. p.* 208. (*adnot. ad Laur. Benzoin.*)

Laurus baccis atro purpureis, pedunculis rubris insidentibus. *Clayt. Virg. n.* 483. (*ap. Gronov. p.* 63.)

Cornus foliis salicis Laureae acuminatis, floribus albis, fructu Sassafras. *Catesb. Carol. II. p.* 23. *t.* 28

Crescit in Florida calidiore et Bahama, (Michaux); in oris maritimis Carolinae et Floridae, (Pursh).

„Arbuscula 6—9 pedum altitudine. Superstes calycis fructiferi pars parva, quasi crenata. Bacca ovata, nigra. Stamina perfecta 6. Nectarium trifidum circa ovarium." — Huius arboris specimina haud vidi.

Adnotatio. Non dubito, quin huius sit generis, sed valde dubius sum, utrum planta a Purshio descripta ad nostram, an potius ad aliam speciem spectet.

Tribus X.

FLAVIFLORAE.

Dioecae vel polygamae. Staminodia nulla. Stamina novem. Antherae bi-quadrilocellatae, omnes introrsum dehiscentes. Perianthium rotatum, tenue, flavum. Bacca pedicello subnudo quandoque incrassato imposita.

Racemuli vel umbellulae praecoces, involucratae aut bracteatae.

Gemmae perulatae.

Folia membranacea, decidua.

Arbores et frutices Americae septentrionalis et Nepaliae alpinae.

Genera:

Sassafras. Antherae quadrilocellatae. Inflorescentia racemulosa.

Benzoin. Antherae bilocellatae. Inflorescentia umbellulata, involucrata.

Species e tribu Tetrantherearum ob folia decidua huc referendae:

Tetranthera aestivalis et *Tetranthera sericea*.

XXXIV. SASSAFRAS *N. ab E. Laur. Disp. Progr. p.* 17. *n.* 30. *Wall. pl. As. rar. II. p.* 61. Lauri spp. *Lin. et Auctt.* Evosmi spec. *Nutt.*

Flores dioeci. Perianthium sexpartitum, membranaceum, laciniis aequalibus basi persistentibus. Flos masculus: Stamina antherigera novem perfecta, triplici serie disposita, quorum tria interiora staminodiis geminis stipitatis liberis crassis stipata. Antherae lineares quadrilocellatae, omnes introrsum dehiscentes, locellis inferioribus lateralibus superioribus a valvulis inferiorum obtectis. Pistilli rudimentum nullum. Flos femineus staminibus sterilibus tot, quot mari sunt, vel paucioribus; interioribus saepe cum staminodiis in unum corpus coalitis. Bacca pedicello apice incrassato carnosoque, et perianthii laciniis integris non mutatis distractisque sublobato imposita.

Inflorescentia praecox, racemosa, subcorymbosa, e basi innovationis inter squamas deciduas progenita, pedunculata, vel fasciculata.

Gemmae foliigenae perulatae.

Folia alterna, decidua. Flores flavi.

1. Sassafras officinale N. ab E.

S. foliis basi cuneiformibus ovalibus integris vel apice dilatatis trilobisque subtus grosse venosis gemmisque pubescentibus, racemis sub anthesi laxis.

Sassafras officinale *Fr. N. ab E. et Eberm. Handb. der med. pharm. Bot. II. p.* 418. *Kunth. Anl. p.* 162.

Laurus Sassafras *Linn. Hort. Cliff. p.* 154. *Mat. med. p.* 108. *Willd. Sp. pl. II.* 1. *p.* 485. *n.* 34. *Pers. Synops. I. p.* 450. *n.* 40. *Lam. Enc. méth. III. p.* 454. *n.* 24. *Dict. des sc. nat. XXV. p.* 343. *Gron. Fl. Virg. p.* 46. *Clayton apud Gronov. p.* 62. *n.* 56. *Cold. Noveb. p.* 94. *Kalm. it. II. p.* 270. *n.* 434. *Mich. Fl. bor. Am. I. p.* 244. *North. Americ. sylva. II. t.* 81. *Pursh Fl. Am. Sept. I. p.* 277. *n.* 6. *Nutt. Gen. Am. I. p.* 259. *n.* 7. *Du Ham. Arb. I. p.* 330. *n.* 7. *Du Roi Harbk. w. Baumz. I. p.* 336. *Willd. Baumz. p.* 208. *n.* 3. *Hayne dendrogr. Fl. p.* 82. *n.* 3. *Mill. Dict. n.* 7. *Roy. Lugdb. p.* 227. *Willd. En. H. Berol. I. p.* 435. *Link. En. I. p.* 389. *n.* 3909. *Handb. I. p.* 389. *n.* 7. *Blackw. Herb. III. t.* 267. *Fr. Nees ab E. Plant. med. t.* 131. *Trew-Ehret t.* 59, 60. *Gieseke ic. fasc. I. n.* 9.

Persea Sassafras *Spr. S. Veg. II. p.* 270. *n.* 38.

Sassafras. *Ray. Hist. p.* 1368.

Cornus mas odorata, folio trifido, margine plano, Sassafras dicta. *Pluk. Alm. t.* 222. *f.* 6. *Catesb. Carol. I. p.* 55. *t.* 55. *Hort. p.* 17. *n.* 30. *Seligm. Av. II. t.* 10.

Sassafras arbor, ex Florida, ficulneo folio. *C. B. Pin. p.* 431.

Sassafras, lignum Pavanum *I. B. Hist. I. p.* 483.

Sassafras Monardi. *Dalech. Hist. p.* 1736.

β. Foliis plerisque indivisis.

Cornus mas, s. Sassafras Laurinis foliis indivisis. *Pluk. Amalth. p.* 66.

Crescit in sylvis et ad ripas fluviorum a Canada ad Floridam usque. Floret Martio et Aprili. Vidi vivum cultum et siccum spontaneum.

Arbor, in regionibus Americae septentrionalis calidioribus 20—30 pedum altitudine, pedem crassa, in Virginia et Canada fere fruticosa, 8—10-pedalis. Radix repens, turiones promens. Coma ampla, patens. Rami teretes, laxi, tenaces, cortice adultiorum tenacissimo laevi glabro virente, siccato lutescente tenui, novellorum ramorum tomento denso strigiloso ferrugineo tecto; lignum griseum, rude, leve, odoris seminum foeniculi. Cicatrices foliorum prominulae, marginatae, lunatae. Gemmae ovatae vel subglobosae, adultae glabrae, novellae griseo-tomentosae, squamis 4—6' subrotundis obtusis scariosis, quarum exteriores breviores. **Folia** valde diversiformia, diverg. $^2/_5$ posita, inferiora 3—6 pollices longa $1^1/_2$—2 pollices lata, minora utrinque obtusa, maiora basi apiceque acuta, suprema vegetioraque denique vere cuneiformia, 8—10 pollices longa, ubi latiora 4 pollices lata, triloba, sinubus profundis at obtusis, lobis acutis, medio latiori ovali, lateralibus oblongis; cuncta autem folia integerrima, membranacea, laete viridia; supra glabra, subtus tenuiter puberula, laxe reticulata nervisque costalibus subsenis prominulis praedita, quorum infimi suboppositi anguloque acutiori egredientes apicem petere videntur et foliis trilobis fundamento sunt; superiores autem, debiliores facti, fere evanescunt. **Petioli** $^1/_2$ pollicem longi, haud fortes, pubescentes, subtus convexi, supra canaliculati; adulti glabrescentes, rubicundi. **Racemi** ad basin ramorum proveniunt. **Bractea** sub singulo pedunculo e squama gemmae interiori orta, membranacea, pallida, lanata, oblonga, basi attenuata, fere pollicaris, caduca. Masculi racemi circiter pollicares, 5—7-flori. **Pedunculus communis** gracilis, compressus, villosulus, a medio florens. **Pedicelli** bilineares, graciles, villosuli, subopposititi. **Bracteola** sub singulo subulata longitudine pedicelli, membranacea, villosa, decidua. **Flores masculi** rotati, lutei, 3—$3^1/_2$ lineas lati, sexpartiti, glabri, laciniis aequalibus distantibus oblongis obtusis membranaceis trinervibus sparsim glanduloso-punctatis. **Stamina** longitudine perianthii, glabra, aequalia; filamenta filiformia, antheris duplo longiora; antherae oblongo-subrectangulae, obtusae, flavae, membranaceae; loculli oblongi, bini superiores minores magisque approximati. **Glandulae** ad basin staminum trium interiorum magnae, collaterales, subrotundae, compressiusculae, luteae, brevistipitatae. **Pistilli** vix ulla vestigia. **Flores feminei**, ut in generis charactere exhibentur, masculinis minores. **Staminodia** saepe sex, capitulo ovato-cordato distincto. **Racemi fructiferi** masculinis paulo longiores, at fortiores, glabri. Tempore maturescentis fructus pedicelli ad $^1/_2$—$^3/_4$ pollicum longitudinem increscunt, a basi apicem versus magis tument abeuntque in cupulam, maximam partem a pedicello formatam et a limbi laciniis integris valde in latitudinem extensis obsolete sexlobam, infundibuliformem 3—4 lineas latam angulatam carnosam laete sanguineam.

2. Sassafras albidum N. ab E.

S. foliis basi cuneiformibus ovalibus integris subtrilobisque glaberrimis subtus subtiliter venosis, gemmis ramisque novellis glaucescentibus glabriusculis, racemis sub anthesi globoso-compactis.

Evosmus albida *Nutt. Nov. Gen. Am. I. p.* **259.** *n.* **8.**
Tetranthera albida *Spr. S. Veg. II. p.* **267.** *n.* **14.**

In Carolina septentrionali et australi a Catawbae montibus ad oras orientales Santee vulgatissima species, crescens in societate *Sassafras communis*, quod quidem in Carolina septentrionali rarior ista. Nuttall. — Vidi specimen e Novo Aureliano missum in Herb. cl. Walker-Arnott.

Arbor. Differt a praecedente glabritie partium et ramorum glaucedine, foliis tenuioribus, petiolis longioribus, maxime autem floribus sub anthesi glomeratis plus tertia parte minoribus, (2 — $2\frac{1}{2}$ lineas latis angustioribus rariusque expansis. — Squamae gemmae florentis ut in Sassafras officinali sericeo-villosae. Pedicelli etiam villosi. Pedunculus communis vix 3 lin. longus. Reliqua ut in praecedente. Antherae breviores, magis ovatae. Radice est alba multoque magis camphorata, quam commune Sassafras; gemmae autem et rami teneri largiori gaudent mucilagine, quam ob rem Ochrae (Hibisco esculento) in cibum substitui aptior.

Flos femineus mari similis, loco staminum autem gaudet staminodiis sex duplici serie positis, glabris, capitulo cordato-triangulari longitudine stipitis praeditis. Reliqua ut in *Sassafras officinali.*

„*Sassafras albi* vel *glabri* appellatione hanc speciem indigenae omnes ab altera, quae *Sassafras rubrum* dicitur, distinguunt." Nutall. l. c.

3. Sassafras Parthenoxylon N. ab E.

S. foliis subtriplinervibus opacis, corymbulis terminalibus sub anthesi foliolosis.

Camphora Parthenoxylon *N. ab E. in Wall. pl. As. rar. II. p.* 72. *n.* 3.
Laurus Parthenoxylon *Jack. Mal. Misc. I. n.* 5. *p.* 28. *Hook. Bot. Misc. IV. et V. p.* 76. *Wall. Cat. n.* 2602.
Laurus porrecta *Roxb. Hort. Calc. p.* 30.
Laurus Pseudo-Sassafras *Blume Bydr. p.* 573.

Crescit in Penang, (Jack et Wallich); in Sumatra, unde a cl. C. Campbell a. 1803 in Hortum Calcuttensem illatum est, (Roxb.). In sylvis Sumatrae frequens, (Jack in Hook. Miscell.); in Javae insulae sylvis provinciarum Buitenzorg et Tjanjor, (Blume). In horto Calcuttensi florebat mensibus temperatis, fructumque maturum praebuit mense Maio. In Java insula fructificantem non invenit Blumius noster.

Nomen malaicum *Cayoo-gaddees,* (Roxb.); Javanicum *Huru Mentek,* (Blume).

Arbor valida. Rami adulti teretes, iuveniles tetragoni lateribus inaequalibus; omni statu glabri, nitiduli, striati, aequales, fuscescentes, patentes; stratum corticis fuscum, tenue, sapore debili camphorae; lignum molle, porosum, rufescens, subsericans, odore grato aromatico subdulci, ligni Sassafras subsimili; tubus medullaris amplus. Cicatrices foliorum mediocres, verruciformes, truncatae, semicirculares vel subrotundae, disco nonnihil elevato, pallidae. Ramuli novelli basi incrassati a cicatricibus squamarum gemmae ruguloso-annulati, annulis ferrugineis subimbricatis. Gemmae foliigenae ad apicem ramuli axillares, ovatae, obtusae, dense multifariam imbricatae, squamis chartaceo-coriaceis orbiculatis obtusis, disco flavido-sericeis, in ambitu membranaceis fuscescentibus glabris. Folia diverg. $^2/_5$, erecta, cum petiolo $5^1/_2$—6 poll. longa, $1^3/_4$—$2^1/_4$ poll. lata; inferiora minora, elliptica, basi acuta rarius obtusa, apice brevicuspidata cuspide acuta, chartacea, viridia nec lucida, glabra, subtus pallidiora et in sicco statu hinc inde pruinosa, subtriplinervia, scil. ramis duobus suboppositis longo supra basin spatio e costa prodeuntibus ultra medium folium apicem versus tendentibus proximisque abhinc ramis lateralibus coniunctis iisque non conspicue fortioribus, reliquis autem ramis pennatim alternis, arcubus venosis citra margines coëuntibus; rete venosum laxum, tenue, areis saepe interruptis. Petioli $1\frac{1}{4}$ pollices longi, angusti, glabri, tenui margine cincti. Ramus florens (in nostro exemplo) foliis iam delapsis nudus, alternatim ramosus, ramulis ad apicem in ramulos novellos 2—4 approximatos fastigiatos basi grosse annulatos apice foliosos a basi florigeros divisis. Flores corymbosi, corymbis paucifloris in ramulo modo evoluto corymbosis, inferioribus nudis, superioribus folio parvo pollicis tres quadrantes longo ovato acuto longe petiolato glabro suffultis, erectis. Pedunculus communis filiformis, glaber, basi longo spatio nudus, apice divisus. Pedunculi inferiores oppositi bi- vel triflori, medii alterni uniflori, apex inflorescentiae saepe triflorus. Pedicelli graciles, glabri, circiter bilineares vel ultra. Perianthium vix lineam latum, rotatum, extus glabrum, intus undique albo-tomentosum, coriaceum; tubo brevi obconico; limbo sexfido aequali, laciniis ovatis obtusis grosse pellucido-punctatis nervosis in disco interno tomentosis margine glabris, deciduis. Stamina fertilia novem, perianthio breviora; filamenta antheris dimidio longiora, crassa, glabra, basi tomento perianthii extus paullo altius adscendente involuta; antherae subquadratae, truncatae, pellucido-punctatae, quadrilocellatae, locellis omnibus introrsum dehiscentibus ostiolis parvis subrotundis; valvulae conformes, lutescentes. Glandulae geminatae sex, ovatae, compressae, brevissime stipitatae, luteae ad basin staminum trium interiorum. Staminodia tria, in quartam seriem posita, stipitata, in dorso lamina glandulosa tecta, solo apice prominulo, capitulo lanceolato. Pistillum longitudine staminum, glabrum; ovarium ovatum; stylus subulatus, ovario duplo brevior; stigma discoideum, emarginato-bi- vel trilobum. Odor florum tritorum valde camphoratus. Fructus non occurrebat.

XXXV. BENZOIN *N. ab E. in Wall. pl. as. rar. II. p.* 61. *et* 63. *n.* 3. *Laur. Dispos. Progr. p.* 17. *n.* 31. (Lauri specc. *Linn.* Tetrantherae spec. *Wall.* Evosmi specc. *Nutt.*)

Flores dioeci, involucrati. Masculi: Perianthium sexpartitum, laciniis aequalibus persistentibus. Stamina fertilia novem, triplici serie. Antherae ovatae, bilocellatae, valvulis totidem adscendentibus introrsum dehiscentes. Glandulae sex aut novem, duplici triplicive serie, capitulo reniformi emarginato compresso, vel staminibus secundae et tertiae seriei, vel et seriei primae et secundae staminibus alternae, tertiae seriei staminibus adiectae obliquae. Flos femineus masculo minor, filamentis sterilibus (12?) interiectis staminodiis spathulatis. Pistillum parvum, ovario stigmateque distinctis; stigma bilobum. Bacca perianthio persistenti sexfido insidens.

Character naturalis, pluribus expositus.

Flores umbellati, umbellulis pedunculatis et fasciculatis vel in brevi communique pedunculo umbellatis. Involucrum tetraphyllum, flores primum includens, demum deciduum. Flores pedicellati, glabri. Perianthium intra gemmam involucri compressum, sub anthesi patens, sexfidum; tubo brevi, obconico, glabro; limbo sexfido, laciniis ovatis vel oblongis aequalibus duplici serie dispositis teneris. Flos masculus: Stamina fertilia novem, triplici serie alterna, exteriora sepalis seu laciniis exterioribus, media interioribus, interiora staminibus exterioribus opposita; filamenta erecta, longitudine antherae, glabra; antherae ovatae, acute mucronatae, bilocellatae; locello singulo, omnium introrsum valvula una lanceolata sursum adscendente dehiscente; membrana antherae tenuis, subtilissime punctata, flava. Staminodia glandulosa tot, quot stamina, his duplo breviora; filamento brevissimo, capitulo reniformi obtuso vel retuso compresso, primum replicato et crasso dein evoluto teneriorique; horum sex exteriora staminibus primae et secundae seriei aequo spatio intericcta, tria interiora staminibus eiusdem ordinis stipite suo prope a basi adnata, minora et obliqua. Pistillum ratione floris parvum, glabrum; ovarium ovatum; stylus vix staminodia aequans, tenuis; stigma capitatum. Flores feminei in ramo iam aphyllo praecoces, umbellati et involucrati, (umbellulis fasciculatis vel subumbellatis), sed involucro citius defluente denudati, minores; laciniis ovato-oblongis obtusiusculis erectis. Filamenta sterilia 9, brevia, filiformia, acuta. Staminodia his interiecta 6 (an 9?) spathulata, capitulo quam in masculo flore minore. Ovarium ovatum, uniovulatum, ovulo inverso; stylus brevis; stigma bilobum, lobis oblongis divaricatis. Fructus: bacca perianthio persistenti imposita, monosperma, semine pendulo.

---

1. Benzoin melissifolium N. ab E.

B. foliis annuis oblongis basi obtusis subcordatisve ramulisque virgatis pubescentibus, umbellulis praecocibus subsolitariis sessilibus, gemmis floralibus villosis.

> Laurus melissaefolia *Walt. Fl. Carol. p.* 134. *Lam. Enc. méth. III. p.* 434. *n.* 23. *Bot. Mag. t.* 1470. *Willd. Herb. n.* 7808. (*exempl. sterile.*)
> Laurus diospyroides *Mich. Fl. bor. Am. I. p.* 243.
> Laurus Diospyrus *Pursh. Fl. Am. sept. I. p.* 276. *n.* 4.
> Evosmus Diospyros *Nutt. Gen. Am. I. p.* 259. *n.* 3.

In aquis stagnantibus Carolinae, promiscue cum *Lauro* (*Tetranthera*) *geniculata*, (Michaux); locis depressis et circa rivulos in Virginia et Carolina, (Pursh). Floret Aprili. Vidi exempl. spont. sicc.

Frutex humilis, diffusus, 2—3-pedalis, *Benzoin odoriferi* similitudine. Rami laxi, tenues, teretes, in iuventute villosi. Gemmae compressae, bivalves, hirtae, purpureae. Folia aeque dissita, 1½—4 pollices longa, ¾—1 pollicem lata, oblonga, apice rotundata vel in acumen obtusum conniventia, suprema acuta, basi alia acuta, alia obtusa aut subcordata, membranacea, mollia, opaca, supra pubescentia aetate calvescentia, subtus lanuginoso-cana, venis costalibus ternis quaternisve, inferioribus magis distantibus parum prominulis praedita, laxe tenuiterque reticulata. Petioli lineam unam ad duas lineas longi, villosi. Umbellulae in ramulis aphyllis sessiles, plerumque solitariae, tri-quinqueflorae. Involucri foliola subrotunda, villosa, margine purpurascentia, scariosa. Pedicelli breves, villosi. Flores dioeci, virescenti-flavi, structurae florum *Benzoin odoriferi*, paulo maiores. Laciniae perianthii ovatae. Glandulae 6—8, aurantiae, brevistipitatae, staminibus interioribus basi coniunctae. Baccae oblongo-ellipticae, piso maiores, coccineae. Pedicelli fructus incrassati magisque elongati: „Cotyledones latae, crassae, oleosae; corculum parvum, paulo supra basin cotyledonum adfixum.“ Nuttall.

---

2. Benzoin aestivale N. ab E.

B. foliis annuis oblongis acuminatis glabris concoloribus, umbellulis praecocibus subsolitariis sessilibus, gemmis floralibus glabris.

Evosmus aestivalis *Nutt. Gen. Am. I. p.* 259. *n.* 3.
Laurus aestivalis *Wangenh. Beitr. p.* 87.
Laurus Benzoin *Willd. Baumz. p.* 207. *n.* 2. (*excl. syn. Lin.*) *Hayne dendrogr. Fl. p.* 32. *Willd. Herb. n.* 7807.

Crescit cum praecedente, a qua notis indicatis facili negotio distinguitur.

Frutex mediocris, valde ramosus. Rami irregulares, subflexuosi, cortice fusco glabro striato, lignoque denso molli albido odoratis; tubus medullaris amplus. Cicatrices foliorum planae, prominulae, sublunatae. Gemmae paulo supra axillas foliorum orientes et in eas decurrentes, ovatae, bicarinatae, fuscae, glabrae, in carinis pubescentes, squamis distichis scariosis, 2—4 exterioribus seu inferioribus brevioribus; gemma terminalis subulata. Folia diverg. $^2/_5$, approximata, ab inferioribus vix $^3/_4$ pollicis longis obovatis sensim in 3—5 pollices longa $1\,^1/_4$—$1\,^3/_4$ pollices lata obovato-vel oblongo-cuneata magis minusve acuta eoque magis oblonga, quo longiora, abeuntia, membranacea, primum puberula, mox glabra, subtus glaucescentia, laxe reticulata venisque costalibus ramosis subsenis praedita. Petioli 2—3 lineas longi, angusti, canaliculati, glabri. Flores in ramulo aphyllo laterales. Umbellulae in basi gemmulae lateralis sessiles, solitariae vel geminae, basi squamis duabus parvis subrotundis acutis scariosis stipatae, subrotundae, magnitudine pisi, 3—5-flori. Involucrum tetraphyllum, scariosum, luteum purpurascensve, resinosum, foliolis aequalibus suborbiculatis concavis acutiusculis. Flores brevipedicellati, flavi. Perianthium rotato-campanulatum, sexpartitum, glabrum, 2 lineas latum; laciniis obovatis basin versus subcuneatis membranaceis pellucido-punctatis uninervibus aequalibus. Flos masculus: Stamina longitudine perianthii, lutea, conformia, 6 vel 9, omnia introrsum dehiscentia, glabra; filamenta antheris paulo longiora; antherae obovatae, emarginatae, pellucido-punctatae, ostiolis binis ovalibus amplis. Glandulae sex stipitatae, capitulo compresso reniformi-lunato lunatove, staminibus interioribus interiectae, vel geminatim filamenti basi adnexae. Pistilli rudimentum parvum, fusiforme, absque stylo et stigmate. Flos femineus masculino similis, staminibus incompletis. Bacca ovalis, purpurea, pisi magnitudine, pedicello vix incrassato insidens, per aliquot tempus perianthio persistente, nec vero ad magnitudinem nec ad spissitudinem aucto, basi cincta, dein omnino nuda soloque pedicello suffulta.

Adnotatio 1. Species haec in hortis nostris frequentius occurrit ac genuinum Benzoin odoriferum, multisque modis cum eodem ab auctoribus confunditur.

Adnotatio 2. *Laurus aestivalis* Spr., quae *Laurus geniculata* Walt., perperam a me in Synopsi Laurinarum Benzoin generi adscripta, *Tetrantherae* subgenus est, et cum *Tetranthera sericea* Indiae orientalis media quasi inter Tetrantheras et Sassafras species.

3. Benzoin odoriferum N. ab E.

B. foliis annuis oblongo-vel elliptico-cuneiformibus, umbellulis praecocibus aggregatis pedunculatis, gemmis glabriusculis.

Benzoin odoriferum *N. ab E. in Wall. pl. As. rar. p.* 63.

Laurus Benzoin *Linn. Hort. Cliff. p.* 154. *Sp. pl. I. p.* 530. *n.* 10. *Willd. Sp. pl. II.* 1. *p.* 485. *n.* 33. *Pers. Synops. I. p.* 450. *n.* 39. *Spr. S. Veg. II. p.* 265. *n.* 10. *Mill. Dict. n.* 6. *Lam. Enc. méth. III. p.* 455. *n.* 22. *Gron. Fl. Virg. p.* 46. *Pursh. Fl. Am. sept. I. p.* 276. *n.* 3. *Roy. Lugd. p.* 226. *Fabric. Helmst. p.* 401. *Du Roi Harbk. I. p.* 354.

Laurus Pseudo-Benzoin *Mich. Fl. bor. Am. I. p.* 243. *Dict. des sc. nat. XXV. p.* 344.

Evosmus Benzoin *Nutt. Gen. Am. I. p.* 259. *n.* 3.

Arbor virginiana Citreae vel Limonii folio, Benzoinum fundens. *Comm. Hort. I. p.* 189. *t.* 97.

Arbor virginiana, pishaminis folio, baccata, Benzoinum redolens. *Pluk. Alm. p.* 42. *t.* 139. *f.* 3., 4.

Crescit locis depressis et ad ripas rivulorum a Canada ad Floridam usque. Floret Martio et Aprili, (Pursh.) Vidi siccum (floribus masculis et hermaphrodito-femineis in Herbario Arnottiano, (e Nova Aurelia missum.) Nomen vulgatum *Spice-wood.*

Similis quod ad habitum *Tetrantherae geniculatae*, a qua differt: antheris bilocellatis, floribus minoribus magis compactis, foliis, cet.

A binis praecedentibus differt umbellulis pedicellatis neque omnino sessilibus.

Arbor 8—10 pedum altitudine. Rami virgati, nonnihil undati, teretes, glabri, obiter striati, in statu sicco fusci; cortex tenuis, fuscus, sicut lignum odoris aromatici; lignum album, densum; tubus medullaris angustus, angulatus, mox obturatus. Cicatrices foliorum lunatae, planae. Gemmae axillares duplices, una super altera positae, quarum inferior abortiva, hinc rami supraaxillares. Folia ovalia, basi et apice acuta, membranacea, utrinque viridia, supra glabra subtus margineque (praesertim iuvenilia) puberula, penninervia, decidua. Petiolus 2—3 lin. longus. Umbellulae in ramulis florentibus ex omnibus geniculis, praecoces, 2—5 in gemmae axillaris basi brevissima confertae, 3—5-florae, mox cadentibus squamulis bractealibus nudae, ante anthesin nutantes, ab apice deorsum progredientes, alabastro globoso magnitudine piperis. Pedunculi $1\frac{1}{2}$—$\frac{3}{4}$—$\frac{1}{2}$ lin. longi, nudi, glabri, crassiusculi, arboris masculae breviores magisque conferti. Involucrum 3—4-phyllum, flores subaequans, foliolis late ovalibus obtusis crasse coriaceis glabris pellucido-punctatis. Pedicelli vix florum longitudine, hirti. Perianthium vix $1\frac{1}{2}$ lin. latum, subrotatum, luteum, profunde 6-partitum, laciniis aequalibus ovatis obtusis uninervibus pellucido-punctatis longitudine staminum. Stamina novem; filamenta antheris paulo longiora, basi strigilosa; antherae ovatae, obtusae apiceque subglandulosae, dorso canaliculatae, pulchre pellucido-punctatae, luteae, bilocellatae, locellis ovalibus ad apicem fere protensis. Staminodia glandularia 6—8, staminibus interioribus per paria basi coniuncta, stipitata, capitulo reniformi. Pistillum in floribus hermaphrodito-masculis parvum, oblongum, acutum, stigmate indistincto; in flore hermaphrodito-femineo magis evolutum, stigmate trilobo. — Caeterum flores feminei a masculis haud differunt, nisi magnitudine paulo inferiori et staminibus minus evolutis quandoque haud dehiscentibus. Bacca ovalis, purpurea.

Adnotatio. In ista specie, (rarissimo sane exemplo inter multos flores) antheras vidi floris masculi 3—4-locellatas locellis accessoriis (superis) exiguis, valvula tamen dehiscentibus.

---

4. Benzoin Neesianum.

B. foliis annuis ovatis acuminatis, umbellulis axillaribus aggregatis pedunculatis, femineis praecocibus. *N. ab E. in Wall. pl. As. rar. II. p.* 63.

Tetranthera Neesiana *Wall. Cat. n.* 2558.

Crescit in Nepalia, inventum a. 1821. a cl. Wallichio. Rarissimum.

Arbor. Rami teretes, cortice glabro striato in adultioribus virescenti-fusco, in iuvenilibus lutescente tenui inodoro;

tubus medullaris arboris masculinae amplissimus; medulla alba, laevis, spongiosa. Cicatrices foliorum semicirculares, planae, pallidiores. Gemmae axillares lanceolatae, compressae, stipitatae, pruinosae, nudae, foliolis primordialibus acutis. Folia alterna, cum petiolo 5—7 pollices longa, $2\frac{1}{2}$—$4\frac{1}{2}$ pollices lata, petiolo pollicari vel paulo longiori angusto supra canaliculato glabro, ovata vel subcordata, rarius basi parumper acuta et inaequalia, apice longe acuminata, supra laete viridia, subtus glauca, glabra, remote pinnatim venosa, venis duabus inferioribus ex ipsa basi vel paullo supra basin prodeuntibus, et (ut reliquis) non in marginem excurrentibus sed arcu antico evanescentibus, hinc foliis ad speciem saepe quintuplinervibus vel septuplinervibus. Umbellulae axillares 2—4, ad speciem in pedunculo communi brevissimo umbellatae, revera autem corymbosae intericcta gemmula terminali, qua demum explicata umbellulae ad basin ramuli approximato-racemosae apparent. Bracteae tot quot umbellulae, squamarum gemmae ad instar parvae, ovatae, obtusae, appressae, citissime diffluentes, relicta cicatrice semicirculari pallida. Pedunculi umbellularum $\frac{1}{4}$ pollicis longi, erecti, glabri. Involucra, dum clausa, globosa, magnitudine piperis, laevia, glabra, lutescentia, tetraphylla; foliola subdecussata, tenera, concava, venoso-nervosa, confertissime pellucido-punctata, decidua; exteriora orbiculata, interiora ovato-orbiculata. Flores 6—8, pedicellis brevibus (linea paulo longioribus) primum subtomentoso-canis demum glabris innixi, $1\frac{1}{2}$ lineas lati, lutei. Laciniae perianthii masculi erecto-patentes, late ovatae, obtusae, obsolete trinerviae et pellucido-punctatae, glabrae. Stamina longitudine perianthii, glabra, erecta; filamenta longitudine antherarum, in coniunctivum supra dorsum effusa; antherae ovatae, mucronatae, basi subtruncatae, bilocellatae, pellucido-punctatae, locellis basi nonnihil divergentibus, rima valvisque oblongo-lanceolatis. Glandulae novem staminibus triplo breviores; sex exteriores liberae staminibus interpositae, tres interiores singulis filamentis interioribus basi connexae; stipes brevis; capitulum compressum, reniformi-subrotundum, obtusum, pellucido-punctatum. Pollen parvum, subglobosum, luteum. Pistillum staminibus brevius.

Arboris femineae ramuli magis lutescentes, tubo medullari angustiori. Folia post anthesin prodeuntia, paulo minora. Flores minores, laciniis angustioribus, filamentis sterilibus. **Pistillum** perianthio longius. **Baccae** globosae, pipere maiores, 1 — 8 in pedunculo communi umbellatae, pedicellis inaequalibus perianthio persistente parvo sexfido suffultae, mucronatae, glabrae, nigrae, odore forti Olei Cajeput. **Cortex** baccae crassus, solidus. **Ovulum** (semiadultum) inversum, obovatum; exostomio amplo supero, annulo calloso cincto. **Funiculus** umbilicalis indistinctus, adscendens. **Semen** maturum non vidi.

Tribus XI.

TETRANTHEREAE.

Dioecae. Staminodia nulla. Stamina novem ad octodecim, plerisque longa; ubi plura quam novem, perianthium limbo vel caret vel partium numero diminuitur. Antherae bi- vel quadrilocellatae, cunctae in plurimis introrsum dehiscentes, in uno genere (*Cylicodaphne*) interioris ordinis antherae extrorsum. Bacca tubo perianthii patelliformi vel explanato imposita.

Inflorescentia: aut umbellulae involucratae aut fasciculi primum squamis gemmae unifloris aut paucifloris perulati.

Gemmae incompletae, vel superiores tantum squamis 4—6 exterioribus praeditae.

Folia venosa, plerisque perennia.

Arbores pleraeque Indiae orientalis, una Europaea, paucae Americae temperatae.

Genera:

Cylicodaphne. Antherae quadrilocellatae. Cupula fructus profunda, nuda.

Tetranthera. Antherae quadrilocellatae. Cupula fructus discoidea. Stamina tria interiora basi biglandulosa. Folia venosa nec admodum reticulata.

Adnotatio. Species foliis annuis, praecedenti sectioni natura adscriptae, lege artis hic inseruntur.

Polyadenia. Antherae bilocellatae. Cupula fructus discoidea. Stamina omnia basi biglandulosa. Folia costata et grosse reticulata.

Laurus. Antherae bilocellatae. Filamenta in medio biglandulosa. Perianthium quadrifidum.

Lepidadenia. Hermaphrodita. Stamina plura quam novem, quorum sex interiora laminis a tergo geminis sessilibus obvallata. Antherae quadrilocellatae. Inflorescentia umbellulata, involucrata. Folia venosa, obliqua.

XXXVI. CYLICODAPHNE *) *N. ab E. in Wall. pl. As. rar. II. p.* 61. *et* 67. *n.* 8. *Laur. Dispos. Progr. p.* 18. *n.* 32.

Flores dioeci, involucrati. Perianthium sexfidum (rarius octofidum), laciniis subaequalibus deciduis. Masculi stamina antherigera duodecim (in flore octofido sedecim), quadruplici serie disposita, quorum sex exteriora perfecta basi nuda, sex interiora breviora antheris imperfectioribus, basi staminodiis subgeminis capitatis compressis stipata; antherae quadrilocellatae, (staminum interiorum inversorumque abortu etiam bilocellatae), ovatae, mucronatae, valvulis tot, quot locellis gaudent, sursum reflexis dehiscentes. Pistilli vestigia in masculo flore nulla omnino. Bacca perianthii tubo cyathiformi truncato integro semiimmersa.

Inflorescentia umbellulata, umbellulis involucratis racemosis.

Folia penninervia, crassa.

Adnotatio. Stamina 6 interiora in flore masculo exterioribus dimidio minora sunt. Horum tria exteriora utrinque vel in uno saltem latere praedita sunt staminodio squamiformi brevissime stipitato laterali magisque a tergo posito, interdum etiam geminis. Intima tria filamento perbrevi instructa, antheris gaudent unilocellatis vel quadrilocellatis locellis magis extrorsum versis. Glandulae geminae his appositae sunt cordato-orbiculatae. Interdum loco paris glandularum glandulae uni formae solitae adstat stamen veluti dimidiatum anthera parva unilocellata, acceditque huius filamento in eodem latere squamula formae staminodii.

A reliquis Tetranthereis genus hoc maxime recedit antheris tertii ordinis ferme reversis, floribus aliquanto maioribus, et deficiente in flore masculo pistilli vel levissimo vestigio.

---

*) A κύλιξ calyx, et δάφνη laurus, propter cupulam fructus exquisite calyciformem.

1. Cylicodaphne Wightiana.

C. umbellulis racemosis. *N. ab E. in Wall. pl. As. rar. II. p. 68. et III. p. 31.*

Tetranthera Wightiana *Wall. Cat. n.* 2557. A, B.

Variat flore octofido staminibusque sedecim.

Habitat in sylvis Nilghiry (Deenhutty in schedis, E. Noton) Vidi etiam in Herb. Wight. ♂. et ♀.

Arbor. Rami crassi, iuveniles compresso-angulati tomentoque denso ferrugineo-spongioso induti; lignum porosum, pallens; tubus medullaris amplus. Cicatrices foliorum reniformes, concavae, margine elevato-cinctae. Gemmae foliigenae ferrugineo-tomentosae, axillares parvae ovato-conicae bivalves, terminalis maior oblonga basi attenuata subbivalvis. Folia alterna, diverg. $^2/_5$, approximata, cum petiolo $2^1/_2$—3 pollices longa, 1—2 pollices lata, coriacea, rigida, alia oblonga, alia magis elliptica, alia ex obovato oblonga, basi acutiuscula, apice modo rotundata modo obtuse cuspidata, nervo saepe in apiculum excurrente, penninervia ramis costalibus ante marginem arcuatim connexis, supra glabra opaca pallide viridia subtilissime venuloso-areolata, subtus cano-glaucescentia vel pallide ferruginea subtilissime pubescenti-scabra, costa venisque principalibus prominentibus validis ferrugineo-tomentosis, interstitiis pulchre reticulatis. Petiolus 3 lineas longus, crassus, trigonus, ferrugineo-tomentosus. Umbellulae in pedunculo communi axillari $^3/_4$—$1^1/_2$ pollices longo crasso subtriquetro tomentoso 4—8, racemosae, alternae (inferiores interdum oppositae) 5—6-florae, singulae ante explicationem bractea coriacea ovato-oblonga obtusa convoluta dense ferrugineo-tomentosa cito defluente pulvinumque elevatum relinquente suffultae. Clauso adhuc involucro gemma umbellae subsessilis est, subglobosa, magnitudine pisi minoris; florens in pedunculo bilineari sulcato crasso ferrugineo-tomentoso sublata Grossulariae minorem baccam magnitudine adaequat. Involucrum tetraphyllum, foliolis subaequalibus satis amplis orbiculatis obtusis ventricoso-concavis, extus tomentoso-sericeis intus glabris. Flores masculi in pedicello 1—$1^1/_2$ lineas longo subinfundibuliformes, diametro trium linearum, extus cano-tomentosi subsericei, subcoriacei, tubo obconico, limbo erecto-patulo sexfido intus rubro, laciniis ovatis obtusis subenervibus obsolete pellucido-punctulatis, interioribus tribus paullo angustioribus; tubus intus dense griseo-hirsutus. Stamina perianthio paulo longiora, centrum versus decrescentia, quadruplici serie terna; filamenta basi hirsuta, apicem versus strigilosa vel etiam glabra, in connectivum ovatum obtusum vel mucronatum dilatata; antherae quadrilocellatae, locellis ovatis obliquis, inferioribus magis distantibus et ad latus reiectis, in antheris staminum interiorum posticis. In his autem abortiente uno alterove locello forma antherarum magis magisque degenerat restantque saepe unius paucorumve locellorum vestigia; valvulae figura ostiolorum, adscendentes, pallidae. Glandulae ad basin 6 exteriorum staminum desunt, tribus sequentibus geminae vel singulae adstant, quarti ordinis staminibus plerumque geminae iunguntur; harum capitulum cordato-subrotundum compressum obtusum, stipes brevissimus. Miscuntur cum his nonnunquam staminodia longioribus stipitibus praedita et magis staminiformia, sed constare videtur numerus duodenarius, his ipsis staminodiorum communium vices implentibus. Pistilli ne vestigia quidem in flore masculo. Florem femineum non vidi. Fructus (immaturi) singulae umbellulae 1—3, in pedunculo communi sesquiunciali hirsuto racemosi, pedunculo proprio articulo coniuncti; pedicelli uni-bilineares, crassi, hirsuti, in cupulam, a perianthii tubo ortam trilinearem turbinatam recta truncatam hirtulam abeuntes. Bacca primum vix ultra cupulam prominens, demum eadem duplo longior, ovata, obtusa, nigra, Terebinthinam olens.

Adnotatio. Non possum, quin verba addam Wightiana, schedulae suae inscripta:

„*Male flowers of a genus with which I am unacquainted and which I cannot ascertain for want of the female flowers: Flowers in axillary racemes, each raceme composed of several heads, which are again made of numerous flowers inveloped in an involucrum of numerous imbricated coriaceous scales. Calyx tubular, hairy, 8-cleft; laciniae rounded smooth within. Corolla 0. Stamina 16, unequal in two rows, a long and a short one, being attached to each division of the calyx. Filaments clavate; longer ones naked; shorter ones furnished at the base with a pair of nectarial scales. Anthers 2, or 4 to each filament, not attached in the usual way, but formed by a portion of the enlarged filament being, as it were, dug out and the bottom filled with pollen, which is then closed with a lid until ready to burst, when the lid opens towards one end, like that of a snuff box, and continues attached by the hinge after the pollen has been shed. Tube of the calyx filled with a very dense cord of hair, which involopes the base of the stamina. No the slightest apparence of the female partes of the flower.*"

Ad haec animadvertendum: 1°. me in omnibus, quae ad manus erant, involucris florum, licet summa cura inspicerem, foliola quaterna, nec plura (*numerous*) ut Wightius docet, invenisse; 2°. duarum umbellularum flores, accurate a me examinatos, non nisi senas perianthiorum lacinias et stamina duodena exhibuisse, unde persuasum est, cl. Wightio florem, numero partium solito maiori (quod fieri solet) praeditum, casu obvium fuisse.

---

2. Cylicodaphne obtusifolia N. ab E.

C. umbellulis spicatis.

Litsaea Noronhae *Blume Bydr. p.* 561.?

In Java insula legit cl. Reinwardt. Vidi exemplum (femineum) Herbarii Martiani, a. cl. Reinwardtio datum, cum floribus fructuque immaturo.

Ramulus inferne teretiusculus, glaber, rugulosus, cortice fuscescente, apice novello a proiecturis compresso-subhexagono, lateribus alternis angustis scabrido-pubescentibus griseis. Cicatrices foliorum prominulae, lunatae vel scutatae. Folia diverg. $^2/_5$ posita, approximata, $3^1/_2$ — 6 pollices longa, $1^1/_4$ — $1^3/_4$ pollices lata, elliptico-oblonga, apice obtuse acutata, basi acutiuscula, subcoriacea, margine angusto cartilagineo acuto cincta, supra glabra obscure viridia opaca, subtus glauca subtilissime puberulo-scabrida reticulata, venis costalibus senis ramosis prominulis instructa. Petioli semiteretes, validi, pubescenti-scabri demum glabri, supra plani, fere semipollicares. Gemmae florigerae basis axillaris, 3—4 lineas longa, sulcata, cicatricibus pedicellorum patellaribus prominulis quasi gradibus dense cincta, strigiloso-cana. Umbellulae (femineae) sexflorae, confertae, subsessiles, pedunculo semilineari (ad summum lineari) crasso tomentosulo incano. Squama bractealis semicircularis, coriacea, incano-tomentosa, decidua. Alabastrum globosum, piso duplo fere maius. Involucrum tetraphyllum, foliolis decussatis aequalibus orbiculatis cucullato-concavis subcoriaceis obsolete nervulosis punctatisque margine tenui membranaceo lacinulato et ciliato cinctis. Flores subsessiles, quinque in peripheria positi, sextus in centro. Perianthium fere sesquilineare; tubus coriaceus, obconicus, angulatus, cano-strigilosus; laciniae tubi longitudine, oblongo-lanceolatae, obtusiusculae (in aliis fere ellipticae), chartaceae, uninerves, purpureae, intus glabrae, extus in medio strigilosae. Staminodia 12—15, purpurea, glabra, limbo breviora, quorum sex exteriora spathulato-lanceolata acuta conformia, reliqua inaequalia, duorum ordinum (?), scil. 3—6 longiora subulata vel linearia, et interiectae horum interioribus glandulae; in aliis processus eiusmodi lineares tres inveni et alios tres basi glanduloso-bilobos, vel in uno saltem latere dilatatos vel appendiculatos acutos obtusosve. Pistillum glabrum; ovarium ovale, tubo perianthii immersum; stylus ovarii longitudine, crassus, (in sicco) angulatus; stigma depresso-peltatum. Perianthium fructus (immaturi) grani piperis magnitudine, obovatum, crassum, pallido-verruculosum, limbo a laciniarum basi (vel potius a puncto insertionis earundem) sexdenticulato. Ovarium isto tempore tubum non excedit.

XXXVII. TETRANTHERA *N. ab E. in Wall. pl As. rar. II. p.* 61. *et* 64. *n.* 7. *Laur. Disp. Progr. p.* 18. *n.* 33. *Jacq. Spr. Wall.* Lauri specc. *Lin.* Evosmi sp. *Nutt.*

Flores dioeci, nonnullis hermaphroditi, involucrati. Perianthium sexpartitum, laciniis subaequalibus deciduis, vel nullis omnino, vel 3 — 4 — 5 tantum iisque parvis petaloideis. Stamina fertilia in flore sexfido novem triplici serie; in flore petaloideo vel nudo 12 — 15, rarius (in femineo) 21; antherae ovatae, quadrilocellatae, omnium staminum introrsum dehiscentes, valvulis totidem adscendentibus. Staminodia sex, per paria staminibus tribus interioribus adiuncta, sessilia vel stipitata, glanduliformia. Stigma peltatum. Bacca tubo floris explanato (interdum laciniarum residuis praedito) imposita.

Inflorescentia umbellulata, axillaris, aggregata, nuda, vel e squamis gemmae progrediens. Involura decidua.

Folia varia, paucis subopposita, plerisque alterna, aliis defluentia, plurimis sempervirentia, penninervia.

Gemmae foliigenae squamis paucis foliaceis; in una specie cognita (*Tetranthera glaucescente*) perulatae.

Genus metamorphosi perianthii, in stamina progredientis, memorabile, nec vero dividendum, cum transitus pateat et species omnes, quas plurimas continet, praeclare conveniant. Conferas, quae circa haec sub sectione B. I. sunt exposita.

A. *Foliis suboppositis. Floribus hermaphroditis.*

---

1. Tetranthera lancifolia Roxb.

T. perianthiis sexfidis, umbellulis axillaribus fasciculato-conglomeratis brevissime pedunculatis, foliis suboppositis ellipticis cuspidatis subtus incanis, nervis ramulisque ferrugineo-tomentosis, filamentis hirsutis. *N. ab E. in Wall. pl. As. rar. I. p.* 65. *n.* 1.

Tetranthera lancifolia Roxb. *Wall. Cat. n.* 2532.

Crescit in Silhet. F. D.

Species, inter Tetrantheras situ foliorum distinctissima.

Arbor. Rami et ramuli graciles, teretes, dense ferrugineo-tomentosi, subopposito-nodulosi, apicem versus foliosi; cortex adstringens; lignum solidum, lutescens, sericeo-nitidum; tubus medullaris angustus. Cicatrices foliorum verruciformes, truncatae, subtrigonae, rugulosae. Gemmae foliigenae compressae, ferrugineo-hirsutae, subdistiche squamulosae, squamis foliaceis angustis. Folia per paria approximata, superiora interdum revera opposita, 3 — 3½ pollices (cum petiolo lineari) longa, 14 — 16 lineas lata, elliptica, acute cuspidato-acuminata, basin versus paulo angustiora, acutiuscula vel obtusa, e chartaceo coriacea, rigidula, penninervia, supra laete viridia glabra tenuissime pubescentia reti inter venas laterales subtiles vix visibili, subtus glaucescenti-incana densiori pubescentia vestita, costa venisque costalibus arcuatis prominulis ferrugineo-sericeis, reti interiecto paulo magis conspicuo. Petioli crassiusculi, breves (lineam longi), teretes, subdepressi, ferrugineo-tomentosi. Florum umbellulae e foliorum omnium axillis, et (uti illa) ex subopposito fasciculato-glomeratae, veluti oblique verticillatae, in basi gemmae brevissima (vix linea longiori) crassa angulata noduloso-cicatricosa ferrugineo-hirsuta singula vel geminis coacervatae, plerumque senae, triflorae. Squamae bracteales breves, ovatae, obtusae, concavae, coriaceae, extus ferrugineo-tomentosae, deciduae. Pedunculi umbellularum 1—1½ lineas longi, crassiusculi. Involucra extus, pedicelli et tubus perianthii ferrugineo-vel fulvo-strigoso-tomentosa, sericantia. Involucrum tetraphyllum, foliolis coriaceis ovato-orbiculatis obtusis, sub anthesi reflexis et planiusculis, floribus brevioribus, nervis (ternis) punctisque pellucidis subtilibus instructis. Flores masculi subsessiles, patentes, basi fulvo-strigosi, limbo sexfido ultra medium glabro, laciniis chartaceis oblongis obtusis uninervibus subtilissime punctulatis (rubris?) Stamina 9, limbo vix longiora, interiora breviora; filamenta crassiuscula, hirsuta; antherae ovatae, obtusae, quadrilocellatae, locellis inferioribus magis distantibus maioribus ovatis, superioribus parvis ovalibus; valvulae conformes, lutescentes. Glandulae sex, staminibus tribus interioribus supra basin brevissimo stipite adnatae, capitulo reniformi compresso. Pistillum distinctum, staminibus brevius, glabrum; ovarium conicum; stylus crassiusculus; stigma dilatatum, lobatum.

Adnotatio. Quoad folia et integumentum ramulorum inprimis convenit cum *Tetranthera coriacea;* haec autem, praeter folia nunquam per paria approximata vel opposita, etiam umbellulis differt omnino sessilibus et floribus paullo maioribus extus totis sericeis subauratis, qui in *Tetranthera lancifolia* basi tantum strigoso-hirti, in ambitu limbi autem glabri reperiuntur, tum maxime filamentis glabris.

B. *Foliis alternis. Floribus dioecis. (Tetrantherae genuinae.)*

a. *Foliis sempervirentibus.*

† Flores apetali vel subapetali, scilicet limbo vel toto in stamina converso, vel ubi laciniae evolvuntur, his angustis teneris basi angustioribus numero inconstante.

Inflorescentia: umbellulae vel solitariae vel subumbellatae. *Sebifera* Lour.*) *Berrya* Klein.

Adnotatio. Ab omnibus huius generis sectionibus, imo vero a cunctis Laurinis, differunt hae species staminum defectu seu potius evidentissimo laciniarum perianthii transitu in stamina; quae, ubi rursus petaloidea inveniuntur, ternario inconstantive numero adsunt magisque distantia, minora et tenuiora, basi angustiora, apice saepe denticulata.

* Umbellulae solitariae.

---

2. TETRANTHERA tomentosa Roxb.

T. floribus apetalis, umbellulis axillaribus solitariis pedunculatis, foliis elliptico-oblongis utrinque acutiusculis subtus petiolis ramulisque cano-tomentosis. *N. ab E. in Wall. pl. As. rar. II. p.* 65. *n.* 3.

---

*) Genus *Sebifera* a Loureirio optime expositum est, dum supponas, involucrum ab eodem pro perianthio acceptum esse, quo sequitur, pedicellos 8—10, filamentis nudis (nec perianthio vero cinctis) coronatos tot filamentorum adelphicorum fasciculos declarandos fuisse, florem (sic dictum) femineum autem decagynum, neglectis scil. filamentis in ambitu pistilli sterilibus. Quod si Genus *Sebiferae* Lour. servandum esse censeas, his notis (repugnante tamen affinitate et dispositione partium) circumscribi posset:

SEBIFERA Lour.

Flores dioeci, involucrati. Perianthii limbus conversus in stamina, quorum tria exteriora quandoque sterilia et petaloidea. Mas: Stamina antherigera quindecim, quintuplici serie, quo-

Tetranthera tomentosa Roxb. *Wall. Cat. n.* 2550. A, B, C, D.
Litsaea tomentosa *Herb. Heyn.*
Tetranthera japonica femina *Herb. Wight.*

Crescit in Sirmore, (Kamrup).

Arbor. Ramuli crassi, ex apice praesertim continuati, cicatricoso-tuberculati, inferne teretes glabri striati fusci, novelli angulati densissime cano-vel fulvo-tomentosi; cortex cinamomeus, insipidus (?); lignum laeve, laxum; tubus medullaris amplus. Cicatrices foliorum variabiles, cordatae, semilunares vel subtrigonae, tumidulae. Gemmae foliigenae laterales parvae, globosae, obtusae, tomentosae, subbivalves; terminalis maior, conica, acuta, sublanata, squamis exterioribus angustioribus carinatis. Folia circa apices ramulorum 5—8, diverg. $^2/_5$ vel $^3/_8$ posita, cum petiolo 5—6 pollices longa, $1\,^1/_2$—2 pollices lata, elliptico-oblonga, basi modice acuta, apice plerumque in acumen mediocre acutum vel obtusiusculum producta, rarius (inprimis minora) obtusa vel rotundata, iuvenilia supra subpubescentia, adulta supra (praeter costam, quae cano tomento induta) glabra et nitida, subtus omni tempore dense tomentoso-hirta et cana vel subferruginea, penninervia, costis per paria approximatis in margines reticulatim abeuntibus, reticulo interiecto supra arctissimo, infra laxiusculo. Petioli $^1/_2$—$^3/_4$ pollicis longi, validi, teretiusculi, supra basin versus canaliculati, tomentoso-cani vel rufescentes. Umbellulae solitariae, axillares, pedunculatae, 8—10-florae; pedunculo petiolo paulo longiore, angulato (?), dense tomentoso, nudo. Gemma umbellulae piso maior, interdum du-

---

ium tria interiora basi glandulis binis capitatis stipata; antherae ovatae, quadrilocellatae, valvulis totidem sursum reflexis dehiscentes. Femina: Filamenta sterilia, apice lanceolata mucronata glandulosa, quindecim quintuplici (vel rarius 21, septuplici) serie, quorum tria exteriora petaliformia. Glandulae ut in mare. Stylus elongatus; stigma oblique dilatatum, dentatum. Bacca monosperma, fundo perianthii persistenti truncato integro demum disciformi insidens. Nucleus chartaceus.

Inflorescentia: umbellulae involucratae, simplices aut in pedunculo communi corymbosae, axillares.

Folia alterna, persistentia, penninervia.

Notandum, *Sebiferae* genus Loureirii, seu Tomicem Willdenovii, genuinum continere typum Tetrantherae Jacquini.

plo maior, globosa, cernua. Involucrum tetra-vel pentaphyllum, foliolis amplis subrotundis coriaceis obsolete nervosis et glanduloso-punctatis utrinque tomentosis, in umbellula feminea sub anthesi deciduis, in masculina diutius persistentibus subplicatis; duobus exterioribus crassioribus, omnibus alterna margine se amplectentibus. Flores masculi pedicello bilineari lanato crassiusculo suffulti. Perianthii limbus nullus, vel eius loco hinc inde lacinula minutissima subulata, tubus brevis hirsutus. Stamina 18—21, 2 lineas longa, erecta, stricta 6—7-plici ordine terna, aequalia; filamenta capillaria, basin versus hirsuta; antherae subrectangulae, obtusae, pellucido-punctatae, quadrilocellatae, locellis inferioribus posterioribusque maioribus ovato-oblongis, superioribus minoribus obovatis in staminibus interioribus saepe abortientibus ita ut horum antherae uno utrinque ostiolo a tergo dehiscere videantur. Glandulae duodecim claviformes capitulo brevi transversali staminibus interioribus adiunctae. Pistillum nullum, vel eius loco processus minutissimus filiformis. Flores feminei minores, pedunculo umbellulae communi crassiori tetragono-compresso apice incrassato marginato casuque involucri denudato impositi. Receptaculum commune hirsutum. Pedicelli subcompressi, hirsuti, lineam longi. Perianthium pateriforme, hirsutum, limbo in stamina 21 sterilia brevia basi hirsuta septuplici serie posita soluto, quorum exteriora aliquot linearia plana, reliqua apice lanceolato-subincrassata, alia (interiora) omnino subulata. Glandulae ut in mare. Pistillum staminibus duplo longius, glabrum; ovarium obovatum; stylus ovario plus duplo longior, validus; stigma latum, suborbiculare, obliquum, depressum, margine lobatum. Fructus non inventus est.

Adnotatio. A *Tetranthera ligustrina* differt limbi perianthii defectu foliisque acutis.

---

3. Tetranthera ligustrina.

T. floribus subapetalis, umbellulis axillaribus solitariis pedunculatis, foliis lanceolatis obtusis venoso-reticulatis glabris lucidis. *N. ab E. in Wall. pl. As. rar. II. p.* 65. *n.* 4.

Tetranthera laurifolia *Wall. Cat. n.* 2555. C. et E.
Litsaea chinensis *Herb. Heyn.*
Tomicis spec. *Herb. Wight.*
Tomex sebifera *Willd. Sp. pl. II.* 2. *p.* 840. (*in descriptione partim, praesertim quod ad folia oblongo-lanceolata obtusa cet. attinet.*

Vidi specimina, ex herbariis Heyneano et Wightiano, patria non indicata.

Arbor. Rami epidermide glabra fusca dense pallido-lenticellata cicatricibusque foliorum gemmarumque residuis crebro exasperata, in iuvenili ramulo cinereo-hirta; cortex fuscus, insipidus, inodorus; lignum durum, rufescens; tubus medullaris angustus, mox clausus. Ramuli subverticillatim approximati. Cicatrices foliorum magnae, cordatae, prominulae disco margineque elevatis, pallidae. Gemmae foliigenae parvae, acutae, hirsutae, terminalis laxa e foliolis paucis. Folia circa apices ramulorum intervallis decrescentibus approximata ideoque in ramulis vetustioribus per spatia distributa, diverg. $^2/_5$ vel etiam maiori disposita, $2^1/_4 - 2^3/_4$ poll. longa, 8—9 lineas lata, lanceolata, obtusa, basi acuminata, inferiora saepe cuneiformia, nonnulla apice emarginata, rigide chartacea, utrinque glabra et lucida, venoso-reticulata, venis primariis subtilibus ramoso-solutis. Petiolus vix duas-tres lineas longus, canaliculatus, subtus obtuse carinatus, cano-hirsutulus. Umbellulae in axillis foliorum inferiorum, vel ubi quaedam foliorum infimorum non perficiuntur, quasi laterales et nudae, solitariae, pedunculatae 4—5-florae. Pedunculus 3—4 lineas longus, teres, glaber, vel hinc inde pube adspersus. Gemma umbellae magnitudine piperis, subglobosa. Involucrum tetraphyllum, flores aequans, foliolis coriaceo-membranaceis ovato-orbiculatis obtusis ventricoso-concavis nervoso-venosis pellucido-punctatis, omni fere statu glabris vel saltem subtilissima pube praeditis. Flores masculi pedicello vix lineam longo hirsuto suffulti. Perianthium in nonnullis omnino deest, in aliis constat e sepalis tribus (raro pluribus) minutis lanceolatis obtusis ciliolatis, staminum catervam tanquam bracteolis aequo intervallo cingentibus iisque plus duplo minoribus. Stamina 15—21, solito more terna alternis ordinibus disposita sepalisque perianthii ita compensata, ut, ubicunque (rarissimo quidem casu) sena sepala prodeant, 15 tantum stamina, ubi terna 18, ubi nulla 21 perficiantur; filamenta filiformia, hirsuta, interiora breviora; antherae filamentis duplo breviores, ex ovato subquadratae, truncatae, glanduloso-punctatae, quadrilocellatae, locellis aequalibus obliquis, superioribus antrorsum inferioribus retrorsum contiguis, his ovatis, illis obovatis; valvulis ostiolis conformibus sursum reflexis intus fuscis extus luteis. Glandulae 6 — 12, claviformes, staminibus interioribus per paria iuxta positae, neque vero cum iisdem connatae; stipite distincto, capitulo brevi depresso, in nonnullis exteriorum quandoque locellum unum valvula hiantem exhibente. Pistillum nullum. Fructificatio feminea latet.

Adnotatio. Species haec a confinibus foliorum forma et umbellulis lateralibus in singulo angulo singulis facile distinguenda.

** Umbellulae subumbellatae.

---

4. Tetranthera Roxburghii.

T. apetala, staminibus pluribus quam novem, foliis ovato-oblongis basi acutis supra glabris nitidulis laeviusculis subtus plus minus pubescentibus, umbellulis subumbellatis. *N. ab E. in Wall. pl. As. rar. II. p.* 65. et *III. p.* 30. *n.* 3.

Sebifera glutinosa *Lour. Fl. Cochinch. ed. Willd. II. p.* 783.
Litsaea sebifera *Pers. Synops. II. p.* 4. *n.* 8. *Blume Bydr. p.* 560.
Tomex sebifera *Willd. Sp. pl. II.* 2. *p.* 840. *n.* 3. (*ex parte.*)
Laurus involucrata *Retz. Obs. VI. p.* 27. *n.* 39.

Varietates sunt:

α. Foliis ovatis apice angustioribus, umbellulis longe pedunculatis.

Tetranthera apetala *Roxb. Plant. Coromand. II. p.* 26. *t.* 147.
Tetranthera apetala *Wall. Cat. n.* 2554. A. (*ex parte*, (♀), C. (*ex parte* (♂) D, E, G. (♂) K. (♂♀.)
Litsaea, apetala *Pers. Synops. II. p.* 4. *n.* 4.
Tetranthera citrifolia *Juss. Ann. du Mus. d'hist. nat. VI. p.* 211. *Poir. Enc. méth. Suppl. III. p.* 480. *n.* 4. *Spr. S. Veg. II. p.* 266. *n.* 3.
Tetranthera Panshia et Tetranthera Daradmeda *Herb. Hamilt. Wall. l. c.*

β. Foliis oblongis vel obovato-oblongis basi cuneiformibus obtusis et obtusissimis, umbellulis longius pedunculatis.

Tetranthera apetala *Wall. Cat. n.* 2554 A. *ex parte* (♂) H. (♂) I. (♂ *ex parte*.) L. (♂). M. (♀).
Tetranthera sebifera *Herb. Heyn.* (*ex parte*.)
Litsaea citrifolia *Dict. des sc. nat. XVII. p.* 78.

β.* Racemoso-umbellata; pedunculo communi magis elongato inferiora versus racemoso apice umbellato, foliis puberulis basi evidentius angustatis.

Litsaea chinensis Hort. b. Calc. *Wall Cat. n.* 2554. N. (♀).

γ. Umbellulis brevi-pedunculatis in pedunculo communi subcapitatis, floribus minoribus, foliis obtusis vel acutis.

Tetranthera apetala *Wall. Cat. l. c.* B. C. (*ex parte*) (♀), F. (*ex parte*.)
Tetranthera capitata *Herb. Roxb. Wall. Cat. l. c.* C.
Tetranthera sebifera *Herb. Heyn.*
Tetranthera Hirana *Herb. Hamilton. e Gongacharu,* (*quoad folium*.)
Laurus involucrata *Herb. Madr. Wall. l. c.* B.

Variat porro ramulis iunioribus petiolisque modo hirsutis, (huius loci *Tetranthera Panshia Herb. Hamilt.* (♂)) modo glabriusculis, et pedunculis umbellularum masculinarum nunc pedunculo communi longioribus, nunc autem (rarius tamen in *α* et *β*, semper in *γ*) brevioribus.

Crescit in montibus regionis, Circars dictae, (Roxburgh.)

Vidi exempla varietatis *α* in Herb. Roxburghiano (♂); in Herb. Wightiano; e Goalpara et e montibus Provinciae Monghir in Herbario Hamiltoniano (♂); e Chittagong, a Henr. Bruce lecta (♀), et e Silhet.

Varietatis *β* in Herbario Roxburghiano (♂); e Silhet ♂ et ♀ (F. D.); in Herb. Heyneano; ex horto botanico Calcuttensi et ex herb. Finlaysoniano in herbario Wallichiano (♀). In horto botanico Sebastianopolitano Brasiliae legit cl. Martius.

Varietatem *γ*. vidi in Herbario Wightiano (♀.) et in Herbario Madraspatano e Gongachara (♀). Floret Iunio.

Nomen in Lingua Telingana: *Narra Alaghij.*

Arbor, si qua alia polymorpha. Rami teretes, (extremi angulati), ramosissimi, epidermide cinerea, in iunioribus fusca lenticellis oblongis pallidis inspersa, aetate glabra, in iuventute magis minusve pubescente subtomentosa vel etiam hirsuta; ramuli germinantes cum foliis novellis in omnibus lanati, lutescentes; cortex fuscus, insipidus, inodorus; lignum griseum, porosum, leve; tubus medullaris sat conspicuus. Cicatrices foliorum sparsae, cordatae vel semilunatae, mox irregulares et verruciformes. Gemmae axillares subglobosae, dense imbricatae, tomentosae; terminales laxae, squamis ovatis semper hiantibus lanatis. Folia complura, in apice ramulorum magis conferta, diverg. 2—5 intervallis decrescentibus, in eodem saepe ramulo magnitudine summopere diversa, cum petiolo (in omnibus fere pollicari) 3—11 pollices longa, pollicem unum ad 3 pollices lata, rarissime ovata basique parum acuta, saepius elliptica, vel oblonga, vel obovata, vel obovato-oblonga et subcuneata, basi tum semper acuta vel acuminata, aequalia vel paullulum inaequalia, apice rarissime acuta, saepius in breve obtusumque acumen producta vel omnino (praesertim ad basin et apicem ramulorum) rotundata et obtusissima, subcoriacea, adultiora praeter costam plerumque glabra, rarissime subtus subpubescentia (costa media semper in pagina superiori ad basin subtomentosa, subtus glabra vel pubescente), penninervia, venis principalibus pluribus per paria approximatis vel suboppositis ante marginem arcuatim connexis, interstitiis utrinque eleganter tenuiterque reticulatis. Color foliorum in superiori pagina saturate viridis cum nitore, subtus pallidior. Petiolus in foliis minoribus magisque obtusatis longior, in latioribus maioribusque brevior, semiteres, basi superne canaliculatus, pubescens, tomentosus, hirsutus rariusve glaber. Pedunculi communes revera axillares, sed in ramuli parte inferiore ob folia non explicata saepe nudi, 4—11 lineas longi, patentes, teretes, aphylli, strictiusculi, pubescentes tomentosi vel hirsuti, demum glabriusculi. Umbellulae 3—6 iuxta apicem pedunculi fasciculatae vel subcorymbosae, per paria approximatae, multiflorae, pedunculatae, pedunculis partialibus communi in aliis (praesertim in feminea planta) duplo brevioribus, in aliis eundem subaequantibus, simili pubescentia vestitis. Bractea ad basin singuli pedunculi minutissima, acuta, villosa. Gemma umbellulae magnitudine piperis, depresso-globosa; restat plerumque inter umbellulas gemma umbellulae terminalis abortiens. Umbellula hemisphaerica, maris magnitudine fere cerasi, feminae saepe duplo minor. Involucrum tetraphyllum foliolis subaequalibus orbiculatis obtusis concavis subcoriaceis, extus tomentoso-canis, intus subtilissime tomentosis nervoso-venosis dense pellucido-punctatis. Receptaculum commune, a pedunculi apice dilatato ortum, dense tomentoso-hirtum, incanum. Flores plerumque octo, rarius decem vel duodecim, in quincuncem positi, conferti, involucro paullo (♂) vel non longiores (♀). Pedicellus vix lineam longus, hirsutus, in flore masculino apice abit in filamenta 15—16, 2 lineas longa, erecto-patula, aequalia, filiformia, hirsutissima, terna ordine alterno posita, quorum sex exteriora perianthio respondent. Antherae ratione filamentorum parvae, ovatae, obtusae, brunneae, pellucido-punctatae, quadrilocellatae, locellis inferioribus dissitis lateralibus ovatis, superioribus paulo minoribus contiguis introrsum versis orbiculatis vel obovatis; valvulae ostiolis locellorum conformes, reflexae, fuscae. Glandulae 6—8 *) per paria staminibus interioribus adiectae, claviformes capitulo depresso, glabrae, staminibus multuplo breviores. Pistilli nulla in masculo flore vestigia. (In flore staminibus 15 praedito glandulas semper senas, in flore 16 staminibus gaudente octonas inveni.) Flos femineus masculino conformis, sed minor. Stamina imperfecta, pedicelli longitudine vel paullo longiora, hirsuta, 15—21, apice dilatata in laminam glandulosam lanceolatam mucronatam albidam, quae in tribus exterioribus saepe maior magisque in basin filamenti procurrens, indicio est sepali seu laciniae perianthii, cuius vices gerit. Glandulae ut in mare. Pistillum staminibus longius, glabrum; ovarium ovatum; stylus longus, filiformis; stigma peltato-dilatatum, obliquum, lobatum (trilobum), aetate lacerum. Baccae paucae in singula umbellula perfectae, globosae, nigrae, pisi magnitudine, fundo floris in discum demum expanso insident; baccae caro spissa. Semen subglobosum; testa chartacea, fusca, cum membrana interna fusca cohaerens; umbilicus ad latus mucronuli pallidi stylo subiecti lato-triangularis, cui intrinsecus macula pallida respondet; rhaphe et chalaza indistinctae; papilla exigua in vertice obtuso seminis, hylo opposita.

Varietates α et β nullis omnino finibus tenentur. In hac umbellulae (etiam masculinae) saepius a breviori pedunculo fulciuntur. In varietate γ umbellae semper brevi-pedunculatae sunt, flores minores, et in femina stamina exteriora pleraque

---

*) Glandulas 16—18 Roxburghius memorat. Equidem in multis, quos dissecui, floribus non ultra 8 quaternis paribus offendi. Lubenter autem crederem, ubi 21 stamina sunt, quinos ordines his geminatis praeditos 15 numero monstrare glandulas.

subulata absque laminae vestigio; sed occurrunt promiscua alia cum laminae rudimento, nec desunt inter haec, quae communi formae omnino respondeant. Folia acuta in solis varr. *α* et *γ* observavi.

Adnotatio 1. De synonymo *Sebifera glutinosa* Lour. vix dubia manent. Quomodo enim, si *Tetrantheram monopetalam* Roxb. ante oculos habuisset, periauthium non vidisset, involucrum tetraphyllum 8—10-florum disertis verbis indicavisset? Willdenovii descriptio, l. c. exhibita, omnem nodum solvit. Descriptio partium fructificationis, e Kleinii litteris excerpta, quam eodem loco legimus, plantae feminea e est eidemque apprime accommodata. *Tetrantheram glutinosam* Blume Bydr. huius loci non esse ex eo coniicio, quod florum structuram alienam ne verbo quidem attigerit auctor, hac in re accuratissimus.

Adnotatio 2. *Tetranthera Hirana* Hb. Hamilt. e Nuoi allata (*Wall. Cat. n.* 2554. F. *ex parte*) non huius loci est. Adsunt sola folia, 7 pollices longa, 3 pollices lata, elliptica utrinque obtusa, subtus pubescenti-tomentosa pallide ferruginea, quae *Tetrantherae macrophyllae Hb. Hamilt. n.* 2549 adscribenda sunt.

---

5. Tetranthera laurifolia Jacq.

T. laciniis perianthii ternis-senis parvis petaloideis nullisve, foliis oblongo-vel obovato-cuneiformibus ovalibusve obtusis glaucescentibus glabris opacis dense scrobiculatis rariusve puberulis, umbellulis subumbellatis. *N. ab E. in Wall. pl. As. rar. II. p.* 66. et *III. p.* 30. *n.* 6.

Tetranthera laurifolia *Jacq. Hort. Schoenbr. I. p.* 59. *t.* 113. *Spr. S. Veg. II. p.* 266. *n.* 1. (*excl. synon.* Sebiferae glutinosae *Lour.*) *Wall. Cat. n.* 2555 A.

Tetranthera apetala *Wall. Cat. n.* 2554. *I.* (*ex parte.*)

Tetranthera sebifera *Herb. Heyn.* (*ex parte*).

Tomex Tetranthera *Willd. Sp. pl. II.* 2. *p.* 839. *n.* 2.

Litsaea Tetranthera *Pers. Synops. II. p.* 4. *n.* 2.

Litsaea chinensis *Lam. Enc. méth. III. p.* 574. *Poir. Suppl. III. p.* 479. (*excl. synon. et p.* 480. *n.* 1.) *Iuss. in Ann. du Mus. VI. p.* 210. *Dict. des sc. nat.* XXVIII. *p.* 77. Litsaea obtusa Blume Bydr. p. 564?

β. Foliis obovato-cuneiformibus iunioribus puberulis (♀), staminodiis linearibus petaloideis.

Sieb. Fl. Maur. n. 112.
Tetranthera Roxburghii v. ♂. canescens. *N. ab E. in Wall. pl. As. rar. Wall. Cat.* n. 2554. O. P.

γ. Foliis maioribus apicem versus magis attenuatis proptereaque minus cuneatis supra non adeo opacis, umbellularum pedunculis longioribus, communi pedunculo proprios plus duplo excedente (♂. ♀.)

Habitat in China (Iacquin.) et in India orientali. Vidi exemplum ex Horto bot. Calcuttensi et ex Herbariis Heyneano et Wightiano, tum vero ex insula Mauritii in Sieb. Fl. Maur.

Var. *β*. (♀) vidi ex insula Mauritii in Sieberi Flora Mauritiana et in Herbario Regio Berolinensi. — ♂ ex Ava, Octobre, 1820; e Moalmyne in ora Martabaniae, 1827; Segain, Novembre 1826 ♂, in Herb. Wallichiano.

Var. *γ*. ex Peninsula Indiae orientalis in Wight. Herb. propr. *n.* 5.

Arbor specie praecedentis, praesertim varietatis *β*, sed satis sibi constans notis sequentibus: Rami novelli, petioli, pedunculi et involucra pube densiori et tenuiori canescentia; folia ratione longitudinis plerumque angustiora, cum petiolo pollicari 4—5½ pollices longa, haud procul ab apice 1—1¼ pollices lata, basin versus evidenter in cunei formam attenuata, apice rotundata vel saltem obtusa, magis coriacea, supra minus nitida, in sicco opaca glaucescentia (subtus ut in illa pallida, ad costam pubescentia); pedunculi communes plerique ex angulis foliorum nascentes, (neque infra eos e ramuli parte nuda,) pedunculis umbellularum plerumque breviores, et cum illis petiolos non aequantes; umbellulae in singulo pedunculo plerumque tres, rarius plures; flores masculi involucro breviores, brevissime pedicellati, pedicello vix ½ lineam longo, minores quam in varietatibus *α* et *β*, maiores quam in varietate *γ Tetrantherae Roxburghii;* stamina breviora; loco exteriorum sepala 3—6 (plerumque tria) cum staminum proximo ordine alterna, lanceolata, oblonga vel obovata, basi angustiora, obtusa, apice inaequaliter denticulata, tenuia, obsolete uninervia, pellucido-punctata, alba, longitudine staminum; ubi plura quam tria adsunt sepala, aliqua magis inferiora versus e pedicello egrediuntur, et ea quidem minora sunt et paullo angustiora. Stamina plerumque 12 adsunt, rarius 13—15; hirsuties filamentorum et antherarum structura, tum staminodia quoque, (quae sena invenio) ut in T. Roxburghii. Flos femineus ut in *Tetranthera Roxburghii*; staminum loco staminodiis lanceolatis praeditus. Pedunculi fructus communes 5—6 lineas longi; pedunculi proprii communis fere longitudine, 2—3, divaricati, 1—3-carpi. Pedicelli 1½ lineas longi, crassi, obconico-cylindrici, apice in discum denticulatum dilatati. Bacca magnitudine et figura piperis nigri, sicca nigra.

Var. *β.* differt inprimis pubescentia in pagina inferiori foliorum etiam post plenam evolutionem persistente. Folia iuniora utrinque cano-pubescentia, quandoque et latiora sunt, obovata aut ovalia. Umbellulae umbellatae in pedunculo communi propriis pedunculis vel longiori vel breviori:

Longiori. *Wall. Cat. n.* 2554. O. P.

Breviori. *Wall. Cat. n. c.* O.

Var. *γ.* intermedia quasi est forma inter *Tetrantheras laurifoliam* et *Roxburghii*, distinguitur tamen et haec structura floris, cuius laciniae exteriores non in stamina mutantur sed petaloideae persistunt, licet angustissimae sint et lineares.

Adnotatio 1. Icon Iacquini plantam iuniorem pingit, foliis (ut in caldariis nostris fieri solet) paulo maioribus mollioribusque praeditam, sed revera exemplis horti Calcuttensis mirifice consentaneam. Baccam (nescio an immaturam?) saturate rubram exhibet pisi magnitudine.

Adnotatio 2. *Tetrantherae Roxburghii* et *laurifolia* Iacq. haud immerito coniunguntur, vel si dirimes, neque foliorum formae nec staminibus petaloideis fidem tribuas necesse est, sed soli superficiei foliorum, in illa nitenti laxe reticulatae, in hac autem opacae ac dense scrobiculatae.

† † Perianthium distincte sexfidum, laciniis (in flore masculo saltem) firmioribus nec basi angustioribus.

§. 1. Glomeratae. Umbellulae fasciculatae, ob pedunculos nullos vel breves subglomeratae.

---

6. TETRANTHERA coriacea Herb. Heyn.

T. perianthio sexfido, umbellulis axillaribus sessilibus conglomeratis, foliis alternis ellipticis brevicuspidatis subtus ramulisque subtilissime tomentosis incanis, filamentis glabris. *N. ab E. in Wall. pl. As. rar. II. p. 66. n. 7.*

Tetranthera coriacea Hb. Heyn. *Wall. Cat. n.* 2556.
Tetranthera myristicaefolia *Wall. Cat. n.* 2548. (*ex parte.*)

Crescit in Penang, (G. Porter.) Vidi exempla arboris masculae, ea autem non bene servata, ex Herbario Heyneano.

Rami epidermide glabra lutescente vel cinerascente, teretes, iuniores angulati, tomento denso sed tenui e pilis minutis subfurfuraceis constante vestiti, canescentes vel ferruginei; cortex inodorus, insipidus; lignum leve, porosum, lutescens; tubus medullaris satis amplus. Cicatrices foliorum latae, cordatae. Gemmae foliigenae parvae, subbivalves, ferrugineo-tomentosae; terminalis maior. Folia alterna, 3 poll. (cum petiolo) longa, 1 poll. lata, oblongo-elliptica, in breve obtusumque acumen producta, basi acuta, chartaceo-coriacea, penninervia, supra glabra nitida viridia costa media subtomentosa venisque tenuibus canaliculatis, reti inconspicuo, subtus subtilissime cano-tomentosula costa venisque primariis prominulis, his simplicibus neque margines attingentibus neque inter se confluentibus. Petiolus 1½—2 lineas longus, marginatus, cano-tomentosus. Gemmae florigerae (masculae) laterales 2—4, in communi basi positae, magnitudine piperis, squamis brevibus tomentosis tectae, sessiles, tri-quadriflorae; squamis involucralibus quatuor orbiculatis obtusis concavis subcoriaceis sericeo-tomentosis pellucido-punctatis, duabus exterioribus minoribus. Flores (masculi): perianthium diametro circiter 1½ linearum, brevissime pedicellatum, subinfundibuliforme, extus cum pedicello strigoso-sericeo-canum, intus glabrum; tubo obconico; limbo patulo sexfido, laciniis ovato-ellipticis obtusis pellucido-punctatis subenervibus. Stamina 9 triplici serie, inaequalia, quorum exteriora perianthio paulo longiora, interiora breviora; filamenta glabra, filiformia, rubra; antherae ovatae, quadrilocellatae, locellis inferioribus magis lateralibus maioribus ovato-orbiculatis, superioribus minoribus orbiculatis magisque contiguis anticisque; valvulis ostiolo conformibus luteis. Staminum trium interiorum antherae saepe minores, irregulares abortiente uno alterove locello, mucronatae, apice pallidae. Glandulae 6—8, rotundae, brevi stipite praeditae, satis conspicuae, staminibus tribus interioribus, et (ubi octo adsunt) uni staminum secundi ordinis (abortiente tunc uno interiorum), vel decimi staminis rudimento accedenti per paria basi a tergo adiunctae. Pistilli nulla vestigia inveni. Flos femineus deest. Haec ad exemplum Herbarii Heyneani.

Ramus alter, quem exemplis *Tetrantherae myristicifoliae* (*Wall. Cat. n.* 2548) adiectum inveni, ad nostram speciem omnino pertinere videtur, nec differt nisi vigore et perfectione partium. Pars eius superior et petioli dense ferrugineo-tomentosa sunt. Folia revera coriacea, 7 pollices (cum petiolo) longa, $2\frac{1}{4}$ poll. lata, petiolo 8 lin. longo, proportione itaque omnino eadem, ac in exemplo Heyneano; color superioris paginae flavo-viridis nitidus, inferioris canus albidusve ut in illis; reliqua etiam omnia congruunt. Flores quidem non adsunt, sed gemmae florigerae pars cum residuis involucrorum sessilium.

---

7. Tetranthera Wightii N. ab E.

T. perianthio . . . ., umbellulis axillaribus agglomeratis subsessilibus, foliis alternis ellipticis brevissime obtuse-cuspidatis laete viridibus subtus arcuato-venulosis glabriusculis pallidioribus, ramulis petiolisque rufo-subtomentosis, fructu oblongo.

In Peninsula Indiae orientalis. Wight Herb. n. $\frac{2}{A}$.

Tetrantherae coriaceae accedit, sed differt iam solis foliis acumine obtuso brevissimo praeditis.

Ramus annotinus teres, striatus, glaber, cinereus, cortice fusco, ligno albido, tubo medullari mediocri; iuvenilis compresso-angulatus tomentulo tenui subpulverulento rufo-ferrugineo vestitus. Cicatrices foliorum late scutatae, planae, annulo inscriptae. Gemmae foliigenae rufae. Folia diverg. 2/5 posita, cum petiolo (vix 3 lineas longo crassiusculo) 5—6½ pollices longa, 1¾—2¼ pollices lata, ex oblongo ovalia, basi paulo magis attenuata et ibidem (in nostris) inaequalia, apice aut rotundata aut in acumen breve obtusum mammillare contracta, rigide chartacea, supra laete viridia, subtus pallidiora (nec glauca), adulta glabra supra in costae basi strigilosa, subtus sub forti lente scabriuscula arctissime punctato-reticulata, costa subtus prominente ramisque costalibus senis mediocribus per venas transversales arcuatim coniunctis et citra margines arcu tenui interrupto congruentibus praedita. Flores non vidi. Umbellulae fructiferae in basi gemmae brevi verruciformi rugosa 2—4, brevissime pedunculatae ut fere sessiles videantur, mono-dicarpae. Pedicelli fructus 2—5 lineas longi, validiusculi, scabri, subcompressi, recurvi, in cupulam concavo-patulam e perianthii basi ortam margine obsolete sexlobo una cum perianthii tubo dilatati. Bacca oblonga aut ovali-oblonga, 4—5 lineas longa, in vertice mammillata.

---

8. TETRANTHERA japonica Spr.

T. laciniis perianthii petaloideis ovato-lanceolatis, foliis oblongis marginatis supra glabris subtus incano-tomentosis crasse venosis, umbellulis axillaribus aggregatis brevipedunculatis.

Tomex japonica *Thunb. Fl. Jap. p.* 190. *Willd. Sp. pl. II.* 2. *p.* 839. *n.* 2.

Litsaea japonica *Juss. Ann. du Mus. VI. p.* 210. *Poir. Enc. méth. Suppl. III. p.* 480. *n.* 2. *Pers. Synops. II. p.* 4. *n.* 1. *Dict. des sc. nat. XXVII. p.* 78.

Tetranthera japonica *Spr. S. Veg. II. p.* 266. *n.* 2.

Litsaea Thunbergii *Siebold. Herb.*

Crescit in Japonia, (Thunb., de Siebold.) Vidi sicc. exempl. (masculum) in Herb. Sieboldiano. Feminea latet.

Descriptio Thunbergii optimae notae est. Est haec autem species longe distinctissima: foliis oblongis obtusis crassis rigidis, supra glabris costa media tomentosula, margine linea discreto plerumque tomentoso, subtus dense cano-tomentosis costa venisque alternis subnovenis ante marginem incurvis valde prominulis, reti interiecto grossiusculo irregulari; petiolis crassis, in statu sicco longitudinaliter rugosis, supra canaliculatis; umbellulis confertis magnis, fere ut in *Tetranthera tomentosa*. — Amplitudo alabastri dupla fere pisi grandioris, florentis fere cerasi. Pedunculi crassi, 1—1½ lineas longi, tomentosi, ad basin gemmae axillaris. Involucri foliola 5, subrotunda, concava, extus tomentosa, incana; quorum duo infima maiora subopposita densius tomentosa. Flores quini-seni, 4 lineas lati et latiores patentes. Pedicelli lanati, albi, vix lineam longi. Limbi laciniae profunde divisae, ex ovato lanceolatae vel oblongae, apice angustiores nec vero acutae, basi dorsoque medio subtomentosae, membranaceae, lutescentes (?) Stamina 9—12, laciniis paulo longiora, patula; filamenta 2—2½ lineas longa, glabra aut sparsim subpilosa; antherae ovales, ¾—1 lineam longae, quadrivalves, in iuventute acutae apiceque barbulatae. Glandulae (sive staminodia) 6 (etiam 4) magnae, disciformes, angulatae, compressae, subpedicellatae, singulae filamentis sex interioribus basi, aut paulo superius, oblique adfixae, quarum dispositione affinitas cum *Tetranthera monopetala* luculenter apparet. Pistilli nulla vestigia vidi. Feminea arbor nobis ignota.

---

9. Tetranthera monopetala Roxb.

T. perianthio sexfido, umbellulis axillaribus fasciculatis, foliis alternis ovato-ellipticis obtuse cuspidulatis subtus ramulisque incano-tomentosis.

Tetranthera monopetala *Roxb. Fl. Corom. II. p.* 26. *t.* 148.
Tetranthera macrophylla *Wall. Cat. n.* 2549. A. G.
Litsaea monopetala *Pers. Synops. II. p.* 4. *n.* 5.
Narra mamady incolis.

Variat:

α. Umbellulis ob pedunculos abbreviatos in gemmae basi subagglomeratis.

Tetranthera macrophylla *Wall. Cat. n.* 2549 D. et H. (♂.) *Sieber Fl. mixt. n.* 163.

β. Umbellulis paucioribus in fasciculo, saepe etiam minoribus.

Tetranthera monopetala *Herb. Roxb.*

Tetranthera macrophylla *Wall. Cat. n.* 2549. E, F, G, I. ♂. ♀.

Tetranthera reticulata fruticosa *Herb. Hamilt. in Wall. Cat. n.* 2555 *B.*

Tetranthera Hirana *Herb. Hamilt. in Wall. Cat. n.* 2554 F. (*ex parte.*)

Litsaca polyantha *Juss. in Ann. du Mus. VI. p.* 210. *Poir. Enc. méth. Suppl. II. p.* 480. *n.* 3. *Dict. des sc. nat. XXVII. p.* 78.

Litsaca hexantha *Sieb. Herb. Maurit.*

γ. Umbellulis pluribus in fasciculo maioribusque.

Tetranthera macrophylla *Wall. Cat. n.* 2549. C. et K.

Tetranthera monopetala *Roxb. Fl. Corom. tab. cit.*

δ. Gemmis quasi proliferis, hinc floribus in pedunculo communi pollicari altiorive veluti paniculato-glomerulatis, in pluribus fasciculis positis, aliis ad basin communis pedunculi glomerato-fasciculatis.

ε. Grandifolia; foliis maximis 1¼ pedes longis 8 pollices latis.

Wall. Cat. n. 2549 L.

Amat vallium convexitates in Peninsula Indiae orientalis, (Roxburgh.) — Vidi specimina multa:

Varietatis *α.* ex regno Oude, (Wall. Cat. n. 2549 D.) et ad Attran fluminis ripam (Wall. n. c. H.) lecta (♂), tum alia culta ex Horto botanico Calcuttensi (Wall. n. c. B.) et in herbario Martiano.

Varietatis *β.* in Herbario Roxburghiano, Roxburghii manu propria signata, (e Silhet), in Herbario Wallichiano, in Penang (Wall. n. c. F. ♂), in Nepalia (Wall. n. c. E. ♂.), in Moalmyne et Amherst lecta (Wall. n. c. I. ♂. ♀.), tum vero ex herbario Hamiltoniano in Habora (♂) Budlegunj (♀) (Wall. n. c. G.) et Niruni lecta, ex horto botanico Calcuttensi cui ex Sillet illati sunt huius arboris surculi; e Java insula, (♀); ex insula Mauritii in Herb. Sieber.

Varietatis γ. e Chittagong, (Wall. n. c. C. ♂.) et e Silhet (Guil. Gomez. Wall. n. c. A. et K.)

Varietatis δ. cum praecedentibus promiscua.

Varietatis ε. folium Chappedong orae Tenasserim a. 1827 lectum, (Wall. n. c. L.) Floret Martio, tempore calido.

Arbor mediocris. Rami fusco-virides, crassi, longi, teretes, glabri, tuberculato-asperi vel laeves, iuveniles angulati hirto-tomentosi, vel saltem furfuraceo-puberuli subpruinoso-cani; cortex subfuscus, modice adstringens, sapore aromatico-dulci; lignum albidum, in ramulis rufescens, porosum, tubo medullari amplo, in trunco (teste Roxburghio) albidum, durum. Cicatrices foliorum latae, reniformes vel cordatae. Gemmae axillares parvae, globosae, rufo-tomentosae; terminalis in nostris iam evoluta, rufescenti-lanata. Folia alterna, approximata aequidistantia, diverg. $^2/_5$, nostris exemplis valde diversiformia, 2—8 pollices (cum petiolo) longa, 1—$3^1/_4$ pollices lata, ovata vel obovata vel elliptica vel subrotunda, basi obtusa, apice vel in breve acumen mucroniforme obtusum acutumve prominula, vel omnino rotundata, vel adeo emarginata, inferiora (praesertim ramulorum tenuiorum) obovata obtusissima et reliquis minora, omnia supra glabra nitidula, in costa media subtusque tota cinerascenti- vel rufescenti-tomentosa mollia, penninervia, ramis reticuloque interiecto modo tenuibus, modo crassioribus subtus prominulis. Petioli 4—12 lineas longi, supra planiusculi, cano-tomentosi. Umbellulae in basi gemmae plerumque lineari vel bilineari, gemma foliigena (serius interdum evoluta) terminata scrobiculata hirsuta aggregatae, plures fasciculum axillarem constituentes, piso paullo maiores, 4—6-florae. Squama bractealis gemmae parva ovata acutiuscula tomentosa sub singulo pedunculo. Pedunculi 1—4 lineas longi, teretes, tomentoso-cani. Involucrum 4-5-6-phyllum, florum longitudine; laciniis inaequalibus orbiculatis concavis coriaceis canotomentosis margine membranaceis fuscis, interioribus angustioribus ovatis totis fere membranaceis. Pedicelli hirsuti, vix lineam longi. Flores $1^1/_2$—3 lineas lati: masculi perianthium constans e sepalis sex oblongis vel ellipticis obtusis basi paulo angustioribus ibidemque in tubum brevissimum hirsutum connatis nervoso-venosis pellucido-punctatis tenuibus, extus pubescentibus albidis. Stamina plerumque novem triplici serie, rarius duodecim, sepalis paulo longiora; filamenta filiformia, basi lanata; antherae ovatae, obtusae, pellucido-punctatae, quadrilocellatae, locellis inferioribus ovatis magisque lateralibus et posticis, superioribus contiguis obovato-orbiculatis magisque anticis; valvulae reflexae, ostiolis locellorum conformes. Glandulae duodecim, vel dimidiato-sagittatae vel cordatae vel irregulares, obliquae, stipitatae, staminibus sex exterioribus singulae, tribus interioribus per paria supra basin adnatae. Pistilli rudimentum, staminibus brevius; ovarium conicum; stigma obsoletum, truncatum, in aliis nullum obvium. Flos femineus masculino duplo minor; laciniae sex lineares, stamina et staminodia brevissima, numero inconstante; plurimis tamen novem sunt filamenta lineari-subulata, vel obtusa, basi lanata, et duodecim glandulae eodem quo in masculino flore modo dispositae. Pistillum staminibus duplo longius, glabrum; ovarium obovatum; stylus filiformis, longus; stigma dilatatum. Baccae in singula umbellula paucae perfectae, pisi magnitudine, globosae, mucronatae, nigrae, fundo floris, in discum integrum orbicularem planum satis latum iam expanso, insidentes. Pedicellus fructus trilinearis, subangulatus, apice incrassatus, cano-hirtus; umbellulae fructigerae pedunculus 4—6-linearis.

Adnotatio 1. Cum *Tetranthera laurifolia Iacq.* nullo vinculo arctius connectitur; propius autem accedit *Tetrantheris japonicae* et *coriaceae*, quarum posterior umbellulis sessilibus differt foliisque basi acutis et subtus minus tomentosis, prior autem umbellulis grandioribus, floribus ratione magnis, laciniis perianthii basi latioribus aliisque notis, quas supra exposui.

Adnotatio 2. A reliquis Tetrantheris recedit staminodiis numero auctis et ut in Polyadeniis omnibus staminibus consociatis, quo charactere sola cum *Tetranthera japonica* congruit.

---

10. Tetranthera longifolia N. ab E.

T. perianthio sexfido, umbellulis (masculis) axillaribus fasciculatis longe pedunculatis, foliis alternis oblongis basi apiceque acutis subtus glaucis utrinque pubescentibus, ramis hirsutis.

β. Foliis subtus subtomentosis rubiginosis.

In Ceylano insula. Vidi specimen masculum.

Arbor speciosa, ex affinitate *Tetrantherarum monopetalae* et *glaucae*. Rami inferne teretes, superne angulati et iuveniles compressi, hirsutie patula densa ferrugineo-fusca (in sicco) tomenti ad instar vestiti; cortex tenuis, fuscus; lignum album, subtile, densum; tubus medullaris satis amplus, pentagonus. Cicatrices foliorum late cordatae vel semicirculares, planae, prominentes. Gemma terminalis ovata, acuta, compressa, hirsuta. Folia diverg. $^2/_5$, approximata, cum petiolo valido trigono fusco-hirsuto demum calvo vix semipollicari $^3/_4$—1 pedem longa, $2^1/_2$—$2^3/_4$ poll. lata, oblonga, utrinque acuta nec admodum attenuata, supra viridia sparsim pilosula demum glabrescentia, subtus glauca piloso-pubescentia; costa subtus prominens; venae costales subnovenae in rete amplum venoso-arcuatum connexae, subtus prominulae supra immersae; rete interiectum supra omnino inconspicuum subtus vix visibile*). Umbellulae axillares, quadriflorae, in basi gemmae 2 lineas longa cylindrica ferrugineo-hirsuta confertim cicatricosa et scrobiculata 8—12 et plures fasciculum exhibent. Pedunculi (umbellulae masculae) 4 lin. longi, cum alabastro piperis magnitudine globoso minutim strigilosi, graciles. Involucri foliola quatuor, ovato-subrotunda, obtusa, venoso-tri-quinquenervia, pellucido-punctata, persistentia, extus strigilosa, demum glabra. Pedicelli brevissimi et perianthium extus cano-hirsuta. Perianthium (masculum) linea paulo latius, profunde sexfidum; laciniae oblongae, obtusae, uninerves, membranaceae, grosse pellucido-punctatae. Stamina novem, limbo-longiora; filamenta hirsuta, antheris duplo longiora; antherae lineari-oblongae, grosse pellucido-punctatae, locellis oblongis, superiori paulo minore. Glandulae geminatae ad basin staminum tertii ordinis brevistipitatae. Pistilli vestigia non inveni.

---

*) Promiscua crescunt in superiori pagina foliorum huius arboris *Stigmatidium elegans* Spr. et

Depazea hospita nob.

D. peritheciis sparsis aut confluentibus depresso-subconicis atris nitidis vertice punctiformi albicante, macula expallida obsoleta.

Persaepe huius Depazeae apothecia singula aut plura e *Stigmatidii elegantis* aliusque huius generis speciei thallo erumpunt, saepe centralia et singularem inter minima illorum apothecia adspectum praebentia.

11. Tetranthera ferruginea R. Br.

T. perianthio sexfido, umbellulis axillaribus aggregatis sessilibus, foliis alternis ovato-oblongis acutis subtus ramulisque tomentosis.

Tetranthera ferruginea *Rob. Br. Prodr. Fl. Nov. Holl. ed. N. ab E. I. p.* 209. (*ed. prim.* 403.) *n.* 2. *Spr. S. Veg. II. p.* 267. *n.* 6.
Hexanthus umbellatus *Lour. Fl. Cochinch. ed. Willd. I. p.* 242.
Litsaea Hexanthus *Iuss. Ann. du Mus. VI. p.* 212. *Poir. Enc. méth. III. p.* 480. *n.* 6. *Pers. Synops. II. p.* 4. *n.* 7.

Habitat in montibus Cochinchinae, (Loureiro); in Nova Hollandia, ad littora intra tropicum, (R. Brown).

„Est arbor mediocris, ramis patentibus. Folia sunt magna, ex ovato oblonga, acuminata, subtus venosa et una cum ramulis ferrugineo-tomentosa. Umbellulae sessiles, sexflorae. Involucrum hexaphyllum, patens, coloratum, albo-viride, foliolis subrotundis concavis. Perianthium infundibuliforme, ad medium usque sexfidum; laciniae oblongae, tubo subaequales, patentes. Stamina sex (Lour.) (9 secundum cl. Brown.), faucibus tubi inserta, limbum aequantia; filamenta filiformia, in flore femineo castrata. Glandulae geminatae sessiles ad basin staminum interiorum. (Antherae Loureirio, qui florem ♀ descripsit.) Pistillum: ovarium ovatum; stylus filiformis, corolla longior; stigma emarginatum. Bacca ovata. Semen subrotundum." Loureiro l. c.

Adnotatio 1. Cl. Rob. Brown *Hexanthum umbellatum* Lour. ad exemplum originale citat.

Adnotatio 2. Ad *Tetrantherae monopetalae* varietatem *α.* nostram hanc speciem pertinere mihi persuasum est. A *Tetranthera japonica* Thunb., cuius feminam hanc nostram esse suspicatus est cl. Iussieu, differt foliis acutis et umbellulis sessilibus.

12. Tetranthera glauca Wall.

T. perianthio sexfido hexandro, umbellulis axillaribus glomerato-fasciculatis, foliis elliptico-oblongis acumine obtusiusculo supra glabris nitidis subtus glaucis, petiolis ramulisque tenuissime tomentosis incanis, filamentis villosis. *N. ab E. in Wall. pl. As. rar. II. p. 66. n. 9.*

Tetranthera glauca *Wall. Cat. n.* 2533.

Habitat in Silhet. F. D. Herb. Wallich.

Arbor, integumento ramorum cano, e strigulis minutissimis adpressis, etiam foliorum paginae inferiori inspersis, conflato, umbellulisque parvis circa foliorum axillas veluti glomeratis, ad *Tetrantheras salicifoliam* et *attenuatam* accedens, sed satis diversa foliis maioribus subtus glaucis quasi pruinosis et floribus minoribus hexandris.

Rami (vel adultiores) tomento tenui sed denso e pilis brevissimis subfurfuraceis orto induti, grisescentes, vel, ubi integumentum extenuatur, ob pellucentem epidermidem fuscam glaucescentes, adultiores teretes substriati ad ramulorum origines compressi, iuniores compresso-angulati, sulcis obtusis ex utroque latere foliorum descendentibus magis minusve excavati, et proiectura petiolorum angusta acutaque carinulati; stratum corticis tenue, fuscum, sapore ingrato Myrrhae subsimili; lignum leve, porosum, lutescens; tubus medullaris amplus, ellipticus. Gemmae foliigenae terminales parvae, canae, e foliolis paucis angustis. Cicatrices foliorum ellipticae vel obovatae, planae. Folia diverg. $\frac{2}{5}$, 3—9 pollices (cum petiolo) longa, 1—$2\frac{1}{2}$ pollices lata, oblonga vel ex elliptico oblonga, basi parum acuta vel etiam subobtusa, inaequalia, apice in acumen diversae longitudinis obtusum modiceve acutum subcuspidato-contracta, supra glabra laete viridia et lucida reti angustissimo, subtus glauca et quasi pruinosa strigulis exiguis appressis nudo oculo inconspicuis inspersa evidenter reticulata penninervia, venis principalibus subtus prominulis arcuatis circa margines coniunctis venulisque curvis connexis. Petioli $\frac{1}{4}$—$\frac{1}{2}$ pollicis longi, satis validi, semiteretes, supra carinati, cano- vel caesio-tomentosi, basi a tergo in carinulam decurrentes, ramulo arcte connati et denique persistentes lamina saepe prius deperdita. Umbellulae axillares fasciculato-aggregatae, 6, 9, et plures, ob pedunculos breves ad speciem glomeratae, in basi gemmae seu communi pedunculo crasso linea vix longiore scrobiculato strigoso alternatim confertae. Squamae bracteales minutae, lanceolatae, acutae, carinatae, strigiloso-canae, patulae, deciduae. Pedunculus umbellulae lineam longus, compressiusculus, crassiusculus, sparse strigilosus. Gemma umbellulae magnitudine seminis brassicae, sub anthesi vix pipere amplior, minima igitur fere omnium, quadriflora. Involucrum tetraphyllum, rarius pentaphyllum, foliolis subdecussatis orbiculatis obtusis concavis dorso sparsim strigiloso-scabris chartaceis rigidulis 3—5-nervibus pellucido-punctatis subaequalibus. Flores subsessiles, extus (in pedicello praesertim tuboque brevissimis) scabri, vix lineam lati, subcampanulati, profunde sexfidi, laciniis membranaceis rigidulis ovalibus vel oblongis inaequalibus acutiusculis obsolete nervulosis pellucido-punctatis luteolis (?). Masculi floris stamina 6, duplici serie laciniis opposita, inaequalia, 1—2 perianthio duplo fere longiora, reliqua eiusdem fere longitudine; filamenta filiformia, villosa; antherae staminum longiorum ovato-oblongae, quadrilocellatae, locellis inferioribus lateralibusque maioribus ovatis vel ovalibus, superioribus minoribus ellipticis; staminum interiorum breviorumque antherae breviovatae, vel quadrilocellatae ostiolis suborbiculatis, vel bilocellatae, locellis lateralibus latis ovatis; valvulae ostiolis conformes, sursum reflexae, pallidae; color antherarum lutescens, punctis resinosis inspersus. Glandulae sex, satis magnae, stipitatae, capitulo ovali obliquo, staminibus tribus interioribus per paria adiunctae. Umbellulae et flores arboris femineae paullisper minores, caeterum eiusdem structurae. Stamina sterilia sex laciniis perianthii opposita earumque longitudine, filamentis villosis, antheris parvis ellipticis acutis laminiformibus linea media divisis; accedit in nonnullis filamentum unum vel alterum tertii ordinis reliquis brevius subulatumque. Glandulae floris feminei sex, staminibus tribus interioribus adsociatae, capitulo lato cordato obtuso. Pistillum perianthium supereminens, glabrum; ovarium ovatum, conspicuum; stylus robustus, aequalis, incurvus; stigma dilatatum, lobatum, irregulare. Fructum non vidi.

---

13. Tetranthera attenuata Wall.

T. perianthio sexfido, umbellulis axillaribus fasciculatis confertis brevipedunculatis, foliis cano-puberulis lanceolatis oblongisve acuminatis vel obtusiusculis subtiliter reticulatis supra lucidis subtus ramulisque angulatis apice strigoso-subsericeis canescentibus, filamentis villosis. *N. ab E. in Wall. pl. As. rar. II. p. 66. et III. p. 30. n. 10.*

? *α*. Foliis lanceolatis.

Tetranthera salicifolia Herb. Roxb. *Wall. Cat. n.* 2534. B. 2536. A. (*ex parte* ♂.)

β. Foliis latioribus oblongis.

Tetranthera attenuata *Wall. Cat. n.* 2534. A. (*ex parte*), C, D. (*inter α. et β. intermedia.*)

Tetranthera laurifolia Roxb. (nec Jacq.) ex Herb. Hamilt. *Wall. Cat. n.* 2535.

Crescit in Silhet. F. D. (Wall. n. 2534 A.) montibusque vicinis (Wall. n. c. C.) Vidi etiam exempla Herbariorum Roxburghiani et Hamiltoniani, atque culta ex horto Calcuttensi, cui e Silhet haec arbor illata est, (Wall. n. c. B. et D.)

Tetrantherae salicifoliae adeo similis est, ut varietas sit, an species distincta, vix diiudices, praesertim cum formae varietatis *β*., quae sane plurimum differre videantur, in eodem ramulo varietatis *β*. *Tetrantherae salicifoliae* speciem examussim referrant eoque genuinae *Tetrantherae salicifoliae* coniungi videantur.

Differt praesertim ab ista his notis: Rami aetate mox calvi evadunt, circa foliorum origines et summitatem strigiloso-canescentes, caeterum fuscescentes, nitiduli, non adeo sulcato-angulati, sed inferne teretes substriati, superne subtrigoni, circa foliorum originem compressi, hinc angulo obtuso decurrente; quae quidem etiam in *Tetranthera salicifolia* obtinent, sed angulis magis acutis sulcatisque ramum multangulum efficiunt. Folia in pagina superiore glaberrima, costa etiam glabra vel paucissimis setulis strigosa, splendente virore ornantur, subtus magis minusve in rubignosum colorem tendunt, strigulisque etiam quam in praecedente subtilioribus facillimeque oculis se subducentibus vestiuntur. In varietate *α*. lanceolata sunt, 5 pollices longa, 10 lineas lata, alia apice longe attenuata, acumine ipso vel obtuso vel acuto; in varietate *β*. 4—6 pollices longa, 1—1¾ pollices lata, apice plerumque in argutum acumen extenuata, occurrunt autem alia magis obtusa; basis foliorum acuta in omnibus. Petioli 2—3 lineas longi, glabri vel paucissimis strigulis inspersi. Umbellulae minores, brevius pedunculatae, in basi gemmae fere conglomeratae, sed omnino simili ratione et eodem numero dispositae, pedunculis 1—1½ lin. longis glabris vel parcissimis strigulis adspersis, (neque strigoso-canis). Flores etiam (quos masculinos tantum vidi) aliquanto minores, sed eiusdem structurae, laciniisque praesertim tenuibus acutis apice plerumque denticulatis illius floribus consimiles. Staminum et glandularum fabrica eadem.

---

14. Tetranthera salicifolia Roxb.

T. perianthio sexfido, umbellulis axillaribus fasciculatis confertis, pedunculis alabastro cano-puberulo longioribus, foliis lanceolatis oblongisve plerisque obtusis subtiliter et laxiuscule reticulatis opacis subtus ramulisque angulatis strigoso-sericeis griseis, filamentis villosis. *N. ab E. in Wall. pl. As. rar. II. p.* 66. *n.* 11.

α. Foliis lanceolatis.

Tetranthera salicifolia Herb. Roxb. (♂.) *Wall. Cat. n.* 2556. A. (*ex parte*), B, C. (*Herb. Hamilt.*)

β. Foliis oblongis.

Tetranthera laurifolia *Herb. Hamilt.* (♀.)
Tetranthera Diglotia *Herb. Hamilt.* (♂.)
Tetranthera attenuata *Wall. Cat. n.* 2543. (*ex parte.*)

Vidi exempla varietatis *α.* (♂) in Herb. Roxburghiano; porro in Herbario Hamiltoniano, in Kichakghur lecta, (♀). Varietatis *β.* marem in Nakiswari, feminam in Kaldutea legit Hamilton; in Silhet F. D. invenit, (♂). Floret a Februario in Aprilem.

Arbor. Rami adultiores teretes, glabri, rugulosi, fuscescentes, tuberculati, ligno denso pallido, tubo medullari evanido; iuniores sulcati et apicem versus dense strigoso-sericantes griseomicantes, tubo medullari angusto, cortice insipido. Cicatrices foliorum parvae, semilunatae vel semicirculares, truncatae. Gemmae foliigenae angustae, griseo-sericeae, subauratae, cito evolutae. Folia in ramulis conferta, diverg. ²⁄₅, in varietate *α.* 3—4¾ pollices (cum petiolo) longa ¾ pollicis lata lanceolata, in varietate β. 4—5 pollices longa $1\frac{1}{4}$ pollices lata oblonga, in utraque varietate saepius obtusa, vel in breve obtusumque acumen prominula, rarius longius acuminata acumine vel obtusiusculo vel arguto, basi acuta, regulariter penninervia, nervis lateralibus crebris arcuatis simplicibus margines non attingentibus, reticulo utrinque conspicuo sed tenui; supra opaca glabra sola costa, in iuvenilibus autem tota superficie strigiloso-canis, subtus a strigulis minutissimis, non nisi forti lente conspicuis, appressis griseo-micantia et subincana. Petioli 2—3 lineas longi, crassiusculi, trigoni, supra carinati, griseo-strigilosi. Umbellulae in omnium foliorum axillis fasciculatae, senae-novenae et plures, parvae: masculinae paulo maiores, quadriflorae, in basi gemmae (solitariae vel geminatae) brevissima scrobiculata strigosa confertae, pedunculatae. Squamae bracteales minutae, ovato-oblongae, strigosae, fugaces. Pedunculi 2—$2\frac{1}{2}$ lineas longi, erecti, satis graciles, strigosi. Gemma umbellulae vix semine brassicae maior, globosa. Involucrum tetraphyllum, decussatum, foliolis orbiculatis concavis obtusis membranaceis sub anthesi reflexo-patentibus quinquenervibus pellucido-punctatis pallidis extus parce strigilosis; exteriores paulo minores. Flos masculinus brevissime pedicellatus, pedicello tuboque strigilosis; limbo patente, extus parce pubescente, profunde sex-septemfido, laciniis ovalibus vel oblongis acutiusculis apice plerumque denticulatis teneris membranaceis uninervibus pulchre resinoso-punctatis pallidis. Stamina fertilia novem (in flore septemfido decem vel undecim) triplici serie posita, perianthio dimidio longiora; filamenta filiformia, villosa; antherae filamentis duplo breviores, oblongae, obtusae, tenerae, flavae, pulchre resinoso-punctatae, quadrilocellatae, locellis subaequalibus oblique oblongis, inferioribus magis lateralibus et posticis; valvulae ostiolis locellorum conformes. Glandulae sex, staminibus tribus interioribus per paria adiunctae, capitulo erecto oblongo vel oblique cordato, stipite brevi. Pistillum nullum. Umbellulae femineae masculinis similes, sed dimidio minores, pedunculo breviori, vix bilineari praeditae. Flores feminei paulo longiori fortiorique pedicello suffulti, vix linea latiores. Filamenta castrata novem, limbo breviora vel eiusdem altitudine, villosa, quorum exteriora acuta, tria interiora apice incrassata breviora basique glandulis geminis capitulo oblongo obliquo stipata. Pistillum perianthio longius, glabrum; ovarium ovato-conicum, crassum; stylus subulatus, incurvus, tuberculato-asper; stigma parvum, tridentatum. Peracta anthesi involucra et limbus perianthii mox defluunt et ovarium, basi truncatae et subciliatae perianthii innixum, denudatum in conspectum prodit. Fructum perfectum non vidi.

Adnotatio 1. Et haec quidem species satis insignis ramulis sulcatis griseis et umbellulis parvis in foliorum axillis quasi agglomeratis. Quibus notis a *Tetranthera attenuata* differre videatur, sub isto titulo invenies.

Adnotatio 2. In Herbario Roxburghii nomine *Tetrantherae salicifoliae* inscriptae duae diversae latent species. Mas etenim huius est, quam supra *salicifoliam* diximus, femina autem ad *Tetrantheram laurifoliam* Roxburghii, (nec Jacq.) seu *Tetrantheram attenuatam* Wallichii referenda, huiusce *varietatem α. angustifoliam* exhibet, nullis aliis notis, nisi foliorum minori latitudine ab illa differentem.

---

15. Tetranthera virens N. ab E.

T. perianthio sexfido, umbellulis axillaribus fasciculatis confertis ferrugineo-tomentosis, pedunculis alabastro longioribus validis, foliis oblongis utrinque modice attenuatis obtusiusculis basi acutis confertim scrobiculato-reticulatis glabris supra laete viridibus subtus canescentibus, filamentis (floris feminei) glabris.

In insula Principis Walliae (*Prince Wales Island*) una ex insulis Merguiensibus (*Merguy Islands*) ad oras occidentales peninsulae Malaccae. Vidi specimen femineum in Herbario Arnottiano, a cl. Hookero datum.

Affinitate proxima coniungitur *Tetrantheris attenuatae* et *salicifoliae*, ut descriptionem pluribus repetere superfluum esset; differt autem evidentissimis notis, quas paucis ulterius exponam. Ramus (extremum apicem si excipis) glaber, subangulosus, fuscus. Folia approximata, diverg. $2/5$ posita, $5\frac{1}{2}$—6 pollices longa, in medio aut paulo ulterius $1\frac{1}{4}$—$1\frac{1}{2}$ pollices lata, oblonga, basin versus paulo magis quam apicem versus attenuata, apice ipso angusto at obtusiusculo, rigida, supra laete at dilute viridia, subtus cano-pallida, adultiora quae vidi rami florentis omnino glabra, in utraque pagina aequo modo dense reticulata venulis prominulis, maculis retis parvis angulatis, costa media ramisque costalibus 7—9 simplicibus ante marginem folii attenuatis atque incurvis subtus prominulis. Petioli 3—4 lineas longi, validi, supra plani, iam glabri, iuveniles probabiliter strigilosi. Cicatrices foliorum scutatae, truncatae aut emarginatae. Fasciculi umbellularum ex omnium foliorum angulis solitarii aut gemini, 8—10-flori, in basi gemmae 2 lineas vix longa rufotomentosula. Pedunculi (umbellulae femineae) $2\frac{1}{2}$ lineas longi, crassiusculi, una cum involucro tomento tenui at denso ferrugineo vestiti. Alabastrum umbellulae iam evolutionem moliens globosum pisi minoris diametro. Involucrum pentaphyllum, foliolis subrotundis concavis. Umbellula sexflora. Flores subsessiles, vix lineam lati, extus cano-hirti. Laciniae perianthii membranaceae, ovales, obtusae, ciliatae, pulchre pellucido-punctatae, uninerves; faux hirta. Stamina imperfecta limbo duplo breviora, spathulata, filamento antheraque adhuc distinctis glabris aut pilis raris in filamentis. Glandulae sex stipitatae capitulo ovato, staminibus vix dimidio breviora, inter staminodia interiora. Pistillum magnum, perianthii altitudine, glabrum; ovarium ovatum; stylus incurvus; stigma latum, crassum, discoideum, obliquum, lobatum.

Adnotatio. Proxima huic nostrae *Tetranthera* (*Litsaea*) *resinosa Blume Bydr. p.* 562, differre videtur: foliis elliptico-oblongis subtus concoloribus.

---

§. 2. Sparsae. **Umbellulae subsolitariae, pedunculatae.**

---

16. Tetranthera glaucescens Spr.

T. perianthio sexfido, umbellulis axillaribus solitariis nutantibus, foliis oblongo-lanceolatis acuminatis subtus glaucis, filamentis brevissimis glabris, gemmis perulatis (!)

Tetranthera glaucescens *Spr. S. Veg. II. p.* **267**. *n.* 9. (*excl. syn. L. Cervantesii.*)

Litsaea glaucescens *Humb. et Kunth. Nov. Gen. et sp. pl. II. p.* 168. *n.* 1. *Kunth. Synops. I. p.* 460. *n.* 1. *Dict. des sc. nat. XXVII. p.* 79.

Laurus glaucescens: foliis oblongo-lanceolatis acutis subtus glaucis, pedunculis axillaribus unifloris. *Willd. Herb.*

Crescit ad litora Mexicana prope Acapulco; item in declivitatae montium orienti soli oppositorum, iuxta Xalapam alt. 700 hexap. Floret Martio, Aprili, (de Humboldt). Vidi exemplum Herb. Willd. feminem, et marem in Herb. cl. Ruhland, Coloniensis. — *Sufricago* incolis.

Descriptio Kunthiana haec est:

„Arbor procerrima; ramulis teretibus striatis glabris, cinerascentibus. Folia alterna, petiolata, oblongo-lanceolata, acuminata, basi acuta, integerrima, subcoriacea, reticulato-venosa, supra viridia nitida, subtus glauca, duos et dimidium pollices longa, septem aut novem lineas lata. Petioli subsemipollicares, canaliculati, glabri. Pedunculi axillares, solitarii, glabri, longitudine petiolorum, bi- aut quinqueflori. Flores dioeci, breviter pedicellati, involucrati. Involucrum hexaphyllum; foliolis subrotundis acutis concavis glabris flores superantibus demum deciduis. Flores masculi haud suppetunt. Flores feminei: Calyx sexfidus, glaber, laciniis ovatis obtusis; tribus exterioribus paulo minoribus. Stamina sterilia crebra, spathulata. Ovarium oblongum; stylus brevis; stigma obtusum. Fructus ignotus."

Quibus addimus: Odor corticis et omnium partium aromaticus; sapor acris, haud ingratus: Folia subtiliter arcteque reticulata, venis costalibus pluribus tenuibus parum conspicuis. Gemmae axillares et terminales lanceolatae, squamis membranaceis 3 — 8 conspicuis puberulis subconvolutis ovatis, demum glabris. Involucra in nostris tetraphylla, foliolis subrotundis per paria oppositis concavis margine ciliatis. Perianthia umbellulae masculinae 5, femineae 4 rarius 5, brevipedicellata, glabra; laciniae subrotundae, membranaceae, grosse pellucido-punctatae; tres interiores interne barbulatae. Flos masculus: stamina 9 — 12, glabra; filamenta brevia; antherae subrectangulae, truncatae, grosse pellucido-punctatae, omnes introrsum quadrilocellatae, locellis uno super altero positis oblongis. Glandulae geminae sessiles ad staminum trium vel sex interiorum basin in annulum confluentes. Pistillum imperfectum, stigmate acuto. Floris feminei staminodia

18, quorum 12 magis antheriformia brevistipitata, 6 interiora clavata vel subcylindrica, basi glandulis geminis globosis stipata. Eiusmodi glandulae etiam ad basin unius alteriusve ordinum proxime sequentium. Pistillum glabrum; stylus brevissimus; stigma trilobum. Fructum non vidi.

Adnotatio 1. An generis distincti? Accedit ad Lepidadeniam, sed differt glandularum floralium indole et probabiliter etiam gemmis perulatis, quibus et a Tetrantheris veris distinguitur. Mediante *Oreodaphne Californica* Oreodaphneis conciliatur. Inter Tetrantheras nostras maxime refert *Tetrantheram Cavanillesi*, quacum deinceps, cognito fructu, in unum genus coalescet.

Adnotatio 2. Inflorescentia huius speciei evidenter exhibet paniculae solitae ramulum extremum triflorum, aut accedente in ramulo eius laterali una alterave divisione 4—5-florum. Bractea etiam accedit partialis una aut altera medium florem lateralesque distinguens, eaeque communis involucri foliolis sunt similes.

---

17. TETRANTHERA saligna.

T. perianthio sexfido, umbellulis axillaribus subsolitariis, foliis lanceolatis utrinque acutis glabris supra lucidis reticulatis ramis costalibus acutangulis subtus prominulis, filamentis villosis. *N. ab E. in Wall. pl. As. rar. II. p. 67. n. 12.*

Tetranthera angustifolia *Wall. Cat. n.* 2557.*)

Crescit in Silhet. F. D.

Frutex (?) Rami graciles, teretes, subfusci, glabri, cicatricibus foliorum nodulosi, iuniores furfuraceo-strigilosi angulati; cortex fuscus, sapore nonnihil adstringente; lignum compactum, pallidum, tubus medullaris angustus. Cicatrices foliorum prominentes, semicirculares, disco griseo, limbo fusco. Gemmae foliigenae axillares et terminales subulatae,

*) Nomen mutandum erat ob *Litsaeam angustifoliam Blumii* tempore priorem.

strigoso-sericeae, subbivalves squamis foliaceis; axillares pedicellatae. Folia approximata, aequidistantia, diverg. $^{2}/_{5}$, erecto-patentia, $2^{1}/_{2}$—5 pollices (cum petiolo) longa, $^{1}/_{2}$—$^{3}/_{4}$ pollicis lata, lanceolata, modice acuminata, basi acuta, membranaceo-chartacea, alternatim penninervia, glabra, supra laete viridia lucida reticulata, subtus opaca pallida minus evidenter reticulata costa autem venisque principalibus (novenis-quindenis) acuto angulo egredientibus prominulis; iuvenilia folia subtus furfuraceo-substrigilosa. Petioli 2—3 lineas longi, trigoni, supra carinati, anguste marginati, glabri. Umbellulae in ramulis iuvenilibus axillares, vel ad eorum basin magis approximatae, bracteola minuta caduca primum suffultae, dein nudae, solitariae, pedunculatae, 4—5-florae. Pedunculus brevis, gracilis, glaber, bilinearis. Gemmae umbellulae masculinae magnitudine seminis cannabis, globosae, glabrae. Involucra tetraphylla, foliolis cruciatis orbiculatis concavis nervosis pellucido-punctatis sub anthesi patenti-recurvis; exterioribus paullo minoribus subcoriaceis aestivatione valvata, interioribus latioribus magisque membranaceis. Flores brevissime pedicellati pedicello tuboque strigiloso-sericeis limbo diametro $1^{1}/_{2}$—2 lin. patente chartaceo-membranaceo glabro profunde sexfido, laciniis ovalibus subaequalibus obtusis venoso-nervosis pellucido-punctatis. Stamina perianthio paulo longiora, 6—9, duplici vel triplici serie, tria interiora in omnibus (quos vidi) floribus enneandris minora et incompleta; filamenta filiformia, hirsuta; antherae ovato-oblongae, obtusae, resinoso-punctatae, quadrilocellatae, locellis ovatis et obovatis subaequalibus, quorum inferioribus lateralibus magisque posticis; valvulis ostiolis locellorum conformibus. Glandulas in flore hexandro sex observavi, centrum floris occupantes; in flore enneandro non modo stamina tria centralia singulis glandularum paribus gaudent, sed accedunt etiam secundi ordinis staminibus sua staminodia, vel solitaria, vel ea quoque gemina; capitula staminodiorum oblique cordata obtusa, stipites breves sunt. Pistilli vestigia non inveni. Femina non nota est.

Adnotatio. Species haec e habitu saligno, foliis fere Salicis albae, umbellulisque parvis sparsis solitariis inter omnes facilis est distinctu.

18. Tetranthera angusta Wall.

T. perianthio sexfido, umbellulis axillaribus subsolitariis, foliis oblongo-lanceolatis acuminatis subtus pubescenti-scabris, ramis strigiloso-tomentosis, filamentis scabris. *N. ab E. in Wall. pl. As. rar. III. p. 30. n. 12* b.

Tetranthera angusta *Wall. Cat. n.* 6344. A.

β. Foliis subtus (in sicco) ferrugineis densius pubescentibus. *Wall. Cat. n.* 6344. B.

In Tavoy, d. 23. September 1827, (Guil. Gomez.) Var. *β*. ad Syrian in Pegu, haud procul a Rangoon, Augusto 1826.

Rami graciles, per se quidem teretes sed lineis elevatis a petiolorum dorso decurrentibus angulati, setulis brevibus confertissimis tomentosi rufescentes; cortex fuscus; lignum album, densum; tubus medullaris angustus, in ambitu obscurior; lenticellae oblongae, cortici concolores. Cicatrices foliorum ovales, parvae. Gemmae axillares parvae, ovatae, acutae, hirtae, compressae, extus bisulcae, a latere rami canaliculatae, ferrugineae; terminalis bivalvis, foliacea, foliis complicatis. Folia approximata, alterna, diverg. $\frac{3}{8}$, patentia, $3\frac{1}{2}$ — $4\frac{1}{2}$ pollices (cum petiolo) longa, 1 — $1\frac{1}{4}$ pollices lata, oblongo-lanceolata, acuminata, basi acuta, plana, utrinque viridia, penninervia nervis costaque subtus prominulis ferrugineo-subtomentosis, iuniora utrinque adultiora subtus pilis exiguis pubescenti-scabra; cum evolvuntur tomentoso-scabra ferruginea. Umbellulae in gemmae basi exigua geminae, interiecto gemmulae abortivae residuo, pedunculatae, parvae. Pedunculus 2 — $2\frac{1}{2}$ lineas longus, compressiusculus, strigiloso-rufescens. Gemma umbellulae magnitudine piperis. Involucri foliola sex, orbiculata, srigilosa. Flores non numeravi, sed numerus eorum in singula umbellula non eximius. Stamina novem; antherae breves, ovatae, quadrilocellatae; filamenta setulis minimis scabra. Femina latet.

Var. *β*. a forma communi non differt, nisi foliis subtus ipsisque ramulis evidentius pubescentibus subfuscis.

Adnotatio. Deleantur, quae loco supra citato de similitudine *Tetrantherae lucidae Blumii* adnotavi; haec enim, etiamsi habitu congrua, non huius est generis sed *Polyadeniae*. Quibus differat a specie sequente (*Tetranthera iteodaphne*) sub illa invenies. Restat adhuc *Tetranthera fruticosa Reinw.*, quae forsitan *Tetranthera amara Blume.* Isti autem folia acuta sunt neque acuminata, basi obtusa neque acuta. Pubescentia et costae foliorum nostrae magis conformes, sed nervi costales duodeni-deni-octoni, et umbellulae (geminae) brevissime pedunculatae, pedunculo altitudine ipsius umbellulae, qui nostrae duplo triplove est altior.

---

19. Tetranthera iteodaphne N. ab E.

T. perianthio sexfido, umbellulis axillaribus subsolitariis, foliis lanceolatis acuminatis basi acutis glabris opacis supra laevibus venis costalibus patentibus subtilissimis, staminodiis floris feminei spathulatis glabris.

In Ceylani insulae montosis. Vidi ramum femineum cum flore fructuque.

Convenit haec species, quae probabiliter fruticosa, notis quamplurimis cum *Tetranthera saligna*, differt autem sequentibus: Rami graciliores etiam, valde inaequales atque rugulosi, iuveniles parcius strigilosi. Folia 3—6 pollices longa, infra medium 7—10 lineas lata, apicem versus magis quam deorsum attenuata apice ipso obtusiusculo, basi acuta, rigidiora, supra opaca et fere laevia, costa immersa venis lateralibus vix conspicuis reti inconspicuo, subtus pallidiora, in prima iuventute probabiliter puberula, iam opaca, obiter reticulata venisque costalibus quindenis aut denis et octonis subtilibus parum prominulis angulo fere recto e costa valde prominula egredientibus et citra margines plexu arcuato subtili coniunctis praedita. Petioli vix duabus lineis longiores, fere teretes, glabri, supra anguste canaliculati marginibus obtusis. Umbellulae (femineae) axillares, solitariae aut geminae, 4—5-florae; pedunculo vix linea longiori, parce strigiloso. Involucrum tetraphyllum foliolis (ut in *Tetranthera saligna*) subrotundis extus strigosis. Flores (ut in *Tetranthera saligna*) vix linea altiores, brevissime pedicellati, pedicello tuboque dense argenteo-strigosis, laciniis ovalibus acutiusculis membranaceis glabris pellucido-punctatis. Staminodia floris feminei 9, limbum aequantia, glabra, filamento apice dilatato acutiusculo. Glandulae binae magnae stipitatae ad basin staminodiorum tertii ordinis. Pistillum magnum, ovario ovali, stylo crasso incurvo, stigmate oblique peltato repando. Umbellulae fructus mono-dicarpae; pedunculo fortiori bilineari glabro patente; pedicello $1\frac{1}{2}$—2 lineas longo crasso sulcato et statu recenti probabiliter succulento in cupulam concavam duarum linearum diametro extus parce strigilosam margine integro ciliatoque transeunte. Bacca matura ovalis, 6 lineas fere longa.

---

20. TETRANTHERA fruticosa N. ab E.

T. perianthio sexfido, umbellulis axillaribus subgeminatis, foliis oblongis acutis subtus glaucescentibus puberulis, ramulis ferrugineo-tomentosis.

Laurus fruticosa *Reinw. in Herb. Mart.*
Tetranthera amara *Blume Bydr. p.* 563?

Crescit in Iava insula. Vidi exemplum unum femineum, cum floribus absque fructu, in Herb. Martiano, a cl. Reinwardtio datum. In Monte Sadjra, Iavae insulae, Blume (?).

Ramulus est gracilis, teretiusculus, ferrugineo-tomentosus, dense foliosus, ligno albo subtili nitente; tubo medullari amplo. Umbellulae geminae in omnibus fere axillis. Folia dimidii pollicis distantia inter se remota, subdisticha, diverg. $\frac{2}{5}$ posita, 3—$3\frac{3}{4}$ pollices longa, $\frac{3}{4}$—$1\frac{1}{2}$ pollices lata, oblonga, acuta, basi plerumque obtusa rarius acutiuscula, membranacea, supra nitidula glabra vel obsolete puberula ad costam tomentosula, subtus glauca pubescentia nervis costalibus multis patentibus simplicibus plerisque suboppositis nonnihil prominulis reti interiecto obsoleto. Petioli breves, teretiusculi, tomentosi, supra canaliculati. Umbellulae (♀) axillares, solitariae vel geminae, petiolos aequantes, cum pedicello tomentoso 2—3 lineas longae, depresso-globosae, piso paulo maiores, quinqueflorae. Involucrum tetraphyllum, foliolis aequalibus decussantibus subrotundis concavis membranaceis quinquenervibus pellucido-punctatis pubescentibus. Flores flavescentes, brevissime pedicellati, pedicello hirto. Laciniae perianthii sex, usque ad basin discretae, distantes, oblongo-lanceolatae, basi paulo angustiores, tenues, pellucido-punctatae, patentes, uninerves pubescentes. Faux hirsuta. Filamenta sex sterilia capitulo subspathulato, hirsutissima, longitudine limbi. Glandulae geminatae sex, magnae, didymae (!) seu e duabus quasi conflatae, apice emarginatae. Pistillum validum, glabrum; ovarium ovatum; stylus ovarium subaequans, in multis incurvus; stigma compresso-capitatum, subbilobum. Marem non vidi, nec fructum perfectum.

---

21. Tetranthera angulata N. ab E.

„T. foliis elliptico-oblongis acutis basi interdum oblique-attenuatis glabris subtus glaucis, involucris pedunculatis subsolitariis 4-phyllis sub 5-floris, caule arboreo ramulis argute angulatis. (Arbor 120 ped.)“ Blume.

Litsaea angulata *Blume Bydr. p.* 563.

„Crescit in sylvis montis Salak. Floret Novembri etc.“

„Nomen *Huru minjak; Huru Pantjar; Huru Merang.*“ Blume.

---

22. Tetranthera multiflora N. ab E.

„T. foliis ellipticis obtusis basi acutis subtus sericeo-subtomentosis, involucris umbellulatis tetraphyllis multifloris, caule arboreo.“ Blume.

Litsaea multiflora *Blume Bydr. p.* 564.

„Crescit in sylvis montium Salak et Gedé. Floret Iulio etc.“ Blume.

Nomen.

---

§. 3. **Polyanthae.** Umbellulae fasciculatae, pedunculis propriis communi umbellularum pedunculo, e basi gemmae orto, multo longioribus.

---

23. TETRANTHERA polyantha Wall.

T. perianthio sexfido, umbellulis axillaribus fasciculatis longe pedunculatis crebris, foliis oblongo-lanceolatis acuminatis glabris membranaceis supra lucidis, filamentis villosis. *N. ab E. in Wall. pl. As. rar. II. p.* 67. *n.* 13.

Tetranthera polyantha *Wall. Cat. n.* 2538.

Crescit in Silhet. F. D.

Frutex. Rami virgati, teretes, glaberrimi, nitidi, in statu sicco fusci, striati, sparsim lenticellato-verrucosi; cortex tenuis, fuscus, odore et sapore camphorato; lignum subtile, pallidum; tubus medullaris amplus. Cicatrices foliorum semicirculares vel subtrigonae, tumidae, pallidae, disco umbonato. Gemma foliigena terminalis tomentoso-sericea, in nuda folia se evolvens. Folia diverg. $2/5$ conferta, aequidistantia, 5—6 pollices (cum petiolo) longa, $3/4$—$1\,1/4$ pollices lata, ramulorum minora, oblongo-lanceolata vel lanceolata, basi brevi-acutata, apice longissime arguteque acuminata, ratione reliquorum tenuia, laxe penninervia, glabra, supra saturate viridia lucida venoso-reticulata, subtus pallida (nec vero glauca) reti venuloso minus conspicuo, hinc inde in sicco exemplo punctulis resinosis scabriuscula. Petiolus 4—5 lineas longus, angustus, compressiusculus, supra canaliculatus, glaber. Umbellulae ex omnium foliorum angulis totum ramulum occupant, (inferiores a lapsu foliorum nudae,) fasciculatae vel subcorymbulosae, quinqueflorae. Pedunculus communis brevissimus, in aliis fere nullus, ad summum sesquilinearis, a basi, vel ubi longior a medio floriger, inter flores sulcatus, cicatricosus, subsericans, gemmula foliigena sericante terminatus, 3—6-florus. Squamulae bracteales minutae, ovato-lanceolatae, acutae, glabriusculae, caducae. Pedunculi proprii umbellularum 4—6 lineas longi, graciles, glabri, patentes. Gemma umbellulae magnitudine piperis, globosa, pallida. Umbellula piso maior. Involucrum tetraphyllum, foliolis decussantibus orbiculatis concavis ventricosis glabris membranaceis quinquenervibus pulchre pellucido-punctatis glabris, sub anthesi reflexo-patulis et ob margines apicem versus involutos ad speciem acutis. **Pedicelli floris masculini** vix lineam longi, graciles, glabri. **Perianthium** (floris masculini) campanulatum, linea paulo latius, glabrum, profunde sexfidum; laciniis membranaceis obovatis obtusis venoso-nervosis pellucido-punctatis subinaequalibus, scil. peripheriam umbellulae spectantibus maioribus. **Stamina** perfecta novem triplici serie, aequalia; filamenta antheris vix duplo longiora, filiformia, hirsuta; antherae subrectangulae, obtusae, luteae, tenues, pellucido-punctatae, quadrilocellatae, locellis subcuneiformibus obliquis, inferiorioribus lateralibusque maioribus sursum-superioribus magisque introrsum contiguis minoribus deorsum angustatis. **Glandulae** sex, staminibus tribus interioribus basi a tergo per paria adiunctae, stipite brevi; capitulo subreniformi cordatove obtuso. **Pistilli** rudimentum breve, glabrum, stylo subulato absque stigmate. **Flos femineus** latet.

Adnotatio. Species elegans, habitu saligno, florum ubertate, foliorum nitore, ramulorum gracilium coma, odore commendabilis.

---

24. Tetranthera chartacea Wall.

T. perianthio sexfido, umbellulis axillaribus longe pedunculatis fasciculatis, foliis elliptico-oblongis utrinque acutis glabris membranaceo-chartaceis, ramulis novellis strigoso-subtomentosis, filamentis (femineis) strigilosis. *N. ab E. in Wall. pl. As. rar. II. p.* 67. *III. p.* 30. *n.* 14.

Tetranthera chartacea *Wall. Cat. n.* 2531. A. B. (♀.)

Crescit in Nepalia; Amherst. (Wall. l. c. B.), lecta Februario cum fructu fere maturo a Guil. Gomez.

Frutex. (?) **Rami** tenues, teretes, fusci, glabri, sparsim lenticellati, cum ramulis basi rimulis transversalibus notati, hi apice compresso-angulati et a strigulis subtilibus adpressis tomentoso-grisei; cortex tenuis fuscus, sapore debili subacri; lignum densum, albidum, fibris subtilibus; tubus medullaris angustus. **Cicatrices foliorum** magnae, cordatae, prominulae, planae, pallidae. Gemmae foliorum terminales angustae, griseo - tomentoso - strigosae, folioloso - bivalves, axillares parvae, ovatae. Folia 3½—6 pollices (cum petiolo) longa, 1—2 pollices lata, diverg. ⅖ vel etiam ⅓, elliptico-oblonga, basin versus paullo angustiora ipsaque basi acuta, argute acuminata, e membranaceo chartacea, glabra, supra laete viridia, subtus pallida, penninervia, costis tenuibus ante marginem tenui arcu connexis, supra cum costa media canaliculatis subtus modice prominulis, venulis interiectis eleganter reticulatis. Petioli 4—6 lineas longi, crassiusculi, subcompressi, supra canaliculati, glabri, iuveniles nonnihil strigilosi. Umbellulae in basi gemmae brevi (lineam raro excedente) crassa scrobiculata et cicatricosa griseo - tomentosa gemmula foliigena bivalvi terminata et ea evoluta quandoque in ramulum continuata axillari solitaria fasciculatae, inferiores quaternae et ob folia iam perdita denudatae, superiores pleraeque geminae, (femineae) sex - octoflorae. Squamae bracteales caducae, in nostris exemplis omnibus iam deficientes. Pedunculi umbellularum (feminearum) 1½—3 lineas longi, satis firmi, dense griseo- vel subfulvo - strigoso-tomentosuli. Gemmae umbellularum globosae, vix magnitudine piperis, integumento pedunculorum simili vestitae. Involucra tetraphylla, foliolis subchartaceis orbiculato - ovatis obtusis concavis obsolete nervoso - venosis et punctulatis sub anthesi reflexis. Flores feminei vix linea latiores, brevissime pedicellati. Pedicelli crassi, griseo - strigilosi, in tubum brevem obconicum strigilosum transeuntes; limbus sexfidus, laciniis lanceolato - linearibus obtusiusculis non contiguis uninervibus pellucido - punctatis membranaceis extus strigilosis intus glabris. Stamina castrata novem triplici serie, perianthii longitudine; filamentis extus strigilosis intus glabris, quarum tribus exterioribus subcapitatis, mediis truncatis filiformibus, interioribus subulatis paullo brevioribus. Glandulae novem, capitulo ovato obliquo longitudine fere dimidii filamenti luteo, stipite vix conspicuo; quarum binae staminibus tribus interioribus, singulae mediis adnatae, his etiam in aliis deficientibus. Pistillum lageniforme, glabrum, stamina parum supereminens; ovarium ovatum; stylus crassiusculus; stigma (in siccis) parum dilatatum, obsolete lobatum.

Adnotatio 1. *Tetrantheris coriaceae* et *myristicifoliae* affinis, sed notis characteristicis, in diagnosi expositis, facili negotio distinguenda.

Adnotatio 2. Arbor feminea, quam supra secundo loco citavi (Wall. n. c. B.) non omni numero cum mare congruit. Ramus est cum fructu fere maturo quoad folia quidem simillimus, sed differt hisce praesertim notis: Cortex est glaber. Folia nonnihilo maiora ex oblongis in elliptica transeunt, acumine tum vero minus producto. Pedunculi communes 2—3, axillares, aggregati, 2—2½ lineas longi, crassiusculi, glabri. Fructus in singulo pedunculo 1—2 residui. Pedicelli fructus lineam longi, obconico-cylindrici, angulati, crassissimi, fructum inferum mentientes, glabri; limbus persistens patens, laciniis ovalibus obtusis membranaceis glabris. Staminum aliquot series, satis completae, cum limbo expansae; filamenta in his glabra; antherae imperfectae. Bacca globosa, pisi magnitudine; structura interna nihil peculiare habet. Chalaza magna, aureo-nitens. — In umbellulae unius gemmula immatura, quae libera adiecta erat (nescio an consulto), nihil iam patebat, nisi involucrum 6-phyllum foliolis orbiculatis. Flores nondum explicari poterant. Species videtur distincta, sed ea pro tempore non rite illustranda.

Adnotatio 3. Flores, aqua calida emolliti, cum ex ea trahuntur chartaeque emporeticae imponuntur, citissime siccescentes rigescunt simulque pulvere albicante granuloso veluti pruina, in pedunculo praesertim staminibus pistilloque, canescunt.

---

25. TETRANTHERA laeta Wall.

T. perianthio sexfido, umbellulis capituliformibus axilllaribus fasciculatis longe pedunculatis crebris, foliis oblongis utrinque acutis glabris subtus caesio-albidis, filamentis villosis. *N. ab E. in Wall. pl. As. rar. II. p.* 67. *n.* 15.

Tetranthera laeta *Wall. Cat. n.* 2541.

Crescit in Silhet. F. D.

Arbor pulchra. Rami teretes, nec ramuli distincte angulosi, glabri, fusci, rugulosi et cicatricibus foliorum cordatis fasciculorumque floralium inaequales; cortex insipidus; lignum pallidum, leve, fibris teneris; tubus medullaris distinctus. Gemmae foliigenae parvae, lanceolatae, tomentosulae, bivalves, squamis foliaceis. Folia diverg. $^2/_5$, 5 — $7^1/_2$ pollices cum petiolo longa, 1 — 2 pollices lata, oblonga vel oblongo-lanceolata, basi apiceque acuta, interdum acuminata, rarius obtusa, chartacea, glabra, supra laete viridia et nitida, subtus caesio-alba subglaucescentia, penninervia, venis primariis remotiusculis per paria approximatis arcuatis circa margines tenuissimis anfractibus coniunctis infirmibus, reticuli venis tenuibus, areis mediocribus. Petioli breves, 3 — 5 lineas longi, satis fortes, glabri, semiteretes, supra planiusculi sulculo medio angusto. Umbellulae quadriflorae, fasciculatae, plerumque senae, in gemmae basi brevissima crassa rudi cicatricosa sericante strigosa e singulis fere foliorum alis, pedunculis squama bracteali singula ovato-oblonga obtusa sericante decidua interstinctis; fasciculi post lapsum foliorum nudi, in inferioribus axillis plerumque gemini basibus gemmarum connatis, in superioribus solitarii, hinc rami florentis a florum copia laetus adspectus. Pedunculi proprii 5— 6 lineas longi, graciles, tomentoso-sericei, incani, patentes. Gemma umbellulae pipere maior, globoso-depressa. Involucrum tetraphyllum, foliolis orbiculatis concavis submembranaceis extus sericeo-tomentosis subtrinervibus distinctissime pellucido-punctatis; exterioribus aestivatione valvata. Flores masculi subsessiles, pedicello vix manifesto, 3 lineas lati, subrotati, tubo strigoso-sericeo, limbo extus pubescente profunde sexfido, laciniis subaequalibus membranaceis oblongis obtusis pellucido-punctatis. Stamina fertilia 9 — 12, triplici vel quadruplici serie posita, limbo duplo longiora, aequalia; filamenta filiformia, albo-hirsuta; antherae oblongae, obtusae, pellucido-punctatae, quadrilocellatae, locellis inferioribus fere posticis ab invicem distantibus ovato-oblongis, superioribus magis anticis contiguis obovatis deorsum attenuatis, utrisque margine tenui membranaceo explanato cinctis; valvulae ostiolis conformes, fuscae, reflexae. Glandulae plerumque senae, rarius novenae, parvae, stipitatae, stipite brevi, capitulo dimidiato-cordato obtuso, staminibus interioribus tertiae et secundae seriei modo singulae modo geminae basi connatae, (ubi 12 stamina, solitarias senis, ubi 9 stamina, geminas ternis adiunctas in plurimis observavi.) Pistillum distinctum, staminibus duplo brevius, glabrum; ovarium parvum, ovatum; stylus crassiusculus; stigma dilatatum, lobatum, irregulare. Femina ignota.

Adnotatio. Similis *Tetrantherae oblongae*, sed differt abunde: foliis subtus laete caesio-pallidis, florum copia, fasciculisque horum sessilibus neque pedunculo, communi suffultis, pedunculis tenuioribus, umbellulis minoribus, floribus maioribus, staminibus longioribus.

---

26. Tetranthera resinosa N. ab E.

„T. foliis elliptico-oblongis basi acutis rigidis glabris, involucris fasciculatis 5—6-phyllis 5—6-floris, caule arboreo, ramulis obtuse angulatis. (Affinis *L.* (*Tetr.*) *angulatae*, sed folia subtus haud glaucescentia. Arbor 80. ped.)" Blume.

Litsaea resinosa *Blume Bydr. p.* 562.

„Crescit in sylvis Salak et Gedé. Floret Ianuario."
„Nomen: *Huru Minjak.*" Bl.

---

27. Tetranthera elliptica N. ab E.

„T. foliis ovalibus basi interdum obliquis glabris subtus glaucis, involucris fasciculatis 4-phyllis 5-floris, caule arboreo. (Arbor 60 ped. aff. *L. obtusae.*)" Blume.

Litsaea elliptica *Blume Bydr. p.* 563.

„Crescit in sylvis altioribus montis Salak. Floret Augusto, etc."
„Nomen: *Huru madang.*" Bl.

---

28. Tetranthera amara N. ab E.

„T. foliis venosis oblongis acutiusculis basi obtusis supra lucidis subtus parum tomentosis, involucris fasciculatis 4-phyllis 5-floris, caule arboreo (aff. *L. monopetalae;* arbor 50—80 ped. alt.)“ Blume.

Litsaea amara *Blume Bydr. p.* 563.

„Crescit in montanis (Iavae). Floret omni fere tempore.“
„Nomen *Huru hiries.*“ Bl.
Conferas *Tetrantheram fruticosam* p. 543.

---

29. Tetranthera vestita N. ab E.

„T. foliis maiusculis obovato-oblongis acutis v. obtusiusculis basi inaequali-attenuatis subtus glaucis petiolis ramulisque tomentosis, involucris fasciculatis 4-phyllis 5-floris, caule arboreo“ Blume.

Litsaea tomentosa *Blume Bydr. p.* 566.

„Crescit in sylvis Ṣalak. Floret Iunio etc.“
„Nomen *Huru Magmal.*“ Bl.

---

§. 4. Corymbuliferae. Umbellulae corymbosae, pedunculis propriis communem umbellularum pedunculum subaequantibus, vel hoc saltem distincto, ultra gemmae basin producto.

---

30. Tetranthera oblonga Wall.

T. perianthio sexfido, umbellulis capituliformibus axillaribus subcorymbosis, foliis oblongo-lanceolatis utrinque acutis glabris subtus glaucescentibus, filamentis lanuginosis. *N. ab E. in Wall. pl. As. rar. II. p.* 67. *n.* 16.

Tetranthera oblonga *Wall. Cat. n.* 2542.
Tetranthera Doshia *Don. Fl. Nep. p.* 65.
Tomex Doshia *Hamilt. Mspt.*

Habitat in Nepalia, lecta a. 1821 a cl. Wallich. (♂.♀.) Ad Narainhetty Nepalensium (Hamilt.) Floret Novembri. (Don l. c.)

Arbor. Rami ramosissimi, recti, teretes, luteo-cinerascentes, hinc inde sparsim verrucosi, iuniores virescentes angulati albido-lentiginosi, et hi quoque glabri; cortex fuscus, insipidus; lignum leve, satis densum; tubus medullaris amplus. Cicatrices foliorum cordatae. Gemma foliigena terminalis parva, ovato-subulata, sericea, e paucis squamis seu foliis constructa. Folia speciosa, 4—8 pollices cum petiolo suo longa, 1—2 pollices lata, diverg. $^2/_5$ vel $^1/_3$ posita, apicem versus confertiora, inferiora et terminalia maiora, oblongo-lanceolata, basi (plerumque et apice) aequo modo acuta, acumine apicis plerumque obtusiusculo, rarius apice toto obtuso, chartaceo-coriacea, glabra, supra nitida, subtus pallida glaucescentia, penninervia, costis incurvis, nec coniunctis neque in marginem excurrentibus, reticulo laxo, venis subtilibus. Petioli ad summum semipollicares, crassiusculi, glabri, compressi, supra plani. Umbellulae 3—6, 4—5-florae, in pedunculo communi axillari, (mari 3—4 lineas longo, feminae breviori) sulcato noduloso subpubescente corymbosae, feminae subfasciculatae. Squama bractealis sub singulo pedunculo proprio parva, ovata, acuta, pubescens, caduca, cicatriculam angustam semilunarem relinquens. Pedunculi proprii umbellularum mascularum fere sexlineares, feminearum quadrilineares, subtilissime pubescenti-scabri. Gemma umbellulae masculae pisi fere magnitudine, femineae minor subglobosa. Involucrum tetra-pentaphyllum, foliolis suborbiculatis obtusis ventricoso-concavis nervoso-venosis subtilissime et dense pellucido-punctatis subcoriaceis, inferioribus minoribus plerisque extus in medio squamuloso-sericantibus. Flores masculi brevissime pedicellati, involucrum aequantes, subcampanulati, profunde sexfidi, subcoriacei, pedicellis, tubo limboque medio squamuloso-sericeis, laciniis ovalibus obtusis obsolete nervosis et punctulatis. Stamina longitudine perianthii, 9—12 triplici vel quadruplici serie, inaequalia; filamenta antheris dimidio longiora, basi lanuginosa; antherae ovatae, mucronatae, quadrilocellatae, locellis obliquis vel subtransversalibus, in quibusdam discretis, ita, ut anthera ex hac parte biloba appareat, in aliis uno pluribusque omnino deficientibus. Glandulae sex, subsessiles, capitulo compresso rotundato, staminibus interioribus per paria adiunctae, in quibusdam plures magisque irregulares. Pistillum staminibus longius, glabrum; ovarium parvum, obovatum; stylus longus et crassus; stigma magnum, subpalmatum. Flores feminei masculinis minores, ceterum similes; laciniae angustiores; filamenta sterilia novem, laciniis perianthii breviora, basi pubescentia, apice alterna subdilatata subulataque; glandulae geminae filamentis ternis interioribus, singulae mediis adiectae, subcordatae. Pistillum ut in mare, sed paulo magis conspicuum. Pedunculi et pedicelli fructus longiores et crassi, semipollicares, compressiusculi, rugosi, apice incrassati. Perianthii basis persistens, cupularis, integra. Baccae in nostris iamiam delapsae erant.

Adnotatio 1. Hermaphroditos, seu polygamos flores existimares, ob pistillum in antherigeris solito magis evolutum. Sed femina, staminibus castratis praedita, sola fructum edere videtur.

Adnotatio 2. Valvularem antherarum dehiscentiam ita explicandam esse, ut locellos transversales duarum antherarum, quarum una super altera posita est, marginem rimae superum in formam valvulae attollere, inferum autem, utpote qui cum connectivo connatus teneatur, in situ suo, quo clausa anthera fuerat, conservare statuas, ex antheris huius speciei lobatis vel quasi pinnatis sequi videtur.

---

31. Tetranthera Cervantesii N. ab E.

T. perianthio sexfido, umbellulis axillaribus fasciculato-corymbulosis, femineis pluribus, foliis perennantibus lanceolatis acuminatis subtus glaucescentibus filamentisque glabris.

Ocotea ramentacea *Mart. Herb.* ♂.

Litsaea Cervantesii *Humb. et Kunth. Nov. Gen. et Sp. pl. II. p.* 168. *n.* 2. *Kunth. Synops. I. p.* 460. *n.* 2. ♀.

Laurus aestivalis *Sessé, Fl. Mexic. La Gasca in Herb. Mart.* ♀.

Crescit in Regno Novae Hispaniae, (Cervantes, de Humboldt, Sessé, La Gasca, in Herb. Mart.) Vidi exemplum arboris femineae florentis in herbario Martiano, inscripto nomine *Lauri aestivalis* Sessé, et masculinae e Vera Cruz in eodem Herbario, a cl. Lambert datum.

Ramuli teretes, glabri, fusci. Folia tres pollices longa, 6—8 lineas lata, lanceolata, acuminata, basi acuta, coriacea, maris scrobiculatim - feminae leviter reticulata, supra fere laevia, nitida, utrinque glabra, subtus glaucescentia, venis costalibus subsenis subtilibus. Petioli semipollicares, canaliculati, glabri. Flores masculi: Pedunculi axillares, solitarii, petioli longitudine. Umbellulae geminae vel ternae, subumbellatae, brevipedicellatae, pisi fere magnitudine, cernuae, 5-abortu triflorae. Involucrum tetraphyllum, foliolis subrotundis ventricosis nervoso-venosis punctatis margine membranaceis. Flores brevipedicellati, flavescentes. Perianthium 3 lineas latum, rotatum, profunde sexpartitum, laciniis membranaceis late ovatis vel subrotundis contiguis pellucido-punctatis venoso-quinquenervibus glabris. Stamina 9, perianthium subaequantia, glabra; filamenta longitudine antherarum; antherae rectangulae, truncatae, pellucido-punctatae, omnes introrsum dehiscentes, quadrilocellatae; locelli per paria unus super altero positi, ovales, subaequales. Glandulae geminatae subrotundae, corrugatae, flavae, staminibus tertii ordinis supra basin insertae, brevistipitatae. Pistillum parvum, ovario subgloboso, stylo brevissimo. Pedunculi arboris femineae communes 4 lineas longi, articulati, a basi fere florigeri. Pedunculi umbellularum oppositi, bilineares, corymbum fasciculiformem constituentes, puberuli. Gemma umbellulae subglobosa, magnitudine piperis. Involucri tetraphylli foliola subrotunda, concava, margine ciliolata. Flores quini, omnes pedicellulati, nutantes. Pedicelli breves, hirti. Perianthium rotatum, fere duas lineas latum; laciniae membranaceae, lineari-oblongae, trinerves, pellucido-punctatae. Staminodia sex exteriora apice spathulato-lanceolata, tria interiora linearia, supra basin glandulis geminis subsessilibus orbiculatis compressis flavis stipata. Ovarium subglobosum; stylus brevissimus; stigma subcapitatum. Post anthesin cadunt laciniae perianthii et ovarium globosum obtuse mucronatum tubo brevi truncato insidet.

Adnotatio. Planta mascula et feminea differunt tum foliis in altera profunde denseque reticulatis, in altera laeviusculis, tum umbellulis in mare ternis, in femina fasciculato-corymbosis, tum perianthii maris laciniis latioribus maioribusque, ut itaque diversarum specierum esse sexus diversos existimares. Conveniunt autem patria, regula generis quod ad sexum communis, habitus universus. — Cl. Kunthius in describenda *Tetranthera Cavanillesii* non marem, sed feminam pistillo abortivo prae oculis habuisse videtur.

---

32. Tetranthera myristicifolia Wall.

T. perianthio sexfido, umbellulis axillaribus fasciculato-corymbulosis, foliis oblongis basi cuneiformibus glabris glaucis, filamentis glabris. *N. ab E. in Wall. pl. As. rar. II. p.* 67. *et III. p.* 31. *n.* 17.

Tetranthera myristicaefolia *Wall. Cat. n.* 2548 A. (*ex parte*) B. ♂.

β. Foliis brevioribus obovato-ellipticis subtus minus glaucescentibus.

Wall. Cat. n. 2548. C.

Crescit in Penang, (G. Porter); Tavoy, Octobre 1827 ineunte anthesi, (Guil. Gomez.) Var. *β*. in Tavoy cum praecedente legit idem.

Arbor, habitu quidem *Tetrantherae oblongae* accedens, sed satis distincta: foliis basi nec apice attenuatis rigidioribus glaucis subtus pallidioribus et perianthio cum filamentis glabris, nec lanuginosis. A *Tetranthera coriacea*, cuius ramulus adiectus erat nostrae, non minus distare videtur: ramulis glabris, foliis glaucis basi longe attenuatis subtus glabris, petiolis profunde canaliculatis, umbellulis masculis (quas solas vidi) pedunculatis et in communi pedunculo subcorymbosis vel fasciculatis, perianthio denique (nec solis filamentis) glabris.

Epidermis ramuli fusca, glabra, rugulosa et cicatricosa; cortex fuscus, mitis, sed leviter camphoratus; ramuli novelli ad basin cicatricoso-annulati, subangulati, glabri, exsudatione quadam subfurfuracei. Cicatrices foliorum subcordatae. Folia diverg. uti videbatur $\frac{1}{3}$, 6—7 pollices (cum petiolo) longa, $1\frac{3}{4}$ pollices lata, oblonga, (in nostris) obtusa, qasi cuneiformi-attenuata, subcoriacea, glabra, supra glauca subtus canescenti-glauca, penninervia, venis costalibus et reticuli debilibus. Petiolus 6 lineas longus, satis crassus, compressus, canaliculatus marginibus acutis, glaber, hinc inde pruinoso-subfurfuraceus. Umbellulae in pedunculo communi 1—2 lineas longo angulato cicatricoso glabro axillari 4—6 fasciculatae vel subcorymbosae, a basi eius alternae, 4—6-florae. Squamae bracteales minutae, ovatae, obtusae, glabrae, caducae. Pedunculi umbellularum 4—5 lineas longi, validiusculi, glabri. Gemmae umbellularum globosae, magnitudine piperis, glabrae. Involucrum 4—6-phyllum, foliolis coriaceis orbiculatis obtusis concavis, interioribus minoribus. Flores masculi subsessiles, glabri, profunde 6-fidi, laciniis chartaceis oblongis obtusis uninervibus pellucido-punctatis. Stamina perianthio paulo longiora, 12 quadruplici serie, vel etiam novem; filamentis glabris rubris; antheris ovatis obtusis quadrilocellatis, structura omnino eadem ac in *Tetranthera coriacea*. Glandulae 6—8, per paria staminibus interioribus adiecta, capitulo lato rotundato compresso, stipite brevi. Pistillum nullum. Feminea arbor latet.

---

33. Tetranthera nitida Roxb.

T. perianthio sexfido, umbellulis axillaribus racemoso-corymbosis, foliis elliptico- vel oblongo-cuneiformibus obtusis glabris concoloribus, filamentis strigosis, ramulis acutangulis. *N. ab E. in Wall. pl. As. rar. II. p.* 67. *et III. p.* 31. *n.* 18.

Tetranthera nitida *Roxb. Wall. Cat. n.* 2540 A, B, C. (♂).
Tetranthera Baula *Herb. Hamilt.*

Habitat in Silhet, (F. D.); in Gualpara (Hamilton); in Rangoon.

Arbor. Rami quinquanguli, inaequilateri, epidermide grisea transversim rimosa, iuveniles acutissime quinquanguli, subcompressi lateribus valde inaequalibus, nitidi; cortex fuscus, insipidus, lignum pallidum, densum; tubus medullaris distinctus, irregularis. Cicatrices foliorum ovatae vel cordatae. Gemmae terminales parvae, conicae, compressae, glabrae, nitidae, bivalves, carinatae; laterales minutae, ancipites, in axillam decurrentes. Folia diverg. 2/5, 3½ — 7½ pollices (cum petiolo) longa, pone medium 1 — 2½ pollices lata, ex obovato oblonga vel subelliptica, obtusa et rotundata, basi magis vel minus cuneata, crassa, coriacea, rigida, glabra, utrinque viridia, penninervia, venis reticuloque debilibus, hoc fere inconspicuo. Petiolus ¼ — ½ pollicis longus, fortis, glaber, subtus carinatus, subtus obtuse canaliculatus. Umbellulae 6 — 9 in pedunculo communi axillari ¾ — 1½ pollices longo quinquangulari glabro cicatricoso a basi vel a medio florigero corymboso-racemosae, 4 — 5-florae, inferiores oppositae, superiores alternae, diverg. 2/5. Squamae bracteales minutae, ovales, obtusae, glabrae, caducae. Gemmae umbellularum globosae, magnitudine piperis, laeves, glabrae. Pedunculi proprii 6 lineas longi, angulati, glabri, patentes. Umbellula florens piso paullo maior, hemisphaerica, ob flores fere sessiles subcapitata. Involucrum tetraphyllum, floribus (masculis) paullo brevius, foliolis subdecussantibus subaequalibus orbiculatis concavis subcoriaceis glabris, margine lato tenui minute ciliato cinctis, obsolete nervosis distincte pellucido-punctatis. Flores 3 lineas lati, tubo pedicelloque brevissimis griseo-strigosis, limbo profunde sexfido basi strigiloso subchartaceo subirregulari, laciniis duabus exterioribus subfalcatis latioribus subbinervibus, reliquis oblongis basi trinervibus, omnibus autem obtusis pulchre pellucido-punctatis rigidulis. Stamina fertilia plerumque duodecim quadruplici serie, rarius novem triplici, perianthio dimidio longiora, inaequalia; filamenta stricta, filiformia, strigosa; antherae exteriores oblongae vel rectangulae, truncatae, interiores magis ovatae, in iuventute omnes ovatae et tunc quidem mucronatae, pleraeque quadrilocellatae, omnium autem locelli inaequales, eorumque duo postici, duo antici; dum clausi, locelli inferiores ovati sunt, superiores obovati parvi, valvula laete coccinea, emisso autem polline ostiola locellorum (et inferiora quidem maxime) difformia evadunt, in longitudinem extensa marginibusque tenuibus repanda et veluti anfractuosa, valvulis tum latentibus vel deciduis. Glandulae 6 — 12, staminibus (ubi 12) senis, ternisve (ubi 9) interioribus adiecta, stipite distincto pubescente, capitulo diversiformi cordato vel oblongo vel subreniformi, semper autem obliquo et quasi dimidiato, antheram incompletam referente. Pistillum in aliis deest, in aliis rudimentum prodit pistilli vix staminodiis longius, glabrum, ovario exiguo, styloque aequali truncato. Flores femineos non vidi.

Adnotatio 1. Inter congeneres ramulis maxime arguteque angulatis distinctissima. Quoad inflorescentiam *Tetrantherae glabratae* coniunctior quidem, sed tota fere reliqua diagnosi discedit.

Adnotatio 2. Inter species Iavanicas huic comparandae sunt *Tetranthera (Litsaea) resinosa* et *angulata*, quarum prior sane simillima, videtur tamen differre ramulis obtuse angulatis, qui in nostra acutanguli; et involucris fasciculatis 5—6-phyllis nec racemosis tetraphyllis. *Tetranthera angulata* ramulis quidem argute angulatis nostram refert, differt autem foliis acutis subtusque glaucis.

Adnotatio 3. Flos intermedius umbellulae (seu capituli) 5-florae saepe quadrifidus est, staminibus octo totidemque glandulis.

---

34. Tetranthera semecarpifolia Wall.

T. perianthio sexfido, umbellulis axillaribus racemosis racemis paucifloris, foliis obovatis obtusis subtus pubescentibus, filamentis hirsutis. *N. ab E. in Wall. pl. As. rar. III. p.* 31. *n.* 19 a. *Wall. Cat. n.* 6345.

Crescit in Avae montibus Taong Dong dictis, lecta a Guil. Gomez a. 1826. Donabue in ripa Irawaddi fluminis. Mas.

Ramus validus, teres, rufo-tomentosus, aetate calvescens; cortex pallide fuscus, subamarus, mucidus; lignum album, nitens; tubus medullaris teres, mediocris. Cicatrices foliorum semicirculares, planae, tumidulae. Lenticellae rarae, ovales. Folia diverg. 3/8, in ramulo annotino 9—12 per spiras suas magis approximata, cum petiolo 5—9 pollices longa, 2 1/4—4 pollices trans medium lata, obovato-elliptica, obtusa cum vel absque prominentia mammillari obtusaque, basi acuta, coriacea, supra glabra laete viridia reticulata nec nitentia, subtus pubescentia pallidiora (in sicco rubiginosa) costato-penninervia, venis coniunctivis arcuatis. Petioli 3/4 pollicis longi, validi, semitereti-trigoni, supra obtuse canaliculati, subtomentosi. Racemuli in rami parte bienni, iam foliis orbata, axillares (cicatricum), pollicares, erecti, ex umbellulis 7 — 8 aequidissitis compositi. Pedunculi 4 — 6 lineas longi, compressiusculi, uti pedunculus communis tomentosi. Involucra (dum clausa pisi maioris ambitu, globosa) tomentosa, multiflora, hexaphylla, foliolis orbiculatis concavis chartaceis quinquenervibus pellucido-punctatis extus cano-sericeo-tomentosis. Flores (♂) 2 lineas longi, subsessiles, griseo-sericei. Perianthium sexfidum, laciniis oblongis obtusis uninervibus pellucido-punctatis. Stamina 9—12, triplici vel quadruplici serie; filamenta strigiloso-hirta, exteriora longiora; antherae ovato-trigonae, omnes introrsum dehiscentes, primae seriei minores saepe steriles, secundae subinde unilocellatae; tertiae vel quartae quadrilocellatae; valvulae ovatae, laete fusco-luteae. Glandulae vel circa basin staminum tertiae seriei (ubi novem) geminatae, vel in hac et quarta singulae, ovatae. Accedit quandoque staminodium (quarti scil. ordinis) unum vel alterum subulatum basi hirtum; et tum vero numerus staminum non nisi his additis expletur. Styli rudimentum trigonum, exiguum. Arborem femineam non vidi; sed sufficit maris contemplatio ad speciem confirmandam.

---

35. TETRANTHERA geminata N. ab E.

„T. foliis elliptico-oblongis utrinque acutis apice interdum obtusis supra lucidis subtus subpubescentibus, pedunculis apice 2 — rarius 3 — 4-fidis, involucris 4-phyllis multifloris, caule arboreo.“ Blume.

Litsaea geminata *Blume Bydr. p.* 564.

„Crescit in sylvis primaevis Gedé. Floret Septembri, Maio.“

„Nomen: . . . .“ Bl.

---

36. TETRANTHERA citrata N. ab E.

„T. foliis lanceolatis utrinque acuminatis glabris subtus glaucis, involucris subcorymbosis 4-phyllis 5-floris, caule arborescente." Blume.

Litsaea citrata *Blume Bydr. p.* 565.

„Crescit prope catarractas fervidas in monte Gedé; in altioribus montis Prahu etiam frequens. Floret toto anno."
„Nomen *Kigerruk.*" Bl.

---

§. 4. Racemuliferae. Umbellulae distincte racemosae.

---

37. TETRANTHERA glabrata Wall.

T. perianthio sexfido, umbellulis axillaribus racemosis, racemis paucifloris, foliis oblongo-lanceolatis utrinque acutis glabris supra glaucis, filamentis lanuginosis. *N. ab E. in Wall. pl. As. rar. II. p.* 67. *n.* 19.

Tetranthera glabrata *Wall. Cat. n.* 2543.
Laurus salicifolia *Herb. Wight.*

In montibus regionis Dindygul, alt. 3000 pedum, legit cl. Wight.

Arbor (?). Ramuli glabri, compresso-angulati, striati, sicci fuscescentes; cortex tenuis, insipidus et inodorus; ligni stratum tenue, porosum, rufescens; tubus medullaris amplus. Cicatrices foliorum semicirculares, prominulae. Gemmae foliigenae terminales, angustae, conico-compressae, sericeae, subbivalves. Folia diverg. 2/5, 5½—7½ pollices (cum petiolo) longa, 1¼—1¾ pollices lata, oblonga vel oblongo-lanceolata, basi acuta, apice vel acuta vel (imperfectiora ea puto) obtuse cuspidata vel omnino obtusa, cartilagineo-chartacea, glabra, supra glaucescentia, subtus pallida (in sicco lutescentia), penninervia, costa venisque principalibus supra canaliculatis subtus prominulis, reti venuloso subtili. Petiolus ½—¾ pollicis longus, validus, subcompressus, supra planus, glaber. Pedunculi communes axillares, erecto-patentes, crassiusculi, basi compressi, apicem versus triangulares, sulcati, noduloso-cicatricati, pubescenti-subtomentosi, a medio floriger, ½—1½ pollices longi, gemma foliigena abortiente terminati. Umbellulae in singulo pedunculo communi 6—9, racemosae, diverg. ⅖, 7—8-florae. Bracteae in nostris iam perditae. Pedunculi proprii umbellularum 1—2 lineas longi, aequales, tomentoso-sericei. Gemmae umbellularum pisi magnitudine, sericeae, aureo-micantes. Involucra hexaphylla; foliola eorum exteriora aestivatione valvata, paulo crassiora; divergentia autem ⅖ esse videtur; interiora teneriora, sextum obovatum, reliqua orbiculata concava; omnia venoso-nervosa, vix punctulata. Flores (masculi) brevissime pedicellati, extus dense sericei, micantes. Perianthium profunde sexfidum, patens, chartaceum, laciniis obovato-oblongis obtusis obsolete nervosis pellucido-punctatis. Stamina fertilia novem, triplici serie; filamenta lanuginosa; antherae ovatae, mucronulatae, lutescentes, punctulatae, quadrilocellatae, locellis ovatis, inferioribus magis lateralibus; valvulis conformibus pallidis dehiscentes. Glandulae sex staminibus tribus tertii ordinis a tergo coniunctae, stipitatae, capitulo subcordato apice rotundato antheriformi. Stamina sterilia tria centro proxima, filamentis subclavatis lanuginosis castratis, singulis glandulis obovatis subsessilibus a tergo stipata. Pistilli vestigia nulla inveni. Arbor feminea latet.

Adnotatio. Inter affines proxima sane videtur *Tetranthera myristicifolia*, sed facile dignoscitur haec nostra ab ista tum foliorum forma, tum maxime umbellulis racemosis floribusque duplo maioribus dense sericeis, filamentis villosis, staminum sterilium quarti ordinis serie, aliisque notis.

---

38. Tetranthera Panamanja Herb. Hamilt.

T. perianthio sexfido, umbellulis axillaribus lateralibusque racemosis racemis multifloris petiolo longioribus, foliis oblongis utrinque acuminatis glabris, filamentis exterioribus strigosis. *N. ab E. in Wall. pl. As. rar. II. p.* 67. *n.* 20.

Tetranthera Panamanja Herb. Hamilt. *Wall. Cat. n.* 2553 A, B. (♂ ♀).

Crescit in Gualpara, (Hamilt.) Floret Iulio.

Arbor speciosa. Rami glabri, teretes, adultiores cinerascentes, subverrucosi, iuniores virescentes, recentes sulcato-angulati circa apices strigiloso-subtomentosi; cortex fuscus, subadstringens sapore ingrato; lignum porosum, rufescens, sericeum; tubus medullaris (etiam in ramis plurium annorum) amplus. Cicatrices foliorum magnae, subrotundae vel semicirculares, planae. Gemmae foliigenae terminales ovato-subulatae, trigonae, ferrugineo-sericeae, squamis foliaceis; tribus exterioribus angulis respondentibus minoribus, tribus interioribus cum his alternis in acumen conniventibus. Folia diverg. $^2/_5$, interdum interrupta, 6—12 pollices (cum petiolo) longa, $1^1/_2$—3 pollices lata, oblonga, utrinque acuta rariusve apice obtusiuscula, coriacea, glabra, supra angustissime reticulata et quasi punctata, subtus pallidiora reticulo laxiori subtili, penninervia, venis principalibus tenuibus circa margines arcuatim venoso-coniunctis, costa subtus prominente carinata. Petioli 9—10 lineas longi, crassi, tereti-compressi, supra plani, glabri, vel (iuveniles) apicem versus strigiloso-subtomentosi, strigulis in costae folii paginam superiorem depressiusculam procurrentibus. Pedunculi communes $1^1/_2$—2 pollices longi, solitarii vel (in inferiore parte ramuli) gemini, patentes, angulati, pubescenti-tomentosi, axillares, vel circa basin ramuli ob folia non explicata nudi. Umbellulae in singulo pedunculo communi multae (16—20) racemosae, subsecundae, a basi fere usque ad apicem aequis intervallis dispositae, approximatae, masculinae quinqueflorae, femineae triflorae. Squama bractealis sub singulo pedunculo ovato-lanceolata, acuta, coriacea, tementosula, caduca. Pedunculi proprii umbellularum $1^1/_2$ lineas longi, patentissimi vel reflexi, ante anthesin incurvi, validiusculi, pubescenti-tomentosi. Gemmae umbellularum vix semine sinapios maiores, globosae; florentes piso minores, masculinae densae, femineae laxiores. Involucrum tetraphyllum, longitudine florum, foliolis orbiculatis obtusis concavis chartaceis nervoso-venosis pellucido-punctatis margine tenuissimo membranaceo ciliato pallido cinctis extus pubescenti-strigilosis. Flores masculini brevissime pedicellati, pedicello una cum tubo perianthii et limbi laciniis in medio griseo-strigosis, subcampanulati, profunde sexfidi, laciniis subaequalibus ovalibus obtusiusculis 1 — 3 - nervibus punctis resinosis crassis sparsis pellucidis notatis, per siccationem contortis rigidulis; fundo floris hirsuto. Stamina duodecim, quadruplici serie, limbum aequantia vel paulo breviora, inaequalia, centrum versus decrescentia; filamenta antheris vix duplo longiora, satis firma, glabra, exteriora basi extusque magis minusve strigosula, in nonnullis et ea glabra; antherae oblongae, obtusae, pellucido-punctatae, rubrae (?), quadrilocellatae, locellis parvis, inferioribus magis lateralibus et posticis maioribus ovalibus vel subrotundis, superioribus anticis magisque approximatis minoribus subrotundis; valvulis ostiolis antherae conformibus, sursum reflexis lutescentibus. Antherae staminum interiorum minores, ovatae, magis minusve imperfectae, subinde bi-unilocellatae. Glandulae 12, per paria staminibus sex interioribus stipite brevi iuxta basin adiunctae, capitulo transversali obliquo subreniformi; occurrunt quandoque et glandulae tres singilatim staminibus secundi ordinis additae. Pistilli rudimentum exiguum vel nullum omnino. Umbellulae femineae masculinis paullo minores, floribus ob involucra reflexa denudatis et ad speciem (ob perianthia minora) longius pedicellatis. Perianthii laciniae oblongo-lanceolatae, angustiores. Stamina castrata 12, rarius novem, lacinias perianthii aequantia; filamenta filiformia, acuta, basi brevi spatio hirsutie fundi perianthii vestita, quorum sex interiora utrinque in medio glandulae capitulo oblongo sublunatove adhaerente purpureo appendiculata, exteriora nuda. Pistillum staminibus longius, glabrum; ovarium subovatum; stylus incurvus, crassus; stigma modice dilatatum, obliquum, incisum. Fructum non vidi.

Adnotatio. Species haec a reliquis omnibus, praeter *Tetrantheram glabratam*, dispositione umbellularum racemosa in pedunculis communibus quam pro genere longioribus distinguitur, tum vero et glandulis floris feminei filamentis 6 interioribus parallelis iisque in medio a latere adfixis, nec stipitatis.

---

39. Tetranthera rubra N. ab E.

„T foliis maiusculis oblongis obtusiusculis basi parum attenuatis glabriusculis subtus cinerascentibus, involucris 4-phyllis 5-floris subracemosis, caule arboreo.“ Blume.

Litsaea rubra *Blume Bydr. p.* 561.

„Crescit in sylvis montium Salak et Gedé. Floret Ianuario etc.“

„Nomen *Mohmal Burrum.*“ Bl.

---

40. Tetranthera obtusa N. ab E.

„T foliis oblongis obtusis basi attenuatis glabris supra nitidis subtus glaucis, involucris subracemosis 4-phyllis 4-floris, caule arboreo. (Arbor 50 ped. alt.)“ Blume.

Litsaea obtusa *Blume Bydr. p.* 564.

„Crescit in sylvis altioribus montis Burangrang. Floret Iunio etc.“

„Nomen . “ Bl.

SPECIES INCERTAE SEDIS.

? 41. Tetranthera robusta N. ab E.

„T foliis maiusculis elliptico-oblongis utrinque acutis glabris subtus glauco-virescentibus et petiolis pube minuta adspersis, caule arboreo. (Arbor 50 — 60 ped.)“ Blume.

Litsaea robusta *Blume Bydr. p.* 560.

„Crescit in sylvis Salak. Floret . “

„Nomen *Huru Dapuun.*“ Bl.

42. TETRANTHERA macrocarpa N. ab E.

„T. foliis cuneato-oblongis obtusiusculis lucidis glaberrimis. fructibus pruniformibus, caule arboreo. (Arbor 80 ped.)“ Blume.

Litsaea macrocarpa *Blume Bydr. p.* 565.

„Crescit in sylvis altioribus montis Salak. Floret .... Octobri fruget.“

„Nomen *Huru Mangarawan.*“ Bl.

---

b. *Foliis deciduis.*

? 43. TETRANTHERA sericea Wall.

T. umbellulis praecocibus infra ramulorum apices alternis approximatis, foliis annuis oblongis utrinque acuminatis venosis subtus pedicellisque villosis. *N. ab E. in Wall. pl. As. rar. II. p.* 67. *n.* 21.

Tetranthera sericea *Wall. Cat. n.* 2545. A, B. (A. femina, fructu foliisque, B. mas et femina cum floribus absque foliis).

Habitat in Nepaliae monte Sheopur. Floret Aprili. Lecta a. 1821. a. cl. Wallich.

Frutex, ramis flexuosis valde inaequalibus, tuberculis cicatricibusque foliorum semicircularibus exasperatis rudibus; epidermide fuscescente; strato corticis fusco inodoro, annulo obscuriori a ligno discreto; ligno flavescente poroso; tubo medullari mediocri subcylindrico, medulla alba spongiosa. Gemmae terminales oblongae, squamis foliigenis inferioribus latioribus ovatis obtusis subsericeis; foliis vernatione equitanti-convolutis sericeo-villosissimis. Quibus evolutis ramuli ex apice continuantur, inferne denudati, parte novella hirsuta foliosa. Folia approximata, alterna, 3—3½ pollices longa, ¾—1 pollicem lata, oblonga vel oblongo-lanceolata, basi apiceque acuminata, venosa, venis primariis remotis tenuibus, reticulo interiecto tenui denso, in superiori pagina magis conspicuo; iuniora folia tota fulvescenti-lanata, adultiora supra pubescentia subtus fulvescenti-villosa. Petioli semipollicares, angusti, villosi, supra canaliculati. Umbellulae circa ramulorum apices ante foliorum evolutionem e foliorum iam evanidorum alis erumpentes, solitariae, dense-approximatae, brevissime pedunculatae et fere sessiles, 6-multiflorae; pedunculo communi vix lineari rigido sulcato scabro. Involucri foliola quatuor, orbiculata, concava, scariosa, puberula. Pedicelli 1—1¾ lineas longi, undique, tum perianthii tubus cum laciniarum disco baseos exteriori, cano-villosissimi. Perianthium masculinum tres lineas latum, patulum, profunde sexfidum, laciniis aequalibus ovatis obtusis obsolete nervosis pellucido-punctatis margine minute ciliatis albidis. Stamina fertilia novem, laciniis perianthii breviora, erecta, glabra, triplici serie posita, serie exteriori et interiori laciniis exterioribus, media interioribus oppositis; filamenta longitudine antherarum, sursum latiora, in connectivum dorsale transeuntia; antherae ovato-subquadratae, apice emarginatae, pellucido-punctatae, quadrilocellatae, omnes introrsum dehiscentes, flavae, locellis marginatis obliquis, inferiori maiori ovato, superiori minori obovato; valvulis sursum reflectendis umbilicatis. Glandulae binae subquadratae, truncatae, ad basin dorsalem staminis singuli seriei interioris. Pistillum incompletum, ovario ovato, stylo brevi, acuto. Flos femineus masculo duplo fere minor, caeterum isti simillimus, staminibus 9 brevibus, sex exteriorum antheris eiusdem formae ac in masculinis, sed effoetis nec dehiscentibus; tribus interioribus subulatis castratis; glandulis etiam ad basin interiorum ut in mare. Fasciculi tres pilorum staminibus tribus secundi ordinis oppositi. Pistillum longitudine perianthii, glabrum; ovarium ovatum; stylus ovario brevior, linearis; stigma peltatum, orbiculare, margine subrepandum, plano-depressum, amplum. Bacca pipere paullo maior, subrotundo-ovata, obtuse mucronulata, nigra, disco floris indurato (modo orbiculari modo ob perianthii lacinias residuas lobato lacerove) imposita; carne tenui oleum Cajeput redolente. Semen cavum fructus replens, inversum, obovatum, basi supera acuta mucronulata; testa coriacea, crassa, pallida; membrana interna nigrescens, tenuis. (Interiora seminum, quae dissecui, omnium inania erant, absque embryone.)

Adnotatio. Genus fortassis distinctum. Antherae emarginatae, stamina feminea sex laminigera, gemmatio, folia decidua distinguunt.

44. Tetranthera geniculata.

T. umbellulis praecocibus infra ramulorum lateralium brevissimorum apices approximatis, foliis annuis oblongis obtusiusculis glabris basi ad costam villosis.

Evosmus geniculata *Nutt. Gen. Am. I. p.* 259. *n.* 6.
Laurus geniculata *Michx. Fl. bor. Am. I. p.* 244. *Pers. Synops. I. p.* 430. *n.* 38. *Pursh. Fl. Am. sept. I. p.* 276. *n.* 3. *Walt. Fl. Carol. p.* 133. *Dietr. Gartenl. Suppl. IV. p.* 324. *Bot. Magaz. t.* 1471. *Herb. Willd. n.* 7812. *et Herb. Reg. Ber.*
Tetranthera aestivalis *Spr. S. Veg. II. p.* 267. *n.* 11. (*excl. synon.*)
Laurus aestivalis *Lam. Enc. méth. III. p.* 453. *n.* 21.
Laurus glomerata *Lam. l. c. p.* 452. *n.* 19.
Laurus axillaris *Lam. l. c. p.* 453. *n.* 20.
Laurus foliis lanceolatis enervibus annuis. *Gron. Virg. p.* 159.

? β Grandiflora; perianthio maiori laciniis obovatis.

Crescit locis depressis inundatis arenosisque, ad fossas, lacus et in insulis humilibus fluviorum Carolinae, (Pursh); a Virginia ad Carolinam, (Nuttall.) β. Ad Novam Aureliam. Floret Aprili. Vidi in Herbario Willdenoviano. Var. β. in Herb. Arnottiano, absque foliis.

Frutex 8—12 pedum altitudine. Rami flexuosi*), alternatim ramulosi, patuli, glabri, striati; tubus medullaris amplus. Gemmae parvae, ovatae, glabrae, bivalves, uti ramuli supraaxillares, subiecta altera gemmula minori serius germinante vel abortiva. Folia diverg. $1/3$ et $2/5$ approximata, $3/4$—$1\,3/4$ pollices longa, $1/4$—$1/2$ pollicis lata, oblonga vel oblongo-lanceolata, obtusa, basi acuta in petiolum vix bilinearem angustum desinentia, saepe inaequilatera, membranacea, glabra, supra nitida, subtus pallidiora, ad costam prominulam utrinque basin versus et circa margines lanuginoso-barbulata, venis costalibus senis septenisve solutis debilibus praedita, interstitiis subaveniis. Flores iam autumnali tempore in alabastro umbellulae praesentes, post lapsum foliorum per hiemem quiescentes, demum ineunte vere ex involucro erumpentes, praecoces, in ramo foliis orbo. Umbellulae piso duplo maiores, bi-tri-quadriflorae, in ramulo

*) Ramis suis divaricatis in paludum marginibus singularem adspectum praebet. Nuttall l. c.

brevi circa gemmam ramuli sui terminalem ortae, 2—4, approximatae, quasi umbellam compositam conficientes. Pedunculus 1—3 lineas longus, scabriusculus. Involucrum di-tetraphyllum, foliolis ovato-subrotundis acutiusculis concavis trinervibus membranaceis pellucido-punctatis. Pedicelli inaequales, 1—2 lineas longi, graciles. Perianthium 2 lineas latum, rotatum, profunde sexpartitum, glabrum, patens, tenuiter membranaceum, flavescens, laciniis aequalibus ovalibus obtusis uninervibus pulcherrime pellucido-punctatis. Stamina (floris ☿—♂) novem, perianthii longitudine, conformia; filamenta glabra, filiformia, antheris longiora; antherae subrectangulae, emarginatae, pellucido-punctatae, omnes introrsum locellis quaternis ovalibus per paria sibi superpositis dehiscentes, superioribus duplo minoribus. Glandulae geminatae stipitatae, filamentis tertii ordinis supra basin connatae. Pistillum (imperfectum) stamina aequans, glabrum; ovarium subrotundum; stylus ovario longior, filiformis; stigma subcapitatum. Bacca globosa, rubra.

Var. β. probabiliter speciem propriam sistit. Differt: umbellulis in ramulorum longiorum apice infra gemmam 2—3, aliis quandoque lateralibus solitariis suboppositis a terminalibus magis distantibus; floribus plus dimidio maioribus, ultra 3 linearum diametro, campanulatis, laciniis basi attenuatis obovato-cuneiformibus (exterioribus paulo angustioribus). Filamenta antheris duplo fere longiora; antherae brevi-ovales, distincte quadrilocellatae, locellis superis duplo fere minoribus. Glandulae 6—8 capitulo reniformi, stipite longiusculo, filamentis staminum interiorum per paria basi adiunctae. Pistillum probabiliter incompletum, distinctum tamen; ovarium oblongum; stylus longitudine ovarii; stigma trilobum. — Rami graciles, flexuosi, ramulis subsecundis; epidermis laevis, glabra, in sicco fusca. Cicatrices foliorum parvae, lunatae. Gemmae parvae, supraaxillares, lanceolatae, appressae, bivalves, glabrae.

SPECIES HUIUS GENERIS OMNINO DUBIAE ET OBSCURAE.

? 45. Tetranthera Glabraria.

T. perianthio sexfido (?), umbellulis axillaribus sessilibus agglomeratis (ex icone Rumphiana), foliis ovato-lanceolatis acuminatis subtus subtomentoso-glaucis.

Tetranthera tersa *Spr. S. Veg. II. p.* 267. *n.* 8.
Litsaea Glabraria *Pers. Synops. II. p.* 4. *n.* 10.
Glabraria tersa *Lin. Mant. p.* 276. *Willd. Sp. pl. III.* 2. *p.* 1433.
Lignum laeve minus Halaur Kitsjil incolis. *Rumph. Herb. Amb. III. p.* 72. *t.* 44.

Crescit in Amboinae insulae sylvis, (Rumphius).

Arbor, secundum Rumphium, alta, ramis teretibus, Camphorae officinarum similitudine. Folia 8—9 pollices longa, 2—2½ pollices lata, ovato-lanceolata, acuminata, supra glabra et obscure viridia, subtus subtomentosa glauca. Florum glomeruli (umbellulae?) axillares, subracemosi, aphylli, foliis multo breviores. Calyces colore Elaeagni. Baccae globosae. — „Lignum rufum durabile, debilem fundit Camphorae odorem. In sylvis putrescens arbor Sinapeos vel Rhaphani sub pluvia spirat odorem, emollitur humore, sed cum iam putrefacta videatur, siccando rursus siccam repraesentat spongiam." Rumph. l. c.

Adnotatio 1. Affinem esse *Tetrantherae* (*Litsaeae*) *lucidae*, cl. Blumius docet.

Adnotatio 2. *Tetranthera*, *Halauer* dicta, seu *Lignum leve latifolium* Rumph. Amb. III. p. 71. n. 43., ad *Tetrantheram monopetalam* accedere videtur ob folia lata, subtus puberula et subtomentosa.

Tetranthera, quae *Lignum leve alterum*, *Ewassa*, Rumph. Herb. Amb. III. p. 72. t. 45., a priori specie, quae tab. 43. a Rumphio pingitur, vix specie differt; et Hitvenses ipsi marem hanc arborem putant Halauer arboris latifoliae. Conveniunt utraeque arbores foliis, sed fructus differunt (ex icone), et ligni diversa est indoles.

? 46. TETRANTHERA platyphylla.

T. „foliis submagnis latiusculis obtusis tenuibus glabris. *Pers. Synops. II. p. 4. n. 6. Poir. Enc. méth. Suppl. III. p. 481.*"

Habitat in India. Delahaye.

„Pedicelli pilosi. Folia caeteris maiora." Pers. l. c.

Adnotatio. *Tetrantherae Roxburghii* varietatem grandifoliam hanc esse censeo.

SPECIES SUSPECTA.

? 47. TETRANTHERA Berterii.

T. foliis oblongo-lanceolatis elongatis utrinque attenuatis venosis opacis glaberrimis, floribus subcymoso-glomeratis brevissime pedunculatis axillaribus polygamis. *Spr. S. Veg. II. p. 267. n. 10.*

America australis. Bertero. Sprengel l. c.

XXXVIII. POLYADENIA*) *N. ab E. in Wall. pl. As. rar. II. p.* 61. *et* 62. *n.* 1. *Laur. Disp. Progr. p.* 18. *n.* 34. Tetrantherae spp. *Wall.*

Flores dioeci, involucrati. Perianthium sexpartitum, laciniis aequalibus deciduis. Stamina fertilia 6 — 9, eaque omnia circa basin biglandulosa. Antherae breves, bilocellatae, introrsum dehiscentes valvulis totidem adscendentibus. Flos femineus mari similis, staminibus 6—9 sterilibus, quorum 6 basi biglandulosa. Stigma peltatum, parvum. Bacca perianthii basi disciformi (integra) suffulta.

Inflorescentia: umbellulae pedunculatae, fasciculato-agglomeratae vel solitariae. Involucra tetraphylla.

Folia reticulata, subtus subtomentosa.

Gemmae foliigenae foliaceo-squamosae.

Differt a *Lauro* glandulis singulo stamini fertili basi additis, antherisque brevibus; habitu autem longe distat a Lauri naturali indole.

A *Tetranthera* genere praecipue differt antheris bilocellatis.

---

*) A πολὺς multus, et ἀδὴν glandula, propter glandularum numerum in flore auctum.

1. Polyadenia reticulata.

P. foliis oblongo-cuneiformibus breve cuspidatis subtus reticulatis ramulisque ferrugineo-subtomentosis, involucris agglomeratis. *N. ab E. in Wall. pl. As. rar. II. p.* 62. *n.* 1.

Tetranthera reticulata Hamilt. *Wall. Cat. n.* **2551. A, B.**

Crescit in Gualpara, (Herb. Hamilt.); in Silhet, (Franciscus de Silva.) Floret Iunio.

Arbor. Rami validi, epidermide fuscescente, in adultioribus glabra, in novellis ramulis dense ferrugineo-tomentosa hirta; cortex fuscus, inodorus; lignum griseum. Folia saepe per paria approximata, speciosa, 7—8½ pollices longa, trans medium 2½—3 pollices lata, petiolo brevi crasso semitereti-compresso supra planiusculo ferrugineo-tomentoso suffulta, coriacea, rigida, ex obovato oblonga, basi cuneiformi-attenuata, apice brevi acutaque cuspide praedita, penninervia ramis costalibus in marginem subconfluentibus, spatio inter costas primarias subtus pulcherrime reticulato venis omnibus arcuatis parallelis, subtus costaque media prominulis ferrugineo-hirtis, costa autem venisque primariis fere tomentosis; supra glabra sunt folia sola costa media basin versus tomentosa, simpliciter penninervia venis excavatis, nullo venularum reticulo conspicuo. Involucra (mascula) axillaria vel (lapsu foliorum) ad speciem lateralia, 6—8 agglomerata, nuda seu nullis squamis gemmae ad instar collecta, pisi magnitudine, globosa, pedicellis vix linea longioribus hirsutis basi connatis suffulta, 6—9 flora, tetraphylla, foliolis decussatis suborbiculatis rotundatis concavis venoso-reticulatis sparsim hirsutis subcoriaceis, accedente interdum altero foliolo magis interiori tenuiori setaceo-mucronulato ciliato. Flores parvi, involucro vix longiores, pedicello valido tuboque brevi hirsutissimis, sexpartiti, laciniis ternis erectis ovatis obtusis margine subvillosis venulosis pellucido-punctatis. Stamina fertilia 6 (rarius 9), perianthio paullo longiora, quorum tria laciniis exterioribus tria interioribus opposita, (tria, ubi novena adsunt, staminibus exterioribus opposita); filamenta villosissima villis longis crispabilibus continuis; antherae ovatae, breves, subtruncatae, obtuse mucronulatae, grosse pellucido-punctatae, bilocellatae, locellis a latere ostiolo ovato dehiscentibus, valvula sursum reflexa. Glandulae singulo filamento approximatae, basique cum eo connatae, geminae, staminibus duplo breviores, reniformi-ovatae, mucronatae, stipitatae, glabrae. Pistilli vix vestigia apparent. Flos femineus masculo simillimus. Filamenta sterilia sex-novem, ubi novem, exteriora tria basi vel eglandulosa, vel unum tantum singula glandula praeditum; interiora tria crassiora, singula vel geminis glandulis coniuncta, haec et exteriora apice subulata vel truncata; media, quae geminis gaudent glandulis, apice subclavata. Glandulae oblique sagittatae vel lanceolatae, acutae. Pistillum filamenta aequans; ovarium basi hirsutum; stylus mediocris, glaber; stigma dilatatum, bi-trilobum. Fructus in umbellulis breve pedunculatis geminatis vel fasciculatis solitarii gemini vel terni perfecti. Pedicelli fructus 2—2½ lineas longi, validi, glabri vel pilis inspersi. Basis perianthii persistens, disciformis, integra, fructu angustior. Bacca elliptico-oblonga, obtusa, nigra, 4 lineas longa. Semen figura baccae, mucronatum; testa fusca, chartacea, cum membrana interna fusca connata. Funiculus umbilicalis depressus, linearis, a basi ad verticem fructus adscendit, testae adhaerens hiloque insertus. Hilus ab altero latere mucronis seminis, reniformis, profundus. E latere opposito rhaphe in venulas soluta ad verticem obtusum seminis penduli descendit. Chalaza non distincta. Macula orbicularis lutea endostomium circumdat hilo fere subiectum. Cotyledones simul sumtae forma sunt seminis, plano-contiguae, basi mucronatae. Cicatrices petioluli cotyledonalis in embryone semicirculares; radicula subulata, brevis; plumula ovata, compressa, obtusa.

Adnotatio. *Laurus Nacusua Don Fl. Nep. p.* 64. *n.* 1. nostrae plurimis convenire videtur, sed differt: involucris 8-phyllis, quae in nostra 4- ad summum 5-phylla, et floribus hermaphroditis, qui nostrae dioici. An var.?

2. POLYADENIA grandis.

P. foliis obovatis obtusis subtus reticulatis ramulisque compressis ferrugineo-subtomentosis, involucris agglomeratis. *N. ab E. in Wall. pl. As. rar. II. p.* 62. *n.* 2.

Tetranthera grandis *Wall. Cat. n.* 2552.

Crescit in Penang, (G. Porter).

Arbor. Ramus cortice fusco inodoro lenticellis ovalibus calloso-marginatis tuberculisque irregularibus exasperato, compresso-trigonus, ramulis compresso-ancipitibus ferrugineo-tomentosis. Foliorum cicatrices tumidae, magnae, trigonae, angulis rotundatis. Folia speciosa, coriacea, crassa, 7½—8 pollices longa (petiolo ¾—1 pollicem longo crasso semitereti superne plano ferrugineo-tomentoso in mensuram longitudinis recepto) 3½—4 pollices lata, obovata, apice rotundata vel nonnihil retusa, basi acutiuscula neque in petiolum decurrentia sed vena ab eodem proficiscente marginata, supra in iuventute ferrugineo-hirsuta, aetate (praeter costam et venas) calva ibidemque ad speciem simpliciter penninervia costa venisque canaliculatis, his marginem non contingentibus sed eis eum sursum incurvis et subevanescentibus; ab inferiori superficie costa et venae primariae prominent, hae autem apice undato per venulas intermedias cum proxime sequentibus arcu cohaerent. Spatium inter venas eodem modo ac in praecedente reticulatum hirtumque, costa et venae tomentosae sunt; color paginae superioris saturate viridis, inferioris ferrugineus. Involucra axillaria, aggregata vel glomerata, multa, pisi magnitudine, multiflora, una cum pedunculo crasso ferrugineo-tomentosa sericantia; dum clausa, globosa sunt. Foliola involucri quinque, coriacea, orbiculata, obtusa, concava. Flores masculos valde teneros tantum vidi, neque arte quidem satis eos explicabiles. Pedicelli (hoc in statu brevissimi) et tubus perianthii hirsuti; laciniae perianthii sex, aequales, ovatae, pellucido-punctatae, glabrae; discus floris hirsutus. Stamina, et glandularum etiam vestigia plurima, generis nostri characterem prodidere. Femineum florem non vidi.

Adnotatio. Species, sane non ex omni parte rite observata, sed ea quidem praecedenti habitu naturali adeo cognata, ut de vera iustaque coniunctione nullus dubitem.

3. Polyadenia lucida N. ab E.

P. foliis elliptico-oblongis acuminatis supra lucidis subtus subtilissime puberulis, umbellulis (masculis) fasciculatis multifloris.

Litsaea lucida *Blume Bydr. p.* 562.

In monte Salak Iavae insulae legit cl. Blume. Floret Martio et sequentibus mensibus. Nomen in lingua indigenarum *Huru Manga*. (Blume.) Vidi ramulum arboris masculae.

Arbor. Rami recti, subangulati, adultiores glabri, novelli surculi rufo-tomentosuli compressi; epidermis in sicco fusca, in vivis forsitan una cum petiolis purpurea; cortex fuscus; lignum fuscum, durum, porosum; tubus medullaris spatiosus, teres. Cicatrices foliorum prominentes, semilunatae, truncatae, callo ante marginem concavum conformi. Gemmae rufo-strigosae; axillares parvae ovales obtusiusculae, terminalis lanceolata. Folia aequis intervallis approximata, multa in ramulo, diverg. $^2/_5$ posita, cum petiolo (circiter semiunciali trigono-compressiusculo in iuventute rufo-strigiloso dein glabro supra canaliculato marginibus acutis) 3—$3^1/_2$ pollices longa, 1—$1^1/_4$ pollices lata, ovali-oblonga, argute acuminata, basi acuta in petiolum desinentia, rigide chartacea, supra lucide viridia glabra, subtus opaca et pube minutissima lentis vitreae auxilio quaerenda praesertim ad nervos inspersa, iuvenilia utrinque puberula, costa media ramisque costulibus senis integris arcuatis venis coniunctivis raris connexis instructa; rete universale inconspicuum. Umbellulae (masculae) ex omnium foliorum axillis, 4—12, novemflorae, parvae, subglobosae, gemmae axi circiter bilineari cicatricoso rufo-strigoso veluti racemosim impositae, fasciculos exhibentes. Pedunculi 5—6 lineas longi, crassiusculi, divergentes, parce rufo-strigilosi. Alabastrum umbellulae globosum, pisi magnitudine. Involucrum tetraphyllum, foliolis subrotundis, extus rufo-strigilosis caducis. Pedicelli $^3/_4$—1 lin. longi, cum basi perianthii dense rufo-strigosi. Perianthium (rubrum?) rotatum, membranaceum, siccando valde corrugatum, lineam vix latum, profunde sexpartitum, laciniis aequalibus ovalibus obtusis sparsim pellucido-punctatis basi venuloso-nervosis glabris. Stamina novem, limbum aequantia; filamenta linearia, latiuscula, pilis raris adspersa; antherae subovatae, obtusae, filamenti longitudine, locellis binis oblongis a basi ad apicem fere introrsum dehiscentibus, valvulis apprime reflexis.

Glandulae geminatae ovales, sessiles, ad basin aut staminum omnium, aut saltem sex interiorum. Femineam arborem non vidi.

---

4. Polyadenia gemmiflora N. ab E.

P. „foliis elliptico-oblongis utrinque attenuatis apice obtusiusculis glaberrimis lucidis, gemmis axillaribus solitariis multifloris, squamis 3—5-floris imbricatis, caule arboreo. (Arbor 60—80 ped.)“ Blume.

Laurus gemmiflora *Blume Bydr. p.* 555.*)

„Crescit in sylvis montium Parang. Floret Iunio etc.“
„Nomen: *Kitallos.*“ Blume.

*) Blumio, viro clarissimo, propositum olim fuit, species Laurini ordinis omnes, quas in Iava insula primus invenit et in opere suo: *Bydragen tot de Flora van Nederlandsch Indië, Batavia* 1825. sqq. a p. 552. ad p. 574. brevibus adumbravit, studio ulteriori ita prosequi, ut, quemadmodum in antecedentibus *Cryptocaryae, Haasiaeque* Iavanicae propria eius manu illustratae in nostro opere exstant, ita et reliquae certissima inventoris auctoritate suo quacque loco a me inseri possent. Obfuere autem, quod maxime dolendum, multa, quibus impeditus vir ille praestantissimus Laurinarum alteram partem, quae *Tetranthereas* praesertim amplectitur, sicco pede transire mihique soli curam de hisce omnem relinquere cogebatur. Quae cum ita essent, meum esse putabam, suspenso omni iudicio proprio paucissimisque earum, quarum viva specimina vidissem, exceptis, reliquas omnes auctoris verbis in librum meum transscribere; quas alio denique loco illustrandas amico meo eruditissimo iure suo non modo committo sed etiam ut qui maxime commendo. In distribuendis autem speciebus, de quibus nobis hic sermo est, ad antheras bilocellatas aut quadrilocellatas respiciens foliorumque nervatione in auxilium adsumta, *Lauri* species Blumeanas alias *Polyadeniae* generi adscripsi alias *Daphnidio, Litsaeas* autem eiusdem auctoris plerasque *Tetrantheris,* paucas *Actinodaphnis* subiunxi.

? 5. Polyadenia polyantha N. ab E.

„P. foliis oblongo-lanceolatis longiter acuminatis basi attenuatis glabris supra lucidis subtus glaucis, involucris 4-phyllis multifloris subracemosis dioecis, caule arboreo.“ Blume.

Laurus polyantha *Blume Bydr. p.* 554.

„Crescit in sylvis montis Burangrang Provinciae Krawang Iavae insulae. Floret Iulio etc.“ Blume.

? 6. Polyadenia subumbelliflora N. ab E.

„P. foliis lanceolatis acuminatis basi acutis glabris subtus glaucis, floribus dioecis subumbellatis, caule fruticoso.“ Blume.

Laurus subumbelliflora *Blume Bydr. p.* 554.

„Crescit in montanis Pantjar Provinciae Buitenzorg; ad pedem montis Tjerimai Provinciae Cheribon. Floret Iunio — Septembri.“

„Nomen: *Huru Lemoh.*“ Bl.

? 7. Polyadenia pauciflora N. ab E.

„P. foliis lanceolatis utrinque acuminatis glabris subtus glaucescentibus, pedunculis 1-floris geminis ternisve axillaribus, caule arborescente.“ Blume.

Laurus pauciflora *Blume Bydr. p.* 555.

„Crescit in montanis Provinciarum occidentalium Iavae. Floret Augusto etc.“ Bl.

SPECIES SUSPECTA.

+ 8. Polyadenia Madang N. ab E.

? P. „foliis venosis elliptico-oblongis acuminatissimis basi subinaequali-attenuatis glabris, racemis compositis axillaribus brevibus petiolisque iunioribus fusco-leprosis, caule arboreo. (An *Sassafras* species, cum inflorescentia sit racemosa? Arbor procera.)" Blume.

Laurus Madang *Blume Bydr. p.* 555.

„Crescit in sylvis montosis Iavae. Floret Februario etc."
„Nomen: *Huru Madang*." Bl.

XXXIX. LAURUS Linn. (ex parte.) *N. ab E. in Wall. pl. As. rar. II. p. 61. Laur. Disp. Progr. p. 18. n. 35.*

Flores dioeci vel hermaphroditi, involucrati. Perianthium quadripartitum, laciniis aequalibus deciduis. Stamina fertilia duodecim triplici serie, quarum exterior laciniis perianthii alterna; omnia in medio vel supra medium biglandulosa. Antherae oblongae, bilocellatae, cunctae introrsum dehiscentes, valvulis totidem adscendentibus. Pistilli in masculis rudimentum nullum. Femineus flos staminibus castratis duobus vel quatuor basi dilatatis, ovarium cingentibus. Stigma capitatum. Bacca fundo calycis irregulari insidens.

Inflorescentia: umbellulae axillares, pedunculatae, involucratae.

Gemmae foliigenae valvulares, squamis chartaceis. Folia alterna.

Exemplum unum huius typi, *Laurus nobilis* Lin., filamentis in medio appendiculatis, appendicibus seu staminodiis reniformibus substipitatis, locellorum inferiorum molimina divulsa nexuque destituta exhibentibus, tum dispositione partium floris alia (ternaria ex elementis quaternis) distinguitur, tum etiam gemmis non perulatis.

---

1. Laurus nobilis Linn.

Linn. Hort. Cliff. p. **155**. *Hort. Ups. p.* **98**. *Mat. med. p.* **107**. *Sp. pl. ed. Willd. II.* **1**. *p.* **479**. *n.* **10**. *Pers. Synops. I. p.* **448**. *n.* **11**. *Spr. S. Veg. II. p.* **265**. *n.* **1**. *Lam. Enc. méth. III. p.* **447**. *n.* **8**. *Dict. des sc. nat. XXV. p.* **328**. *Mill. Dict. n.* **1**. *Scop. carn. p.* **474**. *Hall. Helv. n.* **1602**. *All. Fl. Pedem. n.* **2124**. *Willd. En. Hort. Berol. I. p.* **434**. *Link. En. I. p.* **288**. *n.* **3903**. *Leop. de Buch. Descr. Ins. Can. p.* **140**. *Fr. N. ab E. et Eberm. Handb. der med. pharm. Bot. II. p.* **416**. *Fr. N. ab E. Plant. med. tab.* **132**.

Laurus vulgaris *C. B. Pin. p.* **460**. *Duh. Arb. I. p.* **350**. *t.* **134**. *et* **135**. *n.* **2**.

Laurus. *Cam. epit. p.* **60**. *Blackw. Herb. t.* **175**. (♀.) *Joh. Bauh. Hist. I. p.* **409**. *et Scriptorum rei herb. antiquiorum omnium. Plin. H. M. XV.* **13**.

Δάφνη. Diosc. I. **106**. *Theophr. H. pl. III.* **13**. *ed. Schn. I. p.* **135**. (**4**, **5**, **3**.) *Spreng. ed Germ. I. p.* **147**.

Varietates:

α. Latifolia; foliis oblongis maioribus.

C. B. Pin. l. c. n. I. Δάφνη πλατύτερα Diosc. l. c.

β. Communis; foliis lanceolatis minoribus et paulo angustioribus.

C. B. Pin. l. c. II.

γ. Crispa; foliis ut in β. margine undulatis et crispis, saepe apice obtusatis.

δ. Angustifolia; foliis anguste lanceolatis basi cuneiformibus repandis.

Laurus salicifolia *Hort.*

ε. Foliis albo- vel luteo-viridique variis.

ζ. Floribus plenis.

Patria: Asia minor, Africae orae mediterraneae, Graecia, Italia, Hispania et Lusitania. Iam per Galliam australem quasi sponte nascens vulgatiorque, etiam in Helvetia calidiori dispersa. In Pr. b. Sp. districtu Zwellendam et George, probabiliter cultam legit Mund. (Var. α. in Herb. Eckl.*) Floret Martio et Aprili, maturatque fructus autumno.

Arbor est mediocris, 15 — 25 pedum altitudine, eoque altior, quo magis temperato et calidiusculo coelo gaudet. Rami coronae recti, coarctati, tenaces, dense foliosi, cortice glabro viridique vestiti; lignum pallide lutescens, molle; tubus medullaris angustus; cortex, folia, fructus aromatica sunt, amara et nonnihil acria. Cotyledones oleo scatent cum aromate et acri principio mixto. Gemmae ramuli inferiores plerumque abortivae, parvae, ovatae, glabrae, compressae, bivalves; terminalis, et quae isti proximae, foliiparae, duplo maiores, ovatae, e squamis 4 — 6 ovatis carinatis acutis strigiloso-subsericeis magnitudine crescentibus scariosis deciduis constructae. Gemmae mediae, vel potius quae proximae a supremis sequuntur, floriparae sunt, maiores, ovato-oblongae, obtusae, basi squamis 3 — 4 parvis triangularibus obtusis carinatis caducis praeditae, ex quarum axillis plerumque singulae umbellulae proveniunt, iisque cadentibus vel deficientibus gradus quidam angusti spira sesquialtera circumacti relinquuntur; terminalis pars gemmae bi-trivalvis, obtusa, subsericans, foliipara, plerumque non evolvitur. Cicatrices foliorum angulato-lineares, angustae.

*) Sunt, qui Laurum etiam in Italia et in peninsula Hispaniae non ab origine spontaneam provenisse doceant, sed e Graecia Asiaque minore illatam cum tempore occidentem versus demigrasse.

Innovationum bases cicatricibus squamarum semilunatis approximatis gemmisque parvis abortivis signati. **Folia** diverg. $^2/_5$, approximata, in forma communi $3^1/_2$—4 pollices longa, 10 lin. ad 1 pollicem lata, lanceolata vel ex oblongo lanceolata, acuta vel acuminata rariusve acutiuscula vel obtusa, basi acuta in petiolum crassiusculum compressiusculum acute canaliculatum circiter 3 lineas longum purpurascenti-viridem desinentia, glabra, chartaceo-rigida, sicca integerrima vel in ambitu nonnihil undata, confertim venoso-reticulata, supra laete-subtus pallide viridia, venis costalibus 7—9-nis parum prominulis sparsim ramificatis praedita; axillae venarum inferiorum subtus poro parvo pertusae et minutim barbulatae, supra saepe tuberculo parvo notatae. **Umbellulae** in basi gemmarum floripararum 1—3 aggregatae, 4—6-florae, subglobosae; **masculae** magnitudine grossulariae, **femineae** duplo minores. **Pedunculus communis** $1^1/_2$—3 lineas longus, crassiusculus, tri-tetragonus, glaber, annulo elevato involucrum sustinente coronatus. **Involucri** foliola chartaceo-scariosa, ovato-subrotunda, concava, dorso medio subtiliter sericantia. **Pedicelli** lineam longi, adpresso-puberuli. **Flores** virescenti- vel lutescenti albi; laciniae subaequales, ovales, obtusae, venoso-5-nerves, glanduloso-punctatae, membranaceae. **Stamina** longitudine perianthii, glabra; filamenta antheris longiora, filiformia, **glandulis** in medio binis magnis compresso-orbiculatis substipitatis instructa; antherae ovales, subrectangulae, obtusae, introversae, a basi ad apicem bivalves, locellis oblongis, valvulis in verticem antherae arcuatim recurvis. Loco pistilli **discus** carnosulus. **Perianthii feminei** pedicellus brevior; laciniae ovales. **Stamina** sterilia 2—4, laciniis alterna, basi dilatata vel altero latere auriculata, membranacea, apice subulata, pistillum aequantia. **Glandulae nullae** distinctae. **Pistillum** limbo paulo brevius, glabrum; ovarium oblongum; stylus brevis, crassus; stigma depresso-capitatum, angulatum (subtrigonum). **Bacca** piso maior, ovata, nigra, pedicello non mutato imposita, basi nuda vel fundo perianthii irregulari cincta.

Varietates α. et β. non differunt, nisi forma et magnitudine **foliorum**. In Var. γ. margines foliorum crispantur. In Var. δ. folia $2^1/_2$—3 pollices longa, 3—5 lineas lata, basi longo tractu attenuata, repando margine cinguntur. Reliquae varietates per se clarae sunt.

XL. LEPIDADENIA *). *N. ab E. et Walker-Arnott. in Edinb. new. philos. Journ.* 1834. *n.* 34. *p.* 261. Tetrantherae spec. *Wall.*

Hermaphrodita (?). **Perianthium** sexpartitum. **Stamina** duodecim antheris quadrilocellatis; quorum sex interiora a tergo laminis geminis sessilibus obvallata. **Fructus** . . .
Inflorescentia umbellulata, umbellulis involucratis pedicellatis.

Adnotatio. Est genus, inter *Dodecadeniam* et *Tetrantheram* versans, flore pro familia eximio, diversum ab utroque *laminis petaloideis* planis obtusis subsessilibus loco glandularum terga staminum interiorum obvallantibus, ita, ut seriem quasi exhibeant petalorum, stamina sex exteriora ab interioribus separantium. Quod ad partium numerum, proxima igitur *Dodecadeniae*, sed quod ad inflorescentiam *Tetrantherae* propior, haec autem, ubicunque perfecto flore hexasepaloque gaudet, nunquam plura quam novem fert stamina glandulasque senas. Accedit florum amplitudo quaedam et foliorum in hoc ordine singularis obliquitas, — plura forsan, quae posteriora tempora in lucem proferent.

---

*) A λεπὶς squama et ἀδὴν glandula, quia glandulae floris squamiformes sunt.

1. Lepidadenia Wightiana N. ab E.

Tetranthera macrantha *Wall. Cat. p.* 239. *n.* 2587. B. *)

In Nilgherry legit cl. Wight.

Folia adsunt et ramuli particula cum racemulo umbellularum. Cortex fuscus, pubescentia subtilissima rarissimaque conspersus. Gemma inter folium et pedunculum stipitata, capitulo ovato acuto angulato tenuiter strigiloso. Folia (maius 10 poll. longum $3\frac{1}{4}$ poll. latum, minus $6\frac{1}{2}$ poll. longum 3 poll. latum) ex ovato-oblonga, obtusa cum mucrone, basi cuneatim acuta obliqua, altero latere infra medium productiori et quasi in angulum obtusum elevato, reliquo ambitu leviter repando, supra laevissima nitida, subtus pube subtilissima appressa veluti sericantia et opaca, chartaceo-coriacea, ramis costalibus pluribus (12—16) tenuibus subsimplicibus, reti interiecto obsoleto, costa media subtus prominente lata sulcata. Petiolus brevis, crassus, supra depresso-canaliculatus, subtiliter puberulus. Pedunculus axillaris $1\frac{1}{4}$ poll. longus, erectus, rigidus, crassus, tomentoso-strigilosus, angulatus, inferne subquadrangulus, prope a basi florens. Umbellulae racemosae, brevissime pedicellatae, 5-florae; alabastro globoso pisi magnitudine. Involucri foliola 4 (?) subrotunda, strigiloso-tomentosa, grisea. Flores brevipedicellati, 3 lineas lati, patentissimi; laciniae perianthii subaequales, ovales, obtusae, obsolete trinerves, confertim minutimque pellucido-punctatae, extus pubescenti-strigilosae; faux hirsuta. Stamina 12, quadruplici serie, centrum versus decrescentia, sex exteriora perianthio duplo fere longiora; filamenta linearia, hirsuta; antherae lineari-oblongae, quadrilocellatae, omnes introrsum dehiscentes, locellis oblongis, duobus superis paulo minoribus, inferioribus magis lateralibus; intimi circuli antherae reli-

---

*) *Macranthae* nomen, cum formae primariae (A) nullum exemplum viderim, ne fors confusioni viam aperirem, hoc in casu suspendi et aliud isti substitui, in quo faciendo dubium non est, quin pace Wallichii, viri clarissimi amici praestantissimi, fecerim.

quis duplo minores, subovatae, uno alterove locello saepe abortiente. Glandulae 12 — 15, per paria circa basin staminum interiorum dispositae intimisque saltem evidenter a tergo incumbentes, exteriores autem modo minus regulari distributae, filamenta interiora subaequantes, ovales, compressae, oblique truncatae et rotundatae, pleraeque sessiles, nonnullae brevissime unguiculatae, glabrae. Pistillum longitudine staminum interiorum, glabrum; ovarium lanceolatum, in stylum brevem crassum abiens; stigma latum, irregulariter lobatum. (?) (An abortivum in his habemus pistillum?) Fructus adhuc latet.

Quod ad habitum in universum accedit *Tetrantherae semecarpifoliae*, et si quis generis characterem admittere dubitet huic in systemate vicinam ponat necesse est. Differt autem a Lepidadenia nostra (floris structuram ut taceam) *Tetranthera* illa *semecarpifolia*: foliis non obliquis, evidenter venuloso-reticulatis magisque hirtulis, pedunculis umbellularum longis et pedunculo communi gracilibus, umbellulisque nutantibus minoribus.

Tribus XII.

DAPHNIDINAE.

Dioecae vel hermaphroditae. Staminodia nulla. Stamina 9—19, et ubi plura quam partes perianthii, istae non deficiunt. Antherae bi- vel quadrilocellatae, omnes introrsum dehiscentes. Bacca tubo perianthii vel discoideo vel cyathiformi imposita, vel pedicello nudo.

Gemmae perulatae. Flores e gemma geniti, squamis bracteati, axillari-subglomerati.

Folia perennia, aliis venosa, aliis nervosa.

Arbores Peninsulae et Insularum Indiae orientalis, Chinae, Iaponiae; nullae orbis novi.

Genera:

Dodecadenia. Hermaphroditae. Stamina plura quam novem. Antherae quadrilocellatae. Gemmae uniflorae. Folia costata.

Actinodaphne. Dioecae. Stamina novem. Antherae quadrilocellatae. Gemmae pluriflorae, floribus fasciculatis, paniculatis vel racemosis, squamis interstinctis. Folia verticillata, subcostata.

Daphnidium. Dioeca. Stamina novem in perianthio sexpartito. Antherae bilocellatae. Folia nervosa aut penninervia.

Litsaea. Dioecae. Stamina sex in perianthio quadripartito. Antherae quadrilocellatae. Folia nervosa.

XLI. DODECADENIA *). *N. ab E. in Wall. pl. As. rar. II. p.* 61. *et* 63. *n.* 4. *Laur. Dispos. Progr. p.* 19. *n.* 37. Tetrantherae spec. *Wall.*

Flores hermaphroditi, e gemma squamata solitarii. Perianthium sex-novempartitum, laciniis subaequalibus deciduis. Stamina fertilia duodecim ad quindecim, quadruplici serie disposita, quorum sex vel novem exteriora basi nuda, sex interiora staminodiis binis capitatis ad basin stipata. Antherae oblongae, quadrilocellatae, omnes introrsum versae valvulisque totidem adscendentibus dehiscentes. Stigma infundibuliforme, dentatum. Bacca disco floris orbiculari plano imposita.

Inflorescentia gemmiformis, squamis imbricata.
Flores pro genere speciosi.
Folia penninervia, venosa.

Adnotatio. Locellorum antherae superior introrsum, inferior a latere dehiscit.

---

*) A δώδεκα duodecim et ἀδὴν glandula, glandularum in flore numerum insigniens.

1. Dodecadenia grandiflora.

D. gemmis florigeris solitariis geminisve, foliis oblongis acuminatis glabris. *N. ab E. in Wall. pl. As. rar. II. p.* 63. *n.* 1.

Tetranthera grandiflora *Wall. Cat. n.* 2544.
Laurus pubescens *Don. Prodr. in Herb. Mart.* (*nec Don.*)

Habitat in Nepalia, (Wallich. a. 1821); in Kamaon, (R. B.) Floret Aprili.

Arbor. Rami teretes, epidermide cinerascente rimulosa et verrucosa glabra; cortice pallide brunneo, acri; ligno laxo, spongioso; tubo medullari satis amplo, non cito evanescente. Ramuli per intervalla a squamarum gemmae terminalis cicatricibus veluti annulati; novelli subangulati, griseo-tomentosi. Gemmae oblongae, terminalis et una alterave laterales, obtusae, dense imbricatae seriebus pluribus, squamis sensim maioribus subrotundis mucronulatis coriaceis disco utrinque flavo-sericeis limbo brunneo membranaceo glabro. Folia alterna, cum petiolo 4—5 pollices longa, 1¼—1½ pollices lata, oblonga, acuminata, basin versus nonnihil angustiora sed ipsa basi parum acuta vel etiam obtusa, e chartaceo coriacea, venoso-reticulata, costa venisque in utraque superficie modice prominulis, reticulo non multum exarato, glabra, supra in costa basin versus tomentosa, viridia, subtus pallidiora. Petiolus 4—7 lineas longus, subtus convexus, supra planus, griseo-tomentosulus. Gemmae florigerae e foliorum superiorum alis proxime inde a foliiferis nascentes, solitariae vel geminae stipite adeo brevi crassoque insertae, ut sessiles videantur, obovatae, squamis 8—10, iis gemmae foliigenae similibus, sed quam pro latitudine brevioribus eodem ordine dense imbricatis persistentibus totae obtectae, uniflorae. Flos ultra tubum squamis adeo involutus, ut eius laciniae squamae supremae gemmae esse videantur, quibus etiam forma et textura conveniunt. Pedicellus brevissimus, griseo-sericeus, in tubum perianthii obconicum eodem modo vestitum abiens. Perianthium amplum,

6—8 linearum diametro, profunde 6—9-fidum, patens (quantum a squamarum amplexu concessum est); **laciniae** coriaceae, ovatae, obtusae, pellucido-punctatae, quinquenerves, extus flavo-sericeae, intus purpurascentes puberuli, in disco vel toto vel ad nervos saltem medios cano-tomentosae et quasi trilineatae. **Stamina** 12—15, longitudine perianthii, erecta, aequalia; filamenta antheris longiora, cinereo-hirta; antherae oblongo-lineares, obtusae, pellucido-punctatae, quadrilocellatae, locellis lineari-oblongis oblique sibi invicem superpositis; superioribus contiguis introrsum - inferioribus remotiusculis a latere dehiscentibus; valvulae oblongae, adscendentes. **Glandulae** duodecim, staminibus sex interiorum ordinum per paria prope a basi adnatae, breves, stipitatae; stipite hirsuto; capitulo ovato truncato saepe irregulari glabro. **Pistillum** staminibus brevius; ovarium ovale et stylus hirsutula; stigma excavatum, limbo saepe obliquo dentato lacerove. **Ovulum** suspensum, obovato-oblongum, album, **funiculo** crasso a basi adscendente cum ovarii pariete connato. **Umbilicus** latus, ab uno latere baseos superae situs, cui **exostomium** papilliforme adiectum. Ex altero oppositoque latere **rhaphe** a vertice fructus descendens cernitur. **Pedunculi fructus** vel solitarii vel gemini (ternive), basi gemmae brevi rugulosae iam denudatae impositi, crassi, glabriusculi, bilineares. Thorus persistens, disciformis, integer, planus. **Bacca** thoro crassior, ovata, obtuse mucronulata, nigra, 5 lineas alta. **Semen** ovoideum, sordide lutescens, vertice (basi) mucronulato, adiecto umbilico hiante subtrigono marginato. Structura seminis interna et embryonis omnino, qualis in reliquis huius Familiae.

Adnotatio. In Herbario Martiano exemplum huius arboris exstat, probabiliter e ditissimo thesauro Lambertiano provectum, cui schedula adiecta erat inscripta: *Tetranthera pubescens Don Prodr.*, falso sane, cum haec species Doniana foliis triplinervibus gaudeat, quod secus in nostra.

Argumento autem esse videtur ista adnotatio, cl. Donium, cum plantas Nepalenses Herbarii Lambertiani, illustraret, et hanc speciem in censum vocavisse. Nihilominus tamen nusquam eam invenio; namque inter tres Tetrantheras Prodromi (uti iam typis excusus est) **duae foliis** praeditae sunt **triplinervibus**, tertiae autem, cui folia uninervia tribuuntur, **umbellulae** esse dicuntur **pedunculatae** et **corymbosae**.

XLII. ACTINODAPHNE *). *N. ab E. in Wall. pl. As. rar. II. p. 68. et III. p. 31. n. 9. Laur. Disp. Progr. p. 19. n. 38.* Iozoste *N. ab E. in Wall. pl. As. rar. II. p. 63. n. 5. Laur. Disp. Progr. p. 19. n. 39.* Tetrantherae specc. *Wall.* Litsaeae spp. *Blume.*

Flores dioeci, e gemma imbricata prodeuntes. Perianthium extus hirsutum aut tomentosum maiusculum sexfidum, laciniis aequalibus vel membranaceis vel chartaceis lacero-persistentibus aut iuxta basin deciduis. Stamina antherigera in flore masculo novem perfecta, triplici serie disposita, magis elongata, quorum tria interiora glandulis geminis sessilibus aut stipitatis stipata. Antherae oblongae, quadrilocellatae, omnes introrsum dehiscentes, valvulis sursum reflexis conformibus. Pistilli in masculo flore rudimentum. Flores feminei masculis rigidiores, brevius pedicellati. Glandulae novem, formae variae, spathulatae, aut semisagittatae, aut petaloideae. Bacca calycis tubo cyathiformi, laciniarum residuis appendiculato vel sexlobo, imposita.

Inflorescentia: vel (♂) panicula sessilis, apice racemosa, vel (♀) racemulus simplex, vel, axi maxime contracto, in utroque sexu fasciculus simplex compositusve ex umbellulis, ante anthesin squamis gemmae axillaris involuta. Pedicelli quoad figuram et integumentum pedunculis conformes.

Folia verticillata vel per intervalla aggregata, paucis pure alterna, penninervia aut subtripli-multiplinervia.

Gemmae foliigenae imbricatae, squamis pluribus chartaceis.

Adnotatio 1. A *Cylicodaphne* differt involucri (in umbellatis citissime diffluentis) defectu et calycis fructus appendicibus, tum florum etiam interna structura;

---

*) Ab ἀκτὶν radius et δάφνη laurus, propter cupulam fructus radiatim appendiculatam.

a *Cecidodaphne* defectu staminodiorum quarti ordinis aliisque;

a *Beilschmiedia* antheris quadrilocellatis;

a *Sassafras*, cui sane species racemosae charactere proximae, perianthii tubo in fructus calyculum mutato, floribus rigidioribus, antherarum locellis superioribus non adeo contractis, foliis verticillatis perennantibus.

Adnotatio 2. Species umbellulifera a *Tetrantheris* differt: involucro citissime aufugiente, unde umbellulae in globum coëunt, et pedicellis a pedunculo communi haud ita ut in illis discrepantibus exiguis aut debilioribus saltem, sed congruae formae et amplitudinis, tum perianthiis quoque maioribus firmioribus, femineis non multo minoribus quam masculis, neque tenerioribus sed ferme firmioribus.

A. *Folia (glabra aut tomento tenui vestita) regulariter penninervia.*

---

1. Actinodaphne pruinosa.

A. foliis verticillatis ternis quinisve oblongis longe acuminatis subtus caesio-pruinosis, floribus paniculatis (♂) vel racemosis (♀) hirtis petiolo longioribus. *N. ab E. in Wall. pl. As. rar. II. p.* 68. *et III. p.* 31. *n.* 1.

Laurus pruinosa *Wall. Cat. n.* 2584 A, B.

Crescit in Penang et Singapur, lecta a. 1822. a cl. Wallich.

Arbor? Rami teretes, flaccidi, ferrugineo-tomentosi, apice hirsuti, aetate glabrescentes et luteoli; cortex fuscus, amarus; lignum albicans, densum, vix porosum, fibris subtilibus; tubus medullaris amplus. Ramuli verticillati, saepe terni, sub evolutione veluti umbellati hirsutissimi, singuli basi squamis gemmae parvis ovatis mucronatis caducis cincti. Cicatrices foliorum verticillatim dispositae, latae, trigono-cordatae. Gemmae terminales aggregatae, in ramulis novellis parvae, hirsutissimae, squamis paucis hirsutie reconditis; **axillares** minutissimae; in adultioribus accrescentes, glabratae; **gemmma terminalis media** magna conica, squamis spiratis ovato-orbiculatis mucronatis chartaceis glabris ciliatis caducis tecta. **Folia** stellata, 3—6, patentia, $3\frac{1}{2}$—6 pollices (cum petiolo) longa, 1—$1\frac{3}{4}$ poll. lata, oblonga, longe acuminata, basi attenuata, chartacea, rigidula, glabra, supra laevia et nitida, subtus caesio-pruinosa costa pubescente, penninervia, ramis costalibus tenuibus ante marginem arcuato-coniunctis, reti venoso transversali laxo parum exarato; neonata folia villosula et evidentius reticulata. Petioli 3—4 lineas longi, compressiusculi, subtus convexi ferrugineo-tomentosi, supra plani cum sulculo medio, cano-tomentosi; iuniores magis hirsuti quam tomentosi. **Paniculae** in basi gemmae axillaris vel etiam dichotomiae impositae, squamis tam universalibus quam partialibus caducis ovato-orbiculatis mucronatis chartaceis glabris ciliatis fuscis tectae; **masculae** $\frac{3}{4}$—1 pollicem longae, iuxta basin in ramos 2—3 bi-trifidos divisae, tum apicem versus simpliciter racemosae. **Pedunculus communis** cum ramis compresso-angulatus, hirsuto-tomentosus, ferrugineus. **Squamae bracteales** propriae hirsutae, lineares, membranaceae, caducae, pedicellos subaequantes. **Pedicelli** 2 lineas longi, angulati, hirto-tomentosi, ferruginei. **Perianthium** patens, rotatum, diametro linearum duarum; tubus brevis, tomentosus; limbus sexpartitus, laciniis ovatis obtusis planis chartaceis uninervibus pellucido-punctatis, extus (praesertim in medio) sericeo-tomentosis, intus glabris; faux villis longis griseis e tubo adscendentibus barbata. **Stamina** fertilia novem triplici serie, quorum sex exteriora perianthium aequantia; filamenta filiformia, antheris duplo longiora, basi hirsuta; antherae oblongae, obtusae, pellucido-punctatae, quadrilocellatae, glabrae; omnes aequo modo dehiscentes, locellis oblongis, inferioribus lateralibus maioribus, superioribus centro adversis minoribus contiguis; valvulae conformes, concolores. **Glandulae geminae** ad basin staminum trium interiorum, sessiles, reniformi-subglobosae, in siccis rugosae vertice depresso. Staminodia quarti ordinis nulla. **Pistillum** staminibus brevius, glabrum; ovarium obsoletum; stylus filiformis, apice incurvus et in stigma oblique truncatum aetate radiato-dentatum incrassatus. **Flores feminceos** non vidi. **Cupulae** a fructu residuae in pedunculo communi 4—5 lineas longo hirsuto 4—8, racemosi, conferti. **Pedicelli** fructus $1\frac{1}{2}$ lin.

longi, crassiusculi, angulati, tomentosi. Cupulae ipsae 2 lineas longae, obconicae vel turbinatae, laciniis perianthii persistentibus marcidis non mutatis corrosisve radiatae, extus rugosae intus hirto-tomentosae, fuscae. **Fructus** deest.

---

2. Actinodaphne concolor.

A. foliis verticillatis ternis oblongis acutis concoloribus, floribus simpliciter fasciculatis. *N. ab E. in Wall. pl. As. rar. III. p. 31. n. 2.*

Wall. Cat. n. 6346.

Crescit in Tavoy; lecta a Guil. Gomez, die 2. Octobris a. 1827, flores primos evolvens, (♂.) Femina latet.

Differt primo adspectu ab *Actinodaphne pruinosa:* **foliis** concoloribus minus acuminatis plerumque ternis, quae illi quaterna et sena, tum **floribus** in parvos fasciculos, quasi glomerulos, aggregatis, nec paniculatis vel racemosis. A sequente distinguitur: **foliis** trenis concoloribus minoribusque et magis glabris, tum **fasciculis simplicibus** nec compositis.

Rami subdichotomi, teretes, adultiores cinerascentes tuberculosi et glabri; iuniores setulis ferrugineis confertissimis tomentosi; cortex cinerascens; lignum album; tubus medullaris angustus. **Cicatrices foliorum** cordatae. **Folia** in singula innovatione terminalia stellato-terna, tum progrediente apice remote verticillata, 4 — $4\frac{1}{2}$ pollices longa, 1 — $1\frac{1}{2}$ pollices lata, oblonga, leniter cuspidato-acuminata, basi cuneiformi ad basin fere petioli decurrente, plana, chartaceo-rigidula, glabra, subtus pallidiora sed vix glaucescentia, penninervia, ramis costalibus in pagina folii superiori immersis, subtus (uti costa) prominulis ferrugineis subtilissime scabriusculis. Petiolus vix semipollicaris, semiteres, ferrugineo-tomentosus, superne a folio decurrente marginatus. **Gemmae axillares** vel laterales floriparae, terminales vel singula foliipara, vel geminae altera floripara. **Gemmae foliiparae** ovatae, acutae, ferrugineo-strigilosae, squamis carinatis, inferioribus minoribus appressis, saepe ad basin ramuli persistentibus. **Gemmae**

floriparae globosae, pisi maioris ambitu. Squamae dense imbricatae, orbiculatae, obtusae, concavae, margine membranaceae, dorso medio lanuginoso-sericeae, rufescentes; inferiores minores diutius persistentes, superiores maiores caducae. Flores sub singula squama singuli, delapsis squamis in basi gemmae squamata fasciculati, ante anthesin nutantes vel penduli. Alabastrum floris masculi ovato-subglobosum, lineae diametro, obtusum, dense lanuginoso-sericans. Pedicelli vix lineam longi, simili modo pubescentes. Perianthium 2 lineas latum, fere rotatum, profunde sexfidum; laciniae subaequales, elliptico-subrotundae, obtusae, ciliatae, dorso lanugino-so-sericeae, chartaceae, trinerves, pellucido-punctatae, colore squamarum gemmae. Stamina novem triplici ordine, omnia fertilia; filamenta hirsuta, exteriora longiora; antherae ovato-subquadratae, obtusae, quadrilocellatae, locellis obovatis subaequalibus, valvulis conformibus omnium introrsum dehiscentibus. Glandulae ad basin internam staminum tertii ordinis geminae, inter villos fundi latentes, subsessiles, capitulo crasso subgloboso angulatoque. Pistilli in masculis floribus rudimentum, staminibus brevius; ovarium ovatum, parvum, strigulis aliquot inspersum; stylus crassus, incurvus; stigma peltatum, latum, planum, sexlobum. Flos femineus latet.

---

3. Actinodaphne angustifolia.

A. foliis subverticillatis senis oblongo-lanceolatis cuspidato-acuminatis subtus glaucis glabrescentibus costis ferrugineis, ramulis petiolisque fulvo-tomentosis, florum fasciculis compositis lateralibus. *N. ab E. in Wall. pl. As. rar. III. p.* 31. *n.* 3.

Tetranthera angustifolia *N. ab E. in Wall. pl. As. rar. II. p.* 65. *n.* 2.
Litsaea angustifolia *Blume Bydr. p.* 566.
Tetranthera caduca Herb. Hamilt. *Wall. Cat. n.* 2559 A, C. ♂.
Laurus Gullavara Herb. Hamilt. *Wall. Cat. n.* 2559. B. ♀.

β. Latior; foliis elliptico-oblongis.

N. ab E. in Wall. pl. As. rar. l. c. Wall. Cat. n. 2559. D.

Crescit var. α. ad Goalpara, (Hamilton); in Silhet (H. Br.); in sylvis montis Salak, Iavae insulae, (Blume.) Var. β. in Tavoy orae Tenasserim a. 1827. legit Guil. Gomez (♂); femineam ad Syrian a. 1826 et in Moalmyne d. 26. Ian. a. 1827 cum fructu maturo invenit cl. Wallich. Floret Iulio.

Arbor. Rami teretes, verrucis magnis a lapsu florum exortis per intervalla aphylla adspersi, cortice aequali tomento persistente sed appresso et vix conspicuo ad speciem spongioso, vetustiores calvi, iuveniles distincte fulvo-tomentosi et molles; lignum pallidum, densum; tubus medullaris satis amplus. Gemmae foliigenae terminales, squamis ovatis in folia fulvolanata transeuntibus. Folia in ramulorum apice verticillato-fasciculata sena, et (dum persistant) ad antecedentem innovationem totidem subverticillata, $5\frac{1}{2}$—$8\frac{1}{2}$ pollices (cum petiolo) longa, $1\frac{1}{4}$—$1\frac{3}{4}$ pollices lata, ex oblongo exquisite lanceolata, basi attenuata, apice in cuspidem mediocrem obtusiusculam producta, coriaceo-chartacea, glabra, subtus glauca, ad costam interdum sericeo-subpubescentia, penninervia, costa crassa venisque primariis simplicibus ferrugineis, interiecto reticulo e venis parallelis transversalibus arcuatis tenuissimis subinconspicuo; iuvenilia folia (praesertim arboris femineae) teneriora, utrinque lanugine adspersa, ciliata, costa nervisque principalibus subtus ferrugineo-sericeis. Petiolus $\frac{1}{2}$—$\frac{3}{4}$ pollicis longus, semiteres, supra ad laminae exortum trisulcatus, validus, iuvenilis rufo-tomentosus, aetate magis minusve calvescens. Gemmae florigerae communes per intervalla foliorum sex, diverg. $\frac{2}{5}$, et in axillis verticilli superioris verticillum glomeratum constituentes, compositae, multiflorae, ante explicationem squamis tectae ovatis, in nostris exemplis maximam partem iam evanidis. Umbellulae partiales masculae in basi gemmae brevissima annulata pubescente sex, quadriflorae, gemma sterili foliigena imperfecta compressa in centro residua. Pedunculus communis 3 lineas longus, rufescenti-villosus. Involucrum partiale tetraphyllum, deciduum, foliolis seu squamis aequalibus late obovatis obtusis concavo-navicularibus subcoriaceis pubescenti-sericeis pellucido-punctatis deciduis. Pedicelli vix linea sesquialtera longiores floresque extus sericeo-cani. Perianthium patens, profunde sexpartitum, laciniis ovatis obtusis concavis subcoriaceis albidis quinquenervibus confertim pellucido-punctatis intus glabris. Stamina fertilia novem triplici serie, erecta, perianthio paullo longiora; filamenta antheris duplo longiora, filiformia, basi longe villosa, apice glabra; antherae ovato-oblongae, obtusae, pellucido-punctatae et papulosae, quadrilocellatae, locellis inferioribus magis distantibus lateralibusque ore ovato-lanceolato, superioribus iisque magis anticis et centrum spectantibus contiguis ore obovato; valvulis ostiolis conformibus adscendenti-reflexis. Glandulae sex, brevissime stipitatae, subcordatae, obtusae, staminum trium interiorum breviorumque basi postica per paria adiunctae. Pistillum staminum interiorum longitudine; ovarium oblongum apice, stylusque filiformis hirsuta; stigma disciforme, obliquum, lobatum, irregulare. Umbellulae femineae saepe quinqueflorae, flore centrali prius evoluto longiusque pedicellato, caeterum masculinis similes. Flores minores, vix duarum linearum diametro, laciniis ovatis brevioribus. Filamenta sterilia novem, subulata, basi hirsuta apice glabra, perianthio breviora. Glandulae ut in mare. Pistillum staminibus longius, ovario ovato, stylo validiori hirsuto, stigmate crassiori discoideo repando. Fructus agglomerati. Pedicelli fructus 2 lineas longi, crassiusculi, strigilosi. Perianthium fructus pateriforme, rugulosum, sexlobum, nonnihil undulatum et hinc inde lacerum, rigidum, intus strigoso-hirtum, 2 lin. diametro. Bacca magnitudine pisi, laeviuscula.

Adnotatio 1. Inflorescentia huius speciei e simplici fasciculo *Actinodaphnes concoloris* commode explicatur. Scilicet, loco pedicellorum huius speciei simplicium e gemmae basi squamata nascitur fasciculus ramorum, quales eos in *Actinodaphne pruinosa* mare vides ad basin paniculae. Hi ramuli (seu pedunculi) squamarum generalium lapsu mox denudantur. Singuli autem pedunculi in vertice proferunt fasciculum (seu umbellulam) quinqueflorum, involucri squamis quatuor decussantibus citoque defluentibus ante anthesin involutum. Talis autem, quae umbellula videbatur, evidenter oritur e rami paniculae quinqueflori contractione, qua florum oppositorum iuga duo cum terminali flore ex eodem fere puncto prodire coguntur. Involucri foliorum duo exteriora primo florum oppositorum pari inserviunt, duo reliqua secundo. Flos intermedius non eidem puncto medio, sed paulo altius pedunculi communis apici articulatim coniunctus est.

Adnotatio 2. Exempla varietatis β. docent:

1°. masculinam arborem, cuius in Synopsi l. c. tanquam dubiae memini, omnino eiusdem esse speciei ac femineam;

2°. foliorum tam amplitudinem quam formam maxime in his ludere, neque omnino spernendam esse coniecturam, *Actinodaphnas glomeratam* et *macrophyllam* eiusdem esse speciei formas.

---

4. ACTINODAPHNE glomerata N. ab E.

A. foliis subverticillatis quaternis quinisve obovato-ellipticis oblongisve brevicuspidatis subtus glaucis costis ferrugineis, florum fasciculis compositis lateralibus terminalibusque, perianthio fructus lobato.

Laurus glomerata *Blume Cat. Hort. Buitenz. p.* 66.
Litsaea glomerata *Blume Bydr. p.* 566. *N. ab E. in Wall. pl. As. rar. II. p.* 65. (*Adnotatio ad* Tetrantheram angustifoliam *n.* 2.)

Crescit in sylvis montanis Provinciarum occidentalium Iavae insulae. Floret Decembri. Nomen: *Huru paijon.* (Blume.) Vidi specimen femineum.

Similis quidem *Actinodaphnae angustifoliae*, at differre tamen videtur: ramulis, si excipis lineam minutim tomentosulam a quavis gemma floripara decurrentem, glabris tenuioribus, foliis amplioribus 8—9 pollices longis trans medium tres pollices latis ex obovato subcuneiformibus cuspide multo breviori obtusiuscula praeditis subtus distincte pubescenti-tomentosulis albidis in costis autem ramisque costalibus (denis undenis) laete rufo-ferrugineo-tomentosis, floribus minoribus vix $1\frac{1}{2}$ lin. latioribus cum pedunculis tomento albo magis candido vestitis, glandulis floris feminei omnibus spathulatis et ab hirsutie faucium densissima fere absconditis.

---

5. ACTINODAPHNE macrophylla N. ab E.

A. „ramulis foliisque verticillatis, foliis oblongo-lanceolatis subtus glaucis et dense tomentosis, petiolis ramulisque fulvo-tomentosis, caule arboreo. (aff. *L. glomeratae.*)“ Blume.

Litsaea macrophylla *Blume Bydr. p.* 567.

„Crescit in montosis insulae Nusae Kambangae (ad oras Iavae). Floret...“

„Nomen *Huru Kapok.*“ Bl.

---

5. ACTINODAPHNE Blumii.

A. foliis per paria approximatis aut oppositis oblongis acutiusculis basi cuneatis subtus tomentosulis costis petiolis ramulisque ferrugineo-tomentosis, florum fasciculis compositis lateralibus, perianthio fructus lobato.

Tetranthera Blumii *N. ab E. in Wall. pl. As. rar. II. p.* 65. (*Adnot.* 2. *ad* Tetrantheram lancifoliam.)
Litsaea ferruginea *Blume Bydr. p.* 561.
Cryptocarya ferruginea *Blume Hort. Buitenz. p.* 65.

Crescit in montanis Iavae insulae. Floret Novembri et Decembri mensibus. Nomen *Huru Tangalak.* (Blume.) Vidi ramulum cum fructu maturo.

Arbor speciosa. Rami longi, obscure tetragoni, iuveniles compresso-tetragoni, una cum petiolis gemmisque tomento denso fusco-ferrugineo vestiti; cortex tenuis; lignum cinereum, grossiusculum; tubus medullaris spatiosus, obsolete quinquangularis. Cicatrices foliorum semicirculares, planae, rugulosae, haud prominulae. Gemmae ovatae, axillares parvae. Folia in meo specimine per paria approximata, summa opposita, subbifaria, cum petiolo $1/2$—$3/4$ pollicis longo valido teretiusculo dense ferrugineo-tomentoso supra obiter canaliculato 8 — 10 pollices longa, $2 1/2$ — 3 pollices lata, oblonga, basi subcuneato-acuta, apice acuta acumine brevissimo, quandoque etiam obtusa, rigide chartacea, supra glabra viridia costa ramisque costalibus canaliculatis, subtus glauca tomentulo tenuissimo molli pallido vestita, costa ramisque costalibus denis-duodenis integris circa margines attenuato-evanescentibus prominulis ferrugineo-tomentosis. Flores non vidi. Fructus in parte annotina rami siti, inflorescentiam umbellulato-glomeratam produnt. Basis gemmae brevissima, hirsuta. Pedunculi vix 2 lineas longi, crassi, ferrugineo-tomentosi, divergentes, mono-dicarpi, bini vel terni in basi sua fasciculati. Pedicelli proprii brevissimi, crassi, tomentosi, (lineam longi). Cupula 5 lineas lata, pateriformis, coriacea, haud admodum crassa, extus rugosa, margine repando-multiloba. Bacca nucis moschatae magnitudine, subglobosa.

---

7. Actinodaphne glauca N. ab E.

A. foliis oblongo-ellipticis obtusissimis in apice ramorum quaternis quinisve arcte scrobiculato-reticulatis supra glaucis subtus incanis adultis glabris, floribus glomeratis longiuscule pedicellatis (grandiusculis), ramis petiolisque ferrugineo-tomentosis.

In Zeylano insula. Vidi specimen masculum.

Arbuscula (aut frutex) *Actinodaphnes chinensis* habitu, ramosississima. Rami adultiores obsolete angulati, glabriusculi, cinerascentes, apice saepe quadrifidi; ramuli distincte angulati, una cum petiolis dense rigideque fusco-tomentosi; cortex rami adultioris crasiusculus, fuscus; lignum cinerascens, porosum; tubus medullaris angustissimus. Cicatrices foliorum circa innovationis cuiusque apicem semicirculares, planae, arcu aperto impresso notatae; fasciculorum in intervallis laterales, valde tumentes, circulares umbone medio obtuso. Gemma terminalis ovata, obtusa, dense imbricata, ferrugineo-fusco-tomentosa. Folia ad innovationum apicem 4—5, ita approximata, ut unum verticillum exhibeant, cum petiolo 4—6 lineas longo depresso-trigono supra canaliculato dense fusco-ferrugineo-tomentoso 2—2¾ pollices longa, 10—12 lineas lata, fere elliptica, apice rotundata, basi paulo angustiora at obtusiuscula, coriacea, rigida, margine angusto cartilagineo cincta, arctissime scrobiculato-reticulata reticulo subtus magis conspicuo, in nostro glabra circa costam et margines pubis vestigiis relictis, supra glauca, subtus albicantia, costa media convexa, venis costalibus novenis tenuibus marginem folii non attingentibus, quarum infima ad basin cum margine confluit. **Gemmae floriparae** infra folia ad latus innovationis in basi brevissima sessiles, nudae, callo angusto suffultae, diverg. $^2/_5$ approximatae, globosae, pisi magnitudine, pauciflorae, tectae squamis imbricatis orbiculatis dorso rufo-tomentosis sub anthesi deciduis unifloris. **Flores** (masculi) pedicellati. **Pedicelli** 3 lineas fere longi, uti perianthium extus rufo-strigilosi. **Perianthium** rotatum, $4 - 4^1/_2$ lineas latum, profunde sexfidum, tubo brevissimo; laciniae subaequales, ovatae, obtusae, chartaceo-membranaceae, venoso-septemnerves, sparsim pellucido-punctatae; faux hirsuta. **Stamina** novem, aequalia, omnia completa; filamenta longitudine limbi, patenti-hirsuta, antheris triplo longiora; antherae oblongo-lineares, quadrilocellatae, pellucido-punctatae, torsione filamentorum saepe reversae; locelli oblongi, aequales, magni. **Glandulae geminae** semilunatae aut reniformes, brevistipitatae filamentis staminum tertii ordinis supra basin affixae, erectae. **Staminodia** quarti ordinis nulla. **Pistillum** non inveni in flore masculo. **Flos femineus** non innotuit.

---

8. Actinodaphne chinensis N. ab E.

A. foliis alternis confertis ovato-subrotundis vel oblongo-cuneatis subtus glaucescentibus, floribus glomeratis, masculis brevissime pedicellatis.

α. **Rotundifolia**; foliis ovato-subrotundis.

Tetranthera rotundifolia *Wall. Cat. n.* 2591.
Iozoste rotundifolia *N. ab E. in Wall. pl. As. rar. II. p.* 63.

β. **Oblongifolia**; foliis elliptico-oblongis subcuneatis.

Litsaea chinensis *Blume Bydr. p.* 565.

Habitat in China. Vidi exemplum var. *α.* e Horto Calcuttensi. Varietatem *β.*, quae forma magis communis, e China retulit cl. Meyen (fem.). Marem eiusdem varietatis vidi in Herb. ill. Arnott., specimina Chinensia, a cl. Hookero tradita.

Frutex. Rami teretes, recti, striati, cano-pubescentes subtomentosi; cortice fuscescente; ligno albido densiori; tubo medullari mediocri. Gemmae foliigenae ovato-oblongae, obtusae, imbricatae, squamis pulchre spiratis orbiculatis vel ovatis mucronulatis coriaceis griseo-sericeis, margine lato membranaceo tenui fusco glabro cinctis. Folia super toto ramo sparsa, aeque distantia, approximata, circa apices ramulorum quandoque subverticillata, alterna, diverg. $^2/_5$ posita, in forma α. 1—1½ pollices (cum petiolo) longa, 7—11 lineas lata, petiolo vix lineam longo canaliculato cano-subtomentoso sustensa, ex ovato-orbiculata vel omnino subrotunda utrinque obtusa in utraque pagina minute pubescentia, supra ad costam subtomentosa viridia, subtus cano-glauca, venoso-pennata, venis principalibus in reticulum venosum solutis; in forma communi (β.) 2¼—2½ pollices longa, trans medium 10—11 lineas lata, basin versus magis attenuata et ex ellipticis oblonga, cuneiformia, fere omnino glabra. Florum gemmae axillares, parvae, sessiles, geminae intericcta gemma foliigena saepe abortiente compressa, 3—4-florae. Squamae involucrales quatuor, vel interiori (gemmae centrali opposita) deficiente tres, ovato-orbiculatae, obtusae, concavae, chartaceae, dorso subsericeae carinaque hirtulae, margine angusto tenuique fusco glabro cinctae, ciliatae. Flores masculi e gemma globosa pisi magnitudine dense squamata, squamis diutius persistentibus subrotundis tecta orti, arcte compacti, brevissime pedicellati, pedicello strigoso. Perianthium campanulatum, membranaceum, pellucido-punctatum, basi fauceque strigosis, 1 lineam altum, laciniis ovalibus obtusis uninervibus. Stamina novem, limbo longiora; filamenta anthera duplo aut triplo longiora, patenti-hirsuta, tria interiora quandoque breviora; antherae oblongae, quadrivalves, torsione filamentorum saepe reversae. Glandulae geminatae reniformes, brevistipitatae, staminibus tribus interioribus supra basin adfixae. Pistilli vestigia nulla. Flores feminei sessiles vel saltem brevissime pedicellati, parvi, vix linea latiores, tubo obconico strigoso-sericeo cano, limbo sexfido aequali, laciniis patulis ovato-ellipticis obtusis membranaceis albidis uninervibus extus ad costam strigoso-sericeis subundulatis pellucido-punctatis. Stamina sterilia novem triplici serie, laciniis paulo breviora, pellucido-punctata; quorum tria exteriora stipite longitudine pseudantherae praedita basi hirsuto, pseudanthera dimidiato-sagittata, subulata; trium mediorum stipite breviori, pseudanthera maiori oblique sagittata; tria interiora subsessilia, pseudanthera cordato-sagittata lanceolato-acuminata dorso medio strigoso-sericea, introrsum concava, marginibus tenuibus incurvis. Glandulas observare non potui. Pistillum staminibus longius, glabrum; ovarium obovatum, angulatum (?); stylus longitudine ovarii, filiformis, satis validus; stigma crassum, oblique dilatatum, concavum, lobatum, lobis inaequalibus.

Adnotatio 1. Species nulli cognitarum arctiori vinculo coniuncta.

Adnotatio 2. Genus *Iozoste* cum *Actinodaphne* omnino congruit maximeque coniungitur intrante in medium *Actinodaphne glauca*.

B. *Folia (hirta) submultiplinervia, costis primariis crassis.*

---

9. Actinodaphne speciosa N. ab E.

A. foliis subrotundis cuspidatis submultiplinervibus nervis crassis subtus petiolis ramisque rufo-tomentosis, floribus (femineis) simpliciter fasciculatis, staminodiis (femineis) filiformi-spathulatis.

In Ceylano insula.

Arbor speciosa. Rami crassi, teretes, dense rufo-tomentosi, tomento (sicuti in reliquis partibus) rigido; cortex crassus, fuscus; lignum laeve, album; tubus medullaris amplus, teres. Cicatrices foliorum tumidae, semicirculares aut fere circulares, margine tumidulo, disco plano ruguloso. Gemmae axillares breves, ovatae, tomentosae, squamis paucis valvatim conniventibus; terminalis maior, rufo-hirsutissima, foliis ternis totidemque gemmulis ad basin cincta. Folia circa apices innovationum terna (aut saltem aggregata), hinc per longa intervalla subverticillata, cum petiolo fere pollicari et cuspide 6—10 pollices longa, $3\frac{1}{2}$—5 pollices lata, ovali-subrotunda, coriacea, rigida, argute brevicuspidata, basi obtusa at subcuneata, iuvenilia utrinque rufo-tomentosa costa cum ramis suis intensiori, adulta supra glabrescentia viridia subtiliterque scabrido-puberula costis principalibus asperis, subtus in retis areis albido- in costa eiusque ramis maioribus rufo-tomentosis; costa subtus valde prominula, crassa; rami costales quini senive, quorum inferiores suboppositi, omnes autem apicem petentes extrorsum apiceque ramificati arcubusque transversalibus validis coniuncti, hi cuncti subtus rufo-hirsuti; interstitia verticaliter reticulata, subtus argenteo-tomentosa; venae retis in pagina superiori immersae sunt. Petioli crassi, teretiusculi, rufo-tomentosi, supra obtuse canaliculati. Flores (feminei) axillares et in parte rami aphylla propter folia inferiora imperfecta atque caduca laterales cicatriceque suffulti, dense fasciculati, fasciculis multifloris, primo squamis rufo-tomentosis unifloris in gemmam imbricatis interstincti, sub anthesi autem nudi, extus cum pedicellis pallide-rufo-hirti, intus in faucibus hirsuti, infundibuliformes. Pedicelli 2 lineas longi, in tubum perianthii transeuntes. Limbus ad medium usque 6-fidus, laciniis membranaceis ovali-oblongis obtusis erecto-patulis trinervibus pellucido-punctatis. Filamenta sterilia novem longitudine fere limbi, filiformia, glabra, apice anguste spathulata; tria exteriora paulo minora. Glandulae geminatae stipitatae, capitulo reniformi, paulo supra basin staminum tertii ordinis adfixae. Pistillum strigoso-hirtum, ovario oblongo in stylum attenuato, stigmate discoideo glabro.

---

10. Actinodaphne molochina N. ab E.

A. foliis obovatis aut elliptico-subrotundis obtusis subtriplinervibus rigidis iunioribus subtus petiolis ramisque ferrugineo-fuscoque-tomentosis, floribus (femineis) simpliciter fasciculatis, staminodiis femineis ovalibus petaloideis.

In Ceylano insula.

Arbor *Actinodaphnes speciosae* habitu at diversissima foliis minoribus obtusis minus reticulatis et staminum rudimentis in flore femineo petaloideis ovalibus sessilibus.

Rami teretes, tomento velutino rigidulo purpurascenti-fusco, aetate expallescente magisque deterso vestiti, per intervalla confertim foliosi; cortex tenuis, fuscus; lignum leve, albidum; tubus medullaris teres, amplus. Cicatrices fasciculorum floralium inter folia orbiculares, planae, cicatricula transversim oblonga hirto-marginata squamae communis suffultae. Gemma terminalis ferruginea, squamis ovatis obtusis. Folia circa apices innovationum subverticillatim conferta, plerumque unum paulo inferius, dein terna, bina, maxime approximata verticillum spurium quinarium (e binis ternariis compositum) exhibentia, cum petiolo $3\frac{1}{4}$—$2\frac{1}{4}$ pollices longa, 2 — $1\frac{1}{2}$ — 1 pollices lata, quae maiora fere subrotunda, alia magis obovata, aut ovalia, diversiformia, cuncta obtusa, basi acutiuscula, coriacea, rigida, supra glabra viridia scrobiculato-reticulata, subtus in iuventute dense ferrugineo-tomentosa, aetate canescentia costa et venis rufescenti-tomentosis; costa ad basin fere trifida ramis validis apicem petentibus extrorsum ramificatis, tum apicem versus venae costales subquaternae alternatim debiliores; venae coniunctivae arcuatae, minus ac in praecedente prominulae. Petioli semipollicares, crassi, semiteretes, supra plani obiter trisulci, vestiti tomento purpurascenti-fusco in costam adscendente. Gemmae florales aliae laterales minores nudae, aliae in foliorum verticilli inferiorum angulo maiores, pisi vel nucis avellanae magnitudine, ovatae, obtusae, tectae squamis ovato-subrotundis imbricatis margine membranaceis dorso rufo-tomentosis unifloris deciduis. Flores in basi gemmae brevi 6 — 8 (pluresve) fasciculati, nutantes, cum pedicello crasso perianthium aequante rufo-tomentosi. Perianthium (femineum) $1\frac{1}{2}$ lineas altum, duas lineas latum, ultra medium sexfidum, laciniis subaequalibus ovato-subrotundis obtusis membranaceis venoso-quinquenervibus pellucido-punctatis intus glabris; fauces ferrugineo-hirsutae. Staminum loco laminae novem ovales obtusae sessiles glabrae uninerves pellucido-punctatae limbo perianthii breviores conniventes ovarium cingunt. Glandulae geminatae subglobosae, sessiles, sub hirsutie faucium latentes, ad basin staminodiorum interioris ordinis. Ovarium ovatum; stylus crassus, brevis; stigma oblique peltatum, lobatum. Fructum non vidi, neque arborem masculam.

SPECIES DUBIAE.

? 11. Actinodaphne sphaerocarpa N. ab E.

A. „foliis in summo ramorum confertis oblongo-lanceolatis obtuse acuminatis subundulatis glabris supra nitidis subtus glaucis, fructibus umbellulatis sphaericis. (Arbor 50 ped.)" Blume.

Litsaea sphaerocarpa *Blume Bydr. p.* 559.

„Crescit in sylvis montium Parang. Floret .... Iunio fruget."

„Nomen: *Huru payongalus.*" Bl.

? 12. Actinodaphne procera N. ab E.

A. „foliis maiusculis longiter petiolatis elliptico-oblongis apice obtusis basi acutis margineque inferne callosis glabris subtus glauco-pruinosis, caule arboreo, ramulis verticillatis. (Arbor procera.)" Blume.

Litsaea procera *Blume Bydr. p.* 560.

„Crescit in sylvis montis Salak. Floret ...."

„Nomen: *Huru tulang.*" Bl.

Adnotatio. Conferas in sequentibus *Litsaeam pruinosam.*

XLIII. DAPHNIDIUM *). *N. ab E. in Wall. pl. As. rar. II. p.* 61. *et* 63. *n.* 2. *Laur. Disp. Progr. p.* 19. *n.* 40. (Lauri spp. *Rob. Br. Blume.* Tetrantherae spp. *Wall. Cat.*)

Flores dioeci, involucrati. Perianthium sexpartitum, laciniis aequalibus deciduis. Stamina fertilia novem triplici serie, quorum tria interiora basi biglandulosa; antherae oblongae, bilocellatae, omnes introrsum dehiscentes, valvulis totidem adscendentibus. Pistilli in masculis-staminum in femineis rudimenta. Bacca fundo perianthii irregulariter persistenti insidens.

Inflorescentia: flores fasciculati, axillares, ante anthesin squamis gemmae tecti, vel umbellulati et involucrati.

Folia alterna, nervosa vel penninervia.

Squamae foliigenae perulatae.

Differt a *Lauro* glandulis praeter eas, quae basi staminum trium interiorum insident, nullis, et partium floris non solum numero sed etiam dispositione diversis.

---

*) *Δαφνίδιον*, Laurus minor et elegantula.

A. *Daphnidia genuina, foliis nervosis.*

1. Daphnidium melastomaceum.

D. gemmis floribus subtrifloris bivalvibus glomeratis, foliis ovali-oblongis obtuse cuspidatis subtus glaucescentibus trinervibus nervis supra basin confluentibus. *N. ab E. in Wall. pl. As. rar. II. p.* 63. *n.* 1.

Tetranthera melastomacea *Wall. Cat. n.* 2565.
Laurus cuspidata *Don. Fl. Nep. p.* 64.?
Tomex Bolo *Hamilt. Mspt.*

Crescit in montibus Silhet, (Henricus Bruce). Vidi marem.

Arbor. Rami epidermide cinerea rugulosa et verrucosa glabra vestiti; strata corticis fusca, inodora, insipida, subamaricantia; lignum lutescens, solidum. Ramuli crebri, erecti, flexuosi, subangulati, cicatricibus petiolorum exasperati. Folia conferta, alterna, patentia, coriacea, rigida, inodora et insipida, 2—3¼ pollices longa (petiolo ut in sequentibus mensuris omnibus incluso), 1—1¼ pollices lata, oblongo-ovalia, cuspidata, cuspide mediocri obtusa, basi acuta in petiolum decurrentia, glabra, supra laete flavo-viridia, subtus glaucescentia aetate fuscescentia, trinervia, nervis arcuatis distinctis, ante basin, ubi folium contrahitur, confluentibus sulculoque solummodo discretis, ante apicem evanescentibus, venis transversalibus ad angulum rectum e costa nervisque exeuntibus subparallelis simplicibus, venulis longitudinaliter reticulatis connexis, circa margines arcuatim coëuntibus. Petiolus ¼—½ poll. longus, crassiusculus, canaliculatus, marginatus, subtus convexo-carinatus, apicem versus bisulcus, glaber, purpurascens. Flores in ramulis apicem versus dense congesti, gemmigeni, gemmis rarissime solitariis, plerumque 3—5 glomeratis sessilibus trifloris bivalvibus, adiecta plerumque una alterave squama minori ovata obtusa ad eius basin. Squamae involucrales oblique amplectentes, naviculares, apice carinaque obtusae, subcoriaceae, obsolete venulosae, glabrae, fuscae. Squamula una alterave lanceolata tenuis floribus interiectae. Pedicelli crassiusculi, longitudine involucri, sesquilineares, apice recurvi et in perianthium incrassati, dense griseo-hirsuto-strigosi, ebracteati. Perianthium (floris ♂) sexpartitum, laciniis duplici serie positis aequalibus patentibus ovalibus obtusis uninervibus grosse pellucido-punctatis glabris albidis. Stamina fertilia 9, triplici serie disposita (quorum 3 exteriora laciniis perianthii exterioribus, tria media laciniis interioribus, tria interna staminibus exterioribus opposita), perianthio paulo longiora, erecta, patula; filamenta subulata, villosa; antherae ovales, subrectilaterae, obtusae, bilocellatae, dorso plano coniunctae sulcoque subtili notatae, introrsum valvulis binis sursum revolubilibus lanceolatis dehiscentes, ostiolo lanceolato. Glandulae geminae ad basin staminum trium interiorum, subcordatae, obtusae, stipite brevi utrinque filamento coniunctae. Staminodia quarti ordinis nulla. Pistilli rudimentum staminibus brevius, ovario parvo, stigmate subgloboso, styloque brevi glabris. Fundus floris hirtus. Arbor feminea non nota est.

Adnotatio. Si coniectura uti liceret, cl. Blumium in *Lauro bibracteata* (Bydr. p. 553.) verbo „(floribus) bibracteatis“ gemmae quas diximus valvulas subintellexisse, dubium non esset, quin arbor nostra *Laurus bibracteata* huius auctoris aestimanda sit. Sed quoniam has ipsas partes in conspectu generum involucrum appellavit, coniecturas admittere nolebam, bracteasque illas diversas ab involucro partes esse, pedicellis florum impositas, mihi persuasi.

---

2. Daphnidium caudatum.

D. gemmis floriferis (♀) spiculiformibus, bracteis persistentibus, foliis lanceolatis acuminatissimis trinervibus subtus ramulisque novellis pubescenti-tomentosis canescentibus. *N. ab E. in Wall. pl. As. rar. II. p.* 63. *n.* 2.

Tetranthera caudata *Wall. Cat. n.* 2566. („Tetrantherae melastomaceae proxima.“)

In montibus Silhet inventa est. (F. D.)

Frutex? Ramus adest tener, subdichotomo-ramosus, epidermide fusca verrucosa glabra, in ramulis novellis pubescenti-tomentosa, strato corticis subfusco inodoro insipido, ligno pallide rufescente satis denso, tubo medullari angusto. Cicatrices foliorum tumentes, semicirculares, verruciformes. Gemmae foliigenae terminales et ex axillis proximis parvae, ovatae, obtusae, compressae, e squamis paucis ovatis mucronulatis subcarinatis coriaceis griseo-sericeis, quarum inferiores minores. Folia versus apicem ramulorum plura, approximata, cum petiolo trilineari 3 — 3½ pollices longa, ¾ pollicis lata, lanceolata, in longum acutissimumque acumen producta, basi acuta, chartaceo-coriacea, supra glabra viridia, subtus minute et confertim pubescentia canescenti-glauca, triplinervia, costa nervisque valde expressis subtus prominentibus, his ante acumen abruptis extrorsum arcuato-ramosis; rete interiectum e venis distinctis transversalibus parallelis *simplicibus furcatisve*. Petiolus crassiusculus, semiteres, supra planus, pubescenti-tomentosus. Gemmae florigerae (femineae) in ramis axillares inferioresque, folio saepe iam delapso nudae, solitariae, angustae, 2 — 3 lineas longae, spiciformes, pleraeque sexflorae. Rhachis hirsuta, alternatim canaliculata. Squamae bracteiformes, floribus breviores, patulae, ovatae, acutiusculae, obtuse carinatae, coriaceae, sericeae, persistentes. Flores 1¾ lineas lati, sessiles, subspicati, squama sua bracteali duplo longiores, subcampanulati, extus (praesertim ad basin) griseo-strigosi, sexfidi; laciniae aequales, patulae, ovatae, acutae, uninerves, pellucido-punctatae, membranaceae, rufescentes (?). Stamina sterilia 9, perianthio breviora, triplici serie, basi rufescenti-villosissima villis crispatis, apice glabro; horum sex exteriora subulata, tria interiora e basi lanceolata in acumen subulatum excurrentia. Staminodiorum trium interiorum basi a tergo glandulae sex capitulo subcordato obtuso per paria adiunctae, stipite brevi adhaerent. Pistillum longitudine perianthii vel paulo longius, glabrum; ovarium ovatum, breve; stylus elongatus, filiformis, apice plerumque incurvus; stigma dilatatum, lobatum. Fructus deest. Flores masculos non vidi.

Adnotatio. Etiamsi flores masculi non observati sint, vix tamen dubium est, quin huius generis habenda sit arbor, adeo affinis *Daphnidio melastomaceo*, ut anne eiusdem alter sexus reputanda sit, haud immerito quaeras.

---

3. Daphnidium pulcherrimum.

D. gemmis florigeris in pedunculo brevi fasciculatis, foliis elliptico-oblongis exquisite cuspidato-caudatis subtus caesiis subquintuplinervibus. *N. ab E. in Wall. pl. As. rar. II. p.* 63. *n.* 3.

Tetranthera pulcherrima *Wall. Cat. n.* 2567. A.

In Nepalia legit cl. Wallich, a. 1821.

Arbor elegans, foliorum longa cuspide insignis. Rami teretes, epidermide rufescente confertim lenticulari-exasperata; cortex insipidus, rufescens, vetustior fuscus; lignum porosum; tubus medullaris amplus. Ramuli iuveniles dense lanato-sericei, canescentes, basi annulati. Gemmae foliigenae axillares et terminales, magnae, oblongae, obtusae, squamis amplis subsquarrosis orbiculatis obtusis coriaceis sericeo-tomentosis, margine lato brunneo glabro membranaceo, inferioribus minoribus. Folia plura in ramulo, aequidistantia, alterna, 5—6½ pollices cum petiolo longa, 1¼—2¼ pollices lata, alia oblonga (maris), alia magis elliptica (feminae praesertim), in cuspidem longam angustam acutiusculam producta, basi acuta, membranaceo-chartacea, supra glabra amoene viridia, subtus caesio-pruinosa et in iuventute sparsim lanuginosa, aetate praeter costas glabra, pleraque quintuplinervia, scilicet nervis duobus proxime ad basin confluentibus extrorsum arcuato-ramosis ad apicem fere excurrentibus, tum aliis duobus prope ab apice alternis arcu apicem petentibus neque attingentibus, quibus nervi illi maiores tenui arcu iunguntur; nervi interiecti utrinque conspicui, transversales, arcuati, subparalleli reticulum elegans construunt. Petiolus brevis, semipollicaris, supra planus, apicem versus quadrisulcatus, sericeo-pubescens. Gemmae florigerae 3 in pedunculo circiter lineari axillari sericeo-villoso nudo capitatae, interiecta gemmula media foliigena abortiente oblonga compressa obtusa; rarius solitariae, magnitudine seminis Viciae sativae, subglobosae, brunneae, sericeo-pubescentes, sexflorae. Squamae tres ovatae obtusae minores rigidae involucrum commune exhibent. Squamae involucrales propriae quaternae, duplo maiores, suborbiculatae, concavae, fasciculato-nervulosae, confertim pellucido-punctulatae, margine late membranaceae, aetate lacerae, deciduae, lutescentes. Flores umbellulati, squamulis hinc inde parvis teneris lanceolatis acutis interstincti. Pedicellus 2½ lin. longus, albo-lanatus. Perianthium (♂) 3 lin. latum, campanulatum, extus pubescens, album, profunde sexfidum, laciniis aequalibus obtusis quinquenervibus glanduloso-punctatis deciduis; fundus perianthii hirsutus. Stamina fertilia novem longitudine perianthii, aequalia; filamenta antheris paulo longiora, glabriuscula vel paucis pilis adspersa; antherae ovatae, obtusae, apice callosae, pellucido-punctatae, bilocellatae, locellis remotiusculis rima oblonga introrsum dehiscentibus; valvula adscendente. Glandulae sex, stipitatae, capitulo ovato obtuso compresso, staminum trium interiorum basi a tergo per paria coniunctae, lutescentes. Ovarium ovatum, glabriusculum; stylus staminibus paullo brevior, dense cano-lanatus; stigma discoideum. Florem femineum non vidi. Baccae in stipite gemmae communi subumbellatae, 2, 4, 6 et plures, ad diversas gemmulas pertinentes earumque stipiti articulo coniunctae, pedicellatae, ovales, obtusae, nigrae (immaturae), tres lineas longae; pedicello proprio semipollicari hirsuto recurvo.

Adnotatio 1. Arboris femineae ramuli magis sericeo-canescunt; folia etiam eiusdem subtus frequentiori lanugine in aetatem usque vestiuntur.

Adnotatio 2. Huic conferatur

Laurus acuminata Reinw. („*an Laurus involucrata Roxb.?*") *Herb. Guentheri*, ab ipso Reinwardtio datum exemplum, sed sterile.

Differt foliis tenuioribus, apicem versus nervulis aliquot costalibus validioribus praeditis, subtus ramulisque multo minus pubescentibus, petiolisque longioribus.

Neque cum *Litsaea Zeylanica* congruit ob folia basi minus, apicem versus multo magis attenuata.

An huius loci: *Tetranthera Zeylanica Blume Bydr. p.* 559.?

4. Daphnidium Myrrha N. ab E.

D. foliis trinervibus ovatis acumine longo subtus glaucis glabris, gemmis florigeris sessilibus trifloris.

Laurus Myrrha *Lour. Fl. Coch. ed. Willd. I. p.* 308. *n.* 4. (*excl. syn.* Canellae Zeylanicae sylvestris odore et sapore Myrrhae Herm.) *Poir. Enc. méth. Suppl. III. p.* 317. *n.* 25.

Litsaea trinervia *Pers. Synops. II. p.* 4. *n.* 5. (*excl. synon.* Lauri involucrati Retz.)

Litsaea trinervis *Iuss. Ann. du Mus. VI. p.* 211. *Poir. Enc. méth. Suppl. III. p.* 480. *n.* 5.

Cassia cinnamomea, Myrrhae odore; folio trinervio subtus caesio. *Pluk. Alm. p.* 89.

Habitat frequens in dumetis Cochinchinae; *Ô duoc: Deaû dàng β. Ũ yờ* incol. (Loureiro.)

„Arbor parva, 5-pedalis, ramosissima, trunco inermi tortuoso. Folia ovata, acumine longo, crassa, integerrima, trinervia nervis terminantibus, glabra, alterna, superius obscure viridia, inferius pallida, petiolata. Flos albus, axillaris, glomeratus, sessilis. Calyx communis 4-phyllus foliolis subrotundis concavis, binis exterioribus minoribus pilosis: continens 5 flosculos pedunculatos. Perianthium proprium nullum. Corolla propria petala sex, ovata, concava, subaequalia. Filamenta 9, planiuscula, corolla breviora: 3 interiora biglandulosa; antheris compressis, obtusis. Germen ovatum, superum; stylus brevis. Stigma obtusum. Pericarpium bacca ovata, succosa, glabra, rubra, parva, 1-sperma. Radix arbusti lignosa, crassa, verticalis, multifida, fusca, oleosa. Tota planta amarissima, sapore et odore Myrrhae officinalis praedita.“

„Virtus, praecipue radicis: Calefaciens, diuretica, emmenagoga, antiputredinosa, anthelminthica. E baccis exprimitur oleum rubrum, plantae odore et sapore praeditum, quo utuntur indigenae contra scabiem, vulnera, pustulas et ulcera putrida, vermesque, et insecta vel in illis, vel in quacunque parte corporis nata. Estne vere planta Myrrhae officinalis, antea non satis cognita?“ Loureiro.

Adnotatio. *Daphnidio melastomaceo* proxima species esse videtur, nisi sit eadem.

---

5. DAPHNIDIUM gracile.

D. gemmis florigeris glomerato-sessilibus, foliis trinervibus ovatis acumine longo supra glabris subtus glaucis iunioribus petiolis gemmisque laxe lanuginosis. *N ab E. in Otto Diar. (Gartenzeitung)* 1833. *n.* 12. *p.* 91.

Laurus Culilawan *Hort. Reg. Berol.*
Laurus gracilis et Culilawan *Hort. Kreyssig. Dresd. et Hort. Vratisl.*
Laurus glauca *Hort. Wuerceb.*

Patria ignota. Floret in tepidariis hortorum Februario et Martio mensibus. V v. arbusculam femineam.

Arbuscula valde ramosa, ramis gracilibus teretibus glabris novellis subpruinosis puberulis; epidermis viridi-lutescens, laevis; cortex odoris aromatici myrrhini; lignum densum fibris subtilibus compactis; tubus medullaris angustus. Cicatrices foliorum prominentes, semicirculares, planae. Gemmae novellae in foliorum primum explicatorum axillis breves, ovatae, e squamis paucis apice rufo-barbatis compositae; adultiores oblongo-lanceolatae, glabriusculae, squamis pluribus diverg. $^2/_5$ — $^3/_7$ imbricatis ovatis obtusiusculis obtuse carinatis latere viridulis dorso et apice purpurascentibus chartaceo-membranaceis casu suo cicatrices angustas semilunares confertas ad basin ramulorum et innovationum relinquentibus, superioribus maioribus sericantibus; gemma terminalis duplo maior magisque lanuginosa. Folia diverg. $^1/_2$, $^1/_3$, $^3/_7$ posita, in singulo ramulo 4 — 7 apicem versus haud admodum conferta, patentia, 2 — 3 pollices longa, 9 — 14 lineas lata, ovata, in cuspidem longam angustam fere linearem obtusam producta, basi acuta, chartacea, densissime scrobiculato-reticulata, venulis transversalibus arcuatis laxis subtilibusque et nervis duobus ad basin usque discretis infra cuspidem in arcus venosos obsoletos desinentibus praedita, supra viridia nitida glaberrima, subtus caesio-glauca, in iuventute lanugine longa sparsa vestita, aetate glabra, reti venisque hac in pagina distinctioribus. Petioli 4 — 5 lineas longi, angusti, trigono-teretiusculi, supra obtuse canaliculati, pruinosi, rufescentes, primum lanugine longa patula sparsa vestiti, aetate glabri. Gemma floripara (♀) intra gemmae foliiparae axillaris fusiformis axillam sessilis, globosa, quadriflora. Squamae involucrales quatuor, scariosae, ciliatae, rufescentes; duae laterales cymbiformes obtusae, duae interiores planae rotundatae teneriores, quarum postica, quae ramo incumbit, reliquis est latior. Flores (feminei) pallide lutei. Pedicelli lineam longi, villosissimi villo molli densoque. Perianthium lineam longum, primo infundibuliforme dein patens, sexpartitum, laciniis oblongis obtusis tenuibus glabris leviter repandis atque undatis aequalibus pellucido-punctatis et in medio subtiliter obsolete venulosis. Rudimenta staminum novem, solito ordine posita, linearia, apice nonnihil dilatata, obtusa, pilis parcissimis conspersa, inter se aequalia, pallida. Glandulae geminatae paulo supra basin staminum trium interiorum magisque a tergo affixa, omnino sessilia, ovalia, compressa, albida, laevia, multo nectare viscidulo scatentia atque nitentia. Pistillum floris altitudine; ovarium crassum, ovatum, obtuse trigonum, dense (uti et pedicellus) villosum, luteolum, in stylum abiens brevem crassum trigonum; stigma capitatum, depressum, trilobum, velutino-papillosum, candidum. Fructum non vidi.

? 6. Daphnidium caesium N. ab E.

D. „foliis ovato-oblongis longiter acuminatis basi parum attenuatis triplinerviis glabris subtus glaucis, caule arborescente." Blume.

Laurus caesia Herb. Reinw. *Blume Bydr.* p. 553.

„Crescit in sylvis montanis Iavae. Floret . . . ."
„Nomen: *Huru madum.*" Bl.

? 7. Daphnidium bibracteatum N. ab E.

D. „foliis triplinerviis ovato-oblongis longiter acuminatis basi acutis glabris subtus glaucis, capitulis paucifloris solitariis, floribus dioecis bibracteatis, caule fruticoso.“ Blume.

Laurus bibracteata *Blume Bydr. p.* 553.

„Crescit in sylvis obscurioribus montium Gedé, Salak cet. Iavae insulae. Floret Iunio cet.“

„Nomen . . . .“ Bl. Vide supra p. 608.

Daphnidia desciscentia, foliis venosis.

8. Daphnidium Cubeba N. ab E.

D. gemmis florigeris multifloris, floribus dense congestis, foliis lanceolatis enervibus subaveniis.

Laurus Cubeba *Lour. Fl. Cochinch. ed. Willd. I. p.* 310. *n.* 7. *Poir. Enc. méth. Suppl. III. p.* 317. *n.* 26.
Litsaea Cubeba *Pers. Synops. II. p.* 4. *n.* 9.
Litsaea piperita *Iuss. Ann. du Mus. VI. p.* 213.
Persea Cubeba *Spr. S. Veg. II. p.* 269. *n.* 21.

„Habitat culta, nec rara, in agris et hortis Cochinchinae; puto, quod etiam in China.“ Loureiro.

„Arbor mediocris, ramosissima; ramis patentibus. Folia lanceolata, integerrima, enervia, plana, nitida, 2-pollicaria, alterna, petiolata. Flos albus, pedunculis unifloris congestis lateralibus. Calyx communis 4-phyllus: foliolis subrotundis concavis coloratis deciduis: continens 5 flosculos. Perianthium proprium nullum. Corolla partialis petala sex, subrotunda, patentia, inaequalia, limbo praemorso. Nectarium glandulis 6, sessilibus, oblongis, reflexis. Filamenta 9, brevissima, quorum 6 ad 6 petala declinata, 3 interiora erecta, si bene memini absque glandulis, queis filamentorum brevitas locum non dabat. Antherae totidem, quarum 6 compressae, subquadratae: loculis 4 obliquis. Germen subrotundum, superum. Stylus nullus. Stigma simplex. Bacca globosa, nigra, pedunculata, minima, semine globoso.“

„Virtus: baccarum, corticis etiam, sed debilior. Corroborans, cephalica, stomachica, carminativa. Eius decoctum prodest in vertigine, affectionibus hystericis, paralysi, melancholia, memoriae imbecillitate. Utuntur indigenae fructibus recentibus ad condiendos pisces. Odor fragrans. Sapor aromaticus, subfervidus, salivam eliciens. Magnitudo, forma et color Piperis nigri: pedunculo semper annectitur tenui, longiusculo, unde haud inepte Piper caudatum diceretur.“

„Observatio. Cum istius fructus forma, magnitudo, qualitas, virtus eaedem omnino sint, quae praedicantur de Cubeba, pronus eram ad asserendum, arborem, ex qua prodit, vulgarem esse Cubebam: sed obstant plerique Autores cum Garcia lib. 1. Arom. c. 23. dicentes, Cubebam plantam esse scandentem, ac proinde fruticosam, quamvis characteres propius nullus exponat, praeter Linnaeum iuniorem, qui illos a recentioribus acceperat, traditque in Supplemento plantarum, p. 90, veramque esse speciem Piperis decidit.“ Loureiro.

---

9. Daphnidium bifarium.

D. gemmis florigeris multifloris geminis, floribus subumbellatis dense conglomeratis, foliis venosis oblongo-lanceolatis utrinque acuminatis subtus ramulisque novellis pubescenti-canis. *N. ab E. in Wall. pl. As. rar. II. p.* 63. *n.* 4.

Tetranthera lusona *Wall. Cat. n.* 2530.
Laurus Nacusana *Don Prodr. Fl. Nep. p.* 64. *n.* 1.

Legit in Nepalia cl. Wallich. a. 1821 et in Kamaon Robertus Blinkworth. Ad Narainhetty Nepalensium, (Hamilton): Don l. c. Floret Martio. Vidi specimen originale ex herbario Lambertiano in herbario Martiano.

Arbor. Rami cortice crasso amaricante fusco verrucoso, cicatricibus gemmarum florigerarum ellipticis transversalibus et foliorum semilunaribus protuberantibus nodulosi. Ramuli basi pulvinulis squamarum gemmae approximatis subsquarrosis notati, fulvo-tomentosi; novelli pubescenti-tomentosi cani; lignum rufescens, solidum; tubus medullaris perangustus, mox clausus. Gemmae foliigenae florigeris interpositae et terminales, ovatae, dense squamatae; squamae inferiores semicirculares submucronatae minores coriaceae, superiores sensim maiores ovatae et obovatae teneriores, omnes margine membranaceae glabrae, disco fulvo-lanatae, quemadmodum etiam folia nuper evoluta. Folia alterna, patentia, 3—6 poll. (cum petiolo) longa, 1—1½ poll. lata, oblongo-lanceolata vel lanceolata, longe acuminata, basi acuta, venosa, supra glabra, costa venisque principalibus nonnihil prominulis, minutissime reticulata et ad speciem punctata, subtus pallescentia, penninervia, venoso-reticulata, pube tenui cana inspersa, ad costam venasque principales subvillosa. Gemmae florigerae axillares ternae, vel (interiecta gemma foliigena) geminae, globosae, sessiles. Masculae gemmae decemflorae. Squamae involucrantes 6—8, inferiores suborbiculares, superiores obovatae vel cuneiformes, omnes concavae vel naviculares, coriaceae, margine membranaceae fuscae, extus et intus in disco cano-sericeae; harum inferiores steriles sunt, superiores ex axilla florem procreant; flores supremi denique squama omnino carent. Inflorescentia umbellulae specie fallit; est etenim fasciculus seu racemulus, ad axin exiguum conicum cicatricosum hirsutissimum redactus, quo efficitur, ut flores ob multitudinem situmque angustum quasi semiverticillato-glomerati ramulum amplecti videantur. Pedicelli 1—1½ lineas longi, una cum tubo perianthii et laciniarum disco (praesertim basin versus) cano-hirsuti. Perianthium albidum, sexpartitum, laciniis aequalibus obtusis obsolete trinervibus et indefinite pellucido-punctatis. Stamina fertilia 9 longitudine perianthii, triplici serie positi, quorum tria exterioris ordinis basi nuda, secundae seriei unum plerumque glandula parva capitata ad basin stipatum, tertiae seriei omnia basi utrinque staminodio glandulari crassiusculo brevissimo crassoque stipite praedito, capitulo ruguloso foveolatoque submucronato, instruuntur: filamenta antheris longiora, filiformia, glabra; antherae ovato-oblongae, obtusae apice incurvo, pellucido-punctatae, bilocellatae, locellis subparallelis introrsum ostiolo valvulaque adscendente oblongo-subrectangulis dehiscentes. Pistillum staminibus brevius, ovario parvo, stigmate acuto. Gemmae femineae masculis minores, vix magnitudine piperis, globosae, plerumque geminae, 8—10-florae, squamis pluribus plerisque orbiculatis dense imbricatis tectae. Flores feminei ut in mare, staminibus sterilibus loco fertilium. **Pistillum** perfectum, stigmate incrassato. **Baccae** 4—6 pluresve pisi magnitudine, ovato-globosae, obtusae, nigrae, siccando corrugatae, stipite communi e gemmae basi residuo brevissimo crasso cicatricoso innascentes, pedicellis tunc sesquilinearibus crassis rugosis parcius villosis. **Perianthii fructiferi** torus orbiculatus repandus planus, laciniis saepe residuis appendiculatus, sub fructu perstat. Caro baccae grisea, semini arcte adhaerens. **Semen** obovatum, inversum. **Testa** cartilaginea; **membrana interna** atroviolacea, **chalaza** supera ampla lutea punctulo centrali impresso. **Cotyledones** crassissimae, hemisphaericae, radiculam basi includentes, oleosi, saporis acerrimi. **Embryo** parvus, glandem omnino referens inversam ob plumulam obtuse conoideam, a radicula crassa tumida ovata acutiuscula abrupte discretam.

Adnotatio. *Tetranthera vestita* Wall., in Cat. l. c. notata, iuveniles communis speciei ramulos exhibere videtur; nulla etenim nisi pubescentiae evidentioris nota differt.

---

10. Daphnidium oxyphyllum.

D. umbellulis axillaribus fasciculatis fasciculis apice innovantibus, foliis oblongis acuminatis basi acutis glabris subtus pallidis penninervibus. *N. ab E. in Wall. pl. As. rar. II. p.* 63. *n.* 5.

Tetranthera oxyphylla *Wall. Cat. n.* 2547.

Crescit in Penang. Legit G. Porter.

Arbor. Rami nigro-fusci, lenticellato-verrucosi, iuveniles angulati, apice subfurfuraceo-tomentosi, ferruginei; cortex insipidus, fuscus; lignum rufescens, rude; tubus medullaris conspicuus. **Cicatrices foliorum** lunatae vel semicirculares, pallidae. **Gemmae** in nostro exemplo terminales et ex apicibus fasciculorum floralium angustae, iam evolutae, foliis minutis acuminatis complicatis pulverulento-tomentosis ferrugineo-sericantibus. **Folia** diverg. $^2/_5$ in ramulis approximata, subaeque distantia, $4^1/_2$—$6^1/_2$ pollices (cum petiolo) longa, 1—2 pollices lata, oblonga; basi acuta, apice in acumen longum obtusiusculum producta, coriaceo-chartacea, glabra, supra nitida, sublus pallida et veluti pruina canescenti tecta, penninervia, costa valida, venis costalibus tenuibus crebris rectiusculis margines non attingentibus, reti medio parum conspicuo. Petiolus compressiusculus, glaber, supra canaliculatus sulco tomentosulo. Forsan iuvenilia folia nonnihil pubescunt. Fasciculi in pedunculo communi axillari sulcato angulato noduloso cicatricoso strigoso-sericeo grisco apice in gemmam foliigenam abeunte 2—3 lineas longo subcorymbulosi, 4, 6 vel plures, a basi alterni, approximati, post gemmae evolutionem autem in ramuli inde enati parte inferiori denudata saepe ad speciem solitarii, 8—10-flori. Squamae bracteales angustae, complicato-subulatae, pedunculum iuvenilem adaequantes vel superantes, foliaceae, griseo-sericeae, caducae, quarum supremae denique, ubi flores cessant, in folia ramuli abeunt. Pedunculi fasciculorum et involucra subtilissime griseo-sericea, quasi pulverulenta. Gemmae florales magnitudine piperis, globosae. Involucrum tetraphyllum, foliolis subcoriaceis orbiculatis concavis. Flores masculi nondum evoluti (evolutos non vidi) brevissime pedicellati, pedicello et perianthii tubo extus laciniisque in disco strigiloso-sericeis; limbo sexfido, laciniis aequalibus ovato-oblongis obtusis pellucido-punctulatis. Stamina novem, triplici serie; filamenta villosa; antherae ovatae, apice subcallosae, omnes (quas summa cura examinavi) bilocellatae videbantur, valvula obovato-oblonga. Glandulae sex clavatae, geminatae, ad basin staminum interiorum. Pistilli rudimentum, ovario ovato, stylo adhuc fere inconspicuo papilliformi. Feminam non vidi.

Adnotatio. Daphnidiis adiudicando hanc speciem optimum me elegisse reor in re sane non penitus ad lucem perducta, cum dubitari adhuc possit, num antherae, cursu temporis perfectiores, quaternis denique locellis proditurae fuissent. Adsentiente autem modo evolutionis gemmarum florigerarum, donec rectiora doceamur, Daphnidium appellare, neque Tetrantheram, mecum statuebam.

? 11. Daphnidium elongatum.

D. umbellulis axillaribus solitariis, foliis lanceolatis penninervibus subtus reticulatis ramulisque iunioribus hirtis. *N. ab E. in Wall. pl. As. rar. II. p.* 63.

Tetranthera elongata *Wall. Cat. n.* 2546.

Crescit in Nepalia. Lecta a cl. Wallichio a. 1821.

Arbor. Rami teretes, cortice fusco plerumque papuloso inodoro, in iuvenilibus hirsuto vel etiam tomentoso, in adultioribus glabro; lignum durum, albidum; tubus medullaris angustissimus, cito clausus. Ramuli apicem versus foliati. Gemmae axillares et terminales magnae, oblongae, squamis arcte imbricatis rotundatis sericeis margine fusco-membranaceis apicem versus increscentibus. Folia cum petiolo 6—7 pollices longa, unum pollicem lata, lanceolata, utrinque acuminata, supra simpliciter penninervia glabra costa venisque canaliculatis, illa basin versus pubescente, reticulo interiecto arctissimo areolis punctiformibus, subtus ad costam venasque pubescenti-hirta; venis primariis in marginem non excurrentibus, reticulo interiecto valde conspicuo areolis obliquis parallelis ut in congeneribus. Petiolus ½—¾ pollicis longus, semiteres, tomentoso-villosus, supra obsolete canaliculatus. Umbellae (♀) pisi magnitudine, axillares, solitariae, pedunculatae, pedunculo 4—5 lineas longo villoso-tomentoso. Involucra tetraphylla, foliolis ovato-orbiculatis ventricoso-concavis obtusis coriaceis margine fusco-membranaceis interdum apice fissis, sub anthesi persistentibus; inferioribus minoribus pubescenti-sericeis, superioribus maioribus glabriusculis. Flores plerumque quaterni, involucro duplo longiores. Pedicelli proprii crassi, obconici, angulati et perianthia extus praeter laciniarum margines dense cano-hirsuta sericantia. Perianthium 1½ linearum diametro, erecto-patens, ultra medium sexfidum, laciniis ovatis obtusis obsolete pellucido-punctatis; seriei interioris paullo angustioribus. Filamenta sterilia novem, perianthio breviora, lineari-subulata, hirsutie longa crispabili tecta, solo apice nudo acutoque. Horum tria exteriora laciniis exterioribus perianthii opposita, basi nuda, reliqua ad utrumque latus stipata glandula semicordata, fere lunata, basi obliqua sessili altitudine fere dimidii filamenti. Pistillum filamentis plerumque altius, glabrum; ovarium obovatum; stylus ovario longior, subulatus; stigma parvum, discoideo-capitatum, repandum. Fructus, et flores masculi non noti sunt.

XLIV. LITSAEA Iuss.*) (ex parte.) *Pers. Blume.* Tetradenia *N. ab E. in Wall. pl. As. rar. II. p.* 61. *et* 64. *n.* 6. *Laur. Dispos. Progr. p.* 19. *n.* 41.

Flores dioeci, squamis gemmae tecti. Perianthium 4—5- vel 6-partitum, laciniis subaequalibus totis deciduis. Mas: Stamina sex, quorum quatuor vel duo interiora utrinque glandula stipata. Antherae quadrilocellatae, valvulis totidem adscendentibus introrsum dehiscentes. Flores feminei: Filamenta sterilia quatuor vel sex, apice subincrassata, laciniis perianthii opposita. Staminodia quatuor glanduliformia, sessilia, submucronata, vel ovarium cingentia per paria approximata, vel (ubi sex filamenta sterilia adsunt) duobus interioribus adsociata. Stigma discoideum, lacerum. Bacca nuda, pedicello apice incrassato imposita.

Inflorescentia axillaris, fasciculata; gemmae florales sessiles, geminae vel aggregatae, tectae squamis dense imbricatis deciduis, quarum summae involucrales plerumque maiores.

Folia persistentia, nervata, (rariusve costata). Gemmae foliigenae multifariam perulatae.

---

*) *Tetradeniam* olim appellavi hoc genus paulo post aliud quoddam, Labiatarum id quidem ordinis, a cl. Benthamio eodem nomine editum. Revocavi ergo nomen, a clariss. Iussieuvio olim inventum, quo Tetranthereas simulque Daphnidia pleraque nuncupabantur. Etymologia nominis non liquet.

1. Litsaea foliosa.

L. foliis elliptico-oblongis cuspide producta obtusa triplinervibus subtus glaucescentibus ramulisque glabris, gemmis florigeris solitariis vel geminis.

Tetradenia foliosa *N. ab E. in Wall. pl. As. rar. II. p.* 64. *n.* 1.

Tetranthera foliosa *Wall. Cat. n.* 2563.

Crescit in Silhet. F. D.

Similis *Litsaeae umbrosae*, a qua differt epidermide ramulorum iuvenilium glabra fuscescente nitidula, strato corticis subdulci cum acredine, gemmis foliigenis maioribus, squamis dense imbricatis rotundatis glabriusculis, vel levissime subsericeis; foliis longioribus et ratione longitudinis angustioribus 4—6 pollices cum petiolo longis $1\frac{1}{2}$ pollices latis ex elliptico oblongis utrinque omnique statu glabris, reticulo interiecto vix conspicuo ita ut folia primo intuitu inter venas principales laevia, per lentem autem inspecta punctata appareant; petiolo 9 linearum et ultra, subtus carinato, supra profunde canaliculato, glabro; gemmis floriferis subsericeis, demum glabris, 6—8 floris; florum femineorum laciniis ovatis brevioribus, filamentis sterilibus sex, duobus interioribus abbreviatis.

Gemmae masculinae solitariae vel geminae, basi squamulis parvis 6 — 8, sensim paulo maioribus rotundatis sterilibus praeditae ideoque quasi stipitatae; tum squamae quatuor ad 6 abrupte maiores orbiculatae concavae chartaceae flores cingunt, quarum duae exteriores valvatim contiguae subcarinatae, sericeae,; squamae inter flores obovatae, membranaceae, uni- vel pauciflorae. Pedicelli vix linea longiores, ancipites, hirsuto-sericei. Perianthii tubus et laciniae secundum mediam longitudinem extus simili modo vestita; limbus diametro 2 linearum, profunde quadrifidus, laciniis oblongis obtusis pellucido-punctatis uninervibus. Stamina fertilia 6, aequalia, laciniis longiora; filamenta filiformia, raris pilis inspersa vel glabra, antheris duplo longiora; antherae oblongae, obtusae, quadrilocellatae, locellis aequalibus oblongis, quarum inferiores laterales et fere posticae, superiores anticae et approximatae. Glandulae octo, truncatae, plicatae, stipitatae, geminatae, singulo filamento secundae tertiaeque seriei (seu interioris) circa basin adiunctae. Pistillum parvum, glabrum; ovarium oblongum; stylus brevis; stigma depresso-capitatum. Gemma feminea mascula minor, ovata, squamis pluribus distincte carinatis interstincta, saepe gemina. Flores minores. Stamina sterilia sex, filamentis laciniis perianthii brevioribus, pilis (praesertim apicem versus) inspersis; interioris seriei vix glandulas excedentibus. Glandulae sex ut in mare eiusdemque figurae et dispositionis. Pistillum ut in mare, sed magis conspicuum.

Adnotatio. Memorabilis obviam est monstrositas, cuius flores in gemmas mutati thyrsum densum obovatum 2—3 pollicarem supradecompositum exhibent, ramis ramulisque gemmulis onustis exiguis, e squamarum patentium solitoque angustiorum axillis nascentibus. Sub squamulis gemmularum extremarum florum vestigia, licet fere inconspicua, observavi. Similem inflorescentiam luxuriantem, in *Oreodaphne acutifolia* observatam, supra p. 419. et 420. descripsi.

---

2. Litsaea umbrosa.

L. foliis ellipticis cuspide producta obtusa rariusve acuta triplinervibus subtus concoloribus pallidioribus, ramulis tomentosis.

Tetradenia umbrosa *N. ab E. in Wall. pl. As. rar. II. p.* 64. *et III. p.* 30. *n.* 2. (*excl. var. β.*)
Tetranthera umbrosa *Wall. Cat. n.* 2564. ♀.
Laurus recurvata Roxb.? *Wall. Cat. n.* 2564. B.

Crescit in montibus Silhet, (F. D.) Vidi etiam specimen cultum ex Horto Calcuttensi.

Arbor, ramis teretibus, per intervalla subfasciculato-ramosis, adultioribus glabris subfuscis reticulato-rimulosis, iunioribus cano-tomentosis; cortex tenuis, inodorus; lignum rufescens, densum; tubus medullaris perangustus, mox totus clausus. Gemmae e foliorum superiorum alis et terminalis ovales, imbricatae squamis triplici serie spiralibus adpressis late ovatis obtusis et obtuse carinatis, carina fulvo-tomentosa, limbo fusco-scarioso. Folia conferta, cum petiolo $2\frac{1}{2}$—3 pollices longa, $1\frac{3}{4}$—1 pollicem lata, ovalia basi acuta, apice magis minusve producta, cuspidato-acuminata acumine ipso obtuso, chartaceo-coriacea, supra viridia, subtus pallescenti-glauca, glabra, costa utrinque nervisque principalibus basin versus tomentosis, triplinervia, a nervis per margines excurrentibus marginata, lateralibus trans medium evanescentibus, reliquis sparsis venosis; reticuli interiecti areae extremae minutissimae et densissimae, ut folia punctata appareant. Petiolus 3—4 lineas longus, validus, semiteres, supra canaliculatus, dense fusco-tomentosus. Gemmae florigerae ex alis foliorum inde a gemmiferis proximorum plerumque geminae, basi squamis minutis imbricatis tectae ideoque quasi pedicellatae, 8—10-florae, hinc flores ad speciem conglomerati; squamae 4 superiores, involucrum efficientes, dum clausae, globosae, magnitudine piperis; foliola subcoriacea, orbiculata, concava, pubescentia, decidua, exteriora obtusa, interiora acutiuscula. Flores parvi. Pedicelli linea breviores, crassiusculi, una cum tubo perianthii laciniarumque basi exteriori dense sericeo-villosi, cani. Perianthium (femineum) quadripartitum laciniis aequalibus oblongis obtusis uninervibus obsolete pellucido-punctulatis minute ciliatis albidis; quarum duae magis interiores. Filamenta sterilia quatuor, laciniis perianthii duplo breviora iisque opposita, filiformia, subclavata, basi hirsuta. Glandulae totidem magis interiores, sessiles, ovatae, ovarium tegentes et se invicem altera margine subamplectentes, quarum una aut altera truncata, reliquae mucronatae vel cuspidatae. Pistillum longitudine perianthii, glabrum; ovarium oblongum; stylus filiformis, longus; stigma crassiusculum, bifidum, laciniis divaricatis.

---

3. Litsaea furfuracea.

L. foliis ovato-ellipticis cuspidatis triplinervibus subtus caesio-pruinosis glabris, ramulis novellis subpubescentibus, gemmis florigeris aggregatis globosis.

Tetradenia furfuracea *N. ab E. in Wall. pl. As. rar. II. p.* 64. *n.* 3.
Tetranthera furfuracea *Wall. Cat. n.* 2568. A, B.

Habitat in Singapur et Penang. Lecta a. 1822 a cl. Wallich. ♂.

Arbor, praecedentium habitu, sed foliis inferne pruina detergibili caesia tectis gemmisque floralibus pluribus in singula axilla conglomeratis primo intuitu distinguenda. Quoad foliorum formam accedit *Litsaeis umbrosae* et *foliosae*, sed differt ab his, iam ubi floribus caret, colore paginae foliorm inferioris; a *Litsaeis Ceylanica* et *consimili* foliis latioribus, diverso modo cuspidatis gemmarumque florigerarum indole facili negotio distinguitur.

Rami teretes, glabri, laxi, epidermide grisea vel fuscescente longitudinaliter rugulosa; cortice fusco aromatico, sapore debili caryophyllorum; ligno lutescente; tubo medullari mediocri. Cicatrices foliorum per intervalla approximatae, semilunares, una cum cicatrice gemmae axillaris in tuberculum truncatum suborbiculare sublatae. Ramulorum novellorum apices subpubescentes. Gemmae foliigenae terminales et axillares, oblongae, acutae, dense squamosae, squamis sensim maioribus, inferioribus suborbiculatis, superioribus ovato-orbiculatis, omnibus mucronulatis coriaceis griseo-subsericeis limbo fusco nitidulo. Folia (pro more) circa apices ramulorum approximata, plerumque sena, diverg. $^2/_5$ posita, 3—4½ pollices (cum petiolo) longa, 1¼—1½ pollices lata, elliptica, vel ovato- vel etiam obovato-elliptica, basi in petiolum decurrentia acuta, apice cuspidata cuspide obtusiuscula, chartacea, glabra, supra viridia punctata, subtus pruina detersibili albo-caesia inducta, triplinervia, nervis lateralibus ultra medium evanescentibus; venis reliquis reticuloque interiecto tenuibus laxis. Petioli ¾ pollicis longi, submarginati, supra canaliculati, glabri vel pube hinc inde inspersi, crassiusculi, succulenti. Gemmae florigerae masculae in stipite brevi dense arcteque cano-squamoso aggregatae, ternae-senae, piperis magnitudine, subglobosae, quinqueflorae, squamis involucralibus quaternis ovato-orbiculatis concavis subcoriaceis tenuissime sericeis. **Flores masculini** (quos nondum explicatos attamen satis completos examinavi) brevi hirsutoque pedicello sublati, tubo laciniisque extus fundoque interno griseo-hirsutis, profunde quadrifidi, laciniis ovatis obtusis subtrinervibus pellucido-punctatis. **Stamina fertilia** sex, situ solito; filamentis hoc in statu adhuc brevibus glabris basi hirsutis; antheris ovatis obtusis glanduloso-punctatis quadrilocellatis, locellis inferioribus iisque magis lateralibus ovatis, superioribus antice contiguis et obovatis, valvulis conformibus sursum reflexis dehiscentes. **Glandulae** quatuor staminibus duobus interioribus per paria adiunctae, (obovatae videbantur et hoc in statu sessiles). **Pistillum** exiguum.

Arbor **feminea** latet, nisi forte ea habenda sit, cuius exempla, in Penang lecta, adsunt, gemmis (an florigeris?) parvis distincte stipitatis ad speciem solitariis basique nudis nec undique squamatis praedita.

---

4. Litsaea Ceylanica.

L. foliis oblongis lanceolatisve utrinque attenuatis acumine obtuso triplinervibus glaucis costis petiolis ramulisque novellis tenuissime flavescenti-sericeis, gemmis florigeris globosis basi contractis.

α. Foliis subtus glaucis.

Litsaea zeylanica *C. G. N. ab E. et Fr. N. ab E. Frr. Amoen. bot. Bonn. Fasc. I. p.* 58. *t.* 5. *Blume Bydr. p.* 559.*)

Tetradenia ceylanica *N. ab E. in Wall. pl. As. rar. I. p.* 64. *et III. p.* 30. *n.* 4.

Litsaea trinervia *Dict. des sc. nat. XXVII. p.* 79. (*excl. synon.*)

Tetranthera pulcherrima? *Wall. Cat. n.* 2567. C. (*ex parte.*)

Laurus involucrata *Lam. Enc. meth. III. p.* 445. *n.* 4.

Laurus zeylanica flosculis verticillatis folio trinervio. *Herm. Mus. zeyl. p.* 26.

Dawul Kurundu *Act. Acad. Nat. Cur. Vol. I. App. p.* 4. *t.* 2. *f.* 6; *Amoen. bot. Bonn. l. c. t.* 6. *f.* 7., *et* Catte Coronde *l. c. f.* 6. *Marsh. Ann. of Philos.* 1817. *Octobr. p.* 245. *t.* 71. *f.* 1.

Dais et Tomex trinervia Herb. Madrasp. *Wall. Cat. n.* 2567 D.

---

*) Conf. adnot. ad *Daphnidium pulcherrimum* p. 611.

β. **Foliis subconcoloribus subtus paulo pallidioribus.**

Tetradenia umbrosa var. *β. N. ab E. in Wall. pl. As. rar. II. p.* 64.
Tetranthera pulcherrima *Wall. Cat. n.* 2567. C. (*ex parte.*)
Lauri spec. *Herb. Wight.* ♀.

Habitat in Ceylano insula (Herm., Herb. Royen., Marsh.) In Dindygul, alt. ped. 2000, et in horto Missionis Tranquebariae, (Herb. Wight.) Var. *β.* cum var. *α.* in Herb. Wight. ex Herb. Madrasp.

Ramus crassitie pennae gallinaceae, cortice tenui glabro striato fusco indutus, cicatricibus foliorum gemmarumque pulvinis orbicularibus pallidis notatus, apice divisus in ramulos angulatos pubeque tenui cinerascente adpressa vestitos, basi nudos apice foliosos. Folia alterna vel subopposita, approximata, petiolo semiunciam longo crassiusculo subtus convexo supra canaliculato pubescenti-strigoso succulento innixa, pollices 4 ad $4\frac{1}{2}$ longa, poll. 1 et lin. 5—7 lata, oblonga, basi acuta, apice magis minusve attenuata, sed ipso apice obtusiusculo, integerrima, supra (costa baseos excepta) glabra et viridia, subtus caesio-glauca et ad costas venulasque pube minuta adpressa lente tantum armatis oculis perceptibili adspersa, triplinervia, nervis lateralibus prope a basi oriundis paullo ultra medium folium excurrentibus, reti folii subtilissimo et pulcherrime nexo. Gemmae florales in foliorum axillis, pauci etiam in inferiori nudaque ramuli parte, subglomerati e gemma parva erumpunt. Gemmae masculae plerumque geminae, globosae, pisi magnitudine, quinqueflorae, squamis ad basin 4 — 5 brevissimis cito defluentibus praeditae, quibus defluxis gemma fere pedunculata apparet. Squamae involucrales 4—5, magnae, suborbiculares, concavae, quarum duae exteriores valvulares, griseo-sericeae. Flores glomerulos expansos subverticillatos constituunt. Pedicelli lineam longi, cano-subhirsuti, sericantes. Perianthium patens, duarum linearum diametro, in sicco fuscescens, extus pubescens, profunde quadrifidum, laciniis ovatis obtusis glanduloso-punctatis. Stamina fertilia 6, laciniis duplo longiora; filamenta filiformia, basin versus laxe hirsutula; antherae ovatae, obtusae, pellucido-punctatae, quadrilocellatae locellis ovatis, inferioribus lateralibus et fere posticis; valvulis conformibus. Glandulae ad basin staminum duorum interiorum geminae, stipite brevi, capitulo obovato truncato vertice albido-subbarbato. Pistillum staminibus brevius; ovarium parvum, ovatum, glabrum; stylus filiformis, crassiusculus, hirsutus; stigma truncatum. Flores feminei masculinis similes, minores, laciniis angustioribus. Stamina incompleta, laminiformia. Pistillum maius, stigmate dilatato. Baccae (immaturae) pisi magnitudine, disco cupuliformi impositae, in gemmae basi subumbellatae, pedicellis crassis.

Adnotatio 1. Differt a *Litsaeis umbrosa* et *foliosa* foliis angustioribus longioribus subtus laete glaucis; a *Litsaeis furfuracea* et *consimili* ramulis sericantibus, ab hac praeterea gemmis floriferis basi abrupte-paucisquamosis, ab illa iisdem gemmis ad summum geminis nec pluribus conglomeratis, maioribus, foliisque angustioribus.

Adnotatio 2. Varietatem β. (♀) colore siccando mutato ortam esse haud improbabili ratione me edocuit cl. Walker-Arnott, amicus maxime colendus.

---

5. Litsaea consimilis N. ab E.

L. foliis oblongis acuminatis triplinervibus subtus caesio-albis glabris, petiolis ramulisque novellis scabriusculis, gemmis floriferis geminis ovatis subaequaliter imbricatis.

Tetradenia consimilis *N. ab E. in Wall. pl. As. rar. II. p.* 64. *n.* 5.

Tetranthera pulcherrima? *Wall. Cat. n.* 2567. B.

Laurus involucrata *Roxb. Fl. Corom. II. p.* 46. *t.* 187.?

Tetranthera pallens *Don Prodr. Fl. Nep. p.* 66. *n.* 3. *an huius arbor feminea?*

Crescit in Kamaon, (R. B.) — In montium vertice (Roxb.) Floret tempore frigido; maturat fructum Aprili. (Roxb.)

Arbor. Habitus praecedentium. Rami apice divisi, subtrichotomi; epidermis tenuiorum cinerea (adultiorum fusca), tuberculis minutis aspera; cortex insipidus videbatur; lignum albescens, solidiusculum; tubus medullaris satis amplus. Novelli ramuli setulis exiguis quasi furfuraceis adspersi. Cicatrices foliorum reniformes, umbonatae. Gemmae terminalis et foliigenae proximae oblongo-lanceolatae, squamis per spiras digestis suborbiculatis mucronulatis coriaceis villoso-sericeis flavicantibus. Folia circa ramulorum apices conferta, alterna vel subopposita, pollices 4—5 (cum petiolo) longa, 1 pollicem circiter lata, oblonga vel oblongo-lanceolata, acuminata, acumine acuto saepe obliquo, basi acutiuscula, glabra, supra viridia, subtus albido-caesia, triplinervia, nervis inferioribus angulo acutiori divergentibus prope a medio evanescentibus; reti interiecto in pagina superiori (quae punctata ob eam causam apparet) fere inconspicuo, in inferiori pagina subtilissimo tenuique. Petiolus 6 lineas longus, semiteres, supra canaliculatus, setulis perexiguis quasi furfuraceis adspersus, lutescens. Gemmae florales axillares, geminae, ovatae, 8—10-florae, squamis a basi imbricatis sensim magnitudine crescentibus orbiculatis vel orbiculato-ovatis obtusiusculis concavis, exterioribus subcoriaceis scabrido-sericeis, quatuor interioribus maioribus membranaceis glabriusculis ciliatis venoso-nervosis. Flores e squamarum superiorum alis et terminales, albidi. Pedicelli bilineares, graciles, cano-hirsuti, subsericei. Perianthium masculinum 3 lineas latum, profunde quadrifidum, patens, tubo laciniisque disco hirsutis, his margine ciliatis ovatis acutiusculis tenuissime nervosis pellucido-punctatis. Stamina fertilia 6, laciniis perianthii longiora, aequalia; filamenta filiformia, glabra; antherae ovatae, obtuse mucronatae, pellucido-punctatae et glandulosae, quadrilocellatae, locellis inferioribus remotiusculis lateralibus et magis posticis ovatis, superioribus subcontiguis paullo minoribus anticis obovatis; valvulis ostiolorum figura adscendentibus. Glandulae geminae staminibus duobus interioribus ad basin adiunctae, stipitatae, subcordatae, pallidae, glabrae. Pistillum staminibus brevius; ovarium ovatum, glabrum; stylus elongatus, hirtus; stigma dilatatum, angulatum vel lacerum, saepe irregulare. Feminea arbor latet.

Adnotatio 1. Species haec ab affinibus colore caesio paginae inferioris distinctu facilis. Propius accedit ei *Litsaea furfuracea*, differt autem haec foliis brevioribus latioribusque et gemmis florigeris pluribus aggregatis.

Adnotatio 2. *Laurus involucrata* Roxb. l. c. vix dubium est, quin huius loci sit. Deest inter exempla mihi tradita nomen huius arboris, nescio quo casu. Haec praecipua causa fuit, ut dubitationis adderem signum. Florum gemmae solitariae et quinqueflorae dicuntur et pinguntur, quae geminatae et 8—10-florae in nostra; sed liceat suspicionem erroris vel negligentiae cuiusdam nutrire, propterea quod ramus idem in icone ex altera parte masculinos flores, ex altera fructus immaturos exhibeat, naturae et verbis auctoris contrarios. Vereor itaque, ne pictor femineo ramulo ex arbitrio suo adiecerit flores masculinos, in exemplo ramuli masculini Roxburghiano vel deficientes, vel delapsos; iconem itaque Roxburghianam femineae plantae esse et eo usque fidam, masculinae suspectam censeo, donec alia edocear. Camphoram olere totam arborem addit Roxburghius, praesertim radicem et baccas; adspectu etiam *Lauro Camphorae* similem esse; ad 24—30 pedum altitudinem crescere. Baccas maturas non vidit Roxburghius.

---

6. LITSAEA triplinervia Bl.

„L. foliis lanceolatis longiter acuminatis basi attenuatis triplinerviis glabris subtus glaucescentibus, involucris in gemmis (solitariis axillaribus) subsolitariis sessilibus tetraphyllis subquadrifloris, caule arboreo. (aff. *L. Zeylanicae.*)" *Blume Bydr p.* 559.

„Crescit in sylvis montis Salak. Floret Augusto etc."

„Nomen . . " Bl.

---

7 LITSAEA dealbata N ab E.

L. „foliis late ellipticis acuminatis triplinervibus glabris subtus dealbatis, petiolis ramulisque tomentosis, glomerulis involucrorum villosis."

Tetranthera dealbata *R. Br Prodr Fl. Nov. Holl. p.* 403. (*ed. N. ab E.* 259.) *n.* 3. *Spr. S. Veg. II. p.* 267. *n.* 7.

„Crescit in Nova Hollandia circa Port Iakson urbem." R. Br

„Glomeruli involucrorum sessiles. Flores hexandri, perianthii limbo quadripartito hirsuto." R Br l. c.

„Observatio. „*Laurus Myrrha Lour Cochinch.* huic valde affinis, sed differt foliis minoribus, involucris breviter pedunculatis subsericeis, perianthiis glabriusculis." R. Br l. c.

---

8. LITSAEA rufa N. ab E.

L. foliis late ellipticis acuminatis subseptuplinervibus subtus velutino-sericantibus pallidioribus, petiolis ramulisque velutino-tomentosis floribusque hirsutis ferrugineis, glomerulis lateralibus.

Ad Brisbane fluvium, Novae Hollandiae. Vidi specimen arboris femineae in Herbario Arnottiano, a cl. Hookero datum.

Similis quidem *Litsaeae dealbatae*, sed diversa foliis plurinervibus subtus subtomentosis.

Ramus teres, striatus, tomento denso e pilis rigidulis in hornotina parte ferrugineo in annotina pallidiori magisque deterso tectus; cortex tenuis, lignum album; tubus medullaris teres, satis amplus. Cicatrices foliorum transverse ovales. Gemmae axillares parvae, ovatae, depressae, terminalis magna, oblonga, rufo-ferrugineo-hirsuta, perulata, squamis imbricatis late ovatis rotundatis. Folia quina aut sena circa apices ramulorum approximata, diverg. $^2/_5$ posita, cum petiolo semipollicari $3^1/_2$—7 poll. longa, 2—$2^3/_4$ poll. lata, ovalia, acuminata basique acuta in petiolum excurrentia, crasse chartacea, supra glabra subtus tomento tenui sericante pallido vestita, ramis costalibus ternis quaternisve omnibus per paria approximatis arcuque apicem folii petentibus supra subtusque prominulis, reti interiecto punctiformi, venis transversalibus tenuibus. Petioli crassi, teretes, ferrugineo-tomentosi, supra planiusculi et striati. Flores (femineos tantum vidi) in parte inferiori aphyllaque innovationis agglomerati, glomerulis alternis distantibus densis multifloris, magnitudine nucis avellanae. Squamae involucrales in nostro specimine iam iam defluxere. Pedicelli 2 lin. longi, uti perianthium undique (extus et intus) rufo-hirsuti, hirsutie densa patula articulata veluti ramentacea. Perianthium (femineum) circiter $1^1/_4$ lin. latum, quadripartitum, laciniis lanceolatis obtusis trinervibus pellucido-punctatis. Filamenta sterilia sex, setiformia, glabra, longitudine perianthii. Glandulae geminatae quatuor, per paria filamentis duobus interioribus adsociatae et sub hirsutie fundi latentes, licet magnae sint ac globosae. Pistillum longitudine staminum, glabrum; ovarium obovatum; stylus longus, incurvus, superne crassior; stigma obliquum, trilobum.

9. Litsaea Pseudoculitlawan N. ab E.

L. foliis oblongis ellipticisve obtusiuscule acuminatis basi attenuatis saturate glauco-caesiis opacis subtiliter triplinervibus glabris, gemmis floriferis ovalibus sulphureo-sericeis.

Laurus Culitlawan *H. b. Bonn et Berol.*

Patria .... V. sicc. cult. c. fl. ♀.

Differt a *Litsaea consimili* foliis basi levi sinu contractis cuneiformi-attenuatis rigidulis utrinque glaucis.

Ramuli viridi-grisei, glabri, ad novellos apices sparsim strigilosi. Gemmae foliiparae axillares oblongae, terminalis, quae duplo maior, conica, eleganter spiratim perulatae, squamis subrotundis obtusis obtuseve mucronulatis, inferioribus dorso ferrugineo-strigilosis sericantibus, reliquo ambitu omnibusque superioribus flavo-sericeis. Folia cum petiolis $4\frac{1}{3}$ pollices longa, 16—20 lineas in medio lata, oblonga vel ovalia, in acumen breve et obtusiusculum contracta, in basin sinu levi cuneata, glabra, iuniora basin versus circa costam mediam rufescenti-substrigilosa, utrinque glauca, ob rete venosum obsoletum subtilissimum fere laevia, nervis semipollicari spatio supra basin orientibus tenuibus, apicem versus ramosulis et evanescentibus, praetereaque ramulis aliquot costalibus alternis superius e costa prodeuntibus tenuioribus instructa; costa lata, carinata, pallida. Petioli ultra $\frac{3}{4}$ pollicis longi, crassiusculi, trigoni, supra plani sulcoque medio angusto exarati, pallidi, glabri, ad axillas ferrugineo-strigilosi. Gemma floripara (feminea) solitaria, oblonga, obtusa, sessilis, basi uti foliiparae perulata, apice squamis involucralibus senis ovalibus obtusis membranaceis teneris globoso-expansis flores involvens. Flores umbellulati, 5—6, pluribus imperfectis, uno alterove tantummodo evoluto. Pedicelli vix lineam longi, hirti. Perianthium pubescens, quadrifidum, laciniis ovatis obtusis tenerrimis membranaceis uninervibus, sparsim pellucido-punctatis. Filamenta sterilia sex, apice plerumque incrassata, hirsuta. Glandulae quatuor, clavatae. Pistillum ovario ovato, stylo brevi crasso, stigmate indistincto.

Adnotatio. Folia plantae Berolinensis paulo breviora et latiora quam Bonnensis, et ea quidem coloris obscurioris. Reliqua congruunt.

10. LITSAEA glauca N. ab E.

L. foliis oblongis utrinque attenuatis triplinervibus longe petiolatis adultioribus subtus glaucis glabris iunioribus subtus lutescenti-sericeis, ramulis novellis angulatis gemmisque florigeris aggregatis rufis.

Laurus glauca *Thunb. Fl. Iap. p.* 173. *Willd. Sp. pl. II.* 1. *p.* 478. *n.* 7. *Pers. Synops. I. p.* 448. *n.* 8. *Spr. S. Veg. II. p.* 266. *n.* 15. *Lam. Enc. méth. III. p.* 452. *n.* 15.
Tsons. *Kaempf. Am. exot. p.* 770.

Habitat in Iaponia, (Thunb., de Siebold.) Vidi ramum siccum arboris femineae in Herb. Siebold.

Arbor. Rami iuveniles teretes, fusci, pulverulento-canescentes, iuveniles angulosi et a cicatricibus nodulosi cano-pubescentes; cortex tenuis, cinerascens; lignum subtile, lutescens; tubus medullaris amplus. Ramuli subverticillati. Cicatrices foliorum tumidae, ovato-scutatae, medio umbonatae, cicatrici gemmae ovatae irregulari minori coniunctae. Gemma terminalis piso maior, globosa, rufo-tomentosa, squamis subrotundis pluribus dense imbricatis tecta. Folia diverg. $^2/_5$ posita, circa innovationum apices conferta ideoque per intervalla approximata, cum petiolo $^3/_4$ — $1^1/_4$ pollices longo semitereti apicem versus depresso cano-subtomentoso $4^1/_2$ — $5^1/_2$ pollices longa et 1 — $1^1/_4$ pollices lata, oblonga, basi apiceque regulariter attenuata, ipso apice obtuso, margine convexa, supra lucida viridia in iuventute autem appresso-canescenti-pubescentia, subtus in iuventute glauco-luteoque dense sericea aetate glauca et glabra, chartaceo-coriacea, rigida, septuplinervia, sed propter ramos costales superiores magis distantes et inter se subalternos ideoque haud aeque ac inferiores conspicuos sensu communi triplinervia, nervis inferis $^1/_4$ poll. spatio a basi acuto angulo egredientibus ultra medium folium iuxta latera denique evanescentibus; rete venulosum subtilissimum. Gemmae floriparae (femineae) 3 — 4 in axillis foliorum superiorum aggregatae, glomerulo circiter pisi magnitudine, subglobosae, sessiles, dense rufo-tomentosae. Involucri foliola quatuor, coriacea, subrotunda, concava, subaequalia. Flores 5 — 6, in alabastro (quod solum examinavi) exigui, obconici, densissime cinereo-strigilosi, pedicello crasso cum perianthio-confluente. Laciniae perianthii 4, ovatae, obtusae, pellucido-punctatae, dense strigosae. Staminum sterilium filamenta 4 — 6, subulata. Glandulae duae, globosae (forsan 4 in statu perfectiori). **Pedicelli fructus** inter et infra folia vetustiora fasciculati, 2—4 (aut plures), 2—4 lineas longi, crassi, rugosi, iam glabrescentes, **cupula** explanata quadriloba a perianthii basi residua strigosa coronati. **Bacca** subglobosa (ovata, parum attenuata apud Thunb.), pisi magnitudine, „coeruleo-atra, succulenta, glabra, succo coeruleo" (Thunb.) **Semen** globosum, striatum, ferrugineum, „Oleum fructuum expressum pro fundendis candelis inservit." Thunb.

Adnotatio. Inter species cognitas propinqua maxime est *Litsaeae lanuginosae*, quae quidem iam solis foliis duplo fere maioribus distinguitur, reliqua ut taceam.

---

11. LITSAEA lanuginosa.

L. foliis oblongo-cuneatis acuminatis triplinervibus subtus glaucis floribusque lanuginosis.

Tetradenia lanuginosa *N. ab E. in Wall. pl. As. rar. p.* 64 *n.* 6.

Tetranthera lanuginosa *Wall. Cat. n.* 2561.

Crescit in Nepalia, (Wallich. a. 1821.)

Arbor pulchra. **Rami** teretes, apice fasciculato-ramosi et foliosi, ad innovationes annulati, gemmis incompletis tuberculati, cicatricibusque foliorum cordatis per intervalla approximatis notati, iuveniles fulvescenti-villosi; cortex fuscus, insipidus; lignum porosum rufescens; tubus medullaris satis amplus. **Gemmae foliigenae** ad speciem aggregatae, lanceolatae, strobiliformes, squamis plurifariam spiralibus dense imbricatis coriaceis semiorbiculatis vel orbiculatis sursum increscentibus mucronulatis fulvo-sericeis tecti. **Folia** circa apices ramorum aggregati, fasciculati vel ad speciem in verticillum unum alterumve disposita, 6—8 pollices (cum petiolo) longa, $1\frac{3}{4}$—$2\frac{1}{4}$ pollices ultra medium lata, oblonga, in basin acutam modice decrescentia, acuminata, coriaceo-chartacea, supra nitida viridia glabra, subtus glauca lanugineque tenui, in costa nervisque densiori et fulvescente vestita, triplinervia, nervis a basi remotis apicem non attingentibus extrorsum venulosis, reliquis venis primariis alternis apicem petentibus neque attingentibus; rete venulosum parum conspicuum. Gemmae floriferae axillares et interfoliaceae nudae, solitariae vel subaggregatae, globosae, obtusae, strobiliformes, squamis foliigenarum similibus sed brevioribus plerisque semicircularibus deciduis munitae, sericeae. Flores e squamarum alis subaggregati, in fasciculum multiflorum agglomerati. Pedicelli sesquilineares, fulvo-villosi. Perianthium quadripartitum, extus lanuginosum, laciniis in mare ovatis, in femina ovato-lanceolatis obtusis obsolete pellucido-punctatis uninervibus indistincte venulosis teneris rufescentibus (?) In flore masculo stamina 6, quorum 4 laciniis, duo staminibus exterioribus opposita, flore longiora. Filamenta filiformia, glabriuscula vel hinc inde villo sparso praedita. Antherae satis magnae, ovatae, obtusae, pellucido-punctatae, quadrilocellatae, locellis inferioribus oblique ovatis superioribus obovatis, introrsum dehiscentibus, valvulis adscendentibus umbilicatis. Pistillum staminibus brevius, ovario parvo, stigmate acuto vel bifido. Glandulae ad utrumque latus staminum duorum interiorum duae, glabrae, stipite distincto, capitulo compresso dimidiato subcordato vel trigono apice rotundato; in nonnullis unum alterumve stamen secundi ordinis eiusmodi glandulis iuxtapositis stipatur. Floris feminei (dimidio fere minoris) stamina sterilia sex absque antheris, apice barbato, flore breviora. Glandulae ut in mare. Pistillum staminibus longius, glabrum; ovarium ovatum; stylus crassiusculus, ovario longior; stigma modice dilatatum, plerumque quadrilobum, saepe inaequale et lacerum. Fructus in basi gemmae residua crassa subcylindrica sigillato-cicatricosa 4, 6, et plures fasciculati, nec umbellati. Pedicelli fructus bi-triloculares, crassi, rugulosi, glabriusculi, recurvi. Fundus perianthii persistens, parvus, circularis, integer, concavus, sub bacca latens nec nisi ea delapsa conspicuus. Bacca ovato-oblonga, obtusa, circiter semipollicaris, nigra, siccitate corrugata. Semen conforme, basi supera mucronulatum.

12. Litsaea pruinosa N. ab E.

L. foliis oblongis ellipticis vel obovato-ellipticis acutis obsolete septuplinervibus glabris subtus caesiis, petiolis elongatis...

Litsaea pruinosa *Blume Bydr. p.* 560.?
Laurus pruinosa *Reinw. in Herb. Mart.*

Crescit in Iava insula. Vidi ramulum sterilem in Herb. cl. Martii.

Epidermis glabra, fusca; cortex subfuscus, crassiusculus, odoris volatilis subcamphorati; lignum durum, rufescens. Cicatrices foliorum prominulae, semicirculares vel subrotundae, planae adiecta plerisque cicatrice pedunculi paulo minore patelliformi. Gemmae axillares globosae, perulatae, glabriusculae, squamis plurium ordinum imbricatis subrotundis ciliolatis fuscis. Folia diverg. $^2/_5$ posita, cum petiolo (angusto canaliculato 6—7 lineas longo) 3—4 pollices longa, 7—14 lineas lata, diversiformia, alia ovato-lanceolata apice attenuata, alia elliptica vel obovata acutiuscula basique acutiuscula in petiolum desinentia, margine angusto cartilagineo cincta, chartacea, glabra, supra amoene viridia, subtus caesio-pruinosa, venis costalibus ternis per paria approximatis apicemque petentibus nec vero attingentibus praedita et itaque obsolete septuplinervia. Reliqua desiderantur.

Adnotatio. Ob gemmas (foliigenas) perulatas Litsaeis non adscribere non potui.

Synonymon Blumianum maxime dubium est, ob plurima in charactere, ab isto auctore proposito, repugnantia, v. c. folia „grandiuscula et obtusa." Sed nomen, et petioli longi ab altera parte congruere videbantur. Conferenda tamen etiam *Laurus caesia Reinw. Blum. Bydr. p.* 553.

SPECIES DUBIA.

? 13. Litsaea obovata.

L. foliis vel oblongis apicem versus paullo latioribus vel ellipticis acutis crasse penninervibus subtus glaucis costis ramulisque pulverulento-tomentosis, floribus pubescentibus.

Tetradenia obovata *N. ab E. in Wall. pl. As. rar. II. p.* 64. *n.* 7.
Tetranthera obovata Hamilt. *Wall. Cat. n.* 2562. A, B.
Laurus obovata *Herb. Hamilt.*
Tetranthera Cuipala *Don Fl. Nep. p.* 65.?

Habitat in Silhet, (F. D. et Herb. Hamilt.)

Arbor, ramis ramulisque ex apice fasciculato-divisis teretibus, adultioribus glabris maculatis subtuberculatis striolatis, iuvenilibus sulcatis pubescenti-tomentosis subpulverulentis; epidermidis color virescens; cortex griseus, parum aromaticus; lignum leve, rufescens; tubus medullaris amplus. Cicatrices foliorum ad apices innovationum aggregatae, semicirculares vel suborbiculares, umbone excavato. Gemma terminalis ovato-oblonga, dense pluribus spiris imbricata, squamis rotundatis coriaceis flavescenti-sericeis; gemmae foliigenae laterales, illi approximatae, pleraeque steriles, minutae. Folia circa ramulorum apices collecta, 5, 6, et plura, fasciculum, seu verticillum spurium exhibentia, ampla, $^3/_4$—1 pedem (cum petiolo) longa, $3^1/_2$—4 pollices lata, ex obovato oblonga, basi apiceque acuta, chartacea, penninervia, nervis 6—7 alternis aeque distinctis angulo acuto e costa egredientibus prope a margine arcubus tenuibus coniunctis, reticuli venis tenuibus arcuatis utrinque conspicuis, supra viridia nitida glabra, sola costae basi canaliculata rufescenti-tomentosa, subtus glauca granulis minutissimis albidis detergibilibus per lentem laxe inspersa, costa venisque principalibus valde prominulis una cum petiolo fere pollicari semitereti supra canaliculato valido rufescenti-pulverulento-tomentosis. Fasciculi florum circa ramorum annotinorum apices e foliorum delapsorum axillis prodeuntes. Gemmae florigerae masculae solitariae (?), ovatae, quoad perulam foliigeris similes, sessiles, a basi fertiles, ab apice basin versus efflorescentes, squamis deciduis. Flores sub inferioribus squamis 3—4, subfasciculati, hinc inflorescentia, delapsis squamis, glomerato-thyrsoidea pyramidalis $^1/_2$—1 pollicem longa. Axis communis angulatus, et ramuli eius atque pedicelli et perianthia extus dense rufescenti-subvillosa, sericantia. Perianthium 5—6 lineas latum, patens, profunde sexfidum, laciniis subaequalibus ovatis obtusis concavis ciliatis trinervibus pellucido-punctatis. Stamina fertilia novem, solito more disposita, perianthio longiora, erecta, aequalia; filamenta filiformia, antheris duplo longiora, cinereo-hirsuta; antherae lineari-oblongae, obtusae, glanduloso-tuberculatae et pellucido-punctatae, luteae, quadrilocellatae, locellis angustis lineari-lanceolatis, inferioribus magis lateralibus et dimidio longioribus, superioribus anticis subobliquis approximatis; valvulae figura ostiolorum, adscendentes. Glandulae sex, obovatae, sessiles, staminibus tribus interioribus per paria magisque a tergo iuxta basin coniunctae, glabrae. Pistillum breve, glabrum, ovario ovato, stylo acuto. Flos femineus latet.

Adnotatio 1. Variat 1°. perianthiis sexfidis hexandris, et octofidis dodecandris, staminodiis 8; 2°. foliis latioribus magis ellipticis utrinque acutis, ramulis glabris.

Adnotatio 2. Citata in antecedentibus *Tetranthera Cuiphla* verisimiliter diversa est species. Addimus verba auctoris clarissimi:

Litsaea (Tetranthera) Cuipala Don.

L. „umbellis lateralibus sessilibus glomeratis, masculis 5-floris, floribus hexandris, limbo perianthii villosissimo quadrifido laciniis ovato-oblongis obtusis, involucris hexaphyllis imbricatis, foliis ellipticis glabris triplinerviis subtus glaucis.“

Tetranthera Cuipala *Don Prodr. Fl. Nep. p.* 65. *n.* 2.
Laurus Cuipala *Hamilt. Mscr.*

„Habitat in Nepalia ad Narainhetty, Hamilt. ♄. Floret Februario.“ Don l. c.

„Arbor ramulis pubescentibus. Folia elliptica, acuta, 4—5 uncias longa, sesqui- vel bipollicem lata, supra viridia, subtus glauca ac ad nervos villosa. Involucri foliola latissima, rotundata, concava, coriacea, margine membranacea. Perianthium hexandrum, extus villosissimum.“ Don.

Tribus XIII.

CASSYTEAE.

Hermaphroditae. Staminodia perfecta. Stamina novem; antheris quadrilocellatis, tribus interioribus reversis. Caryopsis perianthio baccante laciniis conniventibus coronato inclusa.

Folia nulla.

Herbae parasiticae, cuscutiformes Indiae orientalis, Novae Hollandiae, Africae et Americae calidioris.

Genus:

Cassyta.

XLV. CASSYTA Linn. *N. ab E. in Wall. pl. As. rar. II. p.* 61. *et* 69. *n.* 12. *Laur. Disp. Progr. p.* 20. *n.* 13. Volutella *Forskål.* Calodium *Lour.*

Flores hermaphroditi, spicati, basi bibracteati. Perianthium sexfidum, laciniis persistentibus, tribus exterioribus nanis; tubus liber in fructu baccatus. Stamina fertilia novem triplici serie laciniis perianthii opposita, quorum tria interiora ad basin biglandulosa. Antherae bilocellatae, valvulis totidem sursum reflexis dehiscentes, tres interiores extrorsum conversae. Staminodia tria quarti ordinis stipitata. Stylus brevis; stigma parvum, discoideum, umbilicatum. Caryopsis subcarnosa, tecta perianthii tubo carnoso pervio, laciniis persistentibus coronato.

Inflorescentia: spica simplex vel composita, vel glomeriformis, basi bracteolis minutis membranaceis praedita. Flores omnino sessiles.

Folia nulla. Herbae vel suffrutices volubiles, contorti, parasitici, radiculis papilliformibus fruticibus inhaerentes.

---

1. Cassyta filiformis Linn.

C. glabra, spicis simplicibus pedunculatis, floribus distantibus, staminibus primi ordinis petaloideis. *N. ab E. in Wall. pl. As. rar. II. p.* 69. *n.* 1.

Cassyta filiformis *Lin. Sp. pl. I. p.* 530. *Willd. Sp. pl. II.* 1. *p.* 487. *Pers. Synops. I. p.* 450. *Spr. S. Veg. II. p.* 271. (*ex parte*). *Burm. Fl. Ind. p.* 92. *Osb. it. p.* 243. *Lam. Enc. méth. I. p.* 653. *n.* 1. *Ill. Gen. t.* 323. *Poir. Enc. méth. Suppl. II. p.* 131. *Blume Bydr. p.* 574. *Sieb. Fl. Maur. II. n.* 345. *Wall. Cat. n.* 2608.

Calodium Cochinchinense *Lour. Fl. Cochinch. ed. Willd. 1. p.* 303.?

Volutella aphylla *Forsk. Fl. Aeg.-Arab. p.* 84.?

Cuscuta indica floribus albis stellatis. *Burm. Mus. Zeyl. p.* 67. *Thes. Zeyl. p.* 84.

Cuscuta indica Iavanica, Kankong incolis dicta. *Kleinhof apud Burm.*

Cuscuta Rombut Putru. *Rumph. Herb. Amb. V. p.* 491. *t.* 184. *f.* 4.

Acatsia Valli. *Rheede Hort. Mal. VII. p.* 83. *t.* 44. *Ray. Suppl. p.* 551.

β. Caule crassiori, spicis saepe in gyrum contortis.

Crescit in Malabaria, (Rheede); in Amboinae littoribus et circa ostia fluminum, (Rumph); in montibus provinciae Palaveram, (Wight); in fruticetis circum Bataviam, (Blume); in insula S. Mauritii, (Sieber). — Nomen Sanscritanum *Medica Tali*, (Reede); Malaice *Dansidan* et *Rambut Putru*, vel *Daun Tali Tali*, (i. e. capillitium principissae); Arabice *Cuschut* et *Cuschuta*, et exinde inter Malayos et Moluccenses *Cussu* i. e. perplexum virgultum, (Rumph); Iavanice *Daun Tali*, (Blume).

Caules filiformes, glabri, valde contortuplicati. Pedunculi 1 — 1½ pollices longi, serpentini, pubescentes, praesertim ad basin, vel glabri, bracteis duabus minutis membranaceis lacero-ciliatis ad basin stipati. Flores 4 — 8, versus apicem pedunculi alterni, magnitudine seminis brassicae, sessiles, lutescentes, glabri, bracteis tribus minutis semicircularibus membranaceis ciliatis cincti. Tubus perianthii sub anthesi brevissimus, postea increscens, globosus, papuloso-inaequalis (praesertim intus) papulis mucilagine repletis; laciniae tenues; tres exteriores quadruplo fere minores interioribus, semicirculares, ciliatae, membranaceae; interiores ovatae, paullo firmiores, punctato-reticulatae, obsolete nervosae. Stamina tria exteriora laciniis minoribus opposita, petaloidea, maioribus perianthii laciniis vix breviora, sed fere duplo angustiora, ovali-oblonga, obtusa, antheram infra apicem ferentes ovatam obtusiusculam, extus pellucentem, locellis parvis ovatis ab apice distantibus, valvulis conformibus; nervus medius laciniae seu filamenti fortior, in basi antherae desinens, quasi filamentum proprium prodit antherae cum lacinia concretum. Stamina laciniis maioribus opposita iis breviora: filamentum glabrum, lineare, apice dilatatum, nervo medio divisum; anthera, filamento paulo brevior, structura praecedentis, dorso plana. Stamina tria interiora breviora, petaloideis illis opposita; filamentum breve, compressum, apice expansum in antheram basi extrorsum appendice membranacea obtusa praeditam, apice triangularem, locello utrinque oblongo fusco instructam. Glandulae geminatae ad basin horum staminum sessiles, reniformes, obtusae, luteae, a cavo utriusque lateris, antherae appendice filamentique compressi margine formato, exceptae, longitudine filamenti. Staminodia tria interiora compresso-pyramidalia, longitudine filamentorum tertii ordinis, utrinque callo lanceolato, locelli indice, obliquo fusco instructa propterea que dum e centro conspiciuntur sagittata. Pistillum longitudine staminum, glabrum; ovarium obovatum; stylus ovario brevior, subulatus; stigma parvum, depresso-discoideum, vix stylo crassius. Post anthesin tubus perianthii turget subglobosus. Ovarium tum globosum, vertice orbiculari convexo nitente mucrone medio praedito. Sub tempus maturitatis tubus calycis carnosus fit et quasi carnem drupae, coriandri seminis magnitudine, sistit, nec vero fructui cohaeret. Caryopsis drupacea, ovato-subrotunda, carne tenui, vertice late umbonato nitente, stylo persistente mucronato. Hylus sub basi dilatata styli latens, linearis, cui altera fine funiculus umbilicalis, a fundo perianthii adscendens et testae agglutinatus, inseritur. Semen subglobosum, umbonem perianthii non explens, albidum; testa ossea, durissima; membrana interna rubra, crustosa, fragilis, membranae alterae interiori pallidae subfloccosae, quae ab endostomio descendit rhaphenque complectitur, connata. Cotyledones hemisphaericae.

Var. β. praeter caules paulo fortiores, crassitie scil. fili emporetici tenuioris, et spicas hinc inde totas in gyrum contortas, veluti glomerulum florum exhibentes, non differt.

Adnotatio. „Tota planta mucosa viscositate plena est, quam ob rem in aqua contusa et contrita puls fit viscosa, qua cum calcis pulvere mixta Iavani et Malayenses ad obturanda navigia utuntur Viscositas ex hac planta extracta cum rasura medulli Calappae mixta et per noctem rori exposita conducit ad caput obliniendum subsequenti die, quod post binas horas iterum abluitur et instituitur, ut capillitium longum ac densum excrescat. Surculi novelli contusi et cum lacte ebutyrato infusi, quod inde crassescit, aegrotis in febribus propinantur ad calorem imminuendum.“ (Rumphius.)

---

2. Cassyta americana N. ab E.

C. glabra, spicis simplicibus pedunculatis, floribus distantibus, staminibus primi ordinis clavatis.

Cassytha filiformis *Iacq. Pl. Am. p.* 115. *t.* 97 *Hook. Exot. Fl. t.* 167

Cassyta filiformis *Willd. Spr. l. c.* (ex parte.)

Cuscuta baccifera Barbadensium a maritimis. *Pluk. Alm. p.* 126. *Phytogr. t.* 172. *f.* 2.

Crescit in India occidentali, (Iacquin); in insula S. Vincentii, (Hooker.)

A praecedente inprimis florum structura differt, in diagnosi exhibita; tum vero etiam caule crassiore floribusque paulo maioribus.

3. Cassyta glabella R. Br.

„C. glabra, spicis (brevissime) pedunculatis indivisis glomeruliformibus paucifloris.“ *R. Br. Prodr. Fl. Nov. Holl. I. p.* 404. (*ed. N. ab E. p.* 260.) *n.* 3. *Spr. S. Veg. II. p.* 271. *n.* 2.

Cassyta filiformis *Thunb. Fl. Cap. ed. Schult. I. p.* 386. (*excl. synon.*)

Crescit in Novae Hollandiae littoribus intra tropicum, in ora meridionali, et in insula Van Diemen, (R. Brown); in Promontorii bonae spei collibus infra montem tabularem prope urbem, in sylvulis Houtniquas et alibi vulgaris, (Thunberg); prope Dornhogde, Witzenberg, Vogelvalley in planitie Capensi, ad sinum Algoa-Bay in promontorio Recief districtus Uitenhage, (Ecklon.); in districtu Zwellendam et George, (Mund). ♃. Floret (in Promontorio bonae spei) fructumque perficit a Novembre in Aprilem, maxime tamen inde a Februario in Aprilem.

Statura et magnitudo fere *Cassytae filiformis*, sed paulo tenerior. Tota glabra, parce ramosa. Spicae brevissimae, bilineares, rarissime ad 6 lineas extensae, singulae aut binae-ternae aggregatae, 1—3-florae, floribus ad apicem glomeratim sessilibus, hinc flores, praesertim ubi spicae plures ex eodem puncto oriuntur, glomerulum pedicellatum bi-trifidum exhibent. Bracteae et laciniae perianthii ovatae, obtusae; laciniae interiores duplo maiores exterioribus. Stamina fertila novem, conformia, glabra; filamenta apice crassiora; antherae anguste triangulares, obtusae, omnes perfectae, bilocellatae, 3 interiores retroversae. Staminodia quarti ordinis obtuse triangulares, sessiles (?), a tergo glandulis geminis globosis stipata. Fauces tubi, praesertim inter staminodia, rufo-hirtae. Reliqua generis. Fructus pisi magnitudine, globosus.

---

4. Cassyta ciliolata N. ab E.

C. glabra, pedunculis brevibus puberulis, capitulo trifloro, bracteolis laciniisque perianthii exterioribus ciliatis, staminibus secundi et quarti ordinis sterilibus angustis. *N. ab E. in Eckl. En. pl. Afr. austr. ined.*

Patria: Promontorium bonae spei; in latere septentrionali montis tabularis; ad catarractas haud procul a Tulbagh in districtu Worcester, alt. 2—5, Martio cum flore fructuque legit cl. Ecklon. ♃.

Distincta species, *Cassytae glabellae* similis, differt: caule minus succulento rigidiore in sicco luteo valde ramoso, ramis gracilescentibus crebro papillosis, papillis suctoriis longiusculis pectinatim secundis, pedunculis (in nostris singulis) 2—3 lineas longis inferne omnino nudis aut bracteolis aliquot parvis sterilibus appressis praeditis, apice 1—3-floris, floribus dense confertis bracteolisque laciniisque perianthii exterioribus ovato-subrotundis ciliis rigidulis brevibus candidis cinctis, staminum alternis ordinibus imperfectis, fructu obovato.

Bractea sub pedunculo brevis, amplectens, ovata. Laciniae perianthii interiores ovatae, obtusae, membranaceae, margine subnudae, exterioribus plus duplo maiores. Stamina primi ordinis perfecta, filamentis linearibus glabris, antheris oblongo-triangularibus bivalvibus; secundi ordinis stamina linearia, plana, obtusa absque antheris, basi puberula; tertii perfecta, primi ordinis staminibus similia, at inversa. Staminodia quarti ordinis secundi staminodiis opposita, duplo breviora, introrsum convoluta ideoque subulata, sessilia. Glandulae geminatae aequo spatio inter staminodia et stamina proxima dispositae, brevistipitatae. Ovarium subglobosum, glabrum, stylus subulatus; stigma parvum, trilobum.

---

5. Cassyta melantha R. Br.

„C. caule glabro, spicis indivisis, floribus imbricatis nigro-pubescentibus." *Rob. Br. Prodr. Fl. Nov. Holl. I. p.* 404. (*ed. N. ab E. p.* 260.) *n.* 2. *Spr. S. Veg. II. p.* 271. *n.* 3.

„Crescit in littoribus Novae Hollandiae intra tropicum." (R. Brown.)

---

6. Cassyta paniculata R. Br.

C. glabra, spicis fasciculatim divisis floribus distantibus, staminibus petaloideis tribus exterioribus utrinque unidentatis.

Cassyta paniculata *R. Br. Prodr. Fl. Nov. Holl. I. p.* 404. (*ed. N. ab. E. p.* 260.) *n.* 4. *Spr. S. Veg. II. p.* 271. *n.* 4.
Cassyta glabella *Sieb. Fl. Nov. Holl. n.* 218. (*in Herb. Mart.*)

Crescit in Nova Hollandia ad Port Iackson oppidum. Vidi in Herbario Sieberiano.

Similis *Cassytae filiformi*, a qua differt, quod ad habitum attinet, spicis plerisque ad basin fasciculatim compositis aut ramosis et in caulium summitate plerumque magis aggregatis, floribusque duplo fere minoribus obovatis.

An dioica? In nostro exemplo staminodia adsunt novem, omnino petaloidea, oblongo-linearia, apicem versus macula purpurea notata, nullo locellorum vestigio; tria exteriora paulo latiora sunt anguste marginata et superiora versus utrinque lobulo parvo seu dente praedita. Glandulae et staminodia conformia, conica, apice membranula alba appendiculata. Laciniae tres exteriores perianthii interioribus triplo (quadruplo fere) breviores, ovato-subrotundae, acutiusculae; interiores latae, ovatae, obtusae, uninerves, punctis oblongis perforatae. Stylus subulatus, acutus.

---

7. Cassyta pubescens R. Br.

„C. pubescens, spicis indivisis breviter pedunculatis, floribus distinctis, fructibus exsulcis.“ *R. Br. Prodr. Fl. Nov. Holl. l. c. n.* 1. *Spr. l. c. n.* 5.

„Crescit ad Port Iackson oppidum, in littoribus orientalibus et occidentalibus Novae Hollandiae, intra tropicum, tum in eiusdem terrae ora meridionali, et in insula Van Diemen.“ (Rob. Brown.)

---

8. Cassyta brasiliensis Mart.

C. pubescens, spicis indivisis paucifloris fulvo-subtomentosis, floribus approximatis ovatis.

In Campis editis Minarum novarum Provinciae Minarum generalium, Iulio et Augusto cum floribus. (de Martius.)

Caulis crassitie fili emporetici, longus, multifariam contortuplicatus caulemque plantae alienae (Melastomatis cuiusdam) per intervalla gyris suis constringens nodosque spiris impressis cinctos provocans, papillis suctoriis inhaerens et quasi penetrans, striatus, canescenti-laxe-pubescens, ramosus. Spicae sparsae in pedunculo crassiusculo semipollicari a medio florente, cum bracteis et floribus pubescentia densa flexuosa fulva tenui sat longa vestito, subquadrifloro. Bracteae sub singulo flore tres, vix lacinias exteriores perianthii aequantes, appressae, membranaceae, obtusae, pubescentes, quarum media latior subrotunda, laterales seu propriae ovatae, Perianthium lineam longum, ovatum, subcarnosulum, fulvescenti-pubescens; tubus brevis; laciniae obtusae; exteriores interioribus duplo triplove breviores ovatae, interiores late ovatae pellucido-punctatae subenerves intus substrigosae. Stamina novem triplici ordine, aequales; antheris triangularibus filamentorum longitudine, inferiora versus utrinque ostiolo valvato oblique ovali dehiscentibus pellucido-punctatis; antherae tres exteriores, laciniis minoribus oppositae, ob lobum ostioli locellaris inferiorem et exteriorem deorsum patentem quasi bivalves seu hastatae, valvularum altera (vera ea) sursum, altera deorsum spectante; tres antherae secundi ordinis, et eae, quae tertii, hoc lobulo destitutae, illae introrsum, hae extrorsum dehiscunt; filamenta sparse puberula, staminum trium exteriorum membranacea, paulo latiora et tenuiora quam interiorum. Glandulae geminatae subglobosae ad basin magisque ad terga staminum tertii ordinis. Staminodia quarti ordinis altitudine glandularum, capitulo stipiteque crassis, illo ovato obtuso compresso dorso canaliculato glabro, hoc brevissimo. Pistillum longitudine staminum, glabrum; ovarium ovatum; stylus ovarii longitudine, tenuis; stigma parvum, capitatum, subtrigonum, non umbilicatum. Perianthium fructus pisi magnitudine, tubo subgloboso fulvo-tomentoso, laciniis non mutatis, minoribus patulis maioribus conniventibus, coronato.

SPECIES DUBIA.

9. Cassyta corniculata Linn.

,,C. ramis lignosis spinosis.“ *Linn. Mant. p.* 277. *Burm. Fl. Ind. p.* 93. *t.* 33. *f.* 1. *Willd. Sp. pl. II.* 2. *p.* 488. *n.* 2.

Cassutha cornea *Rumph. Herb. Amb. VII. p.* 86.
Florifera sine folio scandens. *Kleinhof apud Burm.*

Crescit in Celebes insulae montibus inter truncos putridos, (Linnaeus); in Iava Insula, (Kleinhof.) ♄.

,,Rami pedales, lignosi, crassitie digiti. Spinae solitariae, recurvae. Folia spinis minora, lanceolato-linearia. Baccae subsessiles.“ Linn. l. c.

Addit Linnaeus: ,,Proposui hanc, ut autoptae accurate examinent fructificationem. Genus ex Burmanno mutuatum.“

Verba Burmanni haec sunt: ,,Anno 1758 hanc stirpem accepimus, externa forma et crescendi modo Cuscutam aemulantem. Rami lignosi, crassitie digiti minimi, obtusanguli, aphylli, sulcati, nodosi, intorti ac reflexi, aculeis recurvis, ad quorum exortum foliola emarcida lanceolato-linearia. Flosculi imperfecti, vix visibiles."

Icon autem fructus (?) exhibet in angulo aculei seu spinae sitos, brevissime pedicellatos, solitarios globosos truncato-vertice, piperis magnitudine.

Vix huius generis censenda est planta, quam neque Blumius noster inter Iavanicas, quod scirem, retulit, neque alius quisquam post Rumphium atque Burmannum observavit.

GENUS INCERTUM.

XLVI. ADENOSTEMUM. *Pers.* Gomortega *Ruiz. et Pav.* Keulia *Molin.*

„Corolla hexapetala. Stamina (decem) triplici serie, quadratim minora. Glandulae binae ad basin singuli filamenti. Stigmata duo-tria. Drupa unilocularis. Nux durissima, bi-trilocularis. Nuclei compressi." Person l. c.

Sprengel (*Gen. pl. II. n.* 1870.) haec habet: „Calyx corollinus, coriaceus, duplex; externus quadripartitus, internus tripetalus. Stamina decem aut plura, triplici serie. Glandulae binae ad basin singulorum staminum. Antherae oblongae, laterales. Stylus subulatus; stigmata tria. Drupa monosperma."

Adnotatio. Glandulae ad basin omnium staminum, et nux durissima notae sunt, generi isto inter confines peculiares, et nucis durities inprimis dubia movet. „Nuclei 2—3 compressi" forsan de cotyledonibus intelligendi sunt.

1. Adenostemum nitidum Pers.

„Ad. foliis oblongo-lanceolatis nitidis.“ *Pers. Synops. I. p.* 467. *Spr. S. Veg. II. p.* 337.

Gomortega nitida *R. et Pav. Syst. Veg. Fl. Peruv. et Chil. p.* 108.
Lucuma Keule: foliis alternis petiolatis ovalibus subserratis. *Molin. Hist. Chil. p.* 202. (*ed. Germ.* 162. *et* 313.)

Habitat in Regni Chilensis nemoribus.

„Arbor procera, centum pedes alta, semperflorens. Folia (sex-septem pollices longa, Molin.) resinosa, laete viridia et fructus sapidissimi. Lignum ponderosum, venis pulcherrime variegatum. Flores axillares, albidi. Fructus flavi, subrotundi.

Conferantur in antecedentibus *Cryptocarya Peumus* p. 222. et *Boldu Chilanum* p. 178.

Adnotatio. *Lucuma Keule* Mol. longe aliam speciem esse censeo ac eam, ad quam supra adfertur. Character generis omnino repugnat: „Calyx duplex, hemisphaericus, coriaceus, laciniis subrotundis persistentibus. Stamina plurima, filiformia, calyce longiora. Antherae subreniformes. Germen obovatum. Styli duo setacei, staminum longitudine, stigmate obtuso.“

Genus *Scyphogyne Ad. Brongn.*, quod Laurinarum ordini, dubitans autem, adscribit cl. Lindley (*Introduct. to Bot. ed* 2. *p.* 202.) mihi non notum est.

SPECIES LAURINARUM,

VEL INCERTAE SEDIS, VEL SUSPECTAE, VEL ALIENAE.

SPECIES QUOAD GENUS INCERTAE.

1. LAURUS polyadelpha Lour.

„L. foliis obsolete trinerviis, floribus polyadelphis axillaribus (corymboso-racemosis).“ *Lour. Fl. Cochinch. ed. Willd. I. p.* 309. *n.* 5. *Poir. Enc. méth. Suppl. III. p.* 318. *n.* 28. *Spr. S. Veg. II. p.* 266. *n.* 19.

Habitat in montibus Cochinchinae, (Loureiro.) *Miéng sanh, bàng lá*, incolis.

„Arbor magna, ramis patentibus. Folia lanceolata, integerrima, obsolete 3-nervia, plana, coriacea, venosa, petiolata, alterna, obscure viridia. Flos albo-ruber, corymbis racemosis axillaribus. Calyx monophyllus, cyathiformis, coloratus, 6-partitus, laciniis oblongis erectis. Corolla nulla, nisi calycem dicas. Nectarium glandulis 6 pedunculatis. Stamina 9, inaequalia, quorum tria appendiculata: omnia in tres fasciculos colligata (?). Antherae oblongae, planiusculae, truncatae, nec longitudinaliter dehiscentes, sed per 4 foramina pollen emittentes. Germen subrotundum; stylus filiformis, aequalis staminibus; stigma obtusum. Pericarpium bacca subrotunda, carnosa, minima, 1-sperma. Habitat in montibus Cochinchinae.“ Loureiro l. c.

Adnotatio. Nisi flores triadelphi perhiberentur, Cinnamomi vel Camphorae esse speciem suspicarer. An generis distincti?

2. LAURUS Iavitensis H. et K. *N Gen. et Sp. pl. I. p.* 169. *n.* 2.

Crescit in umbrosis sylvarum Orinoccensium iuxta Iavitam.

„Arbor sedecimorgyalis; ramis teretibus, laevibus, glabris, fuscis. Folia alterna, petiolata, oblonga, valde acuminata, basi acuta, integerrima, subcoriacea, reticulato-venosa, venis primariis nervoque medio subtus prominentibus, utrinque glabra, pedalia, tres pollices lata et paulo latiora. Petioli canaliculati, sex aut octo lineas longi, glabri. Flores et Fructus ignoti.“

„Folia odorem terebinthinum spirant. Lignum ad construendum aptissimum.“ de Humboldt.

---

3. LAURUS Cervantesii H. et K. *N Gen. et Sp. pl. p.* 169. *n.* 3.

„Crescit in montosis prope Masatlan, alt. 630. hexap. (Regno Novae Hispaniae) ♄. Fructificat Aprili.“

„Arbor ramulis quinquangularibus, glabris, fuscescentibus. Folia alterna, petiolata, oblonga, acuminata, acumine obtuso retuso, basi acuta, integerrima, reticulato-venosa, coriacea, utrinque glabra, supra nitida, quadri aut quinquepollicaria, 16—20 lineas lata. Petioli canaliculati, rugosi, glabri, semipollicares. Pedunculi axillares, fructiferi polycarpi, sesquipollicares; fructibus pedicellatis, magnitudine et forma glandis. Calyx in fructu coriaceus, ruber, cupulaeformis; limbo exteriore sexlobo, lobis subrotundis, inaequalibus, patentibus; limbo interiore integro.“ de Humboldt.

---

4. Laurus mucronata Poir.

L. „foliis perennantibus ovatis coriaceis glaberrimis subtus rugosis.“ *Poir. Enc. méth. Suppl. III. p.* 323. *n.* 49.

Cryptocarya mucronata *Spr. S. Veg. II. p.* 271. *n.* 4.

„Crescit in Cayenna insula. Vidi in Herb. Desfont.“ Poiret l. c.

„Species haec cum *Lauro* (*Oreodaphne*) *cupulari* pluribus convenit, tum quod ad formam foliorum tum quod ad fructus constructionem attinet. In exemplo autem Herbarii Lamarckiani folia *Lauri cupularis* subtus evidentissime reticulata sunt venis prominulis. Nostrae autem, de qua sermo est, folia subtus subtiliter rugulosa sunt et per lentem vitream visa veluti tuberculata, tum etiam magis coriacea, acuminata, basi vix acuta. Rami laeves sunt, cinerei, teretesque. Flores non vidi. Fructus forma est glandis elongatae, apice a stylo persistente recto induratoque mucronatae; circa basin fructus constrictus est, strictura probabiliter a perianthio persistente orta. Perianthium fructus iam cupulam exhibet non integram sed compositam e squamis duabus exterioribus latis rotundatis concavis coriaceis, quas bracteas olim fuisse censeas, et ex partibus quatuor magis interioribus eiusdem ferme magnitudinis figuraeque, sed tenuioribus.“

Adnotatio. Hac perianthii fructiferi structura, si vera ea et naturalis nec vi quadam producta, vix ulli Laurinarum comparandam esse hanc speciem probatur. Dubium autem videtur, num Laurinis in universum debeat immisceri.

---

5. Laurus Sassafras. *Lour. Fl. Cochinch. ed. Willd. I. p.* 312.

Sassafras Parthenoxylon *Op. nostr. p.* 491.?

„Vidi parvam arborem Sassafras foliis omnibus integris, an vero in senio 3-loba emiserit, decidere non valeo. Florentem non vidi, dubiusque mansi, sitne diversa species? Flores audivi esse flavos, pedunculis longis; baccas ovatas, 1-spermas, caeruleo-fuscas.“ Loureiro l. c.

„Dubito veram esse *Laurum Sassafras*, sed in hac descriptione nil contradictorii video, nisi in ligno, quod rubrofuscum et nunquam cinereum.“ Willd. in adnot.

---

6. LICARIA Guianensis Aubl. *Fl. Guian. I. p.* 313. *t.* 21.

„Arbor trunco sexagintapedali, trium et quod excedit pedum diametro, coma ampla. Cortex trunci rugosus, rimosus, rufescens; lignum lutescens, laxiusculum. Rami comae crassi, alii erecti, alii fere horizontaliter expansi, ramosissimi, ramulis gracilibus. Folia alterna, ovata, longe cuspidata, integerrima, glabra, viridia. Petioli breves, subtus convexi supra canaliculati. Folia trita odorem aromaticum exhalant, lignum vero odorem rosarum. Flores et fructus desiderantur.“

„Cum arbor haec in umbrosis crescit sylvarum ligno est minus compacto minusque flavo; eiusmodi arboris materies rosarum spirat odorem, sed minus intensum quam trunci vetustiores.“

„Nomen Caribaeum *Licari Kanali;* et nomen Gallicum *Bois de rose.* Arbores solito ampliores diversae esse speciei persuasi Sarsafras appellant incolae.“ Aublet.

Adnotatio. An *Mespilodaphnes* generis species?

In Catalogo plantarum Indiae orientalis Wallichiano duae Laurinarum species enumerantur, quas non vidi, scil. n. 7455. et 7531.

SPECIES QUOAD LOCUM IN LAURINARUM ORDINE SUSPECTA.

? 1. LAURUS punctata Spr.

„L. foliis alternis oblongis utrinque attenuatis nitidis venosis margine pellucido-punctatis, paniculis axillaribus folia aequantibus.“ *Spr. S. Veg. II. p.* 265. *n.* 9.

Brasilia. Sello.

Adnotatio. Si Laurinarum ordinis, soli *Oreodaphnae* (*Ceramophorae*) *marginatae*, quod ad folia margine pellucida, similis. In hac autem margo omnis pellucido-cartilagineus, nec punctatus.

Vix autem huius est ordinis, sed potius *Menispermacearum*, (aut *Terebinthacearum*?)

In specimine valde incompleto Herbarii Willdenoviani, quod examinavi, haec inventa sunt:

Dioeca. Calyx brevissimus, obsolete trilobus. Petala tria, decidua, carinata, imbricata. Stylus lateralis, incurvus; stigma capitatum; ovarium uniloculare, binovulatum.

Folia exstipulata, venosa, margine subcrenata punctorumque pellucidorum marginalium serie notata. Paniculae axillares.

SPECIES AB ORDINE LAURINARUM ALIENAE.

1. Laurus **Chloroxylon**: foliis trinerviis ovatis coriaceis, nervis apicem attingentibus. *Lin. Sp. pl. p.* 508. *Willd. Sp. pl. II. p.* 478. *n.* 6. *Lam. Enc. méth. III. p.* 445. *n.* 5.

Ceanothi est species:

Ceanothus (*Euceanothus* DeC.) *Chloroxylon:* foliis ovato-subrotundis obtusis integerrimis glabris trinervibus, floribus terminalibus subcorymbosis. — Patria Iamaica. Vidi in Herb. Kunth. exempl. ex Herb. Mus. Paris.

---

2. Laurus **caustica**: foliis ovalibus rugosis perennantibus, floribus quadrifidis. *Molin. Hist. nat. Chil. edit. germ. p.* 151. *et* 313. *Willd. Sp. pl. II.* 1. *p.* 479. *n.* 9. *Pers. Synops. I. p.* 448. *n.* 10. *Poir. Enc. méth. Suppl. III. p.* 319. *n.* 31.

Llithi. *Feuill. Peruv. III. p.* 33. *t.* 23. *fig. dextra* *). *Dict. des sc. nat. XXV. p.* 335.

Est

Rhus (?) *caustica:* foliis simplicibus coriaceis ellipticis integerrimis cartilagineo-marginatis, racemis subpaniculatis axillaribus terminalibusque, floribus dioicis decandris, fructu drupaceo sicco. *Hook. in Beech. Voy. p.* 15. *t.* 7. *Presl. Rep. I. p.* 3.

---

3. Laurus **lucida**: foliis oblongis serratis, ramulis umbellatis, floribus racemosis. *Thunb. Fl. Iap. p.* 174.

Rhamneis adscribenda est.

---

4. Laurus **umbellata**: foliis ovatis serratis, ramulis umbellatis, floribus racemosis. *Thunb. Fl. Iap. p.* 175.

Certo non huius est ordinis, sed loci adhuc incerti.

---

*) In tabula Feuilleana duae exhibentur plantae, quarum altera, ad dextram intuentis posita et Lucumae nomine subscripto notata, ad *Llithi* auctoris spectat, altera autem, ad cuius pedem *Llithi* nomen legimus, *Lucumae obovatae* figuram refert.

ADDENDA
AD
FAMILIAM LAURINARUM,
ET
EMENDANDA.

Quaecunque, dum haec imprimebantur, mihi aut ex libris nuper editis, aut ex siccis speciminibus inter haec mihi adlatis novissime innotuerunt species, eas omnes in Supplementum operis sedulo digestas, adiectis et reliquarum novis synonymis aliisque virorum doctorum in easdem observationibus, Lectori benevolo trado. Ex libris, quibus haec debeo, laudandus est ante omnes Blumii nostri opus splendidissimum, quod inscribitur: RUMPHIA; ex Amicis autem, qui specimina Laurinarum sicca, ex peregrinis terris adlata, in emolumentum operis mei conferre nunquam defessi cessabant, clarissimum Walker-Arnott sicut in introitu mihi erat laudandus, ita etiam ad calcem libri grato animo a me esse celebrandum confiteor.

P 2. l. 12. *Gyrophoreae* lege: *Gyrocarpeae.*

p. 38. n. 3. *Cinnamomum Malabathrum.*
Synon. adde
Cinnamomum iners *Blume Rumph. t.* 17 (*flore sterili.*)

3b. Cinnamomum Malabathrum Blume.

C. „foliis ellipticis oblongisve utrinque subacutis valide tri- aut brevissime triplinerviis transverse venulosis glabris, nervis apice confluentibus.“ *Blume Rumph. I p.* 38. *t.* 13. *f.* 3. *et* 4.

Laurus Malabathrum *N. L. Burman Fl. Ind. p.* 92. (*excl. syn. Rumph.*)
Wilde Malabaarse Kaneelboom, Katou Karua. *Houtt. Nat. Hist. II.* 2. *p* 335. (tantummodo quod ad extractum verbale de eo ex Horto Malabarico.)
Katou Karua. *Hort. Mal. V p.* 105. *t.* 53.

„Habitat, auctore Rheede, in Malabaria in locis montanis provinciarum Teckencour et Berkencour “

Haec Blumius l. c., qui speciem Rheedianam a *Cinnamomo inerte* diversam esse affirmat.

p. 40. n. 4. Deleatur nomen *Cinnamomi calophylli* et ponatur:

Cinnamomum camphoratum Blume.

Addito synon.:
Blume Rumph. I. p. 34. *n.* 6. *t.* 14. *f.* 1. et deleto signo? citato *Blume Bydr.* a me addito.
Laurus Pseudocassia *Herb. Reinw.*
Sintok Lantjan montanorum Iavanorum.

„Frutex glaber, 8—14 pedes altus, in ramos teretes non admodum frequentes solutus, quorum tenuiores sunt compresso tereliusculi aut compresso-tetragoni. Folia opposita, inferiorum nonnulla solitaria, petiolis teretibus tertiam dimidiamve pollicis partem longis, magnitudine in eodem ramulo saepe diversissima, licet raro minus quam 6 pollices longa et 2 lata, saepissime pedem longa et ultra quam 4 pollices lata, superne vulgo in apicem longum obtusiusculum subinde sphacelatum producta, basi acuta aut saltem acutiuscula, marginibus angustis subcartilagineis nervis tribus crassis ima unitis utroque latere, licet subtus multo validius ac argutius, prominentibus, quorum laterales demum superne ad acumen evanescunt, substantiae tenuis coriacea, flexilia, supra nitidiuscula, in pagina dorsali glaucino-virescentia, eleganter transverse reticulato-venosa. In multis foliis utrinque iuxta margines e basi nervulus tenerrimus prorepit non alte ascendens, qui cum venulis arcuatis, e nervis lateralibus exorientibus, anastomosans evanescit."

„Ego hanc plantam in insula Iava in sylvis montium Seribu inveni, Reinwardt in compluribus montibus ignivomis provinciae Tjanjor sive agri Preangerani, Kuhl et Van Hasselt ad radices montis Pangeranghu et in sylvis mediterraneis provinciae Bantam."

„Observatio. Ab omnibus speciebus, de quibus in hac disputatione mentionem feci, haec foliorum magnitudine nervorum crassitie ac reticulatione distinctissima differt, itaque satis accedit ad *Katou-Karua* Horti Malabarici Vol. V. tab. 53, quae identidem species est Cinnamomi, sive *Laurus Malabatrum Burm.*, *Houtt.*, aliorumque auctorum, licet hos plantas inter se omnino diversas sub eodem nomine confudisse negari non possit. A varietate subcuneata *Cinnamomi nitidi Hook.*, ad quam ceteroquin proxime accedit, longo foliorum acumine nervisque basi propioribus non ita alte unitis facile distinguitur. — Cortex ac folia acriter aromatica, odore valido nucis moschatae, camphora intermista, sunt praedita, qui tamen plantae siccatae iucundior est quam recentis. Quod indigenae mihi narrarunt, eam in altam arborem succrescere, equidem addubito, qui eam non nisi fruticosam, licet semper statu sterili, conspexerim, id quod cum Reinwardt, tum Kuhl atque Van Hasselt etiam affirmant." Blume.

p. 41. n. 6. *Cinnamomum eucalyptoides.*

Synon. adde:

Cinnamomum nitidum *Blume Rumph. I. p. 35. t. 15. et t. 16. f. 1.*

Laurus iners *Herb. Reinw.* (*ex parte.*)

Kitegah *indigenarum in provincia Iavanica Bantam.*

p. 45. n. 8. *Cinnamomum Zeylanicum.*

Ad Var. *α.* commune. Locis, ubi iam colitur, adiicias: St. Vincent. Hook. in herb. Arnott.

Ad Var. *β.* Locis, ubi colitur, addas:

Specimen, a cl. Parker in Barbadoes insula lectum, vidi in Herb. Arnott.

p. 56. Ante *Cinnamomum Tamala* inserantur:

10 b. Cinnamomum Capparu-Coronde Bl.

„C. foliis oblongis basi suboblique acutiusculis breviter triplinerviis aveniis subtus livido-sericeis.“ *Blume Rumph. p.* 34. *n.* 5.

Capperoe (Capuru) *Goell. Thunb.*, Cappare *Burm.*) *Act. Acad. Caes. Nat. Cur. I. Append. p.* 4. *f.* 3. *Goeller Disp. de Cinnamomo p.* 18. *I. Burm. Thes. Zeyl. p.* 63. *Thunb. in Verhandl. Zeeuwsch. Genootsch Vol. XII.* 1. *p.* 301. *Eiusd. itin. II. p.* 90. *N. ab E. Fr. Disput. de Cinnamomo p.* 27. *et p.* 63. 2. *Tab. VI. f.* 3.

„Auctore Goellero in orientalibus Zeylaniae partibus; secundum alios in iis tantum, quae occidentem spectant, frequens, inprimis in illis regionibus, quae olim Agri regii dici solebant.“

„Observatio. Huius speciei Cinnamomi herbarium nostrum unicum tantummodo habet folium, quod I. Burmannum ex eadem fonte nactum esse suspicor, qua folia in Act. Acad. Nat. Cur. citatis delineata oriunda fuerunt, alterum in herbario eiusdem Burmanni a V. Amplissimo Barone De Lessert servatur.“

Huius (folii) forma est aliquanto magis oblonga nervis lateralibus sub apice prius evanescentibus, quam figurae l. c. nomine *Capperoe-Coronde* depictae. Summi acuminis, quod abruptum est, formam idcirco indicare non possum: attamen elongatius quam in ista figura videtur. Substantiae est coriaceae, firmae, fragilis, nervis tribus basi unitis simplicissimis subtriplinervium, in parte suprema glabriusculum, scilicet pube exigua appressa sericea e basi subobliqua hic ad nervos adscendente, pallide virescens ac venulis creberrimis immersis tenerrimis transverse striolatum, in pagina dorsali solis nervis absque striolis per velamentum tenuissimum coloris viridi-lividi, pube tenerrima densa accumbenti sericea constans, magis prominentibus. Venulae non manifeste reticulatae et pagina dorsalis sericea optimum praebent characterem, quo a ceteris omnibus speciebus distinguatur. Cortex olim incolarum fraude pro vero Cinnamomo venditus esse perhibetur; colore gaudet obscuriori (obscure rufescente), Camphoram redolet, eidemque nihil omnino veri Cinnamomi intermistum est; quibus proprietatibus ad *Culilawan* Papuanum accedit.“

„Ceterum idcirco nomen *Cinnamomum Capparu-Coronde* hic alteri *Cinnamomum camphoratum* praetuli, quod hoc iam nomine ad aliam speciem Iavanicam plane diversam insigniendam usus fueram. Etenim eiusmodi mutationem nominum plantarum, quae iam generice definitae sunt, quantum fieri possit evitandam esse censeo, ne synonyma botanica obscurentur et inter sese confundantur. Haec certe nuncupatio inservire poterit, ut peregrinatores Zeylaniam perlustrantes ad accuratiorem melioremque huius arboris investigationem excitet.“ Blume.

10 c. Cinnamomum ochraceum Bl.

„C. foliis lanceolatis oblongisve utrinque attenuatis tri- aut brevissime triplinerviis subaveniis glabris, nervis lateralibus apice evanescentibus. *Blume Rumph. I. p.* 37. *t.* 10. *f.* 2, 3, 4.“

Cassia cinnamomea strictiori folio ignobilior etc. *Pluk. Alm. p.* 89.

Herb. Royen. et Sebae. (Blume).

„Habitat in tropicis Asiae regionibus, unde olim folia eius ad usum medicum (inter folia Malabathri) late advecta fuerunt.“

„Differt a *Cinnamomo Tamala* venis folii transversalibus multo simplicioribus similique modo etiam a *Cinnamomi zeylanici varietate γ. Cassia;* neque in his foliis tener ille nervulus deprehenditur, qui in plerisque foliis *Cinnamomi zeylanici* eiusque varietatum iuxta basin aut utrinque ex ipsis nervis lateralibus exoritur. Foliorum pagina superior siccando colorem ochraceum induit. Accedit ad *Cinnamomum Tamala* et *albiflorum* N. ab E., in quibus tamen nervi ad basin foliorum altius sunt uniti, et *Cinnamomi* quidem *albiflori* costa media insuper sub acumine est venosa.“ Blume.

p. 56. n. 11. *Cinnamomum Tamala.*
Synon. adde:
Blume Rumph. I. t. 14. *f.* 3. *et* 4. (folium.)

p. 58. n. 12. *Cinnamomum albiflorum.*
Synon. adde:
Blume Rumph. I. p. 37. *t.* 14. *f.* 2.

p. 60. post *Cinnamomum albiflorum* inseratur:

12 b. Cinnamomum neglectum Bl.

„C. foliis elliptico-oblongis utrinque vix acutiusculis breviter triplinerviis subtus ochroleucis puberibus et transverse reticulato-striatis, nervo medio infra apicem venuloso. *Blume Rumph. I. p.* 38. *t.* 11. *f.* 2."

„Habitat in monte Kaputjang provinciae Iavanicae Buitenzorg, ubi a Kuhlio et Van Hasselt lecta sunt specimina."

„Haec quidem species aliquatenus ad *Cinnamomum nitidum* Hook., et inprimis ad varietatem eius *spurium* accedit, sed tamen nervo intermedio sub acumine distinctius venoso et colore ochroleuco paginae dorsalis ab eo differt. Cortex ramulorum eius odore grato aromatico specierum modo memoratarum simillimo est praeditus, aeque ac folia, licet gradu multo minore, unde iis, quemadmodum animadvertit divus Kuhl, theae vice incolae utuntur. Horum foliorum perinde ac *Cinnamomi nitidi* Hook. apices fere semper sunt erosulo-sphacelati; his autem solent esse maiora, inferne venulis transversis reticulatis longe distinctioribus, praeter tres nervos praecipuos ima breviter coniunctos, in pagina quoque superiori nitida paululum prominentes, utrinque ad basin nervulo marginali cum venulis transversis e nervis lateralibus exorientibus anastomosante. Nervi laterales sunt subpercurrentes, cum fere apicem folii attingunt, nervus autem medius iam pollice infra apicem venam arcuato-adscendentem, et ulterius interdum unam duasve alias magis obsoletas emittere solet. Pagina dorsalis discolor inprimis nervorum tractu pube brevissima subtili est obsessa, vix tamen nisi lente discernenda.

p. 61. n. 13. *Cinnamomum Sintok* Bl.
Synon. adde:

Blume Rumph. I. p. 30. *n.* 3. *t.* 12.

p. 64. post *Cinnamomum dulce* inseratur:

24 b. CINNAMOMUM Rauwolffii Bl.

„C. foliis ovato- aut elliptico-oblongis longe acuminatis basi subinaequali-acutiusculis breviter triplinerviis subarcuato-reticulatis glabris, nervis lateralibus costaque media apice venuloso-subramificatis." *Blume Rumph. I. p.* 36. *t.* 9. *f.* 4, 5.

Herb. Rauwolff. Lugd. Batav.

„Habitat procul dubio etiam in quibusdam Asiae tropicae regionibus, in quibus *Cinnamomum nitidum* Hook. gignitur: utriusque enim speciei folia commista Rauwolff inter merces in foro Aleppico prostantes repererat."

„Differt a *Cinnamomo nitido* (*eucalyptoide*) foliis non modo maioribus, sed insuper magis acuminatis, basi subinaequilaterata, ac inprimis nervis lateralibus reticulatione distinctiore subarcuata coniunctis et superne in acumine elongato evanescentibus, ubi cum paucis venis e nervo medio exorientibus anguloque subrecto adscendentibus anastomosant. — Sunt porro haec folia coriacea, supra nitida, subtus caesio-viridula, statu siccato eiusdem fere coloris ac *Cinnamomum nitidum* Hook., (*eucalyptoides*), licet paulo pallidiora, triturata eundem odorem aromaticum sed leviorem spargentia. A *Cinnamomo paucifloro* N. ab E., ad quod haec species accedit, costa media superne venulosa, a *Cinnamomo albifloro* foliorum magnitudine et acumine elongatiori distinguitur.“

„Varietas foliis minoribus in Ceylano insula crescit, cuius specimen a Thunbergio lectum et Houttuinio datum in eius herbario Lugduni Battavorum servatur.“ Blume.

p. 70. n. 18. *Cinnamomum Reinwardti.*
Synon. adde:
Cinnamomum nitidum var. C. oblongifolium *Blume Rumph. I. p.* 40. *t.* 16. *f. II.*

p. 71. n. 19. *Cinnamomum Culilawan.*
Synon. adde:
Blume Rumph. I. p. 26. *n.* 1. *t.* 9. *f.* 1. *et t.* 10. *f.* 1.

p. 76. n. 20. *Cinnamomum rubrum* Bl.
Synon. adde:
Blume Rumph. I. p. 29. *n.* 2. *t.* 11. *f.* 1.

p. 77. n. 21. *Cinnamomum xanthoneurum* Bl.
Synon. adde:
Blume Rumph. I. p. 33. *t.* 13. *f.* 1.
Culilawan ex Papuanis et Moluccis insulis. *Rumph. Amb. II. p.* 66.

Arbor. Rami cylindracei, glabrati, novelli compresso-tetragoni, quo loco petioli inseruntur utrinque stria decurrente, aeque ac petioli semipollicares, semiteretes supra laeviter canaliculati, pubescentia satis densa livida sericea velati. Folia opposita, rarius subalterna, 5 — 7 pollices longa, $1\frac{1}{4}$ fere 2 pollices lata, oblonga aut oblongo-lanceolata, in acumen longum rectiusculum haud valde acutatum desinentia: basi acuta aut certe subacuta, pseudo-triplinervia nervis inferne aliquantum coniunctis, supra medium in ramulos inprimis subtus distinctos angulo subrecto adscendentes divisis ac venulis tenerioribus leviter arcuatis reticulatis anastomasantibus; subcoriacea, admodum flexilia, discoloria, supra leviter nitentia et inprimis nervorum tractu pube appressa sensim evanescente brevi obsessa, reticulatione vix conspicua, in pagina dorsali cinereo-canescentia, pube dense adhaerenti sericeo-velutina, reticulatione magis distincta nervisque elevatioribus lutescentibus. Folia contrita et rami novelli odore gaudent valido acri iniucundo satis camphorato."

„In sylvis montanis Novae Guineae, tam a Lessono quam a Zippelio, sed neque cum floribus neque cum fructibus reperta. Rumphius eam non solum in insulis Papuanis, sed in nonnullis etiam Moluccis, inprimis crebro in Insulis Key et Aru nasci perhibet: et locus supra ex Camello citatus*) facit, ut suspicer, eam non minus insulis Philippinis esse propriam."

„Observatio. Haec arbor corticem *Culilawan Papuanum* praebet, facie, odore atque acredine aromatis cortici illi, qui ubivis in Archipelago Malaico nomine *Massoi* notus est, longe similior quam *Cortici Culilawan Amboinensi*. Foliis subtus dense sericeo-velutinis haec species ab omnibus plantis eiusdem generis, quae hucusque innotuerunt, longe recedit. Longinqua tantum ei cum *C. sulphurato* N. ab E. est affinitas, propior cum alia specie zeylanica nondum descripta, cuius unum tantummodo folium e collectione I. Burmanni cum octo aliis foliis simul in charta glutinatum in Herbario nostro servatur. Haec sane variorum foliorum conglutinatio exemplar repraesentare videtur eorum, quae seculo et amplius ab hinc a Seba in Act. Caes. Leop. Car. Nat. Cur. Vol. I. tanquam varietates *C. Zeylanici* allata et descripta fuerunt. Etenim Burmannum eiusmodi sibi comparasse collectionem, ipsius verba in Thesauro Zeylanico p. 62 probant (I), ubi ait: „Novem Cinnamomi diversitates ex sola Zeylona transmissas servo, quae foliatura maxime differunt, quas non exhibeo, quia iam delineatae et descriptae sunt in appendice ad Acta Physico-Medica Acad. Caes. Leop. Car. Nat. Cur. Vol. I. Anno 1727. pag. in appendice quarta et sequentibus." — Licet apice paulo elongatius nervis non terminantibus, inter folia illic delineata tantummodo ad *Capparu Coronde* fig. 3, quod camphoratum Cinnamomum notat, referri potest, utpote non reticulatum venulis distinctis, sed tantum venulis quam tenerrimis fere inconspicuis inter nervos trans-

*) Citatum locum hic non repetimus.

verse striolatum, ac reticulatione indistincta,' ut hanc iure in figura ista ne indicatam quidem videamus. Hac itaque venularum teneritate planta ista Zeylanica, quam non inepte *Cinnamomum Capparu-Coronde* dicere possumus, a *Cinnamomo* meo *xanthoneuro* distinguitur, cui tamen pagina dorsali foliorum identidem sericea maxime est affinis.“ Blume.

p. 97. Post *Apolloniadem canariensem* adde:

2. Apollonias Arnottii N. ab E.

A. glabra, foliis oblongis utrinque exquisite acuminatis laevibus.

Wight. Suppl. n. 707—710.

In Courtallum legit cl. Wight.

Accedit habitu ad *Phoeben attenuatam*, sed differt antheris unilocellatis et paniculis parvis paucifloris subsimplicibus.

Rami cicatricibus foliorum semicircularibus scutatisve confertis adiecta plerisque cicatrice pedunculi orbiculari minori inaequales et verrucosi, glabri. Folia ad apices ramulorum conferta, diverg. $\frac{2}{5}$, 5—5$\frac{1}{2}$ poll. longa, 12—14 lin. lata, acuminata, basi attenuata in petiolum 3—4 lin. longum subtrigonum supra canaliculatum desinentia, glabra, chartacea, viridia, supra fere laevia nec valde nitida, subtus paulo pallidiora venis costalibus tenuibus 9—13 patulis parum distinctis praedita, reti interiecto laxiusculo parum conspicuo. Pedunculi communes ad basin innovationis approximati, pollicares vel paulo longiores, basi integri apicem versus subracemosi, 5—6-flori, ramis ob solum medium florem praesentem, ad speciem unifloris 1—1$\frac{1}{2}$ lin. longis glabris pruinosis erecto-patulis. Pedicelli lineam longi, glabri, in perianthium dilatati. Perianthium 1$\frac{1}{2}$—2 lin. latum, campanulatum, glabrum, album; laciniae ovatae, obtusae aut acutiusculae, quinquenerves, pellucido-punctatae. Stamina novem, perianthio breviora; sex exteriorum filamenta antheris longiora glabra, interiorum trium filamenta a tergo (centrum spectante) scabra; antherae ovatae, obtusae, bilocellatae, bivalves, luteae, glabrae, tres interiores reversae. Staminodia quarti ordinis late-triangularia, subcomplicata, stipite brevi. Glandulae geminatae reniformi-subrotundae, brevistipitatae, staminibus tertii ordinis a tergo adiectae. Pistillum glabrum. Fructus in singula inflorescentia pauci perficiuntur. Cupula fructus brevis, dura, adpressa, laciniis ovatis. Bacca 6—7 lin. longa, ovata, nigra, nitida.

p. 100. n. 3. *Phoebe glaucescens.*
Var. α. adde:
Laurus *Wall. Cat. n.* 2569 A. *in Herb. Arnott.* (*ex parte* Cinnamomo albifloro *fortuito admixta.*)

p. 105. n. 5. *Phoebe paniculata.*
Var. β. adde:
Wight Herb. propr. n. $\frac{2236}{2/4}$ *cum icone.* *)

p. 124. Character Subgeneris primi
GNESIOPERSEA
sic est reformandus:
Perianthii laciniae subaequales.

p. 125—127 deleatur Subdivisio A. *Corynopodes*, quae quidem species ad *Haasiam* genus denique sunt relatae.

p. 128. n. 3. *Persea gratissima.*
Synon. adde:
Blume Bydr. p. 567.

---

*) In huius arboris foliis crescit:

AECIDIUM periphericum N. ab E.

Ac. maculis orbicularibus luteis discoideo-elevatis hypophyllis, subiculo crasso, pseudoperidiis periphericis initio conico-ovatis tum apertis, sporidiis ovalibus fuscis longe caudatis.

Wight. icon. l. c.

Maculae lineae unius diametro, in pagina superiore folii discolores, planae, nonnihil corrugatae, subtus disciformes, pallide luteae. Substantia subiculi dura, intus pallida. Circa costas primarias maculae in longitudinem protrahuntur. Pseudoperidia in plerisque simplici circulo iuxta marginem subiculi, rarius tamen et unum et alterum discum versus subiculo immersa et eiusdem texturae, sed ad modum excipuli Lichenum circumscripta, basi cum subiculo confluentia; os prominens, subconicum, demum integre apertum. Sporidia maiuscula, ovalia, utrinque obtusa aut acutiuscula, sporulis intus farcta, unilocularia, fusca, singula pedicello triplo longiori tenuissimo praedita eorumque ope ita intricata, ut sponte haud erumpant et in pseudoperidio discisso veluti capillitio intexta appareant.

Adnotatio. *Caeomati* (*Aecidio*) *crassato* Link. inter nostratia est confine.

p. 131. n. 8. *Persea drymifolia.*

Locis natalibus adde:

Vidi etiam in herbario Mexicano Ruhlandii, Coloniensis, a cl. de Berghes collecto, ubi inter arbores frugiferas refertur.

p. 137. n. 9. *Persea amplexicaulis.*

Diagnosi adde: „foliis ovatis aut oblongis.“

β. Amplifolia; foliis magnis latisque, rami crassi medulla ampla.

Vidi in herbario Arnottiano specimen Peruvianum.

Flores (post peractam anthesin decerpti) in pedicello 3 lineas longo campanulati, 2 linas alti et totidem lineas in diametro limbi lati, rigiduli, formae quam supra descripsimus. Stamina tertii ordinis (et ea tum quidem cito solubilia) sex, exterioribus similia at reversa et bilocellata (!) Glandulae geminatae ad basin horum staminum sessiles, reniformi-cordatae. Staminodia brevistipitata, stipite strigiloso, capitulo ovato aut triangulari. Pistillum glabrum; ovarium ovatum demum globosum; stylus brevis; stigma discoideum.

Varietas *β.* (quae arboris forma quaedam luxurians) insignis est amplitudine foliorum, quae 6—9 poll. longa et 4—4½ pollices lata, profunde cordata et amplexicaulia, caeterum haud admodum diversa. Paniculae huic pleraeque axillares, in pedunculo 4—4½ pollicum 3—4½ poll. longae, subpruinosae, ramis aliquot (3—4 parium) per paria approximatis cymoso-bis-bifidis cum flore intermedio, inferioribus duobus folio 2—2½ poll. longo ovali attenuato basi acutiuscula sessili suffultis.

Adnotatio. Antherae tertiae ordinis bilocellatae etiamsi per se quidem levioris momenti videantur, si ad habitum arboris singularem animum adverteris, id saltem tibi persuadebunt, concentum quendam praestabilitum existere inter stamina huius ordinis totiusque in universum arboris structuram, quo evenit, ut quaecunque in huius vitam et incrementi decursum inferatur variatio, sentiatur ea, ut ita dicam, et intrinsecus percepta imitetur (propria scilicet lege iis innata) a partibus floris interioribus.

p. 138. *Boldu chilanum.*

Synon. adde:

Laurus Lingui? *Bridge n.* 306. *in Herb. Arnott.*

Quilotae, in regno Chilano.

p. 143. Subgenus II. *ERIODAPHNE.*

Addas characteri lin. 3. post „sessiles": vel (in una specie cognita) stipitatae, et lin. 8. post „sessilibus": in una specie stipitatis.

p. 153. ante n. 19. inseras:

a. *Glandulis geminatis stipitatis.*

19a. Persea (Eriodaphne) hirta N. ab E.

P. foliis ovali-oblongis obtusis supra rugosis subtus paniculisque longe pedunculatis subtrifidis rufo-hirsutis, (glandulis geminatis stipitatis.)

In Peruvia. Vidi specimen Herbarii Arnottiani.

Arbor *Perseae rufo-tomentosae* habitu. Rami subtrigoni, iuniores rufo-hirsuti, adultiores cano-hirsuti. Folia diverg. $2/5$ posita, 4—5 poll. longa, $1\frac{1}{2}$—$1\frac{3}{4}$ poll. lata, basi magis quam apice attenuata, obtusa, rigida, supra glabra subtus rufo-hirsuta, laxe venoso-reticulata venis supra impressis, unde pagina superior rugosa aut potius subbullata redditur, subtus prominulis costa media ramisque eius lateralibus undenis duodenisve citra margines arcuatim connexis prominentibus. Petioli vix $\frac{1}{4}$ pollicis longi, teretiusculi, supra canaliculati margine obtuso, rufo-hirti. Pedunculi communes axillares, 2—3 poll. longi, graciles, cano-rufo-hirsuti. Paniculae breves, 1—$1\frac{1}{2}$ poll. longae, $1\frac{1}{2}$—2 poll. latae, patentes, trifidae ramis trifidis compressis $\frac{3}{4}$—$\frac{1}{2}$ poll. longis cum floribus rufo-subtomentosis. Flores in ramulis terni, pedicellis perianthio brevioribus. Perianthium erecto-campanulatum, $1\frac{1}{2}$ lin. altum, profunde sexfidum; laciniae extus et intus rufo-tomentosae, obtusae, venosae, pellucido-punctatae, exteriores ovatae $\frac{1}{3}$ breviores (in flore normali), interiores ovales. Stamina laciniis paulo breviora; filamenta antheris dimidio longiora, sex exteriora hirtula; antherae lineari-oblongae, filamento haud multo latiores, obtusae apice glanduloso, ostiolis inferioribus oblongis, superioribus ovalibus minoribus in antheris reversis haud raro deficientibus. Glandulae geminatae filamentis tertii ordinis supra basin brevi stipite insertae, capitulo parvo. Staminodia quarti ordinis triangularia, acuta, brevistipitata, sipite capituloque introrsum hirsutis. Ovarium oblongum, glabrum, in stylum longiusculum transiens; stigma capitatum.

Occurrunt flores (praecociores) reliquis duplo fere maio-

43

res, (2½ lin. longi); laciniis exterioribus triplo brevioribus quam interioribus, his oblongis; staminibus lacinias limbi aequantibus, filamentis anthera triplo longioribus minus puberulis, antheris minoribus abortivis; glandulis geminatis longe stipitatis; staminodiis quarti ordinis elongatis lineari-spathulatis glabris; pistillo abortivo.

p. 157. n. 23. *Persea Lingui.*

Var. γ. Palustri adde:

Laurus Lingi n. 6397. *Herb. Arnott.*

Ad Valparaiso; ad Cachon de Tapata, (Gillies in Herb. Arnott.)

p. 176. adde:

SPECIES DUBIA.

? 4. Machilus macrophylla N. ab E.

M. „foliis obovato-oblongis acutiusculis rigidis subtus ferrugineo-tomentosis, paniculis axillaribus laxifloris, calycibus externe fusco-tomentosis, fructu oblongo. (Arbor valida.)" Blume.

Persea macrophylla *Blume Bydr. p.* 568.

„Crescit in sylvis montium Salak, Gedé etc. Floret Ianuario — Martio."

„Nomen: *Kitalis.*" Bl.

„Var. Cuneata; foliis cuneato-oblongis acuminatis subtus fusco-tomentosis, (forte species!)." Blume.

„Crescit in montibus Seribu. Floret Februario."

„Nomen: *Kitallas Badas.*" Bl.

p. 182. n. 1. *Alseodaphne semecarpifolia.*

Variat

β. Foliis minoribus (2½—3 pollices cum petiolo longis, 10 lineas latis), paniculis depauperatis subsimplicibus.

In Courtallum legit cl. Wight, (Suppl. n. 714.)

p. 189. post *Hufelandiam Thomaeam* adde:

2 b. Hufelandia latifolia N. ab E.

H. foliis ovatis aut late ellipticis obtusis aut utrinque subacutis subtus pubescenti-scabris, paniculis strictis.

In Peruvia. Herb. Arnott.

Arbor speciosa, similis *Hufelandiae Thomaeae* sed satis diversa suis characteribus. Ramus crassus, angulatus, fuscus, lenticellatus, novellus cinereo-strigilosus. Folia hinc inde magis conferta, reliqua alterna, 5—6 pollices longa, $2\frac{1}{2}$—$3\frac{3}{4}$ pollices lata, ovata, breviacutata apice acutiusculo aut obtuso, alia omnino obtusa, in petiolum brevem depressum validum strigilosum denique glabrum acutiuscule desinentia, rigidula, supra glabra, subtus tenuissime pubescentia et scabra glaucescentia, punctulato-reticulata; costa lata, supra plana subtus convexula, rami costales octoni vel noveni integri laxe venosi ante marginem subevanescentes. Pedunculi communes 4—5 poll. longi, a medio florentes, anguste paniculati, incani, compressi, caeterum omnino ut in *Hufelandia Thomaea.* Flores eiusdem structurae ac illius.

p. 222. n. 13. *Cryptocarya Peumus.*

Adde: Vidi in herbario Arnottiano specimina plura, e Valparaiso ab A. Mattews relata, et alia, aliis regni Chilensis locis a cl. Gillies lecta, tam florentia, quam fructum perfectum ferentia.

Variat racemis densioribus magis compositis summosque ramulos dense obtegentibus.

Fructus *Crataegi* cuiusdam pomo ovali maxime similis, 5—6 lin. longus, tubo perianthii delapsis laciniis in vertice umbonem, a staminibus residuis coronatum formante, laevi chartaceo-coriaceo cum epicarpio connato. Caryopsis ovalis. Pericarpium membranaceum, rufescens. Membranae seminis externa et interna tenues, inter se et cum pericarpio cohaerentes. Cotyledones cavum seminis replentes, dimidiato-ovales, basi ultra radiculam productae. Odor tubi calycini fructus gratus, aromaticus; cotyledonum oleosus.

Adnotatio. Foliorum margines siccando crispantur, ut facile hac singulari specie deceptus denticulata esse folia censeres.

p. 256. n. 8. *Aydendron bracteatum.*

Adde: Vidi etiam in herbario Arnottiano specimen, ex insula St. Vincentii adlatum.

p. 372. l. 10. Generis *Haasiae* characteri adiicias: Staminodia interni ordinis aut nulla, „aut triangularia subsessilia;" idque, ubicunque de staminodiis in hoc genere deficientibus sermo est, observes.

Differentia generis huius a genere *Cryptocaria* haudquaquam quaerenda in structura androecei; sed sufficit altera, quae e fructu in isto genere tubo perianthii immerso in Haasiis autem libero nudoque fere pedicello imposito proficiscitur.

Caeterum de sede generis inter *Oreodaphneas* iam dubia

oriuntur, aptiorique potius inter *Perseas* loco iuxta *Alseodaphnen* genus ponendum esse censeo.

p. 373. l. 3. loco „flore" lege: folio. Ibid. post *Haasiam mediam* inseras:

2 b. HAASIA Wightii N. ab E.

H. foliis ellipticis utrinque acutis reticulatis concoloribus nitidis, paniculis folio brevioribus, laciniis perianthii deciduis, pedicellis fructiferis rectis parum incrassatis pedunculo paniculae brevioribus, staminodiis quarti ordinis (in mare) obviis.

Wight Suppl. n. 742. (♂), 750. (♀).

In Courtallum legit cl. Wight.

Differt a reliquis staminodiorum apparatu et laciniis perianthii deciduis, qua nota sola cum *Haasia media Blume* congruit, differt autem reliquis suis characteribus maxime. Probabiliter proprii est generis typus.

Ramus adultior teres, rimuloso-asper, iuvenilis compressus; lignum durum, rude, album; tubus medullaris angustus; cortex fuscus, insipidus. Cicatrices foliorum magnae, planae, suborbiculares. Gemma terminalis magna, conica, subcompressa, glabra, nitida, bivalvis, clausa. Folia ad apices ramulorum 4 (rarius 5) subdecussatim subopposita, cum petiolo 6—7 lin. longo tereliusculo supra canaliculato $4\frac{1}{2}$ poll. longa, 8—10 lin. lata, subcuspidato-acutiuscula, basi acuta, coriacea, glaberrima, nitida, subtus paulo pallidiora, pulchre reticulata, venis costalibus septenis-novenis distinctis in rete implexis. Pedunculi axillares, vix pollicares, glabri, masculi apice trifido-subpaniculati, patuli, pauciflori, ramis trifidis, feminei magis depauperati, solo terminali flore fertili. Pedicelli masculi 1—$1\frac{1}{2}$ lineas longi. Perianthium masculinum $1\frac{1}{4}$ lin. latum, campanulatum, glabrum; laciniae subaequales, ovato-subrotundae, obtusae, subciliatae, crassiusculae. Stamina novem; filamenta brevia, lata, substrigilosa; antherae triangulari-ovatae, acutae, bilocellatae, locellis ovalibus ab apice distantibus, sex exteriorum introrsum, trium interiorum extrorsum magisque a latere dehiscentibus; valvulae rufae. Staminodia quarti ordinis antherarum figura et magnitudine, at breviori stipite. Glandulae geminatae ad dorsum staminum trium interiorum magnae, subrotundae, compressae, subsessiles. Pistilli rudimentum in masculo flore obsoletum. Flores femineos non vidi. Bacca in pedicello 3—4 lineas longo pedunculum communem $\frac{1}{2}$—$\frac{3}{4}$ poll. longitudine terminante et cum eo fere continuo recto obconico truncato omnique perianthii vestigio orbato nuda, oblonga, obtusa, semipollicaris; cicatriculae nonnullae circa apicem pedunculi communis pedicellorum abortientium vestigia produnt.

p. 504. *Cylicodaphne Wightiana.*

Addas:

Habitat etiam in Courtallum, ubi cl. Wight marem legit.

p. 513. n. 3. *Tetranthera ligustrina.*

Adde:

Habitat in Courtallum, (Wight. Suppl. n. 700 et 702 (♀), 701 703 et 704, (♂). Variat foliis parvis, ad summum $2^1/_4$ poll. longis et $^1/_2$ poll. latis. Umbellulae ramuli inferiores saepe nudae, folioque fulcrante orbatae.

p. 533. n. 13. *Tetranthera attenuata.*

Adde:

γ. Laevigata; foliis supra laevissimis utrinque glabris, ramis pallidis, involucris floribusque (♀) sericeo-nitentibus.

In Courtallum, (Wight. Suppl. n. 713. in anthesi, 711. et 712. peracta anthesi. ♀)

Forma quidem foliorum apice attenuatorum apprime congruit, sed color et nitor fere ut in *Tetrantherae Wightii* foliis. Umbellulae brevipedunculatae, confertae. Alabastra serico strigiloso appresso densoque nitent aeque ac perianthia. Laciniae perianthii feminei parvae, oblongo-lanceolatae, acutae, dorso medio sericeae. Stamina sterilia clavulata, glabra. Cupulae (immaturae) obconicae, nec ut in *Tetranthera Wightii* pateriformes. An distincta species? An potius arboris femineae forma naturalis?

p. 548. n. 25. *Tetranthera laeta.*

Adde:

β. Laxiflora; umbellis paucioribus in fasciculo, ramis laxioribus.

In Courtallum, (Wight. Suppl. n. 710. bis. ♂.)

p. 561. n. 38. *Tetranthera Panamanja.*

Adde:

Variat foliis supra nitidissimis, racemis (♀) brevioribus (petiolo parum longioribus), rhachi strictiori crassiorique.

Hanc formam nuperrime in Courtallum legit clariss. Wight. (Herb. Wight. Suppl. n. 706.)

p. 594. n. 3. *Actinodaphne angustifolia.*

Adde:

Varietatem foliis ultrapedalibus in Courtallum legit cl. Wight, (Suppl. n. 731.)

p. 624. Inseratur post *Litsaeam umbrosam*

2 b. LITSAEA oblonga N. ab E.

L. foliis oblongis apice angusto obtuso basi acutis triplinervibus concoloribus scrobiculato-reticulatis ramulisque glabris.

Wight. Suppl. n. 716. (♂ ♀), 715. (♀)

β. Microphylla; foliis minoribus sublanceolatis nervis debilioribus.

Wight. Suppl. n. 717.

In Courtallum, (Wight.)

Differt a *Litsaea umbrosa*: foliis angustioribus, petiolis longioribus et crassioribus, ramulis glabris, caet.

Rami angulati, glabri, nitentes. Cicatrices foliorum semicirculares, planae. Folia in forma communi cum petiolo semipollicari canaliculato crassiusculo 3 — 3½ pollices longa, ¾ — 1 poll. lata, utrinque coangustata at apice obtusa basi acuta, viridia aut (siccando forsan) glaucescentia, arcte et eleganter reticulata subscrobiculata, ramis costalibus infimis longe ultra basin acuto angulo prodeuntibus evidentioribus, reliquis debilioribus. Gemmae florigerae 2 — 4 agglomeratae, pisi magnitudine, quadriflorae, squamis 4 — 6 subrotundis glabris ciliolatis. Flores masculi brevi-pedicellati pedicellis tuboque extus sericeo-hirtis, laciniis 4 ovato-oblongis obtusiusculis tenuibus basi ciliatis. Stamina 6, glabra; antheris ovato-subquadratis obtusis. Rudimentum pistilli obsoletum. Flores feminei similes, pedicello longiori, laciniis ovatis, staminodiis 6 filiformibus hirsutis, stylo incurvo. Pedicelli fructus gemini ternive, 3 — 4 lin. longi, apice incrassati. Cupula pateriformis, integra. Bacca globosa, 3 — 4 linearum diametro.

Varietas *β.* non differt, nisi foliis (cum petiolo 1½ lin. longo) 1½ — 2 poll. longis 6 — 7 lineas latis, reticulo minus evidenti praeditis, et baccis paulo minoribus.

p. 637. *Cassyteae.* Tribum hanc, quam esse volui, meliore iure proprii ordinis (*Cassythaceae*) seu familiae loco seposuit cl. Lindley (*A Key to Botany p.* 60. et *Introd. to Botany ed.* 2. *p.* 202.) Ad quae si prius animum rite advertissem, idem facturus fuissem. At vero, quod doleo, impressum iam erant, quae de his antehac statueram, cum Introductionis Lindleyanae, libri omnium praestantissimi, novissima editio ad manus perveniret.

EXCURSUS I.

HISTORIA.

Ad historiam Laurini ordinis spectantia pauca haec habeo.

Graecis et Romanis veteribus sola *Laurus nobilis* nota erat. De *Cinnamomi* cortice aromatico fabulosa multa mixta veris ab illis traduntur; arborem cinnamomiferum ipsi non noverunt. De quibus conferas lucubratiunculam meam in libro, a me et fratre dilectissimo edito, quod inscribitur: Amoenitates botanicae Bonnenses. Fasc. I. Bonnae 1823. 4. p. 5.

A medio aevo usque ad Linnaei tempora 12 Laurinarum arborum species innotuere, quas in editione 2. Specierum plantarum (a. 1762.) Linnaeus recensuit. Nomina earum sunt: *Laurus Cinnamomum*, *Laurus Cassia*, *Laurus Camphora* et *Cassyta filiformis*, Indiae orientali indigenae; *Laurus nobilis* nostras; *Laurus indica*, falso Americae septentrionali tributa; *Laurus Borbonia* (*caroliniana*), *Laurus aestivalis*, *Laurus Benzoin* et *Laurus Sassafras* Americae septentrionalis, *Laurus Persea* et *Laurus Chloroxylon* Americae tropicae, quibus mox in Mantissa accessit *Laurus Culitlaban*.

Ex hisce excludendae sunt duae species, scilicet *Laurus Cassia*, quae Cinnamomi est forma, et *Laurus Chloroxylon*, quae omnino exsulat e Laurinarum agmine. Restant igitur 11 species Linneanae.

Willdenovius in editione Specierum plantarum Linn. (Vol. II. 1. a. 1799.) Lauri species 34 refert, Tomicis generis 3, Agathophylli 1, Cassythae 2; in universum igitur 40, quarum cum altera species spuria, *Laurus caustica* Mol., duabus praecedentibus accesserit, ad 37 numerus revertitur. Species novae, quae Willdenovii tempore editionem Specierum plantarum amplificaverunt, inventae sunt: a Thunbergio in Iaponia (4), a Loureirio in Cochinchina (3), a Feuilleo in Chili (1), a Swartzio in Iamaica insula (15), a Iacquinio in Martinica insula (1), et in insulis Canariis, quibus et Laurus indica iure suo a Willdenovio est adscripta.

Encylopaedia methodica Lamarckii et Persoonis Synopsis plantarum paucas tantummodo species numero adiecere. Laurinas 40 Persoonius exhibet (inclusis ubique spuriis illis, quas diximus), Litsaeas (Tomices Willd.) 10, Cassytas 2, in summa igitur 52.

Cl. R. Brown in Prodromo Florae Novae Hollandiae (1810) 11 species, in Nova Hollandia crescentes, proponit, quae omnes, una excepta, ineditae.

Illustrissimus Humboldtius ex itinere suo praeclaro 30 Laurinarum species, in America tropica collectas retulit, a nemine antehac, si demis Perseam gratissimam, visas; quas omnes cl. Kunth, novis quibusdam generibus exstructis aliisque reformatis, praeclare illustravit (a. 1817.)

In Amoenitatibus Bonnensibus, supra citatis (1823), duas Laurinarum species novas exposuimus.

In Prodromo Florae Nepalensis, a cl. Don a. 1825 edito, 11 species Laurinarum ineditae proponuntur.

Cl. Hamilton, Hortum Malabaricum in Actis Societatis Linneanae Londinensis (a Vol. XIII. P. 2. a. 1822 ad Vol. XVII. a. 1835) commentatione luculentissima illustrans, Laurinas quoque insigni studio persecutus est et in novarum specierum vestigia, in isto opere latentia, digitum intendit.

Post haec igitur b. Sprengelius in novissima Systematis vegetabilium editione (Vol. II. 1825) Laurinarum species 91, in 5 genera distributa, enumeravit, et paulo post in Curis posterioribus (1827) 7 e cl. Schottii Fasciculo plantarum Brasiliensium addidit, quae omnes re vera ineditae nihilominus ab editore passim tanquam synonyma ad species pridem evulgatas referuntur. Igitur Species Laurinas in hac Systematis vegetabilium editione 98 proponi statuo.

Catalogus Herbarii illustrissimae Societatis Anglico-Indicae, Wallichii, viri immortalis, cura ac indefesso studio redactus et propria manu lapidi inscriptus, 85 species Florae Indicae in 19 (iam 18) genera distributas, mihi suggessit, quas in Vol. II. et III. splendidissimi operis Wallichiani: Plantae Asiaticae rariores (1832) brevibus enumeravi. Restant duae, quas in Catalogo Wallichii numero indicatas equidem non vidi, sed quarum altera verisimiliter eadem est ac illa, quam e Wightii, viri praeclarissimi, herbario cura Arnottii, amici dilectissimi, ad me perlatam, a 1834 in Novo Diario phisophico Edinensi (Edinburg new philosophical Journal) exposui et novi esse generis fundamentum demonstravi.

Cl. Nuttallius speciebus Laurinarum, in America septentrionali crescentium, post Linnaei tempora unam addidit ineditam.

Quas in regno Mexicano Schiedeus legit et Herbario Regio Berolinensi inseruit species Laurinarum, eas perill. de Schlechtendal diversis locis et temporibus commentatus est, novas tres edidit, *Misanthecae* genus memorabile condidit. (Linnaea V. 2. 1830, et VI. 2. 1831.) — Laurinas, a b. Sellovio e Brasilia missas et in Herbario Regio Berolinensi asservatas ipse perlustravi atque breves specierum ineditarum characteres in Schlechtendalii diariis botanicis, quae a Linnaeo appellantur, (Vol. VIII. 1. a. 1834.) subiunxi.

Denique Laurinae Americae tropicae, quaecunque a Martio meo, Schottioque et aliis in Brasilia, a Poeppigio et Meyenio, viris clarissimis, in Peruvia collectae atque ex itineribus suis relatae sunt, eas omnes ad larga specimina examinata et descripta a me hodie primo eduntur.

Quibus omnibus iam in unum hoc volumen collectis, numerus Laurinarum ad species 392 *) accrevit, in genera 45 dispositas, quarum longe plurimas ipse ad herbariorum optima exempla pro viribus illustravi.

---

*) Si addis 8—10 species dubias, quas in censum vocare nolebam, etsi in antecedentibus reliquarum ad calcem essent subnexae, 400 species habebis Laurinarum.

EXCURSUS II.

DE DISTRIBUTIONE LAURINARUM GEOGRAPHICA.

Ordo Laurinarum, quemadmodum characteribus gravissimis, generum specierumque congruentia, formarum ad eandem regulam effictarum nexu, succorum partiumque solidarum ingenio simili medicaque virtute inter eos, qui naturales dicuntur, eminet omnique, ut ita dicam, numero expletur, sic etiam intra terminos suos geographicos et tenetur et ita distribuitur, ut genus quodque definitum certae cuidam orbis terrarum parti proprium sit neque ulterius exspatietur omnino, aut rariori saltem exemplo.

Missis Cassyteis, quarum Tribum nuper Lindleyus, *vir clarissimus*, a reliquis Laurinis dissociatam Lauralium ordinem, (nec vero ordinis tribum esse docuit,) reliquae Laurinae omnes ad unam arbores sunt aut arbusculae saltem, pleraeque sempervirentes et plagae globi nostri calidae montosis alpibusque adscriptae. Frigus sub sole ardente quaerentes e planitie, paucis suarum relictis, in montium iuga adscendunt iisque ipsae secum adferunt amoenam umbrarum temperiem, e larga foliorum coma defluentem, ac nemorum densarum irriguarumque refrigerationem. Quae species autem ulterius septentrionem versus et austrum trans terminos naturales ordinis evagantur, eae et planitiem, plagae altitudine iam refrigeratam suae incolunt.

Species, saltem quas certiores esse puto, in hoc opere 392 descripsi, quarum 45 sunt Genera, Familiae 13.

Ponas, 60,000 species plantarum phanerogamicarum hodiedum innotuisse, et habebis rationem Laurinarum omnium ad plantarum phanerogamicarum summam aequalem fere numeris 400 : 60,000, i. e. $= 1/_{150}$. Genera Laurinarum ad Genera plantarum phanerogamicarum omnia, quorum nuperrime clariss. Lindley in editione secunda operis sui praestantissimi: *A natural System of Botany, London* 1836, 7840 enumeravit, se habent ut 45 ad 7840, i. e. ut 1 : 174,22 . . . Si species aequo numero in genera distributa esse tibi fingis, singulo istorum circiter 9 respondere subducto calculo invenies. Sequitur iam tabula, omnium Laurinarum, quas in hoc opere descripsimus (exclusis tantummodo dubiis illis, 8 numero, quas ad calcem reliquarum adnexi), distributionem et terram natalem exhibens, qua perlustrata, Lector benevolus ampliore mea haud indigebit explicatione.

Ad haec pauca habeo, quae animadvertam.

1. Laurinae omnes in dua veluti agmina discedunt, quorum unum orientale seu Indicum vocamus, alterum autem occidentale seu Americanum.

2. Orientalibus Laurinis adscribendae sunt *Cinnamomeae*, *Camphoreae*, *Daphnidinae*, *Tetranthereae*.

3. Occidentales Laurinae sunt: *Acrodiclidia*, *Nectandreae*, *Dicypellia*, *Flaviflorae*, *Oreodaphneae*, *Perseae*.

4. *Oreodaphneae* autem et *Perseae* e sede sua naturali genera quaedam, aut saltem generum sectionem quandam, orientem versus, parca licet segete, propellunt. Scilicet: *Haasiae* genus Oreodaphnearum, *Machili* et *Alseodaphnae* Persearum Indiam incolunt orientalem.

5. Sunt etiam Tribus aliquot, quae Orientem veram patriam habitantes, exinde veluti stolones quasdam aut viviradices in occidentem conversas ibidemque germinantes edunt. Hae autem sunt: *Endiandreae*, quae frequentissimae in Asia, etiam in Americae diversis partibus proveniunt, simulque Novam Hollandiam insulasque Africae ab oriente sole confines intrant; porro *Phoebeae*, quarum alterum genus (*Apollonias*) Insulis Canariis et Indiae orientali commune est, alterum autem (*Phoebe*) in duas familias unam orientalem eamque maiorem ac opulentiorem, alteram occidentalem dividitur. Praeter eas denique *Tetrantherearum* unum genus, quod *Lauri* est arboris *nobilis* omniumque inclytissimae, Europae australi Asiaeque occidentali solisque his terris concessum est; Tetrantheraeque insuper, generis principalis, aliquot species in imperio Mexicano resurgunt atque unam ex suis (*Tetrantheram geniculatam*) vel usque ad ultimas Laurinarum fines septentrionem versus delegant, ut ibi in *Flaviflorarum* familiari consanguineaque societate crescens, necessitudinem proximam testetur.

6. *Cassyteae* per omnes fere terrae partes aequo modo dispersae, hemisphaerae australis calidioribus inprimis adscriptae sunt.

7. Termini Laurinarum orientalium ab aequatore septentrionem versus ad 25—30⁰ lat. septentr. pertingunt, quos ultra in Asiae terris maxime orientalibus (China, Iaponia) Laurinae diminuto numero et vigore ad 40⁰ lat. septentr. procurrunt. Austrum versus Laurinae huius agminis per Iavam insulam, Laurinarum fertilissimam matrem, et plerasque Archipelagi Indici insulas fines suos usque ad extremum Novae Hollandiae promontorium australe et insulam Van Diemen isti adiectam (inter grad. lat. austr. 42 et 43) extendunt.

Intra hos terminos Laurinarum largior seges a gradu quinto ad gradum vigesimum sextum septentrionem versus (ab Insula Penang terrisque paeninsulae posterioris vicinis usque ad Silhet) viget, eximia etiam ad austrum conversa usque ad octavum gradum latitudinis australis in Sumatra, Iava, Amboina, cet. reperitur; hinc autem Laurinarum arborum vis et vigor per Novam Hollandiam austrum versus diminuitur.

8. Laurinae Americanae, seu occidentales, circiter a gradu 35 lat. austral. terrae continentis, crescente semper multitudine et formarum diversarum lusu, per plagas Americae orientem spectantes, Brasiliam nempe et Guianas, quam maxime diffunduntur, magis tamen interiora terrae et editiora sibi seligentes, simul autem altera earum pars, Andium Peruvianorum et Chilensium iuga adscendens, hac via ad Isthmum Mexicanum penetrat, Californiam usque ad 35⁰ lat. septentr. adit et denique Americam intrat septentrionalem, ubi sub gradu 45 lat. septentr. *Flaviflorarum* soboles debilior (*Sassafras officinarum* et *Benzoin odoriferum*) a Canadae coelo inclemente denique extinguitur.

Species, quae iuga montium sequuntur, pleraeque ex *Perseae* generis sectione *Eriodaphnearum* sunt, earumque et una in Virginiam et Louisianam penetrat. Ultra gradum 35um etiam his in partibus Laurinarum praecellens non amplius invenitur incrementum. Maior autem pars et summa variatio Laurinarum Americanarum austrum versus, inde ab aequatore usque ad 25⁰ lat. austr. consociantur,

9. In Africa Laurinae ad hunc usque diem paucissimae tantum inventae sunt, et earum quidem aliae Promontorio australi usque ad 24° lat. septentr., aliae Madagascar insulae et Mascarenis, tres denique species Insulis Canariis, inter gradus 28—30 lat. septentr. sitis, propriae. Quae species omnes e *Persearum*, *Phoebearum* maximeque ex *Cryptocaryearum* et *Oreodaphnearum* (*Ceramophorarum*), numero sunt.

10. Europa unam nutrit Laurinarum speciem, quae et sui est generis, *Laurum nobilem*. Huius autem fines per Europam australem et Asiam minorem inde a gradu 35 ad 45. lat. septentr. patent.

11. Laurinae Asiaticae orientem versus quousque Asia excurrit ad gradum long. or. 160 (Ferr.) tendunt, ad occidentem vero (quod memoratu dignum) ultra gradum 90 long. or. Ferr. non progrediuntur, neque, quod sciam, in Persia neque in vasto imperio Rossico Lauri sponte nascuntur.

12. Ab altera autem parte Laurinae Americanae per omnem quidem Americam continentem ac plerasque insulas orientem a continente spectantes divulgatae, tamen natura sua, cum loca editiora sequantur, magis ad latus occidentale declinare coguntur. Harum autem aliquot veluti reliquiae (aut praecursores) iuxta primum gradum longitudinis (in insulis Canariis) positae sunt, aliae autem usque ad gradum 65 per Africam, Madagascar et insulas Mascarenas sparguntur.

13. *Laurus nobilis* intra limites, a 45° long. or. ad primum gradum patentes, comprehenditur.

14. Sequitur ex his, zonam 25—45 graduum a septentrione ad austrum descendentem dirimere Laurinas orientales ab occidentalibus; spatium autem utrisque interiectum, cum terra sit firma ac continens, per se spectatum haud quaquam impedimento esse, quo minus Laurinae orientales, nisi suapte seorsim contineantur, in occidentales transeant. Ab altera parte oceanum pacificum, antiquum inter et novum orbem effusum, limites extrinsecus opponere infestos, qui si tollantur, nihil relictum esset, quod utrarumque coniunctioni et permixtioni sese opponeret.

Igitur non solum tropicas sed veluti antipodas nobis (ut verbis his utar) appellandas esse has arbores censeo, utpote quarum cingulus, inter gradus 43 austr. et 45 septentr. a gradu longitudinis 90 long. or. ad gradum 65 long. or. globum terraqueum ambiat, solis aequoris plaga insulisque maris pacifici, quae Laurinis arboribus penitus carent, interruptus.

15. Si ad zonas tam tropicam quam extratropicam respicis, hanc esse relationem in partibus orbis invenies Laurinarum.

Familiae *Laurinarum.*	Asia.			Africa.	America.				Nova Hollandia.	Europa.
	intra tropicos.	extra tropicos.	proportio in universum.		intra tropicos.	extra tropicos.	Proportio intra tropicos.	Proportio extra tropicos.		
Cinnamomeae (32)	22	9	1/200	0	1	0	1/13000	0	0	0
Camphoreae (4) .	1	3	1/1500	0	0	0		0	0	0
Phoebeae (19) . .	5	7	1/500	1	6	0	1/2166	0	0	0
Perseae (43) . .	2	6	1/750	2	29	4	1/4441	1/750	0	0
Cryptocaryeae (28)	9	4	1/461	2	8	0	1/1625	0	5=1/800	0
Acrodiclidia (18) .	0	0	0	0	18	0	1/722	0	0	0
Nectandreae (42)	0	0	0	0	42	0	1/309	0	0	0
Dicypellia (6) . .	0	0	0	0	6	0	1/2166	0	0	0
Oreodaphneae (88)	7	0	1/957	6	75	1	1/173	1/3000	0	0
Flaviflorae (7) . .	1	1	1/3000	0	0	5	0	1/600	0	0
Tetranthereae (59)	34	20	1/111	0	3	1	1/4333	1/3000	0	1=1/7000
Daphnidinae (38)	21	15	1/166	0	0	0	0	0	2=1/2000	0
Cassyteae (8) . .	2	0	1/3000	1	2	0	1/6500	0	3=1/1333	0
	104	65	1/35	12	189	11	1/68	1/272	10	1
	= 169				= 200				= 1/400	

16. In universum Laurinae Asiaticae tropicae et quae tropicos paulo excedunt se habent ad plantas phanerogamas suae regiones = 169 : 6000 = 1 : 35,50 ...

Laurinarum Americae tropicae proportio est = 189 : 13000 = 1 : 68,78 ...

Laurinarum Americae extratropicae septentrionalis = 11 : 3000 = 1 : 272,72 ...

Laurinarum Novae Hollandiae = 10 : 4000 = 1 : 400.

Laurinarum Europaearum = 1 : 7000.

EXCURSUS III.

DE VIRIBUS LAURINARUM MEDICIS ET USU.

Arbores Laurinae, quae quidem viribus et aromate praecellunt, oleo gaudent aethereo, intra radios medullares corticis maxime secreto, sed etiam in foliorum florumque glandulis dispserso.

Quaecunque autem istarum arborum eiusmodi oleum praebet, eandem et ad Camphoram progignendam vides idoneam, licet diversis saepe in partibus et quasi ex opposita partium vi et virtute utriusque secretio procedat, v. c. radice camphoram exhibente, trunci cortice cinnamomum, e. s. p.

In dulcedinem diceres abire olei aetherei fervorem, quo Cinnamomum producatur; ab altera autem parte refrigerari quasi ac deliquescere fugaci Camphorae halitu.

Inter Cinnamomum igitur et Camphoram inprimis versantur Laurinarum arborum secreta specifica.

Snnt autem, quae Cinnamomi plenae omne camphoratum aut repellere omnino aut ad radices deprimere videantur, v. c.

Cinnamomum Ceylanicum, *aromaticum*, *dulce*, cet. Harum folia vel ipsa Cinnamomum spirant uti *Cinnamomi aromatici* folia, vel Caryophyllorum subolent praestantiam, vel ad debiliorem infirmantur dulcedinem aut mucilaginem.

Laurinarum occidentalium nonnullae, et inprimis quidem *Nectandra cinnamomoides*, rudius quoddam Cinnamomum magisque adstringens generant. Sed idem Cinnamomi aroma connubio, ut ita dicam, florum aurantiorum in *Mespilodaphnis* plerisque, ac inprimis in *Mespilodaphnes pretiosae*, arboris Brasiliensis, cortice ad summam fragrantiam extollitur. *Oreodaphne* (*Ceramophora*) *cupularis* insularum Mascarenarum, et *Agathophylli* species in Madagascar crescentes, odore et sapore sunt cinnamomi vilioris, aromate veluti promiscuo atque impuro.

In aliis contra Camphora praepollet omnemque fere ex omni viva parte expellit Cinnamomi suavitatem, v. c. in *Camphora* genere.

Latet, ubi sublimiora haec emicant, lenior illa corticum amaritudo et vis adstringens ac corroborans, quae neutri omnino deesse videtur arbori nostri ordinis.

Ubicunque autem aetherei aut nihil aut imperfecta et sparsa tantum procreantur eiusdem primordia, ibi amari semper aliquid residet diversa vi et intensione agens, et purum id quidem, aut acrimoniae cuidam aut vi adstringenti coniunctum.

Media quasi inter Camphoram et Cinnamomum intrat et virium et odoris atque saporis illa species, quam Sassafras refert. Et ea quidem cum Cinnamomeo isto coniuncta *Culitlawan*, *Cinnamomum Kiamis* (Corticem Massoi) et alia eiusmodi intrat, in *Sassafras Parthenoxylo* ad Camphoram magis declinat; *Sassafras officinale*, Foeniculum spirans simulque et Camphorae latente spiritu vellicans, purissimi praebet huiuscemodi aromatis exemplum.

Lauro nobili singulare est suum aroma, grave et acre, omnibus arboris partibus, diversa tamen copia, innatum. Cortex *Benzoin odoriferi* simili, sed suaviori pollet virtute aromatica et adstringente, quapropter inter febrifuga medicamenta laudatur.

Fructus Laurinarum, quae **sicciores** sunt, uti *Cryptocaryarum*, aut solo oleo aethereo sunt praediti, v. c. *Cryptocaryae moschatae* Brasiliensis arboris fructus, qui dulci gaudent odore, caryophyllorum subsimili; aut fere insipidi sunt.

In fructu autem **baccato** atque **carnoso**, qui plerisque Laurinis tributus est, **pingue** iam producitur **oleum**, idemque aut addita mucilagine et sacchаro quasi emollitum et saporosum, uti in *Persea gratissima*, inter arbores frugiferas regionum tropicarum omnium maxime celebrata (rarissimo tamen hoc in ordine exemplo) aut, ut in *Lauro nobili* multisque aliis, acritudinis et aromatis cuiusdam amari et acris plenum.

Ubi purior illa pinguedo suavique aromate imbuta gignitur, uti in *Tetrantherarum* plerarumque et *Sebiferarum* coetu (p. 511. sqq.) in *Litsaeae glaucae*, in *Benzoin* baccarum carne ac semine (sive potius cotyledonibus), ibi saepe ad **cerae** naturam transit et ad fundendas candelas inservit.

Plerarumque autem Laurinarum semina oleo butyraceo, aromatico et acri imbuta sunt, innumeris virium gradibus.

Multae denique Laurinarum inodorae fere sunt.

Oreodaphnes (*Ceramophorae*) *foetentis* insularum Canariarum succus, laeso trunco profusus, foetore gravissimo nares et pulmones afficit; est rubri aut violacei coloris, quales Myristicacearum sunt succi, et acris saporis; neque in sola hac specie, sed etiam in aliis, v. c. *Nectandra sanguinea*, eiusmodi succi gignuntur.

Patet ex his, vim medicam Laurinis in universum esse aromaticam et excitantem, calidam, tonicam ac roborantem. Venenum alienum esse videtur ab isto ordine, nisi ex usu noxa proficiscatur immoderato.

Medici est, ex harum plantarum agmine seligere, quae singulis morbis mederi videantur.

Ad haec singularia aliqua addimus, ex **Lindleyi** nostri libro supra laudato excerpta.

Oleum essentiale *Sassafras Parthenoxyli* (arboris Sumatrensis) in affectionibus rheumaticis utile esse dicitur, adiuvare etiam infusum radicis concisae in potum adhibitum.

Arborem quandam eiusdem familiae, in sylvis Guianae Hispanicae crescentem, praebere oleum volatile, odoris aromatici gustuque calidum et pungens, ad excutiendos tumores extrinsecus utile, intrinsecus adsumtum resolvens, diaphoreticum atque diureticum.

Est Lauri species, in vastis sylvis inter Orinocum et Parime fluvios crescens, quae tanta olei aetherei copia abundare dicitur, ut uno solo vulnere securi afflicta, dum ad librum ictus penetraverit, heminas plures olei stillet; eoque ad discutiendos tumores incolae utuntur. Conf. *Browster's Iournal I. p.* 134.

ILLIGEREAE Blume.

Illigereae. *Blume de nov. quibusd. plantt. Fam. expos. p.* **12**.

Illigeraceae. *Lindl. Key to Botany p.* **60**. *n.* **150**. *Natural Syst. of Bot. ed.* **2**. *p.* **202**.

Laurinae Gyrocarpeae *N. ab E. Laur. Disp. Progr. p.* **20**.

Laurinarum genus *Rob. Br. Vent. Kunth. Spr. Gen. pl. N. ab E. in Wall. pl. As. rar. II. p.* **68**.

Myrobalanearum genus. *Iuss. in Ann. du Mus. d'hist. nat. V. p.* **223** *R. et Sch. S. Veg. III. p.* **16**.

Myrobalaneae Gyrocarpeae. *Reichenb. Consp. p.* **172**. *n.* **4347**.

Thymelaearum genus. *Spr. S. Veg. I. p.* **373**. *n.* **537**.

Combretacearum genus. *Bartl. Ord. pl. p.* **323**.

CHARACTER FAMILIAE ESSENTIALIS.

Arbores (Indiae orientalis, Americae et Novae Hollandiae tropicae), dicotyledoneae, perigynae, flore incompleto gamosepalo.

Stamina definita. Antherae valvulis dehiscentes. Fructus symmetricus, non dehiscens, abortu monospermus, calycis tubo accretus. Ovulum pendulum. Cotyledones foliaceae, circa radiculam convolutae.

Folia alterna, lobata. Inflorescentia: Paniculae dichotomae.

CHARACTER NATURALIS.

„Flores hermaphroditi aut abortu polygami. Perianthii tubus ovario adnatus; limbus superus, duplici ordine partitus, deciduus aut ex parte persistens et accrescens; laciniis per aestivationem valvato-inflexis. Petala nulla. Stamina e summo perianthii tubo orta, laciniis exterioribus opposita, iisdem numero aequalia, ad basin utrinque glandula seu appendice instructa aut glandulis interposita. Antherae bilocellatae, locellis introrsum a basi ad apicem valvula persistente dehiscentibus. Ovarium inferum, uniloculare, ovulo solitario pendulo. Stylus unicus, indivisus. Stigma peltatum vel obtusum, obliquum. Fructus indehiscens; semine nucamentaceo exalbuminoso; cotyledonibus foliaceis, contortuplicatis.“ Blume.

„Equidem decernere non ausim, an *Illigerae* seminis structura cum *Gyrocarpo* plane consentiat, quoniam nullos eius fructus satis maturos examinare potui. Pericarpia adhuc immatura

Illigerae pulchrae erant oviformia, subtetragona, apice leviter umbilicata, et nucleus, testae durae inclusus, nondum plane efformatus, e massa foliacea contortuplicata constabat. Hinc iam consensus satis magnus in structura utriusque fructus ostenditur, quapropter genus illud Iacquini ad novam hancce familiam referre nullus dubito. Itaque in structura seminis spectatur character essentialis *Illigerearum*, quae ovario infero eadem fere se ratione habent ad *Laurinas*, qua *Vaccinieae* ad *Ericeas*.“ Blume l. c.

Genera:

Gyrocarpus. Perianthium quadri - sex - octofidum, laciniis nonnullis in fructus alas terminales coalescentibus.

Illigera. Perianthium decemfidum, deciduum. Drupa aptera.

I. GYROCARPUS Iacq. *N. ab E. in Wall. pl. As. rar. II. p. 61. et 68. n. 11. Laur. Disp. Progr. p. 20. n. 43. Blume Nov. pl. Fam. p. 15. Iacq. Fl. Am. p. 282. t. 178. f. 80. Gaertn. de Fruct. et Sem. plant. II. p. 92. t. 97. Rob. Brown. Prodr. Fl. Nov. Holl. I. p. 404. (ed. N. ab E. p. 260.) Spr. Gen. pl. I. p. 112. R. et Sch. S. Veg. III. p. 16. Kunth. Synops. IV. p. 219.*

Flores polygami, in paniculam dichotomam dispositi; axillares hermaphroditi, reliqui masculi. Perianthium 4-6-8-fidum, laciniis aliquot in femina concrescentibus persistentibus; tribus ovario adhaerentibus. Stamina quatuor, laciniis quatuor exterioribus opposita, et, ubi extima duo desunt, ad speciem binis collateralibus earum interposita. Antherae bilocellatae, valvulis totidem sursum reflexis dehiscentes. Staminodia quatuor, stipitata, clavata, in serie duplici magisque interiori staminibus alterna. Stylus brevis, stigmate capitato. Caryopsis baccans (?), perianthio apice bialato inclusa. Semen inversum, testa durissima. Embryo inversus, cotyledonibus duplicato-reflexis radiculae circumvolutis.

Inflorescentia ad basin innovationis terminalis, ante foliorum evolutionem in ramulo aphyllo germinans, squamis caducis herbaceis coriaceis singulos pedunculos fulcientibus. Paniculae breves, dichotomae, floribus minutis; axillaribus (praesertim inferioribus) hermaphroditis, reliquis masculis circa ramulos glomeratis brevi-pedicellatis, (una cum filamentis et staminodiis hirsutis).

Gemmae foliaceo-squamosae. Folia alterna, ad apices ramorum conferta, decidua, exstipulata, longe petiolata, lata, nervosa.

Arbores tropicae, in Asia, America et Nova Hollandia provenientes paucis generibus parcaque specierum copia.

Adnotatio 1. Albumen semini deest. Radicula embryonis verticem fructus spectat ut in Laurinis. Haec autem multo magis quam in illis evoluta, cylindraceo-conica, a vertice usque ad basin fere fructus porrigitur, ibique, lilii armorum gallicorum figura, in cotyledones abit amplos reflexos ad apicem radiculae adscendentes, hinc denique ad basin rursus descendentes simulque convolutos radiculamque mediam tanquam axin involventes, crassos et subcarnosos. Plumula nuda, parva, triangularis. Quod si igitur ponis, cotyledonum anfractus, ex utroque latere in unum corpus cotyledoneum concrescentes, duas easque simplices cotyledones producere posse, apex radiculae a cotyledonibus obtectus ut in veris Laurinis extrinsecus non amplius apparebit; in hoc tamen semper alieni quid restabit, quod collum embryonis ab apice radiculae longo intervallo distet. — Testa seminis dura est et fere cartilaginea, fusci coloris; membrana interna pallida, flocculosa, adhaerens. Pericarpium stratum tenue exhibet, carnosum (?), semini connatum.

Perianthii laciniae in illa specie, quae Indiae orientali indigena, ad typum perfecte quaternarium dispositae, octo numerantur, quarum duae exteriores minimae, in masculis floribus vel ambae, vel altera tantum desiderantur; quae has sequuntur, decussatim positae, illis maiores, quatuor interioribus paullo breviores, ovatae, obtusae, crassiusculae; quatuor reliquae, prioribus alternae ac inter se decussatae, subaequales, apice inflexae. Stamina duo exteriora laciniis exterioribus respondent, et ubi hae desunt, inter duas interiores singula prodeunt; duo interiora ante lacinias illas maiores secundi ordinis disponuntur; staminodia quatuor laciniis quatuor interioribus respondent. In hermaphrodito flore, ubi laciniae interiores cum singulis exterioribus primi ordinis in unam eamque tridentem coalescunt laciniam, fructus alas futuras molientes, stamina exteriora laciniis his duabus perianthii, ad speciem quadrifidi, opposita esse videntur, Stylum in Indica specie non equidem brevissimum, ut Roxburghius habet, inveni, sed satis distinctum, e fundo clauso perianthii adscendentem, pubescentem; stigma capitato-depressum, obliquum.

Adnotatio 2. Quoad habitum et inflorescentiam genus hoc, Laurinis sane propinquum, ad Urticeas tendit, Laurinasque huic familiae a latere confines esse domonstrat.

---

1. Gyrocarpus asiaticus Willd.

G. foliis ovato-triangularibus subcordatis integris subtrilobisve glabris ad nervos utrinque puberulis, petiolis pedunculo communi longioribus, alis fructus cuneiformi-lanceolatis angustis. *N. ab E. in Wall. pl. As. rar. II. p.* 68. *n.* 1. *et III. p.* 31.

Gyrocarpus asiaticus *Willd. Sp. pl. IV.* 2. *p.* 982. *R. et Sch. S. Veg. III. p.* 292. *n.* 2. *Mant. p.* 218. *R. Br. Prodr. Fl. Nov. Holl. I. p.* 404. (*ed. N. ab E. p.* 260.) *Blume Nov. pl. Fam. p.* 16. *Wall. Cat. n.* 968. A, B. *et Herb. Wight.*
Gyrocarpus Iacquini *Roxb. Fl. Corom. I. p.* 2. *t.* 1. *Fl. Ind. or. ed. Car. et Wall. I. p.* 465. *Pers. Synops. I. p.* 145. (*excl. syn.* G. americani *Iacq.*) *Spr. S. Veg. II. p.* 489.
Afrag. *Le Brun Voyage en Perse II. p.* 257. *cum ic.*

Crescit in regione montana orae Asiaticae, folia demittens sub finem temporis pluvii. Floret tempore frigido, arbore foliis exuta, quae nova flores mox sequuntur, (Roxburgh, Wallich, le Brun); in insula Timor, a Zippelio lectus est, (Blume.)

Nomen apud Telingas *Tanucoo*, (Roxburgh.)

Arbor. Folia 5 pollices (demto petiolo) longa, 3½ pollices supra basin lata, deltoideo-ovata, acuminata, in nostris omnibus basi fere truncata ad petiolum brevi spatio acutata, neutiquam cordata, trinervia, nervis lateralibus usque ad basin fere bifidis, costa media subquintuplinervi vel septuplinervi, glabra nervis utrinque subtilissime pubescentibus, vel subtus undique puberula; anguli nervorum ad basin glandula immersa expertes. Petiolus 3½ pollices longus, pubescens. Paniculae circiter bipollicares, pubescentes, iterato dichotomae.

Flores circa ramulorum apices glomerato-capitati, albi, patentes, vix lineae diametro, pedicello linea breviori gracili. Hermaphroditi flores axillarum paniculae inferiorum masculinis maiores sunt. Tota inflorescentia pubescenti-canescens, subtomentosa.

2. GYROCARPUS sphenopterus R. Br.

„G. foliis cordatis utrinque tomentosis subtus cinereis, floralibus indivisis rariusve bi-trilobis, petiolis pedunculo communi brevioribus, alis druparum obovato-oblongis obtusis integris divisisque.“ *Rob. Br. Prodr. Fl. Nov. Holl. I. p.* 405. (*ed. N. ab E. p.* 261.) *n.* 1. *Spr. S. Veg. I. p.* 489. *n.* 3. *R. et Sch. S. Veg. III. p.* 292. *n.* 3.

„Crescit in littoribus, tam orientali quam occidentali, Novae Hollandiae intra tropicum.“ Rob. Brown l. c.

---

3. GYROCARPUS rugosus R. Br.

„G. foliis floralibus subcordatis angulato-trilobis supra glabriusculis rugosis subtus tomentosis mollibus, lobis angustato-acuminatis sinubus latissimis, pedunculo communi petiolo longiori.“ *Rob. Br. l. c. n.* 2. *Spr. l. c. n.* 4. *R. et Sch. S. Veg. l. c. n.* 4.

„Crescit cum praecedente.“ Rob. Brown l. c.

---

4. GYROCARPUS americanus Iacq.

„G. foliis subcordatis integris trilobisque, paniculis racemosis terminalibus.“ *R. et Sch. S. Veg. III. p.* 292. *n.* 1. *Iacq. Pl. Am. p.* 282. *t.* 178. *f.* 80. *Lam. Ill. Gen. t.* 850. *f.* 1. *Willd. Sp. pl. IV. p.* 982. *Pers. Synops. I. p.* 145. (*sub* G. Iacquini). *Spr. S. Veg. I. p.* 489. *n.* 1. *Kunth. Synops. IV. p.* 219.

„Crescit in sylvis Carthagenae, (Iacquin.)“

II. ILLIGERA Blume. *Bydr. Flor. Ned. Ind. p.* 1153. *Nov. pl. Fam. p.* 14.

„Flores hermaphroditi. Perianthii limbus decempartitus, coloratus, deciduus. Stamina quinque; filamenta basi biglandulosa aut biappendiculata. Stylus longus; stigma peltatum, lobulato-repandum. Drupa tetragona, aptera."

„Inflorescentia cymoso-paniculata, axillaris, pedicellis sub flore saepissime bracteolatis." Blume l. c.

„Frutices scandentes, ramis enodiis, subangulato-striatis. Folia sparsa, exstipulata, longe petiolata, simplicia, ternatosecta, segmentis ansatis integerrimis coriaceis penninervibus." Blume l. c.

1. Illigera appendiculata Bl.

„I. foliorum segmentis ovali-oblongis obtusiusculis glabris, paniculis tomentosis, staminibus basi biauriculatis.“ *Blume Bydr. Fl. Ned. Ind. p.* 1153. *Nov. pl. Fam. p.* 15. *n.* 1.

„Habitat in sylvis altioribus montis Burangrang in provincia Iavanica Krawang, ubi hunc fruticem mense Iulio florentem reperi.“ Blume l. c.

2. Illigera pulchra Bl.

„I. foliorum segmentis ovali-oblongis acuminatis paniculisque glabris, staminibus basi biglandulosis.“ *Blume Bydr. Fl. Ned. Ind. p.* 1154. *Nov. pl. Fam. p.* 15. *n.* 2.

„Habitat in fruticetis collium calcariorum prope Kuripan in provincia Buitenzorg Iavae occidentalis, mensibus Maio ac Iunio florens.“ Blume l. c.

INDEX.

Litteris italicis nomina ab auctore recepta, romanis synonyma et plantae in transcursu descriptae indicantur.

A.

N.

O.

ERRATA.

P. 6	l.	12	loco:	videri	lege:	videantur
„ 9	„	30	„	magni-dinem	„	magnitudinem
„ 12	„	31	„	re, pondet	„	respondet
„ 13	„	4	„	dissesui	„	dissecui
„ 23	„	5	„	Pomatium	„	Pomatia
„ 47	„	17	„	Guent	„	Guenther
„ 52	„	20	„	invenire	„	inveniri
„ 54	„	37	„	caldariosum	„	caldariorum
„ 59	„	4	„	Soilyana	„	Sollyana
„ 101	„	5	„	cor-ice	„	cortice
„ 169	„	6	„	pallescentis	„	pallidae
„ 126	„	29	„	ovali	„	ovalia
„ —	„	30	„	A	„	Ac
„ 129	„	11	„	Ad Mayas etc.	„	Ad Yurimaguas in Maynas Peruviae
„ 130	„	34	„	Shiede	„	Schiede
„ 131	„	20	„	drymifolia	„	drymayifolia
„ 139	„	25	„	Hunda	„	Honda
„ 142	„	9	„	e riores	„	exteriores
„ 144	„	17	„	sp. sim	„	sparsim
„ 180	„	6	„	Molino	„	Molinae
„ 232	„	10	„	Ravensura	„	Ravensara
„ 243	„	10	„	conglomeratocapi-tata	„	conglomerato-capitata
„ 243	„	Not.	„	ferunt	„	feruntur
„ 250	„	8	„	adscribendas	„	adscribendam
„ —	„	31	„	} ad maynas	„	in Maynas
„ 364	„	3	„			
„ 283	„	9	„	gminatae	„	geminatae
„ 304	„	22	„	denec	„	donec
„ 306	„	37	„	eaedem	„	eadem
„ 307	„	1	„	sentii	„	sensi
„ 340	„	19	„	Ad	„	In
„ 391	„	27	„	artium	„	artuum
„ 400	„	3	„	inf. ante subopposita	„	ramuli
„ 409	„	1	„	conveniunt	„	convenit
„ 508	„	15	„	involura	„	involucra
„ 628	„	34	„	terminalis	„	terminales
„ —	„	40	„	nutrire	„	nutriri
„ 633	„	23	„	siaminibus	„	staminibus
„ 638	„	20	„	persuasi Sarsafras	„	persuasi. Sassafras
„ 662	„	13	„	„animo a me"	„	animo eum a me
„ 972	„	36	„	p. 158	„	p. 178
„ 678	„	37	„	impressum	„	impressa
„ 691	„	7	„	arborum ejusmodi	„	arborum pars ejusmodi
„ 692	„	18	„	emicant	„	emicent

Tabula, distributionem geographicam Laurinarum exhibens.

Summa specierum omnium	Tribus	Genera	Numerus specierum	Asia: Distributio partialis	Numerus specierum	Africa: Distributio partialis	Numerus specierum	America: Distributio partialis	Nova Hollandia	Europa
32	Cinnamomeae	32 *Cinnamomum*	31	quarum 22 intra tropicos, 9 extra usque in Iaponiam		0	1	Iamaica	0	0
4	Camphoreae	4 *Camphora*	4	3 Iaponia, China 1 Cochinchina	0	0	0	0	0	0
19	Phoebeae	2 *Apollonias*	1	1 Courtallum	1	Insulae Canariae	0	0	0	0
		17 *Phoebe*	11	7 Silhet, Nepal (Sect. 1) 4 Iava, cet (Sect. 1)	0		6	5 Ins. Indiae occ. 1 Yurimaquas in prov. Maynas		
43	Perseae	30 *Persea* 11 *Gnesiopersea*	0	0	1	Insulae Canariae	10	4 Brasilia 5 Mexico, reg. temp. et frgidior 1 incertae sedis	0	0
		19 *Eriodaphne*	0	0	0	0	19	8 Brasilia 7 Mexico, reg. temp. et frigidior, juga montium Peruviae et Iamaica 2 Chili 1 Amer. sept. (Virginia et Louisiana) 1 incertae sedis	0	0
		4 *Machilus*	4	1 China 1 Nepal 2 Iava	0	0	0	0	0	0
		1 *Boldu*	0	0	0	0	1	Chili	0	0
		4 *Alseodaphne*	4	Nepal	0	0	0	0	0	0
		4 *Hufelandia*	0	0	1	Madagascar	3	2 Insulae 1 Peruvia	0	0
28	Cryptocaryeae	3 *Endiandra*	1	Nepal	0	0	0	0	2	0
		2 *Beitschmiedia*	2	Nepal	0	0	0	0	0	0
		1 *Cecydodaphne*	1	Nepal	0	0	0	0	0	0
		15 *Cryptocarya*	7	2 India orient. cont. 5 Iava	0	0	4	1 Mexico 1 Guiana 1 Brasilia 1 Chili	2	0
		3 *Caryodaphne*	2	Iava	0	0	0	0	1	0
		2 *Agathophyllum*	0	0	2	Madagascar	0	0	0	0
		4 *Mespilodaphne*	0	0	0	0	4	Brasilia	0	0
48	Acrodiclidiae	42 *Aydendron*	0	0	0	0	42	40 Brasilia 2 Mexico	0	0
		1 *Evonymodaphne*	0	0	0	0	1	Peruvia	0	0
		4 *Acrodiclidium*	0	0	0	0	4	2 Brasilia 1 Guiana 1 Iamaica	0	0
		1 *Misantheca*	0	0	0	0	1	Mexico	0	0
42	Nectandreae	42 *Nectandra* 14 *Pomatia*	0	0	0	0	14	6 Brasilia 8 Peruvia, Nov. Granada, reg. mont.	0	0
		28 *Porostema*	0	0	0	0	28	22 Brasilia 3 Mexico 2 Iamaica 1 Incertae sedis	0	0
6	Dicypellia	1 *Dicypellium*	0	0	0	0	1	Brasilia	0	0
		1 *Petalanthera*	0	0	0	0	1	Brasilia	0	0
		4 *Pleurothyrium*	0	0	0	0	4	Andes Peruviae et ad Fl.		

					0	0	0	1 Iamaica 1 Peruvia 3 Brasilia	0	0
		7 *Haasia*	7	3 India orient. cont. 4 Insulae Indiae orient. Iava, Amboina	0	0	0	0	0	0
		60 *Oreodaphne* 8 *Aperiphracta*	0	0	0	0	8	6 Brasilia 1 Guiana 1 Mexico	0	0
		30 *Agriodaphne*	0	0	0	0	30	18 Brasilia 2 Peru 3 Iamaica 2 Guiana 1 Martinica 1 St. Domingo 1 Mexico 2 incertae sedis	0	0
		21 *Ceramophora*	0	0	6	1 Insulae Canariae 4 Insulae Mascarenae 1 Cap. bonae spei	15	12 Brasilia et ad Flumen Amazonum 1 Iamaica 1 St. Domingo 1 Mexico	0	0
		1 *Umbellaria*	0	0	0	0	1	California	0	0
		4 *Camphoromoea*	0	0	0	0	4	Brasilia	0	0
		3 *Ocotea*	0	0	0	0	3	1 Mexico 1 Guiana 3 Brasilia	0	0
		3 *Gymnobalanus*	0	0	0	0	3	1 Virginia 1 Guiana 1 Brasilia	0	0
7	Flaviflorae	3 *Sassafras*	1	Penang	0	0	2	America septentrionalis	0	0
		4 *Benzoin*	1	Nepal	0	0	3	America septentrionalis	0	0
39	Tetrantherear	2 *Cylicodaphne*	2	1 Nilgherry 1 Iava	0	0	0	0	0	0
		47 *Tetranthera*	43	2 China 1 Iapan 9 Cochinchina 17 Circars, Silhet, Iaponia 13 Iava, Amboina 1 incertae sedis	0	0	3	2 Mexico 1 America septentrionalis ?1 America meridionalis		
		8 *Polyadenia*	8	2 Penang 6 Iava	0	0	0	0	0	0
		1 *Laurus*		Asia minor	"	"	"	"	"	Europa austr.
		1 *Lepidadenia*	1	Nilgherry	0	0	0	0	0	0
38	Daphnidinae	1 *Dodecadenia*	1	Nepal	0	0	0	0	0	0
		12 *Actinodaphne*	12	6 Ceylon, Penang, Singapur, Tavoy, (quarum una et in Silhet) 3 Iava 1 China 1 China	0	0	0	0	0	0
		11 *Daphnidium*	11	3 Silhet, Nepal 3 Chochinchina 2 Iava	0	0	0	0	0	0
		14 *Litsaea*	12	1 China 1 Iapan 3 Silhet, Nepal 2 Singapur, Penang, Ceylon (2000'), Courtallum 2 Iava	0	0	0	0	2	0
8	Cassyteae	8 *Cassyta*	2	2 Ind. or. et Iava, (quarum una dubia)	1	1 Cap. bonae spei, altera Novae Hollandiae communis	2	1 Brasilia 1 Insulae occ.	3	0
392	13 Familiae	43 Genera, Species 392, ut supra	169	66 extra tropicos 103 intra tropicos	12	extra tropicos	200	quarum 11 extra tropicos septentrionem versus, pau-	10 intra tropicos	1 Eur. temp.

Bei Fragen zur Produktsicherheit wenden Sie sich bitte an:
If you have any questions regarding product safety, please contact:

Walter de Gruyter GmbH
Genthiner Straße 13
10785 Berlin
productsafety@degruyterbrill.com